projeto e execução de LAJES TRELIÇADAS

Leandro Dias Küster
Artur Lenz Sartorti
Itamar Vizotto

Copyright © 2024 Oficina de Textos

Grafia atualizada conforme o Acordo Ortográfico da Língua
Portuguesa de 1990, em vigor no Brasil desde 2009.

Conselho editorial Aluízio Borém; Arthur Pinto Chaves; Cylon Gonçalves da Silva; Doris C. C. Kowaltowski; José Galizia Tundisi; Luis Enrique Sánchez; Paulo Helene; Rozely Ferreira dos Santos; Teresa Gallotti Florenzano.

Capa e projeto gráfico Malu Vallim
Diagramação Luciana Di Iorio
Preparação de figuras Victor Azevedo
Preparação de textos Hélio Hideki Iraha
Revisão de textos Natália Pinheiro Soares
Impressão e acabamento Mundial gráfica

Dados Internacionais de Catalogação na Publicação (CIP)
(Câmara Brasileira do Livro, SP, Brasil)

Küster, Leandro Dias
    Projeto de lajes treliçadas / Leandro Dias Küster, Artur Lenz Sartorti, Itamar Vizotto. -- São Paulo : Oficina de Textos, 2024.

Bibliografia.
ISBN 978-85-7975-373-2

1. Construção civil 2. Engenharia civil 3. Lajes (Construção cívil) I. Sartorti, Artur Lenz. II. Vizotto, Itamar. III. Título.

24-195286   CDD-693.54

Índices para catálogo sistemático:
1. Lajes de concreto armado : Construção civil : Tecnologia 693.54

Tábata Alves da Silva - Bibliotecária - CRB-8/9253

Todos os direitos reservados à Editora **Oficina de Textos**
Rua Cubatão, 798
CEP 04013-003   São Paulo   SP
tel. (11) 3085 7933
www.ofitexto.com.br
atendimento@ofitexto.com.br

SOBRE OS AUTORES

Leandro Dias Küster
Küster & Sartorti Engenharia | leandro.kuster@kustersartorti.com.br

Engenheiro civil pelo Centro Universitário Adventista de São Paulo (Unasp, 2010), mestre em estruturas pela Universidade Federal de São Carlos (UFSCar, 2015) e doutor em estruturas pela UFSCar (2021). Trabalhou como engenheiro de estruturas na Iltruk e na Vertiko. Coordenou as pós-graduações em estruturas do Unasp (2019-2022). Atualmente é sócio da Küster & Sartorti Engenharia e professor de estruturas no Unasp. Trabalha com estruturas de concreto armado e protendido e estruturas metálicas, atuando principalmente nos seguintes temas: projetos estruturais residenciais, comerciais e industriais, sistemas estruturais diferenciados, consultorias em desenvolvimento de sistemas, laudos, e recuperação e reforço de estruturas.

Artur Lenz Sartorti
Küster & Sartorti Engenharia | artur.sartorti@kustersartorti.com.br

Engenheiro civil pelo Unasp (2005), mestre em estruturas pela Universidade Estadual de Campinas (Unicamp, 2008) e doutor em estruturas pela Escola de Engenharia de São Carlos da Universidade de São Paulo (EESC-USP, 2015). Foi engenheiro de estruturas na Iltruk. Coordenou a graduação em Engenharia Civil (2019-2023), a pós-graduação em estruturas (2017-2018) e o Núcleo de Tecnologia de Engenharia e Arquitetura (2016-2018) do Unasp. Atualmente é sócio da Küster & Sartorti Engenharia e professor de estruturas do Unasp. Trabalha com estruturas de concreto armado e protendido e estruturas metálicas, atuando nos seguintes temas: projetos estruturais residenciais, comerciais, industriais e de OAEs, consultorias em desenvolvimento de sistemas, laudos, e recuperação e reforço de estruturas. Tem experiência em análises laboratoriais de estruturas e materiais.

Itamar Vizotto
Iltruk – Soluções Estruturais Especializadas | itamar.vizotto@iltruk.com.br

Engenheiro civil pela Unicamp (1988). É especialista em lajes treliçadas, atuante no desenvolvimento de mercado, sistemas estruturais, tecnologia, normas técnicas ABNT CB-18, catálogos e manuais técnicos. Foi consultor técnico de empresas renomadas no setor tecnológico de insumos para lajes treliçadas: Gerdau (1998-2014), Maqstyro (1998-2005), Construlev (2005-2012), Polysul (2002-2012), Polyngá (2002-2012), Termotécnica (2009-2011) e Morandin (2011-2016). Foi diretor técnico de indústrias: Lajes Ruby (1989-1992), Armação Treliçada Puma (1992-1997), Sistrel (1993--1997), Salema (1997-1999), Faulim (1998-2003; 2008-atual) e Cerâmica Faulim (1999-2003). Participou no desenvolvimento de lajes treliçadas bidirecionais e soluções treliçadas autoportantes, projetou e coordenou centenas de obras em soluções de lajes treliçadas para todos os nichos de mercado e soluções estruturais abordadas neste livro.

APRESENTAÇÃO

Este livro preenche uma enorme lacuna na prateleira dos engenheiros brasileiros! Graças ao competente, abnegado e generoso trabalho de seus autores, agora temos disponível um conteúdo abrangente e rico sobre o projeto de lajes treliçadas.

Fico muito honrado e agradecido pela oportunidade de escrever a apresentação desta obra inédita. Conheço os professores Itamar Vizotto, Artur Sartorti e Leandro Küster de longa data. Tive o prazer de aprender (muito) e ministrar palestras com o Prof. Itamar sobre lajes treliçadas em eventos da Gerdau nos idos dos anos 2000. Também tive o prazer de dar aulas em cursos no Unasp organizados pelos professores Artur e Leandro, bem como contar com a contribuição deles nas reuniões da revisão da norma ABNT NBR 6118.

As lajes treliçadas constituem uma tipologia de laje amplamente empregada no Brasil, com sucesso, há décadas, nos mais diversos tipos de construções. Para que tenham um comportamento estrutural seguro e funcional, é vital haver um projeto de qualidade, que, para ser elaborado, obrigatoriamente exige conhecimento para a correta definição dos materiais e das ações, uso de um modelo estrutural adequado, dimensionamento à flexão e ao cisalhamento segundo as prescrições normativas, e atendimento dos requisitos construtivos necessários. Este livro descreve todas essas etapas com profundidade, precisão e didática, além de apresentar ótimos exemplos de aplicação prática de toda a teoria e todos os conceitos envolvidos.

Não é fácil escrever um livro dessa magnitude. Não basta apenas conhecimento, é necessário muita organização, comprometimento e dedicação; muitas vezes, exigindo o sacrifício de extrair horas do convívio familiar. Conhecendo os autores, eu tenho a certeza de que eles se doaram em prol, única e exclusivamente, de ajudar todos os engenheiros brasileiros. Uma atitude nobre e louvável.

Aos autores, parabenizo-os e agradeço-lhes por essa contribuição inestimável à Engenharia brasileira. Aos leitores, incentivo-os a ler, aprender e apreciar todo o rico conteúdo que irão encontrar nas páginas seguintes deste livro.

Alio Ernesto Kimura

PREFÁCIO

As soluções estruturais presentes no mercado da construção civil são desenvolvidas e aprimoradas por critérios de eficiência estrutural, custo e características executivas. Esse tema, considerando as possibilidades de lajes com o emprego de armadura treliçada, pode ser melhor entendido quando olhamos esse cenário pelo prisma dos nichos de mercado para obras de pequeno, médio ou grande porte, formatadas pelas seguintes tipologias de obras: residenciais uni e multifamiliares; comerciais; industriais; de infraestrutura; e obras de arte especiais.

Por outro lado, pensando no elemento estrutural laje, de maneira genérica, têm-se duas grandes famílias (lajes maciças e lajes nervuradas), que se desdobram em inúmeros sistemas estruturais/construtivos, empregando convenientemente armaduras de aço, podendo ser em formato de fios, barras, telas, treliças e cordoalhas ou a combinação desses elementos, conforme análise e projeto, com aplicação em estruturas moldadas *in loco*, pré-moldadas ou combinações de ambas.

É possível encontrar, dentro dos diversos sistemas estruturais/construtivos, ao menos uma solução para cada tipologia de obra que resulte em uma relação custo-benefício otimizada.

Em nossa experiência profissional somada nas últimas décadas, tivemos oportunidades de aplicar lajes e soluções estruturais de larga abrangência em todos os nichos de mercado e tipologias estruturais, significando intensa participação no desenvolvimento de soluções estruturais, projetos, consultorias, palestras, desenvolvimentos de produtos, pesquisas acadêmicas, desenvolvimento de mercado etc.

Nossos esforços combinados na elaboração desta obra visam contribuir para que o segmento da Engenharia Estrutural seja beneficiado com os bons resultados possíveis de serem alcançados com o emprego de soluções treliçadas nas mais diversas tipologias de obras comentadas anteriormente.

Lajes com armaduras treliçadas não esgotam o estado da arte nas técnicas de construir, mas representam um grande avanço nas curvas de crescimento e consolidação de tecnologias que combinam eficiência, economia e praticidade construtiva.

O objetivo deste livro é apresentar os sistemas construtivos de lajes que empregam armadura treliçada soldada por eletrofusão, com a exposição de suas etapas de projeto, teorias e exemplos. Para tanto, foram abordadas as principais características de cada sistema, os critérios de dimensionamento, as etapas de verificações e o detalhamento executivo, destacando-se algumas novidades apresentadas no conteúdo do livro, devidamente atualizado e contextualizado conforme a norma técnica NBR 6118 (ABNT, 2023), tais como:

- ábacos para o pré-dimensionamento de lajes treliçadas;

- desenvolvimento do coeficiente K_x, referente aos quinhões de carga, útil para o cálculo de flechas estimadas em lajes treliçadas bidirecionais;
- critérios de cálculo para lajes sob condições de aplicações semiportantes (determinação do espaçamento entre linhas de escora) e autoportantes;
- roteiro passo a passo para a execução das soluções estruturais/construtivas abordadas;
- projetos compreendendo cálculo, verificações e detalhamento de exemplos de um pavimento, nos diversos sistemas estruturais;
- detalhes e práticas construtivas dos sistemas treliçados.

Este livro foi motivado pela ausência de material técnico específico, bem como por pedidos e sugestões de colegas ao longo dos anos. Destaca-se que não havia no mercado nacional um livro que tratasse sobre o assunto na abrangência e na profundidade aqui realizadas. Portanto, a missão de compartilhar conhecimento reflete a relevância desta publicação, destinada a estudantes e profissionais da Engenharia de Estruturas.

Por fim, desejamos que o estudo deste livro possa enriquecer o conhecimento técnico de aplicações de lajes treliçadas, ampliando as oportunidades profissionais dos leitores e fortalecendo a boa prática e a Engenharia Estrutural brasileira.

Os autores
Setembro de 2023

SUMÁRIO

1 CONCEITOS INICIAIS 13
   1.1 Laje maciça *versus* laje nervurada 17
   1.2 Tipos de laje nervurada 18
   1.3 Armadura treliçada 23

2 MATERIAIS CONSTITUINTES DOS SISTEMAS TRELIÇADOS 27
   2.1 Concreto 27
   2.2 Aço 28
   2.3 Elementos de enchimento 28
   2.4 Formas e escoramento 30

3 DURABILIDADE E FABRICAÇÃO DOS ELEMENTOS TRELIÇADOS 32
   3.1 Elementos pré-moldados *versus* pré-fabricados 32
   3.2 Critérios de durabilidade das estruturas de concreto 33
   3.3 Processo de fabricação, transporte e armazenamento dos elementos treliçados pré-fabricados 35

4 SISTEMAS ESTRUTURAIS DE LAJES TRELIÇADAS 37
   4.1 Laje maciça treliçada 37
   4.2 Laje nervurada unidirecional com vigotas treliçadas 39
   4.3 Laje nervurada bidirecional com vigotas treliçadas 43
   4.4 Laje nervurada unidirecional mesa dupla com minipainel/painel treliçado 44
   4.5 Laje nervurada bidirecional mesa dupla com minipainel/painel treliçado 46
   4.6 Laje lisa/cogumelo nervurada treliçada 47

5 AÇÕES E ESFORÇOS SOLICITANTES 51
   5.1 Tipos de ações 51
   5.2 Combinações de ações 54
   5.3 Determinação dos esforços 57

6 CRITÉRIOS DIMENSIONAIS 76
- 6.1 Mesa (capa), nervura e intereixo..76
- 6.2 Pré-dimensionamento de lajes 77
- 6.3 Pré-dimensionamento de lajes treliçadas..78

7 ESTADOS-LIMITES ÚLTIMOS (ELU) PARA SOLICITAÇÕES NORMAIS 85
- 7.1 Flexão simples para seção retangular 85
- 7.2 Flexão simples para seção falso T 91
- 7.3 Flexão simples para seção T 98
- 7.4 Armadura mínima e máxima de flexão 100
- 7.5 Flexão na mesa 102
- 7.6 Critérios de detalhamento 103

8 ESTADOS-LIMITES ÚLTIMOS (ELU) PARA SOLICITAÇÕES TANGENCIAIS 106
- 8.1 Força cortante 106
- 8.2 Punção 115
- 8.3 Colapso progressivo 133
- 8.4 Ligação mesa-nervura 134

9 ESTADOS-LIMITES DE SERVIÇO (ELS) 139
- 9.1 Estado-limite de serviço de formação de fissuras (ELS-F) 139
- 9.2 Estado-limite de serviço de abertura de fissuras (ELS-W) 142
- 9.3 Estado-limite de serviço de deformações excessivas (ELS-DEF) 146
- 9.4 Estado-limite de serviço de vibração excessiva (ELS-VE) 158

10 CÁLCULO DO ESCORAMENTO 161
- 10.1 Estado-limite último por flambagem do banzo superior................................163
- 10.2 Estado-limite último por flambagem das diagonais 163
- 10.3 Estado-limite último por cisalhamento do nó eletrossoldado 164
- 10.4 Estado-limite último por flambagem do banzo inferior 164
- 10.5 Estado-limite último por tração excessiva no aço 165
- 10.6 Estado-limite de serviço de deformações excessivas 165

11 PRÁTICAS CONSTRUTIVAS 171
- 11.1 Comportamento estrutural afetado pela execução 171
- 11.2 Escoramento (cimbramento) 173
- 11.3 Faixas de ajuste 175
- 11.4 Vigotas justapostas 176
- 11.5 Aberturas em lajes 177
- 11.6 Continuidade entre lajes 177
- 11.7 Balanço em lajes 178
- 11.8 Instalações elétricas em sistemas treliçados 179
- 11.9 Instalações hidrossanitárias em sistemas treliçados 180
- 11.10 Paredes sobre lajes 181

12 EXEMPLO COMPLETO DE PAVIMENTO EM LAJE MACIÇA TRELIÇADA 183
- 12.1 Determinação das vinculações das lajes 185

12.2 Pré-dimensionamento da altura das lajes 185
12.3 Determinação das ações e das combinações de ações 186
12.4 Cálculo dos esforços solicitantes 188
12.5 Dimensionamento do ELU para solicitações normais – flexão simples 191
12.6 Dimensionamento do ELU para solicitações tangenciais – força cortante 192
12.7 Verificação do ELS-F 194
12.8 Verificação do ELS-W 195
12.9 Verificação do ELS-DEF 195
12.10 Detalhamento das armaduras 196

13 EXEMPLO COMPLETO DE PAVIMENTO EM LAJE NERVURADA COM VIGOTA TRELIÇADA 199

13.1 Determinação das vinculações das lajes 200
13.2 Pré-dimensionamento da altura das lajes 200
13.3 Determinação das ações e das combinações de ações 201
13.4 Cálculo dos esforços solicitantes 203
13.5 Dimensionamento do ELU para solicitações normais – flexão simples 206
13.6 Dimensionamento do ELU para solicitações normais – flexão na mesa 210
13.7 Dimensionamento do ELU para solicitações tangenciais – força cortante 211
13.8 Dimensionamento do ELU para solicitações tangenciais – ligação mesa-nervura 211
13.9 Verificação do ELS-F 213
13.10 Verificação do ELS-W 214
13.11 Verificação do ELS-DEF 214
13.12 Detalhamento das armaduras 216

14 EXEMPLO COMPLETO DE PAVIMENTO EM LAJE TRELIÇADA MESA DUPLA 219

14.1 Determinação das vinculações das lajes 220
14.2 Pré-dimensionamento da altura das lajes 220
14.3 Determinação das ações e das combinações de ações 221
14.4 Cálculo dos esforços solicitantes 223
14.5 Dimensionamento do ELU para solicitações normais – flexão simples 225
14.6 Dimensionamento do ELU para solicitações normais – flexão na mesa 227
14.7 Dimensionamento do ELU para solicitações tangenciais – força cortante 227
14.8 Dimensionamento do ELU para solicitações tangenciais – ligação mesa-nervura 228
14.9 Verificação do ELS-F 229
14.10 Verificação do ELS-W 230
14.11 Verificação do ELS-DEF 230
14.12 Detalhamento das armaduras 231

15 EXEMPLO COMPLETO DE PAVIMENTO EM LAJE LISA COM VIGOTA TRELIÇADA 234

15.1 Pré-dimensionamento da altura das lajes 235
15.2 Definição das dimensões dos maciços nas regiões dos pilares 235
15.3 Determinação das ações e das combinações de ações 235
15.4 Cálculo dos esforços solicitantes 237
15.5 Dimensionamento do ELU para solicitações normais – flexão simples 239
15.6 Dimensionamento do ELU para solicitações normais – flexão na mesa 245
15.7 Dimensionamento do ELU para solicitações tangenciais – força cortante 246
15.8 Dimensionamento do ELU para solicitações tangenciais – punção 247
15.9 Dimensionamento do ELU para solicitações tangenciais – colapso progressivo 249
15.10 Dimensionamento do ELU para solicitações tangenciais – ligação mesa-nervura ..249

15.11 Verificação do ELS-F 250
15.12 Verificação do ELS-W 250
15.13 Verificação do ELS-DEF 252
15.14 Detalhamento das armaduras 254

Anexos 258

Referências bibliográficas 279

CONCEITOS INICIAIS

1

As estruturas de concreto armado estão consolidadas, sendo as mais utilizadas nas edificações do Brasil. Os elementos estruturais mais comuns nessa modalidade são pilares, vigas e lajes.

Os pilares possuem a função de transferir esforços para a fundação. Predominantemente recebem reações oriundas das ações gravitacionais aplicadas nas lajes ou diretamente nas vigas, como também diretamente das lajes. Além disso, são os grandes responsáveis pela resistência da estrutura aos esforços devidos ao vento e pela garantia de sua estabilidade global por meio do esqueleto de barras aporticadas. São predominantemente comprimidos, mas também apresentam momentos fletores, o que os caracteriza como peças sujeitas à flexão composta normal ou à flexão composta oblíqua.

As vigas, capazes de transpor vãos com facilidade, compõem no conjunto estrutural os elementos que geralmente dão suporte às lajes e às divisórias de ambientes. Também agregam no efeito de pórtico, contribuindo na estabilidade estrutural. São predominantemente fletidas, mas podem apresentar esforços normais, oriundos de efeitos térmicos ou higroscópicos, protensão ou recalques diferenciais em estruturas hiperestáticas. Eventualmente, em algumas tipologias de obras há a presença de torção que não pode ser desprezada, o que a NBR 6118 (ABNT, 2023) coloca como torção de equilíbrio.

As lajes, por sua vez, são os elementos que permitem a ocupação de pavimentos elevados. Recebem os carregamentos gravitacionais de utilização do pavimento, devendo resistir ao peso próprio, às ações permanentes e às ações variáveis. Podem auxiliar na redistribuição da ação do vento ou de outras ações horizontais atuantes na edificação, de modo que solicitem os pilares que não estão recebendo diretamente essas ações. Nesse caso, a laje deixa de ser apenas um elemento de placa e funciona também como membrana, desenvolvendo o comportamento conhecido como de diafragma rígido (Fig. 1.1).

Os apoios das lajes podem ser nas vigas (estrutura dita convencional) ou diretamente nos pilares por meio de capitéis. Esta última forma pode ocorrer de duas maneiras: com regiões maciças salientes nos apoios (laje-cogumelo) ou com regiões maciças não percebidas nos apoios por dentes ou saliências (laje lisa). A Fig. 1.2 ilustra esses três tipos de apoio.

Assim como as vigas, as lajes são elementos predominantemente fletidos. Dessa forma, quando o momento fletor atuante em serviço ultrapassa o valor do momento de fissuração M_r, a peça deixa de estar no conhecido Estádio I de carregamento e passa a ser caracterizada como no Estádio II. Vale lembrar que no Estádio I o concreto não está fissurado e as tensões de tração oriundas da flexão são resistidas pelo próprio concreto, diferentemente do Está-

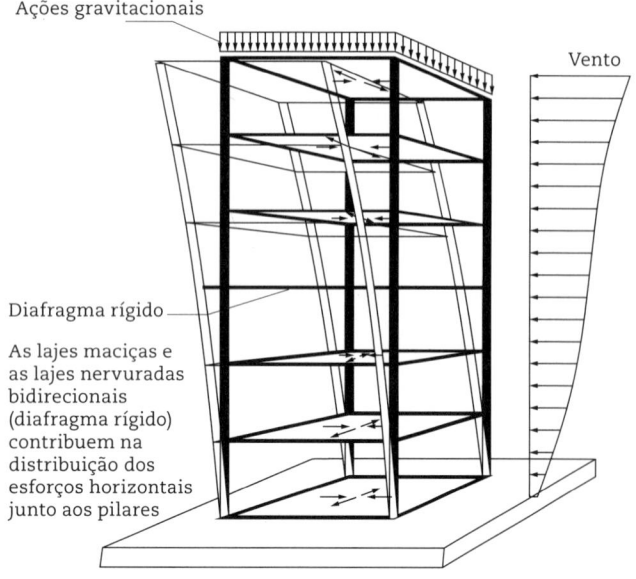

Fig. 1.1 Comportamento de diafragma rígido das lajes

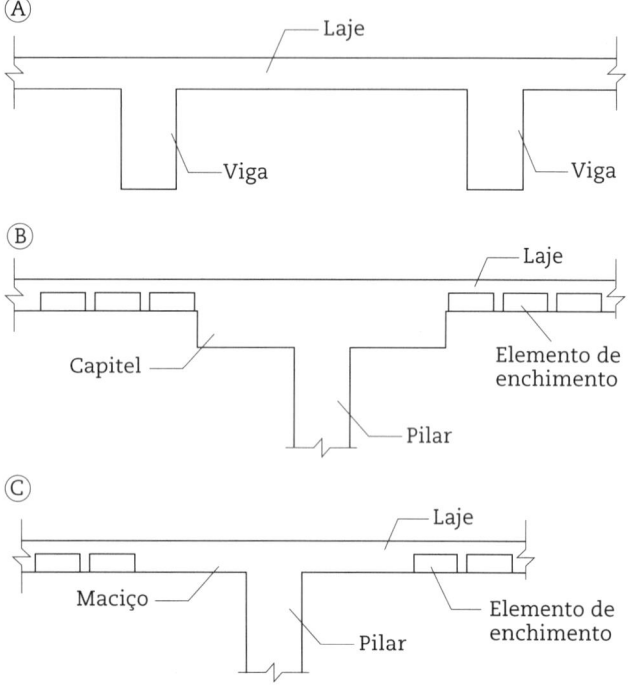

Fig. 1.2 Formas de apoio das lajes: (A) laje convencional; (B) laje-cogumelo; (C) laje lisa

dio II, no qual o concreto já tem sua resistência à tração ultrapassada e encontra-se fissurado na região tracionada da peça. É efetivamente na mudança do Estádio I para o Estádio II que a armadura começa a trabalhar e resistir às tensões normais de tração, graças aos mecanismos de aderência existentes entre aço e concreto.

Na Fig. 1.3 é ilustrado o "período de vida" de carregamento de uma peça fletida de concreto armado. Observa-se que a faixa de atuação do Estádio I é relativamente pequena. Algumas poucas peças, minimamente solicitadas e com grande altura relativa ao vão, trabalham em serviço nesse estádio, o que é recomendado para piscinas e reservatórios. Portanto, devem ter o estado-limite de serviço de deformação excessiva (ELS-DEF) verificado com sua seção plena no Estádio I.

A verificação do estado-limite de serviço de formação de fissuras (ELS-F) é pontual e indica o limite entre o Estádio I e o II. Se a peça trabalha em serviço no Estádio II (momento atuante sendo maior que M_r), devem ser realizadas as verificações do estado-limite de serviço de abertura de fissuras (ELS-W) e do ELS-DEF. Para a verificação referente ao ELS-DEF das peças fletidas em regime de Estádio II, no cálculo do produto de rigidez, desconta-se a seção fissurada e, para minimizar tal perda, pode-se agregar a contribuição da presença da armadura tracionada.

Finalmente, o Estádio III é pontual e caracteriza-se pela plastificação do concreto e do aço. O dimensionamento à flexão no estado-limite último (ELU) à flexão é realizado nesse ponto. É nesse estádio que vale a teoria dos domínios de deformação, através da qual se pode dimensionar peças fletidas com economia e segurança, agregando o diferencial da condição de ruptura avisada à gestão da vida útil. O engenheiro projetista deseja que sua peça nunca chegue ao ponto de ruína, embora busque por soluções econômicas, por isso as verificações em serviço (peça trabalhando no dia a dia) são realizadas nos Estádios I e II. Ultrapassando o Estádio III, pode ainda haver alguma reserva de resistência da peça, mas ela será incerta e pequena. A ruína estará logo à frente.

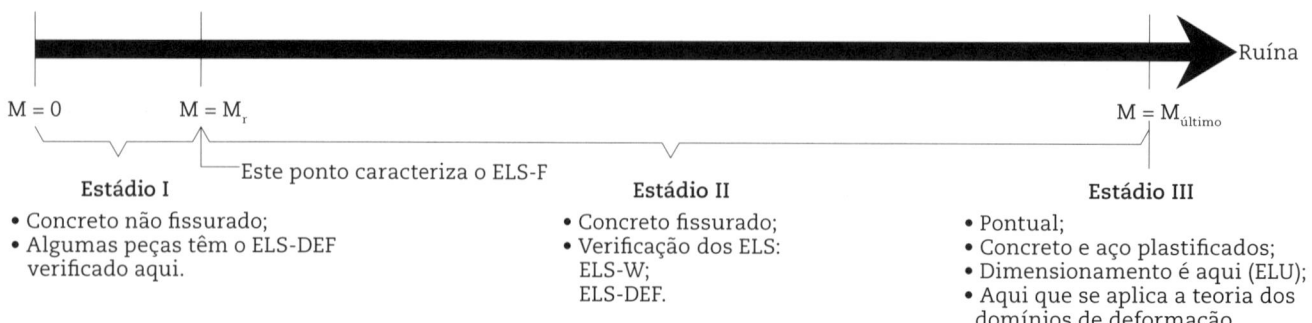

Fig. 1.3 Histórico de vida de carregamento de uma peça fletida de concreto armado

A teoria dos domínios de deformação pode ser entendida com o auxílio da viga biapoiada de vão l, seção transversal retangular ($b_w \times h$) e totalmente descarregada representada na Fig. 1.4. Observa-se que a seção transversal central está plana e vertical.

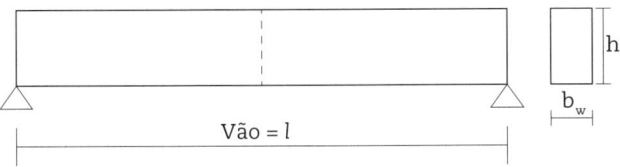

Fig. 1.4 Viga biapoiada descarregada

Quando atua determinado carregamento de cálculo p_d (carregamento do ELU), a seção transversal sofre rotação e fica inclinada, porém ainda plana (hipótese de Navier-Bernoulli) (Fig. 1.5). Essa seção inclinada, dividida pela linha neutra (LN), indica que na parte superior haverá compressão e na parte inferior, tração.

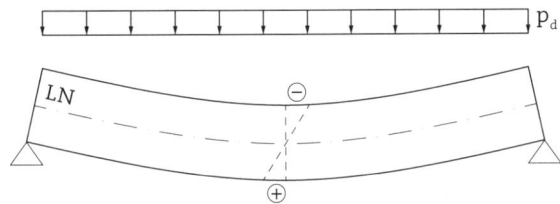

Fig. 1.5 Viga biapoiada carregada e deformada com a seção transversal inclinada, porém plana

A inclinação da seção transversal na posição de equilíbrio final do ELU dependerá de cinco fatores:

- *Geometria da seção transversal*: leva em conta a forma da seção transversal, a altura total e a altura útil, que é a distância entre a borda mais comprimida e o centro de gravidade da armadura tracionada.
- *Esquema estático da peça*: influencia diretamente a distribuição dos esforços, por meio dos vínculos de apoios.
- *Nível de carregamento*: a quantidade de carga que atua sobre a peça influencia seu equilíbrio final.
- *Concreto*: a resistência do concreto está diretamente relacionada com a maior ou menor quantidade de porosidade, implicando em seu módulo de elasticidade. Um concreto mais poroso é menos resistente, porém mais deformável. Já um concreto de alta resistência possui menos poros, entretanto é menos deformável, características essas diretamente proporcionais ao módulo de elasticidade.
- *Quantidade e tipo de aço*: a quantidade e o tipo do aço utilizado influenciam diretamente a capacidade de rotação da seção transversal.

A seção transversal da peça em equilíbrio no ELU pode ser plotada sobre o diagrama de domínios apresentado na Fig. 1.6, verificando-se em qual domínio a peça se encontra.

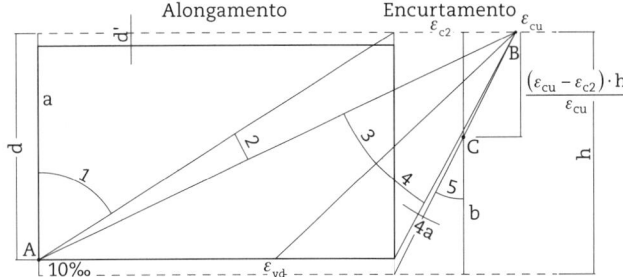

Fig. 1.6 Domínios de deformação na ruína
Fonte: adaptado de ABNT (2023, p. 122).

Conhecer o domínio onde a peça está trabalhando no ELU é importante, já que cada domínio possui características bem definidas e o projetista poderá analisar se o comportamento resultante será seguro e econômico, desejado ou não.

As principais características dos domínios de deformação são:

- *Reta a*: caracteriza-se pela tração completa da peça, sendo que o limite de deformação à tração é de 10‰, o que representa uma fissura de 1 mm de abertura a cada 10 cm. A reta *a* acontece somente em tirantes com cargas centradas.
- *Domínio 1*: a seção transversal ainda está totalmente tracionada, mas um lado possui mais tração que o outro, sendo que no lado menos tracionado a deformação pode chegar a zero. Ocorre somente em tirantes que apresentem ação normal de tração excêntrica.
- *Domínio 2*: a deformação da armadura tracionada fica fixa em 10‰ e a deformação da borda comprimida varia de zero a ε_{cu}. Ocorre em peças predominantemente fletidas, como vigas e lajes. Quando a peça está no Domínio 2, emprega-se relativamente pouco aço, que é aproveitado em seu máximo potencial, mas há uma significativa "folga", ou seja, reserva de resistência, em relação ao concreto. O Domínio 2 acontece em uma viga ou laje que apresente altura maior do que a necessária para o ELU (a altura maior pode ser necessária para atender aos requisitos do ELS). A ruína nesse domínio apresenta grandes deformações e é caracterizada pelo escoamento do aço, sendo denominada ruptura dúctil.
- *Domínio 3*: nesse domínio a armadura tracionada fica com deformação entre os limites 10‰ e ε_{yd} (para

CA-50 e CA-60, os valores de ε_{yd} são 2,07‰ e 2,48‰, respectivamente), o que garante que o aço estará no patamar de escoamento do diagrama tensão *versus* deformação, assegurando seu aproveitamento máximo. Por sua vez, o concreto também estará sendo utilizado em sua capacidade máxima, pois sua deformação fica fixa no limite ε_{cu}. O Domínio 3 ocorre em vigas e lajes onde a altura utilizada para a peça está em um patamar ótimo para o ELU. Nesse domínio a ruína acontece de forma similar à do Domínio 2, caracterizada pela ruptura avisada, ou seja, com aberturas excessivas de fissuras e aumento da deformação, indicando a proximidade da ruína.

- *Domínio 4*: a deformação da armadura tracionada fica entre ε_{yd} e zero. Por sua vez, o concreto estará em seu limite de deformação ε_{cu}. O fato de a deformação da armadura tracionada ser pequena mobiliza uma tensão também pequena no aço. A resultante de tração no aço deve contrapor a resultante de compressão do concreto, e ambas possuem o mesmo valor em módulo. Não é recomendado dimensionar peças fletidas nesse domínio, dado que a ruína seria súbita, não avisada, caracterizada pela falha de esmagamento do concreto. Já que a resultante de tração no aço é o valor do produto da área de aço com a tensão desenvolvida, para que a força resistente de tração seja atingida, a área de aço deverá ser muito grande. Como consequência, haverá um superconsumo de aço, o qual estará subutilizado. Peças assim são chamadas de superarmadas e, como o aço estará com pouca tensão, a ruína será por esmagamento do concreto, sendo denominada ruína frágil ou com pouca deformação. Vigas e lajes que estão no Domínio 4 possuem pouca altura para o ELU e, se fossem admitidas pelos critérios do ELU, certamente seriam barradas pelos critérios do ELS.
- *Domínio 4a*: caracteriza-se pelo fato de que a armadura que antes estava tracionada começa a apresentar compressão até o limite em que a deformação da borda mais comprimida seja nula. A armadura é disposta para contribuir com o concreto na resistência dos esforços à compressão, conferindo um pouco mais de ductilidade à peça.
- *Domínio 5*: caracteriza-se por uma variação da deformação da borda mais comprimida de ε_{cu} a ε_{c2}. O ponto de variação é o ponto C da Fig. 1.6.

Os Domínios 4, 4a e 5 são preponderantemente adotados em projeto para os pilares, onde a força normal de compressão com certa excentricidade conduz a peça a esse tipo de equilíbrio. A ruptura nesses domínios sempre é caracterizada pelo esmagamento do concreto, portanto frágil, não avisada, justificando o pensamento de que os "vilões" responsáveis pelas quedas de edifícios são falhas nos pilares e nas fundações.

- *Reta b*: ocorre somente quando há compressão centrada (sem atuação de momentos fletores). O limite de compressão do concreto quando somente agem tensões de compressão é ε_{c2}.

Os valores de ε_{c2} e ε_{cu}, apresentados na Tab. 1.1, variam com a classe de resistência do concreto e são determinados pelas Eqs. 1.1 a 1.4.

- Para concretos de classes C20 a C50

$$\varepsilon_{c2} = 2‰ \tag{1.1}$$

$$\varepsilon_{cu} = 3,5‰ \tag{1.2}$$

- Para concretos de classes C55 a C90

$$\varepsilon_{c2} = 2‰ + 0,085‰ \cdot (f_{ck} - 50)^{0,53} \quad (f_{ck} \text{ em MPa}) \tag{1.3}$$

$$\varepsilon_{cu} = 2,6‰ + 35‰ \cdot [(90 - f_{ck})/100]^4 \quad (f_{ck} \text{ em MPa}) \tag{1.4}$$

Tab. 1.1 Valores de ε_{c2} e ε_{cu}

f_{ck} (MPa)	Grupo 1	Grupo 2						
	20 a 50	55	60	65	70	75	80	85	90
ε_{c2} (‰)	2,0	2,2	2,3	2,4	2,4	2,5	2,5	2,6	2,6
ε_{cu} (‰)	3,5	3,1	2,9	2,7	2,7	2,6	2,6	2,6	2,6

Os limites entre os domínios são caracterizados por posições da LN, que podem ser encontradas por relações gráficas retiradas dos diagramas de domínios de deformação. Definindo a relação $\beta_x = x/d$ (x é a profundidade da LN em relação à borda mais comprimida, e d é a altura útil medida da borda mais comprimida ao centro de gravidade da armadura tracionada), têm-se os seguintes limites expressos por β_x:

- Limite entre a reta a e o Domínio 1 (β_{xRa1})

$$x_{Ra1} = -\infty \Rightarrow \beta_{xRa1} = -\infty \tag{1.5}$$

- Limite entre os Domínios 1 e 2 (β_{x12})

$$x_{12} = 0 \Rightarrow \beta_{x12} = 0 \tag{1.6}$$

- Limite entre os Domínios 2 e 3 (β_{x23})

$$\frac{x_{23}}{d} = \frac{\varepsilon_{cu}}{10‰ + \varepsilon_{cu}} \Rightarrow$$

$$x_{23} = \left(\frac{\varepsilon_{cu}}{10‰ + \varepsilon_{cu}}\right) \cdot d \Rightarrow \beta_{x23} = \frac{\varepsilon_{cu}}{10‰ + \varepsilon_{cu}} \tag{1.7}$$

- Limite entre os Domínios 3 e 4 (β_{x34})

$$\frac{x_{34}}{d} = \frac{\varepsilon_{cu}}{\varepsilon_{yd} + \varepsilon_{cu}} \Rightarrow x_{34} = \left(\frac{\varepsilon_{cu}}{\varepsilon_{yd} + \varepsilon_{cu}}\right) \cdot d \Rightarrow \beta_{x34} = \frac{\varepsilon_{cu}}{\varepsilon_{yd} + \varepsilon_{cu}} \quad \textbf{(1.8)}$$

A NBR 6118 (ABNT, 2023, item 14.6.4.3) estabelece que, para proporcionar o adequado comportamento dúctil em vigas e lajes, a posição da LN no ELU deve obedecer aos seguintes limites:

- para concretos com $f_{ck} \leq 50$ MPa → $\beta_{x,lim} = 0{,}45$;
- para concretos com 50 MPa > $f_{ck} \leq 90$ MPa → $\beta_{x,lim} = 0{,}35$.

Esse limite normativo caracteriza um limite convencional entre os Domínios 3 e 4. Destaca-se que, apesar de ser um limite convencionado, e não o real, deve ser observado no dimensionamento.

1.1 Laje maciça *versus* laje nervurada

Entendido o conceito de que a peça fletida de concreto armado tem sua "vida de carregamento" nos Estádios I e II e relembradas as principais características desses estádios, bem como dos domínios de deformação, pode-se avançar no entendimento do comportamento de uma laje maciça de concreto armado.

As lajes maciças funcionam como as vigas de concreto armado. Há diferenças na forma de carregamento e na distribuição de esforços, mas o comportamento de uma faixa de laje pode ser perfeitamente imaginado como o de uma viga de grande largura e menor altura, resultando numa viga de seção retangular com largura de 100 cm.

Como grande parte das lajes de concreto armado trabalham em serviço no Estádio II, o concreto na região tracionada da peça estará fissurado. Tomando como premissa que o momento fletor atuante seja positivo (tracione as fibras inferiores da seção transversal da peça), haverá uma região considerável da seção transversal da peça, abaixo da LN, que estará fissurada e não contribuirá para resistir aos esforços de tração.

Extrapolando-se esse raciocínio para o Estádio III, situação de dimensionamento e de iminência de ruptura, o concreto da parte abaixo da LN (região tracionada) apresenta grandes fissuras. A LN no Estádio III está cada vez mais elevada, reduzindo a zona comprimida do concreto e expondo ainda mais a seção transversal a tensões de tração, com a consequente fissuração do concreto. A Fig. 1.7 ilustra esse comportamento.

Pode ser observado nessa figura que a região tracionada em uma laje maciça é considerável. Como concreto tracionado não possui utilidade na resistência à tração da peça, grande parte desse material estará ali apenas elevando o

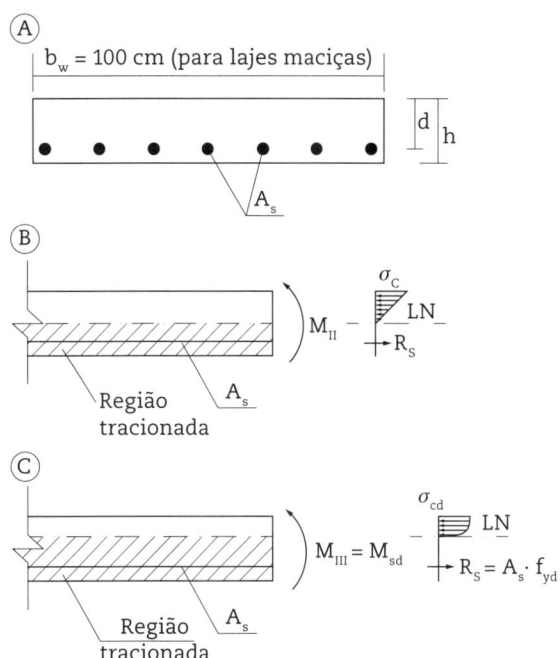

Fig. 1.7 Comportamento de uma peça de concreto armado nos Estádios II e III: (A) seção transversal de uma laje maciça; (B) vista longitudinal de laje com o diagrama de tensões do Estádio II; (C) vista longitudinal de laje com o diagrama de tensões do Estádio III

peso próprio da laje, o que consequentemente aumentará o consumo de materiais em vigas, pilares e fundação. Então, o pensamento natural seria: não é possível eliminar grande parte desse concreto fissurado para que haja economia na obra? Claro que sim!

É assim que nasce o conceito de laje nervurada. Na laje nervurada, boa parte do concreto que estaria tracionado e fissurado em serviço é substituído por um vazio ou um elemento de enchimento que serve apenas de forma, como ilustrado na Fig. 1.8. Com isso, são reduzidos o consumo de concreto e o peso próprio, que em média significam 30% a 60% das ações totais atuantes nas lajes maciças, mas preservando um mínimo de concreto que, embora fissurado, estabelece ligação, com transferência de deformações, entre as zonas tracionada e comprimida.

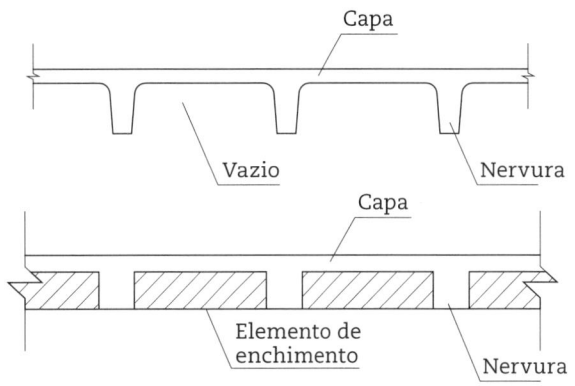

Fig. 1.8 Seções representativas de lajes nervuradas

Não pode ser retirado todo o concreto tracionado. Parte dele deve ficar e é denominado nervura. A função do concreto na nervura é envolver o aço tracionado e garantir que ele sofra deformação e entre em trabalho, ligando a zona tracionada à comprimida. Logo, deve existir uma continuidade entre o concreto da região comprimida (mesa) e o concreto da região tracionada que envolve a armadura das nervuras.

A laje nervurada deixa de ter uma seção transversal retangular, como a maciça, e passa a ter uma seção composta de um conjunto monolítico de pequenas vigas T.

Uma laje maciça pode ter seus esforços obtidos pela teoria de placas. Não é objetivo deste livro descrever essa teoria. Podem também ser utilizadas tabelas simplificadas para a determinação de esforços, tais como as desenvolvidas por Barès, Kalmanoc, Marcus e Czerne. Algumas delas apresentam resultados indicativos para estimativas de deslocamento. Um conjunto dessas tabelas foi adaptado por Pinheiro (2007) e é apresentado no Anexo B.

As lajes nervuradas podem ser unidirecionais, com nervuras de cálculo em uma única direção, ou bidirecionais, com nervuras de cálculo em duas direções (Fig. 1.9). A determinação de esforços e deformações em lajes nervuradas unidirecionais segue os critérios de vigas. Já para as lajes nervuradas bidirecionais, a NBR 6118 (ABNT, 2014), respeitados seus critérios, permitia o uso de tabelas simplificadas para cálculos manuais. A revisão da NBR 6118 (ABNT, 2023) retirou a possibilidade do emprego de tabelas manuais para o cálculo dessas lajes. Entretanto, os autores julgam que, com a devida análise e ajustes teóricos, os resultados manuais continuam válidos, visto que durante décadas inúmeros projetos foram desenvolvidos determinando-se os esforços dessa forma.

O exercício acadêmico de aprendizado passa pela experiência de cálculo simplificado manual, e a primeira maneira de definir os esforços em uma laje nervurada bidirecional é utilizando-se de processos manuais expeditos com o uso de tabelas clássicas. Porém, há uma diferença que pode afastar as soluções dos requisitos de economia. É melhor para lajes nervuradas bidirecionais a determinação dos esforços e dos deslocamentos pelo método de grelhas e, de modo ainda mais preciso, pelo método dos elementos finitos (MEF).

Há um interessante estudo comparativo em Carvalho e Pinheiro (2009) sobre a diferença de resultados entre método de grelhas e MEF, demonstrando também que, em alguns casos, através do MEF pode-se obter esforços e deslocamentos mais reduzidos. Outros autores sugerem correção nos resultados encontrados de modo simplificado por tabelas para lajes maciças, quando aplicados para lajes nervuradas, através de coeficientes multiplicadores, mas é possível notar imprecisões significativas quando esses valores são comparados aos calculados pelo MEF, bem como aos obtidos em laboratório para as lajes nervuradas.

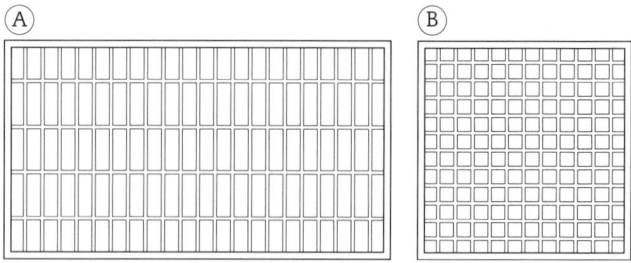

Fig. 1.9 Lajes (A) unidirecional e (B) bidirecional

1.2 Tipos de laje nervurada

Existem vários sistemas de lajes nervuradas que já foram ou ainda são empregados no mercado nacional. O presente texto não tem o objetivo de esgotar o assunto, apresentando-se apenas algumas das principais características de tipos de laje nervurada que são julgadas pertinentes e frequentes ao longo de suas histórias de utilização.

1.2.1 Laje nervurada executada com forma de madeira

As primeiras lajes nervuradas eram executadas com formas de madeira. Esse processo era muito trabalhoso, com mão de obra artesanal de carpintaria, e consumia um grande volume de formas, razões pelas quais não é mais utilizado na atualidade.

1.2.2 Laje nervurada com elementos de enchimento estruturais

Uma forma antiga e ultrapassada de laje nervurada utilizava o elemento de enchimento como peça colaborante para absorver tensões de compressão (conforme a antiga NBR 6119, já extinta). Os elementos de enchimento eram geralmente lajotas ou tijolos alinhados. Esse tipo de laje nervurada apresentava funcionamento totalmente diferente do das modernas lajes mistas aço-concreto. Em resumo, para as considerações de cálculo, a norma permitia considerar a contribuição de uma parcela da resistência à compressão oferecida pelas lajotas ou pelos tijolos. Seu processo de execução exigia que fosse feito um tablado de madeira como para uma laje maciça. Frequentemente, erros de execução faziam com que os elementos de enchimento escorregassem de sua posição original de projeto durante a fase de concretagem, estrangulando e alargando as nervuras afetadas. Por ser pouco prático e resultar na perda da qualidade resistente dos elementos cerâmicos utilizados no sistema, foi abandonado com o surgimento de outros sistemas construtivos/estruturais mais seguros.

1.2.3 Laje nervurada com vigotas de concreto armado (tipo Volterrana)

Precursora dos modernos sistemas de lajes nervuradas com elementos pré-moldados, podendo ser pré-fabricada, com o atendimento aos requisitos normativos para cada caso, a antiga laje nervurada Volterrana ocupou grande espaço nas obras de pequeno e médio porte até a década de 1980 em várias regiões de grandes centros e interior do Brasil. Contudo, no período de 1980 a 2000 foi gradativamente sendo substituída por sistemas de lajes também pré-moldadas de utilização crescente no mercado nacional, tais como treliçadas e protendidas, a exemplo de outros mercados mundiais.

Nesse sistema, as nervuras são compostas de vigotas pré-fabricadas com fios de aço incorporados na direção longitudinal. Essas vigotas, também conhecidas por trilhos, palitos e viguetas, são espaçadas na montagem das obras por intereixos de medidas regulares que variam com as dimensões do material de enchimento disponíveis para a aplicação, geralmente nas opções de 25 cm e 30 cm de largura, designadas comercialmente como lajotas para lajes de piso e forro, respectivamente.

A NBR 14859-1 (ABNT, 2016a) apresenta esses elementos de vigotas com armadura simples ou comum (VC). Suas dimensões definidas em norma podem ser visualizadas na Fig. 1.10.

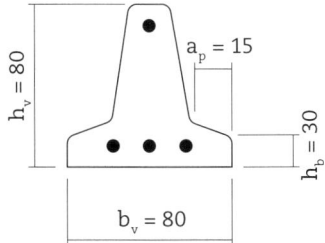

Fig. 1.10 Vigota de laje tipo Volterrana (cotas em mm)

Seu processo de fabricação convencional é feito em formas de aço nas quais a base da vigota fica invertida (virada para cima). Para garantir a desforma, a forma é untada com "desmoldante", geralmente óleo queimado, que prejudica a aderência entre o concreto das vigotas e o concreto lançado em obra, para completar a laje, preenchendo as nervuras e a mesa de compressão. A deficiência de aderência pode gerar manifestações patológicas sérias, reduzindo a vida útil e pondo em risco a estabilidade das lajes de vãos maiores e/ou com grandes carregamentos solicitantes.

Além do problema da aderência, outra deficiência percebida nesse sistema decorre de as vigotas pré-fabricadas possuírem seção maciça de concreto, impedindo ou dificultando a execução de nervuras transversais. Em algumas regiões do País, a exemplo de Campinas (SP), deixava-se furação transversal nas vigotas, geralmente a cada 1,20 m, variando até 1,80 m, para a passagem de armadura transversal das nervuras transversais, executadas perpendicularmente às nervuras principais, onde estão os elementos pré-fabricados de concreto.

Outra característica restritiva desse sistema é a falta de armadura de cisalhamento (estribos de aço). Portanto, reunidas todas essas características, fica delimitado o campo de atuação desse sistema construtivo a obras de pequeno porte, com vãos e carregamentos pequenos e sujeitos a quadros de fissuração ao longo de sua vida útil, que é relativamente reduzida quando comparada à de soluções de lajes monolíticas, mesmo que cumprindo, com limitações, a função de apenas placa.

1.2.4 Laje nervurada com vigotas de concreto protendido

Semelhantemente à laje Volterrana, a laje nervurada com vigotas protendidas possui elementos pré-fabricados com armadura ativa.

Por conta da contraflecha gerada no ato da protensão das vigotas, na montagem da laje, dispensa-se o emprego de contraflecha no escoramento. Outra vantagem é a diminuição no consumo de linhas de escoramento, efeito também gerado pela protensão.

Na Fig. 1.11 podem ser observadas as dimensões padronizadas dessas vigotas. O intereixo dependerá da dimensão do elemento de enchimento.

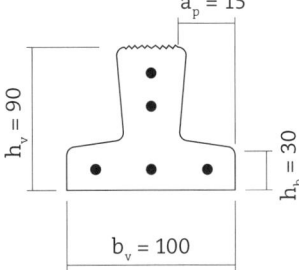

Fig. 1.11 Vigota pré-fabricada protendida (cotas em mm)

Devido ao formato da vigota e pelo fato de, na maioria das vezes, ela ter a parte superior rugosa (processo de fabricação em pista livre de forma), o problema de falta de condições de aderência entre o concreto executado na fábrica e o concreto executado na obra é nulo ou minimizado, dependendo da efetiva tensão de cisalhamento horizontal presente em cada caso de utilização. Existe a necessidade de o concreto de obra ser especificado com características técnicas que possibilitem um bom adensamento na obra para que ele possa preencher a lateral das nervuras entre o elemento de enchimento e a peça pré-fabricada.

Entretanto, nesse sistema é observado o mesmo problema da ausência de nervuras transversais que limita a laje Volterrana, que nesse caso é agravado por sua total impossibilidade executiva. Outra desvantagem desse sistema é o aumento no peso próprio das vigotas, que dificulta o transporte manual e a montagem em vãos acima de 3 m, quando comparado aos outros sistemas de vigotas pré-fabricadas aqui abordados. Contudo, esse sistema construtivo tem características técnicas que o indicam para lajes retangulares com carregamento uniforme e homogêneo, estando sujeito, em outras situações, a trincas, fissuras e deformações indesejáveis, além de funcionamento restrito apenas como placa, impossibilitado de agregar a função de membrana ou diafragma rígido, sendo apenas laje nervurada unidirecional.

1.2.5 Laje nervurada alveolar

Trata-se de um sistema empregado em grande escala em edificações constituídas de elementos pré-fabricados. Uma laje alveolar geralmente é protendida e sempre calculada como unidirecional, contribuindo apenas com função de placa. É executada sem o auxílio de escoras e formas, o que eleva a velocidade de execução, mas depende de recursos mecanizados para ser transportada e montada. No entanto, na obra geralmente é necessário empregar torniquetes para equalizar as diferenças de contraflechas que os painéis carregam devido ao processo de fabricação e a dificuldades como diferença de idade do concreto em que se aplica a protensão, variação de clima entre lotes de produção que serão empregados num mesmo pano de laje etc. Essas dificuldades justificam não só os torniquetes, mas também a necessidade de chaves de cisalhamento entre painéis vizinhos, apropriadas para determinados limites de tensão.

Apesar de não possuir nervuras transversais, em geral há uma boa redistribuição de ações entre os painéis alveolares devido à chave de cisalhamento e à capa estrutural (capa de concreto moldada *in loco* sobre a superfície da laje alveolar) com uma malha de aço corretamente dimensionada e empregada (Fig. 1.12).

Esse sistema construtivo apresenta grande velocidade de execução quando utilizado em estruturas modulares.

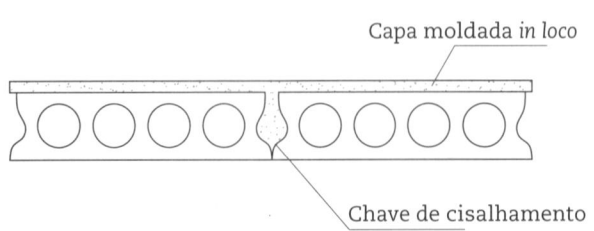

Fig. 1.12 Exemplo de seção transversal de laje alveolar

É pouco flexível para arquiteturas com variação geométrica não modular.

1.2.6 Laje nervurada PI

Possui o nome PI em razão de o formato da seção transversal lembrar a letra grega π (pi). Trata-se de um sistema de laje unidirecional onde os painéis PI pré-fabricados são posicionados lado a lado e solidarizados com uma mesa de concreto superior moldada *in loco*.

Essa laje é extensamente utilizada em construções de sistemas pré-fabricados e para grandes vãos, além de ser indicada para carregamento homogêneo, representando a maior concorrente da laje alveolar. Depende de recursos mecanizados para ser transportada e montada. A parte inferior precisa de forro falso se há necessidade de teto liso, escondendo assim as nervuras dispostas longitudinalmente.

1.2.7 Laje nervurada mista aço-concreto

Considerada, para efeito de cálculo, armada em uma direção, essa laje caracteriza-se como um sistema no qual uma folha de aço, devidamente conformada para garantir inércia adequada em seu plano, é estendida sobre o vão. Uma vez posicionada a forma, coloca-se uma tela de aço sobre ela e lança-se o concreto. Ao endurecer, o concreto desenvolve aderência com a chapa de aço, que contribui como parte da armadura positiva (inferior de tração) da laje. Na Fig. 1.13 é apresentado um exemplo de seção transversal de laje mista.

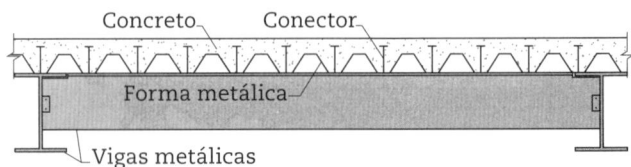

Fig. 1.13 Exemplo de seção transversal de laje mista

Esse sistema é muito utilizado em edifícios metálicos onde a chapa é soldada nas vigas de aço com os conectores, que garantem o funcionamento de viga mista. Geralmente é executado sem escoramento.

Necessita de proteção adicional contra o fogo, encarecendo a solução, já que a chapa inferior fica exposta. Também se recomenda que essa chapa seja galvanizada. Há necessidade de forro falso para esconder as nervuras.

1.2.8 Laje nervurada com cubas plásticas

Conhecida também como laje de cubetas ou cabaças, a laje nervurada com cubas plásticas é caracterizada por oferecer função de placa e diafragma rígido quando disposta de forma bidirecional, sendo essa a condição mais usual de sua utilização. Oferece recursos de cimbramento, que pode eliminar assoalho de forma e alto consumo de carpintaria. Com apenas dois jogos de formas por pavimento-tipo, possibilita diluição no custo das formas.

Está presente com frequência em edifícios altos, sendo apoiada nas vigas ou diretamente nos pilares com o emprego de maciços junto aos pilares quando desejável teto liso, com a retirada das vigas intermediárias. Geralmente há interesse em manter as vigas das fachadas e nos núcleos internos de caixa das escadas e dos elevadores, bem como em áreas de ventilação, para diminuir deformações, dando melhores condições de compatibilização dos elementos estruturais com os de fechamento, seja vidro ou alvenarias revestidas em cerâmica, o que, diferentemente disso, pode predispor a diversas manifestações patológicas e/ou manutenções indesejáveis. Estão aqui comentários em linhas gerais, mas cada situação de obra/projeto demanda acurado estudo e análise para a escolha da melhor solução considerando todas as possibilidades vistas no mercado da construção civil. Na Fig. 1.14 é mostrado um exemplo de seção transversal desse sistema.

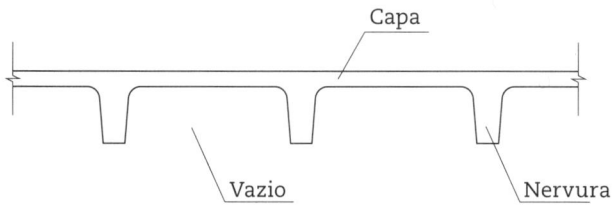

Fig. 1.14 Exemplo de seção transversal de laje nervurada com cubas plásticas

Sua execução pode ser em concreto armado e/ou em concreto protendido e demanda um sistema específico de escoramentos e grelhas de vigas metálicas ou de madeira. As cubas são reaproveitáveis, por isso dependem da aplicação de desmoldante, e o formato expulsivo delas permite que sejam facilmente sacadas com injeção de ar comprimido. O desmoldante não pode ser aplicado após o posicionamento da armadura da laje, pois deterioraria o sistema de aderência aço-concreto, sendo esse um fator indesejável, contraproducente. Para armadura de protensão in loco, geralmente são utilizadas cordoalhas engraxadas com bainhas de polipropileno.

A espessura média alta desse tipo de laje decorre de ele ter uma mesa de espessura considerável e nervuras trapezoidais largas, implicando um consumo de concreto geralmente maior que no sistema treliçado e elevando o gasto com vigas, pilares e fundação. Essa laje trabalha bem como diafragma rígido quando bidirecional. Necessita de forro falso para esconder os vazios deixados pelas cubas.

1.2.9 Laje nervurada Bubble Deck

Trata-se de uma laje nervurada com mesa dupla, bidirecional, com função de placa e diafragma rígido e geralmente executada in loco. Originada no norte europeu, não é coberta pelas normas brasileiras e é pouco comum no mercado nacional. As nervuras são de seção variável no espaço, formadas entre esferas de polipropileno devidamente dispostas e delimitadas por armaduras em telas de aço customizadas, superior e inferior, de mesmo espaçamento e projeção vertical dos fios. No caso dessa laje executada in loco, o consumo de forma é igual ao da laje maciça convencional. O concreto empregado na obra deve ser autoadensável. Esse sistema pode também ser executado com placas pré-moldadas içadas para a posição final, sendo posteriormente feita a concretagem do restante da altura da laje. Nesse caso, há a dispensa do consumo de forma.

1.2.10 Laje nervurada treliçada

Lajes treliçadas são os objetos principais deste livro. Nesta seção são tratadas as lajes nervuradas treliçadas, que podem ser subdivididas em quatro tipologias e duas variações, ilustradas no Cap. 4:

- laje nervurada treliçada seção T, apoiada em estruturas convencionais constituídas de barras aporticadas por meio de elementos de vigas e pilares;
- laje lisa e/ou laje-cogumelo nervurada treliçada seção T, apoiada em estruturas constituídas de barras aporticadas por meio de elementos planos designados como maciços ou capitéis, que transferem as reações das lajes diretamente aos pilares;
- laje nervurada treliçada seção duplo T, apoiada em estruturas convencionais constituídas de barras aporticadas por meio de elementos de vigas e pilares;
- laje lisa e/ou laje-cogumelo nervurada treliçada seção duplo T, apoiada em estruturas constituídas de barras aporticadas por meio de elementos planos designados como maciços ou capitéis, que transferem as reações das lajes diretamente aos pilares.

Os dois primeiros sistemas comentados são parte do grupo constituído por vigotas treliçadas pré-fabricadas, elementos de enchimento e forma, armaduras complementares e concreto adicionado na obra. Ambos também aceitam ser modelados nas variações geométricas/estruturais unidirecionais e bidirecionais, cuja relação de intereixos nas bidirecionais pode variar de 1 a 2, sendo geralmente o limite da eficiência de economia 1 a 1,5; e, acima de 2, comumente se despreza a contribuição da direção transversal às vigotas treliçadas, configurando-se nesse caso em lajes unidirecionais. A versatilidade desses sistemas construtivos confere a possibilidade de adoção de modelos onde a relação dos intereixos das lajes acompanha com certa aproximação a relação de lados da laje propriamente dita, resultando em soluções econômicas, mantendo a praticidade da execução não conferida por nenhum outro sistema construtivo. Isso permite um ajuste fino ao colocar os materiais resistentes nos caminhos dos esforços com segurança e economia, graças à possibilidade da produção de blocos de enchimento em poliestireno expandido (EPS) na geometria desejada para cada projeto.

As duas últimas tipologias comentadas são caracterizadas por lajes nervuradas treliçadas seção duplo T. São constituídas por minipainéis ou painéis treliçados justapostos, sobre os quais são dispostos elementos de enchimento e forma, intercalados entre treliças e afastados para estabelecimento das nervuras transversais, que seguem as mesmas possibilidades de variações de intereixos das tipologias anteriores, configurando-se em lajes unidirecionais ou bidirecionais. Esses casos de minipainéis e painéis treliçados são mais usuais nas condições de estruturas convencionais estabelecidas por pilares que recebem as vigas que, por sua vez, recebem as lajes, mas isso não impede que ajustes de projetos sejam adotados e que as aplicações dos minipainéis e dos painéis treliçados sejam desenvolvidas para lajes lisas e lajes-cogumelo também.

Mesmo em lajes unidirecionais, recomenda-se a aplicação de nervuras transversais com intereixos definidos em projeto e largura mínima de 5 cm, praticada geralmente com 10 cm, podendo em casos especiais chegar até 20 cm.

As nervuras transversais são subestimadas quando chamadas apenas de nervuras de travamento, dando a esses elementos uma importância diminuída. Na verdade, as nervuras transversais redistribuem ações concentradas (por exemplo, de alvenarias, pontaletes de telhados, equipamentos pesados etc.) para as nervuras principais adjacentes. A ausência dessas nervuras transversais faz com que o momento fletor na nervura principal que recebe a ação concentrada seja muito maior do que nas nervuras vizinhas. Como o momento fletor é diretamente proporcional à deformação da nervura, ela deformará relativamente mais que as nervuras adjacentes, gerando um quadro de fissuração característico na parte inferior da laje, no sentido das vigotas, como ilustrado na Fig. 1.15. Esse problema é mais comum em lajes com vãos acima de 4 m, assim como em situações de carregamento pontual ou carregamento em linha paralela às vigotas.

A Fig. 1.16 ilustra as dimensões normatizadas de uma vigota treliçada. Pelo fato de esse elemento possuir uma base de concreto de altura relativamente baixa (mínimo

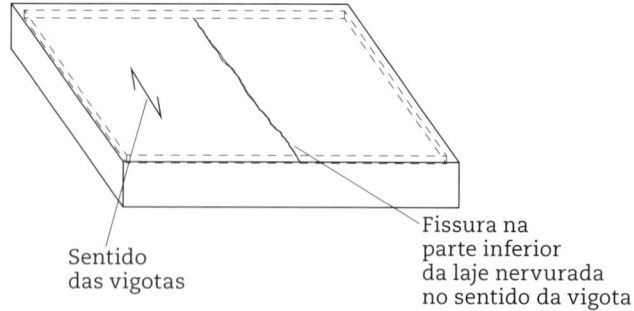

Fig. 1.15 Fissura causada por ausência de nervura transversal em laje nervurada

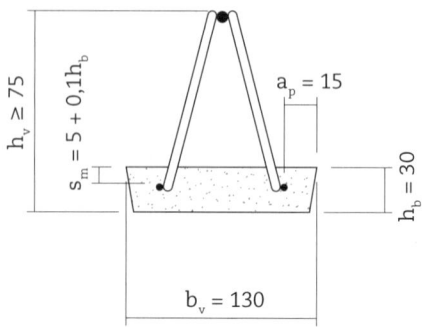

Fig. 1.16 Vigota treliçada (cotas em mm)

de 30 mm, mas podendo ter outras alturas para atender a classes de agressividade maiores), há a possibilidade de execução de nervuras transversais, viabilizando a construção de lajes bidirecionais, proporcionando sua utilização com eficiência técnica e viabilidade econômica para diversas tipologias de obra em soluções estruturais de obras horizontais e verticais.

Apresenta outras vantagens, tais como facilidade de montagem e possibilidade de transporte manual de seus componentes, embora esse processo seja otimizado quando houver na obra recursos de içamento e transporte mecanizados. O fundo da laje é plano, não necessitando de forro falso para atender a essa condição.

Outra maneira de trabalhar com o sistema treliçado é a treliça com forma incorporada deixar de ser um elemento pré-fabricado de concreto estrutural, passando a ser um elemento moldado in loco. Nesse caso, necessita de proteção adicional contra o fogo, já que a chapa inferior fica exposta. Também se recomenda que essa chapa seja galvanizada (Fig. 1.17), além de serem exigidas linhas de escora mais próximas em decorrência da redução do produto de rigidez na fase de execução.

Lajes com minipainéis treliçados permitem manejo e transporte manual, embora haja maior produtividade quando são utilizados equipamentos e processos mecanizados. Na Fig. 1.18 são ilustradas as dimensões normatizadas de minipainéis treliçados.

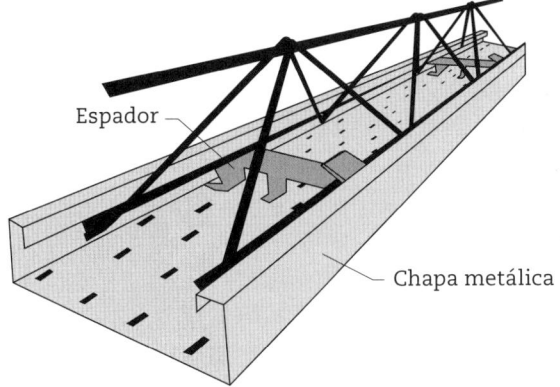

Fig. 1.17 Sistema treliçado com forma metálica incorporada

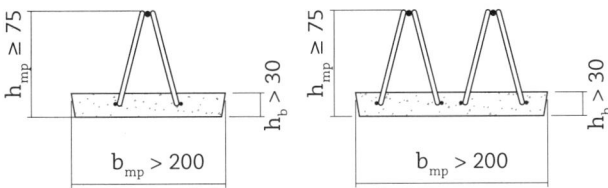

Fig. 1.18 Dimensões normatizadas para minipainéis treliçados (cotas em mm)

Lajes com painéis treliçados possuem maior produtividade quando comparadas com as lajes com minipainéis treliçados. Dependem de equipamentos e processos mecanizados. Na Fig. 1.19 são apresentadas as dimensões normatizadas de painéis treliçados.

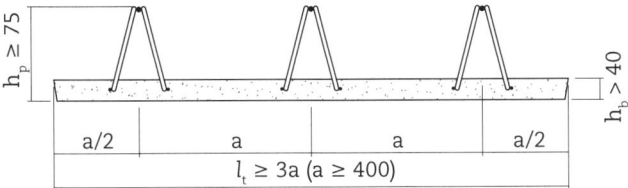

Fig. 1.19 Dimensões normatizadas para painéis treliçados (cotas em mm)

Mais detalhes, características e aplicações dos sistemas treliçados podem ser obtidos no Cap. 2.

1.3 Armadura treliçada

A armadura treliçada foi primeiramente desenvolvida e utilizada para lajes na Europa, onde existem geometrias atípicas com diâmetros de barras leves a pesadas que ainda não são encontrados no Brasil. Em seu formato conhecido, foi introduzida de forma mais incisiva no Brasil em meados da década de 1980, com a aquisição de máquinas de eletrossoldagem por empresas nacionais. Uma referência de trabalho histórico sobre lajes com elementos pré-fabricados de concreto é Carvalho et al. (2005). Na Fig. 1.20 é ilustrada a evolução da armação treliçada.

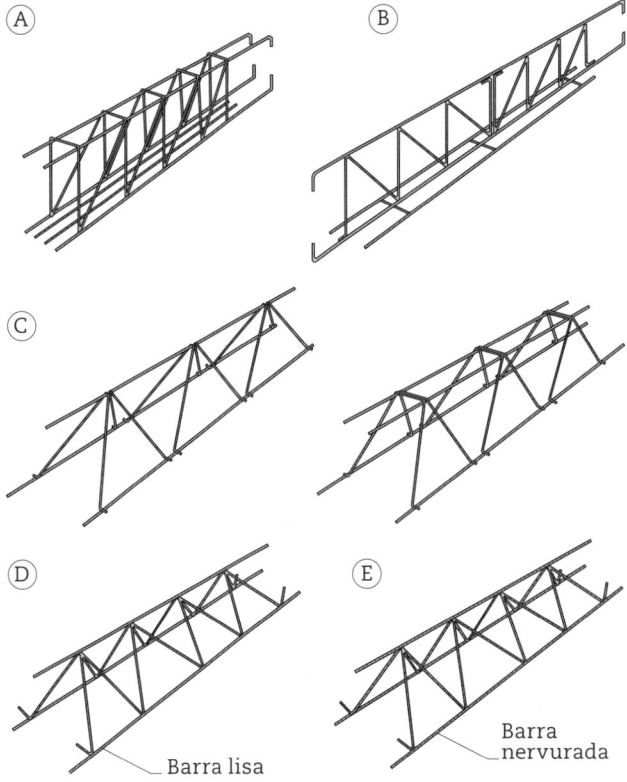

Fig. 1.20 Evolução das tipologias das armaduras treliçadas: (A) armaduras amarradas, 1930; (B) armaduras amarradas e soldadas, 1930; (C) armaduras soldadas, 1950; (D) barras lisas, 1960; (E) barras nervuradas, 1997

As armaduras treliçadas, ilustradas nas Figs. 1.21 e 1.22, são regidas pela NBR 14859-3 (ABNT, 2017b), segundo a qual a armadura treliçada eletrossoldada é uma armadura de aço pronta, pré-fabricada, em forma de estrutura espacial prismática, constituída por dois fios ou barras de aço paralelos longitudinais na base (banzo inferior) e um fio ou barra de aço longitudinal no topo (banzo superior), interligados por eletrofusão (caldeamento) aos dois fios ou barras de aço laterais que constituem as diagonais contínuas (sinusoides), que exercem função de estribos inclinados, com espaçamento regular (passo p igual a 20 cm).

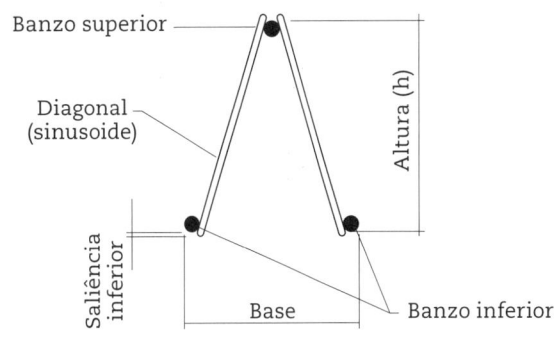

Fig. 1.21 Seção transversal de armadura treliçada

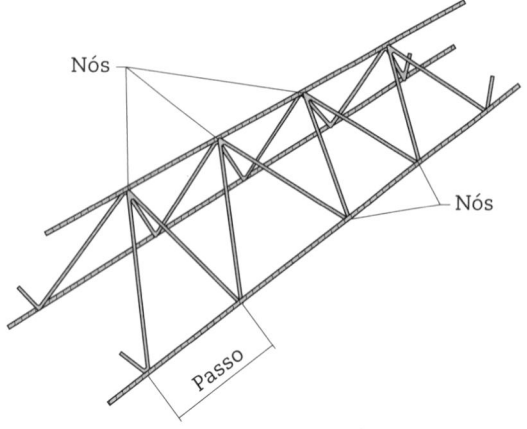

Fig. 1.22 Perspectiva de armadura treliçada

Em geral, as treliças são fabricadas com fios e barras em aço CA-60, sendo vedado o uso de aço CA-25. Nos banzos inferior e superior, para armaduras longitudinais, são permitidos fios e barras nervurados ou entalhados. Contudo, o fio ou a barra de aço que compõe o banzo superior deve atender às bitolas mínimas, conforme mostrado na Tab. 1.2.

Tab. 1.2 Diâmetro nominal mínimo do fio ou da barra de aço no banzo superior

Altura da armadura treliçada (mm)	Diâmetro nominal mínimo (mm)
De 60 a 130	6,0
De 131 a 225	7,0
De 226 a 300	8,0

Fonte: ABNT (2017b, p. 3).

As tolerâncias nominais das dimensões das treliças são apresentadas na Tab. 1.3.

Tab. 1.3 Dimensões nominais e tolerâncias

Característica	Dimensão nominal (mm)	Tolerância
Base	70 a 120	±5,0%
Passo	200	±3 mm
Altura[a]	60 a 80	±3,0%
	81 a 180	±2,0%
	> 180	±1,5%
Saliência inferior	Igual ao diâmetro da diagonal (sinusoide)	Mínimo: 0 mm Máximo: +3,0 mm
Comprimento[b]	8.000, 10.000 e 12.000	±0,3%

[a]As alturas das treliças eletrossoldadas são: 60 mm, 80 mm, 120 mm, 160 mm, 200 mm, 250 mm e 300 mm. Outras alturas podem ser fornecidas mediante acordo entre fornecedor e comprador, desde que superiores a 60 mm.

[b]Outros comprimentos podem ser fornecidos mediante acordo entre fornecedor e comprador, atendendo à tolerância.

Fonte: ABNT (2017b, p. 4).

A única solda permitida é por eletrofusão (caldeamento), e para isso a soldabilidade do aço utilizado precisa ser garantida preservando suas propriedades mecânicas, bem como deve haver a garantia da seção de aço ao longo dos fios ou das barras. Não é permitido o uso de aço com oxidação (mesmo que superficial), e todos os nós soldados devem ser íntegros e resistir ao mínimo requerido na NBR 14859-3 (ABNT, 2017b, item 4.1.2).

A designação padronizada de uma treliça começa com as letras TR. Os números que seguem indicam respectivamente a altura em centímetros, o diâmetro do fio ou da barra do banzo superior em milímetros, o diâmetro das diagonais inclinadas (sinusoides) em milímetros e o diâmetro dos fios ou das barras do banzo inferior em milímetros. Por exemplo, TR 12645 representa uma treliça com altura de 12 cm, diâmetro do fio ou da barra do banzo superior de 6 mm, diâmetro das diagonais (sinusoides) de 4,2 mm e diâmetro dos fios ou das barras que compõem o banzo inferior de 5 mm.

No mercado nacional são encontradas algumas variações de bitolas dos fios ou das barras que compõem a treliça, bem como variações de altura. A Tab. 1.4 apresenta as treliças padronizadas por norma, entre outras especiais fabricadas sob demanda, para tipologias de obra que necessitam de autoportância ou de afastamento maior entre linhas de escora, tais como obras de arte especiais (pontes, viadutos etc.) e obras de arte correntes (galerias pluviais, passagens de gado, canais etc.).

Comumente, as treliças são comercializadas em barras de 6 m, 8 m, 10 m e 12 m de comprimento, predominando a de 12 m, embora haja fabricantes que as forneçam em medida personalizada, múltiplo de 20 cm, sob demanda mínima. Quando há a necessidade de emendar treliças, recomenda-se que esse procedimento seja feito posicionando as treliças de forma alinhada de topo e suplementando-as com barras de transpasse adicionais, garantindo o transpasse mínimo correto, para ambos os lados, conforme a NBR 6118 (ABNT, 2023).

Nas máquinas de fabricação das armaduras treliçadas, os fios são acondicionados em bobinas das quais são automaticamente desenrolados, dobrados (no caso das diagonais) e posicionados quando são instantaneamente eletrossoldados no processo automatizado de fabricação.

A forma espacial da treliça, bem como as variações na altura e no diâmetro das barras ou dos fios que a constituem, como pode ser visto na Fig. 1.22, garante uma rigidez que permite um espaçamento relativamente grande entre as linhas de escora. Essa é a principal razão de seu formato considerando as fases da execução das lajes, que

Tab. 1.4 Treliças padronizadas para o mercado brasileiro

Armadura treliçada[a]	Altura (cm)	Diâmetro do fio[a] do banzo superior (mm)	Diâmetro das diagonais (sinusoides) (mm)	Diâmetro dos fios[b] do banzo inferior (mm)	Abertura do banzo inferior (cm)	Massa linear (kg/m)[c]
TR 6634	6	6,0	3,4	4,2	6	0,613
TR 6644	6	6,0	4,2	4,2	6	0,704
TR 8634	8	6,0	3,4	4,2	8	0,631
TR 8644	8	6,0	4,2	4,2	8	0,731
TR 8645	8	6,0	4,2	5,0	8	0,822
TR 10644	10	6,0	4,2	4,2	8	0,759
TR 10645	10	6,0	4,2	5,0	8	0,850
TR 12645	12	6,0	4,2	5,0	8	0,881
TR 12646	12	6,0	4,2	6,0	8	1,017
TR 16745	16	7,0	4,2	5,0	8	1,030
TR 16746	16	7,0	4,2	6,0	8	1,166
TR 20745	20	7,0	4,2	5,0	9	1,107
TR 20756	20	7,0	5,0	6,0	9	1,449
TR 25856	25	8,0	5,0	6,0	10	1,683
TR 25857	25	8,0	5,0	7,0	10	1,843
TR 25858	25	8,0	5,0	8,0	10	2,028
TR 30856	30	8,0	5,0	6,0	10	1,825
TR 30857	30	8,0	5,0	7,0	10	1,986
TR 30858	30	8,0	5,0	8,0	10	2,171

[a]Para projetos, recomenda-se procurar catálogo de fabricante.

[b]Os fios longitudinais podem ser substituídos por barras quando necessário, sob demanda.

[c]Existe pequena variação entre fabricantes.

implicam transporte, içamento e solicitações próprias de montagem até a concretagem na obra e a cura do concreto, racionalizando e viabilizando muitas aplicações em obras de difícil e oneroso cimbramento.

Entretanto, em casos nos quais é preciso o uso de armadura de combate à força cortante na laje, as diagonais (sinusoides) também contribuem para esse fim, fazendo o devido aproveitamento das diagonais que costuram (cortam perpendicularmente) as bielas de compressão. Para o aproveitamento indicado, faz-se necessário determinar a inclinação das diagonais da treliça a fim de considerar no cálculo sua contribuição resistente efetiva. Para vãos e solicitações que demandam resistência acima da que o concreto oferece ao cisalhamento, a presença da treliça favorece e otimiza a solução da laje sem a necessidade de aumentar sua altura, diminuir o intereixo ou mesmo aumentar o f_{ck} de projeto.

A armadura treliçada é um material estrutural nobre e diferenciado por suas propriedades mecânicas resistentes. Talvez por seu fácil acesso no mercado, tem havido aplicações "criativas" desse elemento, mas algumas delas inadequadas do ponto de vista técnico. O desenvolvimento da armadura (doravante chamada apenas de treliça) tem como finalidade sua utilização em elementos simplesmente fletidos. Então ela é bem empregada em lajes, cintas de amarração, vergas e contravergas ou outro elemento simplesmente fletido (com momento fletor e força cortante).

Às vezes, o mercado tem utilizado essas treliças em elementos verticais predominantemente comprimidos (pilares) com substituição parcial ou total das armaduras em barras. Essa aplicação é incorreta e não pode ser admitida em nenhuma hipótese.

Um pilar possui ação predominante de compressão e a armadura dele deve auxiliar o concreto comprimido a resistir ao esforço normal. Como há monolitismo, quando o concreto sofre deformação de encurtamento, o aço também sofre encurtamento, absorvendo parte do carregamento de compressão.

Nos pilares, a principal função dos estribos é o cintamento e a diminuição do comprimento de flambagem das barras longitudinais dispostas próximo às faces e aos cantos dos pilares. Por esse motivo, o estribo do pilar é fechado e nunca aberto, devendo desenvolver todo o contorno geométrico no limite externo da seção transversal, sendo recuado apenas o valor do cobrimento da armadura para cada situação de projeto. Uma treliça, além de não ter estribo fechado, jamais oferece atendimento a essa condição de desempenho estrutural.

A tentativa de utilizar treliça para qualquer "pilar" não atende à boa técnica, pois, entre os motivos já apresentados, não há o necessário fechamento do estribo, logo não é possível atender aos critérios técnicos que subsidiam as exigências da NBR 6118 (ABNT, 2023). E, para pilares que apresentam eixos de simetria, a armadura deve ser sempre distribuída de forma também simétrica, condição que as armaduras treliçadas não oferecem. Portanto, não podem ser usadas treliças para compor armadura de pilares!

Sua aplicação em vigas não é comum, já que a área de aço necessária nesse caso geralmente é maior que a da treliça e precisaria de armadura adicional tanto longitudinal quanto vertical. Se a viga sofrer torção, não podem ser utilizadas treliças. Os autores não recomendam a utilização de treliças em vigas.

Outra aplicação que as treliças têm é como espaçadores para garantir a posição e o cobrimento das armaduras principais, geralmente em malhas prontas para lajes e pisos industriais.

MATERIAIS CONSTITUINTES DOS SISTEMAS TRELIÇADOS

2

O conhecimento das propriedades dos materiais de construção utilizados na fabricação das lajes é de suma importância para o projetista, uma vez que a alteração de alguma das propriedades pode influenciar diretamente o comportamento estrutural da edificação.

Neste capítulo são apresentados de forma sucinta os principais parâmetros de projeto dos materiais empregados nas lajes treliçadas.

2.1 Concreto

O concreto deve ser especificado para que tenha trabalhabilidade adequada, permitindo boa compactação, e seja homogêneo, evitando segregação, assim como deve ser corretamente dosado para que atinja a resistência característica à compressão exigida em projeto no estado endurecido.

A NBR 6118 (ABNT, 2023) prevê as classes de resistência dos grupos I e II abordados na NBR 8953 (ABNT, 2015b) e considera até a classe de resistência máxima C90. No grupo I, estão previstos os concretos das classes C20 a C50, e no grupo II, os concretos das classes C55 a C90.

As principais características do concreto utilizadas em projeto são:

- resistência característica do concreto à compressão (f_{ck});
- resistência média do concreto à tração ($f_{ct,m}$);
- valor inferior da resistência característica do concreto à tração ($f_{ctk,inf}$);
- valor superior da resistência característica do concreto à tração ($f_{ctk,sup}$);
- módulo de elasticidade tangente inicial do concreto (E_{ci});
- módulo de elasticidade secante do concreto (E_{cs}).

Após o ensaio dos corpos de prova do concreto usado na obra e o cálculo do f_{ck}, há uma probabilidade de 5% de o concreto que está na estrutura não atingir essa resistência. Para estimá-la em um lote de concreto, são moldados e preparados corpos de prova segundo a NBR 5738 (ABNT, 2015a), os quais são ensaiados de acordo com a NBR 5739 (ABNT, 2018). A resistência à compressão simples é denominada f_c.

As resistências à tração direta, na falta de ensaios, podem ser obtidas a partir da resistência à compressão f_{ck} por meio de:

$$f_{ctk,inf} = 0{,}7 f_{ct,m} \qquad (2.1)$$

$$f_{ctk,sup} = 1{,}3 f_{ct,m} \qquad (2.2)$$

A resistência média à tração para concretos de classes até C50 é calculada por:

$$f_{ct,m} = 0{,}3 f_{ck}^{2/3} \qquad (2.3)$$

e, para concretos de classes C55 a C90, por:

$$f_{ct,m} = 2{,}12 \ln\left[1 + 0{,}1 \cdot \left(f_{ck} + 8\right)\right] \qquad (2.4)$$

Nas Eqs. 2.3 e 2.4, as resistências são expressas em MPa (megapascal). Cada um desses valores é utilizado em situações específicas, como será visto oportunamente. Se $f_{ckj} \geq 7$ MPa, essas expressões também podem ser empregadas para idades diferentes de 28 dias. A Tab. 2.1 apresenta os valores de $f_{ct,m}$, $f_{ctk,inf}$ e $f_{ctk,sup}$.

Tab. 2.1 Valores de $f_{ct,m}$, $f_{ctk,inf}$ e $f_{ctk,sup}$ (em MPa)

f_{ck}	$f_{ct,m}$	$f_{ctk,inf}$	$f_{ctk,sup}$
20	2,21	1,55	2,87
25	2,56	1,80	3,33
30	2,90	2,03	3,77
35	3,21	2,25	4,17
40	3,51	2,46	4,56
45	3,80	2,66	4,93
50	4,07	2,85	5,29
55	4,21	2,95	5,48
60	4,35	3,05	5,66
65	4,49	3,14	5,83
70	4,61	3,23	5,99
75	4,73	3,31	6,15
80	4,84	3,39	6,29
85	4,94	3,46	6,43
90	5,04	3,53	6,56

Mehta e Monteiro (2014) deixam implícito que os termos *módulo de elasticidade* e *módulo de deformação elástico* somente poderiam ser adotados para a parte reta do diagrama tensão *versus* deformação. Quando o diagrama não é caracterizado por um segmento de reta na parte inicial, deve ser usada a reta tangente na origem. O termo *módulo de elasticidade*, apesar de ser empregado mundialmente, deveria ser denominado *módulo de Young*. Tal módulo é também designado *módulo de elasticidade tangente inicial* (E_{ci}) e obtido segundo ensaio descrito na NBR 8522-1 (ABNT, 2021).

Quando não forem feitos ensaios e não existirem dados mais precisos sobre o concreto para a idade de referência de 28 dias, pode-se estimar o valor de E_{ci}, para concretos C20 a C50, por meio de:

$$E_{ci} = \alpha_E \cdot 5.600 \cdot \sqrt{f_{ck}} \qquad (f_{ck} \text{ em MPa}) \qquad (2.5)$$

e, para concretos C55 a C90, por:

$$E_{ci} = 21.500 \cdot \alpha_E \cdot \left(\frac{f_{ck}}{10} + 1{,}25\right)^{1/3} \qquad (f_{ck} \text{ em MPa}) \qquad (2.6)$$

em que:
α_E é um coeficiente que depende do tipo de agregado graúdo utilizado, sendo igual a 1,2 para basalto e diabásio, 1,0 para granito e gnaisse, 0,9 para calcário e 0,7 para arenito.

O módulo de elasticidade secante (E_{cs}), ou simplesmente módulo secante, corresponde à inclinação da reta que passa pela origem e que corta a curva no ponto $\sigma_c = 0{,}4\sigma_u$, sendo σ_u o máximo valor alcançado pela tensão σ_c. Esse módulo pode ser calculado por:

$$E_{cs} = \alpha_i \cdot E_{ci} \qquad (2.7)$$

$$\alpha_i = 0{,}8 + 0{,}2 \cdot \frac{f_{ck}}{80} \leq 1{,}0 \qquad (f_{ck} \text{ em MPa}) \qquad (2.8)$$

No cálculo, o módulo secante é utilizado nas análises elásticas de projeto, especialmente para determinação de esforços solicitantes e verificação de estados-limites de serviço.

Na avaliação do comportamento de um elemento estrutural ou de uma seção transversal, pode ser adotado um módulo de elasticidade único, à tração e à compressão, igual ao módulo de elasticidade secante (E_{cs}).

A Tab. 2.2 apresenta os valores de E_{ci} e E_{cs} para as diversas classes de resistência e os possíveis agregados graúdos indicados na NBR 6118 (ABNT, 2023).

2.2 Aço

O aço empregado nas lajes treliçadas deve atender aos critérios da NBR 7480 (ABNT, 2022a). As principais características para projeto são o módulo de elasticidade (E_s), que nesse caso equivale a 210 GPa, e a resistência ao escoamento (f_{yk}), que varia com o tipo de aço utilizado, sendo igual a 25 kN/cm² para CA-25, 50 kN/cm² para CA-50 e 60 kN/cm² para CA-60.

2.3 Elementos de enchimento

Os elementos de enchimento usados em lajes nervuradas são regidos pela NBR 14859-2 (ABNT, 2016b) e devem ser de material inerte, sendo os materiais mais comuns as lajotas cerâmicas, as lajotas de poliestireno expandido (EPS) e as combinações de lajotas cerâmicas e de EPS.

A função dos elementos de enchimento é de forma, devendo resistir ao peso do concreto fresco adicionado ao

Tab. 2.2 Valores de E_{ci} e E_{cs}

Tipo de módulo	E_{ci} (GPa)				E_{cs} (GPa)				α_i
Agregado \ f_{ck} (MPa)	Basalto e diabásio	Granito e gnaisse	Calcário	Arenito	Basalto e diabásio	Granito e gnaisse	Calcário	Arenito	
20	30,1	25	22,5	17,5	25,5	21,3	19,2	14,9	0,85
25	33,6	28	25,2	19,6	29	24,2	21,7	16,9	0,86
30	36,8	30,7	27,6	21,5	32,2	26,8	24,2	18,8	0,88
35	39,8	33,1	29,8	23,2	35,3	29,4	26,5	20,6	0,89
40	42,5	35,4	31,9	24,8	38,3	31,9	28,7	22,3	0,9
45	45,1	37,6	33,8	26,3	41,1	34,3	30,9	24	0,91
50	47,5	39,6	35,6	27,7	44	36,6	33	25,6	0,93
55	48,8	40,6	36,6	28,4	45,7	38,1	34,3	26,7	0,94
60	49,9	41,6	37,5	29,1	47,4	39,5	35,6	27,7	0,95
65	51,1	42,5	38,3	29,8	49,1	41	36,9	28,7	0,96
70	52,1	43,4	39,1	30,4	50,8	42,4	38,1	29,7	0,98
75	53,2	44,3	39,9	31	52,5	43,8	39,4	30,6	0,99
80	54,2	45,1	40,6	31,6	54,2	45,1	40,6	31,6	1
85	55,1	45,9	41,3	32,2	55,1	45,9	41,3	32,2	1
90	56	46,7	42	32,7	56	46,7	42	32,7	1

peso próprio. Para garantir essa condição, devem resistir à carga de ensaio de aceitação, respeitando ainda o limite de deformação, conforme a NBR 14859-2 (ABNT, 2016b, p. 11), que determina que os elementos de enchimento

> devem ter resistência característica à carga mínima de ruptura de 1,0 kN, suficiente para suportar esforços de trabalho durante a montagem e a concretagem da laje. Para os elementos inertes de enchimento e forma com 60 a 80 mm de altura, admite-se resistência característica para suportar a carga mínima de ruptura de 0,7 kN.

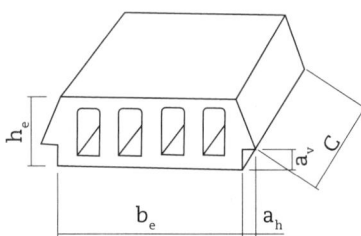

Fig. 2.1 Lajota cerâmica (LC), em que b_e = largura da lajota cerâmica, h_e = altura da lajota cerâmica, C = comprimento, a_v = encaixe vertical e a_h = encaixe horizontal

A mesma norma fornece informações dimensionais desses elementos, além de estabelecer os critérios de ensaios de ruptura deles.

As informações apresentadas na sequência são também retiradas da NBR 14859-2 (ABNT, 2016b).

2.3.1 Lajota cerâmica

É um elemento de enchimento caracterizado por ruptura frágil, que é quando o material não apresenta grandes deformações antes da ruptura (Fig. 2.1).

2.3.2 Lajota de poliestireno expandido (EPS)

É um elemento de enchimento caracterizado por ruptura dúctil, que é quando o material apresenta grandes deformações antes da ruptura (Fig. 2.2).

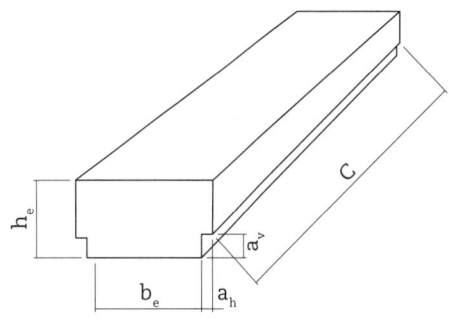

Fig. 2.2 Lajota de poliestireno expandido (LEPS), em que b_e = largura da lajota de EPS, h_e = altura da lajota de EPS, C = comprimento, a_v = encaixe vertical e a_h = encaixe horizontal

Faz-se aqui um comentário sobre sistemas de laje que utilizam EPS e seu comportamento em caso de incêndio. Todas as estruturas devem atender aos requisitos da NBR 15200 (ABNT, 2012). A garantia do tempo requerido de resistência ao fogo (TRRF) é uma exigência que deve ser atendida sempre com cobrimentos adequados e outras medidas ativas ou passivas mitigadoras dos efeitos de um incêndio. Mesmo não sendo objetivo deste livro tratar sobre estruturas em situação de incêndio, em linhas gerais pode-se concluir, por meio da literatura técnica, que o EPS adequado a situações de incêndio é o autoextinguível, ou seja, aquele em que, retirada a fonte do fogo, a chama se apaga. Cabe mencionar que a composição química desse material é caracterizada pela presença do aditivo hexabromociclododecano, que o torna retardante a chama. E, mesmo assim, outro cuidado recomendável é mantê-lo, em sua forma de aplicação final, revestido por argamassa cimentícia, minimizando sua queima, fumaça e emissão de gases tóxicos.

2.3.3 Suporte cerâmico

É um tipo de elemento de enchimento cerâmico, caracterizado por ruptura frágil, com geometria adequada para suportar e conter a sobreposição de outro elemento de enchimento disposto entre vigotas (Fig. 2.3).

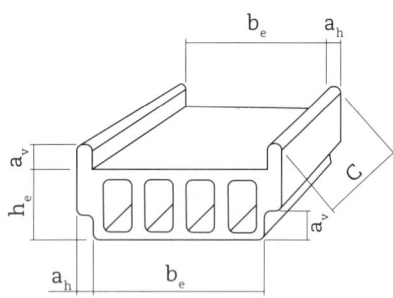

Fig. 2.3 Suporte cerâmico (SC), em que b_e = largura do suporte cerâmico, h_e = altura do suporte cerâmico, C = comprimento, a_v = encaixe vertical e a_h = encaixe horizontal

2.3.4 Elemento de enchimento misto

Representa uma combinação adequada entre o suporte cerâmico e um dos elementos de enchimento indicados nas seções 2.3.1 e 2.3.2, como ilustrado na Fig. 2.4.

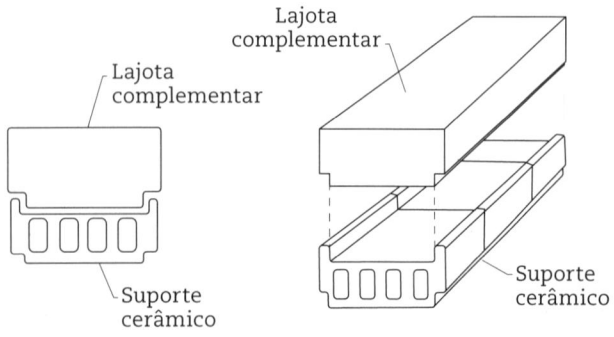

Fig. 2.4 Elemento de enchimento misto

2.3.5 Caixão perdido de EPS ou de concreto celular autoclavado

Quando esse elemento de enchimento é de EPS (CPEPS), a ruptura é caracteristicamente dúctil. Já no caso de elemento de enchimento de concreto celular autoclavado (CPCCA), a ruptura é frágil (Fig. 2.5).

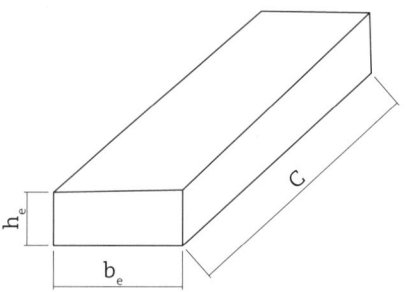

Fig. 2.5 Elemento de enchimento tipo caixão perdido, em que b_e = largura do enchimento, h_e = altura do enchimento e C = comprimento

2.3.6 Canaleta plástica e complemento lateral

São elementos pré-fabricados não estruturais caracterizados por ruptura dúctil e com a função de servir de forma para as nervuras transversais dispostas entre vigotas (Fig. 2.6).

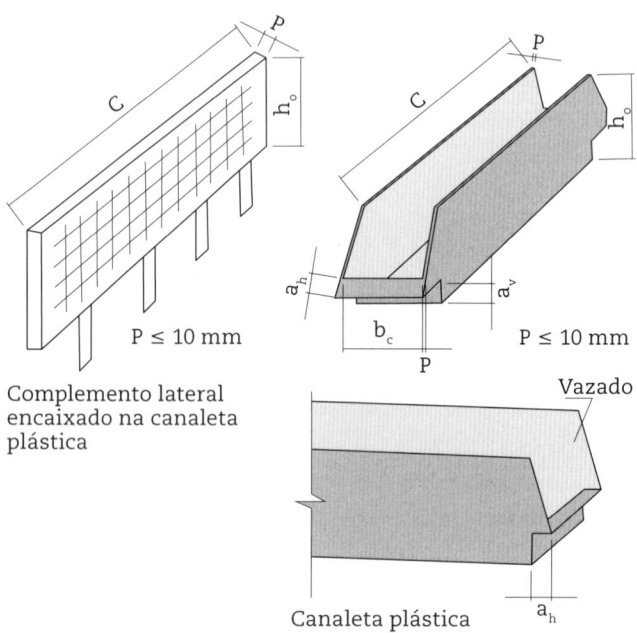

Fig. 2.6 Canaleta plástica e complemento lateral

2.4 Formas e escoramento

A NBR 15696 (ABNT, 2009) estabelece os critérios para formas e escoramento das soluções estruturais de modo geral.

As formas das lajes treliçadas são constituídas de peças que dão a conformação de interesse ao concreto aplicado na obra, sendo, no caso de lajes nervuradas: lajotas inertes, mas permanentes à solução construtiva; e tábuas de madeira ou similar, que representam a parte provisória que permanece até que o concreto lançado em obra alcance valores de módulo de elasticidade e resistência apropriados à retirada de tais elementos.

As escoras são a parte da estrutura provisória que dá suporte às formas e a todos os elementos que constituem as lajes, sejam eles estruturais ou construtivos, provisórios ou definitivos.

Esse conjunto de formas e escoras é conhecido como cimbramento e também tem a função de suportar todas as ações de trabalho inerentes às operações de montagem e concretagem final das lajes, igualmente até que o concreto lançado em obra alcance valores de módulo de elasticidade e resistência apropriados à retirada permanente de tais elementos, sem prejuízo do desempenho estrutural previsto em projeto e com deformações aceitáveis segundo critérios de desempenho técnico.

No caso das formas, a solução deve coibir a fuga de nata de cimento pela interface dos elementos constituintes das lajes. Elas devem ser constituídas de material estanque para não absorver água de amassamento do concreto, evitando prejuízo na cura e resistência do concreto. No caso de lajotas cerâmicas, bastante usuais, a perda é minimizada ao molhá-las imediatamente antes do lançamento do concreto. No caso de utilização de tábuas não plastificadas, devem ser tomadas providências para minimizar sua capacidade de absorção de água, como a aplicação de desmoldantes apropriados.

Critérios de projeto de formas e escoramentos não fazem parte do escopo deste livro. Para tanto, o leitor pode buscar a NBR 15696 (ABNT, 2009) e a literatura técnica especializada.

Nas lajes treliçadas, as formas são comumente executadas com tábuas brutas, chapas de compensado plastificado e eventualmente formas metálicas. O escoramento geralmente é composto de pontaletes de madeira ou reguláveis de aço (mais recomendáveis).

É importante a qualidade da base que recebe o escoramento. Em edificações, na concretagem da primeira laje imediatamente acima do solo, quando o contrapiso não estiver executado, o posicionamento das escoras exige que o solo esteja devidamente compactado. Além disso, deve-se sempre colocar, sob a ponta da escora, um pedaço de tábua ou viga de madeira suficiente para evitar o afundamento da escora no momento da concretagem.

Sequências de montagens dos sistemas estruturais de lajes treliçadas podem ser consultadas no Cap. 4, enquanto detalhes construtivos podem ser vistos no Cap. 11.

DURABILIDADE E FABRICAÇÃO DOS ELEMENTOS TRELIÇADOS

3

Os elementos treliçados pré-moldados já carregam no nome a condição de não serem moldados *in loco* na posição definitiva das lajes na obra, sendo esse um diferencial que ajuda no rendimento da execução, uma vez que reduz as formas e os escoramentos. Por outro lado, o fato de se ter um elemento pré-moldado implica a necessidade de cuidados especiais não só nas fases de fabricação desse elemento, mas também nas fases de execução da obra, contribuindo para a garantia da durabilidade das edificações. No presente capítulo são apresentados critérios de fabricação e de durabilidade para que os parâmetros normativos sejam atendidos.

3.1 Elementos pré-moldados *versus* pré-fabricados

A NBR 9062 (ABNT, 2017a, p. 4), logo nas definições iniciais, deixa clara a diferença entre elementos pré-moldados e pré-fabricados. O elemento pré-moldado é "moldado previamente e fora do local de utilização definitiva na estrutura". Por sua vez, o elemento pré-fabricado é um "elemento pré-moldado executado industrialmente, em instalações permanentes de empresa destinada para este fim". Sendo assim, pode-se dizer que todo elemento pré-fabricado é um elemento pré-moldado, mas nem todo elemento pré-moldado é pré-fabricado.

Um elemento pré-moldado, para ser considerado pré-fabricado, precisa garantir as seguintes características, de acordo com os itens 12.1.2 a 12.1.7 da NBR 9062 (ABNT, 2017a):

- A mão de obra deve ser treinada e especializada.
- A matéria-prima deve ser previamente qualificada por ocasião da aquisição e posteriormente através da avaliação de seu desempenho com base em inspeções de recebimento e ensaios. A empresa fabricante deve dispor de estrutura específica para controle de qualidade, laboratório e inspeção das etapas do processo produtivo, que devem ser mantidos permanentemente, a fim de assegurar que o produto colocado no mercado atende aos requisitos da NBR 9062 (ABNT, 2017a) e está em conformidade com os valores declarados ou especificados. O concreto utilizado na moldagem dos elementos pré-fabricados deve atender às especificações da NBR 12655 (ABNT, 2022b), bem como ter um desvio-padrão máximo de 3,5 MPa, a ser considerado na determinação da resistência à compressão de dosagem, exceto para peças com abatimento nulo (abatimento zero).
- A conformidade dos produtos com os requisitos relevantes da NBR 9062 (ABNT, 2017a) e com os valores específicos ou declarados para suas proprieda-

des deve ser demonstrada através do atendimento às normas brasileiras de projeto ou por ensaios de avaliação da capacidade experimental e pelo controle de produção de fábrica, incluindo a inspeção dos produtos. A frequência de inspeção dos produtos deve ser definida de forma a alcançar conformidade permanente do produto e, quando aplicável, atendendo ao especificado em normas brasileiras.

- Os elementos devem ser produzidos com auxílio de máquinas e de equipamentos industriais que racionalizam e qualificam o processo.
- Após a moldagem, os elementos pré-fabricados devem ser submetidos a um processo de cura com temperatura e umidade controlada.
- Os elementos devem ser identificados individualmente e, quando conveniente, por lotes de produção.
- Na inspeção e no controle da qualidade dos elementos, devem ser utilizadas as especificações e os métodos de ensaios das normas brasileiras. Na eventual falta dessas normas, permite-se que seja aprovada a metodologia a ser adotada, em comum acordo entre o proprietário e o fabricante ou a fiscalização e o construtor.
- Para a definição dos parâmetros de inspeção e recepção quanto à aparência, cantos, cor, rebarbas, textura, baixos-relevos e assemelhados, o fabricante ou o construtor deve apresentar amostras representativas da qualidade especificada, que devem ser aprovadas pelo proprietário e pela fiscalização e constituir o termo de comparação para o controle da qualidade do produto acabado.
- A inspeção das etapas de produção compreende pelo menos a confecção da armadura, as formas, o amassamento e o lançamento do concreto, o armazenamento, o transporte e a montagem. Deve ser registrada por escrito, em documento próprio onde constem claramente a identificação do elemento, a data de fabricação, o tipo de aço e de concreto utilizados e as assinaturas dos inspetores responsáveis pela liberação de cada etapa de produção, devidamente controlada.

Como pode ser observado, a exigência para que um elemento pré-moldado seja considerado pré-fabricado é grande. Infelizmente, nem todos os fabricantes de elementos pré-moldados treliçados no mercado nacional possuem todos os critérios listados atendidos para que seus produtos possam ser considerados pré-fabricados. Entretanto, há muitos fabricantes que já cumprem essas especificações. Os autores recomendam que engenheiros, empresas, proprietários e investidores adquiram produtos somente de fornecedores que respeitem esses requisitos e, portanto, possibilitem apropriar-se dos benefícios do rígido controle de qualidade.

3.2 Critérios de durabilidade das estruturas de concreto

De acordo com a NBR 6118 (ABNT, 2023, item 5.1.2.3, p. 13), durabilidade é definida como a "capacidade de a estrutura resistir às influências ambientais previstas e definidas em conjunto pelo autor do projeto estrutural e pelo contratante, no início dos trabalhos de elaboração do projeto".

No item 6 dessa mesma norma, há um resumo sobre critérios de durabilidade e mecanismos de deterioração das estruturas de concreto. Não é objetivo deste livro discorrer extensivamente sobre esse assunto. No entanto, é imperativo que sejam apresentados os principais critérios normativos de projeto que influenciam diretamente as condições de durabilidade das estruturas de concreto e, consequentemente, das lajes treliçadas.

3.2.1 Classes de agressividade ambiental

A agressividade ambiental está relacionada com as ações químicas e físicas impostas pelo meio onde a estrutura será construída, as quais independem das ações mecânicas, das variações volumétricas térmicas ou higroscópicas e da retração hidráulica.

A NBR 6118 (ABNT, 2023) define quatro classes de agressividade ambiental (CAA), que podem ser observadas no Quadro 3.1.

Em casos especiais onde o projetista possui dados específicos sobre o microclima em que a estrutura estará, ele pode adotar uma CAA mais agressiva, a exemplo de construções rurais simples para armazenar produtos em geral, tais como adubos e defensivos agrícolas, potencialmente corrosivos.

3.2.2 Cobrimento das armaduras

O concreto estrutural, além de cumprir suas funções básicas, também deve desempenhar bem a função de cobrimento das armaduras, que possui dupla finalidade. A primeira e mais conhecida é a função de proteção das armaduras contra a corrosão. A durabilidade de uma estrutura de concreto é fortemente influenciada pela espessura e pela qualidade do concreto do cobrimento.

A segunda função do cobrimento é que, ao envolver as armaduras, é garantida a transferência de tensões entre aço e concreto por meio da aderência. Esse é o princípio do funcionamento do concreto armado. Se a armadura fica

Quadro 3.1 Classes de agressividade ambiental

Classe de agressividade ambiental	Agressividade	Classificação geral do tipo de ambiente para efeito de projeto	Risco de deterioração da estrutura
I	Fraca	Rural	Insignificante
		Submersa	
II	Moderada	Urbana[a,b]	Pequeno
III	Forte	Marinha[a]	Grande
		Industrial[a,b]	
IV	Muito forte	Industrial[a,c]	Elevado
		Respingos de maré	

[a]Pode-se admitir um microclima com uma classe de agressividade mais branda (uma classe acima) para ambientes internos (salas, dormitórios, banheiros, cozinhas e áreas de serviço de apartamentos residenciais e conjuntos comerciais ou ambientes com concreto revestido com argamassa e pintura).

[b]Pode-se admitir uma classe de agressividade mais branda (uma classe acima) em obras em regiões de clima seco, com umidade média relativa do ar menor ou igual a 65%, partes da estrutura protegidas de chuva em ambientes predominantemente secos, ou regiões onde raramente chove.

[c]Ambientes quimicamente agressivos, tanques industriais, galvanoplastia, branqueamento em indústrias de celulose e papel, armazéns de fertilizantes, indústrias químicas, elementos em contato com solo contaminado ou água subterrânea contaminada.

Fonte: ABNT (2023, p. 17).

exposta, ou pouco envolvida, parte de sua área superficial não interage com o concreto e consequentemente tal porção da armadura perde sua eficiência.

Para garantir o cobrimento mínimo ($c_{mín}$), o projeto e a execução devem considerar o cobrimento nominal (c_{nom}), que é o cobrimento acrescido da tolerância de execução (Δ_c). Assim, as dimensões das armaduras e dos espaçadores devem respeitar os cobrimentos nominais, estabelecidos na Tab. 3.1, para $\Delta_c = 10$ mm.

Ainda conforme a NBR 6118 (ABNT, 2023, item 7.4.7.4, p. 19),

> para estruturas projetadas de acordo com a ABNT NBR 9062, quando houver um controle adequado de qualidade e limites rígidos de tolerância da variabilidade das medidas durante a execução, pode ser adotado o valor $\Delta_c = 5$ mm, mas a exigência de controle rigoroso deve ser explicitada nos desenhos de projeto.

Nesse caso, é usual a redução de 5 mm nos valores dos cobrimentos apresentados na Tab. 3.1.

Ainda em conformidade com essa informação, a NBR 9062 (ABNT, 2017a, item 9.2.1.1.2) afirma que, ao ser utilizado $f_{ck} \geq 40$ MPa e relação $a/c \leq 0,45$, os cobrimentos podem ser reduzidos em mais 5 mm em relação ao previsto na Tab. 3.1. Essa redução também pode ocorrer caso sejam feitos ensaios de durabilidade comprovando que ela atende aos requisitos mínimos de durabilidade. Entretanto, os cobrimentos não podem ser menores que 15 mm para lajes de concreto armado, em quaisquer circunstâncias.

Tab. 3.1 Valores dos cobrimentos mínimos nominais

Concreto	Tipo	Classe de agressividade ambiental			
		I	II	III	IV[c]
		Cobrimento nominal (mm)			
Concreto armado	Laje[b]	20	25	35	45
	Viga[b]/pilar	25	30	40	50
	Elementos estruturais em contato com o solo[d]	30	30	40	50
Concreto protendido[a]	Laje	25	30	40	50
	Viga/pilar	30	35	45	55

[a]Cobrimento nominal da bainha ou dos fios, cabos e cordoalhas. O cobrimento da armadura passiva deve respeitar os cobrimentos para concreto armado.

[b]Para a face superior de lajes e vigas que serão revestidas com argamassa de contrapiso, com revestimentos finais secos tipo carpete e madeira e com argamassa de revestimento e acabamento, como pisos de elevado desempenho, pisos cerâmicos, pisos asfálticos e outros, as exigências desta tabela podem ser substituídas pelas equações a seguir, respeitando-se um cobrimento nominal ≥ 15 mm.

$$c_{nom} \geq \phi_{barra}$$
$$c_{nom} \geq \phi_{feixe} = \phi_n = \phi\sqrt{n}$$
$$c_{nom} \geq 0,5\phi_{bainha}$$

[c]Nas superfícies expostas a ambientes agressivos, como de reservatórios, estações de tratamento de água e esgoto, condutos de esgoto, canaletas de efluentes e outras obras em ambientes química e intensamente agressivos, devem ser atendidos os cobrimentos da classe de agressividade IV.

[d]No trecho dos pilares em contato com o solo junto aos elementos de fundação, a armadura deve ter cobrimento nominal ≥ 45 mm.

Fonte: adaptado de ABNT (2023, p. 20).

3.2.3 Resistência à compressão e relação água/cimento

Intimamente relacionados com a durabilidade da estrutura estão o fator água/cimento (a/c) e a classe de resistência do concreto. O fator a/c é o principal causador da permeabilidade e da porosidade do concreto, que concorrem contra a resistência. A permeabilidade é o caminho para a entrada de agentes agressivos. A porosidade é a ausência de material, com a consequente diminuição da resistência. Outro efeito deletério do aumento do fator a/c é a diminuição significativa da resistência na zona de transição entre matriz e agregados.

Portanto, a NBR 6118 (ABNT, 2023) estabelece valores máximos para o fator a/c e valores mínimos de classe de resistência do concreto em função da CAA (Tab. 3.2).

Tab. 3.2 Máximo fator a/c e qualidade do concreto

Concreto[a]	Tipo[b,c]	Classe de agressividade ambiental			
		I	II	III	IV
Relação água/cimento em massa	CA	≤ 0,65	≤ 0,60	≤ 0,55	≤ 0,45
	CP	≤ 0,60	≤ 0,55	≤ 0,50	≤ 0,45
Classe de concreto (NBR 8953)	CA	≥ C20	≥ C25	≥ C30	≥ C40
	CP	≥ C25	≥ C30	≥ C35	≥ C40

[a]O concreto empregado na execução das estruturas deve cumprir com os requisitos estabelecidos na NBR 12655.

[b]CA corresponde a componentes e elementos estruturais de concreto armado.

[c]CP corresponde a componentes e elementos estruturais de concreto protendido.

Fonte: ABNT (2023, p. 18).

Ainda é importante lembrar que sob nenhuma hipótese podem ser utilizados aditivos que contenham cloreto em estruturas de concreto armado ou protendido.

3.3 Processo de fabricação, transporte e armazenamento dos elementos treliçados pré-fabricados

O processo de fabricação de elementos treliçados pré-fabricados é relativamente simples. A seguir é apresentado um resumo dos principais passos para a confecção desses elementos.

1. *Pista de concretagem*: é constituída de formas devidamente posicionadas e fixadas em apoios rígidos. As formas para vigotas e minipainéis são geralmente em perfis U metálicos, e, para painéis, que são caracterizados por maiores dimensões e muitas vezes com geometria específica, são usuais formas de madeira. Em ambos os casos, devem ser capazes de garantir as dimensões exigidas para cada tipologia de peça, bem como ter geometria expulsiva.
2. *Aplicação de desmoldante*: deve ser feita em toda a área da forma que recebe o concreto, mas não deve permitir acúmulo e excesso de desmoldante. É importante observar que não deve ser aplicado desmoldante sobre as armaduras.
3. *Posicionamento das armaduras complementares*: quando o projeto estrutural exigir armadura complementar na base da vigota, do minipainel e do painel treliçado, ela deve ser posicionada com espaçadores, observando-se o cobrimento de projeto, além de ser necessário evitar que encoste na forma e seja contaminada com o desmoldante.
4. *Posicionamento da armadura treliçada*: observando os mesmos cuidados do item anterior, a armadura treliçada deve ser devidamente posicionada conforme o projeto, de modo que atenda aos requisitos da NBR 14859-1 (ABNT, 2016a, p. 4, item 4.1.3).
5. *Concretagem da sapata*: recomenda-se concreto com agregado graúdo máximo do tipo brita zero (pedrisco), que deve ter abatimento necessário para envolver as armaduras. Geralmente é utilizado cimento CP V-ARI para reduzir o tempo necessário até a desforma.
6. *Cura do concreto*: deve ser garantida a cura do concreto, sendo indicada cura úmida.
7. *Saque da forma*: após o concreto atingir a resistência necessária para suportar os esforços de saque da forma, esse procedimento deve ser realizado tracionando a peça numa das extremidades, com evolução contínua desse processo, em segmentos máximos de 1,5 m. Deve-se cuidar para não flambar as barras da treliça, evitando o que caracteriza um estado de ruína, dado seu baixo produto de rigidez, próprio dessa fase. A resistência do concreto para sacar a peça da forma deve ser de no mínimo 15 MPa.

O transporte pode ser manual ou mecanizado, mas não deve gerar fissuras e impactos que resultem na quebra do concreto ou de parte dele. Dois critérios utilizados para o transporte manual são ilustrados nas Figs. 3.1 e 3.2. As características resistentes (predominantemente altura da treliça e diâmetro dos fios/barras) das peças pré-fabricadas definem a quantidade de pontos de içamento. Geralmente dois ou três pontos de içamento manual ou mecanizado são suficientes para manter a integridade física das peças.

A distância máxima entre apoios vizinhos para evitar a flambagem das treliças é determinada pelo produto de rigidez da peça, respeitando-se a deformação máxima l/500. Especial cuidado deve ser adotado para que as barras da treliça não sofram amassamento localizado durante os processos de transporte, montagem e concretagem de obra.

O transporte e o armazenamento devem ser realizados com as peças na posição horizontal, sem rotação em relação a seu eixo longitudinal. Na Fig. 3.3 é ilustrada a forma correta de armazenamento.

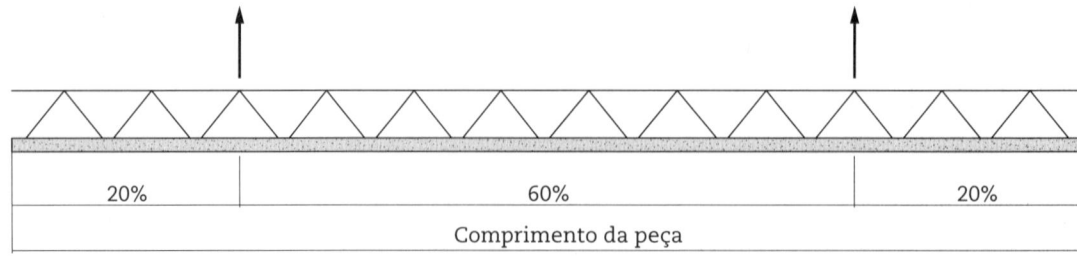

Fig. 3.1 Içamento com dois pontos de apoio

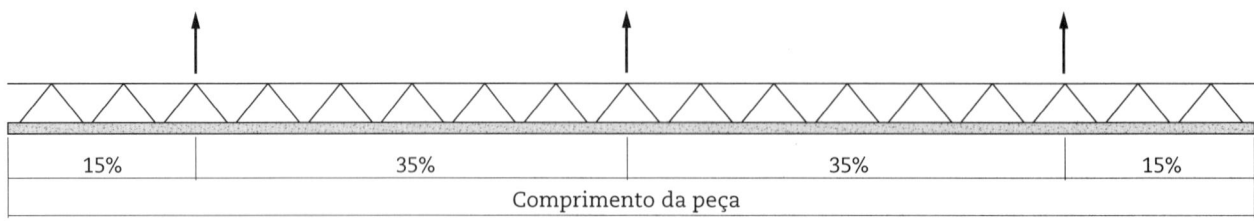

Fig. 3.2 Içamento com três pontos de apoio

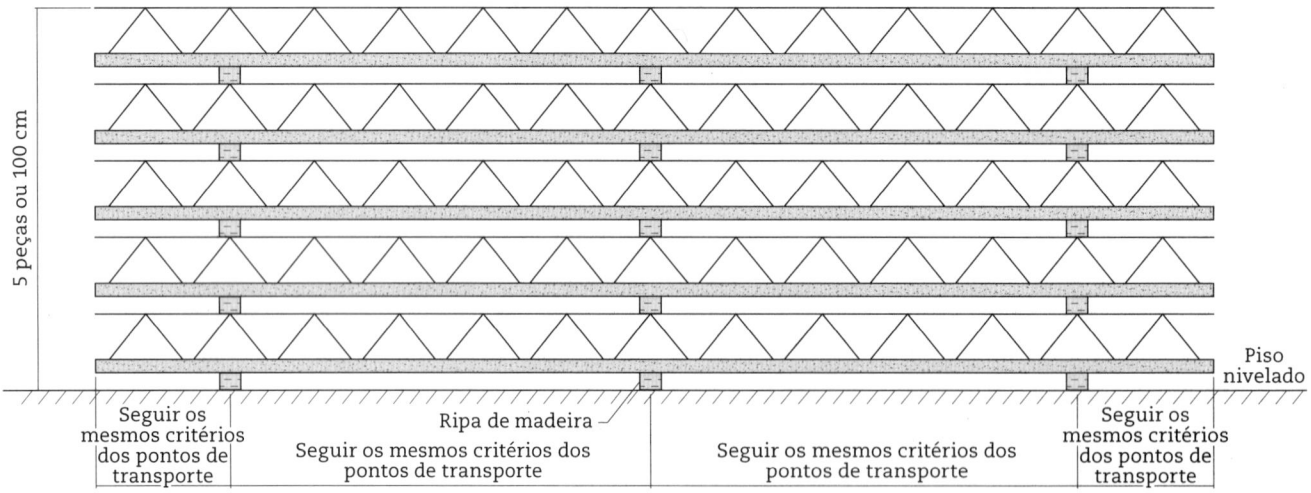

Fig. 3.3 Armazenamento de vigotas treliçadas

SISTEMAS ESTRUTURAIS DE LAJES TRELIÇADAS 4

Entende-se por sistema estrutural um conjunto de elementos estruturais que, quando dispostos e utilizados convenientemente, possuem a função de resistir às ações impostas sobre a edificação, em suas diversas fases de trabalho e serviço. O sistema estrutural será o responsável por garantir funcionalidade e segurança à edificação.

Na elaboração do projeto estrutural, os profissionais devem ter conhecimento dos diversos sistemas estruturais disponíveis no mercado da construção civil. Tal conhecimento será o diferencial que permitirá ao projetista escolher a solução mais adequada para cada situação, tendo em vista os critérios técnicos e econômicos, implicando a racionalização dos processos, impactados pelo volume de mão de obra e pelo tempo de execução dos produtos desejados.

Dessa forma, é razoável concluir que não há um único sistema estrutural que será sempre o mais econômico e tecnicamente adequado em todos os casos. É um engano pensar que existe, ou poderá existir, um sistema que sempre vença quando comparado aos demais.

Cada sistema estrutural possui qualidades e desvantagens. O engenheiro de estruturas necessita ter domínio suficiente para avaliar qual solução será a melhor caso a caso, considerando todas as variáveis em jogo, bem como os resultados de interesse de cada investidor.

Outro conceito relevante é o de sistema construtivo, que pode ser resumido como sendo os meios pelos quais os sistemas estruturais são executados. Um sistema construtivo envolve inúmeras ações necessárias para a execução de determinado sistema estrutural. Por exemplo, um sistema estrutural que adote laje maciça pode ser executado por sistemas construtivos de lajes moldadas in loco ou lajes construídas a partir de placas pré-moldadas, podendo ou não atender aos requisitos de pré-fabricados, segundo a NBR 9062 (ABNT, 2017a).

Com esses conceitos estabelecidos, o restante deste capítulo é destinado a mostrar os sistemas estruturais de lajes com armadura treliçada.

4.1 Laje maciça treliçada

Lajes maciças foram e são muito empregadas em diversos nichos de construções, desde edificações residenciais, comerciais e industriais até obras de arte, devido a suas características técnicas resistentes, pelas quais oferecem funções de placa e diafragma rígido ou membrana, com excelente capacidade de redistribuição dos esforços. Sua eficiência estrutural e viabilidade econômica podem ser julgadas simplificadamente pela relação entre peso próprio e carregamento total.

Sua aplicação é atrativa para obras de vãos relativamente pequenos e múltiplos pavimentos, sendo otimizada para situações de lajes contínuas em condições hiperestáticas, mas apresenta dois pontos críticos que têm tratamento positivo quando feita através do sistema treliçado pré-fabricado:

- Na laje maciça convencional, há grande consumo de formas, escoras e mão de obra de carpintaria artesanal, enquanto a solução em treliçados pré-fabricados elimina a necessidade de formas, ganhando mais velocidade de execução e reduzindo a necessidade de mão de obra.
- As lajes maciças em situação de continuidade, devido aos engastamentos, necessitam de armadura negativa. Em laje maciça moldada *in loco*, essa armadura corre o risco de ser afundada no momento da concretagem. Já no caso de laje maciça executada com elementos treliçados, a treliça garante o posicionamento adequado da armadura negativa durante a concretagem.

O sistema de laje maciça treliçada é composto de vigotas e minipainéis ou painéis pré-fabricados, sem elementos de enchimento, posicionados de forma justaposta de modo a constituírem a base inferior da laje. Posteriormente são adicionadas as armaduras complementares de obra, que podem desempenhar função estrutural principal ou secundária, como armadura principal de tração ou armadura de distribuição de fissuras, respectivamente. Finalizando o processo de construção da laje, é realizada a concretagem. Atenção especial deve ser dada ao formato do elemento pré-fabricado, para que ele garanta o cobrimento das armaduras transversais.

Esse sistema pode ser aplicado em lajes maciças apoiadas em alvenaria estrutural, em vigas convencionais de concreto armado ou protendido, em vigas metálicas ou diretamente nos pilares através de laje lisa/cogumelo. Nos casos de apoio em alvenaria estrutural ou diretamente nos pilares, os apoios são considerados indeslocáveis e os esforços devem ser considerados e tratados caso a caso. No caso de apoio em vigas, de concreto ou metálicas, a deformada das vigas deve ser considerada na obtenção dos esforços das lajes, pois impacta reduzindo os valores dos momentos negativos de continuidade das lajes, que são redistribuídos para o momento positivo. No caso de vigas metálicas, recomenda-se a verificação e a adoção de conectores de cisalhamento para estabelecer uma ligação eficaz entre laje e viga. No caso de apoio direto em pilares, é necessário verificar a punção e o colapso progressivo.

A laje maciça treliçada também garante rigidez em seu plano, razão pela qual é considerada diafragma rígido, mesmo que concretada em duas etapas. Isso ocorre porque as diagonais da armadura treliçada costuram as zonas de concreto tracionado e comprimido, preservando o funcionamento monolítico da laje e agregando rigidez aos pórticos, em benefício das verificações de estabilidade global e economia do conjunto estrutural, muitas vezes constituído pelo esqueleto de barras aporticadas.

Com a especificação de treliças mais rígidas para atenderem à condição de autoportância, esse sistema é muito utilizado como pré-laje para tabuleiros de pontes e viadutos, evitando o uso de escoramento no tabuleiro entre as longarinas. Para otimizar a solução e obter economia estrutural, pode incorporar armadura adicional inferior de tração na base da pré-laje, respeitado o cobrimento para cada classe de agressividade, e, uma vez concretado o tabuleiro, os elementos treliçados incorporam a laje, tornando-se um único elemento estrutural.

É empregado também para lajes de pavimentos que recebem elevado carregamento estático ou dinâmico, tais como de obras residenciais com alvenaria divisória sobre lajes, indústrias para estoques de mercadorias e/ou equipamentos que produzem vibração e áreas elevadas de portos para depósito de contêineres.

A laje maciça treliçada é relativamente econômica com vãos de até 5 m quando comparada a outros sistemas maciços. Seu içamento e transporte são mecanizados, mas podem ser manuais, no caso de minipainéis relativamente curtos.

4.1.1 Vantagens

- Contribui significativamente na redistribuição de ações horizontais, como empuxos e vento, favorecendo a estabilidade global.
- Devido à característica autoportante ou semiautoportante do elemento treliçado pré-fabricado, elimina ou no mínimo reduz a quantidade necessária de escoramento.
- Elimina a utilização de forma de fundo.
- Quando os elementos treliçados pré-fabricados são menores (minipainel e vigotas), a montagem pode ser manual, dispensando grua ou guincho na obra.
- Possibilita a redistribuição de esforços nas duas direções principais.
- Resiste com facilidade a cargas concentradas, com fácil aplicação de arranjos localizados de armadura complementar, quando necessário.
- As lajes maciças oferecem boa resistência à força cortante, porém, em lajes maciças treliçadas, devi-

do à presença dos estribos inclinados na constituição física das treliças, essa resistência à força cortante é aumentada.
- Apresenta boa resistência em situação de incêndio.

4.1.2 Desvantagens
- Consumo alto de concreto quando comparado ao de sistemas nervurados.
- Peso próprio elevado.

Essas desvantagens são evidentes para vãos grandes, a partir de 5 m a 6 m, dependendo das condições de contorno. Assim, as lajes maciças treliçadas podem perder sua eficiência estrutural, pois, para atender às verificações de ELS, demandam muita altura, o que implica grande consumo de concreto em zonas em que predominam esforços de tração, resultando em excesso de peso próprio e armadura. Essa é a principal razão para a existência das lajes nervuradas, ou seja, retirar o concreto desperdiçado em zona de tração, mantendo, através das nervuras, um mínimo de concreto, que, devido à sua disposição geométrica e características resistentes ao envolver o aço tracionado, produz leveza e manutenção dos materiais resistentes nos caminhos dos esforços, motivos esses suficientes para conferir eficiência ao sistema estrutural. Nas seções 4.2, 4.3 e 4.6 são apresentados os sistemas de lajes nervuradas com vigotas treliçadas.

4.1.3 Etapas da montagem
Na sequência são descritas as etapas da montagem, e na Fig. 4.1 é mostrado o resumo de todos os passos.
- *Passo* 1: construção do sistema de escoramento para receber os elementos treliçados pré-fabricados, considerando os preparos necessários e as indicações de cada projeto. Essa etapa não se aplica quando os elementos pré-fabricados são autoportantes, cabendo apenas trabalhar a lateral das formas das vigas de apoio que deverão receber e sustentar a laje em todas as suas fases de execução, até a cura do concreto aplicado na obra.
- *Passo* 2: montagem dos elementos treliçados pré-fabricados e da armadura positiva de segunda camada conforme o projeto.
- *Passo* 3: montagem da armadura positiva transversal, no caso das lajes bidirecionais, ou de distribuição, no caso das lajes unidirecionais. Essa armadura deve ser disposta transversalmente aos elementos treliçados pré-fabricados, cruzando por dentro da armadura treliçada e apoiada na face superior do concreto da base dos elementos treliçados pré-fabricados. Deve ser amarrada na parte inferior das diagonais das treliças e, se necessário, em barras auxiliares (porta-armadura) a cada 50 cm aproximadamente.
- *Passo* 4: montagem da armadura negativa transversal às treliças e posteriormente paralela às treliças. Essa armadura deve ser disposta transversalmente e sobre as armaduras das vigas de apoio das lajes, respeitando o cobrimento superior definido em projeto. Podem ser adotados fios, barras ou telas eletrossoldadas.
- *Passo* 5: concretagem complementar de obra.
- *Passo* 6: proceder à cura do concreto, mantendo a superfície úmida durante aproximadamente sete dias após o início da pega, evitando, assim, a perda de água do amassamento do concreto.
- *Passo* 7: retirada do escoramento após o prazo mínimo estabelecido em projeto.

4.2 Laje nervurada unidirecional com vigotas treliçadas

A necessidade de lajes para vencer grandes vãos contribuiu, no contexto da busca de maior eficiência estrutural, para o surgimento das lajes nervuradas, que inicialmente foram executadas por meio de sistemas construtivos compreendidos por soalho de madeira e blocos de enchimento convenientemente dispostos sobre o soalho de madeira para delimitarem as nervuras que recebem as armaduras, conforme especificações e detalhamento de projeto.

Os processos construtivos para lajes nervuradas geraram oportunidades de desenvolvimento de novos sistemas construtivos, pois o elevado preço da madeira e o processo artesanal de montagem e execução das lajes *in loco* oneravam o sistema não só pelo custo das formas e da mão de obra, mas também pelo tempo demandado para a execução. O advento da armadura treliçada possibilitou a confecção de vigotas treliçadas pré-fabricadas, contrapondo-se às vigotas pré-fabricadas comuns, que, combinadas com as lajotas cerâmicas, foram muito utilizadas para lajes nervuradas em obras simples e de pequeno porte, geralmente de pouca ou nenhuma exigência técnica, que possuíam o benefício da ausência das formas, mas que eram deficitárias no que diz respeito ao desempenho estrutural devido à baixa aderência entre concreto de obra e de fábrica e à ausência de estribos. Esse sistema é conhecido como laje Volterrana e foi amplamente utilizado em todo o País até a década de 1980, conforme visto no Cap. 1.

Então, o sistema de laje treliçada pré-fabricada unidirecional, mesmo com suas limitações específicas, protagoniza ambos os mercados (obras simples e de pequeno porte) pela qualidade e eficiência que apresenta, emer-

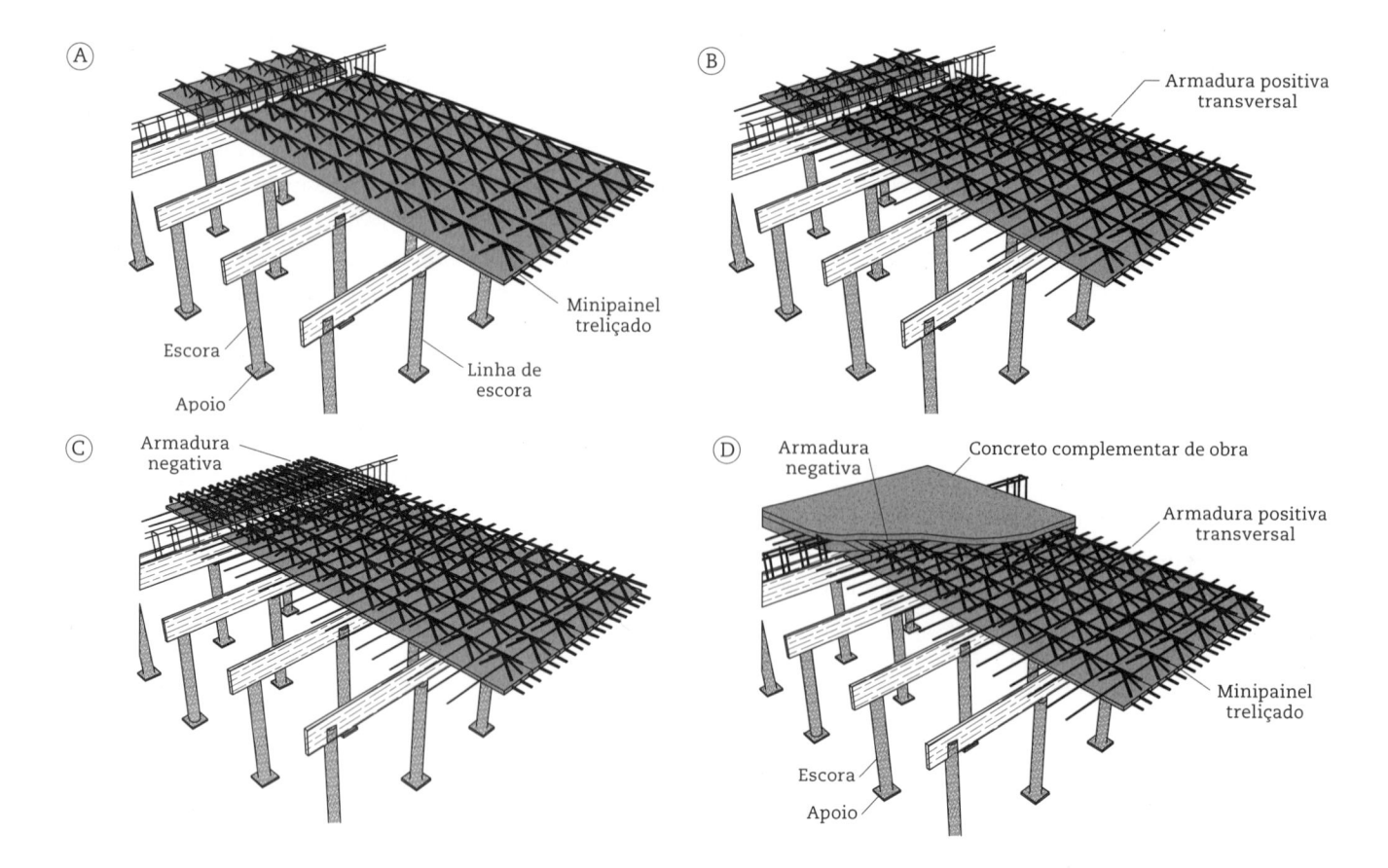

Fig. 4.1 Sequência de montagem da laje maciça treliçada

gindo como solução técnica e economicamente viável. É composto de vigotas treliçadas pré-fabricadas, geralmente posicionadas na direção de menor vão, e elementos de enchimento cerâmicos e/ou de EPS.

Mesmo sendo unidirecional, essa laje permite nervuras transversais espaçadas para o travamento das nervuras longitudinais, contribuindo na redistribuição de esforços e na compatibilização das deformações. É empregada usualmente no intervalo de distância entre lajes de 1,2 m a 1,8 m, mas deve respeitar a indicação técnica devida em cada projeto.

É indicada para relações de lado maiores que 1,5, se considerada apenas a viabilidade econômica (embora, do ponto de vista da redistribuição dos esforços, essa relação avance até 2), caso em que é competitiva para vãos até 12 m, dado que está disponível no mercado nas alturas de lajes h10 (6 + 4) cm a h36 (29 + 7) cm, sem a limitação de outras alturas conforme a demanda arquitetônica e a eficiência estrutural.

Essa laje é ideal para baixos, médios e elevados níveis de carregamento, pois pode alojar armaduras de flexão em mais de uma camada e tem a contribuição dos estribos inclinados, que trabalham reforçando o concreto da alma das nervuras, a qual é responsável em primeira mão por combater as tensões de cisalhamento oriundas da força cortante, e, quando o concreto não é suficiente, a presença dos estribos diagonais da treliça pode atender a tal demanda, mesmo porque, em projeto, pode-se especificar diagonais de diâmetro variando de 3,4 mm a 8 mm, a depender do fornecedor. Quando é utilizado o diâmetro das diagonais maiores, também se emprega o diâmetro dos fios/barras longitudinais maiores, preservando, assim, uma das condições técnicas de boa soldabilidade, que geralmente é eficaz para a relação de diâmetros não inferiores a 0,7, tendo os fios das diagonais os menores diâmetros.

Por ser armada na direção principal, em uma única direção, essa laje oferece função apenas de placa, ou seja, suporta apenas ações gravitacionais consideradas ortogonais a seu plano médio. Em decorrência dessa característica, é empregada e indicada apenas para obras horizontais, de baixa altura, onde a relação de esbeltez da estrutura é bem modesta. Caso, por alguma razão, seja adotada para obras verticais, com índice de esbeltez alto ou médio, o esqueleto de barras aporticado deverá, por si só, independentemente das lajes, garantir a estabilidade global da estrutura, e mesmo assim esse sistema de lajes só poderá ser utilizado nessa condição se a disposição das linhas de pórticos em seu efeito global tiver esforço de torção nulo ou desprezível; reunidas essas condições e desprezada a característica da eficiência econômica, pode-se admitir seu emprego, com a consciência de que os pilares e as vigas aporticados deverão ser mais robustos quando comparados ao esqueleto de pórticos compostos de lajes bidirecionais com função de placa e diafragma rígido ou membrana.

4.2.1 Vantagens

- Peso próprio reduzido. A espessura média de concreto da laje (volume de concreto dividido pela área) é baixa.
- Baixo custo.
- Facilidade de montagem, sendo geralmente manual.
- Mão de obra adaptada a trabalhar com esse sistema em todo o território nacional.
- Facilidade de encontrar fabricantes.
- Possibilidade de execução de nervuras transversais (ver seções 1.2.3 e 1.2.4).

4.2.2 Desvantagens

- Espessura elevada da laje acabada.
- Não funciona como diafragma rígido. Em edifícios altos, sua rigidez é geralmente desprezada.
- Não possui grande mesa de compressão nos engastamentos entre lajes. Quando uma laje é engastada em outra adjacente, o momento negativo (compressão inferior) deve ser resistido por uma seção de concreto com a largura da nervura.
- Não possui boa redistribuição de esforços.
- Por causa do baixo custo de investimento para fabricá-la, atrai um grande número de fabricantes de má qualidade, alguns com visão apenas comercial, em detrimento da boa técnica.

4.2.3 Etapas da montagem

Na sequência são descritas as etapas da montagem, e na Fig. 4.2 é apresentado o resumo de todos os passos do sistema.

- *Passo 1*: construção do sistema de escoramento para receber as vigotas treliçadas pré-fabricadas, considerando os preparos necessários e as indicações de cada projeto. Essa etapa não se aplica quando as vigotas pré-fabricadas são autoportantes, cabendo apenas trabalhar a lateral das formas das vigas de apoio que deverão receber e sustentar a laje em todas as suas fases de execução na obra, até a cura do concreto aplicado *in loco*. Nessa etapa, conforme indicado no projeto, deve ser feita a forma para conter o concreto que preencherá as nervuras transversais às vigotas treliçadas. A forma da laje cimbrada deve ser apoiada na tábua de espelho que recebe as vigotas e transfere as reações para as escoras. Se as vigotas são autoportantes, a forma deve ser amarrada transversalmente a elas, no plano de sua face inferior. A forma para nervuras transversais às vigotas treliçadas pode ser dispensada quando o elemento de enchimento tem abas que exerçam a função de formas ou são utilizadas canaletas para cumprir esse papel. No caso de as canaletas serem usadas em conjunto com as lajotas cerâmicas, há o benefício de se vedarem as cavidades das lajotas, evitando a fuga do concreto.
- *Passo 2*: montagem das vigotas treliçadas pré-fabricadas e da armadura positiva de segunda camada conforme o projeto. Nessa etapa devem ser colocadas as lajotas nas extremidades das vigotas para que seja estabelecida a galga de posicionamento dessas vigotas.
- *Passo 3*: montagem das demais lajotas a fim de que sejam completados todos os elementos de enchimento da laje, respeitando os espaços vazios para a formação das nervuras transversais, das regiões maciças ou de outros detalhes construtivos/estruturais de interesse, conforme o projeto detalhado.
- *Passo 4*: montagem da armadura positiva transversal, no caso das lajes bidirecionais, ou de distribuição, no caso das lajes unidirecionais. Essa armadura deve ser disposta transversalmente às vigotas treliçadas pré-fabricadas, cruzando por dentro da armadura treliçada e apoiada na face superior do concreto da base das vigotas treliçadas. Deve ser amarrada na parte inferior das diagonais das treliças para garantir sua posição definida em projeto, respeitando o cobrimento lateral e o afastamento entre barras.
- *Passo 5*: montagem da armadura de distribuição, disposta em malha, geralmente em tela eletrossoldada, sobre as armaduras treliçadas, ficando no interior da mesa de concreto, aproximadamente à meia altura da mesa.
- *Passo 6*: montagem da armadura negativa. Podem ser adotados fios, barras ou telas eletrossoldadas. Essa armadura deve ser disposta transversalmente e sobre as armaduras das vigas de apoio das lajes, bem como sobre a armadura de distribuição presente na área total da laje. Deve atender ao requisito de cobrimento superior definido em projeto.
- *Passo 7*: concretagem complementar de obra.
- *Passo 8*: proceder à cura do concreto, mantendo a superfície úmida durante aproximadamente sete dias após o início da pega, evitando, assim, a perda de água do amassamento do concreto.

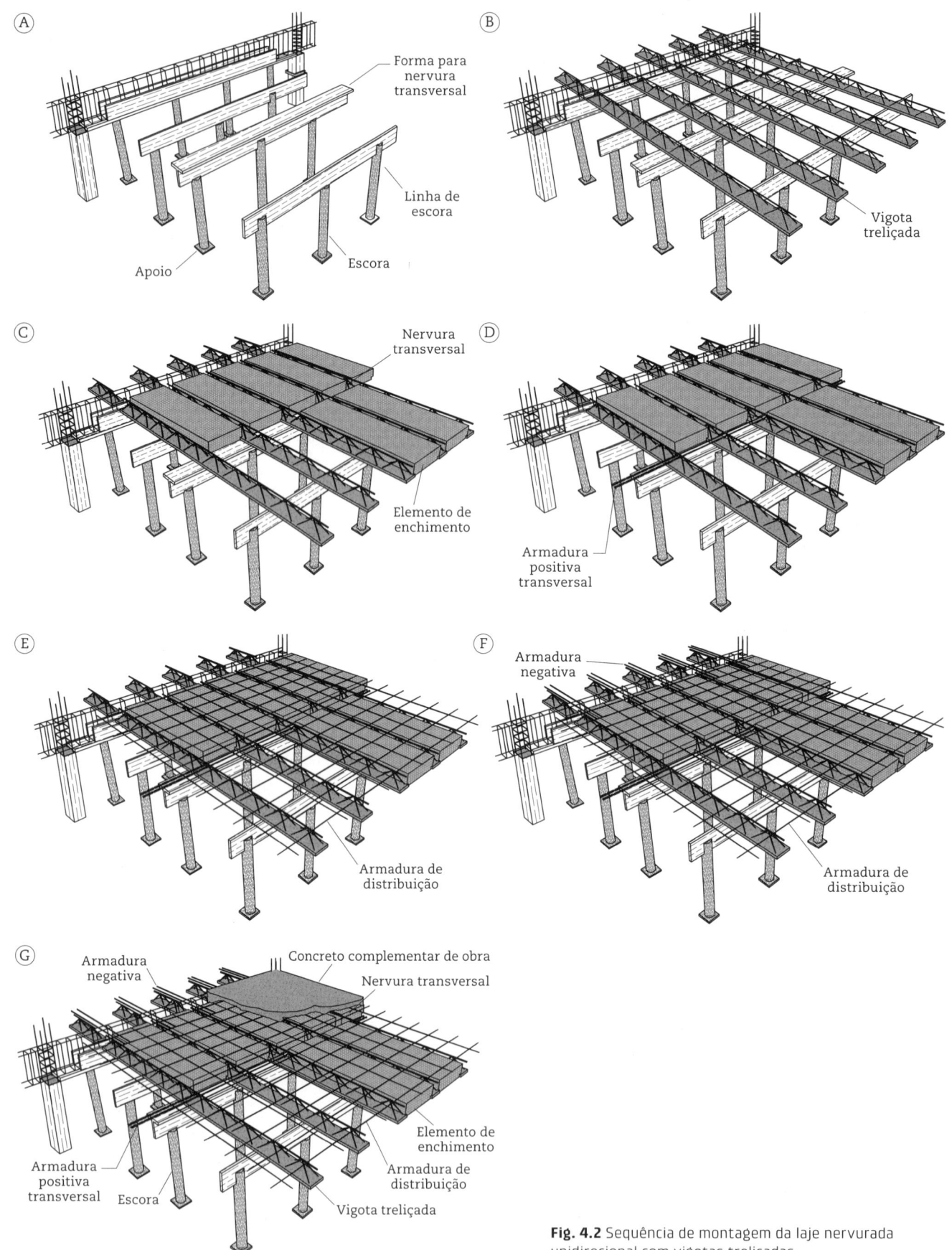

Fig. 4.2 Sequência de montagem da laje nervurada unidirecional com vigotas treliçadas

- *Passo 9*: retirada do escoramento após o prazo mínimo estabelecido em projeto.

4.3 Laje nervurada bidirecional com vigotas treliçadas

Com relação ao surgimento do sistema de laje nervurada bidirecional com vigotas treliçadas, o Eng. Itamar Vizotto, um dos autores deste livro, relata o seguinte fato:

> O fabricante de treliças Natalino Constâncio Ferreira (*in memoriam*) me indagou, lá no início da década de 1990, a razão da rejeição de lajes treliçadas unidirecionais em obras verticais de múltiplos pavimentos, ao que apresentei dois motivos principais:
> 1º) não oferecem função de diafragma rígido;
> 2º) quando aplicadas em edifícios altos, encarecem o pórtico constituído pelas vigas e pilares, pela demanda de dimensões geométricas mais generosas para compensar a ausência da rigidez do diafragma rígido.
> Nesse contexto, o então sócio do Natalino, Euletério Pinheiro, sugeriu a existência de elemento de enchimento com abas inferiores para a função de forma, devido ao interesse da existência de nervuras estruturais transversais às vigotas treliçadas pré-fabricadas.
> Assim surgiu o desenvolvimento do primeiro sistema construtivo para lajes nervuradas bidirecionais treliçadas pré-fabricadas para possibilitar a introdução de armadura inferior de tração transversal às vigotas pré-fabricadas, bem como a introdução sistêmica dessa laje em obras verticais independentemente de sua relação de esbeltez e estruturando e armando segundo acurada análise de esforços e deformações.
> Com a ideia, tão simples quanto brilhante, passamos a desenvolver as lajotas bidirecionais com EPS moldado em parceria com o empresário Adalto Modesto (*in memoriam*), do segmento da indústria de EPS para embalagens, que, a partir daquele momento, passou também a fabricar em sua indústria produtos aplicados à construção civil. Nesse estágio, estávamos no final da década de 1990.

À semelhança do sistema unidirecional, esse sistema é composto de vigotas treliçadas, geralmente posicionadas na direção de menor vão, e elementos de enchimento cerâmicos e/ou de EPS. Diferentemente das nervuras de travamento para as lajes unidirecionais, agora há nervuras transversais que devem ser consideradas no cálculo dos esforços, pois estão presentes com maior frequência e geralmente com intereixo próximo ao da direção principal.

A distância entre as nervuras transversais costuma ser próxima da distância entre as nervuras longitudinais, mas não impede o projetista de utilizar outros intereixos para a direção transversal às vigotas treliçadas para otimizar a solução de lajes, caso a caso. Esse procedimento geralmente apresenta bons resultados em lajes retangulares, adotando-se intereixos de modo que a relação destes seja próxima ou igual à relação de lados da laje em questão.

As nervuras transversais são executadas de diferentes modos construtivos (lajotas com abas ou canaletas, ambas com função de formas), sempre deixando um espaço regular entre os enchimentos, e, no caso das canaletas, quando empregadas com lajotas cerâmicas, têm também a função de impedir a fuga do concreto complementar de obra para dentro das cavidades existentes nas lajotas. Caso seja utilizado enchimento cerâmico, por exemplo, a cada duas lajotas pode existir uma nervura que demandará forma de madeira, forma plástica, canaleta cerâmica ou placa de concreto. Como já citado, se o enchimento é em EPS bidirecional, a própria peça de EPS possui abas que, justapostas, constituem a forma da nervura transversal, facilitando o processo construtivo. Caso o bloco de EPS não disponha dessas abas, a solução é a mesma empregada para o enchimento com lajotas cerâmicas.

Devido ao tipo da forma utilizada para possibilitar as nervuras transversais, pode ser necessário considerar no cálculo a redução no braço de alavanca da armadura tracionada nessa direção, tendo em vista atender ao cobrimento inferior do concreto e à espessura de penetração da forma acima da face superior da sapata da vigota. Essa medida também é necessária quando a armadura é disposta e alojada em mais de uma camada.

Uma vez que há nervuras nas duas direções, é atendida a recomendação de lajes bidirecionais para obras construídas em alvenaria estrutural ou parede de concreto, para que as cargas das lajes desçam de forma mais homogênea nas paredes. Logo, sistemas unidirecionais não são adequados para alvenaria estrutural e paredes de concreto.

Por ter inércia considerável (nervuras mais capa) em ambas as direções, a laje nervurada bidirecional pode ser considerada na redistribuição de ações horizontais, o que contribui na estabilidade global da edificação.

Para atender aos requisitos de viabilidade econômica, esse sistema é geralmente indicado para relações de lado até 1,5 e vãos entre 4 m e 12 m.

4.3.1 Vantagens
- Espessura de laje menor que em sistema unidirecional, quando a relação de lados geralmente ≤ 1,5, considerando os mesmos vãos e carregamentos.
- Funciona como diafragma rígido, por ter nervuras e armaduras nas duas direções principais.
- Possui boa redistribuição de esforços.
- Diversidade de fornecedores, o que evita situações de dependência comercial.

4.3.2 Desvantagens

- Não possui grande mesa de compressão nos engastamentos entre lajes. Quando uma laje é engastada em outra adjacente, o momento negativo (compressão inferior) deve ser resistido por uma seção de concreto com a largura da nervura.
- Considerando a mesma altura de laje, o peso próprio é maior que nos sistemas unidirecionais. Isso ocorre para lajes com relação de lado geralmente ≥ 1,5.
- Maior dificuldade de montagem se comparado com o sistema unidirecional e em situações em que o detalhamento do projeto não considera compatibilização entre as armaduras das lajes e das vigas, para evitar conflitos entre elas.

4.3.3 Etapas da montagem

O passo a passo para a montagem da laje nervurada bidirecional com vigotas treliçadas é similar ao da laje nervurada unidirecional com vigotas treliçadas, indicado na seção 4.2.3. Na Fig. 4.3 é apresentado o resumo de todos os passos do sistema.

4.4 Laje nervurada unidirecional mesa dupla com minipainel/painel treliçado

Obras de vãos regulares, geralmente acima de 6 m, com diversos tramos contínuos, podem ser otimizadas do ponto de vista estrutural e de viabilidade econômica quando existir mais concreto presente nas regiões de continuidade para combater esforços de compressão oriundos do momento fletor negativo, ou em lajes em balanço onde a demanda do momento negativo também é preponderante.

Muitas vezes, para atender a essa demanda em lajes nervuradas seção T, executa-se uma faixa maciça ao longo dos apoios das nervuras, sejam as lajes uni ou bidirecionais. Mas, embora seja usual com faixa maciça relativamente estreita, onde parte desse concreto pode ser aproveitado para que a viga de apoio da laje seja mais econômica, considerando-a seção T, esse procedimento implica alto consumo de concreto e formas, bem como custos com a mão de obra inerente à execução de tais mesas de compressão.

Isso se torna ainda mais oneroso para vãos maiores, dado que demandam altura de lajes maior, gerando um núcleo de concreto muito volumoso, além do necessário tecnicamente, mesmo sem considerar que as faixas maciças teriam que ser mais largas.

Assim, percebe-se que, quanto mais crescem os vãos das lajes contínuas, mais esse recurso demanda e mais inviável ele se torna, dando oportunidade para outra solução mais bem customizada, que são as lajes nervuradas construídas com painéis ou minipainéis treliçados pré-fabricados.

Nesse sistema, os minipainéis ou painéis treliçados formam uma mesa de concreto em toda a face inferior da laje, com elementos de enchimento dispostos entre a mesa inferior (minipainéis ou painéis treliçados) e a mesa superior (concreto complementar de obra). Além disso, mesmo que a laje seja unidirecional, é comum a presença de nervuras transversais devidamente espaçadas, para travamento e redistribuição dos esforços presentes nas nervuras longitudinais, sendo ainda mais benéficas para situações de solicitações concentradas em determinada fração da área da laje.

Essas lajes são indicadas para relações de lado maiores que 1,5 e vãos acima de 6 m e necessitam de mecanização para transporte e manuseio de montagem, com exceção de minipainéis e vãos pequenos, onde geralmente não são indicadas.

A utilização de painéis ou minipainéis treliçados com o núcleo de enchimento com material inerte (EPS) proporciona o benefício da sapata de concreto para mesa de compressão, eliminando o concreto indesejável no núcleo da laje. Desse modo, sistematicamente, têm-se mesa de compressão, que varia geralmente de 3 cm a 5 cm de espessura, e núcleo de enchimento para alívio de peso próprio em toda a laje, não se necessitando de formas e concreto em regiões da laje caracterizadas por tração ou baixa compressão, o que leva a resultados interessantes para vãos médios (6 m a 8 m) e sobretudo para vãos maiores (8 m a 12 m).

4.4.1 Vantagens

- Facilidade de montagem.
- Alta produtividade.
- Mão de obra adaptada a trabalhar com esse sistema em todo o território nacional.
- Possibilita bom acabamento de fábrica na face inferior do pré-fabricado.
- Possui mesa de compressão para combater o esforço de compressão presente no engastamento entre lajes contínuas.

4.4.2 Desvantagens

- Depende de equipamentos para facilitar o transporte e a montagem dos elementos pré-fabricados.
- Não funciona como diafragma rígido, por ser unidirecional.
- Não possui boa redistribuição de esforços.
- Dificuldade de encontrar fabricante em todas as regiões do Brasil.

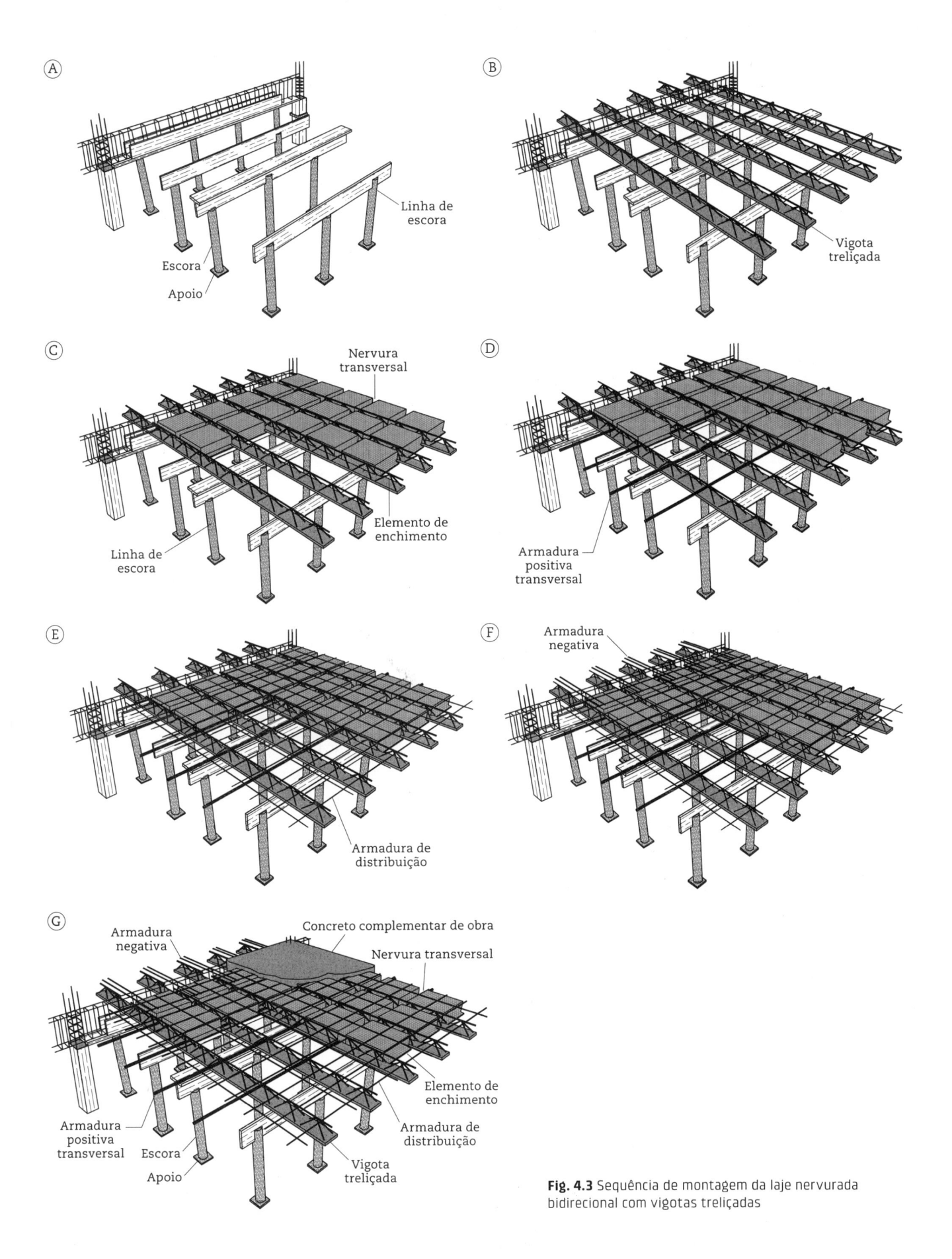

Fig. 4.3 Sequência de montagem da laje nervurada bidirecional com vigotas treliçadas

4.4.3 Etapas da montagem

Na sequência são descritas as etapas da montagem, e na Fig. 4.4 é apresentado o resumo de todos os passos do sistema.

- *Passo 1*: construção do sistema de escoramento para receber os elementos treliçados pré-fabricados, considerando os preparos necessários e as indicações de cada projeto. Essa etapa não se aplica quando os elementos pré-fabricados são autoportantes, cabendo apenas trabalhar a lateral das formas das vigas de apoio que deverão receber e sustentar a laje em todas as suas fases de execução, até a cura do concreto aplicado na obra.
- *Passo 2*: montagem dos elementos treliçados pré-fabricados e da armadura positiva de segunda camada conforme o projeto.
- *Passo 3*: montagem dos blocos de elementos de enchimento. Dispositivos de montagem devem ser utilizados para fixar e garantir a posição correta dos elementos de enchimento e, consequentemente, das nervuras estruturais, sem desvios de alinhamento.
- *Passo 4*: montagem da armadura positiva transversal, no caso das lajes bidirecionais, ou apenas de distribuição, no caso das lajes unidirecionais. Essa armadura deve ser disposta transversalmente aos painéis ou minipainéis treliçados pré-fabricados, cruzando por dentro da armadura treliçada e apoiada na face superior do concreto da base dos elementos treliçados pré-fabricados. Deve ser posicionada na parte inferior das diagonais das treliças, junto à superfície do concreto pré-fabricado, e, se necessário, amarrada para garantir sua posição, mantendo cobrimento lateral e afastamento entre barras.
- *Passo 5*: montagem da armadura de distribuição, disposta em malha, geralmente em tela eletrossoldada, sobre as armaduras treliçadas, ficando no interior da mesa de concreto, aproximadamente à meia altura da mesa.
- *Passo 6*: montagem da armadura negativa. Podem ser adotados fios, barras ou telas eletrossoldadas. Essa armadura deve ser disposta transversalmente e sobre as armaduras das vigas de apoio das lajes, bem como sobre a armadura de distribuição presente na área total da laje. Deve atender ao requisito de cobrimento superior definido em projeto.
- *Passo 7*: concretagem complementar de obra.
- *Passo 8*: proceder à cura do concreto, mantendo a superfície úmida durante aproximadamente sete dias após o início da pega, evitando, assim, a perda de água do amassamento do concreto.
- *Passo 9*: retirada do escoramento após o prazo mínimo estabelecido em projeto.

4.5 Laje nervurada bidirecional mesa dupla com minipainel/painel treliçado

A única diferença entre o sistema bidirecional mesa dupla e o unidirecional mesa dupla é a presença frequente de nervuras transversais, possibilitando que ele seja armado nas duas direções principais, com viabilidade destacada para lajes com relação de lados ≤ 1,5. Isso confere ao sistema os funcionamentos de placa e membrana/diafragma rígido.

Os minipainéis ou painéis treliçados que o compõem formam uma mesa de concreto em toda a face inferior da laje, com elementos de enchimento dispostos entre a mesa inferior (minipainéis ou painéis treliçados) e a mesa superior (concreto complementar de obra).

A distância entre as nervuras transversais costuma ser idêntica ou próxima à distância entre as nervuras longitudinais, com exceção para os casos em que se adota a relação dos intereixos nas duas direções semelhante à relação dos vãos da laje, nos casos de lajes retangulares.

Para atender aos requisitos de viabilidade econômica, esse sistema é indicado para relações de lado até 1,5 e vãos entre 6 m e 12 m, embora funcione bidirecionalmente para relações de lado até 2.

4.5.1 Vantagens

- Espessura de laje menor que em sistema unidirecional com minipainel ou painel treliçado.
- Funciona como diafragma rígido, por ser armada e constituída de nervuras estruturais nas duas direções principais.
- Possui boa capacidade para redistribuição dos esforços.
- Possibilita bom acabamento de fábrica na face inferior do pré-fabricado.
- Possui mesa de compressão para combater o esforço de compressão presente no engastamento entre lajes contínuas.
- Facilidade de montagem.
- Alta produtividade.
- Mão de obra adaptada a trabalhar com esse sistema em todo o território nacional.

4.5.2 Desvantagens

- Depende de equipamentos para facilitar o transporte e a montagem dos elementos pré-fabricados.
- Dificuldade de encontrar fabricante em todas as regiões do Brasil.

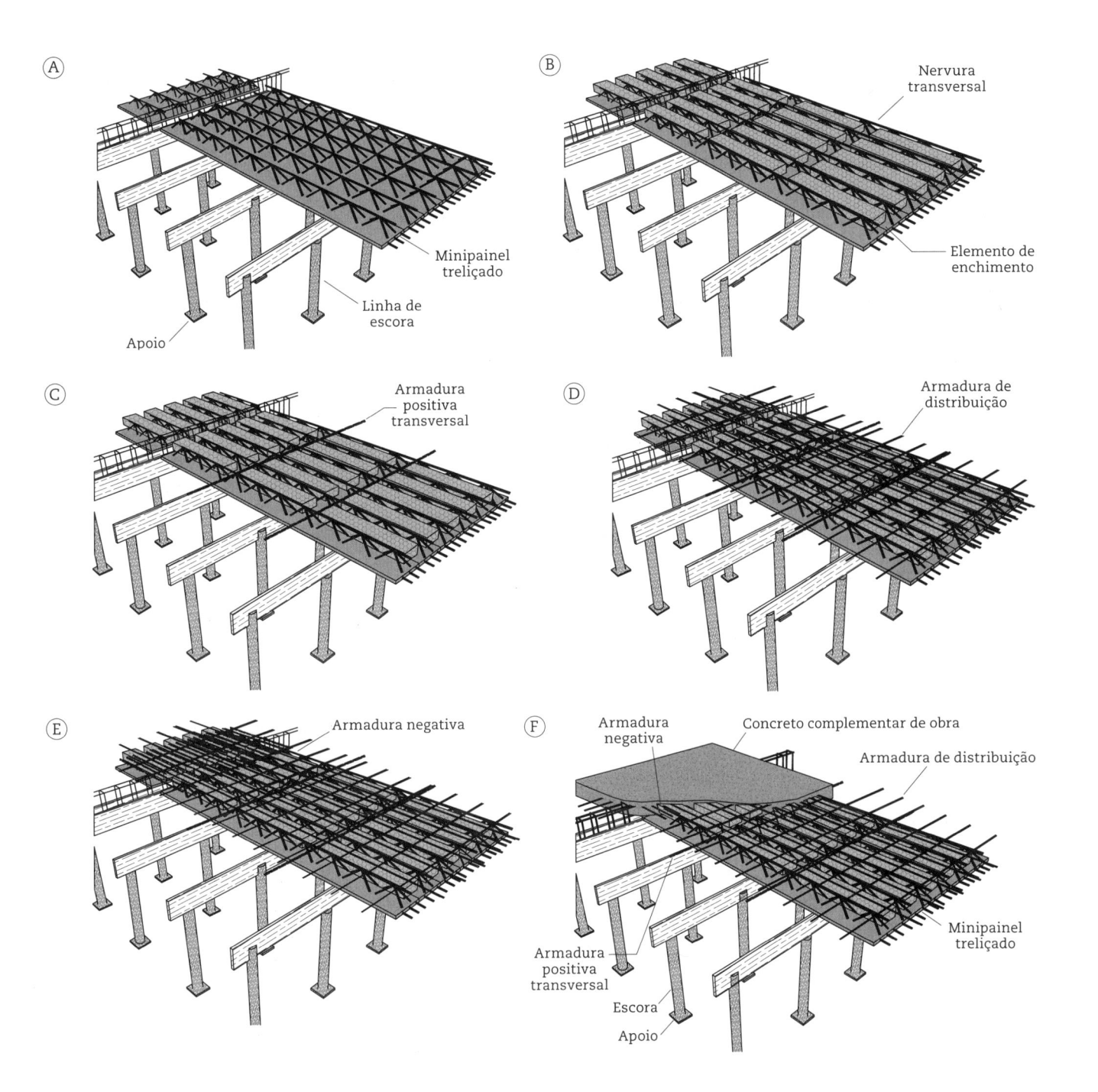

Fig. 4.4 Sequência de montagem da laje nervurada unidirecional mesa dupla com minipainel/painel treliçado

4.5.3 Etapas da montagem

O passo a passo para a montagem da laje nervurada bidirecional mesa dupla com minipainel/painel treliçado é similar ao da laje nervurada unidirecional mesa dupla com minipainel/painel treliçado, indicado na seção 4.4.3.

4.6 Laje lisa/cogumelo nervurada treliçada

Arquiteturas caracterizadas por pavimentos com utilização flexível passam pela necessidade de eliminar as saliências das estruturas na face inferior das lajes. Então, as vigas no interior do pavimento são eliminadas, e as lajes com recursos de regiões maciças junto aos pilares constituem o elemento estrutural que vence vãos, com a capacidade de suportar as ações atuantes para diversas situações de utilização, de modo prático e versátil, possibilitando alterações e novos rearranjos na divisão arquitetônica dos ambientes ao longo da vida útil da estrutura.

Essa solução estrutural é atrativa para nichos de mercado imobiliário residencial, bem como escritórios e serviços em geral.

Esse sistema estrutural também facilita a construção das instalações hidrossanitárias e elétricas, entre outras, que, quando instaladas sob o plano inferior das lajes, não têm obstáculos a serem transpostos, encontrando liberdade de encaminhamento nos espaços até chegarem aos *shafts* previstos para passagens verticais entre pavimentos.

As lajes lisas, do ponto de vista estrutural, são caracterizadas pelo efeito da punção, ou seja, pelo acúmulo e concentração de tensões tangenciais no entorno das faces dos pilares, que são resistidas pela presença do maciço de concreto reforçado com armaduras específicas, quando necessárias, tais como estribos, e/ou outros dispositivos geralmente metálicos, para o combate das tensões de cisalhamento oriundas da força cortante. Elas também são caracterizadas pelo modo de falha por colapso progressivo e devem ser armadas para que, se eventualmente se instalar a ruína por alguma situação indesejável, tenham a garantia de que não cairão sobre o pavimento inferior, evitando a ruína do edifício por efeito dominó.

Esse tipo de laje é composto de vigotas treliçadas e elementos de enchimento costumeiramente cerâmicos ou de EPS, com a presença de maciços convenientemente armados junto aos pilares. Em geral a distância entre as nervuras transversais costuma ser próxima à distância entre as nervuras longitudinais.

É indicado para relações de lado até 1,5, e relações entre 1,5 e 2 são aceitáveis com a administração do intereixo na direção transversal às vigotas pré-fabricadas, para otimizar a eficiência estrutural e os custos.

Sua utilização é usual para vãos entre 6 m e 12 m. Vãos menores para lajes lisas geralmente têm boa resolução com o emprego de lajes maciças com painéis ou minipainéis treliçados pré-fabricados.

São aceitas faixas rígidas na altura da laje, em geral na linha dos pilares, compondo rigidez em face da necessidade de garantir a estabilidade global da estrutura. Com as devidas adequações de projeto, é possível o uso de cordoalhas engraxadas para protensão.

4.6.1 Vantagens
- Dispensa de vigas, reduzindo formas e flexibilizando a ocupação dos ambientes internos.
- Funciona como diafragma rígido, por ser armado nas duas direções principais.
- Possui boa redistribuição de esforços, característica do elemento placa.
- Facilidade de encontrar fabricante de vigotas treliçadas pré-fabricadas.
- Apresenta face inferior lisa, sem as cavidades presentes nas soluções de lajes com cubas plásticas.
- Possibilita a aplicação de revestimento inferior sem a necessidade de forro falso.

- Para vãos acima de 12 m, possibilita emenda nas armaduras treliçadas sem afetação na altura e no cobrimento das armaduras.

4.6.2 Desvantagens
- Dificuldade de montagem, pois o mercado carece de profissionais e operários capacitados.
- Como em todos os sistemas de lajes lisas, a execução demanda detalhes mais elaborados, de alta responsabilidade (armaduras de punção e ancoragem da armadura positiva na região maciça).
- Dependendo do tamanho das peças pré-fabricadas, necessita de transporte mecanizado.

4.6.3 Etapas da montagem
Na sequência são descritas as etapas da montagem, e na Fig. 4.5 é apresentado o resumo de todos os passos do sistema.

- *Passo 1*: construção do sistema de formas e escoramento para receber as vigotas treliçadas pré-fabricadas, considerando os preparos necessários e as indicações de cada projeto. As formas são necessárias nas regiões em que são retiradas as lajotas para estabelecer o maciço em torno dos pilares, bem como nas faixas maciças que interligam pilares, caso existam. Quando são empregadas vigotas treliçadas pré-fabricadas autoportantes, dispensa-se o sistema de escoramento na região central das vigotas, mas mantém-se um forte cimbramento nas regiões maciças que as receberão e que deverão receber e sustentar a laje em todas as suas fases de execução, até a cura do concreto aplicado na obra. Nessa etapa, conforme indicado no projeto, deve ser feita a forma para conter o concreto que preencherá as nervuras transversais às vigotas treliçadas. A forma da laje cimbrada deve chegar até a borda da forma das regiões maciças e ser apoiada na tábua de espelho que recebe as vigotas e transfere as reações para as escoras. Se as vigotas são autoportantes, a forma deve ser amarrada transversalmente a elas, no plano de sua face inferior. A forma para nervuras transversais às vigotas treliçadas pode ser dispensada quando o elemento de enchimento tem abas que cumprem a função de formas ou são utilizadas canaletas para cumprir essa função. No caso de as canaletas serem usadas em conjunto com as lajotas cerâmicas, há o benefício de se vedarem as cavidades das lajotas, evitando a fuga do concreto.
- *Passo 2*: montagem das vigotas treliçadas pré-fabricadas e da armadura positiva de segunda camada

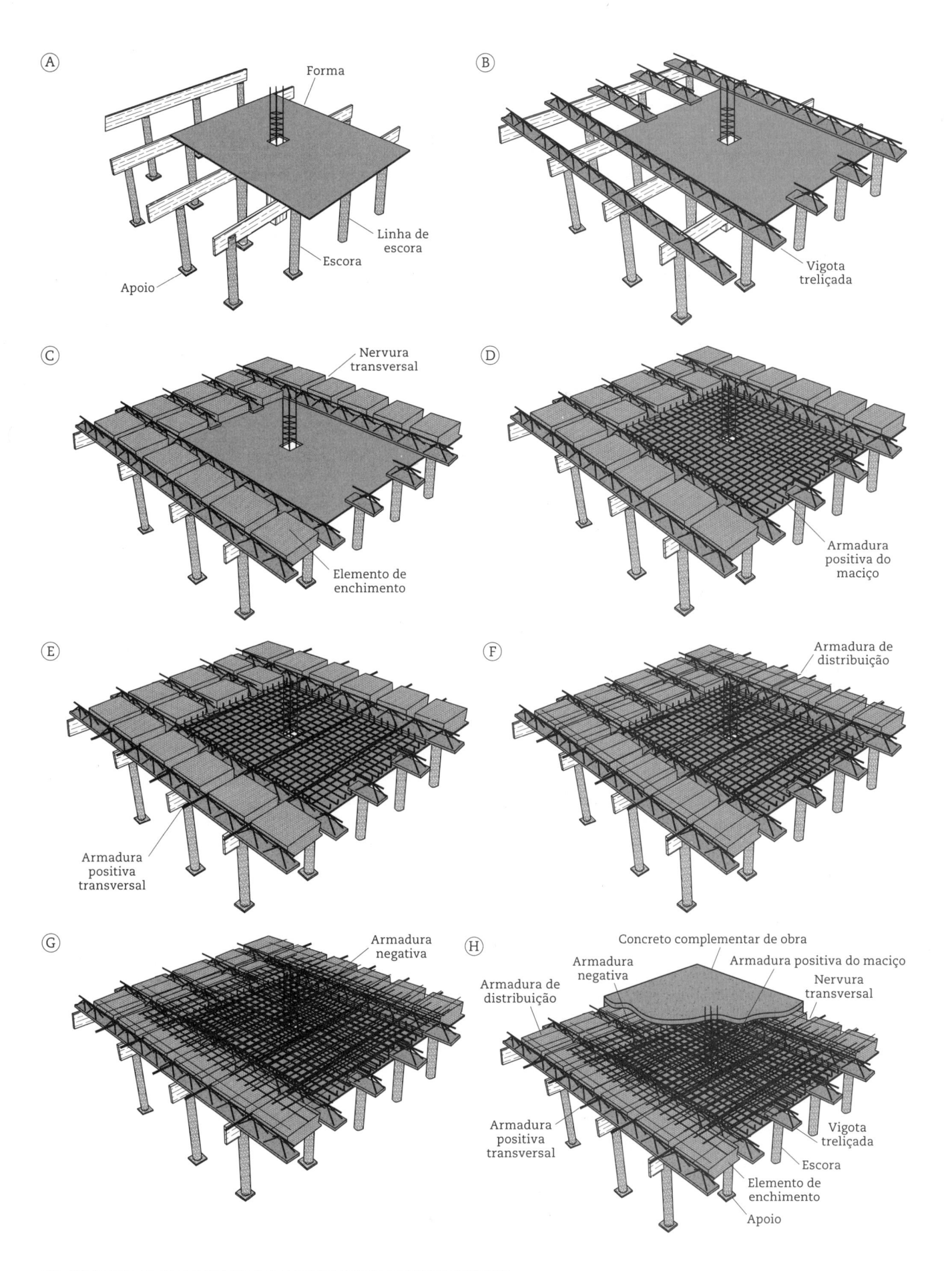

Fig. 4.5 Sequência de montagem da laje lisa/cogumelo nervurada treliçada

SISTEMAS ESTRUTURAIS DE LAJES TRELIÇADAS 49

conforme o projeto, destacando-se a importância de ancorá-las nas regiões maciças da laje. Nessa etapa devem ser colocadas as lajotas nas extremidades das vigotas, recuando-se o comprimento da vigota que deve adentrar o maciço de concreto do capitel, conforme definido em projeto, para que seja estabelecida a galga de posicionamento dessas vigotas.

- *Passo 3*: montagem das demais lajotas a fim de que sejam completados todos os elementos de enchimento da laje, respeitando os espaços vazios para a formação das regiões maciças, das nervuras transversais ou de outros detalhes construtivos/estruturais de interesse, conforme o projeto detalhado.
- *Passo 4*: na região maciça, montagem da malha de armadura positiva, de base dos maciços, em toda a sua área, bem como das armaduras de colapso progressivo.
- *Passo 5*: na região nervurada, montagem da armadura positiva transversal, destacando-se a importância de ancorá-la devidamente nas regiões maciças. Essa armadura deve ser disposta transversalmente às vigotas treliçadas pré-fabricadas, cruzando por dentro da armadura treliçada e apoiada na face superior do concreto da base dos elementos treliçados pré-fabricados. Deve ser posicionada na parte inferior das diagonais das treliças, junto à superfície do concreto pré-fabricado, e, se necessário, amarrada para garantir sua posição, mantendo cobrimento lateral e afastamento entre barras.
- *Passo 6*: montagem da armadura de distribuição, disposta em malha, geralmente em tela eletrossoldada, sobre as armaduras treliçadas, ficando no interior da mesa de concreto, aproximadamente à meia altura da mesa.
- *Passo 7*: montagem da armadura negativa. Podem ser adotados fios, barras ou telas eletrossoldadas. Essa armadura deve ser disposta sobre a armadura de distribuição presente na área da laje nervurada. Deve atender ao requisito de cobrimento superior definido em projeto.
- *Passo 8*: montagem da armadura de punção na região da interface da laje maciça com os pilares, adotando, para punção, conectores de ligação ou estribos abertos de um ou mais ramos, conforme o projeto. Em casos de conectores tipo pino com cabeça, essa montagem da armadura de punção pode ser realizada antes do passo 6.

Procede-se também à montagem dos estribos de reforço das nervuras a partir da face dos maciços adentrando as nervuras, até onde o projeto determinar, com estribos também abertos, geralmente de dois ramos, utilizando-se fios ou barras.

Duas observações relacionadas a esse passo são importantes de serem ressaltadas. A primeira é que nem sempre as armaduras de punção são requeridas em projetos de lajes lisas; nesse caso, esse passo é dispensável. A segunda observação é que os cobrimentos nominais a serem respeitados são os das armaduras mais próximas às faces inferior e superior das lajes, e, no caso de armadura de punção, que deve envolver tanto a armadura negativa quanto a positiva, o cobrimento nominal também deve ser atendido.

- *Passo 9*: concretagem complementar de obra.
- *Passo 10*: proceder à cura do concreto, mantendo a superfície úmida durante aproximadamente sete dias após o início da pega, evitando, assim, a perda de água do amassamento do concreto.
- *Passo 11*: retirada do escoramento após o prazo mínimo estabelecido em projeto.

AÇÕES E ESFORÇOS SOLICITANTES

5

Para proceder ao dimensionamento de qualquer elemento estrutural, é necessária a determinação dos esforços solicitantes, que, por sua vez, dependem da utilização da estrutura e das combinações de ações, gravitacionais e não gravitacionais, que poderão atuar juntas em determinado período de tempo.

Essas ações possuem diversas classificações, podendo ser estáticas ou dinâmicas, permanentes ou variáveis, normais ou excepcionais, ou ainda internas ou externas ao elemento em estudo. Cada possibilidade dessas abre um leque de opções de ações que podem atuar na estrutura em algum momento de sua vida útil.

Por simplificação de cálculo, e até por não ocorrerem de maneira cíclica, algumas ações que são dinâmicas comumente são tratadas como ações estáticas, como pessoas em salas de aula ou automóveis em garagens. Essa consideração é necessária uma vez que a quantidade de pessoas, o tempo que ficarão e os movimentos que estarão realizando são impossíveis de serem previstos na fase de projeto. Nessa linha de raciocínio, pode-se dizer que as ações, principalmente as variáveis, são estimadas com base em estudos semiprobabilísticos, com boa probabilidade de não serem ultrapassadas.

Neste capítulo são apresentados e exemplificados pontualmente todos os passos e critérios para a determinação das ações e dos esforços solicitantes em lajes treliçadas.

5.1 Tipos de ações

Não são todos os tipos de ações que atuam em sistemas de lajes. Desse modo, são abordados nesta seção apenas os tipos de ações comumente utilizados em projeto de lajes, bem como seus respectivos exemplos de aplicação.

5.1.1 Ações permanentes

Segundo a NBR 6120 (ABNT, 2019, p. 3), são "ações que atuam com valores praticamente constantes, ou com pequena variação em torno de sua média, durante a vida da edificação ou que aumentam com o tempo, tendendo a um valor-limite constante". Entre essas ações permanentes, pode-se destacar o peso próprio do elemento, não se esquecendo do reboco, do forro (sendo o mais comum o de gesso), da argamassa de nivelamento, do revestimento, dos equipamentos que serão fixados à estrutura e da protensão.

5.1.2 Ações variáveis

De acordo com a NBR 6120 (ABNT, 2019, p. 3), são "ações cujos valores, estabelecidos por consenso, apresentam variações significativas em torno de sua média durante a vida da edificação. Seus valores possuem de 25% a 35% de probabilidade de serem ultrapassados no sentido desfavorável em um período de 50 anos". Entre essas ações variáveis, pode-se destacar as relativas a uso e ocupação da edificação, divisórias móveis, vento, variações de temperatura e variações higroscópicas.

Em teoria, todas as ações que não são permanentes são variáveis. Porém, a probabilidade de ocorrência de determinadas ações é tão baixa que a NBR 6120 (ABNT, 2019) indica uma terceira classificação intitulada ações excepcionais, sendo sua duração extremamente curta.

5.1.3 Ações de construção

Outra classificação de ações muito utilizada em lajes treliçadas é referente às ações de construção. Segundo a NBR 6120 (ABNT, 2019, p. 2), trata-se de "ações transitórias que são consideradas nas estruturas em que haja risco de ocorrência de estado-limite durante a fase de construção". Essas ações, que somam o peso próprio da estrutura e o peso dos equipamentos e das pessoas durante a concretagem, são utilizadas para calcular a autoportância que os elementos treliçados pré-fabricados darão à laje, para a definição do escoramento.

5.1.4 Determinação das ações

A determinação das ações para as lajes treliçadas é feita de maneira similar à dos outros sistemas estruturais de lajes. A peculiaridade para cada sistema estrutural está relacionada ao cálculo do peso próprio. É muito importante ter bem definido o que são ações permanentes e o que são ações variáveis, pois, nas verificações em serviço, as ações variáveis passarão por um processo de minoração de valores, que, por sua vez, será realizado com base no tipo de utilização da edificação.

Primeiramente, deve-se estimar as ações variáveis com base no tipo de ambiente e preferencialmente utilizando a NBR 6120 (ABNT, 2019). Em seguida, deve-se estimar o tipo de ação permanente fora o peso próprio. Uma vez determinadas as ações variáveis e permanentes, pode-se realizar as combinações de ações necessárias para o dimensionamento nos estados-limites últimos (ELU) e as verificações nos estados-limites de serviço (ELS).

Exemplo 5.1

Determinar as ações para uma laje maciça com espessura $h = 17$ cm (Fig. 5.1), para uma sala de edificação residencial, com argamassa de nivelamento de 5 cm e piso de porcelanato (espessura de 11 mm).

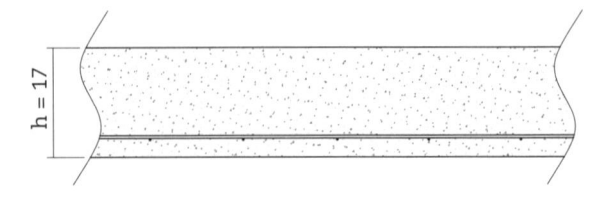

Fig. 5.1 Seção transversal da laje maciça

De acordo com a NBR 6120 (ABNT, 2019, Tabelas 1 e 10):
- peso específico aparente do concreto armado: 25 kN/m³;
- peso específico aparente da argamassa de cimento e areia: 21 kN/m³;
- peso específico aparente do porcelanato: 23 kN/m³;
- ação variável da sala de uma edificação residencial: 1,5 kN/m².

$$Peso\,próprio_{laje} = h_{laje} \cdot \gamma_{concreto\ armado}$$
$$= 0{,}17 \times 25 = 4{,}250 \text{ kN/m}^2$$

$$Peso_{nivelamento} = h_{nivelamento} \cdot \gamma_{nivelamento}$$
$$= 0{,}05 \times 21 = 1{,}050 \text{ kN/m}^2$$

$$Peso_{porcelanato} = h_{porcelanato} \cdot \gamma_{porcelanato}$$
$$= 0{,}011 \times 23 = 0{,}253 \text{ kN/m}^2$$

$$\text{Ação permanente} = 4{,}250 + 1{,}050 + 0{,}253$$
$$= 5{,}553 \text{ kN/m}^2$$

Exemplo 5.2

Determinar as ações para uma laje nervurada unidirecional com vigotas treliçadas com espessura $h = 17$ cm (Fig. 5.2), sendo 12 cm de enchimento cerâmico (peso específico aparente de 6,5 kN/m³) e 5 cm de capa (mesa de compressão), com intereixo entre nervuras longitudinais de 43 cm e sem nervura transversal, para uma sala de leitura sem estantes de uma biblioteca, com argamassa de nivelamento de 5 cm, piso de porcelanato (espessura de 11 mm) e chapisco e reboco de 3 cm na face inferior da laje.

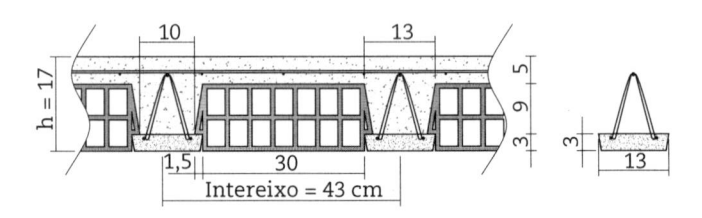

Fig. 5.2 Seção transversal da laje treliçada unidirecional com enchimento cerâmico

Segundo a NBR 6120 (ABNT, 2019, Tabelas 1 e 10):
- peso específico aparente do concreto armado: 25 kN/m³;
- peso específico aparente da lajota cerâmica: 6,5 kN/m³;
- peso específico aparente da argamassa de cimento e areia: 21 kN/m³;
- peso específico aparente do porcelanato: 23 kN/m³;
- peso específico aparente da argamassa de cal, cimento e areia (reboco): 19 kN/m³;
- ação variável da sala de leitura sem estantes de uma biblioteca: 3,0 kN/m².

$$\text{Peso próprio}_{laje} = \text{Volume}_{concreto} \cdot \gamma_{concreto}$$
$$+ \text{Volume}_{cerâmica} \cdot \gamma_{cerâmica}$$

$$\text{Volume}_{concreto} = \left(0{,}03 \times 0{,}13 + \frac{0{,}1+0{,}13}{2} \times 0{,}09 + 0{,}05 \times 0{,}43\right) \times 1$$
$$= 0{,}03575 \text{ m}^3/\text{m de nervura}$$

$$\text{Volume}_{concreto} = 0{,}03575 \times \frac{100}{43} = 0{,}08314 \text{ m}^3/\text{m}^2$$

$$\text{Volume}_{cerâmica} = \left(0{,}3 \times 0{,}03 + \frac{0{,}33+0{,}3}{2} \times 0{,}09\right) \times 1$$
$$= 0{,}03735 \text{ m}^3/\text{m de nervura}$$

$$\text{Volume}_{cerâmica} = 0{,}03735 \times \frac{100}{43} = 0{,}08686 \text{ m}^3/\text{m}^2$$

$$\text{Peso próprio}_{laje} = 0{,}08314 \times 25 + 0{,}08686 \times 6{,}5 = 2{,}643 \text{ kN/m}^2$$

$$\text{Ação permanente} = h_{nivelamento} \cdot \gamma_{nivelamento} + h_{porcelanato}$$
$$\cdot \gamma_{porcelanato} + h_{reboco} \cdot \gamma_{reboco} + \text{Peso próprio}_{laje}$$
$$= 0{,}05 \times 21 + 0{,}011 \times 23 + 0{,}03 \times 19 + 2{,}643$$
$$= 4{,}516 \text{ kN/m}^2$$

Considerando as ações nas lajes nervuradas por nervura, têm-se:

$$\text{Ação variável} = 3{,}0 \times \frac{43}{100} = 1{,}290 \text{ kN/m de nervura}$$

$$\text{Ação permanente} = 4{,}516 \times \frac{43}{100} = 1{,}942 \text{ kN/m de nervura}$$

Exemplo 5.3

Determinar as ações para uma laje nervurada bidirecional com vigotas treliçadas com espessura $h = 17$ cm (Fig. 5.3), sendo 12 cm de enchimento de EPS e 5 cm de capa, com intereixo entre nervuras longitudinais de 43 cm e intereixo entre nervuras transversais de 50 cm, para um depósito de escola, com argamassa de nivelamento de 5 cm, piso de porcelanato (espessura de 11 mm) e forro de gesso acartonado.

De acordo com a NBR 6120 (ABNT, 2019, Tabelas 1 e 10):
- peso específico aparente do concreto armado: 25 kN/m³;
- peso específico aparente do poliestireno expandido (EPS) de alta densidade: 0,3 kN/m³;
- peso específico aparente da argamassa de cimento e areia: 21 kN/m³;
- peso específico aparente do porcelanato: 23 kN/m³;
- peso específico aparente do forro de gesso acartonado: 0,25 kN/m²;
- ação variável do depósito de uma escola: 5,0 kN/m².

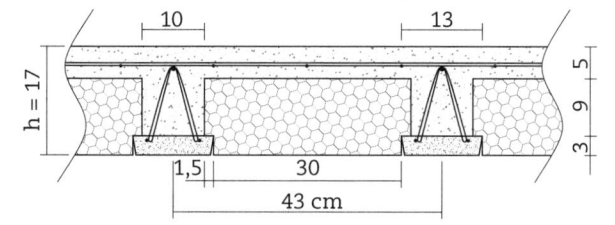

$$\text{Peso próprio} = \text{Volume}_{mesa} \cdot \gamma_{concreto}$$
$$+ \text{Volume}_{nervura} \cdot \gamma_{concreto} + \text{Volume}_{EPS} \cdot \gamma_{EPS}$$

$$\text{Volume}_{mesa} \cdot \gamma_{concreto} = 0{,}05 \times 25 = 1{,}25 \text{ kN/m}^2$$

$$\text{Volume}_{nervura} \cdot \gamma_{concreto} = \frac{\begin{array}{l}0{,}13 \times 0{,}03 \times 0{,}5\\+0{,}10 \times 0{,}09 \times 0{,}5\\+0{,}10 \times 0{,}105 \times 0{,}33\end{array}}{0{,}43 \times 0{,}50} \times 25 = 1{,}153 \text{ kN/m}^2$$

$$\text{Volume}_{EPS} \cdot \gamma_{EPS} = \frac{\begin{array}{l}0{,}30 \times 0{,}50 \times 0{,}015\\+0{,}30 \times 0{,}40 \times 0{,}015\\+0{,}33 \times 0{,}40 \times 0{,}09\end{array}}{0{,}43 \times 0{,}50} \times 0{,}30 = 0{,}022 \text{ kN/m}^2$$

$$\text{Peso próprio} = 1{,}25 + 1{,}153 + 0{,}022 = 2{,}425 \text{ kN/m}^2$$

$$\text{Ação permanente} = h_{nivelamento} \cdot \gamma_{nivelamento}$$
$$+ h_{porcelanato} \cdot \gamma_{porcelanato} + \text{peso próprio}$$
$$+ \text{forro de gesso} = 0{,}05 \times 21 + 0{,}011$$
$$\times 23 + 2{,}425 + 0{,}25 = 3{,}978 \text{ kN/m}^2$$

Em caso de paredes distribuídas em cima de lajes bidirecionais, a norma permite simplificar as ações de forma que sejam consideradas uniformemente distribuídas na laje, utilizando a conversão de ações apresentada na Tab. 5.1, embora com recursos computacionais seja fácil obter os valores dos esforços de modo mais preciso. O critério simplificado da norma, na falta de informações mais acuradas, é válido para lajes sem definição de posicionamento das paredes.

Especial atenção deve ser dispensada quando são utilizados critérios simplificados, pois há situações de projetos em que a parede divisória de alvenaria pode receber reações de laje incidente sobre ela ou mesmo outros carregamentos, a serem considerados caso a caso. Tome-se o exemplo de uma alvenaria divisória que está sobre e sob lajes e em cuja construção é erroneamente praticado o encunhamento da alvenaria sob a laje superior. Após o término da obra, quando atuam todas as ações, e ao longo do tempo, quando se instalam as deformações diferidas do tempo, a rigidez da alvenaria divisória faz com que

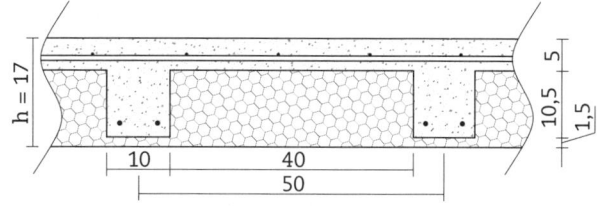

Fig. 5.3 Seção transversal da laje treliçada bidirecional com enchimento de EPS

esta participe do recebimento das reações da laje superior, diferentemente do estabelecido nas considerações de projetos, causando sobrecarga indesejável na laje que a recebe, com o risco do surgimento de manifestações patológicas, ruína e, em última instância, até colapso progressivo quando em situações de múltiplos pavimentos.

Tab. 5.1 Cargas variáveis adicionais para consideração de paredes divisórias sem posição definida em projeto (Tabela 11 da NBR 6120 – ABNT, 2019)

Peso próprio (p.p.) da parede acabada (kN/m)	Carga adicional (kN/m²)
p.p. ≤ 1,0	0,5
1,0 < p.p. ≤ 2,0	0,75
2,0 < p.p. ≤ 3,0	1,0
p.p. > 3,0	Não permitido processo simplificado

Fonte: ABNT (2019, p. 27).

5.2 Combinações de ações

Para cada etapa de cálculo são necessárias combinações de ações diferentes que representam as solicitações máximas num contexto de eventos semiprobabilísticos. A seguir são apresentadas as combinações de ações utilizadas no dimensionamento de lajes treliçadas.

5.2.1 Combinações últimas normais

Essas combinações de ações, indicadas na Eq. 5.1, são utilizadas na etapa de dimensionamento nos estados-limites últimos. Percebe-se que as ações são majoradas de maneira que a probabilidade de ocorrência se torne ainda mais rara, permitindo-se ter uma estrutura confiável.

$$F_d = \sum_{i=1}^{m} \gamma_{gi} \cdot F_{Gi,k} + \gamma_q \cdot \left[F_{Q1,k} + \sum_{j=2}^{n} \Psi_{0j} \cdot F_{Qj,k} \right] \quad (5.1)$$

em que:
$F_{Gi,k}$ são as ações permanentes características;
$F_{Q1,k}$ é a ação variável principal característica;
$F_{Qj,k}$ são as ações variáveis secundárias características;
γ_{gi} é o coeficiente de majoração das ações permanentes características;
γ_q é o coeficiente de majoração das ações variáveis características;
Ψ_{0j} é o fator de combinação de ações variáveis secundárias características.

Comumente não se têm duas origens de ações variáveis em lajes; sendo assim, uma simplificação da Eq. 5.1 para o dimensionamento de lajes pode ser visualizada na equação a seguir:

$$F_d = \sum_{i=1}^{m} \gamma_{gi} \cdot F_{Gi,k} + \gamma_q \cdot F_{Qk} \quad (5.2)$$

Os coeficientes de majoração para as ações permanentes podem ser tratados separadamente para cada tipo de ação, como indicado na Tabela 1 da NBR 8681 (ABNT, 2003b), ou podem ser tratados de forma agrupada, conforme a Tab. C.1 deste livro. Os coeficientes de majoração para as ações variáveis também podem ser tratados separadamente para cada tipo de ação, como indicado na Tabela 4 da NBR 8681 (ABNT, 2003b), ou podem ser tratados de forma agrupada, conforme a Tab. C.2 deste livro.

O termo estrutura confiável indica a baixa probabilidade de esta atingir a ruína. Em estruturas de pequeno porte, essa probabilidade é de cerca de 1:100.000. Já para estruturas de grande porte, e maior responsabilidade, essa probabilidade é de 1:1.000.000. Mediante a questão levantada, percebe-se que, quando um projeto é desenvolvido em conformidade com as normas técnicas vigentes e as boas práticas da engenharia e é fiel à conceituação expressa na literatura técnica, o cliente final automaticamente está adquirindo segurança para sua obra.

A NBR 6118 (ABNT, 2023) indica um acréscimo de coeficiente de segurança para lajes em balanço que tenham espessura inferior a 19 cm. Esse coeficiente, indicado na Eq. 5.3, é multiplicado pelas ações para o dimensionamento das lajes, ou seja, para o cálculo nos estados-limites últimos.

$$\gamma_n = 1,95 - 0,05h \quad (5.3)$$

em que:
h é a espessura (altura) da laje (em cm).

Exemplo 5.4

Determinar a combinação última normal para as ações encontradas no Exemplo 5.1.

Dados:
- ação permanente: 5,553 kN/m²;
- ação variável: 1,5 kN/m² (sala de uma edificação residencial);
- γ_g = 1,4 (Tab. C.1);
- γ_q = 1,4 (Tab. C.2).

Utilizando a Eq. 5.2, tem-se:

$$F_d = \sum_{i=1}^{m} \gamma_{gi} \cdot F_{Gi,k} + \gamma_q \cdot F_{Qk} = 5,553 \times 1,4 + 1,5 \times 1,4 = 9,87 \text{ kN/m}^2$$

Exemplo 5.5

Determinar a combinação última normal para as ações encontradas no Exemplo 5.2.

Dados:
- ação permanente: 4,516 kN/m²;
- ação variável: 3,0 kN/m² (sala de leitura sem estantes de uma biblioteca);
- $\gamma_g = 1{,}4$ (Tab. C.1);
- $\gamma_q = 1{,}4$ (Tab. C.2).

Por meio da Eq. 5.2, encontra-se:

$$F_d = \sum_{i=1}^{m}\gamma_{gi} \cdot F_{Gi,k} + \gamma_q \cdot F_{Qk} = 4{,}516 \times 1{,}4 + 3{,}0 \times 1{,}4 = 10{,}52 \text{ kN/m}^2$$

Exemplo 5.6

Determinar a combinação última normal para as ações encontradas no Exemplo 5.3.

Dados:
- ação permanente: 3,978 kN/m²;
- ação variável: 5,0 kN/m² (depósito de escola);
- $\gamma_g = 1{,}4$ (Tab. C.1);
- $\gamma_q = 1{,}4$ (Tab. C.2).

Mediante a Eq. 5.2, chega-se a:

$$F_d = \sum_{i=1}^{m}\gamma_{gi} \cdot F_{Gi,k} + \gamma_q \cdot F_{Qk} = 3{,}978 \times 1{,}4 + 5{,}0 \times 1{,}4 = 12{,}57 \text{ kN/m}^2$$

5.2.2 Combinações raras de serviço (CR)

Segundo a NBR 8681 (ABNT, 2003b, p. 2), são "combinações que podem atuar no máximo algumas horas durante o período de vida da estrutura". Essas combinações de ações, indicadas na Eq. 5.4, são utilizadas para a verificação dos estados-limites de serviço de formação de fissuras (ELS-F), isto é, para verificar se a estrutura está no Estádio I ou no Estádio II, ou, em outras palavras, para determinar se a estrutura está fissurada ou não (Fig. 1.3).

$$F_{d,ser} = \sum_{i=1}^{m}F_{Gi,k} + F_{Q1,k} + \sum_{j=2}^{n}\Psi_{1j} \cdot F_{Qj,k} \qquad (5.4)$$

em que:
$F_{Gi,k}$ são as ações permanentes características;
$F_{Q1,k}$ é a ação variável principal característica;
$F_{Qj,k}$ são as ações variáveis secundárias características;
Ψ_{1j} é o coeficiente de redução de ações variáveis secundárias características.

Comumente não se têm duas origens de ações variáveis em lajes; sendo assim, uma simplificação da Eq. 5.4 para o dimensionamento de lajes pode ser visualizada na equação a seguir:

$$F_{d,ser} = \sum_{i=1}^{m}F_{Gi,k} + F_{Q1,k} \qquad (5.5)$$

Exemplo 5.7

Determinar a combinação rara para as ações encontradas no Exemplo 5.1.

Dados:
- ação permanente: 5,553 kN/m²;
- ação variável: 1,5 kN/m² (sala de uma edificação residencial).

Utilizando a Eq. 5.5, tem-se:

$$F_{d,ser} = \sum_{i=1}^{m}F_{Gi,k} + F_{Q1,k} = 5{,}553 + 1{,}5 = 7{,}05 \text{ kN/m}^2$$

Exemplo 5.8

Determinar a combinação rara para as ações encontradas no Exemplo 5.2.

Dados:
- ação permanente: 4,516 kN/m²;
- ação variável: 3,0 kN/m² (sala de leitura sem estantes de uma biblioteca).

Por meio da Eq. 5.5, obtém-se:

$$F_{d,ser} = \sum_{i=1}^{m}F_{Gi,k} + F_{Q1,k} = 4{,}516 + 3{,}0 = 7{,}52 \text{ kN/m}^2$$

Exemplo 5.9

Determinar a combinação rara para as ações encontradas no Exemplo 5.3.

Dados:
- ação permanente: 3,978 kN/m²;
- ação variável: 5,0 kN/m² (depósito de escola).

Com a Eq. 5.5, encontra-se:

$$F_{d,ser} = \sum_{i=1}^{m}F_{Gi,k} + F_{Q1,k} = 3{,}978 + 5{,}0 = 8{,}98 \text{ kN/m}^2$$

5.2.3 Combinações frequentes de serviço (CF)

Segundo a NBR 8681 (ABNT, 2003b, p. 2), são "combinações que se repetem muitas vezes durante o período de vida da estrutura, da ordem de 10^5 vezes em 50 anos, ou que tenham duração total igual a uma parte não desprezível nesse período, da ordem de 5%". Essas combinações de ações, indicadas na Eq. 5.6, são utilizadas para a verificação dos estados-limites de serviço de abertura de fissuras (ELS-W), ou seja, para verificar a dimensão estimada das fissuras do elemento, caso ele esteja no Estádio II (Fig. 1.3).

$$F_{d,ser} = \sum_{i=1}^{m} F_{Gi,k} + \Psi_1 \cdot F_{Q1,k} + \sum_{j=2}^{n} \Psi_{2j} \cdot F_{Qj,k} \quad (5.6)$$

em que:
$F_{Gi,k}$ são as ações permanentes características;
$F_{Q1,k}$ é a ação variável principal característica;
$F_{Qj,k}$ são as ações variáveis secundárias características;
Ψ_1 é o coeficiente de redução da ação variável principal característica;
Ψ_{2j} é o coeficiente de redução de ações variáveis secundárias características.

Comumente não se têm duas origens de ações variáveis em lajes; sendo assim, uma simplificação da Eq. 5.6 para o dimensionamento de lajes pode ser visualizada na equação a seguir:

$$F_{d,ser} = \sum_{i=1}^{m} F_{Gi,k} + \Psi_1 \cdot F_{Q1,k} \quad (5.7)$$

Exemplo 5.10
Determinar a combinação frequente para as ações encontradas no Exemplo 5.1.
Dados:
- ação permanente: 5,553 kN/m²;
- ação variável: 1,5 kN/m² (sala de uma edificação residencial);
- $\Psi_1 = 0,4$ (Tab. C.3).

Mediante a Eq. 5.7, chega-se a:

$$F_{d,ser} = \sum_{i=1}^{m} F_{Gi,k} + \Psi_1 \cdot F_{Q1,k} = 5,553 + 0,4 \times 1,5 = 6,15 \text{ kN/m}^2$$

Exemplo 5.11
Determinar a combinação frequente para as ações encontradas no Exemplo 5.2.
Dados:
- ação permanente: 4,516 kN/m²;
- ação variável: 3,0 kN/m² (sala de leitura sem estantes de uma biblioteca);
- $\Psi_1 = 0,7$ (Tab. C.3).

Utilizando a Eq. 5.7, tem-se:

$$F_{d,ser} = \sum_{i=1}^{m} F_{Gi,k} + \Psi_1 \cdot F_{Q1,k} = 4,516 + 0,7 \times 3,0 = 6,62 \text{ kN/m}^2$$

Exemplo 5.12
Determinar a combinação frequente para as ações encontradas no Exemplo 5.3.
Dados:
- ação permanente: 3,978 kN/m²;
- ação variável: 5,0 kN/m² (depósito de escola);
- $\Psi_1 = 0,7$ (Tab. C.3).

Por meio da Eq. 5.7, encontra-se:

$$F_{d,ser} = \sum_{i=1}^{m} F_{Gi,k} + \Psi_1 \cdot F_{Q1,k} = 3,978 + 0,7 \times 5,0 = 7,48 \text{ kN/m}^2$$

5.2.4 Combinações quase permanentes de serviço (CQP)

Segundo a NBR 8681 (ABNT, 2003b, p. 2), são "combinações que podem atuar durante grande parte do período de vida da estrutura, da ordem da metade deste período". Essas combinações de ações, indicadas na Eq. 5.8, são utilizadas para a verificação dos estados-limites de serviço de deformação excessiva (ELS-DEF), ou seja, para estimar a flecha do elemento estrutural.

$$F_{d,ser} = \sum_{i=1}^{m} F_{Gi,k} + \sum_{j=1}^{n} \Psi_{2j} \cdot F_{Qj,k} \quad (5.8)$$

em que:
$F_{Gi,k}$ são as ações permanentes características;
$F_{Qj,k}$ são as ações variáveis características;
Ψ_{2j} é o coeficiente de redução de ações variáveis características.

Exemplo 5.13
Determinar a combinação quase permanente para as ações encontradas no Exemplo 5.1.
Dados:
- ação permanente: 5,553 kN/m²;
- ação variável: 1,5 kN/m² (sala de uma edificação residencial);
- $\Psi_2 = 0,3$ (Tab. C.3).

Utilizando a Eq. 5.8, tem-se:

$$F_{d,ser} = \sum_{i=1}^{m} F_{Gi,k} + \sum_{j=1}^{n} \Psi_{2j} \cdot F_{Qj,k} = 5,553 + 0,3 \times 1,5 = 6,00 \text{ kN/m}^2$$

Exemplo 5.14

Determinar a combinação quase permanente para as ações encontradas no Exemplo 5.2.

Dados:
- ação permanente: 4,516 kN/m²;
- ação variável: 3,0 kN/m² (sala de leitura sem estantes de uma biblioteca);
- $\Psi_2 = 0,6$ (Tab. C.3).

Pela Eq. 5.8, tem-se:

$$F_{d,ser} = \sum_{i=1}^{m} F_{Gi,k} + \sum_{j=1}^{n} \Psi_{2j} \cdot F_{Qj,k} = 4,516 + 0,6 \times 3,0 = 6,32 \text{ kN/m}^2$$

Exemplo 5.15

Determinar a combinação quase permanente para as ações encontradas no Exemplo 5.3.

Dados:
- ação permanente: 3,978 kN/m²;
- ação variável: 5,0 kN/m² (depósito de escola);
- $\Psi_2 = 0,6$ (Tab. C.3).

Por meio da Eq. 5.8, obtém-se:

$$F_{d,ser} = \sum_{i=1}^{m} F_{Gi,k} + \sum_{j=1}^{n} \Psi_{2j} \cdot F_{Qj,k} = 3,978 + 0,6 \times 5,0 = 6,98 \text{ kN/m}^2$$

5.3 Determinação dos esforços

Para o dimensionamento das lajes, são necessários os esforços de momentos fletores e forças cortantes. A determinação dos esforços em lajes treliçadas segue a mesma lógica da determinação dos esforços em lajes maciças. Ela pode ser subdividida em três categorias: lajes unidirecionais convencionais (apoiadas em vigas), lajes bidirecionais convencionais (apoiadas em vigas) e lajes lisas/lajes-cogumelo (apoiadas diretamente nos pilares, sem a presença de vigas). Neste último caso, deve-se incluir os esforços de punção.

5.3.1 Esforços em lajes unidirecionais convencionais

Em lajes unidirecionais convencionais, o cálculo dos esforços é similar ao feito para as vigas, necessitando-se apenas da determinação das ações e das vinculações nos apoios para a definição dos momentos fletores e das forças cortantes. As vinculações são comumente estabelecidas mediante os seguintes fatores:
- Não se engasta uma laje na viga, a menos que essa laje seja em balanço e não tenha continuidade com lajes internas e que a viga tenha rigidez à torção.
- Lajes vizinhas contínuas com face superior não coincidente não podem ser engastadas uma na outra sem ajustes ou recursos que compensem.
- Lajes com dimensões de vãos próximas podem ser engastadas uma na outra.
- Em casos de diferenças significativas nas dimensões dos vãos de lajes vizinhas, pode-se engastar a menor laje na maior, devendo-se apoiar a maior nas vigas.

De qualquer forma, a garantia do engaste é o impedimento do giro no apoio, e, em procedimentos de cálculo manuais, considera-se que esse impedimento ocorre quando os momentos negativos são iguais. Também considera-se ele engastado quando o maior momento fletor no apoio não ultrapassa o dobro do menor momento fletor. Isso só é possível de ser verificado após a determinação dos esforços. Na Fig. 5.4 pode-se verificar a questão dos engastamentos entre lajes.

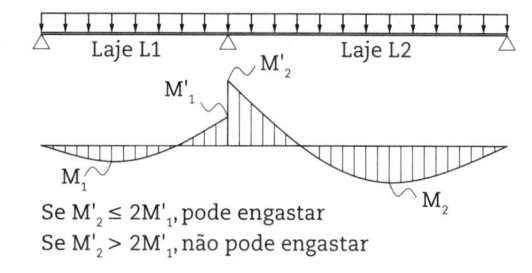

Se $M'_2 \leq 2M'_1$, pode engastar
Se $M'_2 > 2M'_1$, não pode engastar

Fig. 5.4 Engastamento entre lajes

Em casos de momentos fletores distintos no apoio, mesmo que ele seja considerado engastado dos dois lados, precisa-se realizar um ajuste de momento fletor positivo para compensar as diferenças entre momentos negativos. Sendo assim, essa etapa de cálculo acaba sendo iterativa, podendo ser necessário refazer os cálculos com vinculações distintas por não serem atendidos os requisitos de engastamento. Na Fig. 5.5 pode-se verificar a compensação

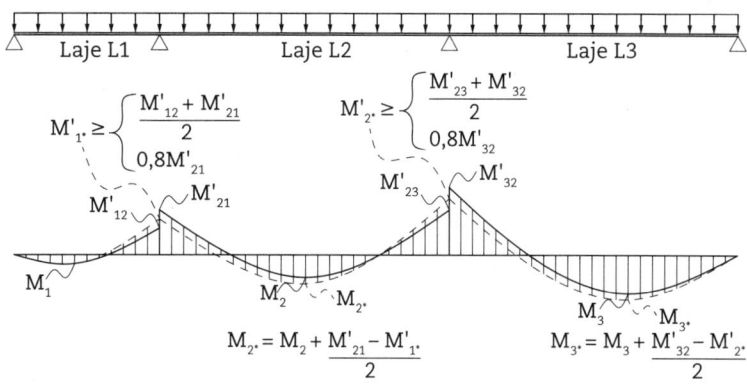

$M'_{1^*} \geq \begin{cases} \dfrac{M'_{12} + M'_{21}}{2} \\ 0,8 M'_{21} \end{cases}$

$M'_{2^*} \geq \begin{cases} \dfrac{M'_{23} + M'_{32}}{2} \\ 0,8 M'_{32} \end{cases}$

$M_{2^*} = M_2 + \dfrac{M'_{21} - M'_{1^*}}{2}$

$M_{3^*} = M_3 + \dfrac{M'_{32} - M'_{2^*}}{2}$

Fig. 5.5 Compatibilização de momentos fletores entre lajes

dos momentos fletores positivos devido às diferenças dos momentos fletores negativos.

Analisando essa figura e supondo que os engastamentos sejam possíveis de serem realizados, pode-se determinar tanto os momentos fletores negativos compatibilizados quanto as compensações dos momentos fletores positivos. Em compatibilização de momentos fletores negativos em que o momento aumenta, como é o caso da laje L1, não se altera o momento positivo da laje. Em caso de compatibilização de momentos negativos em que o momento reduz, a exemplo dos engastamentos das lajes L2/L1 e L3/L2, é necessário acrescentar ao momento positivo inicialmente calculado um valor adicional igual à metade da diferença entre o momento negativo inicial e o compatibilizado. Em caso de uma laje ter momentos fletores negativos sendo reduzidos nos engastes dos dois lados, essa compensação dos momentos fletores positivos deve levar em conta também os dois lados. A compatibilização entre momentos fletores em lajes contínuas é similar àquela entre momentos em vigas contínuas.

Diferentemente das vigas, em lajes maciças unidirecionais os esforços são calculados por metro, e em lajes nervuradas unidirecionais os esforços são calculados por nervura. Nessa determinação de esforços, para lajes isostáticas pode-se utilizar as três equações básicas da estática no plano, que são $\Sigma FH = 0$, $\Sigma FV = 0$ e $\Sigma M = 0$. Em lajes hiperestáticas, é possível adotar o método das forças, o método dos deslocamentos, o método de Cross, a equação dos três momentos, o processo matricial ou outro método para o cálculo dos esforços. Em situações corriqueiras, existem tabelas com equações simplificadas para agilizar a obtenção dos momentos fletores e das forças cortantes. No Anexo A podem ser visualizadas as Tabs. A.1 e A.2, que foram adaptadas pelos autores com as situações mais comuns em lajes unidirecionais. Vale ressaltar que a máxima força cortante se encontra na face do apoio, porém comumente se utiliza o vão de cálculo para determinar tanto o momento fletor quanto a força cortante, deixando a força cortante no cálculo com valor levemente maior, mas com o mesmo valor da reação de apoio, facilitando o processo de dimensionamento.

Um fator importante na definição dos esforços é o vão da laje. Geralmente são comentados dois tipos de vão: o vão livre, que é aquele entre as faces das vigas, e o vão de cálculo (vão efetivo), que pode ser expresso pela equação a seguir e é indicado na Fig. 5.6.

$$l_{ef} = l_0 + a_1 + a_2 \qquad (5.9)$$

sendo:

$$a_1 \leq \begin{cases} t_1/2 \\ 0{,}3h \end{cases}$$

$$a_2 \leq \begin{cases} t_2/2 \\ 0{,}3h \end{cases}$$

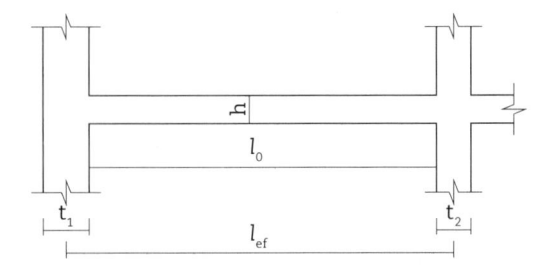

Fig. 5.6 Vão efetivo
Fonte: adaptado de ABNT (2023, p. 90).

Exemplo 5.16

Determinar os esforços de momento fletor e força cortante da laje unidirecional ilustrada na Fig. 5.7, com ação uniformemente distribuída de 6 kN/m².

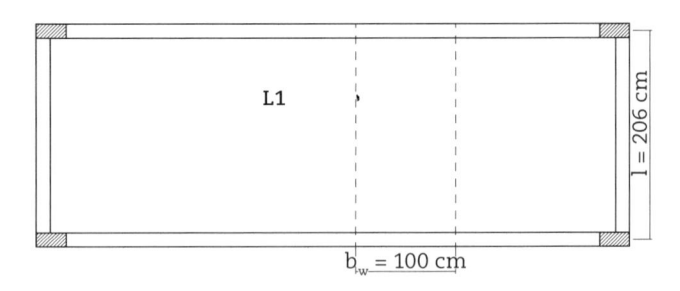

Fig. 5.7 Laje unidirecional sem carga de parede

Uma representação das ações para essa laje pode ser visualizada na Fig. 5.8.

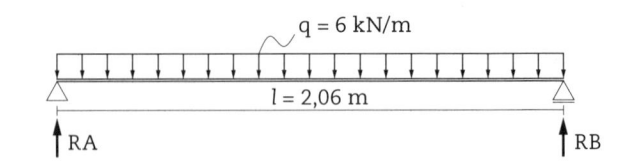

Fig. 5.8 Representação das ações da laje unidirecional sem carga de parede

Utilizando a Tab. A.1, pode-se calcular o máximo momento fletor positivo:

$$M = \frac{q \cdot l^2}{8} = \frac{6 \times 2{,}06^2}{8} = 3{,}2448 \text{ kN} \cdot \text{m/m} = 324{,}48 \text{ kN} \cdot \text{cm/m}$$

Por meio da Tab. A.2, é possível encontrar as reações de apoio (ou forças cortantes):

$$RA = RB = \frac{q \cdot l}{2} = \frac{6 \times 2{,}06}{2} = 6{,}18 \text{ kN/m}$$

Exemplo 5.17

Determinar os esforços de momento fletor e força cortante da laje unidirecional mostrada na Fig. 5.9, com ação uniformemente distribuída de 6 kN/m² e carga de parede de 5,508 kN/m.

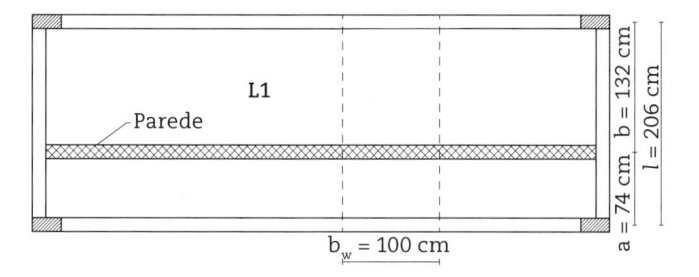

Fig. 5.9 Laje unidirecional com carga de parede

Neste exemplo numérico existem dois tipos de ação, sendo uma uniformemente distribuída (ação por área) e a outra linearmente distribuída (ação em linha). Nesse caso, é necessário recorrer à superposição de efeitos, ou seja, as ações serão trabalhadas separadamente e os efeitos por elas provocados serão somados (Fig. 5.10).

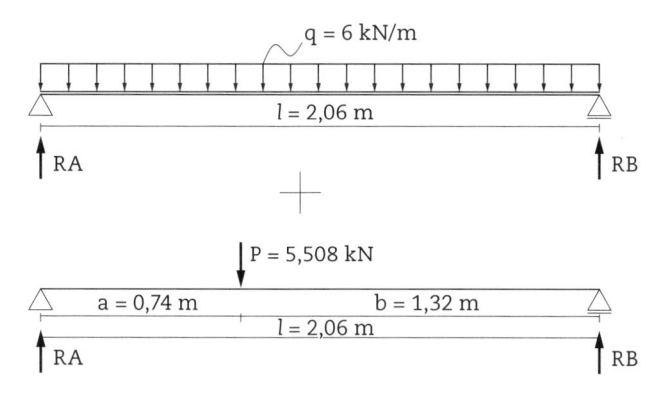

Fig. 5.10 Representação das ações da laje unidirecional com carga de parede

Utilizando a Tab. A.2, pode-se calcular as reações de apoio (ou forças cortantes):

$$RA = \frac{q \cdot l}{2} + \frac{p \cdot b}{l} = \frac{6 \times 2{,}06}{2} + \frac{5{,}508 \times 1{,}32}{2{,}06} = 9{,}71 \text{ kN/m}$$

$$RB = \frac{q \cdot l}{2} + \frac{p \cdot a}{l} = \frac{6 \times 2{,}06}{2} + \frac{5{,}508 \times 0{,}74}{2{,}06} = 8{,}16 \text{ kN/m}$$

Como a carga concentrada não está no meio do vão, lugar em que se encontra o momento fletor máximo para a carga uniformemente distribuída, a determinação do momento fletor positivo máximo não pode ser realizada com base na soma dos máximos momentos fletores, e sim pelas equações básicas da estática.

Para o momento fletor do segundo trecho (entre a carga concentrada e a reação de apoio RB), tem-se:

$$M = RB \cdot x - \frac{q \cdot x^2}{2} = 8{,}16x - 3x^2$$

Derivando para encontrar a força cortante:

$$V = 8{,}16 - 6x$$

Igualando a zero para encontrar o momento fletor máximo:

$$8{,}16 - 6x = 0 \Rightarrow 6x = 8{,}16 \Rightarrow x = 1{,}36 \text{ m} > 1{,}32 \text{ m}$$
(distância máxima do trecho)

Nesse caso, o momento fletor máximo se dá na posição da carga concentrada. Sendo assim:

$$M = 8{,}16 \times 1{,}32 - 3 \times 1{,}32^2 = 5{,}544 \text{ kN} \cdot \text{m/m} = 554{,}4 \text{ kN} \cdot \text{cm/m}$$

Para a determinação dos esforços por nervura, precisa-se multiplicar o esforço encontrado por metro pelo intereixo das vigotas. Desse modo, o momento ficará na unidade de medida kN · cm/nervura, e as reações de apoio ficarão em kN/nervura. Por exemplo: sendo o Exemplo 5.16 e admitindo que o intereixo seja de 49 cm, o momento fletor positivo máximo para uma nervura seria de 159,00 kN · cm/nervura e a força cortante máxima seria de 3,18 kN/nervura.

Em caso de parede na direção principal da laje unidirecional (paralela às treliças), as ações devidas ao peso próprio da parede são somadas ao peso próprio da laje, tornando-se uma única ação uniformemente distribuída para o cálculo dos esforços na nervura de atuação da parede. Nesse caso, sugere-se que a parede seja construída sobre uma nervura longitudinal, e ao menos uma nervura transversal deve ser colocada, mesmo que a dimensão da laje seja pequena, para que as deformações dessa nervura longitudinal não sejam discrepantes em relação às demais. Pode-se também colocar vigotas justapostas, para aumento de inércia localizada. Essas recomendações construtivas são apresentadas no Cap. 11.

5.3.2 Esforços em lajes bidirecionais convencionais

Em lajes bidirecionais, diferentemente das lajes unidirecionais, os esforços correm nas duas direções principais da laje. Isso torna a determinação dos esforços das lajes bidirecionais substancialmente mais complexa que em lajes unidirecionais, em que os esforços são resolvidos de maneira clássica por equações diferenciais.

A NBR 6118 (ABNT, 2023) permite a utilização da teoria das charneiras plásticas para a obtenção de áreas da laje em que cada viga do contorno receberá suas respectivas cargas como reações de apoio. Essas charneiras podem ser simplificadas com três regras básicas, sendo:

- ângulo de 45° entre dois apoios do mesmo tipo;
- ângulo de 60° a partir do apoio considerado engastado, caso o outro apoio seja simplesmente apoiado;
- ângulo de 90° a partir do apoio, quando a borda vizinha for livre.

Na Fig. 5.11 são indicados exemplos de aplicação da teoria das charneiras plásticas para a definição das reações de apoio.

Uma vez que se tenham essas áreas em cada laje, pode-se determinar a carga contida na área da laje, que é então dividida pelo comprimento da viga que receberá tal carga para se encontrar a ação uniformemente distribuída ao longo de toda a viga.

Exemplo 5.18

Determinar as reações de apoio (ou forças cortantes) para a laje indicada na Fig. 5.12 usando as charneiras plásticas, supondo que ela tenha uma carga distribuída de 6 kN/m².

$$V_x = \frac{A_x \cdot P}{l_y} = \frac{3{,}2942 \times 6}{4{,}5} = 4{,}39 \text{ kN/m}$$

$$V_x' = \frac{A_x' \cdot P}{l_y} = \frac{5{,}7057 \times 6}{4{,}5} = 7{,}61 \text{ kN/m}$$

$$V_y = \frac{A_y \cdot P}{l_x} = \frac{1{,}6471 \times 6}{3} = 3{,}29 \text{ kN/m}$$

$$V_y' = \frac{A_y' \cdot P}{l_x} = \frac{2{,}8528 \times 6}{3} = 5{,}71 \text{ kN/m}$$

Pode-se simplificar o processo para a obtenção das reações de apoio (ou forças cortantes) com a utilização de tabelas. Nesse caso, com base na relação de lado e no tipo de laje, é estabelecido um valor v a ser usado na Eq. 5.10 para determinar as reações de apoio. No Anexo B são apresen-

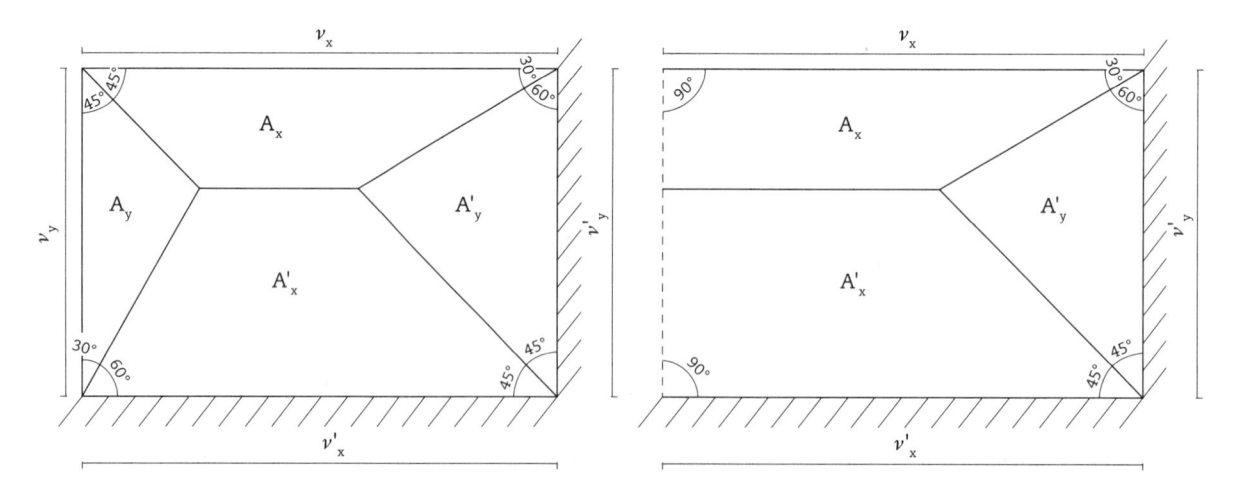

Fig. 5.11 Exemplos de aplicação da teoria das charneiras plásticas

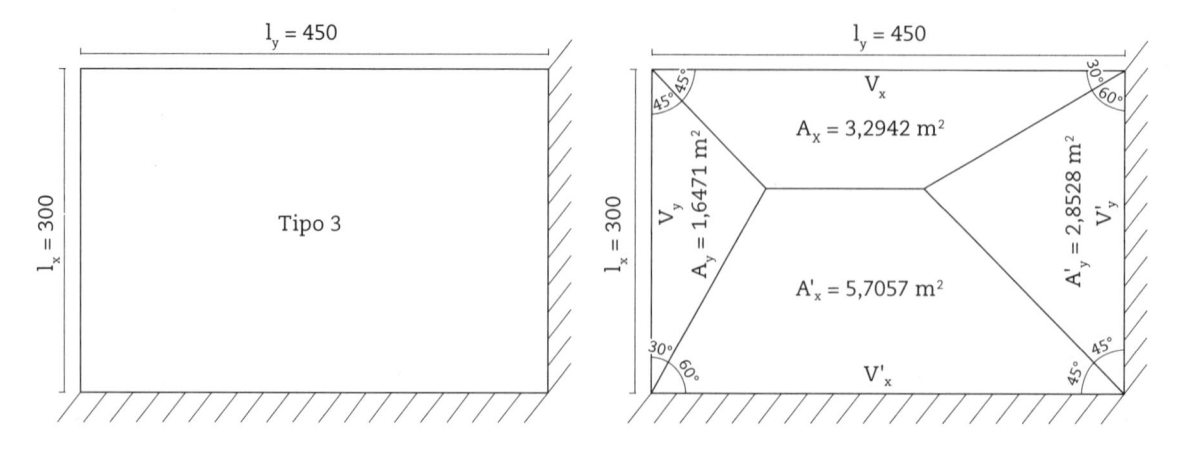

Fig. 5.12 Laje isolada para determinação das reações de apoio

tadas tabelas desenvolvidas por Pinheiro (2007) que contêm esses valores de v.

$$V = v \cdot \frac{P \cdot l_x}{10} \quad (5.10)$$

em que:
v é o valor adimensional da reação de apoio, que está em função do tipo de laje e da relação de lado;
P é a carga a ser considerada distribuída por área;
l_x é o menor vão da laje.

Os tipos mais comuns de lajes possuem as vinculações de apoios ilustradas na Fig. 5.13.

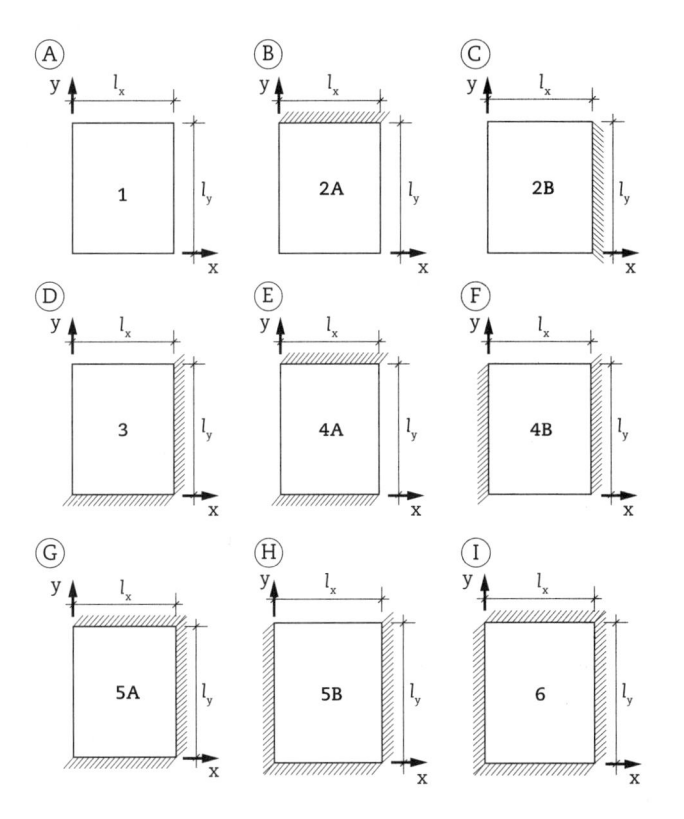

Fig. 5.13 Tipos de vinculações das lajes: (A) quatro bordas simplesmente apoiadas; (B) uma borda menor engastada; (C) uma borda maior engastada; (D) duas bordas adjacentes engastadas; (E) duas bordas menores engastadas; (F) duas bordas maiores engastadas; (G) uma borda maior apoiada; (H) uma borda menor apoiada; (I) quatro bordas engastadas

Exemplo 5.19

Determinar as reações de apoio (ou forças cortantes) para a laje indicada na Fig. 5.12 usando valores tabelados, supondo que ela tenha uma carga distribuída de 6 kN/m².

A relação de lado dessa laje é expressa a seguir:

$$\lambda = \frac{l_y}{l_x} = \frac{4,5}{3,0} = 1,50$$

Utilizando a relação de lado 1,50 e o tipo de laje indicado (tipo 3), têm-se os seguintes valores de v encontrados na Tab. B.2:

$$v_x = 2,89 \qquad v'_x = 4,23 \qquad v_y = 2,17 \qquad v'_y = 3,17$$

Por meio da Eq. 5.10, são calculados os valores das reações de apoio (ou forças cortantes):

$$V_x = v_x \cdot \frac{P \cdot l_x}{10} = 2,89 \times \frac{6 \times 3}{10} = 5,20 \text{ kN/m}$$

$$V'_x = v'_x \cdot \frac{P \cdot l_x}{10} = 4,23 \times \frac{6 \times 3}{10} = 7,61 \text{ kN/m}$$

$$V_y = v_y \cdot \frac{P \cdot l_x}{10} = 2,17 \times \frac{6 \times 3}{10} = 3,91 \text{ kN/m}$$

$$V'_y = v'_y \cdot \frac{P \cdot l_x}{10} = 3,17 \times \frac{6 \times 3}{10} = 5,71 \text{ kN/m}$$

Observa-se uma diferença nos valores de V_x e V_y entre os Exemplos 5.18 e 5.19. Essa diferença é resultado da análise a seguir. O processo simplificado das áreas (Exemplo 5.18) considera a borda engastada com rotação nula (engastamento perfeito), o que reduz a força cortante oposta à linha do engaste. Já o processo utilizando as tabelas de Pinheiro (2007) (Exemplo 5.19) considera 50% de possibilidade de plastificação do momento negativo no engaste. Essa plastificação pode ser traduzida como um giro relativo na linha do engaste. Com o engaste sendo aliviado, há o consequente aumento da reação de apoio (força cortante) na face oposta ao engaste. Logo, o processo por tabelas se demonstra mais conservador, garantindo uma força cortante na linha de engaste sem rotação e na face oposta ao engaste com rotação, apresentando sempre os valores máximos e mais desfavoráveis ao dimensionamento.

Na Fig. 5.14 são apresentados os valores de reações de apoio (ou forças cortantes) em suas respectivas regiões de atuação.

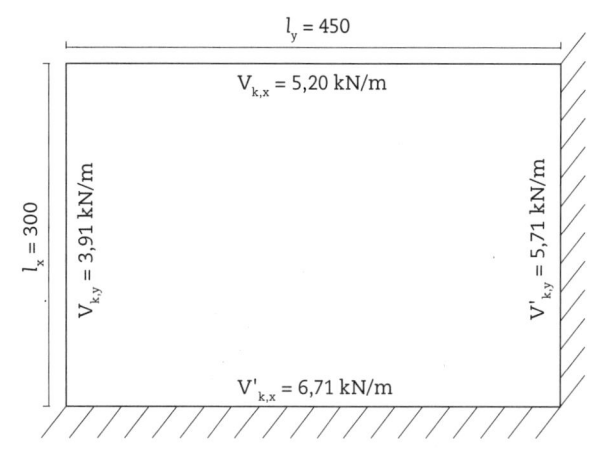

Fig. 5.14 Identificação do posicionamento das reações de apoio (ou forças cortantes)

AÇÕES E ESFORÇOS SOLICITANTES 61

Analisando as reações de apoio mostradas nessa figura, percebe-se que os engastes puxam reações de apoio para si. Vale ressaltar que, para o dimensionamento das vigas que receberão as lajes, deve-se somar as reações de apoio das lajes que chegam à viga, o peso próprio da viga e a parede que vai em cima da viga, caso exista.

Os momentos fletores em lajes bidirecionais podem ser obtidos por meio da teoria clássica de placas delgadas. Como essa teoria é de difícil aplicação em projetos, alguns pesquisadores, como Kalmanock, Barès, Czerny e Marcus, desenvolveram tabelas para agilizar tal obtenção. Pinheiro (2007) apresentou adaptações das tabelas de Barès (1972), com alteração no coeficiente de Poisson para 0,15. Nesse caso, com base na relação de lado e no tipo de laje, é estabelecido um valor μ para utilizar na equação a seguir.

$$M = \mu \cdot \frac{P \cdot l_x^2}{100} \quad (5.11)$$

em que:
μ é o valor adimensional de momento fletor, que está em função do tipo de laje e da relação de lado;
P é a carga a ser considerada distribuída por área;
l_x é o menor vão da laje.

Exemplo 5.20

Determinar os momentos fletores para a laje indicada na Fig. 5.12 usando valores tabelados, supondo que ela tenha uma carga distribuída de 6 kN/m².

Utilizando a relação de lado 1,50 e o tipo de laje indicado (tipo 3), têm-se os seguintes valores de μ encontrados na Tab. B.5:

$\mu_x = 4{,}73 \qquad \mu'_x = 10{,}41 \qquad \mu_y = 2{,}25 \qquad \mu'_y = 8{,}06$

Por meio da Eq. 5.11, são calculados os valores de momento fletor:

$$M_x = \mu_x \cdot \frac{P \cdot l_x^2}{100} = 4{,}73 \times \frac{6 \times 3^2}{100} = 2{,}55 \text{ kN} \cdot \text{m/m}$$
$$= 255 \text{ kN} \cdot \text{cm/m}$$

$$M'_x = \mu'_x \cdot \frac{P \cdot l_x^2}{100} = 10{,}41 \times \frac{6 \times 3^2}{100} = 5{,}62 \text{ kN} \cdot \text{m/m}$$
$$= 562 \text{ kN} \cdot \text{cm/m}$$

$$M_y = \mu_y \cdot \frac{P \cdot l_x^2}{100} = 2{,}25 \times \frac{6 \times 3^2}{100} = 1{,}22 \text{ kN} \cdot \text{m/m}$$
$$= 122 \text{ kN} \cdot \text{cm/m}$$

$$M'_y = \mu'_y \cdot \frac{P \cdot l_x^2}{100} = 8{,}06 \times \frac{6 \times 3^2}{100} = 4{,}35 \text{ kN} \cdot \text{m/m}$$
$$= 435 \text{ kN} \cdot \text{cm/m}$$

Na Fig. 5.15 são apresentados os valores de momento fletor em suas respectivas regiões de atuação.

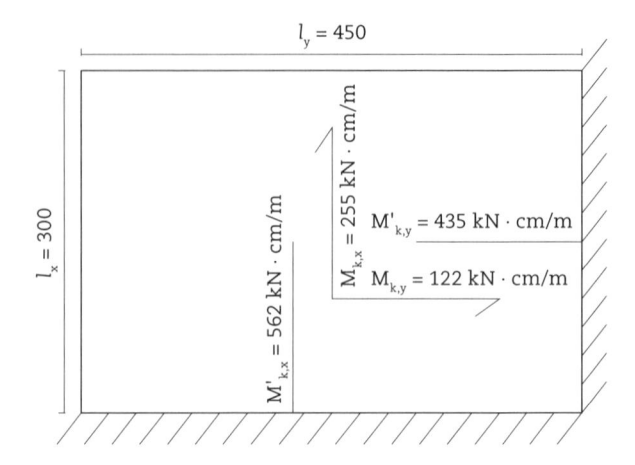

Fig. 5.15 Identificação do posicionamento dos momentos fletores

As regras de compatibilização de momentos fletores apresentadas para lajes unidirecionais também se aplicam a lajes bidirecionais. A única diferença é que essa compatibilização se faz nas duas direções principais da laje, e não apenas em uma delas. Porém, as alterações de momentos fletores em uma das direções da laje não afetam a outra.

5.3.3 Esforços em lajes lisas e lajes-cogumelo

Em lajes convencionais os apoios são lineares, com os vãos bem definidos, possibilitando a determinação dos esforços por meio de tabelas que levam em conta as vinculações e as relações de lado. Para a obtenção dos esforços em lajes lisas e lajes-cogumelo, não se têm tabelas para a simplificação dos processos, nem se calculam painéis isolados para a compatibilização posterior dos esforços.

A NBR 6118 (ABNT, 2023, item 14.7.8, p. 97) comenta o seguinte:

> A análise estrutural de lajes lisas e cogumelo deve ser realizada mediante a utilização de procedimento numérico adequado, por exemplo, diferenças finitas, elementos finitos, grelha equivalente ou elementos de contorno.
> Nos casos das lajes em concreto armado, em que os pilares estiverem dispostos em filas ortogonais, de maneira regular e com vãos pouco diferentes, o cálculo dos esforços pode ser realizado pelo processo elástico aproximado, com redistribuição, que consiste em adotar, em cada direção, pórticos múltiplos, para obtenção dos esforços solicitantes. Para cada pórtico deve ser considerada a carga total.

O método simplificado descrito é conhecido como método dos pórticos equivalentes. Para que ele seja eficiente, a NBR 6118 (ABNT, 2023) prescreve que os pilares estejam dispostos em filas ortogonais e que os vãos sejam pouco diferentes. Nesse caso, são apresentadas as seguintes recomendações:

- o menor vão de referência entre eixo de pilares vizinhos, no mesmo pórtico, não deve ser menor que dois terços do maior vão de referência entre eixo de pilares vizinhos, também do mesmo pórtico ($l_{x(mín)} \geq 2/3\, l_{x(máx)}$);
- a relação de lado desejável entre vãos ortogonais deve ser de $0{,}75 \leq l_x/l_y \leq 1{,}33$;
- o desalinhamento das linhas de pilares deve ser no máximo de 10% do vão de referência, na mesma linha e considerando os vãos de referência nas linhas da direção ortogonal, conforme o critério expresso na Fig. 5.16;
- considerando cada direção das linhas de pilares, o balanço nas extremidades, quando houver, deve ser igual a no máximo um terço do vão interno de referência adjacente ao balanço em análise.

Na Fig. 5.16 são apresentadas as recomendações para delimitar o campo de atuação dado às restrições do método.

No caso de o pavimento não atender aos critérios indicados, recomenda-se a adoção de ferramenta computacional com método numérico devidamente discretizado e calibrado.

Percebe-se que a possibilidade de utilização da teoria dos pórticos equivalentes é subjetiva na NBR 6118 (ABNT, 2023), sem a especificação de quando seu uso é realmente oportuno. Esse fato ainda é mais agravado em razão da variabilidade das arquiteturas demandadas pelo mercado.

Recomenda-se o seguinte roteiro para a utilização do método dos pórticos equivalentes:

1. posicionamento dos pilares visualmente alinhados mediante arquitetura proposta;
2. a partir de um pré-dimensionamento dos pilares, definição dos eixos de referência com base no ponto médio dos centros de gravidade dos pilares de cada pórtico;
3. verificação de relações de vãos-limites indicados para utilização do método;
4. determinação das faixas para limite de desalinhamento dos pilares para verificar se o centro de gravidade dos pilares se encontra nessas faixas-limites.

Uma vez que os critérios de posicionamento de pilares sejam atendidos, deve-se dividir o pavimento de maneira

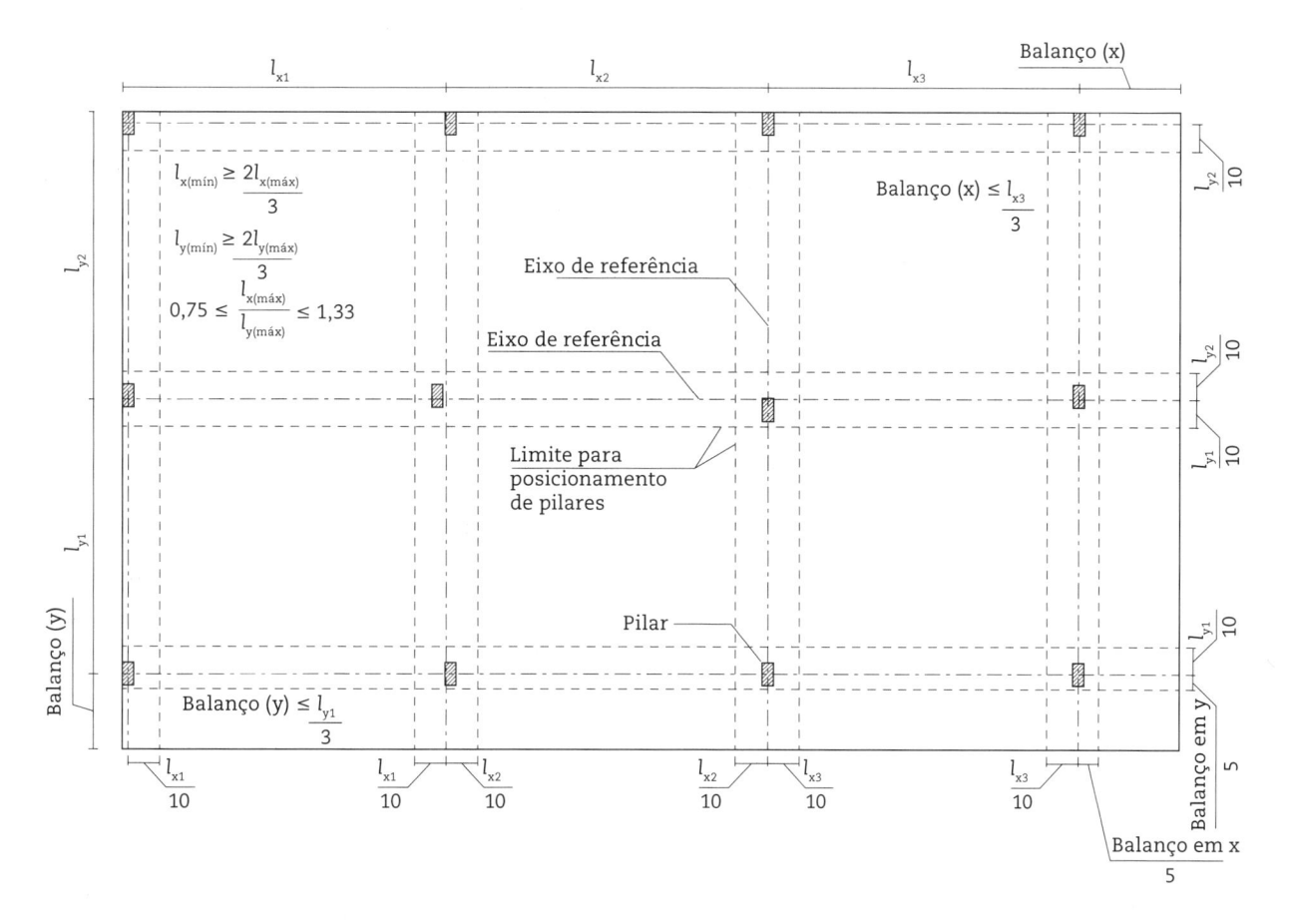

Fig. 5.16 Restrições quanto à utilização do método dos pórticos equivalentes

que os pilares junto com as lajes formem pórticos, como se fossem vigas atuantes em determinadas faixas das lajes. A largura do pórtico será a soma de 50% de cada vão de referência entre pilares perpendiculares ao pórtico. Na Fig. 5.17 visualiza-se a distribuição dos vãos de referência em laje lisa, e nas Figs. 5.18 e 5.19 são ilustradas as linhas de pórticos do pavimento de laje lisa indicado na Fig. 5.17.

Com as linhas de pórticos definidas, deve-se calcular os esforços nas duas direções do pavimento, utilizando a totalidade das ações em cada direção. Para a determinação das reações de apoio nos pilares, faz-se uma média das reações de apoio encontradas nas duas direções em cada pilar. Em relação ao momento fletor, deve-se subdividir os momentos encontrados em cada linha de pórtico em faixas, como as indicadas nas Figs. 5.20 e 5.21. Cada linha de pórtico será dividida em faixas internas e externas, sendo as externas encostadas no pilar e as internas localizadas no centro dos panos das lajes.

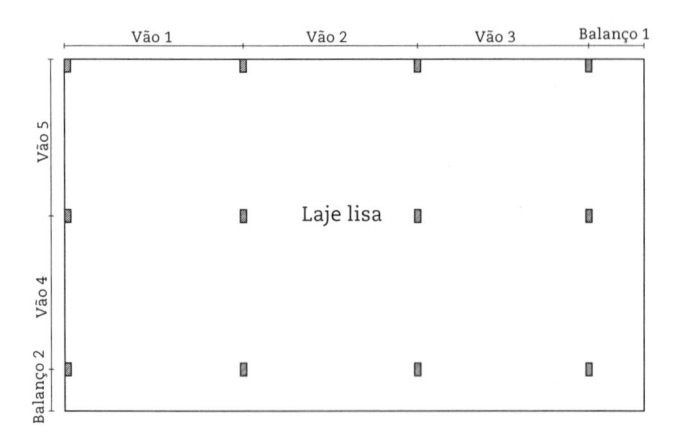

Fig. 5.17 Distribuição de vãos em laje lisa e/ou laje-cogumelo

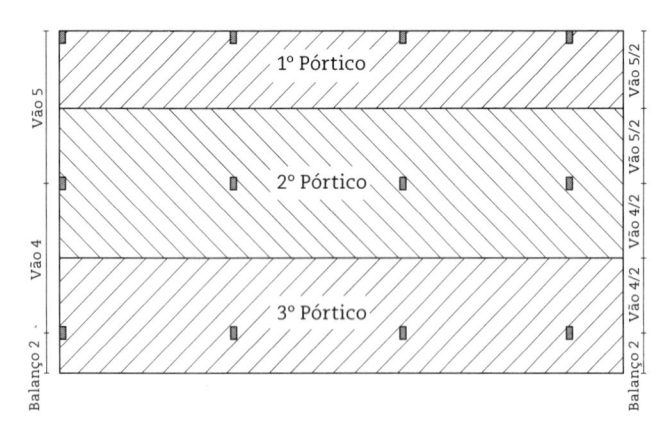

Fig. 5.18 Linhas de pórticos na direção x do pavimento indicado na Fig. 5.17

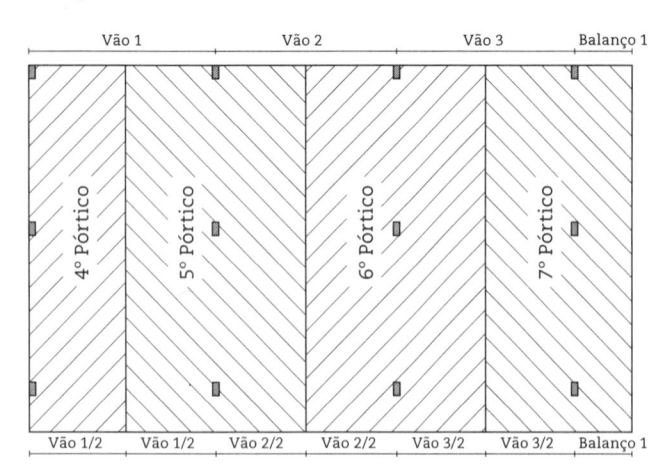

Fig. 5.19 Linhas de pórticos na direção y do pavimento indicado na Fig. 5.17

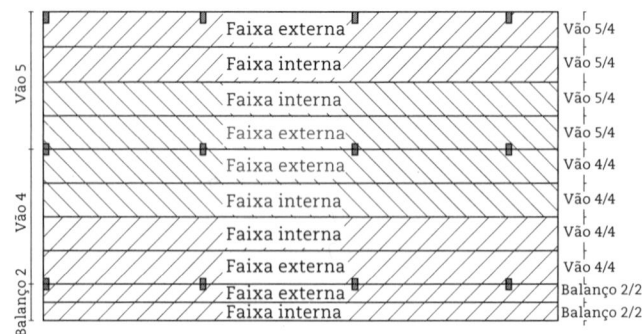

Fig. 5.20 Divisão de faixas na direção x do pavimento indicado na Fig. 5.17

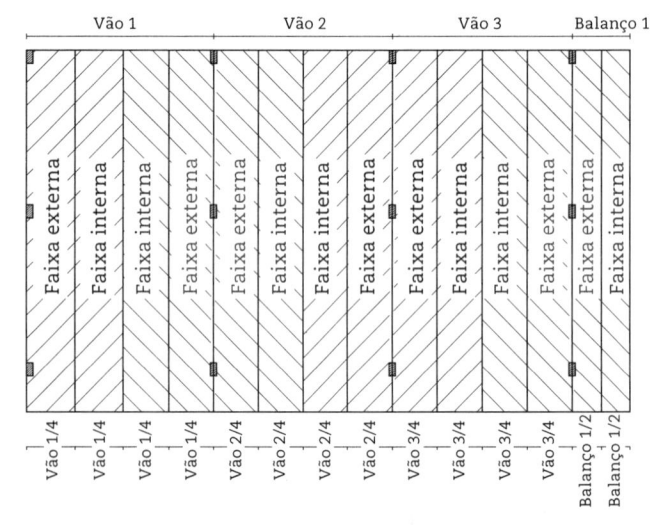

Fig. 5.21 Divisão de faixas na direção y do pavimento indicado na Fig. 5.17

No item 14.7.8 da NBR 6118 (ABNT, 2023), são apresentadas porcentagens de esforços para cada região de cada linha de pórtico. Essa divisão está descrita da seguinte maneira:
- 45% dos momentos positivos para as duas faixas internas;
- 27,5% dos momentos positivos para cada uma das duas faixas externas;
- 25% dos momentos negativos para as duas faixas internas;
- 37,5% dos momentos negativos para cada uma das duas faixas externas.

Nas Figs. 5.22 e 5.23 pode-se entender melhor essa distribuição dos momentos fletores nas faixas. Com os momentos fletores em cada região da laje definidos, é possível proceder ao dimensionamento e às verificações.

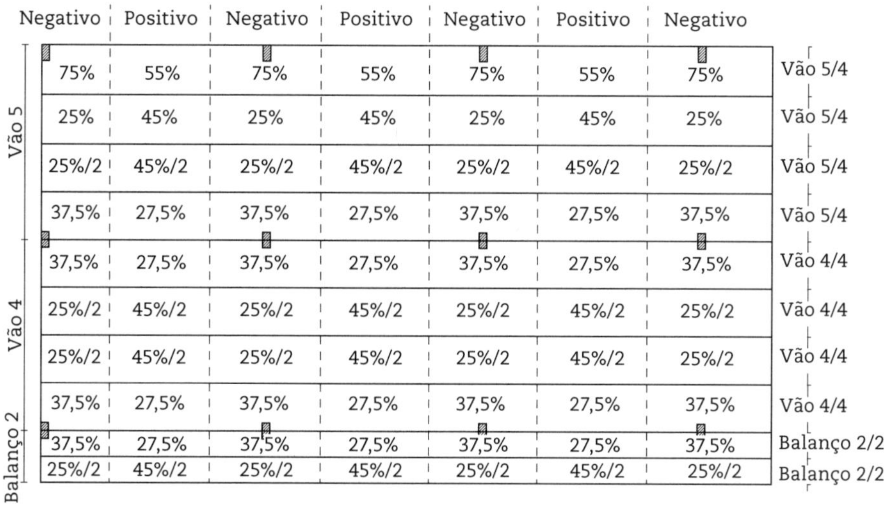

Negativo Positivo Negativo Positivo Negativo Positivo Negativo
Vão 5
Vão 4
Balanço 2
75% 55% 75% 55% 75% 55% 75% Vão 5/4
25% 45% 25% 45% 25% 45% 25% Vão 5/4
25%/2 45%/2 25%/2 45%/2 25%/2 45%/2 25%/2 Vão 5/4
37,5% 27,5% 37,5% 27,5% 37,5% 27,5% 37,5% Vão 5/4
37,5% 27,5% 37,5% 27,5% 37,5% 27,5% 37,5% Vão 4/4
25%/2 45%/2 25%/2 45%/2 25%/2 45%/2 25%/2 Vão 4/4
25%/2 45%/2 25%/2 45%/2 25%/2 45%/2 25%/2 Vão 4/4
37,5% 27,5% 37,5% 27,5% 37,5% 27,5% 37,5% Vão 4/4
37,5% 27,5% 37,5% 27,5% 37,5% 27,5% 37,5% Balanço 2/2
25%/2 45%/2 25%/2 45%/2 25%/2 45%/2 25%/2 Balanço 2/2

Fig. 5.22 Distribuição dos momentos fletores na direção x dentro das faixas do pavimento indicado na Fig. 5.17

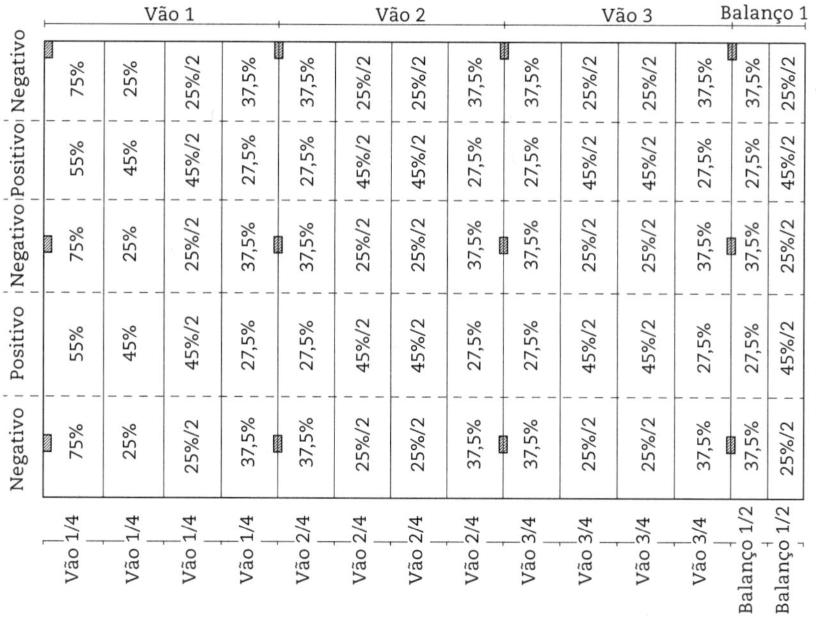

Vão 1 Vão 2 Vão 3 Balanço 1
Negativo 75% 25% 25%/2 37,5% 37,5% 25%/2 25%/2 37,5% 37,5% 25%/2 25%/2 37,5% 37,5% 25%/2
Positivo 55% 45% 45%/2 27,5% 27,5% 45%/2 45%/2 27,5% 27,5% 45%/2 45%/2 27,5% 27,5% 45%/2
Negativo 75% 25% 25%/2 37,5% 37,5% 25%/2 25%/2 37,5% 37,5% 25%/2 25%/2 37,5% 37,5% 25%/2
Positivo 55% 45% 45%/2 27,5% 27,5% 45%/2 45%/2 27,5% 27,5% 45%/2 45%/2 27,5% 27,5% 45%/2
Negativo 75% 25% 25%/2 37,5% 37,5% 25%/2 25%/2 37,5% 37,5% 25%/2 25%/2 37,5% 37,5% 25%/2
Vão 1/4 Vão 1/4 Vão 1/4 Vão 1/4 Vão 2/4 Vão 2/4 Vão 2/4 Vão 2/4 Vão 3/4 Vão 3/4 Vão 3/4 Vão 3/4 Balanço 1/2 Balanço 1/2

Fig. 5.23 Distribuição dos momentos fletores na direção y dentro das faixas do pavimento indicado na Fig. 5.17

Exemplo 5.21

Determinar os esforços solicitantes para o pavimento indicado na Fig. 5.24 usando o método dos pórticos equivalentes, supondo que o pavimento tenha uma ação incluindo peso próprio de 9 kN/m². Todos os pilares possuem seção transversal de 25 cm × 60 cm, e a laje maciça possui espessura de 20 cm. Estimar pé-direito estrutural do pavimento igual a 3 m.

Seguindo as recomendações de utilização do método dos pórticos equivalentes, têm-se:

- para a direção x (relação entre vãos) → $600 \geq {}^{2}/_{3} \times 700 = 466{,}66$ ∴ OK;
- para a direção y (relação entre vãos) → $500 \geq {}^{2}/_{3} \times 600 = 400$ ∴ OK;
- $0{,}75 \leq \dfrac{l_{x(máx)}}{l_{y(máx)}} \leq 1{,}33 \rightarrow 0{,}75 \leq \dfrac{600}{700} = 0{,}857 \leq 1{,}33$ ∴ OK;
- não existe desalinhamento entre pilares em nenhuma das direções;
- para a direção x (balanço) → $200 \leq {}^{1}/_{3} \times 700 = 233{,}33$ ∴ OK;
- para a direção y (balanço) → $175 \leq {}^{1}/_{3} \times 600 = 200$ ∴ OK.

O pavimento está dentro das recomendações para o emprego do método. Nesse caso, o exemplo numérico irá prosseguir. Nas Figs. 5.25 e 5.26 são apresentadas as linhas de pórticos.

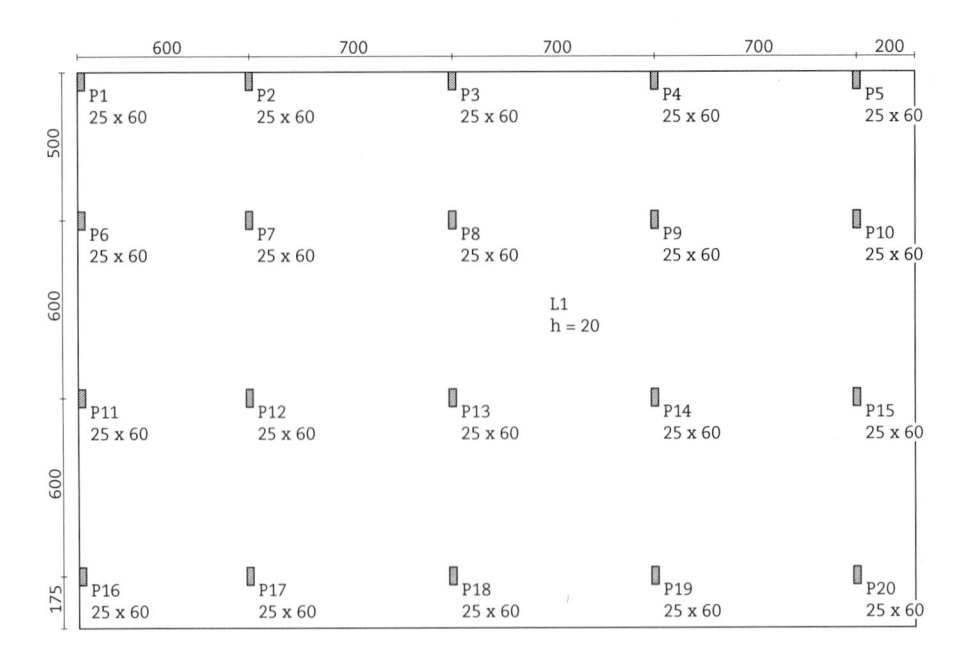

Fig. 5.24 Pavimento em laje lisa para determinação dos esforços (cotas em cm)

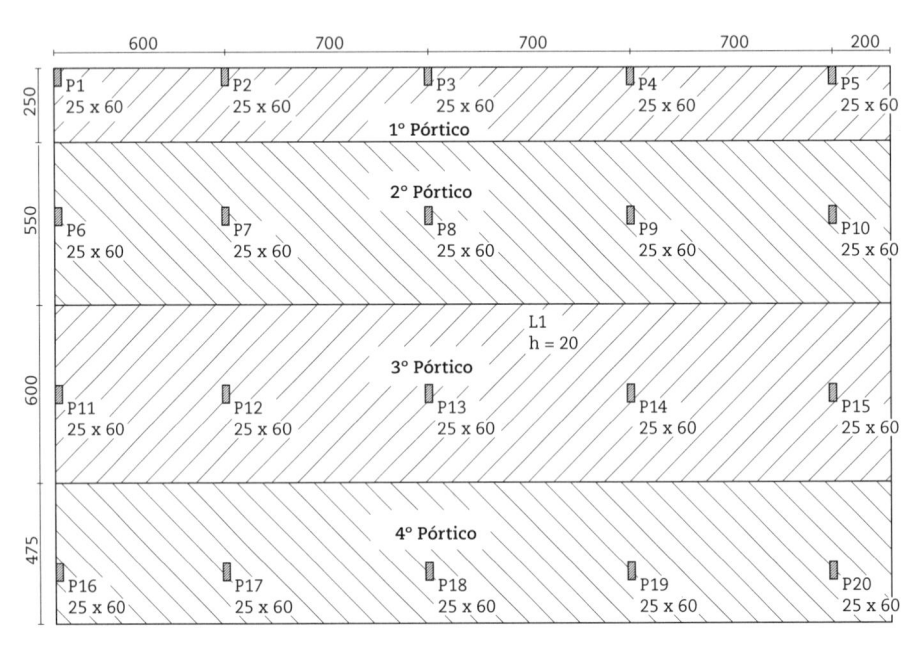

Fig. 5.25 Linhas de pórticos na direção x do pavimento

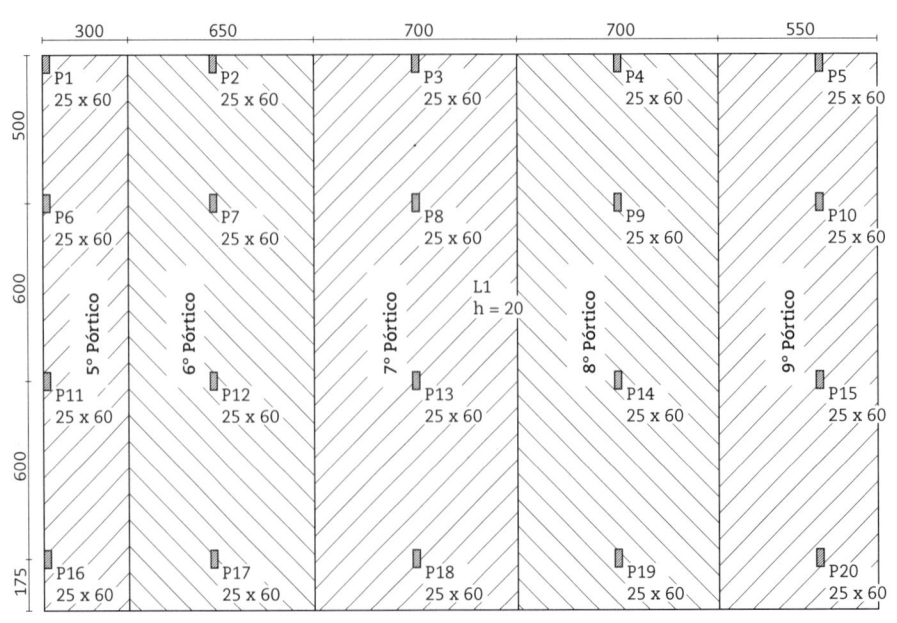

Fig. 5.26 Linhas de pórticos na direção y do pavimento

66 PROJETO E EXECUÇÃO DE LAJES TRELIÇADAS

Com os dados indicados nessas figuras, pode-se calcular os esforços em cada linha de pórtico. Para facilitar a determinação dos esforços, em vez de serem utilizados procedimentos manuais, foi adotado o *software* Ftool®. Na Fig. 5.27 são mostrados os esforços do 1º pórtico. Como a largura desse pórtico é de 250 cm e a ação total da laje incluindo peso próprio é de 9 kN/m², foi usada uma ação de 22,5 kN/m no pórtico (9 kN/m² × 2,5 m = 22,5 kN/m).

Uma observação importante na determinação dos esforços utilizando o método dos pórticos equivalentes é que, por simplificação, pode-se realizar o lançamento de apenas um pavimento, como o descrito nas Figs. 5.27 a 5.34. Porém, nada impede de lançar todos os pavimentos em um único modelo. Nesse caso, os momentos fletores que mais terão alterações serão os das extremidades, devido ao engastamento com o lance superior dos pilares. Também vale observar que o objetivo do exemplo numérico não é a verificação da estabilidade global da edificação, e sim a determinação dos esforços no pavimento.

Na Fig. 5.28 são exibidos os esforços do 2º pórtico. Como a largura desse pórtico é de 550 cm e a ação total da laje incluindo peso próprio é de 9 kN/m², foi utilizada uma ação de 49,5 kN/m no pórtico (9 kN/m² × 5,5 m = 49,5 kN/m).

Os esforços do 3º pórtico são dados na Fig. 5.29. Como a largura desse pórtico é de 600 cm e a ação total da laje

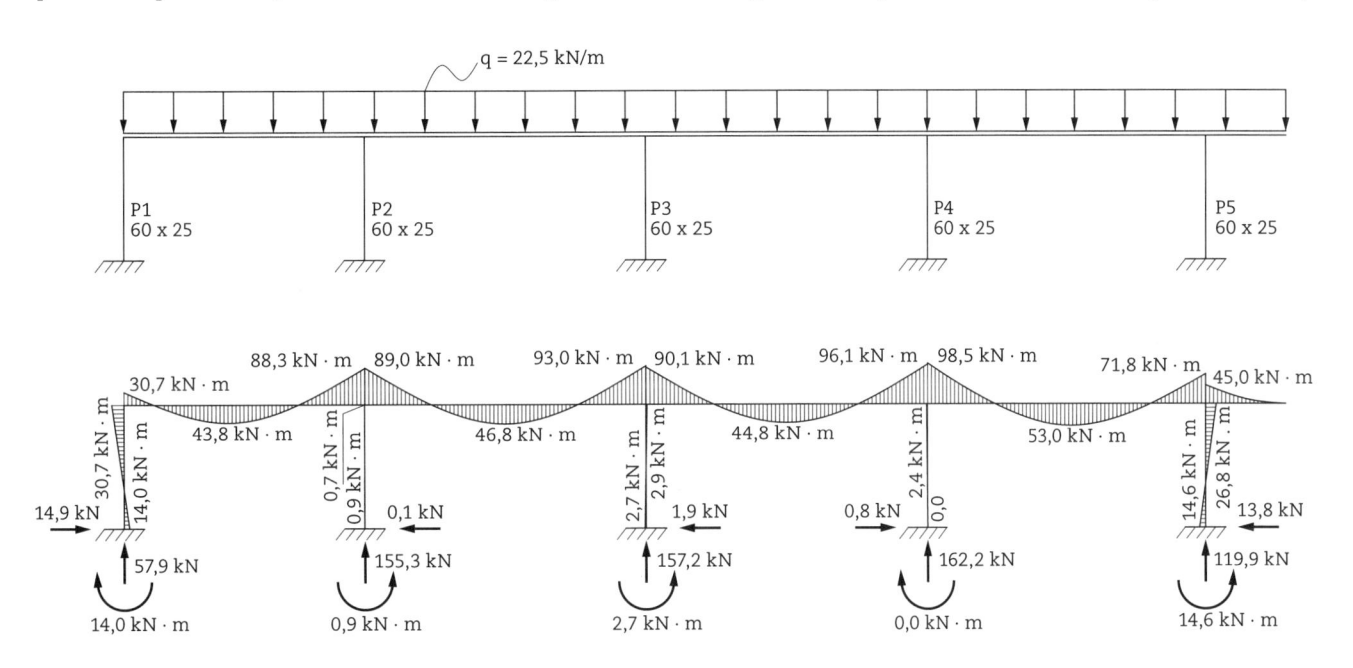

Fig. 5.27 Ações, diagrama de momento fletor e reações de apoio do 1º pórtico

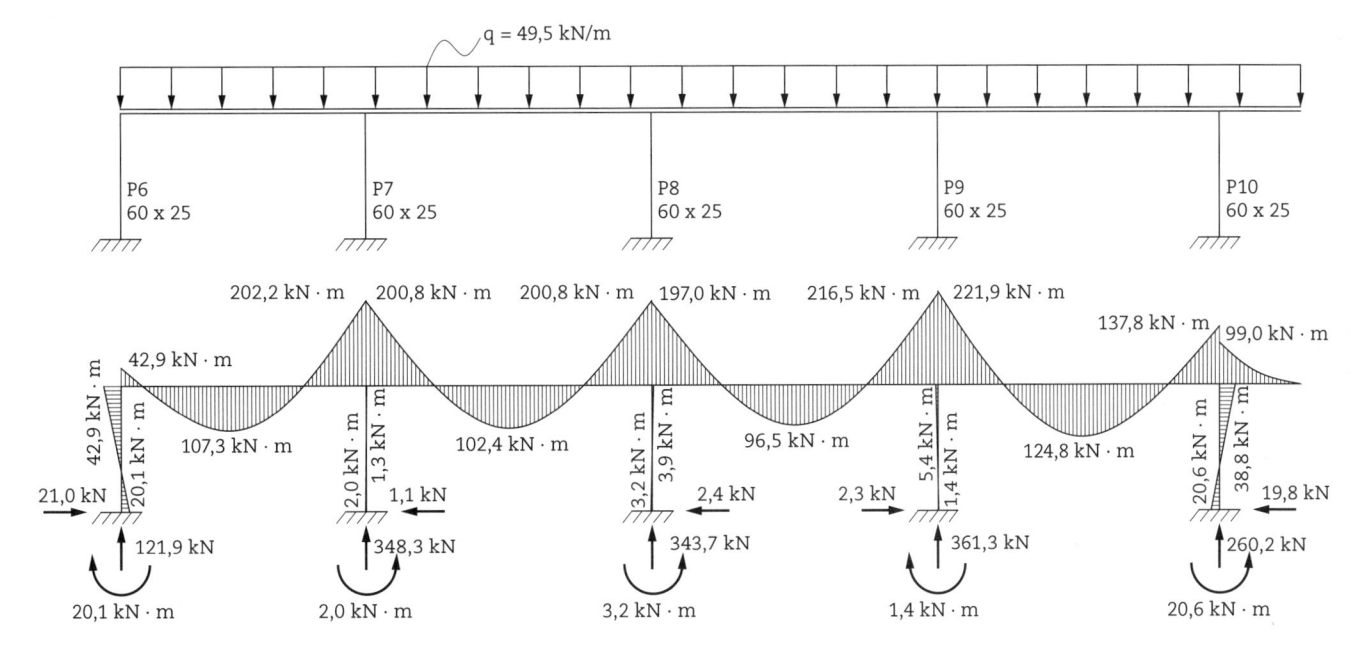

Fig. 5.28 Ações, diagrama de momento fletor e reações de apoio do 2º pórtico

AÇÕES E ESFORÇOS SOLICITANTES   67

incluindo peso próprio é de 9 kN/m², foi utilizada uma ação de 54,0 kN/m no pórtico (9 kN/m² × 6,0 m = 54,0 kN/m).

Na Fig. 5.30 são apresentados os esforços do 4º pórtico. Como a largura desse pórtico é de 475 cm e a ação total da laje incluindo peso próprio é de 9 kN/m², foi utilizada uma ação de 42,75 kN/m no pórtico (9 kN/m² × 4,75 m = 42,75 kN/m).

Na Fig. 5.31 mostram-se os esforços do 5º pórtico. Como a largura desse pórtico é de 300 cm e a ação total da laje incluindo peso próprio é de 9 kN/m², foi utilizada uma ação de 27,0 kN/m no pórtico (9 kN/m² × 3,0 m = 27,0 kN/m).

Os esforços do 6º pórtico são fornecidos na Fig. 5.32. Como a largura desse pórtico é de 650 cm e a ação total da laje incluindo peso próprio é de 9 kN/m², foi utilizada uma ação de 58,5 kN/m no pórtico (9 kN/m² × 6,5 m = 58,5 kN/m).

Na Fig. 5.33 são apresentados os esforços do 7º e 8º pórticos. Como a largura deles é de 700 cm e a ação total da laje incluindo peso próprio é de 9 kN/m², foi utilizada uma ação de 63,0 kN/m (9 kN/m² × 7,0 m = 63,0 kN/m).

Na Fig. 5.34 ilustram-se os esforços do 9º pórtico. Como a largura desse pórtico é de 550 cm e a ação total da laje

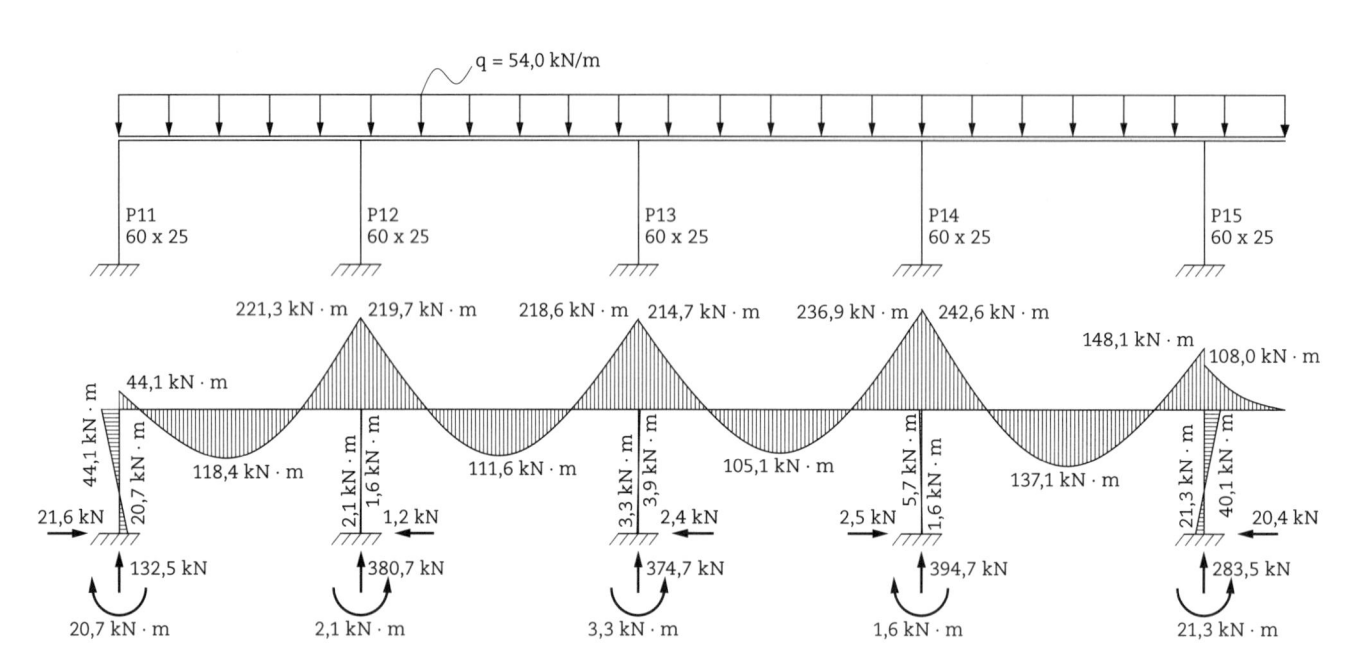

Fig. 5.29 Ações, diagrama de momento fletor e reações de apoio do 3º pórtico

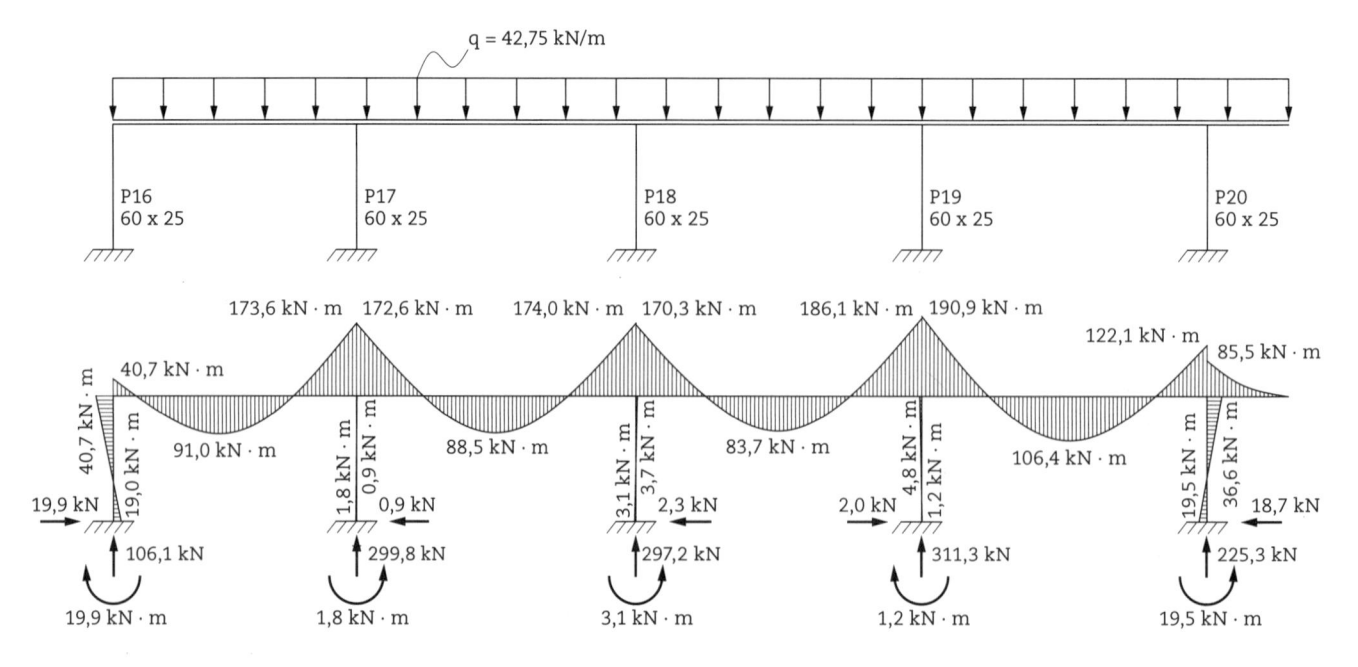

Fig. 5.30 Ações, diagrama de momento fletor e reações de apoio do 4º pórtico

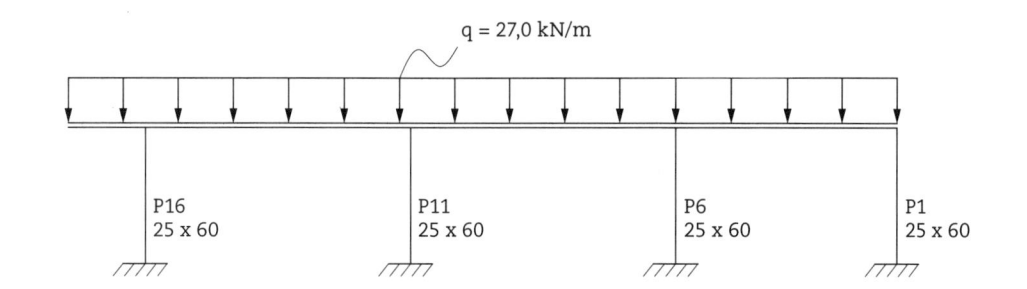

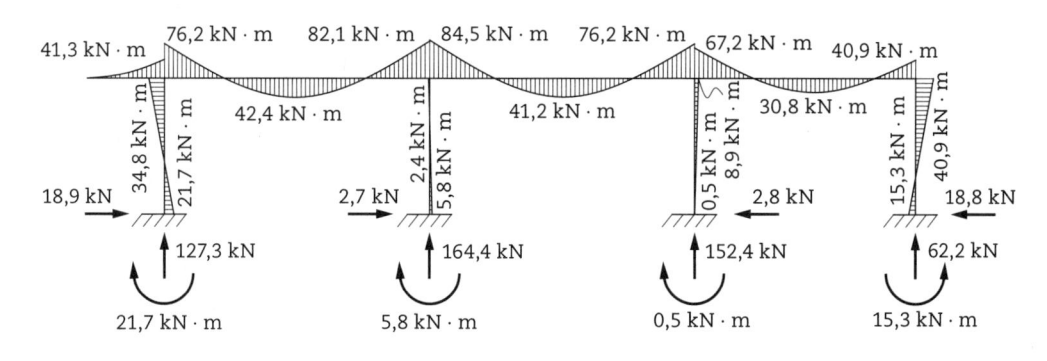

Fig. 5.31 Ações, diagrama de momento fletor e reações de apoio do 5º pórtico

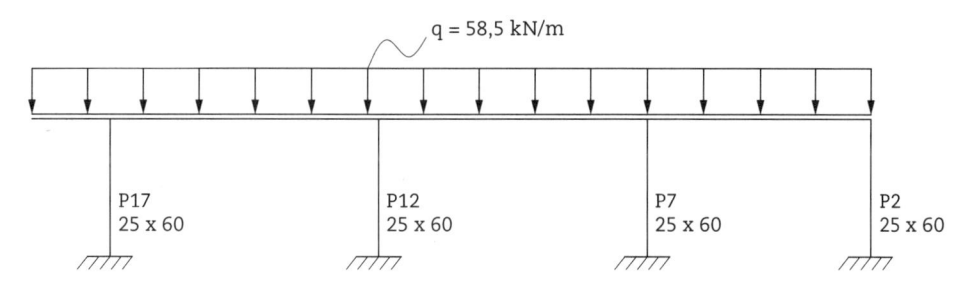

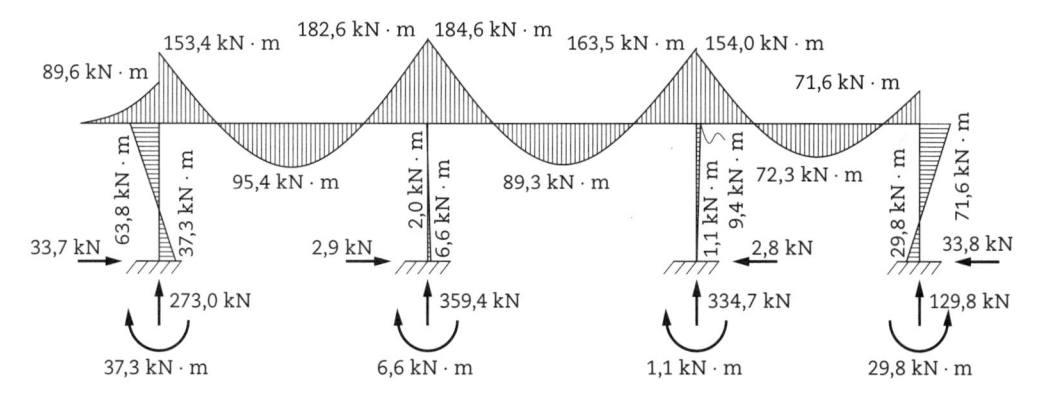

Fig. 5.32 Ações, diagrama de momento fletor e reações de apoio do 6º pórtico

incluindo peso próprio é de 9 kN/m², foi utilizada uma ação de 49,5 kN/m no pórtico (9 kN/m² × 5,5 m = 49,5 kN/m).

Para determinar os esforços de momento fletor em cada região da laje, precisa-se distribuir os esforços encontrados nos pórticos em faixas. Nas Figs. 5.35 e 5.36 são mostradas essas divisões.

Nas Figs. 5.37 e 5.38 pode-se visualizar a distribuição dos momentos fletores.

O cálculo dos momentos fletores em cada trecho da laje é realizado com base na seguinte equação:

$$M = \frac{\chi \cdot M_{tot}}{b} \quad (5.12)$$

em que:

χ é a porcentagem do momento total definido para a região em estudo;

M_{tot} é o momento total calculado no pórtico equivalente na região em estudo;

b é a largura da faixa em estudo.

Tomando o 1º pórtico como exemplo, seguem as determinações dos valores de momento fletor para cada região da laje. Percebe-se que os momentos negativos utilizados foram os maiores encontrados para cada pilar, e não momentos compatibilizados.

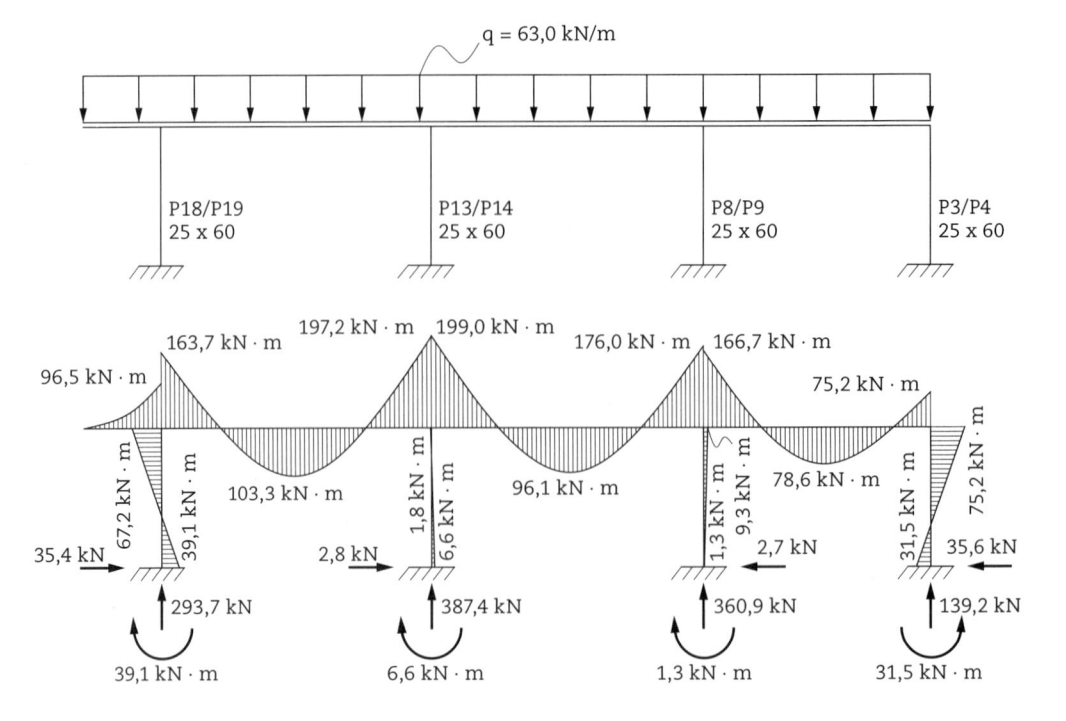

Fig. 5.33 Ações, diagrama de momento fletor e reações de apoio do 7º e 8º pórticos

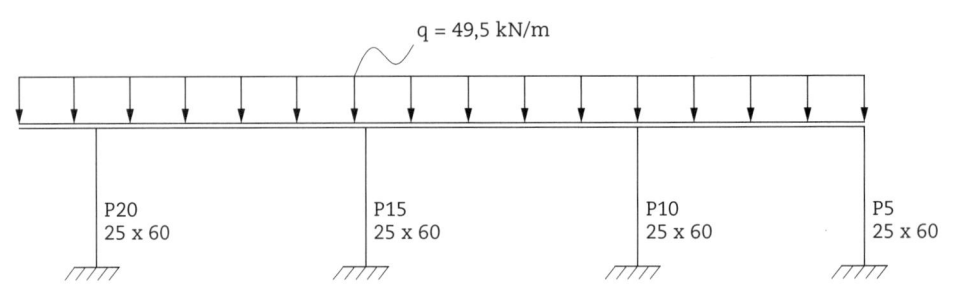

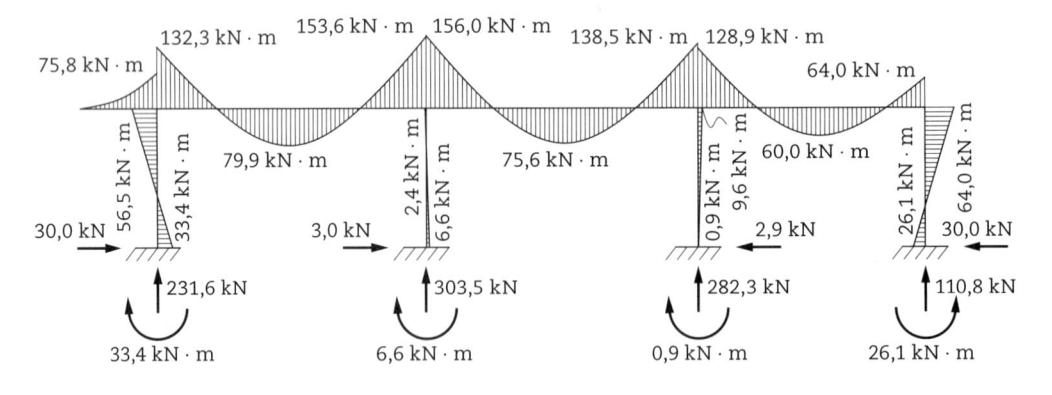

Fig. 5.34 Ações, diagrama de momento fletor e reações de apoio do 9º pórtico

$$\text{Momento negativo no pilar P1} \atop \text{Faixa externa} \Rightarrow M = \frac{\chi \cdot M_{tot}}{b} = \frac{0{,}75 \times 30{,}7}{1{,}25} = 18{,}42 \text{ kN·m/m}$$

$$\text{Momento negativo no pilar P1} \atop \text{Faixa interna} \Rightarrow \frac{0{,}25 \times 30{,}7}{1{,}25} = 6{,}14 \text{ kN·m/m}$$

$$\text{Momento positivo no 1º vão} \atop \text{Faixa externa} \Rightarrow \frac{0{,}55 \times 43{,}8}{1{,}25} = 19{,}27 \text{ kN·m/m}$$

$$\text{Momento positivo no 1º vão} \atop \text{Faixa interna} \Rightarrow \frac{0{,}45 \times 43{,}8}{1{,}25} = 15{,}77 \text{ kN·m/m}$$

$$\text{Momento negativo no pilar P2} \atop \text{Faixa externa} \Rightarrow \frac{0{,}75 \times 89{,}0}{1{,}25} = 53{,}40 \text{ kN·m/m}$$

$$\text{Momento negativo no pilar P2} \atop \text{Faixa interna} \Rightarrow \frac{0{,}25 \times 89{,}0}{1{,}25} = 17{,}80 \text{ kN·m/m}$$

$$\text{Momento positivo no 2º vão} \atop \text{Faixa externa} \Rightarrow \frac{0{,}55 \times 46{,}8}{1{,}25} = 20{,}59 \text{ kN·m/m}$$

$$\text{Momento positivo no 2º vão} \atop \text{Faixa interna} \Rightarrow \frac{0{,}45 \times 46{,}8}{1{,}25} = 16{,}85 \text{ kN·m/m}$$

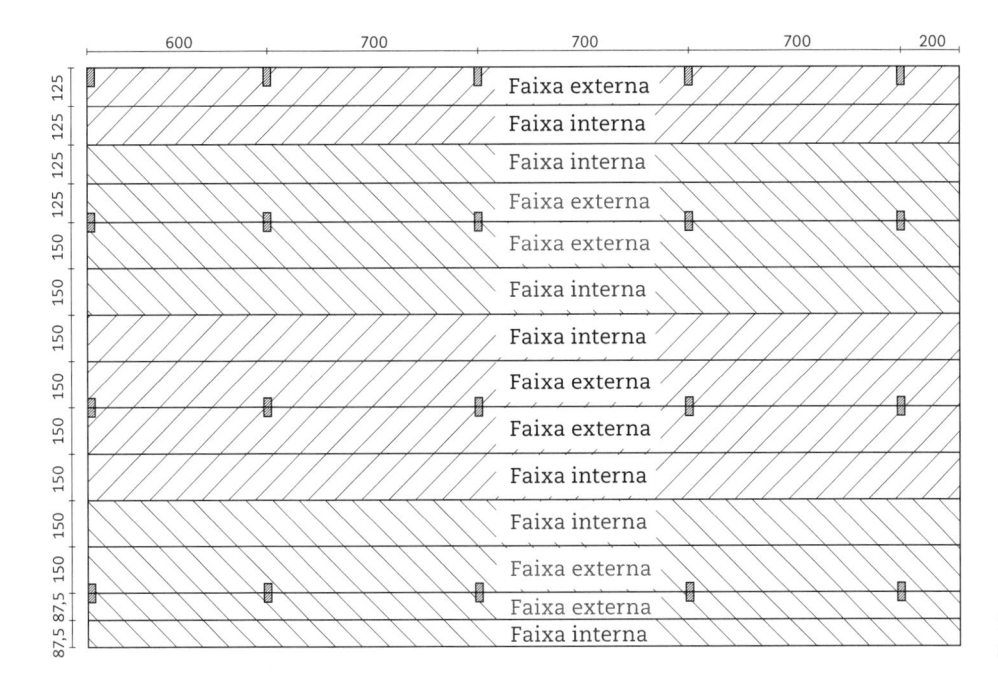

Fig. 5.35 Divisão de faixas na direção x do pavimento

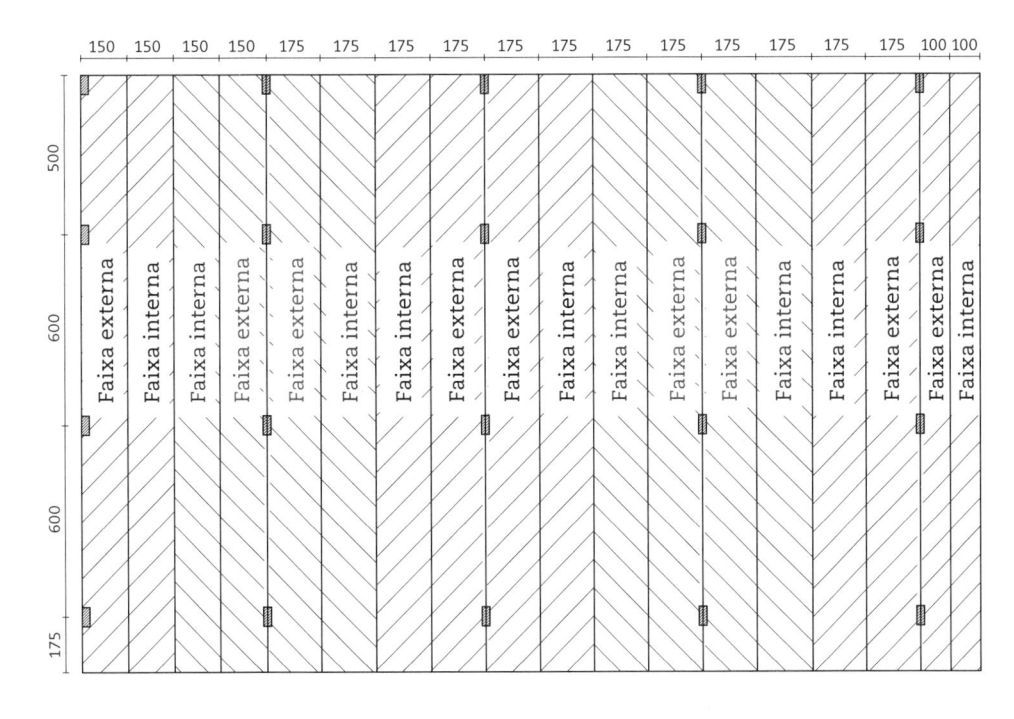

Fig. 5.36 Divisão de faixas na direção y do pavimento

Momento negativo no pilar P3
Faixa externa $\Rightarrow \dfrac{0,75 \times 93,0}{1,25} = 55,80$ kN·m/m

Momento negativo no pilar P3
Faixa interna $\Rightarrow \dfrac{0,25 \times 93,0}{1,25} = 18,60$ kN·m/m

Momento positivo no 3° vão
Faixa externa $\Rightarrow \dfrac{0,55 \times 44,8}{1,25} = 19,71$ kN·m/m

Momento positivo no 3° vão
Faixa interna $\Rightarrow \dfrac{0,45 \times 44,8}{1,25} = 16,13$ kN·m/m

Momento negativo no pilar P4
Faixa externa $\Rightarrow \dfrac{0,75 \times 98,5}{1,25} = 59,10$ kN·m/m

Momento negativo no pilar P4
Faixa interna $\Rightarrow \dfrac{0,25 \times 98,5}{1,25} = 19,70$ kN·m/m

Momento positivo no 4° vão
Faixa externa $\Rightarrow \dfrac{0,55 \times 53,0}{1,25} = 23,32$ kN·m/m

Momento positivo no 4° vão
Faixa interna $\Rightarrow \dfrac{0,45 \times 53,0}{1,25} = 19,08$ kN·m/m

Momento negativo no pilar P5
Faixa externa $\Rightarrow \dfrac{0,75 \times 71,8}{1,25} = 43,08$ kN·m/m

Momento negativo no pilar P5
Faixa interna $\Rightarrow \dfrac{0,25 \times 71,8}{1,25} = 14,36$ kN·m/m

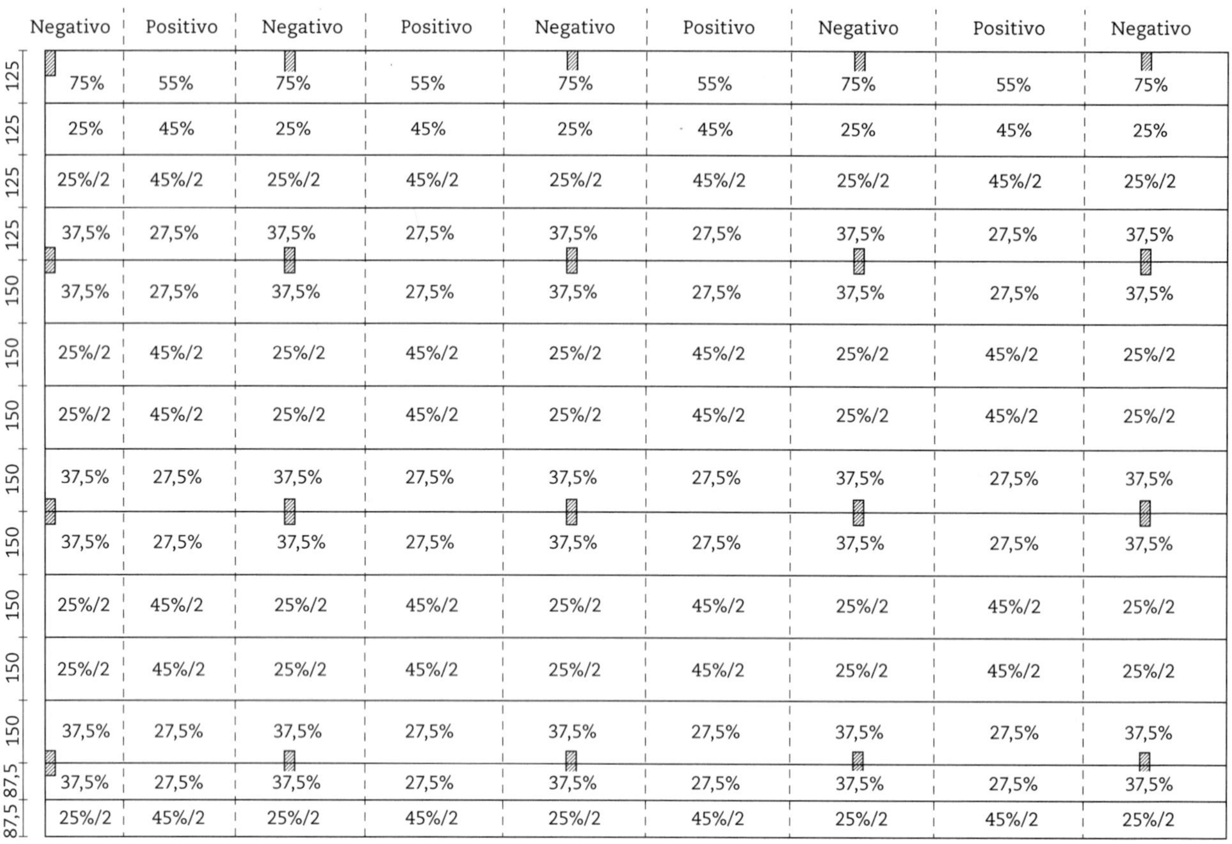

Fig. 5.37 Distribuição dos momentos fletores na direção x do pavimento

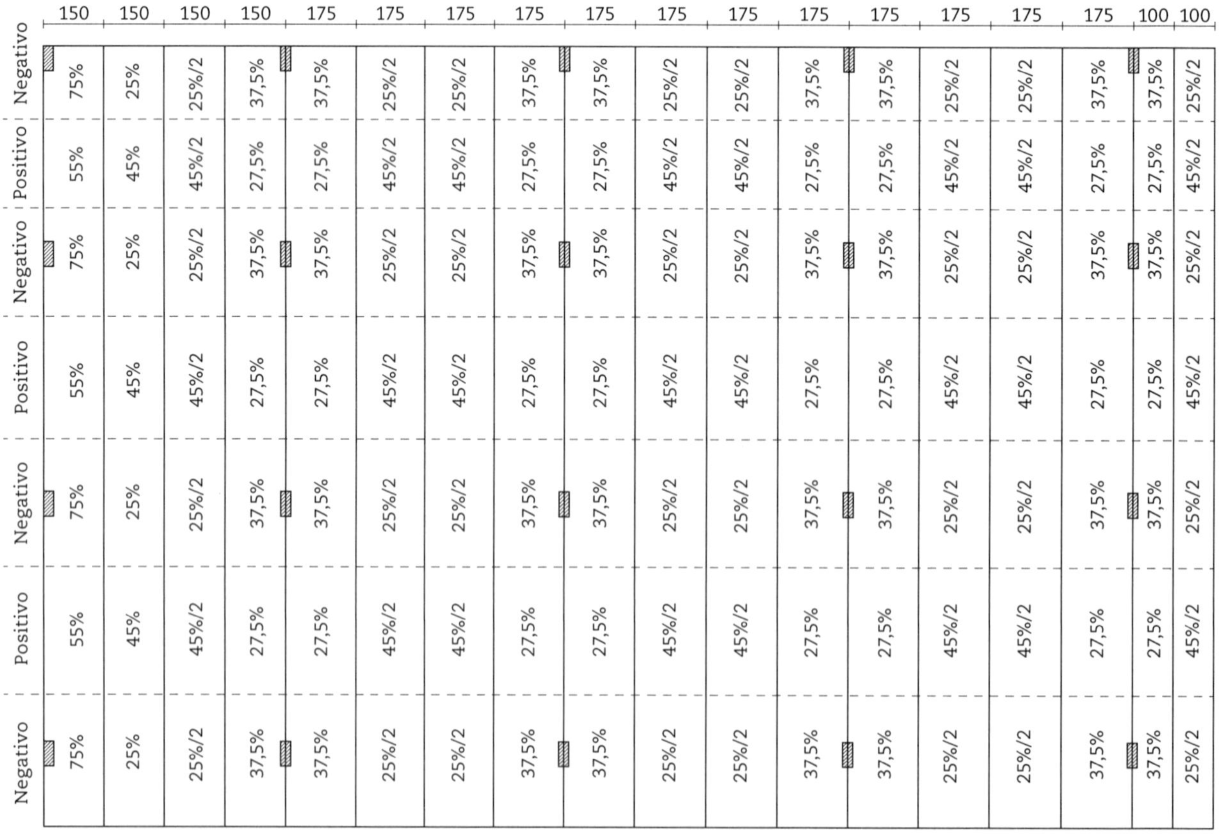

Fig. 5.38 Distribuição dos momentos fletores na direção y do pavimento

PROJETO E EXECUÇÃO DE LAJES TRELIÇADAS

Nas Figs. 5.39 e 5.40 são apresentados os momentos fletores no 1º pórtico para as faixas externa e interna, respectivamente.

Os esforços de momento fletor em todo o pavimento nas duas direções principais são mostrados nas Figs. 5.41 e 5.42. Pode-se visualizar os momentos fletores também em formato de diagramas, como nas Figs. 5.43 e 5.44.

Como foram utilizadas todas as ações para o cálculo dos momentos fletores nas duas direções principais, a reação de apoio em cada pilar necessária para o cálculo de punção será a média das reações encontradas em cada direção no modelo processado no *software* Ftool®. Na Fig. 5.45 são apresentadas todas as reações de apoio.

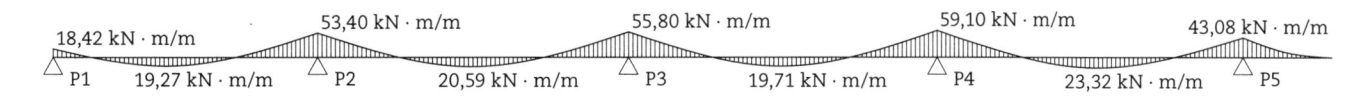

Fig. 5.39 Momentos fletores da faixa externa do 1º pórtico do pavimento

Fig. 5.40 Momentos fletores da faixa interna do 1º pórtico do pavimento

	Negativo	Positivo	Negativo	Positivo	Negativo	Positivo	Negativo	Positivo	Negativo
125	−18,42	19,27	−53,40	20,59	−55,80	19,71	−59,10	23,32	−43,08
125	−6,14	15,77	−17,80	16,85	−18,60	16,13	−19,70	19,08	−14,36
125	−4,29	19,31	−20,22	18,43	−20,08	17,37	−22,19	22,46	−13,78
125	−12,87	23,61	−60,66	22,53	−60,24	21,23	−66,57	27,46	−41,34
150	−10,73	19,67	−50,55	18,77	−50,20	17,69	−55,48	22,88	−34,45
150	−3,58	16,10	−16,85	15,36	−16,73	14,48	−18,49	18,72	−11,48
150	−3,68	17,76	−18,44	16,74	−18,22	15,77	−20,22	20,57	−12,34
150	−11,03	21,71	−55,33	20,46	−54,65	19,27	−60,65	25,14	−37,03
150	−11,03	21,71	−55,33	20,46	−54,65	19,27	−60,65	25,14	−37,03
150	−3,68	17,76	−18,44	16,74	−18,22	15,77	−20,22	20,57	−12,34
150	−3,39	13,65	−14,47	13,28	−14,50	12,56	−15,91	15,96	−10,18
150	−10,18	16,68	−43,40	16,23	−43,50	15,35	−47,73	19,51	−30,53
87,5	−17,44	28,60	−74,40	27,81	−74,57	26,31	−81,81	33,44	−52,33
87,5	−5,81	23,40	−24,80	22,76	−24,86	21,52	−27,27	27,36	−17,44

Fig. 5.41 Momentos fletores na direção x do pavimento (em kN · m/m)

	150	150	150	150	175	175	175	175	175	175	175	175	175	175	175	175	100	100
Negativo	−20,45	−6,82	−5,97	−17,90	−15,34	−5,11	−5,37	−16,11	−16,11	−5,37	−5,37	−16,11	−16,11	−5,37	−4,57	−13,71	−24,00	−8,00
Positivo	11,29	9,24	10,85	13,26	11,36	9,30	10,11	12,35	12,35	10,11	10,11	12,35	12,35	10,11	7,71	9,43	16,50	13,50
Negativo	−38,10	−12,70	−13,63	−40,88	−35,04	−11,68	−12,57	−37,71	−37,71	−12,57	−12,57	−37,71	−37,71	−12,57	−9,89	−29,68	−51,94	−17,31
Positivo	15,11	12,36	13,40	16,37	14,03	11,48	12,36	15,10	15,10	12,36	12,36	15,10	15,10	12,36	9,72	11,88	20,79	17,01
Negativo	−2,25	−14,08	−15,38	−46,15	−39,56	−13,19	−14,21	−42,64	−42,64	−14,21	−14,21	−42,64	−42,64	−14,21	−11,14	−33,43	−58,50	−19,50
Positivo	15,55	12,72	14,31	17,49	14,99	12,27	13,28	16,23	16,23	13,28	13,28	16,23	16,23	13,28	10,27	12,56	21,97	17,98
Negativo	−38,10	−12,70	−12,78	−38,35	−32,87	−10,96	−11,69	−35,08	−35,08	−11,69	−11,69	−35,08	−35,08	−11,69	−9,45	−28,35	−49,61	−16,54

Fig. 5.42 Momentos fletores na direção y do pavimento (em kN · m/m)

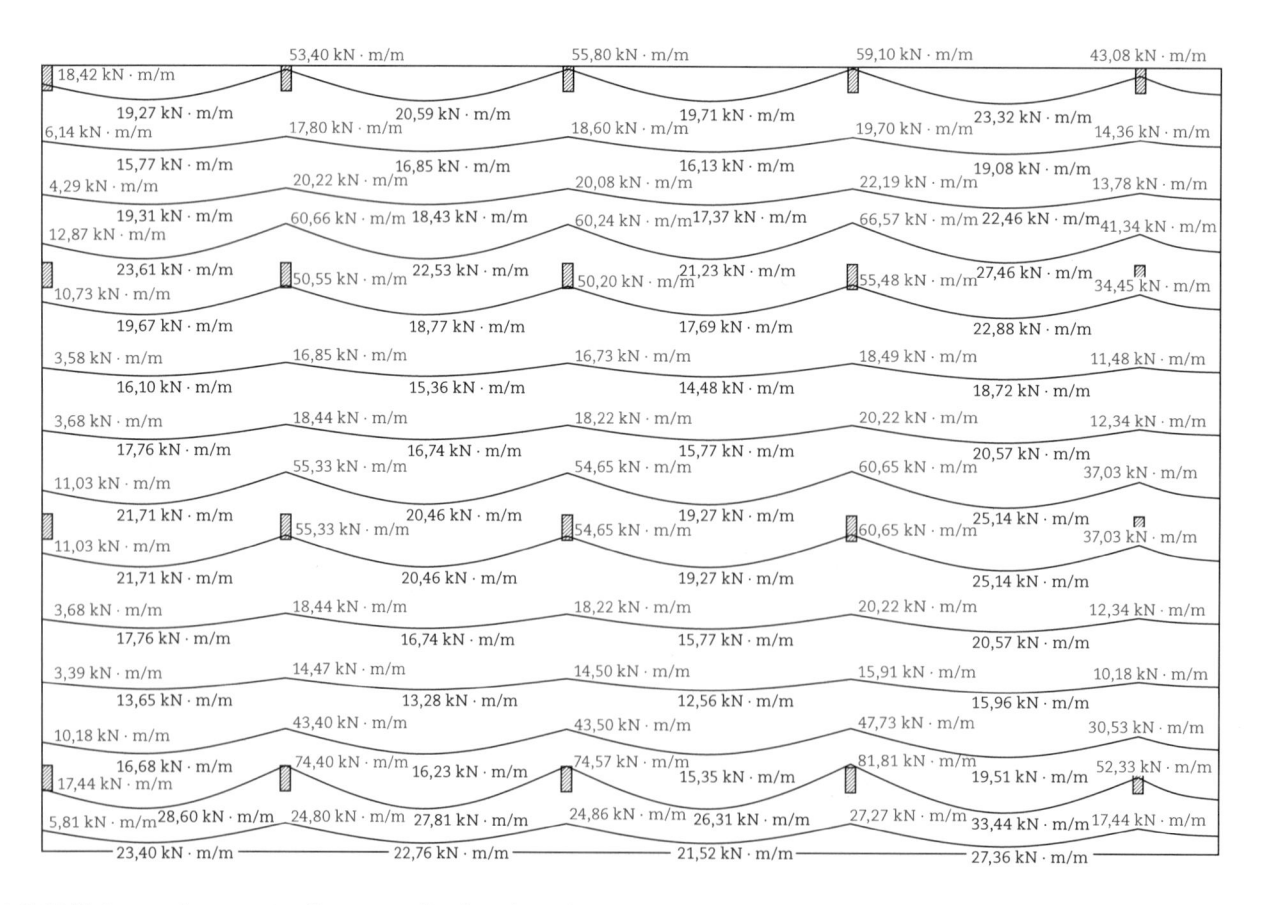

Fig. 5.43 Diagramas de momentos fletores na direção x do pavimento

Fig. 5.44 Diagramas de momentos fletores na direção y do pavimento

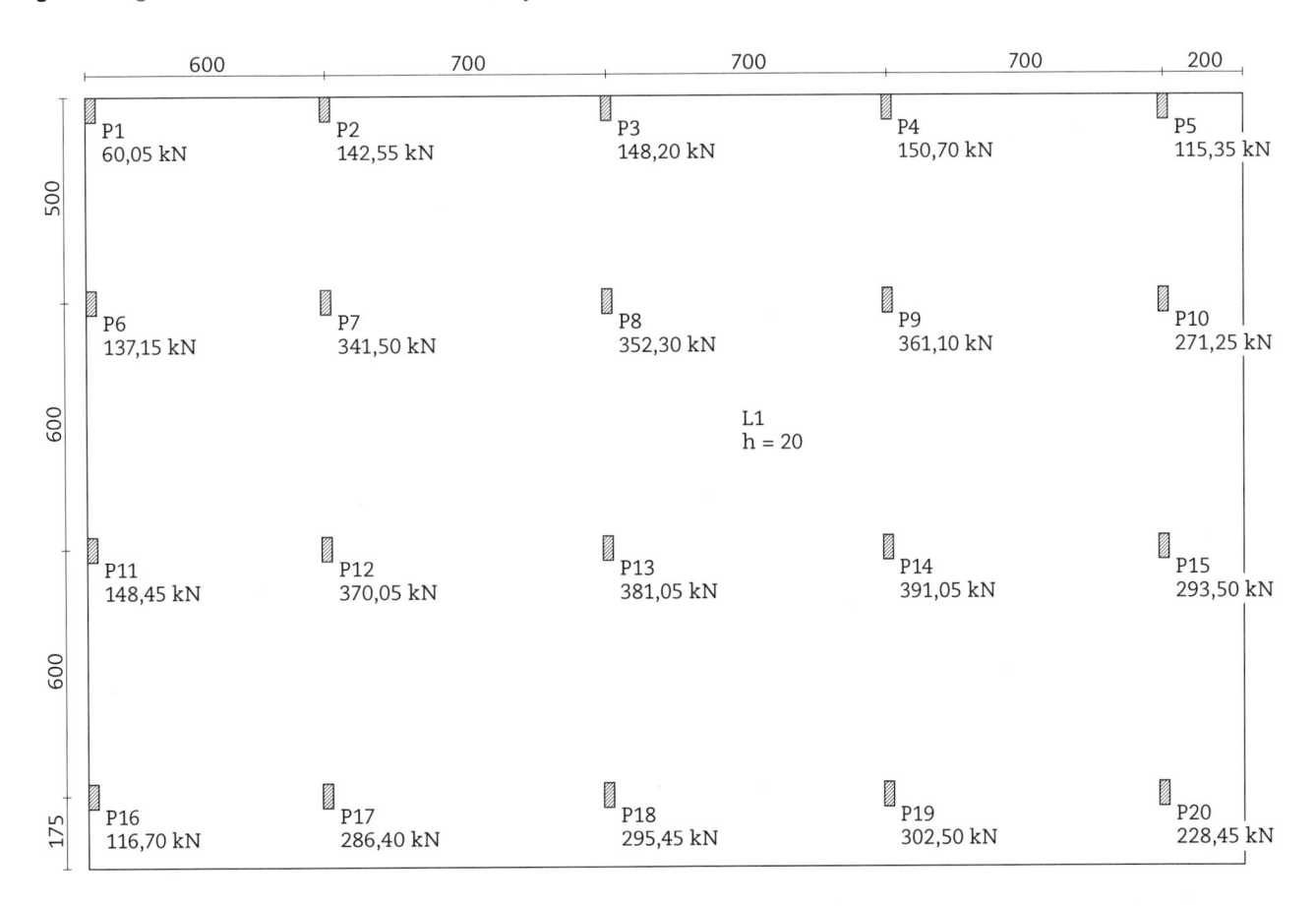

Fig. 5.45 Reações de apoio nos pilares do pavimento

AÇÕES E ESFORÇOS SOLICITANTES 75

CRITÉRIOS DIMENSIONAIS

6

Diferentemente das lajes maciças, as lajes nervuradas possuem elementos de enchimento e forma entre as nervuras, fazendo com que o elemento estrutural da laje se resuma em mesa (capa) e nervura. Em lajes com minipainel e painel treliçado, com elementos de enchimento e forma, também existe a mesa inferior. Cada parte constituinte da laje possui dimensões mínimas, ou máximas, recomendadas para o bom funcionamento do sistema estrutural. Além disso, existem critérios normativos que tratam sobre dimensões mínimas para a espessura de laje.

No presente capítulo, são abordados os critérios referentes a dimensões das lajes treliçadas, bem como seu pré-dimensionamento.

6.1 Mesa (capa), nervura e intereixo

Segundo a NBR 6118 (ABNT, 2023, item 13.2.4.2), a espessura da mesa (capa) de concreto deve ter dimensão mínima de 1/15 da distância entre face de nervuras vizinhas, atendendo aos seguintes valores mínimos:

- 4,0 cm quando não houver tubulações horizontais embutidas;
- 5,0 cm quando houver tubulações horizontais embutidas com diâmetro externo máximo de 10 mm;
- para tubulações com diâmetro ϕ maior que 10 mm, a mesa deve ter a espessura mínima de 4 cm + ϕ, ou 4 cm + 2ϕ no caso de haver cruzamento dessas tubulações.

A espessura da alma das nervuras deve ter valor mínimo de 5 cm. Nervuras com espessura menor que 8 cm não podem ter armadura de compressão, e armaduras comprimidas devem ser estribadas.

Ainda de acordo com a NBR 6118 (ABNT, 2023, p. 75),

> Para o projeto das lajes nervuradas, devem ser obedecidas as seguintes condições:
> a) para lajes com espaçamento entre eixos de nervuras menor ou igual a 65 cm, pode ser dispensada a verificação da flexão da mesa, e para a verificação do cisalhamento da região das nervuras, permite-se a consideração dos critérios de laje;
> b) para lajes com espaçamento entre eixos de nervuras entre 65 cm e 110 cm, exige-se a verificação da flexão da mesa, e as nervuras devem ser verificadas ao cisalhamento como vigas; permite-se essa verificação como lajes se o espaçamento entre eixos de nervuras for até 90 cm e a largura média das nervuras for maior que 12 cm;
> c) para lajes nervuradas com espaçamento entre eixos de nervuras maior que 110 cm, a mesa deve ser projetada como laje maciça, apoiada na grelha de vigas, respeitando-se os seus limites mínimos de espessura.

As espessuras mínimas para as lajes maciças estão indicadas no item 13.2.4 da NBR 6118 (ABNT, 2023) e são:
- 7 cm para cobertura não em balanço;
- 8 cm para lajes de piso não em balanço;
- 10 cm para lajes em balanço;
- 10 cm para lajes que suportem veículos de peso menor ou igual a 30 kN;
- 12 cm para lajes que suportem veículos de peso total maior que 30 kN;
- 15 cm para lajes com protensão apoiadas em vigas, com o mínimo de $l/42$ para lajes de piso biapoiadas e $l/50$ para lajes de piso contínuas;
- 16 cm para lajes lisas e 14 cm para lajes-cogumelo, fora do capitel.

6.2 Pré-dimensionamento de lajes

Na NBR 6118 (ABNT, 1980) existia uma equação para determinar a dimensão de lajes, de maneira que sua verificação ao estado-limite de serviço de deformação excessiva (ELS-DEF) fosse dispensável. Mesmo com essa dispensa de verificação caindo em desuso com a chegada da NBR 6118 (ABNT, 2003a), a equação, apresentada a seguir, continuou sendo uma referência para o pré-dimensionamento de lajes maciças e nervuradas.

$$d \geq \frac{l_x}{\chi_1 \cdot \chi_2} \quad (6.1)$$

em que:
d é a altura útil da laje;
l_x é o menor vão da laje;
χ_1 é um critério baseado em vinculações da laje, indicado nas Tabs. 6.1 e 6.2;
χ_2 é um critério baseado no tipo de laje e no tipo de armadura utilizados, indicado na Tab. 6.3.

Em relação à Tab. 6.2, o número superior de cada combinação refere-se a χ_1 para $\lambda = 1$. Já o número inferior de cada combinação refere-se a χ_1 para $\lambda = 2$, podendo ser usada uma razão entre lados maior que 2, exceto nos casos assinalados com asterisco. Para $1 < \lambda < 2$, deve-se interpolar linearmente.

Tab. 6.1 Valores de χ_1 para lajes unidirecionais

Vinculação		χ_1
Biapoiada		1,0
Apoiada-engastada		1,2
Biengastada		1,7
Balanço		0,5

Fonte: adaptado de ABNT (1980, p. 23).

Tab. 6.2 Valores de χ_1 para lajes bidirecionais

	2,2 / 1,7	2,0 / 1,7	1,9 / 1,7	1,7 / 1,7	1,7 / 1,7
	2,0 / 1,4	1,8 / 1,4	1,7 / 1,4	1,4 / 1,3	1,3 / 1,3
	1,9 / 1,2	1,7 / 1,1	1,5 / 1,1	1,1 / 1,0	1,0 / 1,0
	1,7 / 0,5	1,4 / 0,5	1,1 / 0,5	0,7 / 0,5	0,6 / 0,5
	1,7 / 0,5 *	1,3 / 0,5 *	1,0 / 0,5 *	0,6 / 0,5 *	0,5 / 0,3 *

Fonte: adaptado de ABNT (1980, p. 23).

Tab. 6.3 Valores de χ_2

Tensão na armadura para solicitação de cálculo (σ_{sd})	χ_2	
	Lajes nervuradas	Lajes maciças
215 MPa	25	35
280 MPa	22	33
350 MPa	20	30
435 MPa	17	25
520 MPa	15	20

Fonte: adaptado de ABNT (1980, p. 23).

A determinação para a laje unidirecional ou bidirecional geralmente está relacionada à relação de lado (λ), que é o maior vão dividido pelo menor vão:

$$\lambda = \frac{l_y}{l_x} \quad (6.2)$$

em que:
l_y é o maior vão da laje;
l_x é o menor vão da laje.

Outra forma que pode ser utilizada para o pré-dimensionamento de lajes bidirecionais é a seguinte:

$$d \geq \frac{(2{,}5 - 0{,}1n) \cdot l}{100} \quad (6.3)$$

em que:
n é o número de bordas engastadas;
l é o menor valor entre l_x e $0{,}7l_y$.

Para todos os casos, a espessura da laje se dá por:

$$h = d + c_{nom} + \frac{\phi_{ref}}{2} \qquad (6.4)$$

em que:
d é a altura útil da laje;
c_{nom} é o cobrimento nominal, definido com base na NBR 6118 (ABNT, 2023);
ϕ_{ref} é o diâmetro de referência para a armadura de flexão.

Vale lembrar que as dimensões estimadas em um pré-dimensionamento não substituem nenhuma etapa do dimensionamento no ELU nem as verificações no ELS.

6.3 Pré-dimensionamento de lajes treliçadas

Para facilitar o pré-dimensionamento de lajes treliçadas, foram elaborados ábacos para os sistemas estruturais abordados na presente literatura. Para todos os ábacos, foram utilizados vãos de 2 m, 4 m, 6 m, 8 m, 10 m e 12 m. Para os sistemas bidirecionais, foram adotadas as relações de lado (maior vão dividido pelo menor vão) de 1,00; 1,10; 1,25; 1,50; 1,75 e 2,00. Para as lajes bidirecionais convencionais (apoiadas em vigas), foram usadas as vinculações simplesmente apoiadas em todas as bordas e as vinculações engastadas em todas as bordas. Nas lajes lisas, foi utilizada apenas a condição de engaste em todas as direções. Para as lajes unidirecionais, foram empregadas as vinculações biapoiada, apoiada-engastada e biengastada.

Também foram usadas alturas pouco convencionais de lajes, variando-as de centímetro em centímetro, inclusive nas alturas das treliças, desde TR06 até TR30. Porém, nas lajes com enchimento cerâmico, foram respeitadas as alturas de lajota cerâmica de mercado.

Os intereixos utilizados para a montagem dos ábacos são apresentados na Tab. 6.4.

Para as lajes unidirecionais, foram colocados intereixos entre nervuras de travamento de 130 cm. Na Fig. 6.1 são apresentados os ábacos para o pré-dimensionamento de lajes treliçadas maciças simplesmente apoiadas nas quatro bordas, e na Fig. 6.2, os ábacos para o pré-dimensionamento de lajes treliçadas maciças engastadas nas quatro bordas.

Os carregamentos indicados nos ábacos são referentes à soma das ações permanentes (fora o peso próprio) e variáveis.

Na Fig. 6.3 mostram-se os ábacos para o pré-dimensionamento de lajes treliçadas nervuradas unidirecionais com enchimento cerâmico.

Na Fig. 6.4 são ilustrados os ábacos para o pré-dimensionamento de lajes treliçadas bidirecionais com enchimento cerâmico e apoiadas nas quatro bordas, e na Fig. 6.5, os ábacos para o pré-dimensionamento de lajes treliçadas bidirecionais com enchimento cerâmico e engastadas nas quatro bordas.

Na Fig. 6.6 são apresentados os ábacos para o pré-dimensionamento de lajes treliçadas nervuradas unidirecionais com enchimento de EPS.

Tab. 6.4 Intereixos para montagem dos ábacos

Tipo de laje	Intereixo de treliças (cm)	Tipo de ábaco	Quantidade de ábacos
Laje treliçada maciça simplesmente apoiada nas quatro bordas	30	1	6
Laje treliçada maciça engastada nas quatro bordas	30	2	6
Laje treliçada nervurada unidirecional seção T – cerâmica	43	3	3
Laje treliçada nervurada bidirecional seção T – cerâmica simplesmente apoiada nas quatro bordas[a]	43	4	6
Laje treliçada nervurada bidirecional seção T – cerâmica engastada nas quatro bordas[a]	43	5	6
Laje treliçada nervurada unidirecional seção T – EPS[b]	49/59	6	3
Laje treliçada nervurada bidirecional seção T – EPS simplesmente apoiada nas quatro bordas[b]	49/59	7	6
Laje treliçada nervurada bidirecional seção T – EPS engastada nas quatro bordas[b]	49/59	8	6
Laje treliçada nervurada unidirecional mesa dupla – EPS	60	9	3
Laje treliçada nervurada lisa seção T – EPS	59	10	6

[a]Foi utilizado intereixo transversal de 50 cm. Esse intereixo é diferente do longitudinal de 43 cm, por questões de dimensões comerciais de lajotas cerâmicas.

[b]Foi utilizado intereixo de 49 cm para altura de EPS de até 12 cm. Acima disso, foi utilizado intereixo de 59 cm.

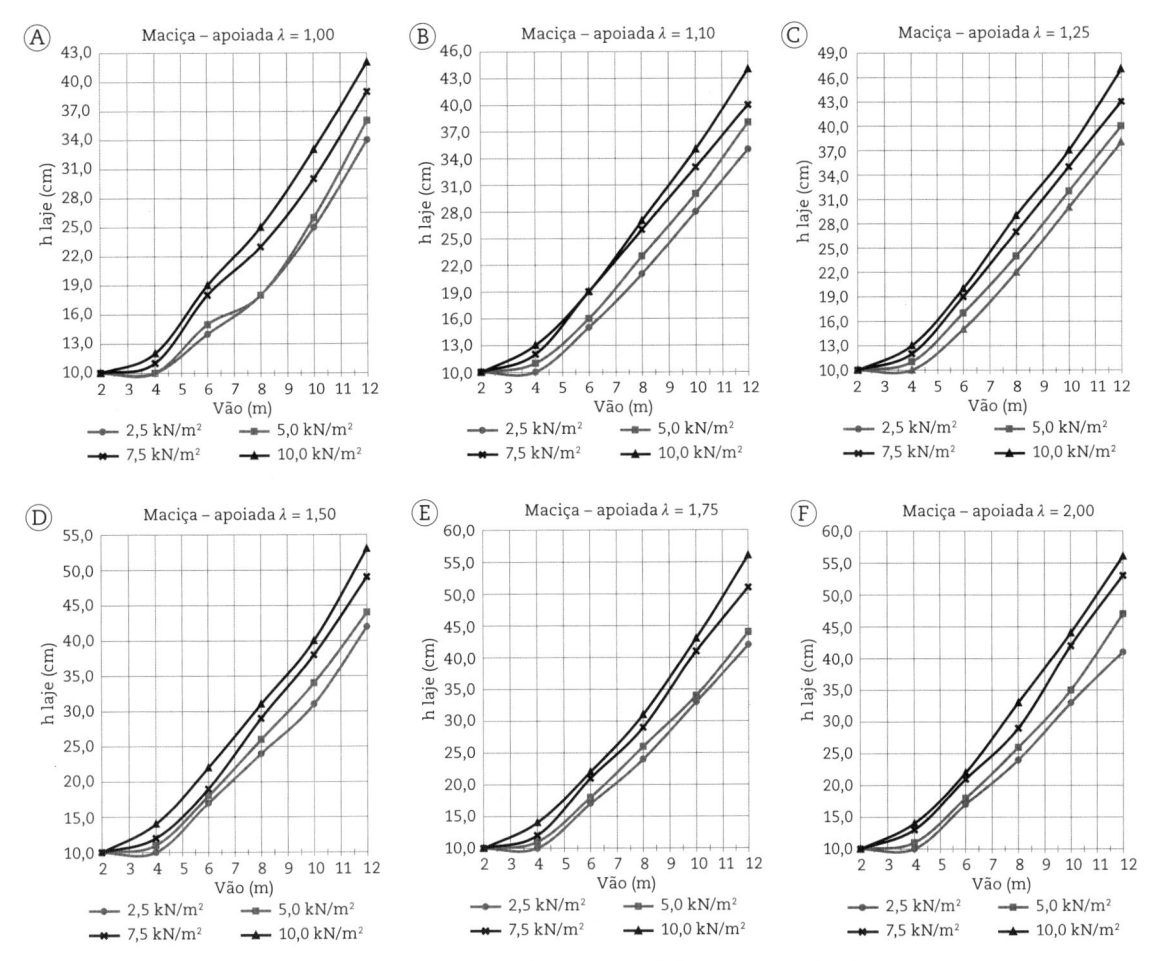

Fig. 6.1 Pré-dimensionamento de lajes treliçadas maciças simplesmente apoiadas nas quatro bordas

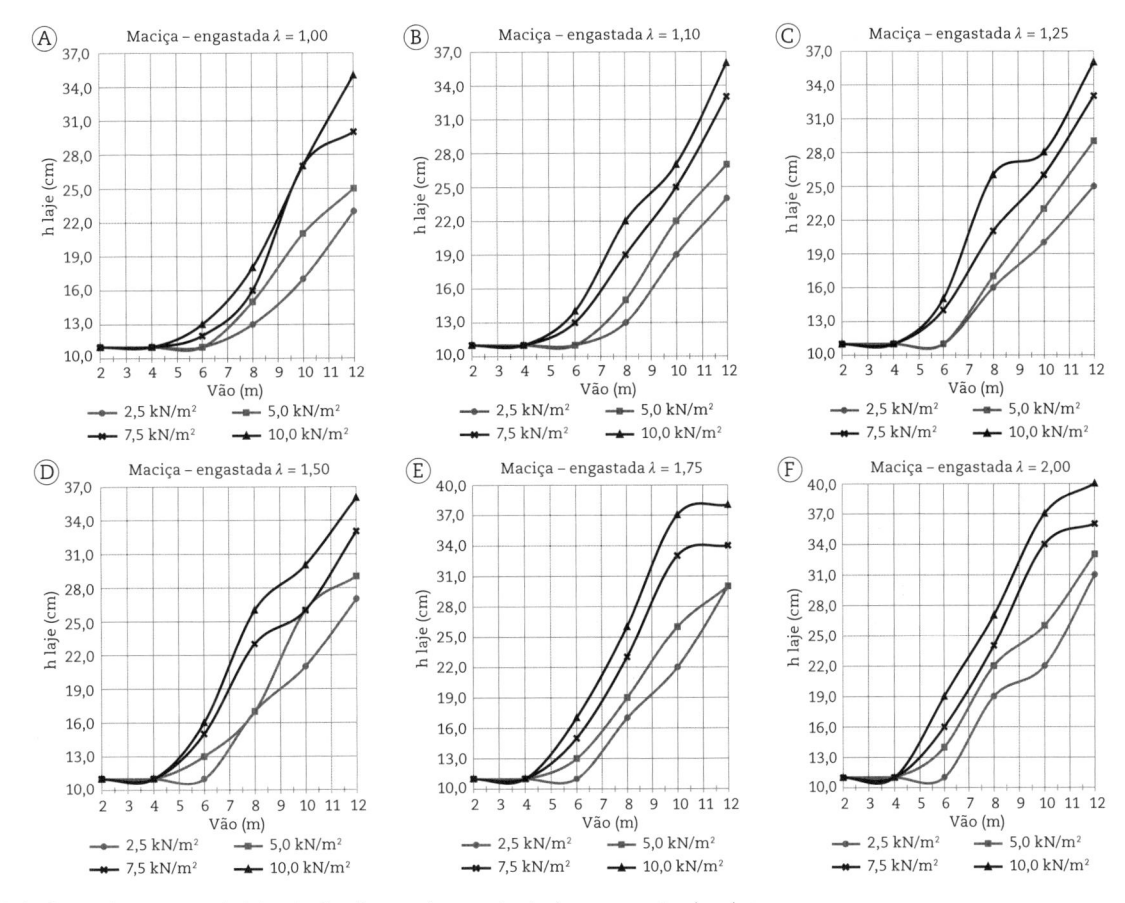

Fig. 6.2 Pré-dimensionamento de lajes treliçadas maciças engastadas nas quatro bordas

CRITÉRIOS DIMENSIONAIS

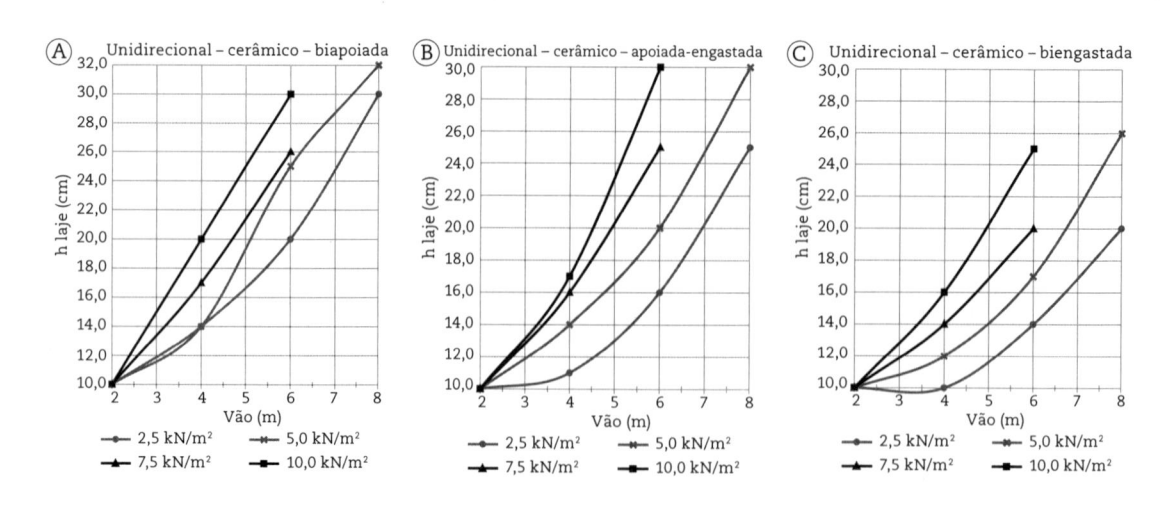

Fig. 6.3 Pré-dimensionamento de lajes treliçadas nervuradas unidirecionais com enchimento cerâmico

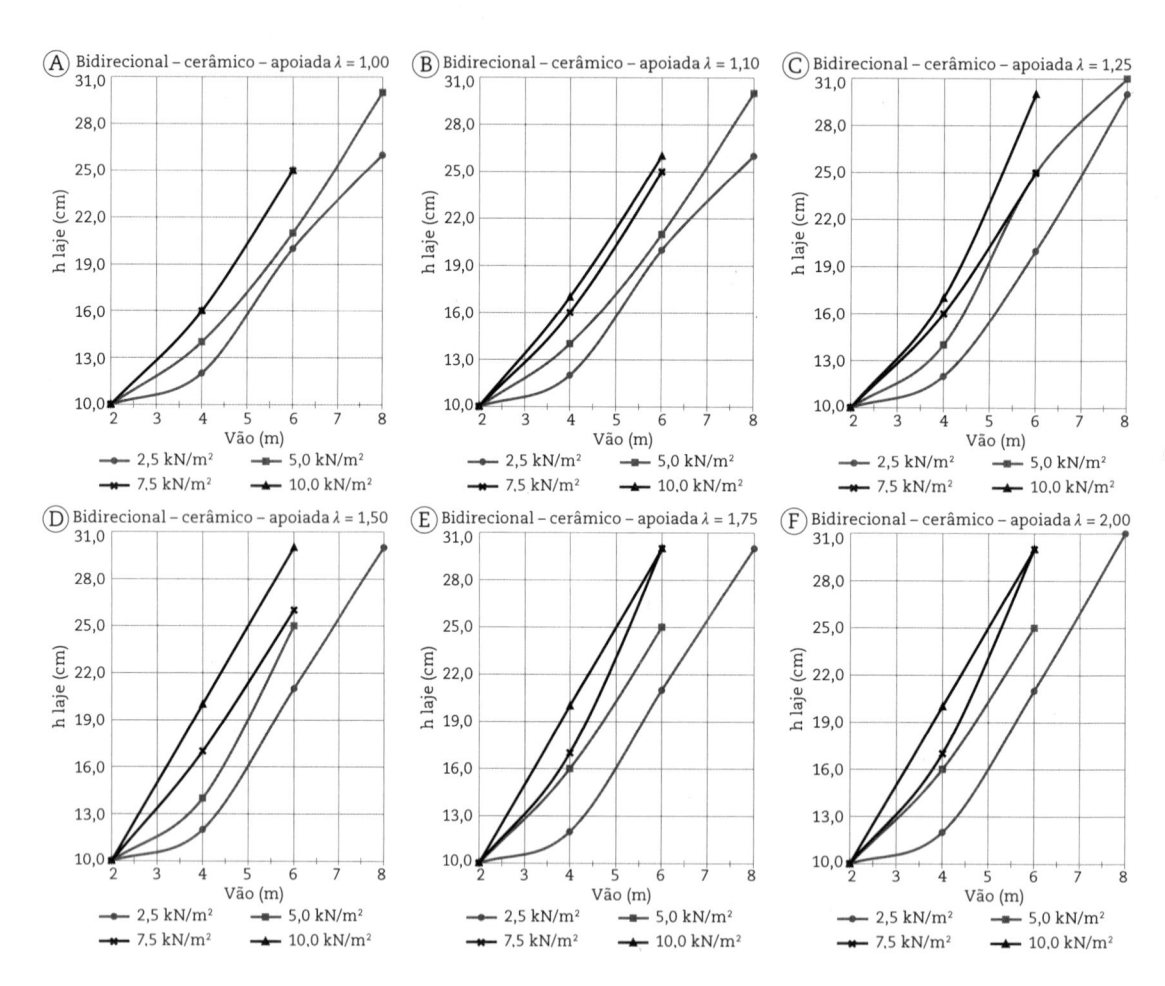

Fig. 6.4 Pré-dimensionamento de lajes treliçadas bidirecionais com enchimento cerâmico e apoiadas nas quatro bordas

Na Fig. 6.7 exibem-se os ábacos para o pré-dimensionamento de lajes treliçadas bidirecionais com enchimento de EPS e apoiadas nas quatro bordas, e na Fig. 6.8, os ábacos para o pré-dimensionamento de lajes treliçadas bidirecionais com enchimento de EPS e engastadas nas quatro bordas.

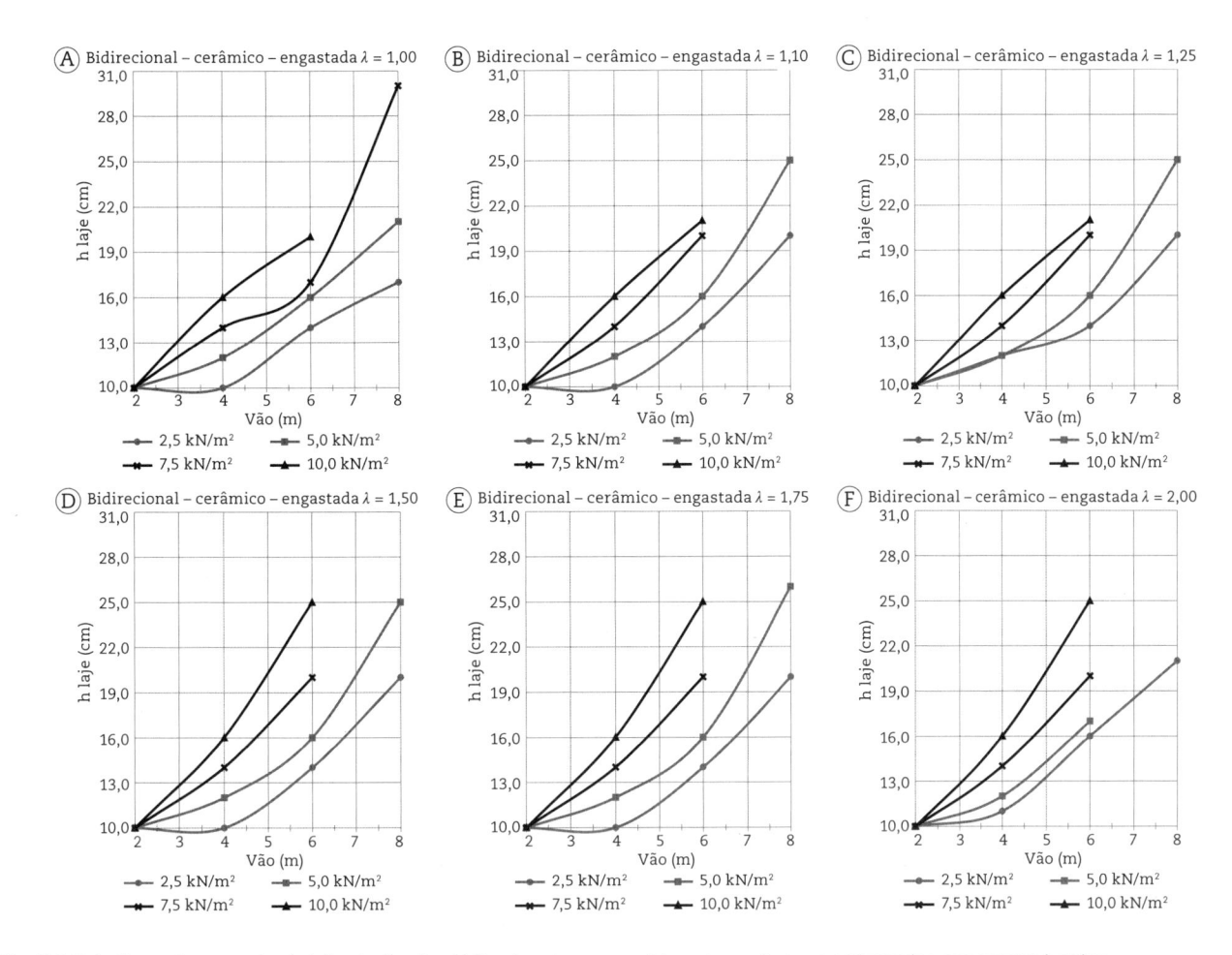

Fig. 6.5 Pré-dimensionamento de lajes treliçadas bidirecionais com enchimento cerâmico e engastadas nas quatro bordas

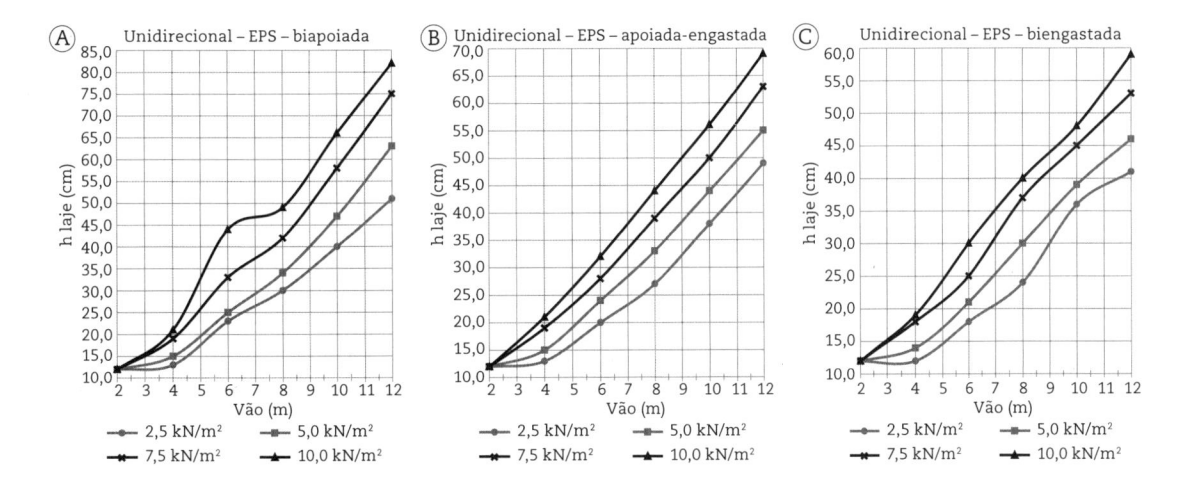

Fig. 6.6 Pré-dimensionamento de lajes treliçadas nervuradas unidirecionais com enchimento de EPS

Na Fig. 6.9 são ilustrados os ábacos para o pré-dimensionamento de lajes treliçadas nervuradas unidirecionais mesa dupla com enchimento de EPS.

Na Fig. 6.10 são apresentados os ábacos para o pré-dimensionamento de lajes treliçadas nervuradas lisas com enchimento de EPS.

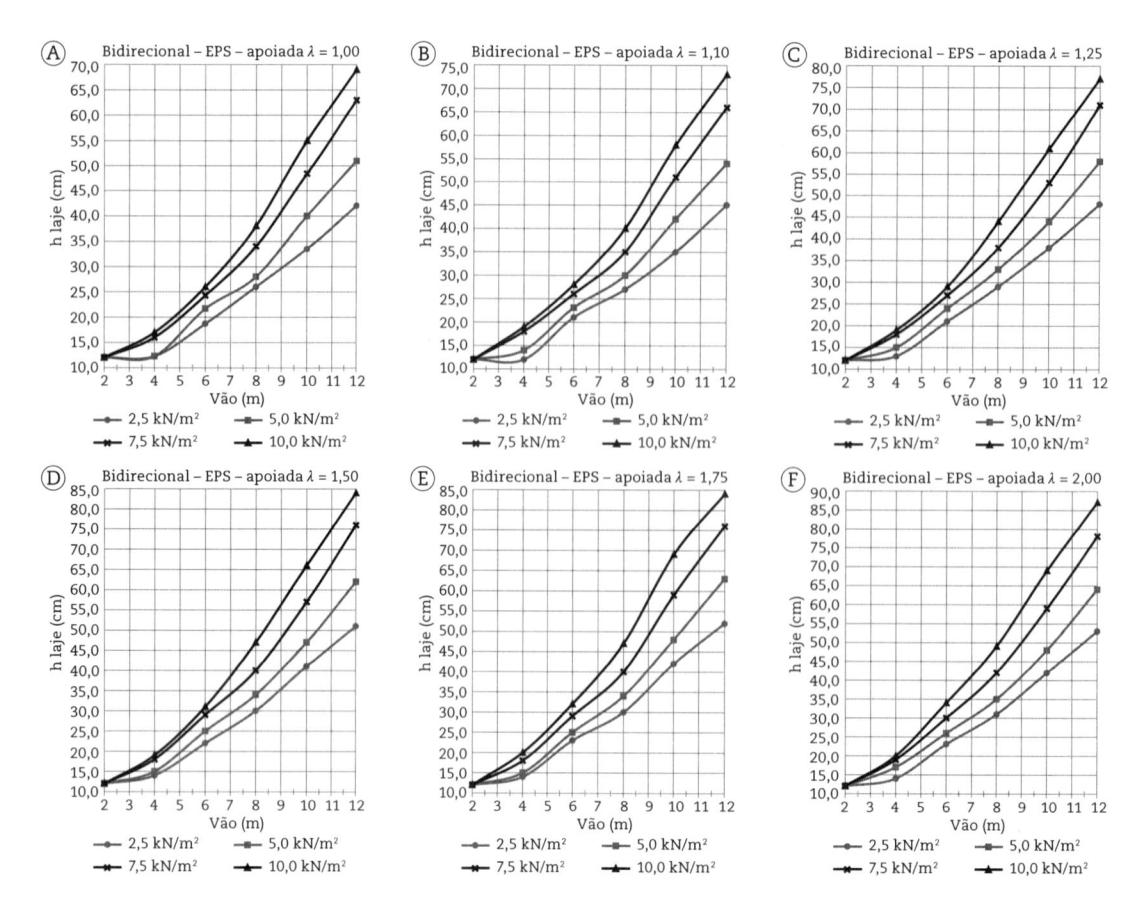

Fig. 6.7 Pré-dimensionamento de lajes treliçadas bidirecionais com enchimento de EPS e apoiadas nas quatro bordas

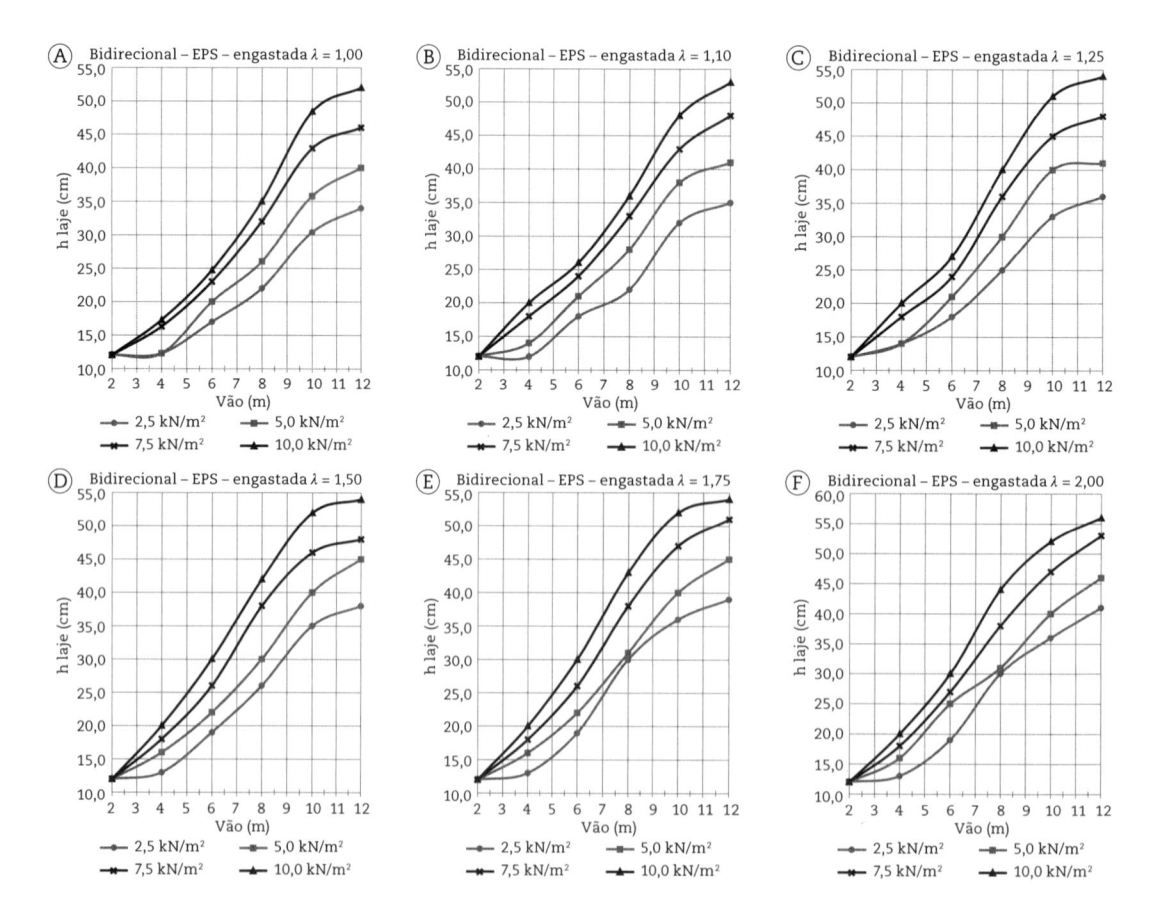

Fig. 6.8 Pré-dimensionamento de lajes treliçadas bidirecionais com enchimento de EPS e engastadas nas quatro bordas

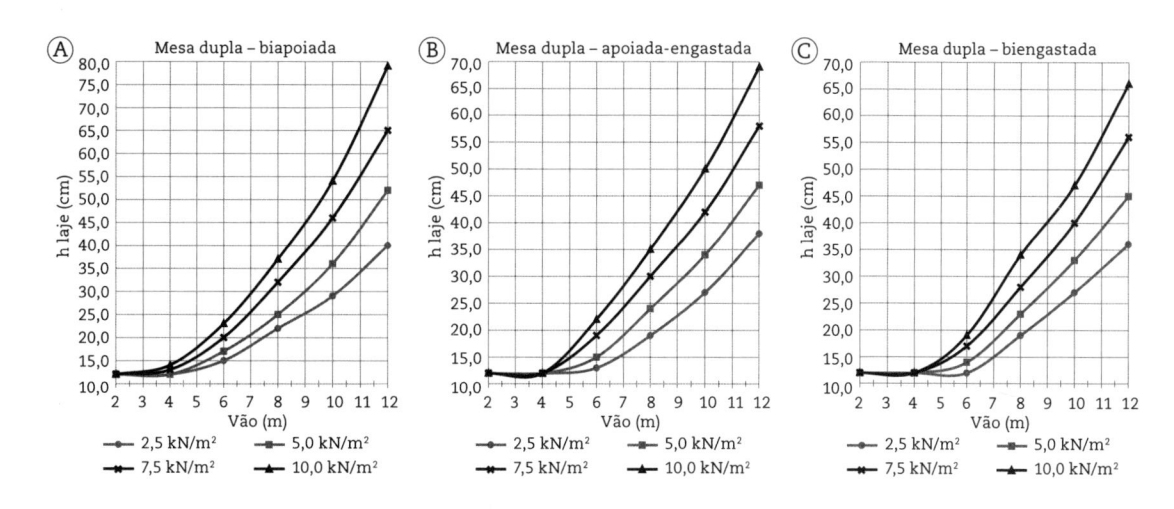

Fig. 6.9 Pré-dimensionamento de lajes treliçadas nervuradas unidirecionais mesa dupla com enchimento de EPS

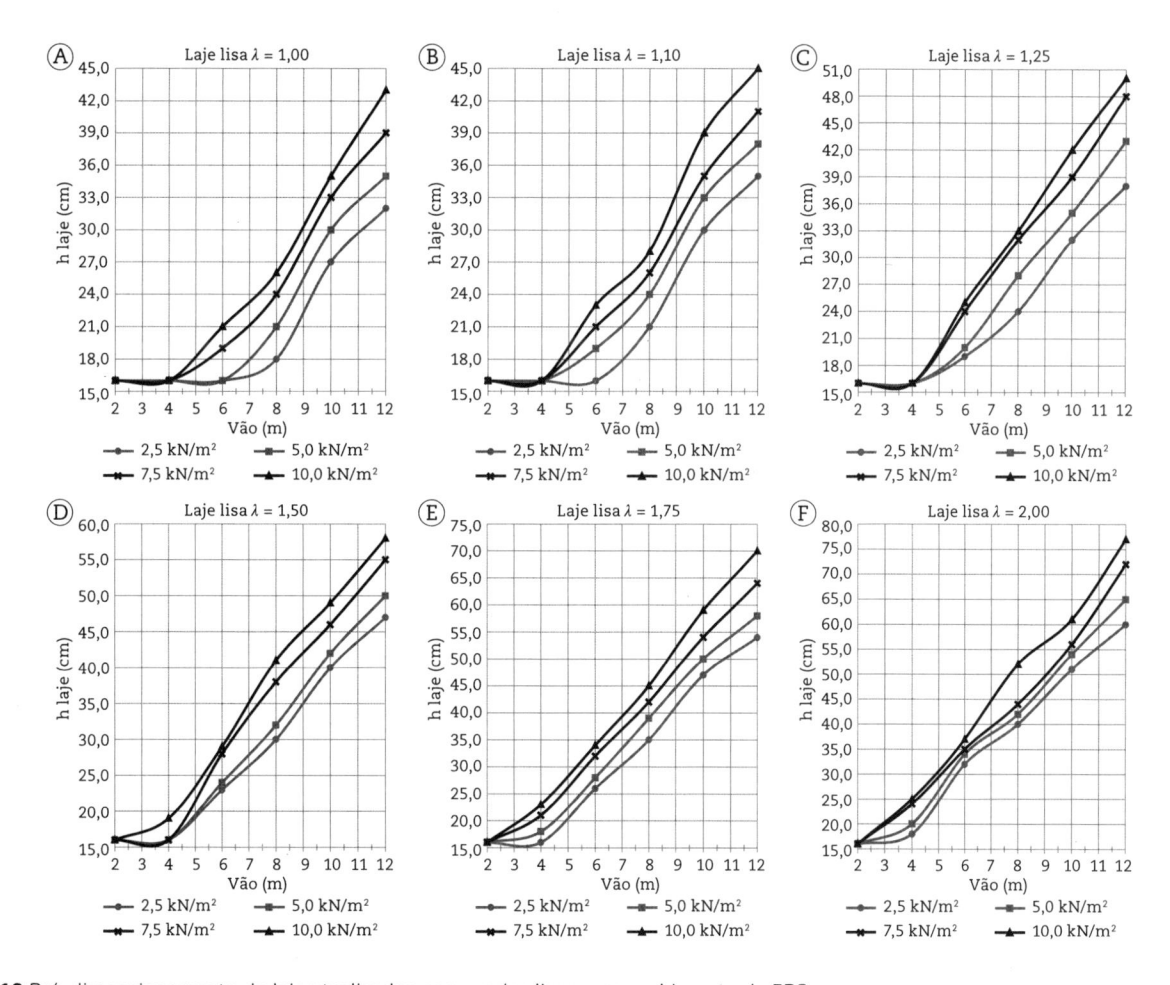

Fig. 6.10 Pré-dimensionamento de lajes treliçadas nervuradas lisas com enchimento de EPS

Exemplo 6.1

Determinar, por meio dos ábacos, a espessura para pré-dimensionamento de uma laje treliçada unidirecional com enchimento de EPS, biapoiada, com a menor dimensão igual a 550 cm, carga permanente (fora o peso próprio) igual a 1,5 kN/m² e carga variável igual a 2,0 kN/m².

Na Fig. 6.11 são apresentados os dados interpolados utilizando o ábaco da Fig. 6.6A. Estima-se uma espessura de 20 cm ou 21 cm, podendo-se escolher inicialmente uma espessura $h20$ (16 + 4) cm.

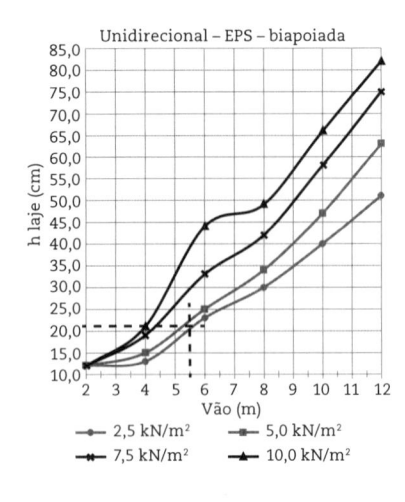

Fig. 6.11 Ábaco para estimativa de espessura inicial do Exemplo 6.1

Analisando a Fig. 6.12, em que é possível visualizar os dados interpolados utilizando o ábaco da Fig. 6.10C, deve-se interpolar os valores de carregamento entre as curvas de 2,5 kN/m² e 5,0 kN/m², uma vez que a carga é de 3,5 kN/m². A altura inicial da laje estimada é de 22 cm. Nesse caso, pode-se pensar em uma composição de altura de laje de $h21$ (16 + 5) cm, ou seja, 21 cm de espessura, sendo 16 cm de enchimento e 5 cm de mesa, ou utilizando $h24$ (20 + 4) cm, com 24 cm de espessura, sendo 20 cm de enchimento e 4 cm de mesa. Essas espessuras indicadas são comuns no mercado.

Exemplo 6.2

Determinar, por meio dos ábacos, a espessura para pré-dimensionamento de uma laje lisa treliçada, com distâncias médias entre pilares de 7 m em uma direção e 9 m na outra direção. A soma das ações permanentes (fora o peso próprio) e variáveis é de 3,5 kN/m².

A relação de lado dessa laje (maior vão dividido pelo menor) é:

$$\lambda = \frac{l_y}{l_x} = \frac{900}{700} = 1,29 \approx 1,25$$

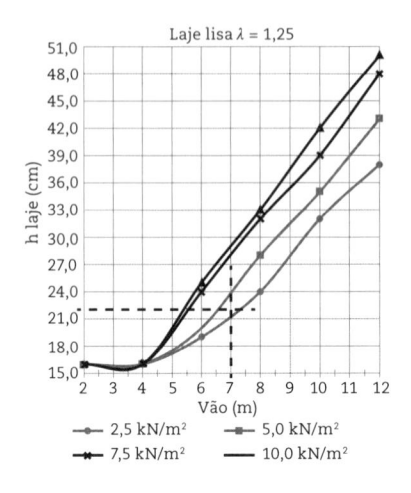

Fig. 6.12 Ábaco para estimativa de espessura inicial do Exemplo 6.2

ESTADOS-LIMITES ÚLTIMOS (ELU) PARA SOLICITAÇÕES NORMAIS

7

O método dos estados-limites consiste em dividir o processo de dimensionamento em diversas etapas, de maneira que os efeitos atuantes na estrutura possam ser tratados de forma isolada e que as intensidades desses efeitos possam ser verificadas e limitadas conforme a utilização definida em projeto. Portanto, as normas da ABNT separam os estados-limites em duas classificações, sendo elas os estados-limites últimos e os estados-limites de serviço.

Os estados-limites últimos (ELU) são responsáveis pela segurança da estrutura. Uma vez que um desses estados-limites últimos seja ultrapassado, o risco de colapso local ou global é iminente. Nesse caso, os critérios de dimensionamento da estrutura são pautados nos ELU, e os coeficientes de segurança utilizados são mais expressivos. Para o dimensionamento nos ELU, são usadas as combinações últimas normais das ações, indicadas na seção 5.2.

Os estados-limites de serviço (ELS) são responsáveis pelo conforto e pela durabilidade das edificações. Se um desses estados-limites de serviço for ultrapassado, algum desconforto na utilização da edificação poderá ser sentido, seja a visualização de fissuras ou deformações ou até mesmo vibrações excessivas. A durabilidade da estrutura também poderá ser comprometida quando um ELS não for atendido. Nesse caso, o não cumprimento de um ELS pode, em médio ou longo prazo, levar a estrutura a ultrapassar um ELU. Cada ELS possui uma combinação de ações diferente, conforme discutido na seção 5.2.

Simplificadamente, pode-se dizer que as estruturas são dimensionadas nos ELU e verificadas nos ELS. Neste capítulo são apresentados os ELU para solicitações normais, e no Cap. 8, os ELU para solicitações tangenciais, ambos utilizados para o dimensionamento das lajes treliçadas. No Cap. 9 estão descritos os ELS para a verificação das lajes treliçadas.

7.1 Flexão simples para seção retangular

O dimensionamento de lajes, conforme já comentado no Cap. 1, é realizado no Estádio III e nos Domínios 2 ou 3. Os critérios de dimensionamento que são fundamentados nos diagramas de momento fletor e força normal são ditos *solicitações normais*. A seguir são apresentadas as teorias para o dimensionamento de lajes sujeitas à flexão simples de seção retangular e seção T.

Para a análise dos esforços resistentes em elementos fletidos, de modo clássico, são consideradas algumas hipóteses básicas:

- as seções transversais permanecem planas após a deformação do elemento (hipótese de Navier-Bernoulli);
- as deformações do concreto e da armadura são iguais, admitindo perfeita aderência entre os materiais;

- são desprezadas as tensões de tração do concreto;
- utiliza-se o diagrama parábola-retângulo para proceder à distribuição das tensões do concreto, podendo ser substituído pelo diagrama retangular de profundidade $y = \lambda \cdot x$ (Fig. 7.1), em que:

$$\lambda = 0{,}8 \Rightarrow \text{para } f_{ck} \leq 50 \text{ MPa} \quad (7.1)$$

$$\lambda = 0{,}8 - \left(\frac{f_{ck} - 50}{400}\right) \Rightarrow \text{para } f_{ck} > 50 \text{ MPa} \quad (7.2)$$

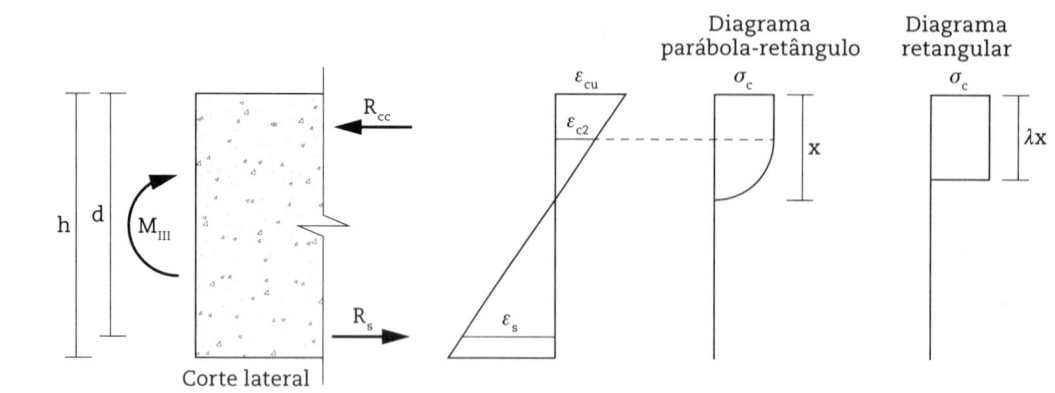

Fig. 7.1 Tensões e deformações do concreto no Estádio III

Na hipótese de a largura da seção transversal não diminuir até a borda comprimida (Fig. 7.2), utilizando o diagrama retangular, a tensão do concreto será de:

$$\sigma_c = \alpha_c \cdot \eta_c \cdot f_{cd} \quad (7.3)$$

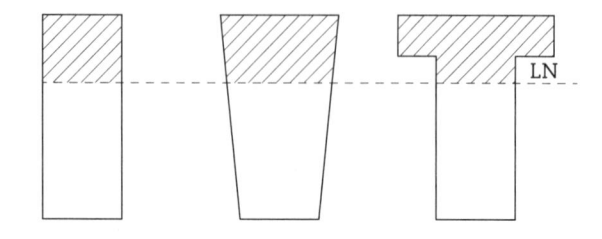

Fig. 7.2 Seções transversais sem redução da largura na borda comprimida

Em casos de redução da largura da seção transversal no sentido da borda comprimida (Fig. 7.3), utilizando o diagrama retangular, a tensão do concreto será de:

$$\sigma_c = 0{,}9\alpha_c \cdot \eta_c \cdot f_{cd} \quad (7.4)$$

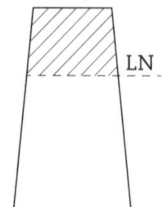

Fig. 7.3 Seções transversais com redução da largura na borda comprimida

O valor de α_c se dá por:

$$\alpha_c = 0{,}85 \Rightarrow \text{para } f_{ck} \leq 50 \text{ MPa} \quad (7.5)$$

$$\alpha_c = 0{,}85 \times \left[1 - \left(\frac{f_{ck} - 50}{200}\right)\right] \Rightarrow \text{para } f_{ck} > 50 \text{ MPa} \quad (7.6)$$

O valor de η_c é igual a:

$$\eta_c = 1{,}00 \Rightarrow \text{para } f_{ck} \leq 40 \text{ MPa} \quad (7.7)$$

$$\eta_c = \left(\frac{40}{f_{ck}}\right)^{1/3} \Rightarrow \text{para } f_{ck} > 40 \text{ MPa} \quad (7.8)$$

As equações de equilíbrio, utilizadas para dimensionar vigas ou lajes à flexão, são originadas dos somatórios de momento fletor e forças horizontais na seção transversal considerada, como mostrado na Fig. 7.4.

Realizando o somatório de forças horizontais, tem-se:

$$\sum F_H = 0$$

$$R_c + R'_s - R_s = 0 \quad (7.9)$$

Calculando o somatório de momentos fletores, chega-se a:

$$\sum M_d = 0$$

$$M_d = R_c \cdot \left(d - \frac{y}{2}\right) + R'_s \cdot (d - d') \quad (7.10)$$

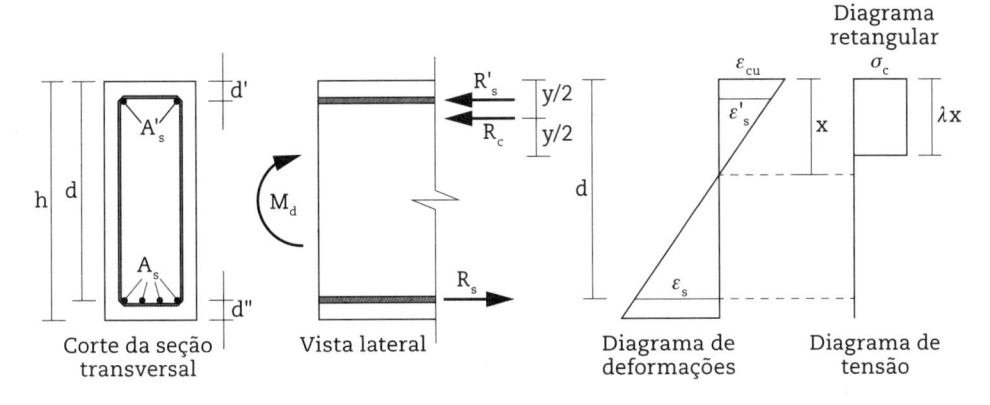

Fig. 7.4 Resistência e deformações de seção transversal de uma viga

Para facilitar o equacionamento, pode-se deduzir que:

$$\left(d - \frac{y}{2}\right) = d \cdot \left(1 - \frac{y}{2d}\right) \quad (7.11)$$

Nesse caso, utilizando a Eq. 7.10 com a Eq. 7.11:

$$M_d = R_c \cdot d \cdot \left(1 - \frac{y}{2d}\right) + R'_s \cdot (d - d') \quad (7.12)$$

em que:

$$R_c = b_w \cdot y \cdot \sigma_c \quad (7.13)$$

$$R_s = A_s \cdot \sigma_s \quad (7.14)$$

$$R'_s = A'_s \cdot \sigma'_s \quad (7.15)$$

Como existem duas classes de concreto, dois coeficientes η_c e a possibilidade de redução ou não da seção transversal na parte comprimida, surgem seis possibilidades de equações para serem utilizadas. Nessas possibilidades, as equações foram deduzidas para que o f_{cd} entre em kN/cm² e o f_{ck} entre em MPa.

7.1.1 Primeira possibilidade: concretos entre 20 MPa e 40 MPa, sem reduzir seção transversal na parte comprimida

Utilizando a Eq. 7.13 com as Eqs. 7.1, 7.3, 7.5 e 7.7, tem-se:

$$R_c = b_w \cdot 0{,}80x \cdot 0{,}85 \times 1{,}00 f_{cd} = 0{,}68x \cdot b_w \cdot f_{cd} \quad (7.16)$$

Comumente as equações de equilíbrio ficam em função de x ou de $\beta_x = x/d$. Para ficarem em função de β_x, é preciso multiplicar e dividir o valor de R_c por d/d.

$$\beta_x = \frac{x}{d} \quad (7.17)$$

$$R_c = 0{,}68x \cdot b_w \cdot f_{cd} \cdot \frac{d}{d} = 0{,}68\beta_x \cdot d \cdot b_w \cdot f_{cd} \quad (7.18)$$

Empregando a Eq. 7.9 com as Eqs. 7.14, 7.15 e 7.18:

$$0{,}68\beta_x \cdot d \cdot b_w \cdot f_{cd} + A'_s \cdot \sigma'_s - A_s \cdot \sigma_s = 0 \quad (7.19)$$

Fazendo uso da Eq. 7.12 com as Eqs. 7.1, 7.15 e 7.18 e alterando a divisão x/d para β_x:

$$M_d = 0{,}68\beta_x \cdot d^2 \cdot b_w \cdot f_{cd} \cdot (1 - 0{,}4\beta_x) + A'_s \cdot \sigma'_s \cdot (d - d') \quad (7.20)$$

Exemplo 7.1

Determinar a área de aço para a laje indicada na Fig. 7.5, supondo classe de agressividade ambiental II, usando os cobrimentos e f_{ck} mínimos normativos e aço CA-50.

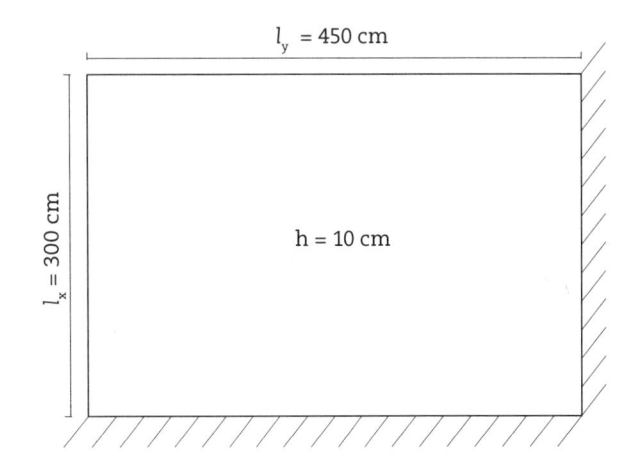

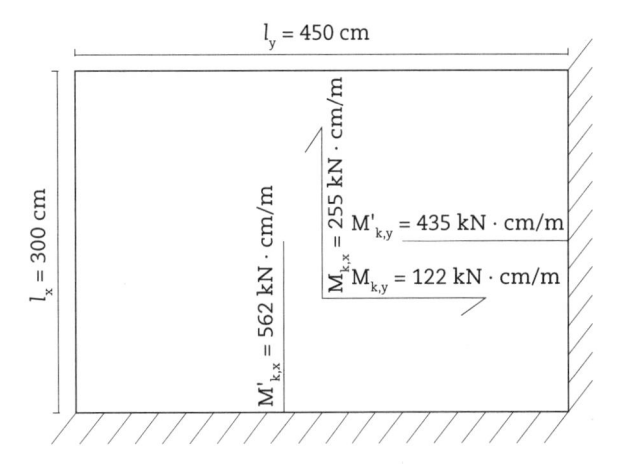

Fig. 7.5 Laje tipo 3 do Exemplo 7.1 e seus momentos fletores característicos

Analisando a figura, percebe-se que se trata de uma laje maciça. Nesse caso, considera-se uma seção retangular. Como a classe de agressividade ambiental II requer $f_{ck} \geq$ 25 MPa e o exemplo pede para utilizar os valores mínimos normativos, as Eqs. 7.19 e 7.20 foram empregadas.

O valor de altura útil na direção principal positiva ($d_{principal}$) e negativa é calculado conforme:

$$d_{principal} = h - c_{nom} - \frac{\phi_{ref}}{2} \quad (7.21)$$

em que:
h é a altura da laje;
c_{nom} é o cobrimento nominal da armadura;
ϕ_{ref} é o diâmetro de referência arbitrado para a armadura longitudinal da laje.

Sabendo que para a classe de agressividade ambiental II é necessário um cobrimento nominal de 25 mm e adotando ϕ_{ref} = 8 mm nas duas direções, tem-se:

$$d_{principal} = 10 - 2{,}5 - \frac{0{,}8}{2} = 7{,}1 \text{ cm}$$

O valor de altura útil na direção secundária positiva ($d_{secundário}$) é calculado por:

$$d_{secundário} = h - c_{nom} - \phi_{ref} - \frac{\phi_{ref}}{2} = d_{principal} - \phi_{ref} \quad (7.22)$$

$$d_{secundário} = 10 - 2{,}5 - 0{,}8 - \frac{0{,}8}{2} = 6{,}3 \text{ cm}$$

Ao calcular inicialmente as armaduras positivas principais, admitir a inexistência de armadura superior de compressão (armadura dupla) e utilizar a Eq. 7.20, chega-se a:

$$255 \times 1{,}4 = 0{,}68 \beta_x \cdot 7{,}1^2 \times 100 \times \frac{2{,}5}{1{,}4} \times (1 - 0{,}4\beta_x)$$

Resolvendo a equação, são encontrados dois valores para β_x:

$$\beta_x = \begin{cases} 0{,}0597 \\ 2{,}44 \end{cases} \therefore \beta_x = 0{,}0597$$

O valor resultante no intervalo entre 0 e 1 tem significado físico, portanto valores fora desse intervalo são desprezados.

Como o valor de β_x = 0,0597 é menor que 0,259 (ver Eq. 1.7), a laje encontra-se no Domínio 2.

Empregando a Eq. 7.19, tem-se:

$$0{,}68 \times 0{,}0597 \times 7{,}1 \times 100 \times \frac{2{,}5}{1{,}4} - A_s \cdot \frac{50}{1{,}15} = 0 \therefore A_s = 1{,}18 \text{ cm}^2/\text{m}$$

Com base na mesma lógica apresentada na determinação da área de aço para a direção principal positiva, na Tab. 7.1 são listados os valores de área de aço para todos os momentos fletores do exemplo numérico.

Tab. 7.1 Área de aço para a laje do exemplo numérico

Posição	Momento fletor característico (kN·cm/m)	Altura útil (cm)	Área de aço (cm²/m)
Positivo principal (na direção x)	255	7,1	1,18
Positivo secundário (na direção y)	122	6,3	0,63
Negativo (na direção x)	562	7,1	2,69
Negativo (na direção y)	435	7,1	2,06

7.1.2 Segunda possibilidade: concretos entre 20 MPa e 40 MPa, reduzindo seção transversal na parte comprimida

Utilizando a Eq. 7.13 com as Eqs. 7.1, 7.4, 7.5 e 7.7, tem-se:

$$R_c = b_w \cdot 0{,}80x \cdot 0{,}90 \times 0{,}85 \times 1{,}00 f_{cd} = 0{,}612x \cdot b_w \cdot f_{cd} \quad (7.23)$$

Comumente as equações de equilíbrio ficam em função de x ou de $\beta_x = x/d$. Para ficarem em função de β_x, é preciso multiplicar e dividir o valor de R_c por d/d.

$$R_c = 0{,}612x \cdot b_w \cdot f_{cd} \cdot \frac{d}{d} = 0{,}612\beta_x \cdot d \cdot b_w \cdot f_{cd} \quad (7.24)$$

Empregando a Eq. 7.5 com as Eqs. 7.14, 7.15 e 7.24:

$$0{,}612\beta_x \cdot d \cdot b_w \cdot f_{cd} + A'_s \cdot \sigma'_s - A_s \cdot \sigma_s = 0 \quad (7.25)$$

Fazendo uso da Eq. 7.12 com as Eqs. 7.1, 7.15 e 7.24 e alterando a divisão x/d para β_x:

$$M_d = 0{,}612\beta_x \cdot d^2 \cdot b_w \cdot f_{cd} \cdot (1 - 0{,}4\beta_x) + A'_s \cdot \sigma'_s \cdot (d - d') \quad (7.26)$$

7.1.3 Terceira possibilidade: concretos entre 41 MPa e 50 MPa, sem reduzir seção transversal na parte comprimida

Utilizando a Eq. 7.13 com as Eqs. 7.1, 7.3, 7.5 e 7.8, tem-se:

$$R_c = b_w \cdot 0{,}80x \cdot 0{,}85 \times \left(\frac{40}{f_{ck}}\right)^{1/3} \cdot f_{cd} \quad (7.27)$$

Comumente as equações de equilíbrio ficam em função de x ou de $\beta_x = x/d$. Para ficarem em função de β_x, é preciso multiplicar e dividir o valor de R_c por d/d.

$$R_c = 0{,}68\beta_x \cdot d \cdot b_w \cdot f_{cd} \cdot \left(\frac{40}{f_{ck}}\right)^{1/3} \quad \textbf{(7.28)}$$

Empregando a Eq. 7.9 com as Eqs. 7.14, 7.15 e 7.28:

$$0{,}68\beta_x \cdot d \cdot b_w \cdot f_{cd} \cdot \left(\frac{40}{f_{ck}}\right)^{1/3} + A'_s \cdot \sigma'_s - A_s \cdot \sigma_s = 0 \quad \textbf{(7.29)}$$

Fazendo uso da Eq. 7.12 com as Eqs. 7.1, 7.15 e 7.28 e alterando a divisão x/d para β_x:

$$M_d = 0{,}68\beta_x \cdot d^2 \cdot b_w \cdot f_{cd} \cdot (1 - 0{,}4\beta_x) \cdot \left(\frac{40}{f_{ck}}\right)^{1/3}$$
$$+ A'_s \cdot \sigma'_s \cdot (d - d') \quad \textbf{(7.30)}$$

7.1.4 Quarta possibilidade: concretos entre 41 MPa e 50 MPa, reduzindo seção transversal na parte comprimida

Utilizando a Eq. 7.13 com as Eqs. 7.1, 7.4, 7.5 e 7.8, tem-se:

$$R_c = b_w \cdot 0{,}80x \cdot 0{,}90 \times 0{,}85 \times \left(\frac{40}{f_{ck}}\right)^{1/3} \cdot f_{cd} \quad \textbf{(7.31)}$$

Comumente as equações de equilíbrio ficam em função de x ou de $\beta_x = x/d$. Para ficarem em função de β_x, é preciso multiplicar e dividir o valor de R_c por d/d.

$$R_c = 0{,}612\beta_x \cdot d \cdot b_w \cdot f_{cd} \cdot \left(\frac{40}{f_{ck}}\right)^{1/3} \quad \textbf{(7.32)}$$

Empregando a Eq. 7.9 com as Eqs. 7.14, 7.15 e 7.32:

$$0{,}612\beta_x \cdot d \cdot b_w \cdot f_{cd} \cdot \left(\frac{40}{f_{ck}}\right)^{1/3} + A'_s \cdot \sigma'_s - A_s \cdot \sigma_s = 0 \quad \textbf{(7.33)}$$

Fazendo uso da Eq. 7.12 com as Eqs. 7.1, 7.15 e 7.32 e alterando a divisão x/d para β_x:

$$M_d = 0{,}612\beta_x \cdot d^2 \cdot b_w \cdot f_{cd} \cdot (1 - 0{,}4\beta_x) \cdot \left(\frac{40}{f_{ck}}\right)^{1/3}$$
$$+ A'_s \cdot \sigma'_s \cdot (d - d') \quad \textbf{(7.34)}$$

7.1.5 Quinta possibilidade: concretos entre 51 MPa e 90 MPa, sem reduzir seção transversal na parte comprimida

Utilizando a Eq. 7.13 com as Eqs. 7.2, 7.3, 7.6 e 7.8, tem-se:

$$R_c = b_w \cdot \left(0{,}8 - \frac{f_{ck}-50}{400}\right)x \cdot 0{,}85 \times \left(1 - \frac{f_{ck}-50}{200}\right) \cdot f_{cd} \cdot \left(\frac{40}{f_{ck}}\right)^{1/3} \quad \textbf{(7.35)}$$

Comumente as equações de equilíbrio ficam em função de x ou de $\beta_x = x/d$. Para ficarem em função de β_x, é preciso multiplicar e dividir o valor de R_c por d/d.

$$R_c = 0{,}85 b_w \cdot d \cdot \beta_x \cdot f_{cd} \cdot \left(0{,}8 - \frac{f_{ck}-50}{400}\right) \cdot \left(1 - \frac{f_{ck}-50}{200}\right) \cdot \left(\frac{40}{f_{ck}}\right)^{1/3} \quad \textbf{(7.36)}$$

Empregando a Eq. 7.9 com as Eqs. 7.14, 7.15 e 7.36:

$$0{,}85 b_w \cdot d \cdot \beta_x \cdot f_{cd} \cdot \left(0{,}8 - \frac{f_{ck}-50}{400}\right) \cdot \left(1 - \frac{f_{ck}-50}{200}\right)$$
$$\cdot \left(\frac{40}{f_{ck}}\right)^{1/3} + A'_s \cdot \sigma'_s - A_s \cdot \sigma_s = 0 \quad \textbf{(7.37)}$$

Fazendo uso da Eq. 7.12 com as Eqs. 7.2, 7.15 e 7.36 e alterando a divisão x/d para β_x:

$$M_d = 0{,}85 b_w \cdot d^2 \cdot \beta_x \cdot f_{cd} \cdot \left[\left(0{,}8 - \frac{f_{ck}-50}{400}\right) \cdot \left(1 - \frac{f_{ck}-50}{200}\right)\right]$$
$$\cdot \left[1 - \left(0{,}4 - \frac{f_{ck}-50}{800}\right) \cdot \beta_x\right] \cdot \left(\frac{40}{f_{ck}}\right)^{1/3} + A'_s \cdot \sigma'_s \cdot (d-d') \quad \textbf{(7.38)}$$

Exemplo 7.2

Determinar a área de aço para a laje indicada na Fig. 7.5, supondo classe do concreto C65, c_{nom} = 25 mm e aço CA-50.

Utilizando a Eq. 7.21, tem-se:

$$d_{principal} = 10 - 2{,}5 - \frac{0{,}8}{2} = 7{,}1 \text{ cm}$$

Já mediante a Eq. 7.22, encontra-se:

$$d_{secundário} = 10 - 2{,}5 - 0{,}8 - \frac{0{,}8}{2} = 6{,}3 \text{ cm}$$

Ao calcular inicialmente as armaduras positivas principais, admitir a inexistência de armadura dupla e utilizar a Eq. 7.38, chega-se a:

$$255 \times 1{,}4 = 0{,}85 \times 100 \times 7{,}1^2 \beta_x \cdot \frac{6{,}5}{1{,}4} \times \left[\left(0{,}8 - \frac{65-50}{400}\right)\right.$$
$$\left. \times \left(1 - \frac{65-50}{200}\right)\right] \times \left[1 - \left(0{,}4 - \frac{65-50}{800}\right) \cdot \beta_x\right] \cdot \left(\frac{40}{65}\right)^{1/3}$$

Resolvendo a equação, são encontrados dois valores para β_x:

$$\beta_x = \begin{cases} 0{,}0303 \\ 2{,}5927 \end{cases} \therefore \beta_x = 0{,}0303$$

Como o valor de $\beta_x = 0{,}0303$ é menor que 0,215 (ver Eq. 1.7), a laje encontra-se no Domínio 2.

Empregando a Eq. 7.37, tem-se:

$$0{,}85 \times 100 \times 7{,}1 \times 0{,}0303 \times \frac{6{,}5}{1{,}4} \times \left(0{,}8 - \frac{65-50}{400}\right) \times \left(1 - \frac{65-50}{200}\right)$$
$$\times \left(\frac{40}{65}\right)^{1/3} - A_s \cdot \frac{50}{1{,}15} = 0$$

$$\therefore A_s = 1{,}17 \text{ cm}^2/\text{m}$$

Com base na mesma lógica apresentada na determinação da área de aço para a direção principal positiva, na Tab. 7.2 são listados os valores de área de aço para todos os momentos fletores do exemplo numérico.

Tab. 7.2 Área de aço para a laje do exemplo numérico

Posição	Momento fletor característico (kN · cm/m)	Altura útil (cm)	Área de aço (cm²/m)
Positivo principal (na direção x)	255	7,1	1,17
Positivo secundário (na direção y)	122	6,3	0,63
Negativo (na direção x)	562	7,1	2,62
Negativo (na direção y)	435	7,1	2,01

Ao comparar as áreas de aço da laje com concreto C25, indicadas na Tab. 7.1, com as áreas de aço da laje com concreto C65, indicadas na Tab. 7.2, percebe-se que o aumento da resistência do concreto quase não afetou as armaduras. Conclui-se que a redução de consumo de aço é efetiva com a elevação da altura, e não com o aumento de resistência à compressão do concreto.

7.1.6 Sexta possibilidade: concretos entre 51 MPa e 90 MPa, reduzindo seção transversal na parte comprimida

Utilizando a Eq. 7.13 com as Eqs. 7.2, 7.4, 7.6 e 7.8, tem-se:

$$R_c = b_w \cdot \left(0,8 - \frac{f_{ck} - 50}{400}\right) x$$

$$\cdot 0,90 \times 0,85 \times \left(1 - \frac{f_{ck} - 50}{200}\right) \cdot f_{cd} \cdot \left(\frac{40}{f_{ck}}\right)^{1/3} \quad \textbf{(7.39)}$$

Comumente as equações de equilíbrio ficam em função de x ou de $\beta_x = x/d$. Para ficarem em função de β_x, é preciso multiplicar e dividir o valor de R_c por d/d.

$$R_c = 0,765 b_w \cdot d \cdot \beta_x \cdot f_{cd}$$

$$\cdot \left(0,8 - \frac{f_{ck} - 50}{400}\right) \cdot \left(1 - \frac{f_{ck} - 50}{200}\right) \cdot \left(\frac{40}{f_{ck}}\right)^{1/3} \quad \textbf{(7.40)}$$

Empregando a Eq. 7.9 com as Eqs. 7.14, 7.15 e 7.40:

$$0,765 b_w \cdot d \cdot \beta_x \cdot f_{cd} \cdot \left(0,8 - \frac{f_{ck} - 5}{40}\right) \cdot \left(1 - \frac{f_{ck} - 5}{20}\right) \cdot \left(\frac{40}{f_{ck}}\right)^{1/3}$$
$$+ A'_s \cdot \sigma'_s - A_s \cdot \sigma_s = 0 \quad \textbf{(7.41)}$$

Fazendo uso da Eq. 7.12 com as Eqs. 7.2, 7.15 e 7.40 e alterando a divisão x/d para β_x:

$$M_d = 0,765 b_w \cdot d^2 \cdot \beta_x \cdot f_{cd} \cdot \left[\left(0,8 - \frac{f_{ck}-5}{40}\right) \cdot \left(1 - \frac{f_{ck}-5}{20}\right)\right]$$

$$\cdot \left[1 - \left(0,4 - \frac{f_{ck}-5}{80}\right) \cdot \beta_x\right] \cdot \left(\frac{40}{f_{ck}}\right)^{1/3} + A'_s \cdot \sigma'_s \cdot (d - d') \quad \textbf{(7.42)}$$

No Anexo D são apresentadas tabelas desenvolvidas pelos autores para agilizar o procedimento de determinação de armadura longitudinal em vigas. Essas tabelas também podem ser utilizadas para a obtenção de armaduras longitudinais em lajes. A elaboração das tabelas consiste no uso de dois coeficientes, ditos k_c e k_s:

$$k_c = \frac{b \cdot d^2}{M_d} \quad \textbf{(7.43)}$$

$$k_s = \frac{A_s \cdot d}{M_d} \quad \textbf{(7.44)}$$

Em caso de existência de armadura comprimida, esta deve ser cintada pela presença de estribos convenientemente ancorados para evitar a flambagem localizada. Como não é comum a utilização de estribos em lajes, a armadura A'_s não será considerada no procedimento de cálculo.

Exemplo 7.3

Determinar a área de aço para a laje indicada na Fig. 7.5, supondo classe de agressividade ambiental II, usando os cobrimentos e f_{ck} mínimos normativos e aço CA-50.

Como se trata de uma laje maciça, considera-se uma seção retangular. A classe de agressividade ambiental II requer $f_{ck} \geq 25$ MPa, e o exemplo pede para utilizar os valores mínimos normativos. Foram adotados cobrimento nominal de 25 mm e $\phi_{ref} = 8$ mm para as duas direções.

Com o emprego das Eqs. 7.21 e 7.22, tem-se:

$$d_{principal} = 10 - 2,5 - \frac{0,8}{2} = 7,1 \text{ cm}$$

$$d_{secundário} = 10 - 2,5 - 0,8 - \frac{0,8}{2} = 6,3 \text{ cm}$$

Ao calcular inicialmente as armaduras positivas principais e utilizar a Eq. 7.43, chega-se a:

$$k_c = \frac{b \cdot d^2}{M_d} = \frac{100 \times 7,1^2}{1,4 \times 255} = 14,12$$

Por meio da Tab. D.1, encontram-se os valores $\beta_x = 0,06$ e $k_s = 0,024$. Em casos de valores de k_c intermediários na tabela, deve-se arredondá-los para o valor mais baixo. Adaptando a Eq. 7.44 para deixar a armadura A_s^+ em evidência, obtém-se a área de aço.

$$A_s^+ = \frac{k_s \cdot M_d}{d} = \frac{0{,}024 \times 1{,}4 \times 255}{7{,}1} = 1{,}21 \text{ cm}^2/\text{m}$$

Com base na mesma lógica apresentada na determinação da área de aço para a direção principal positiva, na Tab. 7.3 são listados os valores de área de aço para todos os momentos fletores do exemplo numérico.

Tab. 7.3 Área de aço para a laje do exemplo numérico

Posição	Momento fletor característico (kN · cm/m)	k_c	k_s	Área de aço (cm²/m)
Positivo principal (na direção x)	255	14,12	0,024	1,21
Positivo secundário (na direção y)	122	23,24	0,023	0,65
Negativo (na direção x)	562	6,41	0,024	2,66
Negativo (na direção y)	435	8,28	0,024	2,06

Exemplo 7.4

Determinar a área de aço para a laje indicada na Fig. 7.5, supondo classe do concreto C65, c_{nom} = 25 mm e aço CA-50.

Adotando ϕ_{ref} = 8 mm para as duas direções e usando as Eqs. 7.21 e 7.22, tem-se:

$$d_{principal} = 10 - 2{,}5 - \frac{0{,}8}{2} = 7{,}1 \text{ cm}$$

$$d_{secundário} = 10 - 2{,}5 - 0{,}8 - \frac{0{,}8}{2} = 6{,}3 \text{ cm}$$

Ao calcular inicialmente as armaduras positivas principais e utilizar a Eq. 7.43, chega-se a:

$$k_c = \frac{b \cdot d^2}{M_d} = \frac{100 \times 7{,}1^2}{1{,}4 \times 255} = 14{,}12$$

Por meio da Tab. D.4, encontram-se os valores β_x = 0,04 e k_s = 0,023. Em casos de valores de k_c intermediários na tabela, deve-se arredondá-los para o valor mais baixo. Adaptando a Eq. 7.44 para deixar a armadura A_s^+ em evidência, obtém-se a área de aço.

$$A_s^+ = \frac{k_s \cdot M_d}{d} = \frac{0{,}023 \times 1{,}4 \times 255}{7{,}1} = 1{,}16 \text{ cm}^2/\text{m}$$

Com base na mesma lógica apresentada na determinação da área de aço para a direção principal positiva, na Tab. 7.4 são listados os valores de área de aço para todos os momentos fletores do exemplo numérico.

Tab. 7.4 Área de aço para a laje do exemplo numérico

Posição	Momento fletor característico (kN · cm/m)	k_c	k_s	Área de aço (cm²/m)
Positivo principal (na direção x)	255	14,12	0,023	1,16
Positivo secundário (na direção y)	122	23,24	0,023	0,65
Negativo (na direção x)	562	6,41	0,024	2,66
Negativo (na direção y)	435	8,28	0,024	2,06

Mais uma vez, ao comparar as áreas de aço da laje com concreto C25, indicadas na Tab. 7.3, com as áreas de aço da laje com concreto C65, indicadas na Tab. 7.4, percebe-se que o aumento da resistência do concreto quase não afetou as armaduras. Observa-se também a similaridade entre os resultados utilizando as equações de equilíbrio e os valores tabelados. Porém, com as tabelas, os resultados são encontrados de forma mais rápida.

7.2 Flexão simples para seção falso T

Peças fletidas com seção T são largamente empregadas em diversas situações, tais como em vigas que recebem lajes maciças, as quais podem ser aproveitadas para compor a mesa da seção T; em vigas pré-moldadas para aumento de sua eficiência estrutural, podendo alcançar vãos maiores quando comparadas às vigas com seção retangular; e em lajes nervuradas nas diversas tipologias disponíveis para soluções estruturais.

A NBR 6118 (ABNT, 2023) estabelece limites para a largura colaborante da mesa na seção T, sendo essas regras descritas na Fig. 7.6 e nas Eqs. 7.45 e 7.46.

$$b_1 \leq \begin{cases} 0{,}5b_2 \\ 0{,}1a \end{cases} \quad (7.45)$$

$$b_3 \leq \begin{cases} b_4 \\ 0{,}1a \end{cases} \quad (7.46)$$

A NBR 6118 (ABNT, 2023) também define a distância a em função do comprimento l e das vinculações da laje:
- simplesmente apoiada: $a = 1{,}00l$;
- apoiada-engastada (uma das bordas com momento negativo): $a = 0{,}75l$;
- biengastada (as duas bordas com momento negativo): $a = 0{,}60l$;
- balanço: $a = 2{,}00l$.

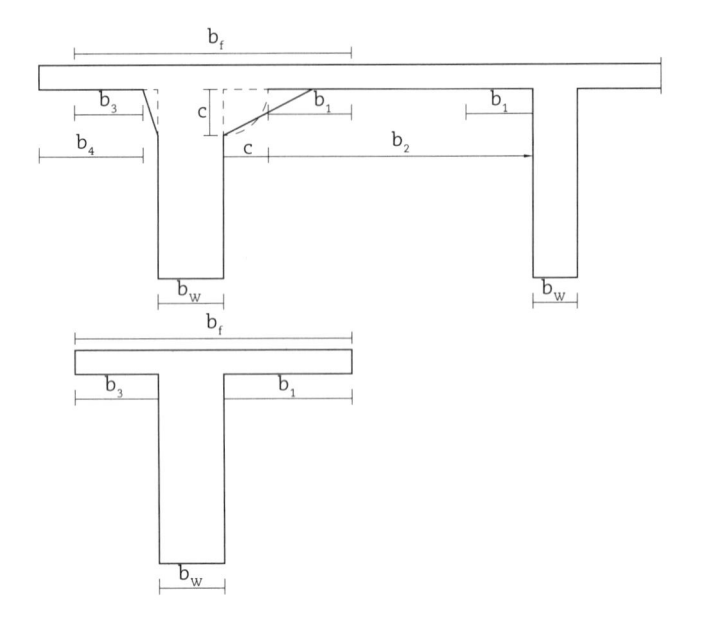

Fig. 7.6 Largura da mesa colaborante
Fonte: adaptado de ABNT (2023, p. 88).

Em caso de aberturas na região da mesa, a NBR 6118 (ABNT, 2023) estabelece que não se pode ter uma largura colaborante maior que a largura existente, conforme apresentado na Fig. 7.7.

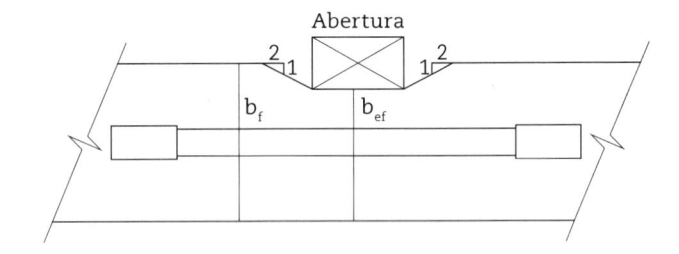

Fig. 7.7 Largura efetiva com abertura
Fonte: adaptado de ABNT (2023, p. 89).

Há duas possibilidades para o dimensionamento da seção T, que pode ser uma seção falso T (Fig. 7.8) ou uma seção T propriamente dita.

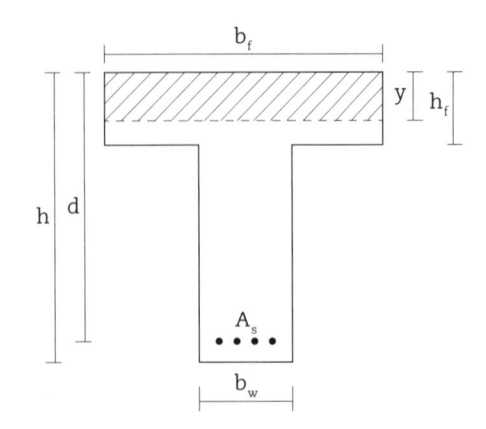

Fig. 7.8 Seção falso T

Percebe-se que a seção falso T ocorre quando a linha neutra não ultrapassa a mesa comprimida, contrapondo-se à seção T ilustrada na Fig. 7.9, em que a linha neutra está contida na alma da viga ou na nervura da laje.

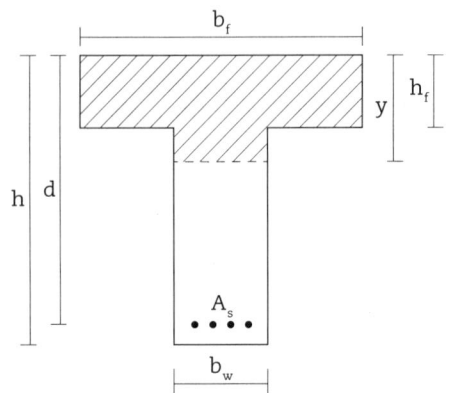

Fig. 7.9 Seção T

Para determinar se a linha neutra passa pela mesa ou pela alma, há duas possibilidades de cálculo:

i) Compara-se a espessura da mesa h_f com a altura $y = \lambda \cdot x$ do diagrama de tensões do concreto indicado na Fig. 7.4. Nesse caso:

$$\text{Se } y \leq h_f \therefore \text{ Seção falso T}$$

$$\text{Se } y > h_f \therefore \text{ Seção T}$$

ii) Considera-se a relação de β_x indicada na Eq. 7.17.

$$\beta_x = \frac{x}{d}; \text{ se } y = \lambda \cdot x, \text{ então } x = \frac{y}{\lambda}, \text{ portanto } \beta_x = \frac{y}{\lambda \cdot d}$$

Substituindo a espessura da mesa h_f pela altura $y = \lambda \cdot x$, tem-se:

$$\beta_{xf} = \frac{h_f}{\lambda \cdot d} \qquad (7.47)$$

Nesse caso:

$$\text{Se } \beta_x \leq \beta_{xf} \therefore \text{ Seção falso T}$$

$$\text{Se } \beta_x > \beta_{xf} \therefore \text{ Seção T}$$

O procedimento de cálculo de uma seção falso T é semelhante ao de uma seção retangular, em que a largura colaborante b_w assume o valor de b_f (Fig. 7.10).

Embora vigas e lajes sejam geometricamente construídas em seção T, ao longo de sua extensão estão sujeitas a três situações de comportamento estrutural e aproveitamento dos materiais constituintes, sobretudo do concreto: seção retangular (momento negativo), seção falso T (momento positivo limitado por $\beta_x \leq \beta_{xf}$, equivalente a $y \leq h_f$) e

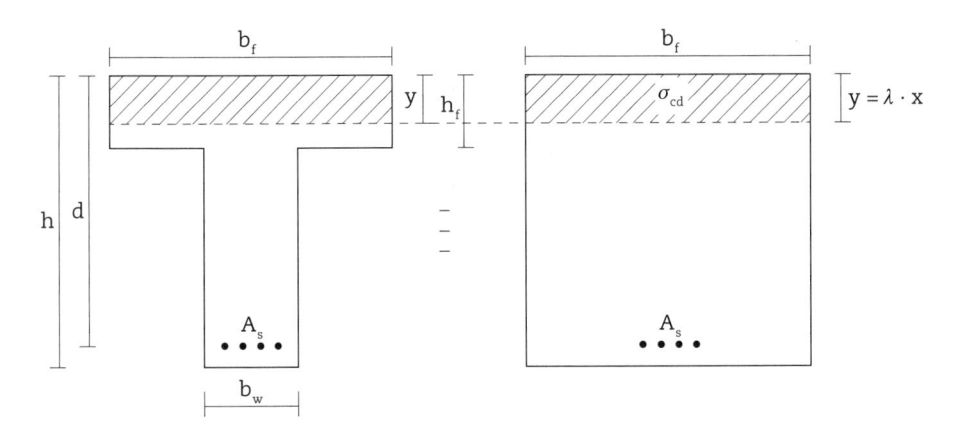

Fig. 7.10 Seção falso T discretizada

seção T (também momento positivo, contudo para $\beta_x > \beta_{xf}$, equivalente a $y > h_f$).

Exemplo 7.5

Determinar a área de aço para a laje indicada nas Figs. 7.11 e 7.12, supondo classe de agressividade ambiental II, usando os cobrimentos e f_{ck} mínimos normativos e aço CA-50. Os momentos fletores já foram dados, assim como o tipo de treliça.

Analisando as figuras, percebe-se que se trata de uma laje treliçada com enchimento cerâmico de 12 cm de espessura e capa com 5 cm (12 + 5). Nesse caso, considera-se uma seção T para o dimensionamento das armaduras positivas e uma seção retangular para o dimensionamento das armaduras negativas. Como a classe de agressividade ambiental II requer $f_{ck} \geq 25$ MPa e o exemplo pede para utilizar os valores mínimos normativos, será adotado $f_{ck} = 25$ MPa. A classe de agressividade ambiental II também indica cobrimento nominal de 25 mm, mas, supondo que a vigota pré-moldada seja feita com rígido controle de qualidade, para as armaduras positivas pode-se reduzir o cobrimento em 5 mm, ficando $c_{nom,sup} = 25$ mm e $c_{nom,inf} = 20$ mm.

O valor da altura útil para armaduras positivas é calculado de acordo com a Eq. 7.21. Supondo $\phi_{ref} = 8$ mm (armadura complementar na vigota treliçada), a altura útil é:

$$d_{positiva} = h - c_{nom,inf} - \frac{\phi_{ref}}{2} = 17 - 2{,}0 - \frac{0{,}8}{2} = 14{,}6 \text{ cm}$$

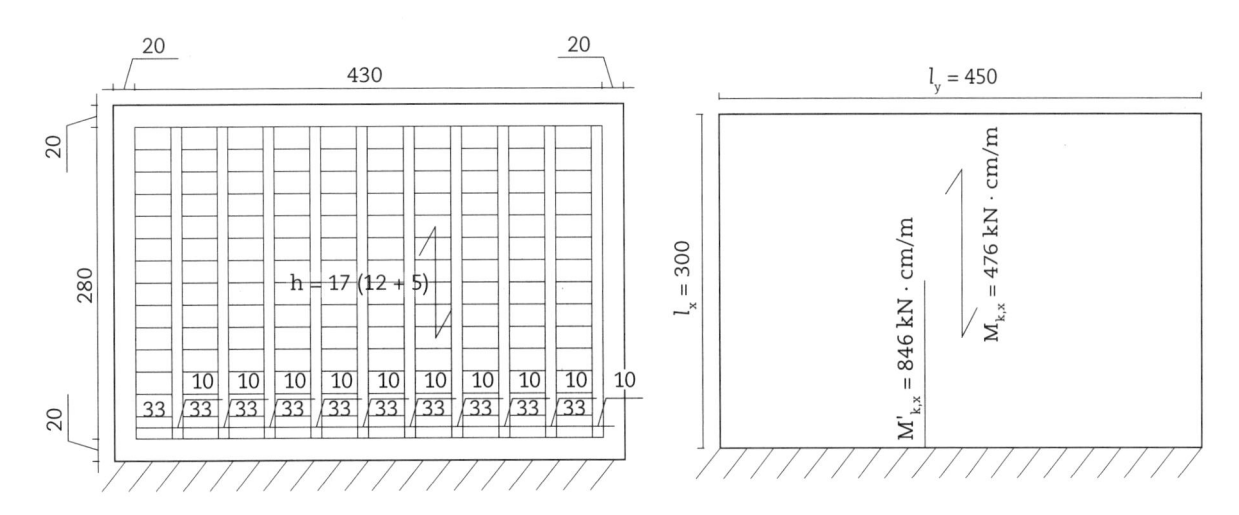

Fig. 7.11 Forma da laje do Exemplo 7.5 (cotas e dimensões em cm e momentos fletores característicos)

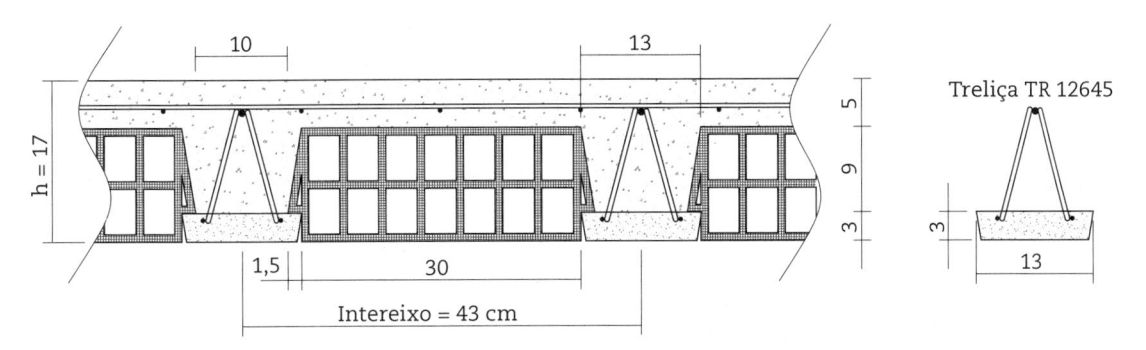

Fig. 7.12 Seção transversal da laje do Exemplo 7.5

O valor da altura útil para armaduras negativas também é calculado pela mesma equação. Supondo ϕ_{ref} = 10 mm (armadura negativa), obtém-se:

$$d_{negativa} = h - c_{nom,sup} - \frac{\phi_{ref}}{2} = 17 - 2{,}5 - \frac{1{,}0}{2} = 14{,}0 \text{ cm}$$

Para simplificação, serão utilizadas as tabelas de k_c e k_s (Anexo D) para o cálculo das armaduras.

Armadura positiva

A largura da mesa colaborante, indicada na Fig. 7.13, é determinada com base nas dimensões da laje.

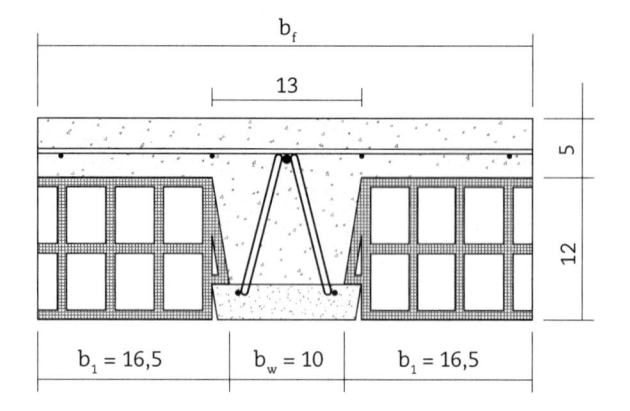

Fig. 7.13 Seção transversal da mesa colaborante para a laje do Exemplo 7.5

$$b_1 \leq \begin{cases} 0{,}5 b_2 = 0{,}5 \times 33 = 16{,}5 \text{ cm} \\ 0{,}1 a = 0{,}1 \times 0{,}75 \times 300 = 22{,}5 \text{ cm} \end{cases} \therefore b_1 = 16{,}5 \text{ cm}$$

$$b_f = b_w + 2 b_1 = 10 + 2 \times 16{,}5 = 43 \text{ cm}$$

O momento fletor dado no exemplo está em kN · cm/m, porém precisa ser transformado para kN · cm/nervura. Nesse caso:

$$M_{x,k} = 476 \times \frac{43}{100} = 205 \text{ kN} \cdot \text{cm/nervura}$$

$$\beta_{xf} = \frac{h_f}{\lambda \cdot d} = \frac{5}{0{,}8 \times 14{,}6} = 0{,}428$$

$$k_c = \frac{b \cdot d^2}{M_d} = \frac{43 \times 14{,}6^2}{1{,}4 \times 205} = 31{,}9$$

Por meio da Tab. D.1, encontram-se os valores $\beta_x \approx 0{,}03$ e $k_s = 0{,}023$. Como o valor de β_x é menor que β_{xf}, a laje possui comportamento de seção falso T. Adaptando a Eq. 7.44 para deixar a armadura A_s^+ em evidência, obtém-se a área de aço.

$$A_s^+ = \frac{k_s \cdot M_d}{d} = \frac{0{,}023 \times 1{,}4 \times 205}{14{,}6} = 0{,}45 \text{ cm}^2/\text{nervura}$$

Como a treliça possui duas barras de aço CA-60 de 5 mm no banzo inferior, totalizando área de aço de 0,39 cm² e área de aço equivalente em CA-50 de 0,47 cm², a área de aço necessária já é coberta com a própria armadura longitudinal inferior da treliça.

Armadura negativa

A largura da mesa comprimida é variável, e por simplificação de cálculo foi adotado o valor de 10 cm, que é a menor largura da alma da nervura. Esse trecho da laje será calculado como peça retangular, pois a parte mais estreita está comprimida. O momento fletor dado no exemplo está em kN · cm/m, porém precisa ser transformado para kN · cm/nervura. Nesse caso:

$$M'_{x,k} = 846 \times \frac{43}{100} = 364 \text{ kN} \cdot \text{cm/nervura}$$

$$k_c = \frac{b \cdot d^2}{M_d} = \frac{10 \times 14^2}{1{,}4 \times 364} = 3{,}85$$

Por meio da Tab. D.1, encontram-se os valores $\beta_x = 0{,}24$ e $k_s = 0{,}025$. Adaptando a Eq. 7.44 para deixar a armadura A_s^- em evidência, obtém-se a área de aço.

$$A_s^- = \frac{k_s \cdot M_d}{d} = \frac{0{,}025 \times 1{,}4 \times 364}{14} = 0{,}91 \text{ cm}^2/\text{nervura}$$

Assim, é possível adotar um detalhamento de 2ϕ8/nervura.

Exemplo 7.6

Determinar a área de aço para a laje indicada nas Figs. 7.14 e 7.15, supondo classe de agressividade ambiental II, usando os cobrimentos e f_{ck} mínimos normativos e aço CA-50. A treliça utilizada é a TR 8644. Os momentos fletores já foram dados.

Analisando as figuras, percebe-se que se trata de uma laje treliçada com enchimento de EPS de 8 cm de espessura e mesa (capa) de 4 cm (8 + 4). Nesse caso, considera-se uma seção T para o dimensionamento das armaduras positivas e uma seção retangular para o dimensionamento das armaduras negativas. Como a classe de agressividade ambiental II requer $f_{ck} \geq 25$ MPa e o exemplo pede para utilizar os valores mínimos normativos, será adotado f_{ck} = 25 MPa. A classe de agressividade ambiental II também indica cobrimento nominal de 25 mm, mas, supondo que a vigota pré-moldada seja feita com rígido controle de qualidade, para as armaduras positivas principais pode-se reduzir o cobrimento em 5 mm, ficando $c_{nom,sup}$ = 25 mm e $c_{nom,inf,princ}$ = 20 mm.

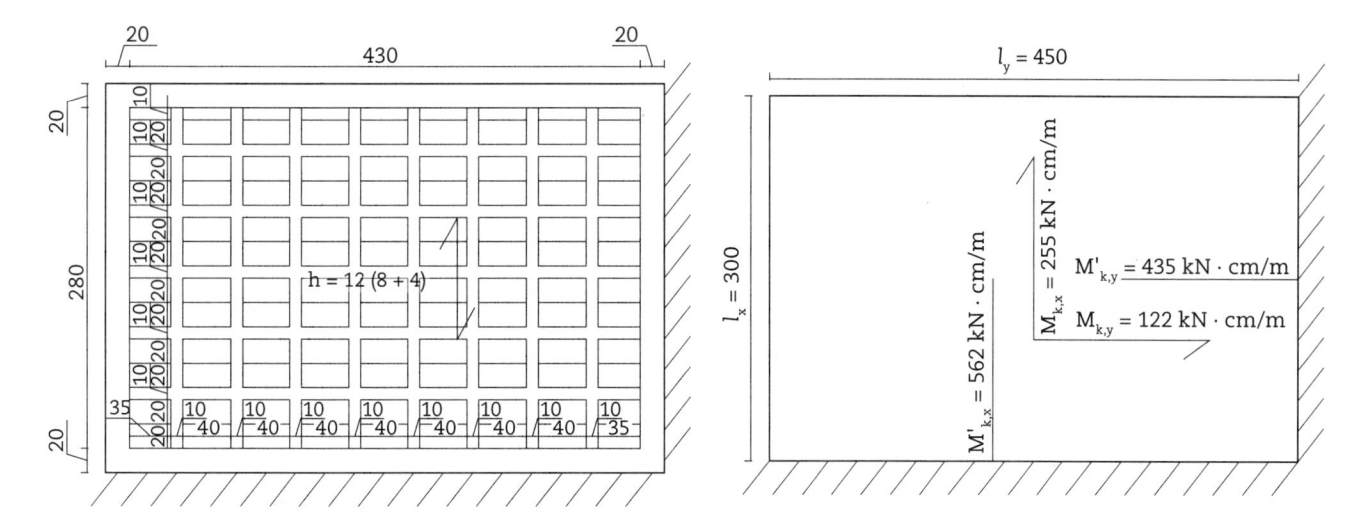

Fig. 7.14 Forma da laje do Exemplo 7.6 (cotas e dimensões em cm e momentos fletores característicos)

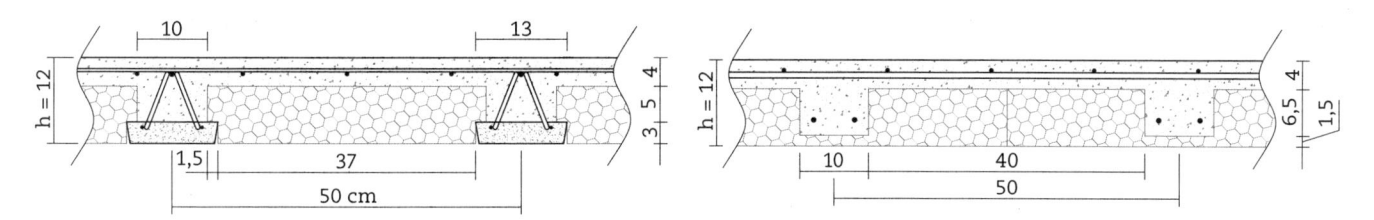

Fig. 7.15 Seção transversal da laje do Exemplo 7.6

O valor da altura útil para armaduras positivas é calculado de acordo com a Eq. 7.21. Supondo ϕ_{ref} = 8 mm (armadura complementar na vigota treliçada), a altura útil é:

$$d_{pos,princ} = h - c_{nom,inf} - \frac{\phi_{ref}}{2} = 12 - 2,0 - \frac{0,8}{2} = 9,6 \text{ cm}$$

A altura útil na direção secundária leva em conta a altura da sapata de concreto da vigota treliçada, e não o cobrimento nominal. Sendo assim:

$$d_{pos,sec} = h - h_{sap,vig} - \frac{\phi_{ref}}{2} = 12 - 3,0 - \frac{0,8}{2} = 8,6 \text{ cm}$$

O valor da altura útil para armaduras negativas também é calculado pela Eq. 7.21. Supondo ϕ_{ref} = 10 mm (armadura negativa), obtém-se:

$$d_{negativa} = h - c_{nom,sup} - \frac{\phi_{ref}}{2} = 12 - 2,5 - \frac{1,0}{2} = 9,0 \text{ cm}$$

Para simplificação, serão utilizadas as tabelas de k_c e k_s (Anexo D) para o cálculo das armaduras.

Armadura positiva principal (direção x)

A largura da mesa colaborante, indicada na Fig. 7.16, é determinada com base nas dimensões da laje.

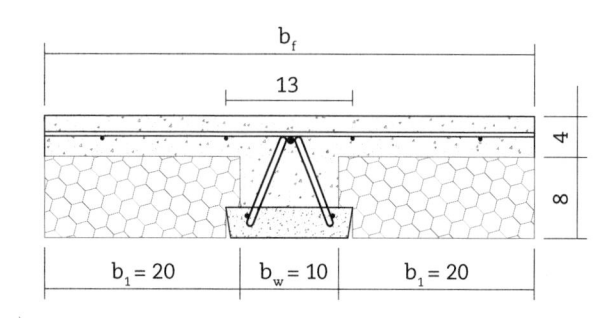

Fig. 7.16 Seção transversal da mesa colaborante na direção principal para a laje do Exemplo 7.6

$$b_1 \leq \begin{cases} 0,5b_2 = 0,5 \times 40 = 20,0 \text{ cm} \\ 0,1a = 0,1 \times 0,75 \times 300 = 22,5 \text{ cm} \end{cases} \therefore b_1 = 20 \text{ cm}$$

$$b_f = b_w + 2b_1 = 10 + 2 \times 20 = 50 \text{ cm}$$

O momento fletor dado no exemplo está em kN·cm/m, porém precisa ser transformado para kN·cm/nervura. Nesse caso:

$$M_{x,k} = 255 \times \frac{50}{100} = 127,5 \text{ kN·cm/nervura}$$

$$\beta_{xf} = \frac{h_f}{\lambda \cdot d} = \frac{4}{0,8 \times 9,6} = 0,52 > 0,45 \text{ (limite normativo)}$$

∴ Adota-se o limite de 0,45

$$k_c = \frac{b \cdot d^2}{M_d} = \frac{50 \times 9{,}6^2}{1{,}4 \times 127{,}5} = 25{,}81$$

Por meio da Tab. D.1, encontram-se os valores $\beta_x \approx 0{,}04$ e $k_s = 0{,}023$. Como o valor de β_x é menor que β_{xf}, a laje possui seção falso T. Adaptando a Eq. 7.44 para deixar a armadura A_s^+ em evidência, obtém-se a área de aço.

$$A_{s,principal}^+ = \frac{k_s \cdot M_d}{d} = \frac{0{,}023 \times 1{,}4 \times 127{,}5}{9{,}6} = 0{,}43 \text{ cm}^2/\text{nervura}$$

Como a treliça possui duas barras longitudinais de aço CA-60 de 4,2 mm no banzo inferior, totalizando área de aço de 0,277 cm², e área de aço equivalente em CA-50 de 0,33 cm², a área de aço necessária é maior do que a existente. Assim, pode-se acrescentar uma barra de 5 mm como armadura complementar, ficando a área de aço efetiva convertida para CA-50 em 0,57 cm², maior do que a necessária.

Armadura positiva secundária (direção y)

A largura da mesa colaborante, indicada na Fig. 7.17, é determinada com base nas dimensões da laje.

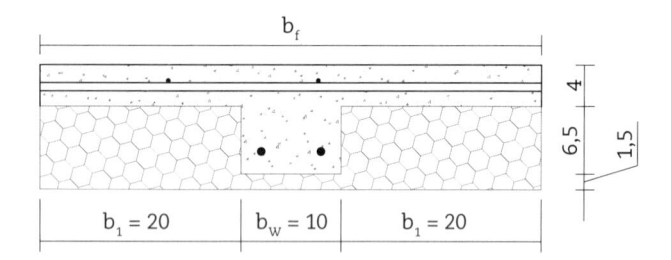

Fig. 7.17 Seção transversal da mesa colaborante na direção secundária para a laje do Exemplo 7.6

$$b_1 \leq \begin{cases} 0{,}5b_2 = 0{,}5 \times 40 = 20{,}0 \text{ cm} \\ 0{,}1a = 0{,}1 \times 0{,}75 \times 450 = 33{,}75 \text{ cm} \end{cases} \therefore b_1 = 20 \text{ cm}$$

$$b_f = b_w + 2b_1 = 10 + 2 \times 20 = 50 \text{ cm}$$

O momento fletor dado no exemplo está em kN · cm/m, porém precisa ser transformado para kN · cm/nervura. Nesse caso:

$$M_{y,k} = 122 \times \frac{50}{100} = 61 \text{ kN} \cdot \text{cm/nervura}$$

$$\beta_{xf} = \frac{h_f}{\lambda \cdot d} = \frac{4}{0{,}8 \times 8{,}6} = 0{,}58 > 0{,}45 \text{ (limite normativo)}$$

$$\therefore \text{Adota-se o limite de } 0{,}45$$

$$k_c = \frac{b \cdot d^2}{M_d} = \frac{50 \times 8{,}6^2}{1{,}4 \times 61} = 43{,}3$$

Por meio da Tab. D.1, encontram-se os valores $\beta_x \approx 0{,}02$ e $k_s = 0{,}023$. Como o valor de β_x é menor que β_{xf}, a laje possui seção falso T. Adaptando a Eq. 7.44 para deixar a armadura A_s^+ em evidência, obtém-se a área de aço.

$$A_{s,secundária}^+ = \frac{k_s \cdot M_d}{d} = \frac{0{,}023 \times 1{,}4 \times 61}{8{,}6} = 0{,}23 \text{ cm}^2/\text{nervura}$$

Como na direção secundária não existe treliça, toda a armadura precisa ser composta de barras adicionais. Nessa situação, se fosse colocada uma barra de 5 mm, a área de aço seria igual a 0,2 cm². Porém, como se trata de uma barra CA-60, a área de aço equivalente em CA-50 é de 0,24 cm², sendo suficiente para resistir ao esforço existente.

Armadura negativa na direção x

A largura da mesa comprimida possui pequena variação na região da sapata de concreto da vigota. No entanto, por simplificação de cálculo, foi adotado o valor de 10 cm, que é a menor largura da nervura. Esse trecho da laje será calculado como peça retangular, pois a parte mais estreita está comprimida. O momento fletor dado no exemplo está em kN · cm/m, porém precisa ser transformado para kN · cm/nervura. Nesse caso:

$$M'_{x,k} = 562 \times \frac{50}{100} = 281 \text{ kN} \cdot \text{cm/nervura}$$

$$k_c = \frac{b \cdot d^2}{M_d} = \frac{10 \times 9^2}{1{,}4 \times 281} = 2{,}05$$

Por meio da Tab. D.1, encontra-se o valor $\beta_x \approx 0{,}51 > 0{,}45$, portanto a seção só resiste a esses esforços se utilizar armadura dupla. Dessa forma, não se consegue combater os esforços propostos inicialmente no exemplo.

O fato de haver pouco concreto para resistir à compressão faz com que os engastes em lajes nervuradas sejam parciais e/ou com faixas maciças próximas ao momento máximo. Para completar o exemplo numérico, foi determinado o máximo momento fletor negativo a que a laje resiste no engaste, e o momento excedente migrou para o momento fletor positivo pelo princípio da redistribuição dos esforços. Esse máximo momento fletor resistente está relacionado a um $\beta_x = 0{,}45$. Utilizando a Eq. 7.20, calcula-se o momento máximo resistente.

$$M'_{dx} = 0{,}68 \times 0{,}45 \times 9^2 \times 10 \times \frac{2{,}5}{1{,}4} \times (1 - 0{,}4 \times 0{,}45)$$
$$= 362{,}9 \text{ kN} \cdot \text{cm/nervura}$$

Esse novo momento fletor, com o valor de $\beta_x = 0{,}45$, gera um $k_s = 0{,}028$. Adaptando a Eq. 7.44 para deixar a armadura A_s^- em evidência, obtém-se a área de aço.

$$A_{s,x}^- = \frac{k_s \cdot M_d}{d} = \frac{0,028 \times 362,9}{9} = 1,13 \text{ cm}^2/\text{nervura}$$

Assim, é possível adotar um detalhamento de 2ϕ10/nervura.

O novo momento fletor negativo característico por metro é dado a seguir:

$$M'_{x,k^*} = \frac{M'_{dx} \cdot 100}{1,4 b_f} = \frac{362,9 \times 100}{1,4 \times 50} = 518,4 \text{ kN} \cdot \text{cm/m}$$

Como o momento fletor negativo reduziu, o momento fletor positivo precisa ser compensado. Na Fig. 7.18 é apresentada essa compensação.

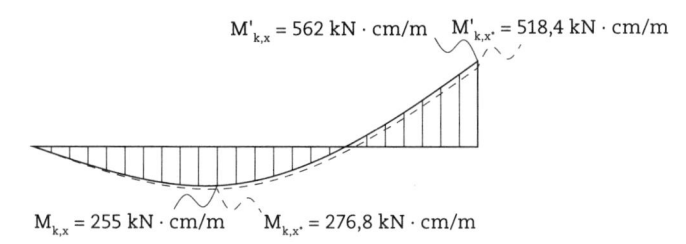

Fig. 7.18 Compatibilização de momentos na direção x da laje do Exemplo 7.6

Para atualizar o momento fletor positivo na direção considerada, utiliza-se o momento fletor positivo inicial mais a metade da diferença entre o momento fletor negativo inicial e o momento fletor negativo final, conforme apresentado na sequência.

$$M_{x,k^*} = M_{x,k} + \frac{M'_{x,k} - M'_{x,k^*}}{2} = 255 + \frac{562 - 518,4}{2} = 276,8 \text{ kN} \cdot \text{cm/m}$$

Nova armadura positiva principal (direção x)
O momento fletor dado no exemplo está em kN · cm/m, porém precisa ser transformado para kN · cm/nervura. Nesse caso:

$$M_{x,k} = 276,8 \times \frac{50}{100} = 138,4 \text{ kN} \cdot \text{cm/nervura}$$

$$k_c = \frac{b \cdot d^2}{M_d} = \frac{50 \times 9,6^2}{1,4 \times 138,4} = 23,8$$

Por meio da Tab. D.1, encontram-se os valores $\beta_x \approx 0,04$ e $k_s = 0,023$. Como o valor de β_x é menor que β_{xf}, a laje possui seção falso T.

$$A_{s,principal}^+ = \frac{k_s \cdot M_d}{d} = \frac{0,023 \times 1,4 \times 138,4}{9,6} = 0,46 \text{ cm}^2/\text{nervura}$$

Como a treliça possui duas barras de aço CA-60 de 4,2 mm no banzo inferior, totalizando área de aço de 0,277 cm² e área de aço equivalente em CA-50 de 0,33 cm², a área de aço necessária é maior do que a existente. Assim, pode-se acrescentar uma barra de 5 mm como armadura complementar, ficando a área de aço efetiva convertida para CA-50 em 0,57 cm², maior do que a necessária.

Armadura negativa na direção y
A largura da mesa comprimida é de 10 cm. Esse trecho da laje será calculado como peça retangular, pois a parte mais estreita está comprimida e com seção constante. O momento fletor dado no exemplo está em kN · cm/m, porém precisa ser transformado para kN · cm/nervura. Nesse caso:

$$M'_{y,k} = 435 \times \frac{50}{100} = 217,5 \text{ kN} \cdot \text{cm/nervura}$$

$$k_c = \frac{b \cdot d^2}{M_d} = \frac{10 \times 9^2}{1,4 \times 217,5} = 2,66$$

Por meio da Tab. D.1, encontram-se os valores $\beta_x \approx 0,38$ e $k_s = 0,027$. Adaptando a Eq. 7.44 para deixar a armadura A_s^- em evidência, obtém-se a área de aço.

$$A_{s,y}^- = \frac{k_s \cdot M_d}{d} = \frac{0,027 \times 1,4 \times 217,5}{9} = 0,91 \text{ cm}^2/\text{nervura}$$

Assim, é possível adotar um detalhamento de 2ϕ8/nervura.

Ao analisar o Exemplo 7.6, percebe-se que lajes nervuradas com vigotas pré-fabricadas são inadequadas para resistir a grandes momentos negativos, pela ausência de região mais robusta de concreto comprimido. Esse problema é verificado em todas as formas de lajes nervuradas. Nesse sentido, algumas alternativas podem ser trabalhadas:

- Aumentar a região de concreto próxima ao apoio com a retirada de elementos de enchimento.
- Liberar parte do engaste nos apoios plastificando uma parcela do momento fletor negativo, que é redistribuída para o(s) momento(s) positivo(s) do(s) tramo(s) vizinho(s).
- Trabalhar com lajes treliçadas nervuradas mesa dupla, com minipainéis ou painéis treliçados. Utilizando essa opção, tanto na face superior quanto na face inferior haverá mesa de concreto para resistir aos esforços de compressão oriundos dos momentos fletores positivos e negativos, respectivamente. Vale ressaltar que essa mesa pré-fabricada pode ajudar a laje a resistir aos esforços de compressão integralmente na direção principal (direção das treliças). Mas, na direção secundária, pelo fato de não se ter completa continuidade de concreto na seção pré-fabricada,

deve-se ter cuidado nessa análise, com a avaliação da correta transmissão de esforços de compressão considerando a redução da altura da seção da mesa inferior e utilizando apenas a nervura.

7.3 Flexão simples para seção T

O procedimento de cálculo de uma seção T consiste em dividir a região comprimida da seção em duas partes, sendo a primeira com largura $(b_f - b_w)$ e altura h_f, e a segunda com largura b_w e altura y, devidamente apresentadas na Fig. 7.19.

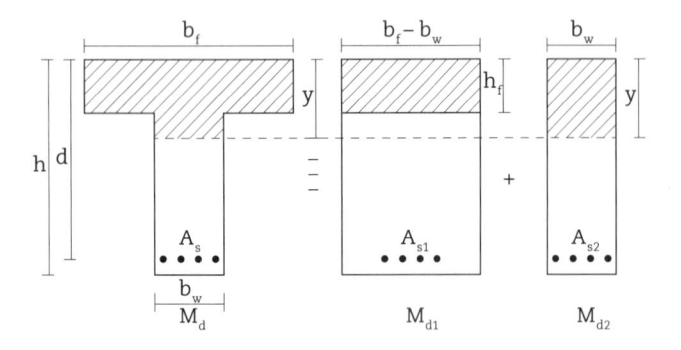

Fig. 7.19 Seção T discretizada

Em virtude da separação da seção T em duas partes, calculam-se os momentos resistentes M_{d1} e M_{d2} conforme os trechos hachurados da figura. A área de aço a ser colocada na viga será a soma das áreas encontradas em cada etapa de cálculo.

Exemplo 7.7

Determinar a área de aço para a laje indicada nas Figs. 7.20 a 7.22, supondo classe de agressividade ambiental II, usando os cobrimentos e f_{ck} mínimos normativos e aço CA-50. O momento fletor e o tipo de treliça já foram dados.

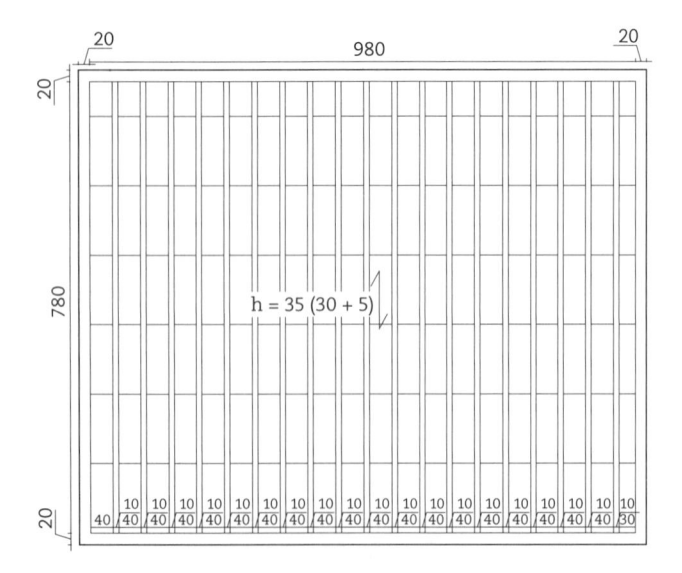

Fig. 7.20 Forma da laje do Exemplo 7.7 (cotas e dimensões em cm)

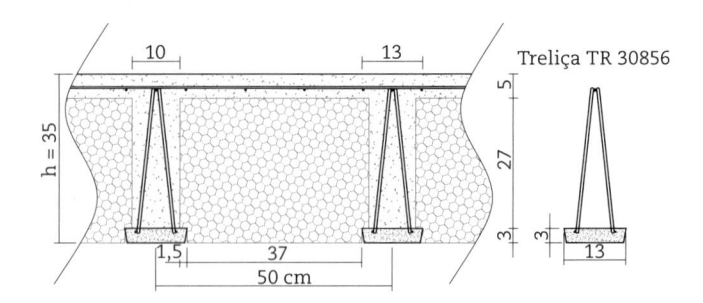

Fig. 7.21 Seção transversal da laje do Exemplo 7.7

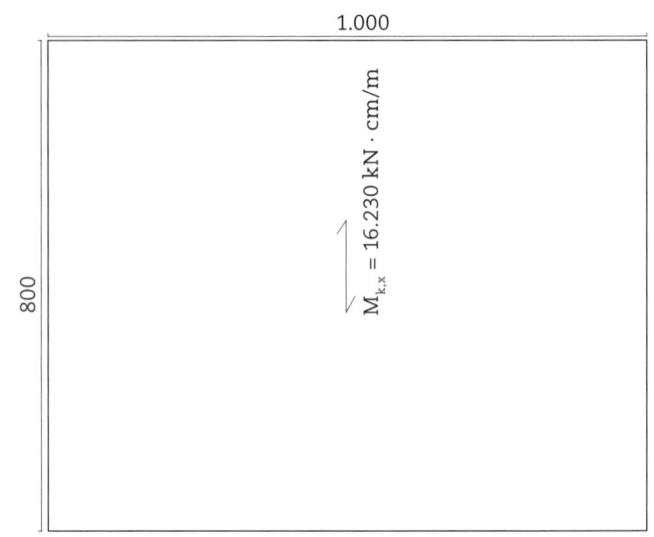

Fig. 7.22 Dimensões de cálculo e momento fletor característico do Exemplo 7.7 (dimensões em cm e momentos fletores característicos)

Analisando as figuras, percebe-se que se trata de uma laje treliçada com enchimento de EPS com 30 cm de espessura e capa de 5 cm (30 + 5). Nesse caso, considera-se uma seção T para o dimensionamento das armaduras positivas. Como a classe de agressividade ambiental II requer $f_{ck} \geq$ 25 MPa e o exemplo pede para utilizar os valores mínimos normativos, será adotado f_{ck} = 25 MPa. A classe de agressividade ambiental II também indica cobrimento nominal de 25 mm, mas, supondo que a vigota pré-moldada seja feita com rígido controle de qualidade, para as armaduras positivas pode-se reduzir o cobrimento em 5 mm, ficando c_{nom} = 20 mm.

O valor da altura útil é calculado considerando que haverá uma armadura adicional acima da sapata de concreto. Supondo ϕ_{ref} = 20 mm (armadura complementar na vigota treliçada), a altura útil é:

$$d = h - h_{sapata} - \frac{\phi_{ref}}{2} = 35 - 3{,}0 - \frac{2{,}0}{2} = 31 \text{ cm}$$

A largura da mesa colaborante, indicada na Fig. 7.23, é determinada com base nas dimensões da laje.

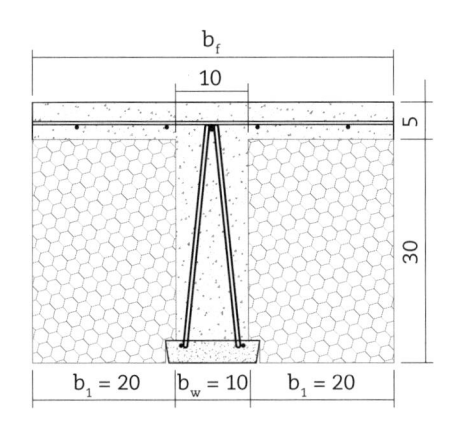

Fig. 7.23 Seção transversal da mesa colaborante para a laje do Exemplo 7.7

$$b_1 \leq \begin{cases} 0{,}5b_2 = 0{,}5 \times 40 = 20{,}0 \text{ cm} \\ 0{,}1a = 0{,}1 \times 1{,}0 \times 800 = 80{,}0 \text{ cm} \end{cases} \therefore b_1 = 20 \text{ cm}$$

$$b_f = b_w + 2b_1 = 10 + 2 \times 20 = 50 \text{ cm}$$

O momento fletor dado no exemplo está em kN · cm/m, porém precisa ser transformado para kN · cm/nervura. Nesse caso:

$$M_{x,k} = 16.230 \times \frac{50}{100} = 8.115 \text{ kN} \cdot \text{cm/nervura}$$

$$\beta_{xf} = \frac{h_f}{\lambda \cdot d} = \frac{5}{0{,}8 \times 31} = 0{,}202$$

$$k_c = \frac{b \cdot d^2}{M_d} = \frac{50 \times 31^2}{1{,}4 \times 8.115} = 4{,}23$$

Por meio da Tab. D.1, encontram-se os valores $\beta_x \approx 0{,}22$ e $k_s = 0{,}025$. Como o valor de β_x é maior que β_{xf}, a laje trabalha em regime de seção T. Nesse caso, o cálculo das armaduras deve ser dividido em duas partes, uma delas usando a largura colaborante $(b_f - b_w)$ e a outra parte adotando apenas a largura colaborante b_w. São apresentados os cálculos com o emprego das equações.

Momento resistido pela largura colaborante $(b_f - b_w)$

Utilizando a Eq. 7.20 para determinar o valor do momento resistente de cálculo para a largura colaborante $(b_f - b_w)$, tem-se:

$$b_f - b_w = 50 - 10 = 40 \text{ cm}$$

$$M_{d1} = 0{,}68 \times 0{,}202 \times 31^2 \times 40 \times \frac{2{,}5}{1{,}4} \times (1 - 0{,}4 \times 0{,}202)$$
$$= 8.666{,}9 \text{ kN} \cdot \text{cm}$$

Empregando a Eq. 7.19:

$$0{,}68 \times 0{,}202 \times 31 \times 40 \times \frac{2{,}5}{1{,}4} - A_{s1} \cdot \frac{50}{1{,}15} = 0 \therefore$$
$$A_{s1} = 7{,}00 \text{ cm}^2/\text{nervura}$$

Momento resistido pela largura colaborante b_w

$$M_{d2} = M_d - M_{d1} = 1{,}4 \times 8.115 - 8.666{,}9 = 2.694{,}1 \text{ kN} \cdot \text{cm}$$

Utilizando a Eq. 7.20 para determinar o valor do momento resistente de cálculo para a largura colaborante b_w, tem-se:

$$2.694{,}1 = 0{,}68\beta_x \cdot 31^2 \times 10 \times \frac{2{,}5}{1{,}4} \times (1 - 0{,}4\beta_x)$$

Resolvendo a equação, são encontrados dois valores para β_x:

$$\beta_x = \begin{cases} 0{,}257 \\ 2{,}243 \end{cases} \therefore \text{ Como o valor de 0,257 está entre 0 e 1, será admitido tal valor}$$

Como o valor de β_x é menor que 0,259 (ver Eq. 1.7), a laje encontra-se no Domínio 2.

Empregando a Eq. 7.19:

$$0{,}68 \times 0{,}257 \times 31 \times 10 \times \frac{2{,}5}{1{,}4} - A_{s2} \cdot \frac{50}{1{,}15} = 0 \therefore$$
$$A_{s2} = 2{,}23 \text{ cm}^2/\text{nervura}$$

Como a treliça possui duas barras de aço CA-60 de 6 mm no banzo inferior, totalizando área de aço de 0,56 cm² e área de aço equivalente em CA-50 de 0,67 cm², a área de aço necessária supera a armadura da treliça. Nesse caso, necessita-se de armadura complementar.

$$A_{s,comp} = A_{s1} + A_{s2} - A_{s,treliça} = 7{,}00 + 2{,}23 - 0{,}67$$
$$= 8{,}56 \text{ cm}^2/\text{nervura}$$

Dentro da vigota foram posicionadas duas barras de 12,5 mm (2,45 cm²) como armadura complementar. O restante da área de aço ficou disposto na segunda camada acima da vigota.

$$A_{s,1^a \text{ camada}} = 2\phi 6 + 2\phi 12{,}5 = 3{,}12 \text{ cm}^2$$

$$A_{s,2^a \text{ camada}} = 9{,}23 - 3{,}12 = 6{,}11 \text{ cm}^2 \; (2\phi 20 = 6{,}28 \text{ cm}^2)$$

Uma alternativa para a resolução deste exemplo é utilizar as tabelas de k_c e k_s (Anexo D).

Para a determinação do M_{d1}, relaciona-se o valor de β_{xf} ao k_c correspondente.

$$\beta_{xf} = \frac{h_f}{\lambda \cdot d} = \frac{5}{0{,}8 \times 31} = 0{,}202 \therefore k_c = 4{,}5 = \frac{(b_f - b_w) \cdot d^2}{M_{d1}}$$

$$M_{d1} = \frac{(50 - 10) \times 31^2}{4{,}5} = 8.542{,}22 \text{ kN} \cdot \text{cm/nervura}$$

Para esse valor de k_c, o valor de k_s é igual a 0,025. Logo:

$$A_{s1} = \frac{k_s \cdot M_{d1}}{d} = \frac{0,025 \times 8.542,22}{31} = 6,89 \text{ cm}^2/\text{nervura}$$

O valor de M_{d2} é dado por:

$$M_{d2} = M_d - M_{d1} = 1,4 \times 8.115 - 8.542,22 = 2.818,78 \text{ kN} \cdot \text{cm}$$

Para a determinação de k_c referente ao momento M_{d2}, utiliza-se o valor de b_w como largura colaborante. Logo:

$$k_c = \frac{b_w \cdot d^2}{M_{d2}} = \frac{10 \times 31^2}{2.818,78} = 3,41 \therefore \beta_x \approx 0,27 \therefore k_s = 0,026$$

$$A_{s2} = \frac{k_s \cdot M_{d2}}{d} = \frac{0,026 \times 2.818,78}{31} = 2,36 \text{ cm}^2/\text{nervura}$$

$$A_{s,comp} = A_{s1} + A_{s2} - A_{s,treliça} = 6,89 + 2,36 - 0,67$$
$$= 8,58 \text{ cm}^2/\text{nervura}$$

Os valores encontrados por meio de equações e tabelas foram praticamente iguais, mostrando a similaridade dos resultados.

É importante comentar que o β_x encontrado com o momento M_{d2} representa a real posição relativa da linha neutra para a peça conforme sua máxima solicitação prevista.

7.4 Armadura mínima e máxima de flexão

A armadura mínima de tração em elementos estruturais armados ou protendidos deve ser determinada pelo dimensionamento da seção a um momento fletor mínimo dado pela Eq. 7.48, respeitada a taxa mínima absoluta de 0,15% e considerando a condição resistente no limite do Estádio I para o Estádio II, possibilitando evitar ruptura frágil.

$$M_{d,mín} = 0,8 W_0 \cdot f_{ctk,sup} \tag{7.48}$$

sendo:

$$W_0 = \frac{I_c}{y_t} \tag{7.49}$$

em que:

W_0 é o módulo de resistência elástico da seção transversal bruta de concreto, relativo à fibra mais tracionada;

I_c é a inércia bruta da seção do concreto;

y_t é a distância do centro de gravidade da seção transversal à fibra mais tracionada;

$f_{ctk,sup}$ é a resistência característica superior do concreto à tração (Tab. 2.1).

A NBR 6118 (ABNT, 2023, item 19.3.3.2) estabelece armadura mínima longitudinal em lajes com os objetivos de melhorar o desempenho e a ductilidade à flexão e controlar a fissuração. O Quadro 7.1 resume os valores mínimos para armaduras passivas aderentes. Os valores de $\rho_{mín}$ são apresentados na Tab. 7.5.

Em relação à armadura máxima, a NBR 6118 (ABNT, 2023, p. 133) comenta que "a soma das armaduras de tração e de compressão ($A_s + A_s'$) não pode ter valor maior

Quadro 7.1 Valores mínimos para armaduras passivas aderentes

Armadura	Elementos estruturais sem armaduras ativas
Armaduras negativas	$\rho_s \geq \rho_{mín}$
Armaduras negativas de bordas sem continuidade[a]	$\rho_s \geq 0,67 \rho_{mín}$
Armaduras positivas de lajes armadas nas duas direções	$\rho_s \geq 0,67 \rho_{mín}$
Armadura positiva (principal) de lajes armadas em uma direção	$\rho_s \geq \rho_{mín}$
Armadura positiva (secundária) de lajes armadas em uma direção	$\geq \begin{cases} \frac{A_s}{s} \geq 20\% \text{ da armadura principal} \\ \frac{A_s}{s} \geq 0,9 \text{ cm}^2/\text{m} \\ \rho_s \geq 0,5 \rho_{mín} \end{cases}$

em que: $\rho_s = \dfrac{A_s}{b_w \cdot h}$

[a]Essa armadura deve se estender até pelo menos 0,15 do vão menor da laje a partir da face do apoio. Quando disposta na extremidade de uma laje apoiada em duas bordas ortogonais, ajuda a combater o momento volvente.

Fonte: adaptado de ABNT (2023, p. 160).

Tab. 7.5 Taxas mínimas de armadura de flexão

Forma da seção	Valores de ρ_{min} ($A_{s,min}/A_c$)											
	20 a 30	35	40	45	50	55	60	65	70	75	80	85	90
Retangular	0,150	0,164	0,179	0,194	0,208	0,211	0,219	0,226	0,233	0,239	0,245	0,251	0,256
Falso T e T	$M_{d,mín}$ ou 0,150% A_c											

Os valores de ρ_{min} estabelecidos nesta tabela pressupõem o uso de aço CA-50, d/h = 0,8, γ_c = 1,4 e γ_s = 1,15. Caso esses fatores sejam diferentes, ρ_{min} deve ser recalculado.

Fonte: adaptado de ABNT (2023, p. 131).

que 4% A_c, calculada na região fora da zona de emendas, devendo ser garantidas as condições de ductilidade requeridas em 14.6.4.3", que se refere aos limites de β_x.

Exemplo 7.8

Calcular a armadura mínima para o Exemplo 7.1, cuja laje é ilustrada na Fig. 7.5. O exemplo numérico contou com os seguintes dados: f_{ck} = 25 MPa, h = 10 cm, $d_{principal}$ = 7,1 cm, $d_{secundário}$ = 6,3 cm, $A^+_{s,x}$ = 1,18 cm²/m, $A^+_{s,y}$ = 0,63 cm²/m, $A^-_{s,x}$ = 2,69 cm²/m e $A^-_{s,y}$ = 2,06 cm²/m.

Como a laje é bidirecional, as armaduras positivas terão como armadura mínima $\rho_s \geq 0{,}67\rho_{mín}$. Sendo assim:

$$A^+_{s,mín,x} = A^+_{s,mín,y} = 0{,}67\rho_{mín} \cdot b \cdot h = 0{,}67 \times \frac{0{,}15}{100} \times 100 \times 10$$
$$= 1{,}005 \text{ cm}^2/\text{m}$$

Então:

$$A^+_{s,x} = 1{,}18 \text{ cm}^2/\text{m} \geq A^+_{s,mín,x} = 1{,}005 \text{ cm}^2/\text{m} \therefore \text{ OK}$$

$$A^+_{s,y} = 0{,}63 \text{ cm}^2/\text{m} < A^+_{s,mín,y} = 1{,}005 \text{ cm}^2/\text{m} \therefore$$
$$A^+_{s,y} = 1{,}005 \text{ cm}^2/\text{m}$$

Em armaduras negativas, a armadura mínima é igual a $\rho_s \geq \rho_{mín}$. Sendo assim:

$$A^-_{s,mín,x} = A^-_{s,mín,y} = \rho_{mín} \cdot b \cdot h = \frac{0{,}15}{100} \times 100 \times 10 = 1{,}50 \text{ cm}^2/\text{m}$$

Então:

$$A^-_{s,x} = 2{,}69 \text{ cm}^2/\text{m} \geq A^-_{s,mín,x} = 1{,}50 \text{ cm}^2/\text{m} \therefore \text{ OK}$$

$$A^-_{s,y} = 2{,}06 \text{ cm}^2/\text{m} \geq A^-_{s,mín,y} = 1{,}50 \text{ cm}^2/\text{m} \therefore \text{ OK}$$

Exemplo 7.9

Calcular a armadura mínima para o Exemplo 7.5, cuja laje é ilustrada na Fig. 7.11. O exemplo numérico contou com os seguintes dados: f_{ck} = 25 MPa, h = 17 (12 + 5) cm, $d_{positivo}$ = 14,6 cm, $d_{negativo}$ = 14,0 cm, $A^+_{s,x}$ = 0,45 cm²/nervura, $A^-_{s,x}$ = 0,91 cm²/nervura e β_{xf} = 0,428.

Armadura mínima positiva

Como a seção T não possui valores tabelados, a obtenção das armaduras mínimas se dá pela Eq. 7.48.

$$M_{d,mín} = 0{,}8W_0 \cdot f_{ctk,sup}$$

$$W_0 = \frac{I_c}{y_t}$$

$$y_{t,inf} = \frac{Q_x}{A_T} = \frac{\text{Momento estático em relação à base}}{\text{Área da seção transversal}}$$

A Fig. 7.24 é utilizada para a determinação simplificada do valor de $y_{t,inf}$.

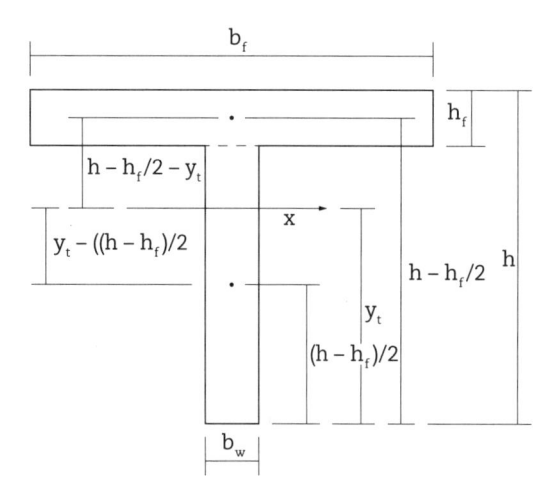

Fig. 7.24 Geometria esquemática da nervura do Exemplo 7.9

$$y_{t,inf} = \frac{Q_x}{A_T} = \frac{(b_f \cdot h_f)\cdot\left(h-\frac{h_f}{2}\right)+(h-h_f)\cdot b_w \cdot\left(\frac{h-h_f}{2}\right)}{(b_f \cdot h_f)+(h-h_f)\cdot b_w} \quad (7.50)$$

$$y_{t,inf} = \frac{(43\times 5)\times\left(17-\frac{5}{2}\right)+(17-5)\times 10\times\left(\frac{17-5}{2}\right)}{(43\times 5)+(17-5)\times 10} = 11{,}46 \text{ cm}$$

$$I_c = \frac{b_f \cdot h_f^3}{12} + b_f \cdot h_f \cdot\left(h-\frac{h_f}{2}-y_{t,inf}\right)^2$$
$$+ \frac{b_w \cdot (h-h_f)^3}{12} + (h-h_f)\cdot b_w \cdot\left[y_{t,inf}-\left(\frac{h-h_f}{2}\right)\right]^2 \quad (7.51)$$

$$I_c = \frac{43\times 5^3}{12} + 43\times 5\times\left(17-\frac{5}{2}-11{,}46\right)^2 + \frac{10\times(17-5)^3}{12}$$
$$+ (17-5)\times 10\times\left[11{,}46-\left(\frac{17-5}{2}\right)\right]^2$$

$$I_c = 7.452{,}25 \text{ cm}^4$$

$$W_{0,inf} = \frac{I_x}{y_{t,inf}} = \frac{7.452{,}25}{11{,}46} = 650{,}28 \text{ cm}^3$$

Na Tab. 2.1 é indicado o valor de $f_{ctk,sup}$ = 3,33 MPa.

$$M_{d,mín,inf} = 0{,}8W_{0,inf} \cdot f_{ctk,sup} = 0{,}8\times 650{,}28\times 0{,}333$$
$$= 173{,}24 \text{ kN}\cdot\text{cm/nervura}$$

A determinação da área de aço mínima é feita utilizando as tabelas de k_c e k_s (Anexo D).

$$k_c = \frac{b_f \cdot d^2}{M_{d,mín,inf}} = \frac{43 \times 14{,}6^2}{173{,}24} = 52{,}91 \therefore \beta_x \approx 0{,}01 < \beta_{xf}$$
$$= 0{,}428 \therefore \text{Seção falso T e } k_s = 0{,}023$$

$$A_{s,mín}^+ \geq \begin{cases} \dfrac{k_s \cdot M_{d,mín,inf}}{d} = \dfrac{0{,}023 \times 173{,}24}{14{,}6} \\ \qquad\qquad = 0{,}273 \text{ cm}^2/\text{nervura} \\ \dfrac{0{,}15}{100} \cdot A_T = \dfrac{0{,}15}{100} \times \big[(43 \times 5) + (17-5) \times 10\big] \\ \qquad\qquad = 0{,}503 \text{ cm}^2/\text{nervura} \end{cases}$$

$$\therefore A_{s,mín}^+ = 0{,}503 \text{ cm}^2/\text{nervura}$$

Então:

$A_{s,x}^+ = 0{,}45 \text{ cm}^2/\text{nervura} < A_{s,mín}^+ = 0{,}503 \text{ cm}^2/\text{nervura} \therefore$
$A_{s,x}^+ = 0{,}503 \text{ cm}^2/\text{nervura}$

Armadura mínima negativa

$$y_{t,sup} = h - y_{t,inferior} \tag{7.52}$$

$$y_{t,sup} = 17 - 11{,}46 = 5{,}54 \text{ cm}$$

$$W_{0,sup} = \frac{I_x}{y_{t,sup}} = \frac{7.452{,}25}{5{,}54} = 1.345{,}17 \text{ cm}^3$$

Na Tab. 2.1 é indicado o valor de $f_{ctk,sup}$ = 3,33 MPa.

$$M_{d,mín,sup} = 0{,}8 W_{0,sup} \cdot f_{ctk,sup} = 0{,}8 \times 1.345{,}17 \times 0{,}333$$
$$= 358{,}35 \text{ kN} \cdot \text{cm/nervura}$$

A determinação da área de aço mínima é feita utilizando as tabelas de k_c e k_s (Anexo D).

$$k_c = \frac{b_w \cdot d^2}{M_{d,mín,sup}} = \frac{10 \times 14^2}{358{,}35} = 5{,}47 \therefore \beta_x \approx 0{,}17 \text{ e } k_s = 0{,}025$$

$$A_{s,mín}^- \geq \begin{cases} \dfrac{k_s \cdot M_{d,mín,sup}}{d} = \dfrac{0{,}023 \times 358{,}35}{14} \\ \qquad\qquad = 0{,}64 \text{ cm}^2/\text{nervura} \\ \dfrac{0{,}15}{100} \cdot A_T = \dfrac{0{,}15}{100} \times \big[(43 \times 5) + (17-5) \times 10\big] \\ \qquad\qquad = 0{,}503 \text{ cm}^2/\text{nervura} \end{cases}$$

$$\therefore A_{s,mín}^- = 0{,}64 \text{ cm}^2/\text{nervura}$$

Então:

$A_{s,x}^- = 0{,}91 \text{ cm}^2/\text{nervura} > A_{s,mín}^- = 0{,}64 \text{ cm}^2/\text{nervura} \therefore \text{OK}$

Em caso de lajes unidirecionais com nervuras transversais, para a determinação da armadura das nervuras transversais utiliza-se o descrito no Quadro 7.1 para armadura positiva (secundária) de lajes armadas em uma direção.

Em lajes bidirecionais, o procedimento detalhado neste exemplo precisa ser realizado para cada uma das direções.

7.5 Flexão na mesa

A NBR 6118 (ABNT, 2023, item 13.2.4.2) indica que, em lajes nervuradas com espaçamento entre eixos de nervuras menor ou igual a 65 cm, pode ser dispensada a verificação da flexão na mesa. Em lajes nervuradas com espaçamento entre eixos de nervuras entre 65 cm e 110 cm, essa verificação passa a ser obrigatória. Em lajes nervuradas com espaçamento entre eixos de nervuras acima de 110 cm, a mesa precisa ser calculada como laje maciça apoiada em vigas (nervuras).

O dimensionamento da flexão na mesa é realizado utilizando o momento de fissuração da capa, definido no item 17.3.1 da NBR 6118 (ABNT, 2023) e apresentado a seguir.

$$M_r = \frac{\alpha \cdot f_{ct} \cdot I_c}{y_t} \tag{7.53}$$

em que:

α é o fator de correlação geométrica, igual a 1,2 em lajes treliçadas nervuradas com vigotas, 1,3 em lajes treliçadas mesa dupla e 1,5 em lajes treliçadas maciças e na flexão da mesa em lajes nervuradas;

f_{ct} é a resistência à tração direta do concreto, sendo que, para a determinação do momento de fissuração, deve ser usado o $f_{ctk,inf}$ (Tab. 2.1);

I_c é a inércia bruta da seção de concreto (da mesa);

y_t é a distância do centro de gravidade da seção à fibra mais tracionada.

Tendo encontrado o momento de fissuração, pode-se utilizar equações ou tabelas para definir a armadura necessária para combater esse momento fletor.

Exemplo 7.10

Determinar a área de aço para a flexão na mesa da laje indicada nas Figs. 7.20 e 7.21, supondo classe de agressividade ambiental II, usando os cobrimentos e f_{ck} mínimos normativos e aço CA-50. Os momentos fletores já foram dados, assim como o tipo de treliça.

Como a distância entre nervuras deste exemplo numérico é menor que 65 cm, o dimensionamento da flexão na capa é desnecessário. Mesmo assim, será realizado tal dimensionamento para fins didáticos.

Como a classe de agressividade ambiental II requer $f_{ck} \geq$ 25 MPa e o exemplo pede para utilizar os valores mínimos normativos, será adotado f_{ck} = 25 MPa. A classe de agressividade ambiental II também indica cobrimento nominal de 25 mm.

Para a determinação do momento fletor, emprega-se a Eq. 7.53. Nesse caso:

$$\alpha = 1{,}5$$

$$f_{ct} = 0{,}7 \times 0{,}3 \times 25^{2/3} = 1{,}795 \text{ MPa} = 0{,}1795 \text{ kN/cm}^2$$

$$I_c = \frac{100 h_f^3}{12} = \frac{100 \times 5^3}{12} = 1.041{,}67 \text{ cm}^4$$

$$y_t = \frac{h_f}{2} = \frac{5}{2} = 2{,}5 \text{ cm}$$

$$M_r = \frac{\alpha \cdot f_{ct} \cdot I_c}{y_t} = \frac{1{,}5 \times 0{,}1795 \times 1.041{,}67}{2{,}5} = 112{,}19 \text{ kN} \cdot \text{cm/m}$$

Adotando ϕ_{ref} = 5 mm para a armadura de flexão na mesa, tem-se:

$$d_{Capa} = h_f - c_{nom} - \frac{\phi_{ref}}{2} = 5 - 2{,}5 - \frac{0{,}5}{2} = 2{,}25 \text{ cm}$$

Por meio das tabelas de k_c e k_s (Anexo D), chega-se a:

$$k_c = \frac{b \cdot d^2}{M_r} = \frac{100 \times 2{,}25^2}{112{,}19} = 4{,}51 \Rightarrow k_s = 0{,}025$$

$$A_s = \frac{k_s \cdot M_r}{d} = \frac{0{,}025 \times 112{,}19}{2{,}25} = 1{,}25 \text{ cm}^2/\text{m}$$

Convertendo a área de aço para CA-60, precisa-se de:

$$A_{st} = \frac{1{,}25}{1{,}2} = 1{,}04 \text{ cm}^2/\text{m} \Rightarrow \text{Adota-se tela Q113}$$

7.6 Critérios de detalhamento

Sabe-se que é necessário armar os elementos estruturais mediante os esforços. Porém, para segurança, padronização e facilidade de execução, existem alguns critérios importantes a serem destacados no que diz respeito à forma de detalhar as armaduras de flexão. Nesta seção são abordados os critérios de posicionamento e comprimento das armaduras.

7.6.1 Espaçamento

O espaçamento máximo das armaduras principais deve seguir:

$$s \leq \begin{cases} 20 \text{ cm} \\ 2h \end{cases} \quad (7.54)$$

A NBR 6118 (ABNT, 2023) indica que, para barras com diâmetro maior ou igual a 20 mm, o espaçamento máximo pode ser igual a 15 vezes o diâmetro da barra.

No caso de armaduras secundárias em lajes unidirecionais, as barras ou os fios podem ter espaçamento máximo de 33 cm.

Em relação ao espaçamento mínimo, as normas técnicas não o restringem a nenhum valor. No entanto, por questões construtivas, recomenda-se um espaçamento mínimo de 8 cm.

7.6.2 Diâmetro de armaduras

O diâmetro máximo para as barras é dado conforme:

$$\phi_{máx} = \frac{h}{8} \quad (7.55)$$

Em relação ao diâmetro mínimo, para fios soltos, recomenda-se o mínimo de 5 mm, porém não existe impedimento para a utilização de 4,2 mm.

7.6.3 Ancoragem

Para armaduras positivas, a NBR 6118 (ABNT, 2023) prescreve que a ancoragem deve ser prolongada ao menos 4 cm além do eixo teórico do apoio. Uma recomendação encontrada em literatura técnica é que essa ancoragem não seja inferior a 10ϕ a partir da face interna do apoio. Quando essas armaduras estiverem posicionadas em lajes de extremidade da edificação, sua ancoragem deve ser com gancho e realizada até o final do elemento de apoio.

7.6.4 Comprimento das barras

Em lajes convencionais, recomenda-se que as armaduras positivas ancorem diretamente nos apoios, sem decalagem. Contudo, em processos de dimensionamento mais elaborados, permite-se a decalagem das armaduras desde que sejam respeitadas as condições de ancoragem previstas nas normas vigentes.

Para as armaduras negativas, comumente são apresentadas três possibilidades de detalhamento (Figs. 7.25 a 7.27).

Para o tipo de detalhamento indicado na Fig. 7.25, considera-se apenas um comprimento de barra. O valor de a_1 é expresso por:

$$a_1 \geq \begin{cases} a_l + l_b \\ 0{,}25 l + 10 \phi \end{cases} \quad (7.56)$$

sendo:

$$a_l = 1{,}5 d \quad (7.57)$$

em que:
l_b é o comprimento de ancoragem;
l é o maior entre os menores vãos das lajes adjacentes, quando ambas são consideradas engastadas nesse apoio,

ou o menor vão da laje admitida engastada, quando a outra é calculada como simplesmente apoiada nesse vínculo; ϕ é o diâmetro da barra.

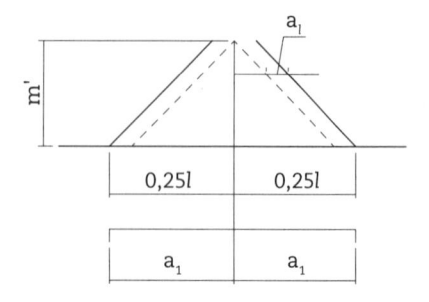

Fig. 7.25 Detalhamento das armaduras negativas em lajes convencionais – primeira possibilidade

Para o tipo de detalhamento ilustrado na Fig. 7.26, são considerados dois comprimentos de barras, que são detalhados alternando um com o outro. Os valores de a_{21} e a_{22} são expressos a seguir.

$$a_{21} \geq \begin{cases} \dfrac{0{,}25l + a_l}{2} + l_b \\ 0{,}25l + 10\phi \end{cases} \quad (7.58)$$

$$a_{22} \geq \begin{cases} a_l + l_b \\ \dfrac{0{,}25l + a_l}{2} + 10\phi \end{cases} \quad (7.59)$$

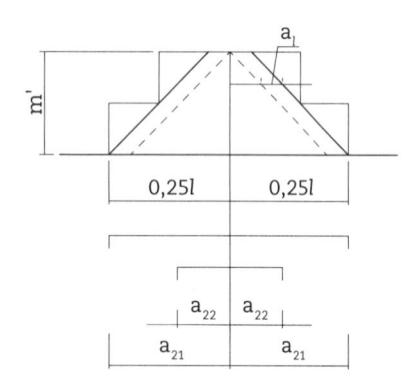

Fig. 7.26 Detalhamento das armaduras negativas em lajes convencionais – segunda possibilidade

Para o tipo de detalhamento indicado na Fig. 7.27, considera-se apenas um comprimento de barra, que se alterna mantendo na região de pico de momento fletor a concentração de todas as armaduras. Os valores de a, a_{21} e a_{22} são expressos a seguir.

$$a = \dfrac{3}{8}l + 20\phi + 0{,}75d \quad (7.60)$$

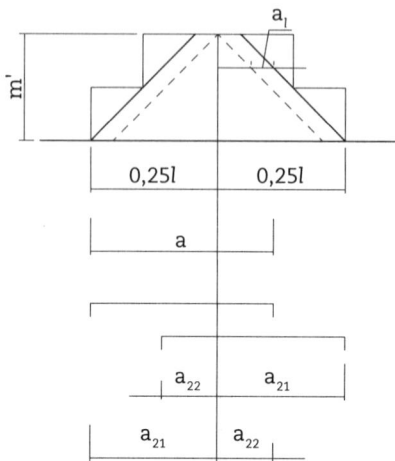

$$a_{21} = \dfrac{2}{3}a \quad (7.61)$$

$$a_{22} = \dfrac{1}{3}a \quad (7.62)$$

Fig. 7.27 Detalhamento das armaduras negativas em lajes convencionais – terceira possibilidade

Para lajes sem vigas (lajes lisas e lajes-cogumelo) em situações de dimensionamento pelo método dos pórticos equivalentes, na NBR 6118 (ABNT, 2023) é apresentado um detalhamento sugestivo, indicado na Fig. 7.28. Logicamente, em processos de dimensionamento por meios computacionais, o comprimento das barras se dá pelo esforço em cada seção, e não por regras de comprimento que visam ao conservadorismo.

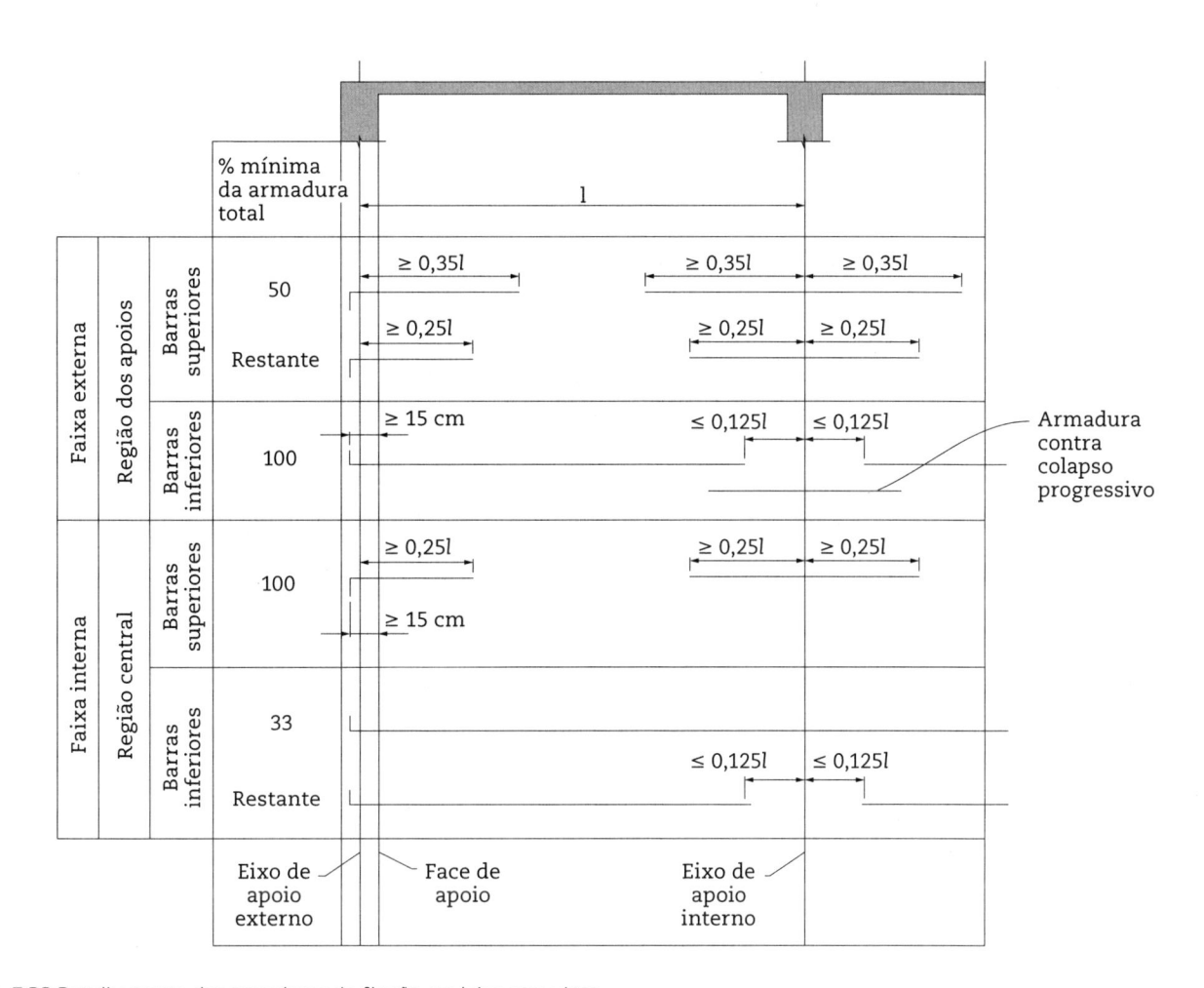

			% mínima da armadura total				
Faixa externa	Região dos apoios	Barras superiores	50	≥ 0,35l	≥ 0,35l	≥ 0,35l	
			Restante	≥ 0,25l	≥ 0,25l	≥ 0,25l	
		Barras inferiores	100	≥ 15 cm	≤ 0,125l	≤ 0,125l	Armadura contra colapso progressivo
Faixa interna	Região central	Barras superiores	100	≥ 0,25l ≥ 15 cm	≥ 0,25l	≥ 0,25l	
		Barras inferiores	33				
			Restante		≤ 0,125l	≤ 0,125l	

Eixo de apoio externo — Face de apoio — Eixo de apoio interno

Fig. 7.28 Detalhamento das armaduras de flexão em lajes sem vigas
Fonte: adaptado de ABNT (2023, p. 174).

ESTADOS-LIMITES ÚLTIMOS (ELU) PARA SOLICITAÇÕES TANGENCIAIS

8

Muitas vezes desprezadas no dimensionamento de lajes, as tensões de cisalhamento podem ser responsáveis pelo colapso de estruturas.

As tensões de cisalhamento, conhecidas também como tensões tangenciais, são oriundas de esforços que englobam os fenômenos de força cortante, punção, colapso progressivo e ligação mesa-nervura em lajes. Nas vigas elas podem surgir também pelo esforço de torção, algo raramente verificado em lajes devido à baixa rigidez à torção presente nesses elementos.

Neste capítulo são apresentados os critérios de dimensionamento das solicitações tangenciais de lajes sujeitas a força cortante, punção, colapso progressivo e ligação mesa-nervura.

8.1 Força cortante

De acordo com o item 13.2.4.2 da NBR 6118 (ABNT, 2023), a verificação das forças cortantes de lajes nervuradas com espaçamento entre eixos de nervuras menor ou igual a 65 cm pode ser realizada conforme os critérios de lajes maciças, que geralmente são aplicados às lajes treliçadas, pois as medidas correntes de intereixo longitudinal não ultrapassam esse valor. Portanto, nesse caso, serão abordados os critérios de verificações de lajes maciças, e não de vigas.

8.1.1 Lajes sem armadura para força cortante

A Eq. 8.1 resume a condição de verificação à força cortante que deve ser realizada para a dispensa de armadura transversal na laje, sendo que essa dispensa é possível em elementos em que $b_w \geq 5d$. Uma vez atendida essa condição, a colocação de armadura de cisalhamento é desnecessária.

$$V_{Sd} \leq V_{Rd1} \tag{8.1}$$

sendo:

$$V_{Rd1} = \left[\tau_{Rd} \cdot k \cdot (1,2 + 40\rho_1) + 0,15\sigma_{cp}\right] \cdot b_w \cdot d \tag{8.2}$$

em que:

V_{Sd} é a força cortante solicitante de cálculo;

V_{Rd1} é a força cortante resistente de cálculo relativa a elementos sem armadura para força cortante;

τ_{Rd} é a tensão de cisalhamento resistente de cálculo;

ρ_1 é a taxa de armadura longitudinal;

σ_{cp} é a tensão de compressão no concreto gerada pela protensão;

b_w é a largura da nervura ou da faixa de laje maciça;

d é a altura útil.

O coeficiente k é igual a 1 para elementos em que 50% da armadura inferior não chega ao apoio. Para os demais casos, o valor de k é representado por:

$$k = |1{,}6 - d| \geq 1{,}0 \quad \text{(utilizar o valor de } d \text{ em m)} \tag{8.3}$$

A tensão de cisalhamento resistente de cálculo é determinada por:

$$\tau_{Rd} = 0{,}25 f_{ctd} \tag{8.4}$$

sendo:

$$f_{ctd} = \frac{f_{ctk,inf}}{\gamma_c} \tag{8.5}$$

$$f_{ctk,inf} = 0{,}7 f_{ct,m} \quad \text{(ver Tab. 2.1)} \tag{8.6}$$

em que:
f_{ctd} é a resistência de cálculo do concreto à tração direta;
$f_{ctk,inf}$ é o valor inferior da resistência característica do concreto à tração;
γ_c é o coeficiente de ponderação da resistência do concreto;
$f_{ct,m}$ é a resistência média do concreto à tração.

Para concretos de classe até C50, o valor de $f_{ct,m}$ é:

$$f_{ct,m} = 0{,}3 f_{ck}^{2/3} \tag{8.7}$$

E, para concretos de classe acima de C50, é:

$$f_{ct,m} = 2{,}12 \cdot \ln\left[1 + 0{,}1 \cdot (f_{ck} + 8)\right] \tag{8.8}$$

A taxa de armadura longitudinal deve atender à seguinte condição:

$$\rho_1 = \frac{A_{s1}}{b_w \cdot d} \leq 0{,}02 \tag{8.9}$$

em que:
A_{s1} é a área de armadura tracionada na região do apoio que se estende não menos que $d + l_{b,nec}$ além da seção considerada, sendo $l_{b,nec}$ o comprimento de ancoragem necessário. Em outras palavras, em borda simplesmente apoiada, deve-se utilizar a armadura positiva ancorada no apoio, e, em borda engastada, a armadura negativa.

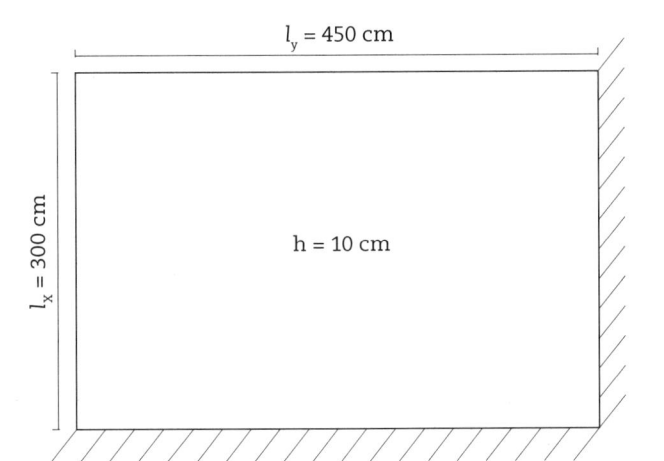

A tensão de compressão no concreto gerada pela protensão é calculada por:

$$\sigma_{cp} = \frac{N_{Sd}}{A_c} \tag{8.10}$$

em que:
A_c é a área da seção transversal de concreto;
N_{Sd} é a força longitudinal na seção devida à protensão ou ao carregamento (a compressão é considerada com sinal positivo). Como as lajes treliçadas são compostas de armadura passiva, e não ativa, essa parte da equação pode ser desconsiderada. Nesse caso, a Eq. 8.2 transforma-se em:

$$V_{Rd1} = \left[\tau_{Rd} \cdot k \cdot (1{,}2 + 40\rho_1)\right] \cdot b_w \cdot d \tag{8.11}$$

Exemplo 8.1

Calcular a resistência ao cisalhamento da laje indicada na Fig. 8.1, supondo classe de agressividade ambiental II, usando os cobrimentos e f_{ck} mínimos normativos e aço CA-50.

As armaduras longitudinais da laje são as seguintes:

$$A_{s,x}^+ = \phi 6{,}3 \text{ c/20}$$

$$A_{s,y}^+ = \phi 6{,}3 \text{ c/20}$$

$$A_{s,x}^- = \phi 8 \text{ c/18}$$

$$A_{s,y}^- = \phi 8 \text{ c/20}$$

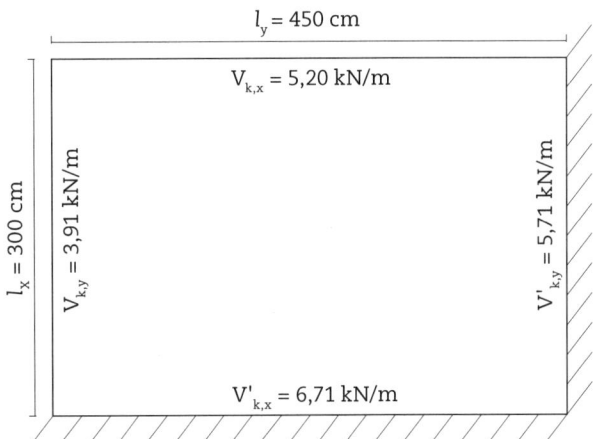

Fig. 8.1 Forma da laje do Exemplo 8.1 e suas forças cortantes características

Analisando a Fig. 8.1, percebe-se que se trata de uma laje maciça. Nesse caso, o b_w considerado é de 100 cm. Como foi indicada a classe de agressividade ambiental II, são requeridos $f_{ck} \geq 25$ MPa e $c_{nom} = 2,5$ cm.

O valor de altura útil na direção principal positiva e negativa é calculado conforme a Eq. 7.21.

$$d_{principal} = h - c_{nom} - \frac{\phi_{ref}}{2} = 10 - 2,5 - \frac{0,63}{2} = 7,185 \text{ cm}$$

O valor de altura útil na direção secundária positiva é obtido pela Eq. 7.22.

$$d_{secundário} = h - c_{nom} - \phi_{ref} - \frac{\phi_{ref}}{2}$$
$$= 10 - 2,5 - 0,63 - \frac{0,63}{2} = 6,555 \text{ cm}$$

O valor de altura útil para as barras negativas também é definido pela Eq. 7.21.

$$d_{negativa} = h - c_{nom} - \frac{\phi_{ref}}{2} = 10 - 2,5 - \frac{0,8}{2} = 7,1 \text{ cm}$$

Segundo a Eq. 8.1, a força cortante solicitante de cálculo deve ser menor ou igual à força cortante resistente de cálculo. Para determinar a força cortante solicitante de cálculo para combinação normal de ações, deve-se majorar a força cortante característica em 1,4, resultando nos valores mostrados na Fig. 8.2.

Nesse caso, pode-se calcular a resistência à força cortante apenas para a máxima força cortante em borda apoiada e em borda engastada.

Cálculo para a máxima força cortante na face apoiada

O valor da força cortante resistente de cálculo na face apoiada é encontrado por meio da Eq. 8.11.

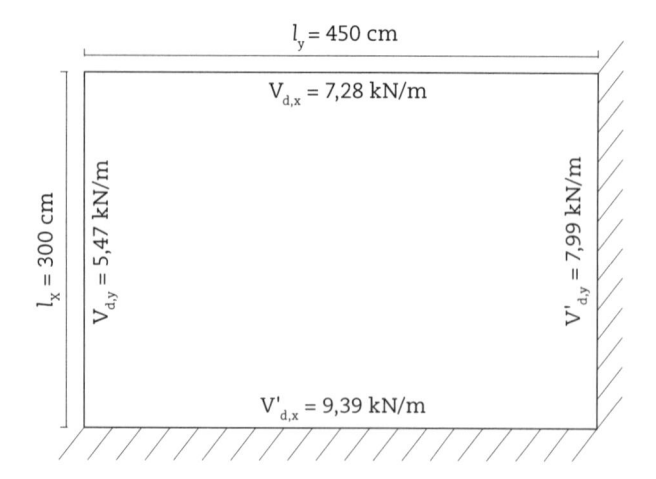

Fig. 8.2 Forma da laje do Exemplo 8.1 e suas forças cortantes solicitantes de cálculo

$$V_{Rd1} = \left[\tau_{Rd} \cdot k \cdot (1,2 + 40\rho_1)\right] \cdot b_w \cdot d$$

$$\tau_{Rd} = 0,25 f_{ctd} = 0,25 \cdot \frac{f_{ctk,inf}}{\gamma_c} = 0,25 \cdot \frac{0,7 f_{ct,m}}{\gamma_c}$$
$$= 0,25 \cdot \frac{0,7 \times 0,3 f_{ck}^{2/3}}{\gamma_c} = 0,25 \times \frac{0,7 \times 0,3 \times 25^{2/3}}{1,4}$$

$$\tau_{Rd} = 0,3206 \text{ MPa} = 0,03206 \text{ kN/cm}^2$$

$$k = |1,6 - d| = |1,6 - 0,07185| = 1,52815 \geq 1,0 \therefore \text{OK}$$

$$\rho_1 = \frac{A_{s1}}{b_w \cdot d} \leq 0,02$$

$$A_{s1} = \phi 6,3 \text{ c/20} = 1,55 \text{ cm}^2/\text{m}$$

$$\rho_1 = \frac{1,55}{100 \times 7,185} = 0,00216 \leq 0,02 \therefore \text{OK}$$

$$V_{Rd1} = \left[0,03206 \times 1,52815 \times (1,2 + 40 \times 0,00216)\right]$$
$$\times 100 \times 7,185 = 45,28 \text{ kN/m}$$

$$V_{Sdx} = 7,28 \text{ kN/m} \leq V_{Rd1} = 45,28 \text{ kN/m}$$
$$\therefore \text{Armadura transversal dispensada}$$

Cálculo para a máxima força cortante na face engastada

O valor da força cortante resistente de cálculo na face engastada também é obtido pela Eq. 8.11.

$$V_{Rd1} = \left[\tau_{Rd} \cdot k \cdot (1,2 + 40\rho_1)\right] \cdot b_w \cdot d$$

$$\tau_{Rd} = 0,3206 \text{ MPa} = 0,03206 \text{ kN/cm}^2$$

$$k = |1,6 - d| = |1,6 - 0,071| = 1,529 \geq 1,0 \therefore \text{OK}$$

$$\rho_1 = \frac{A_{s1}}{b_w \cdot d} \leq 0,02$$

$$A_{s1} = \phi 8 \text{ c/18} = 2,78 \text{ cm}^2/\text{m}$$

$$\rho_1 = \frac{2,78}{100 \times 7,1} = 0,00392 \leq 0,02 \therefore \text{OK}$$

$$V_{Rd1} = \left[0,03206 \times 1,529 \times (1,2 + 40 \times 0,00392)\right] \times 100 \times 7,1$$
$$= 47,22 \text{ kN/m}$$

$$V'_{Sdx} = 9,39 \text{ kN/m} \leq V_{Rd1} = 47,22 \text{ kN/m}$$
$$\therefore \text{Armadura transversal dispensada}$$

Deve ser verificado o não esmagamento da biela de compressão ($V_{Sd} \leq V_{Rd2}$) conforme a seção 8.1.2.

Exemplo 8.2

Calcular a resistência ao cisalhamento da laje indicada nas Figs. 8.3 e 8.4, supondo classe de agressividade ambiental II, usando os cobrimentos e f_{ck} mínimos normativos e aço

CA-50. As forças cortantes já foram dadas, assim como o tipo de treliça.

As armaduras longitudinais da laje são as seguintes:

$$A_{s,x}^+ = 2\phi 5 \text{ c/nervura}$$
(apenas as armaduras do banzo inferior da treliça)

$$A_{s,x}^- = 2\phi 8 \text{ c/nervura}$$

Analisando as Figs. 8.3 e 8.4, percebe-se que se trata de uma laje treliçada unidirecional com enchimento cerâmico. Nesse caso, o b_w considerado é igual a 10 cm, que é a menor largura da nervura. Como a classe de agressividade ambiental II requer $f_{ck} \geq 25$ MPa e o exemplo pede para utilizar os valores mínimos normativos, será adotado $f_{ck} = 25$ MPa. A classe de agressividade ambiental II também indica cobrimento nominal de 25 mm, mas, supondo que a vigota pré-moldada seja feita com rígido controle de qualidade, para as armaduras positivas pode-se reduzir o cobrimento em 5 mm, ficando $c_{nom,sup} = 25$ mm e $c_{nom,inf} = 20$ mm.

O valor da altura útil para armaduras é calculado de acordo com a Eq. 7.21.

$$d_{positiva} = h - c_{nom,inf} - \frac{\phi_{ref}}{2} = 17 - 2,0 - \frac{0,5}{2} = 14,75 \text{ cm}$$

$$d_{negativa} = h - c_{nom,sup} - \frac{\phi_{ref}}{2} = 17 - 2,5 - \frac{0,8}{2} = 14,1 \text{ cm}$$

Segundo a Eq. 8.1, a força cortante solicitante de cálculo deve ser menor ou igual à força cortante resistente de cálculo. Para determinar a força cortante solicitante de cálculo para combinação normal de ações, deve-se majorar a força cortante característica em 1,4.

$$V_{Sdx} = V_{x,k} \cdot 1,4 = 8,46 \times 1,4 = 11,84 \text{ kN/m}$$

$$V'_{Sdx} = V'_{x,k} \cdot 1,4 = 14,10 \times 1,4 = 19,74 \text{ kN/m}$$

Em lajes nervuradas, essa verificação da força cortante é realizada por nervura, e não por metro. Dessa forma, precisa-se converter o esforço por metro para um esforço por nervura.

$$V_{Sdx} = \frac{\text{Cortante por metro} \times \text{intereixo}}{100}$$
$$= \frac{11,84 \times 43}{100} = 5,09 \text{ kN/nervura}$$

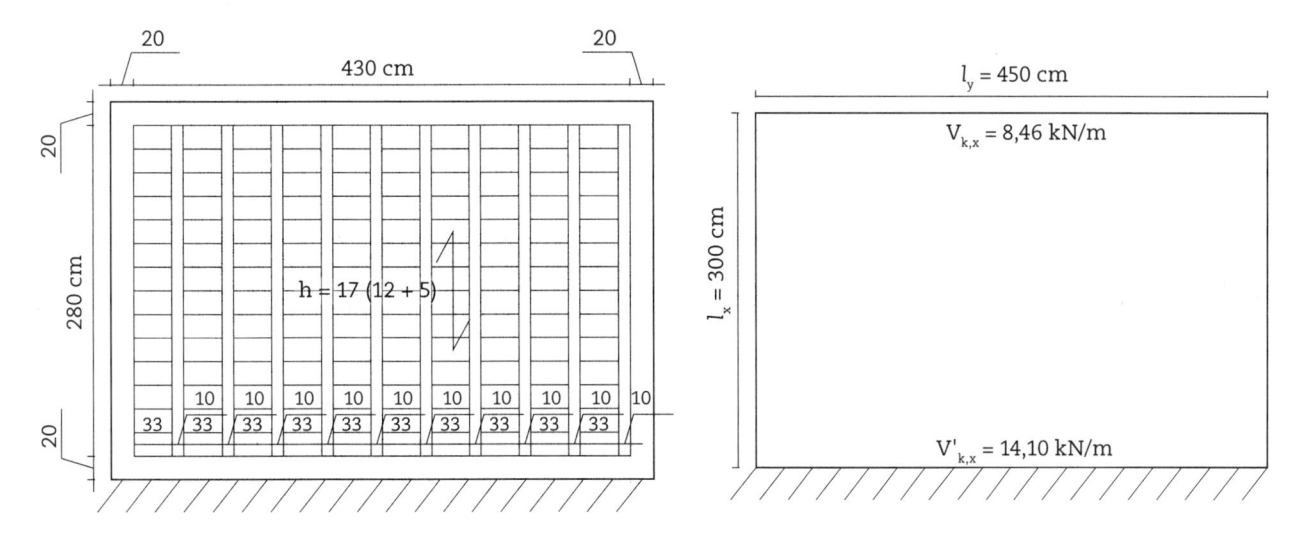

Fig. 8.3 Laje do Exemplo 8.2 e suas forças cortantes características

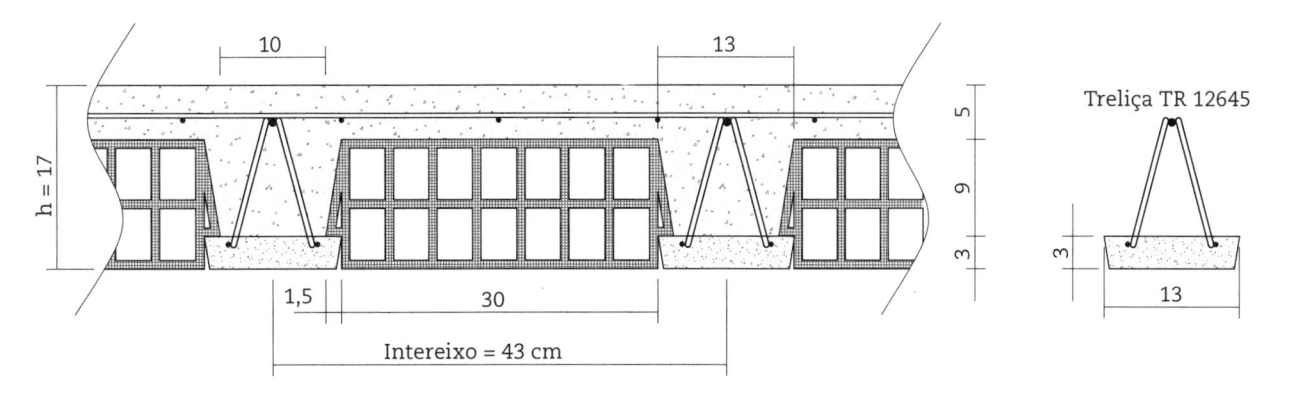

Fig. 8.4 Seção transversal da laje do Exemplo 8.2

$$V'_{Sdx} = \frac{\text{Cortante por metro} \times \text{intereixo}}{100} = \frac{19{,}74 \times 43}{100}$$
$$= 8{,}49 \text{ kN/nervura}$$

Nesse caso, pode-se calcular a resistência à força cortante apenas para a máxima força cortante em borda apoiada e em borda engastada.

Cálculo para a máxima força cortante na face apoiada

O valor da força cortante resistente de cálculo na face apoiada é encontrado por meio da Eq. 8.11.

$$V_{Rd1} = \left[\tau_{Rd} \cdot k \cdot (1{,}2 + 40\rho_1)\right] \cdot b_w \cdot d$$

$$\tau_{Rd} = 0{,}25 f_{ctd} = 0{,}25 \cdot \frac{f_{ctk,inf}}{\gamma_c} = 0{,}25 \cdot \frac{0{,}7 f_{ct,m}}{\gamma_c}$$
$$= 0{,}25 \cdot \frac{0{,}7 \times 0{,}3 f_{ck}^{2/3}}{\gamma_c} = 0{,}25 \times \frac{0{,}7 \times 0{,}3 \times 25^{2/3}}{1{,}4}$$

$$\tau_{Rd} = 0{,}3206 \text{ MPa} = 0{,}03206 \text{ kN/cm}^2$$

$$k = |1{,}6 - d| = |1{,}6 - 0{,}1475| = 1{,}4525 \geq 1{,}0 \therefore \text{OK}$$

$$\rho_1 = \frac{A_{s1}}{b_w \cdot d} \leq 0{,}02$$

$$A_{s1} = 2\phi 5 \text{ c/nervura} = 0{,}39 \text{ cm}^2/\text{nervura}$$

$$\rho_1 = \frac{0{,}39}{10 \times 14{,}75} = 0{,}0026 \leq 0{,}02 \therefore \text{OK}$$

$$V_{Rd1} = \left[0{,}03206 \times 1{,}4525 \times (1{,}2 + 40 \times 0{,}0026)\right] \times 10 \times 14{,}75$$
$$= 8{,}96 \text{ kN/nervura}$$

$$V_{Sdx} = 5{,}09 \text{ kN/nervura} \leq V_{Rd1} = 8{,}96 \text{ kN/nervura}$$
$$\therefore \text{Armadura transversal dispensada}$$

Cálculo para a máxima força cortante na face engastada

O valor da força cortante resistente de cálculo na face engastada também é obtido pela Eq. 8.11.

$$V_{Rd1} = \left[\tau_{Rd} \cdot k \cdot (1{,}2 + 40\rho_1)\right] \cdot b_w \cdot d$$

$$\tau_{Rd} = 0{,}3206 \text{ MPa} = 0{,}03206 \text{ kN/cm}^2$$

$$k = |1{,}6 - d| = |1{,}6 - 0{,}141| = 1{,}459 \geq 1{,}0 \therefore \text{OK}$$

$$\rho_1 = \frac{A_{s1}}{b_w \cdot d} \leq 0{,}02$$

$$A_{s1} = 2\phi 8 \text{ c/nervura} = 1{,}00 \text{ cm}^2/\text{nervura}$$

$$\rho_1 = \frac{1{,}00}{10 \times 14{,}1} = 0{,}00709 \leq 0{,}02 \therefore \text{OK}$$

$$V_{Rd1} = \left[0{,}03206 \times 1{,}459 \times (1{,}2 + 40 \times 0{,}00709)\right] \times 10 \times 14{,}1$$
$$= 9{,}78 \text{ kN/nervura}$$

$$V'_{Sdx} = 8{,}49 \text{ kN/nervura} \leq V_{Rd1} = 9{,}78 \text{ kN/nervura}$$
$$\therefore \text{Armadura transversal dispensada}$$

Deve ser verificado o não esmagamento da biela de compressão ($V_{Sd} \leq V_{Rd2}$) conforme a seção 8.1.2.

Exemplo 8.3

Calcular a resistência ao cisalhamento da laje indicada nas Figs. 8.5 e 8.6, supondo classe de agressividade ambiental II, usando os cobrimentos e f_{ck} mínimos normativos e aço CA-50. A treliça utilizada é a TR 8644. As forças cortantes já foram dadas.

As armaduras longitudinais da laje são as seguintes:

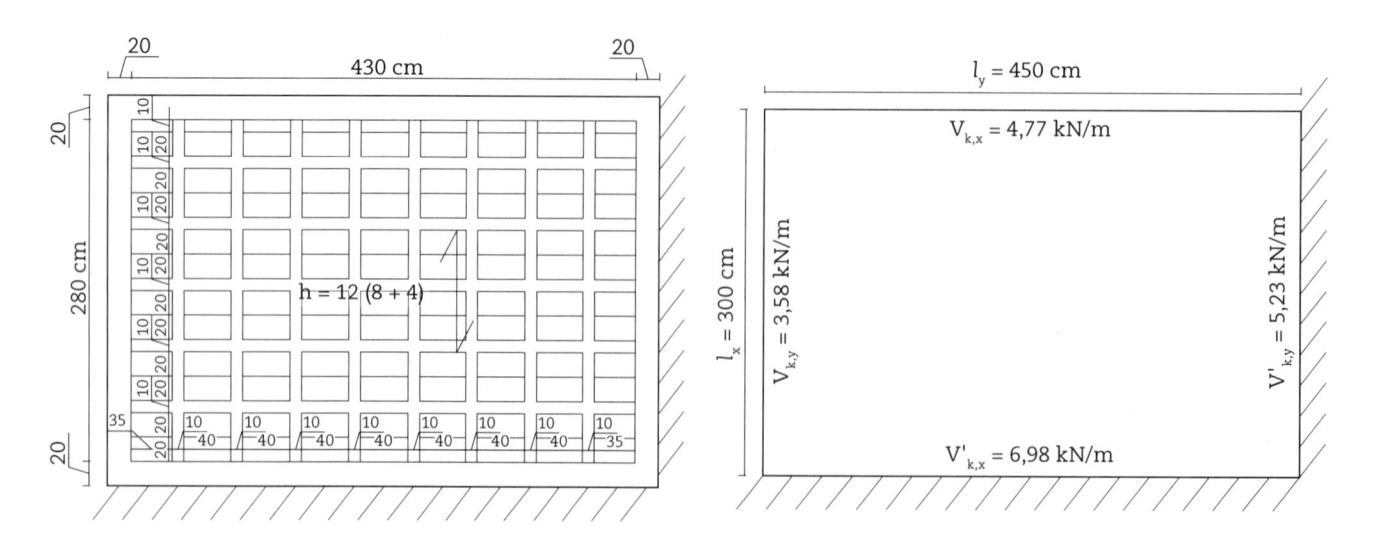

$$A_{s,x}^{+} = 2\phi 4{,}2 + 1\phi 5 \text{ c/nervura}$$

Fig. 8.5 Forma da laje do Exemplo 8.3 e suas forças cortantes características

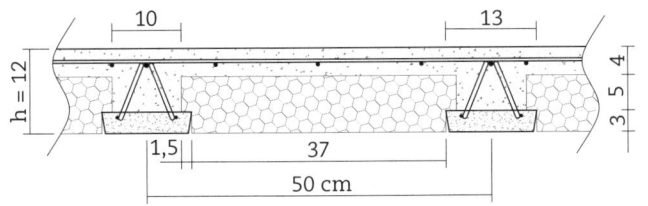

Fig. 8.6 Seção transversal da laje do Exemplo 8.3

$$A^-_{s,x} = 2\phi10 \text{ c/nervura}$$

$$A^+_{s,y} = 1\phi6,3 \text{ c/nervura}$$

$$A^-_{s,y} = 2\phi8 \text{ c/nervura}$$

Analisando as Figs. 8.5 e 8.6, percebe-se que se trata de uma laje treliçada unidirecional com enchimento de EPS. Nesse caso, o b_w considerado é igual a 10 cm, que é a menor largura da nervura nas duas direções. Como a classe de agressividade ambiental II requer $f_{ck} \geq 25$ MPa e o exemplo pede para utilizar os valores mínimos normativos, será adotado $f_{ck} = 25$ MPa. A classe de agressividade ambiental II também indica cobrimento nominal de 25 mm, mas, supondo que a vigota pré-moldada seja feita com rígido controle de qualidade, para as armaduras positivas pode-se reduzir o cobrimento em 5 mm, ficando $c_{nom,sup} = 25$ mm e $c_{nom,inf} = 20$ mm.

O valor da altura útil para armaduras é calculado de acordo com a Eq. 7.21.

$$d_{pos,princ} = h - c_{nom,inf} - \frac{\phi_{ref}}{2} = 12 - 2,0 - \frac{0,5}{2} = 9,75 \text{ cm}$$

$$d_{pos,sec} = h - h_{sap,vig} - \frac{\phi_{ref}}{2} = 12 - 3,0 - \frac{0,63}{2} = 8,685 \text{ cm}$$

$$d_{neg,x} = h - c_{nom,sup} - \frac{\phi_{ref}}{2} = 12 - 2,5 - \frac{1,0}{2} = 9,0 \text{ cm}$$

$$d_{neg,y} = h - c_{nom,sup} - \frac{\phi_{ref}}{2} = 12 - 2,5 - \frac{0,8}{2} = 9,1 \text{ cm}$$

Segundo a Eq. 8.1, a força cortante solicitante de cálculo deve ser menor ou igual à força cortante resistente de cálculo. Para determinar a força cortante solicitante de cálculo para combinação normal de ações, deve-se majorar a força cortante característica em 1,4.

$$V_{Sdx} = V_{x,k} \cdot 1,4 = 4,77 \times 1,4 = 6,68 \text{ kN/m}$$

$$V'_{Sdx} = V'_{x,k} \cdot 1,4 = 6,98 \times 1,4 = 9,77 \text{ kN/m}$$

$$V_{Sdy} = V_{y,k} \cdot 1,4 = 3,58 \times 1,4 = 5,01 \text{ kN/m}$$

$$V'_{Sdy} = V'_{y,k} \cdot 1,4 = 5,23 \times 1,4 = 7,32 \text{ kN/m}$$

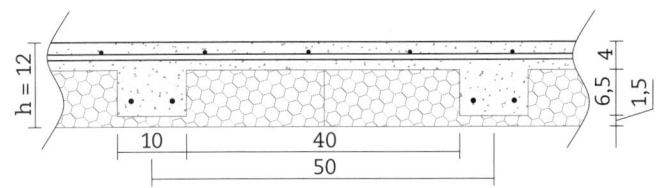

Em lajes nervuradas, essa verificação da força cortante é realizada por nervura, e não por metro. Dessa forma, precisa-se converter o esforço por metro para um esforço por nervura.

$$V_{Sdx} = \frac{\text{Cortante por metro} \times \text{intereixo}}{100} = \frac{6,68 \times 50}{100}$$
$$= 3,34 \text{ kN/nervura}$$

$$V'_{Sdx} = \frac{\text{Cortante por metro} \times \text{intereixo}}{100} = \frac{9,77 \times 50}{100}$$
$$= 4,89 \text{ kN/nervura}$$

$$V_{Sdy} = \frac{\text{Cortante por metro} \times \text{intereixo}}{100} = \frac{5,01 \times 50}{100}$$
$$= 2,51 \text{ kN/nervura}$$

$$V'_{Sdy} = \frac{\text{Cortante por metro} \times \text{intereixo}}{100} = \frac{7,32 \times 50}{100}$$
$$= 3,66 \text{ kN/nervura}$$

Nesse caso, pode-se calcular a resistência à força cortante apenas para a máxima força cortante em borda apoiada e em borda engastada.

Cálculo para a máxima força cortante na face apoiada

O valor da força cortante resistente de cálculo na face apoiada é encontrado por meio da Eq. 8.11.

$$V_{Rd1} = \left[\tau_{Rd} \cdot k \cdot (1,2 + 40\rho_1)\right] \cdot b_w \cdot d$$

$$\tau_{Rd} = 0,25 f_{ctd} = 0,25 \cdot \frac{f_{ctk,inf}}{\gamma_c} = 0,25 \cdot \frac{0,7 f_{ct,m}}{\gamma_c}$$
$$= 0,25 \cdot \frac{0,7 \times 0,3 f_{ck}^{2/3}}{\gamma_c} = 0,25 \times \frac{0,7 \times 0,3 \times 25^{2/3}}{1,4}$$

$$\tau_{Rd} = 0,3206 \text{ MPa} = 0,03206 \text{ kN/cm}^2$$

$$k = |1,6 - d| = |1,6 - 0,0975| = 1,5025 \geq 1,0 \therefore \text{OK}$$

$$\rho_1 = \frac{A_{s1}}{b_w \cdot d} \leq 0,02$$

$$A_{s1} = 2\phi4,2 + 1\phi5 \text{ c/nervura} = 0,47 \text{ cm}^2/\text{nervura}$$

$$\rho_1 = \frac{0,47}{10 \times 9,75} = 0,0048 \leq 0,02 \therefore \text{OK}$$

$$V_{Rd1} = \left[0{,}03206 \times 1{,}5025 \times (1{,}2 + 40 \times 0{,}0048)\right] \times 10 \times 9{,}75$$
$$= 6{,}54 \text{ kN/nervura}$$

$$V_{Sdx} = 3{,}34 \text{ kN/nervura} \leq V_{Rd1} = 6{,}54 \text{ kN/nervura}$$
$$\therefore \text{ Armadura transversal dispensada}$$

Cálculo para a máxima força cortante na face engastada

O valor da força cortante resistente de cálculo na face engastada também é obtido pela Eq. 8.11.

$$V_{Rd1} = \left[\tau_{Rd} \cdot k \cdot (1{,}2 + 40\rho_1)\right] \cdot b_w \cdot d$$

$$\tau_{Rd} = 0{,}25 f_{ctd} = 0{,}25 \cdot \frac{f_{ctk,inf}}{\gamma_c} = 0{,}25 \cdot \frac{0{,}7 f_{ct,m}}{\gamma_c}$$
$$= 0{,}25 \cdot \frac{0{,}7 \times 0{,}3 f_{ck}^{2/3}}{\gamma_c} = 0{,}25 \times \frac{0{,}7 \times 0{,}3 \times 25^{2/3}}{1{,}4}$$

$$\tau_{Rd} = 0{,}3206 \text{ MPa} = 0{,}03206 \text{ kN/cm}^2$$

$$k = |1{,}6 - d| = |1{,}6 - 0{,}09| = 1{,}51 \geq 1{,}0 \therefore \text{ OK}$$

$$\rho_1 = \frac{A_{s1}}{b_w \cdot d} \leq 0{,}02$$

$$A_{s1} = 2\phi 10 \text{ c/nervura} = 1{,}57 \text{ cm}^2/\text{nervura}$$

$$\rho_1 = \frac{1{,}57}{10 \times 9} = 0{,}017 \leq 0{,}02 \therefore \text{ OK}$$

$$V_{Rd1} = \left[0{,}03206 \times 1{,}51 \times (1{,}2 + 40 \times 0{,}017)\right] \times 10 \times 9$$
$$= 8{,}19 \text{ kN/nervura}$$

$$V'_{Sdx} = 4{,}89 \text{ kN/nervura} \leq V_{Rd1} = 8{,}19 \text{ kN/nervura}$$
$$\therefore \text{ Armadura transversal dispensada}$$

Deve ser verificado o não esmagamento da biela de compressão ($V_{Sd} \leq V_{Rd2}$) conforme a seção 8.1.2.

Exemplo 8.4

Calcular a resistência ao cisalhamento da laje indicada nas Figs. 8.7 a 8.9, supondo classe de agressividade ambiental II, usando os cobrimentos e f_{ck} mínimos normativos e aço CA-50. A força cortante e o tipo de treliça já foram dados.

As armaduras longitudinais da laje são as seguintes:

$$A_{s,x}^{+} = 2\phi 6 + 3\phi 20 \text{ c/nervura}$$

Analisando as Figs. 8.7 a 8.9, percebe-se que se trata de uma laje treliçada unidirecional com enchimento de EPS. Nesse caso, o b_w considerado é igual a 10 cm, que é a menor largura da nervura. Como a classe de agressividade ambiental II requer $f_{ck} \geq 25$ MPa e o exemplo pede para utilizar os valores mínimos normativos, será ado-

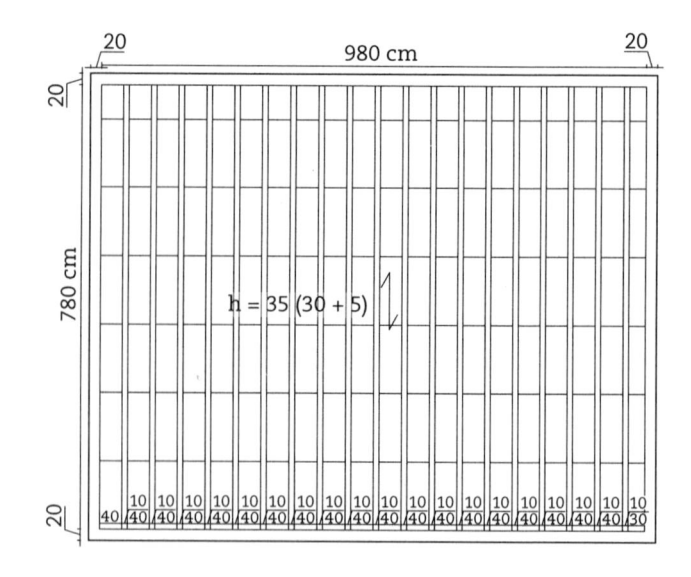

Fig. 8.7 Forma da laje do Exemplo 8.4

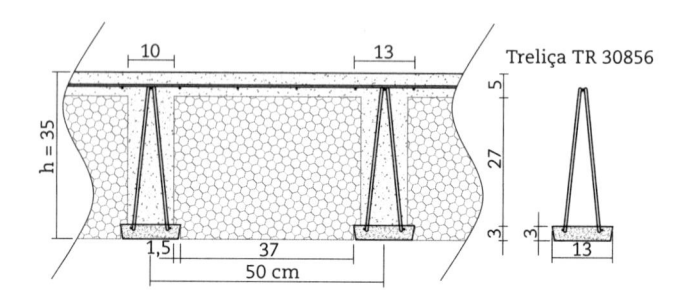

Fig. 8.8 Seção transversal da laje do Exemplo 8.4

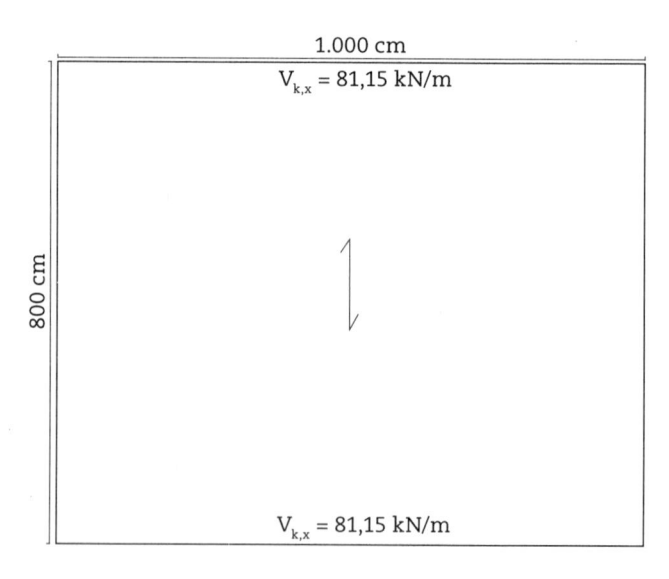

Fig. 8.9 Dimensões de cálculo e força cortante característica do Exemplo 8.4

tado $f_{ck} = 25$ MPa. A classe de agressividade ambiental II também indica cobrimento nominal de 25 mm, mas, supondo que a vigota pré-moldada seja feita com rígido controle de qualidade, para as armaduras positivas pode-se reduzir o cobrimento em 5 mm, ficando $c_{nom,sup} = 25$ mm e $c_{nom,inf} = 20$ mm.

O valor da altura útil para armaduras é calculado de acordo com a Eq. 7.21.

$$d = h - c_{nom,inf} - \frac{\phi_{ref}}{2} = 35 - 2,0 - \frac{2,0}{2} = 32 \text{ cm}$$

Segundo a Eq. 8.1, a força cortante solicitante de cálculo deve ser menor ou igual à força cortante resistente de cálculo. Para determinar a força cortante solicitante de cálculo para combinação normal de ações, deve-se majorar a força cortante característica em 1,4.

$$V_{Sdx} = V_{x,k} \cdot 1,4 = 81,15 \times 1,4 = 113,61 \text{ kN/m}$$

Em lajes nervuradas, essa verificação da força cortante é realizada por nervura, e não por metro. Dessa forma, precisa-se converter o esforço por metro para um esforço por nervura.

$$V_{Sdx} = \frac{\text{Cortante por metro} \times \text{intereixo}}{100} = \frac{113,61 \times 50}{100}$$
$$= 56,81 \text{ kN/nervura}$$

Cálculo para a máxima força cortante na face apoiada

O valor da força cortante resistente de cálculo na face apoiada é encontrado por meio da Eq. 8.11.

$$V_{Rd1} = \left[\tau_{Rd} \cdot k \cdot (1,2 + 40\rho_1)\right] \cdot b_w \cdot d$$

$$\tau_{Rd} = 0,25 f_{ctd} = 0,25 \cdot \frac{f_{ctk,inf}}{\gamma_c} = 0,25 \cdot \frac{0,7 f_{ct,m}}{\gamma_c}$$
$$= 0,25 \cdot \frac{0,7 \times 0,3 f_{ck}^{2/3}}{\gamma_c} = 0,25 \times \frac{0,7 \times 0,3 \times 25^{2/3}}{1,4}$$

$$\tau_{Rd} = 0,3206 \text{ MPa} = 0,03206 \text{ kN/cm}^2$$

$$k = |1,6 - d| = |1,6 - 0,32| = 1,28 \geq 1,0 \therefore \text{ OK}$$

$$\rho_1 = \frac{A_{s1}}{b_w \cdot d} \leq 0,02$$

$$A_{s1} = 2\phi6 + 3\phi20 \text{ c/nervura} = 9,99 \text{ cm}^2/\text{nervura}$$

$$\rho_1 = \frac{9,99}{10 \times 32} = 0,031 > 0,02 \therefore \rho_1 = 0,02$$

$$V_{Rd1} = \left[0,03206 \times 1,28 \times (1,2 + 40 \times 0,02)\right] \times 10 \times 32 = 26,26 \text{ kN/m}$$

$$V_{Sdx} = 56,81 \text{ kN/m} > V_{Rd1} = 26,26 \text{ kN/m}$$
$$\therefore \text{Não OK, necessita de estribos}$$

Nesse caso, pode-se verificar se a contribuição das diagonais é suficiente para resistir à força cortante (ver seção 8.1.2).

8.1.2 Lajes com armadura para força cortante

Em lajes nervuradas, são usuais nervuras de b_w relativamente pequeno, e, para situações de lajes com grandes carregamentos e/ou vãos, pode haver a necessidade de armação com estribos. Isso ocorre devido à força solicitante de cálculo ser maior do que a força resistente de cálculo ($V_{Sd} > V_{Rd1}$). Em lajes treliçadas, na direção das treliças, pode-se utilizar a diagonal das treliças como armadura de cisalhamento para ajudar a resistir à força cortante, sendo que nesse caso é necessário considerar as inclinações das diagonais no cálculo, fazendo o correto aproveitamento da contribuição estrutural desse material. Adotou-se neste livro o modelo I de cálculo de armadura transversal, apresentado no item 17.4.2.2 da NBR 6118 (ABNT, 2023). O processo de cálculo engloba a verificação da biela de concreto à compressão e o dimensionamento da armadura necessária. Mesmo em casos em que há a dispensa de armadura transversal para força cortante, recomenda-se que a verificação do não esmagamento do concreto seja realizada.

Para verificar o não esmagamento do concreto utiliza-se:

$$V_{Sd} \leq V_{Rd2} \quad \textbf{(8.12)}$$

sendo:

$$V_{Rd2} = 0,27 \alpha_{v2} \cdot f_{cd} \cdot b_w \cdot d \quad \textbf{(8.13)}$$

$$\alpha_{v2} = 1 - \frac{f_{ck}}{250} \quad (f_{ck} \text{ em MPa}) \quad \textbf{(8.14)}$$

em que:

V_{Sd} é a força cortante solicitante de cálculo;
V_{Rd2} é a força cortante resistente de cálculo relativa à ruína das diagonais comprimidas de concreto;
f_{cd} é a resistência de cálculo do concreto, igual ao valor de f_{ck} dividido pelo fator minorador de resistência do concreto de 1,4;
b_w é a largura da nervura ou da faixa de laje maciça;
d é a altura útil.

Para verificar a quantidade de armadura de cisalhamento necessária para resistir à força cortante, pode-se adotar:

$$V_{Sd} \leq V_{Rd3} \quad \textbf{(8.15)}$$

sendo:

$$V_{Rd3} = V_c + V_{sw} \quad \textbf{(8.16)}$$

$$V_c = 0,6 f_{ctd} \cdot b_w \cdot d \quad \textbf{(8.17)}$$

$$f_{ctd} = \frac{f_{ctk,inf}}{\gamma_c} \quad \textbf{(8.18)}$$

$$V_{sw} = \left(\frac{A_{sw}}{s}\right) \cdot 0{,}9d \cdot f_{ywd} \cdot (\operatorname{sen}\alpha + \cos\alpha) \quad \text{(8.19)}$$

em que:
V_{Rd3} é a força cortante resistente de cálculo relativa à ruína por tração diagonal;
V_c é a parcela resistente do concreto à força cortante sem a presença de estribos;
V_{sw} é a parcela resistente da força cortante devida à armadura transversal (estribos ou diagonais);
f_{ctd} é a resistência de cálculo do concreto à tração direta;
$f_{ctk,inf}$ é o valor inferior da resistência característica do concreto à tração;
γ_c é o coeficiente de ponderação da resistência do concreto;
A_{sw} é a área de aço da armadura transversal;
s é o espaçamento da armadura transversal;
f_{ywd} é a tensão da armadura transversal;
α é o ângulo de inclinação da armadura transversal, que para diagonais das treliças é calculado por:

$$\alpha = \arctan\left(\frac{\text{Altura da treliça em cm}}{10}\right) \quad \text{(8.20)}$$

A parcela resistente do concreto à força cortante sem a presença de estribos (V_c) advém dos mecanismos complementares de resistência do modelo da treliça de Mörsch, que são os efeitos combinados de engrenamento dos agregados, efeito de arco do banzo superior de concreto, hiperestaticidade da treliça generalizada, inclinação das bielas de compressão menor que 45° e efeito de pino da armadura longitudinal.

A tensão da armadura transversal (f_{ywd}) para estribos de lajes é de 250 MPa (para lajes com espessura até 15 cm) e 435 MPa (para lajes com espessura maior ou igual a 35 cm). Lajes com espessuras nesse intervalo devem ter a tensão da armadura transversal determinada através de interpolação linear. Essa limitação de tensão é justificada pela dificuldade de ancoragem de estribos em lajes. Entretanto, ao ser analisada uma laje treliçada onde as diagonais da treliça (sinusoides) fazem o papel de armadura transversal, essa limitação não é justificável, sendo que as diagonais são constituídas de fios contínuos soldados por eletrofusão nos banzos superior e inferior das treliças.

Reescrevendo a Eq. 8.19, tem-se a área de aço da armadura transversal por espaçamento:

$$\left(\frac{A_{sw}}{s}\right) = \frac{V_{sw}}{0{,}9d \cdot f_{ywd} \cdot (\operatorname{sen}\alpha + \cos\alpha)} \quad \text{(8.21)}$$

Vale ressaltar que essa contribuição só vale para a direção em que a treliça está atuando. Na direção das nervuras transversais não há treliça, portanto essa contribuição não acontece.

Em relação à contribuição das diagonais da treliça, na Fig. 8.10 é apresentado um resumo do mecanismo resistente das diagonais.

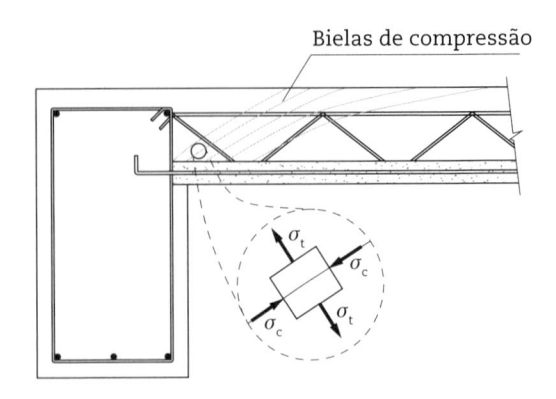

Fig. 8.10 Comportamento da nervura treliçada quanto à força cortante

Observa-se que em 1 m de treliça apenas dez diagonais resistem à força cortante, e não as 20 existentes. Isso decorre do fato de apenas dez diagonais estarem dispostas na direção próxima à da tensão principal de tração ($\sigma_1 = \sigma_t$) e efetivamente combaterem a tração. As dez diagonais desprezadas são as dispostas na direção próxima à das bielas de compressão. Verifica-se também que só pode ser considerada a contribuição das diagonais da treliça à força cortante quando a altura da treliça não é inferior à do enchimento e, em lajes maciças treliçadas, quando é suficiente para garantir o posicionamento das armaduras superiores, quando necessário, ou é próxima à altura da laje menos os cobrimentos inferior e superior.

Exemplo 8.5

Calcular a resistência ao cisalhamento com a contribuição da diagonal da treliça da laje indicada no Exemplo 8.4, nas Figs. 8.7 a 8.9, supondo classe de agressividade ambiental II, usando os cobrimentos e f_{ck} mínimos normativos e aço CA-50. A força cortante e o tipo de treliça já foram dados. Os valores de força cortante de cálculo e altura útil já foram apresentados no Exemplo 8.4.

O valor da resistência ao esmagamento do concreto é encontrado conforme a Eq. 8.13.

$$V_{Rd2} = 0{,}27\alpha_{v2} \cdot f_{cd} \cdot b_w \cdot d$$

$$\alpha_{v2} = 1 - \frac{f_{ck}}{250} = 1 - \frac{25}{250} = 0{,}9$$

$$V_{Rd2} = 0{,}27 \times 0{,}9 \times \frac{2{,}5}{1{,}4} \times 10 \times 32 = 138{,}86 \text{ kN/nervura}$$

$V_{Sdx} = 56{,}81$ kN/nervura $\leq V_{Rd2} = 138{,}86$ kN/nervura $\therefore$ OK

Em caso de não passar nessa verificação, duas alternativas são possíveis: o aumento da seção de concreto ou o aumento da resistência característica à compressão do concreto.

O dimensionamento da armadura de cisalhamento é realizado por meio da Eq. 8.16.

$$V_{Rd3} = V_c + V_{sw}$$

Fazendo $V_{Rd3} = V_{Sdx}$ e reduzindo a resistência V_c, encontra-se V_{sw}.

$$V_{sw} = V_{Sdx} - V_c$$

$$V_c = 0{,}6 f_{ctd} \cdot b_w \cdot d$$

$$f_{ctd} = \frac{f_{ctk,inf}}{\gamma_c} = \frac{0{,}7 \times 0{,}3 f_{ck}^{2/3}}{\gamma_c} = \frac{0{,}7 \times 0{,}3 \times 25^{2/3}}{1{,}4}$$
$$= 1{,}28 \text{ MPa} = 0{,}128 \text{ kN/cm}^2$$

$$V_c = 0{,}6 \times 0{,}128 \times 10 \times 32 = 24{,}58 \text{ kN/nervura}$$

$$V_{sw} = 56{,}81 - 24{,}58 = 32{,}23 \text{ kN/nervura}$$

Utilizando a Eq. 8.20, tem-se:

$$\left(\frac{A_{sw}}{s}\right) = \frac{V_{sw}}{0{,}9 d \cdot f_{ywd} \cdot (\operatorname{sen}\alpha + \cos\alpha)}$$

$$\alpha = \arctan\left(\frac{30}{10}\right) = 71{,}56°$$

$$\left(\frac{A_{sw}}{s}\right) = \frac{32{,}23}{0{,}9 \times 32 \times 43{,}5 \times (\operatorname{sen} 71{,}56° + \cos 71{,}56°)}$$
$$= 0{,}0204 \text{ cm}^2/\text{cm} = 2{,}04 \text{ cm}^2/\text{m}$$

A armadura transversal das diagonais existentes em 1 m de treliça é:

$$A_{sw} = 10\phi 5 = 1{,}96 \text{ cm}^2/\text{m}$$

Convertendo a área de aço para CA-50, obtém-se:

$$A_{sw} = 1{,}96 \times \frac{60}{50} = 2{,}35 \text{ cm}^2/\text{m} > 2{,}04 \text{ cm}^2/\text{m}$$

Logo, observa-se que a armadura da treliça atende à necessidade de armadura transversal.

Em caso de a armadura da diagonal da treliça não ser suficiente para resistir à força cortante, deve-se calcular a área de aço necessária com $\alpha = 90°$, descontar a área das diagonais e complementar a área de aço com estribos que envolvam tanto a armadura inferior quanto a armadura superior. Os formatos mais comuns desses estribos são C, S e U. Outra possibilidade é utilizar treliças com diâmetro das diagonais maior.

8.2 Punção

Em lajes lisas e lajes-cogumelo, devido à pequena região de contato entre a laje e o pilar para a transferência de esforços, surgem esforços cisalhantes significativos que podem gerar a punção. A punção é o ato de perfurar algo, e, no caso de lajes lisas e lajes-cogumelo, pela ausência de vigas para a transmissão de esforços, o pilar propicia a ruptura da laje. Essa ruptura tende a ser frágil, não avisada. Na Fig. 8.11 é mostrado o efeito da punção em uma laje.

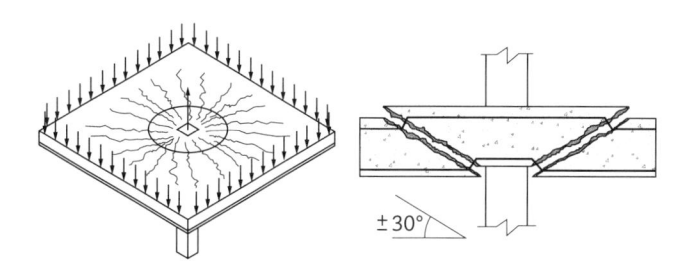

Fig. 8.11 Punção em lajes lisas

Em lajes nervuradas, essa região de ligação entre a laje e o pilar deve ser maciça, e, tendo em vista essa exigência, a NBR 6118 (ABNT, 2023) não faz distinção entre lajes maciças e nervuradas, considerando-as sempre maciças nessa verificação.

A NBR 6118 (ABNT, 2023) prevê um modelo de cálculo que corresponde à verificação do cisalhamento em duas ou mais superfícies críticas, definidas no contorno de forças concentradas. A primeira e a segunda superfícies críticas (contornos C e C') não envolvem regiões com armadura de punção. Porém, em caso de as tensões solicitantes serem maiores do que as resistentes, há a necessidade de colocar armadura de punção, e, como consequência disso, surge uma terceira superfície crítica (C'') para ser analisada.

8.2.1 Contorno C

Na primeira superfície crítica, denominada contorno C do pilar ou da carga concentrada, deve-se verificar a biela de compressão do concreto por meio de uma tensão de cisalhamento.

A tensão solicitante de cálculo é descrita por:

$$\tau_{Sd} = \frac{F_{Sd}}{u_0 \cdot d} \tag{8.22}$$

em que:

F_{Sd} é a força ou reação concentrada de cálculo;
d é a altura útil da laje;

u_0 é o perímetro crítico do contorno C (ver Figs. 8.15, 8.16 e 8.23). Para pilares internos, esse perímetro crítico é o perímetro do pilar. Para pilares de borda e de canto, pode-se utilizar as Eqs. 8.23 e 8.24, respectivamente.

- Pilar de borda

$$u_0 = C_2 + 3d \leq 2C_1 + C_2 \quad (8.23)$$

em que:

C_1 é a dimensão do pilar perpendicular à borda (ver Fig. 8.23);
C_2 é a dimensão do pilar paralela à borda (ver Fig. 8.23).

- Pilar de canto

$$u_0 = 3d \leq C_1 + C_2 \quad (8.24)$$

em que:

C_1 e C_2 são as dimensões do pilar em planta.

A verificação do contorno C consiste em comparar a tensão solicitante de cálculo com a tensão resistente de cálculo, sendo que a tensão resistente de cálculo precisa ser maior ou igual à tensão solicitante de cálculo. A tensão resistente de cálculo é descrita por:

$$\tau_{Sd} \leq \tau_{Rd2} = 0{,}27\alpha_v \cdot f_{cd} \quad (8.25)$$

sendo:

$$\alpha_v = 1 - \frac{f_{ck}}{250} \quad (8.26)$$

f_{ck} é a resistência característica à compressão do concreto;
f_{cd} é a resistência de cálculo à compressão do concreto.

Na NBR 6118 (ABNT, 2023) é comentado que se pode aumentar 20% do valor de τ_{Rd2} em um pilar interno quando os vãos que chegarem a esse pilar não diferirem mais de 50% e também não existirem aberturas junto ao pilar.

Em caso de a verificação do contorno C não satisfazer aos parâmetros normativos, deve-se aumentar a espessura da laje, podendo essa espessura ser pontual, por exemplo, com a utilização de capitéis. Em teoria, aumentar a resistência característica do concreto também resolve o problema, porém, em situações de projeto, esse parâmetro costumeiramente é definido mediante a classe de agressividade ambiental, e não em função do dimensionamento dos elementos estruturais isoladamente.

Exemplo 8.6

Verificar a resistência à compressão do concreto no contorno C para a laje com pilar interno indicada na Fig. 8.12, supondo classe de agressividade ambiental II, usando os

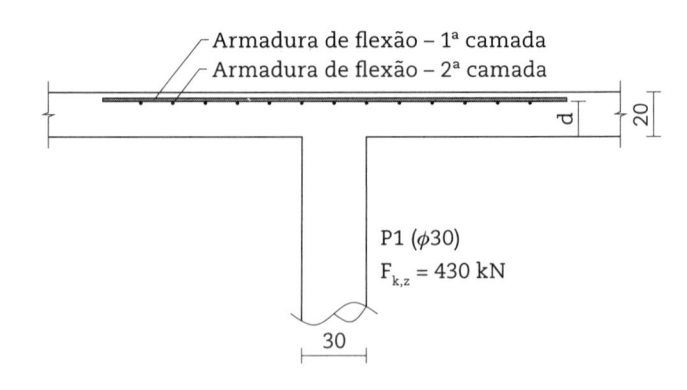

Fig. 8.12 Dimensões e reações de apoio da laje lisa do Exemplo 8.6 (cotas em cm)

cobrimentos e f_{ck} mínimos normativos e aço CA-50. Para o cálculo da altura útil, estimar armadura de flexão com $\phi = 16$ mm.

Utiliza-se a Eq. 8.22, dada por:

$$\tau_{Sd} = \frac{F_{Sd}}{u_0 \cdot d}$$

A altura útil da laje varia conforme sua direção, sendo diferente na direção principal e na direção secundária. Para essa verificação, foi considerada uma altura útil média.

$$d = h - c_{nom} - \phi_{ref} = 20 - 2{,}5 - 1{,}6 = 15{,}9 \text{ cm}$$

$$u_0 = \pi \cdot D = \pi \cdot 30 = 94{,}25 \text{ cm}$$

$$\tau_{Sd} = \frac{F_{Sd}}{u_0 \cdot d} = \frac{1{,}4 \times 430}{94{,}25 \times 15{,}9} = 0{,}402 \text{ kN/cm}^2$$

A tensão resistente de cálculo é obtida por meio da Eq. 8.25.

$$\tau_{Rd2} = 0{,}27\alpha_v \cdot f_{cd}$$

$$\alpha_v = 1 - \frac{f_{ck}}{250} = 1 - \frac{25}{250} = 0{,}9$$

$$\tau_{Rd2} = 0{,}27 \times 0{,}9 \times \frac{2{,}5}{1{,}4} = 0{,}434 \text{ kN/cm}^2 > \tau_{Sd}$$
$$= 0{,}402 \text{ kN/cm}^2 \therefore \text{OK}$$

Exemplo 8.7

Verificar a resistência à compressão do concreto no contorno C para a laje com pilar de extremidade indicada na Fig. 8.13, supondo classe de agressividade ambiental II, usando os cobrimentos e f_{ck} mínimos normativos e aço CA-50. Para o cálculo da altura útil, estimar armadura de flexão com $\phi = 12{,}5$ mm.

Utiliza-se a Eq. 8.22, dada por:

$$\tau_{Sd} = \frac{F_{Sd}}{u_0 \cdot d}$$

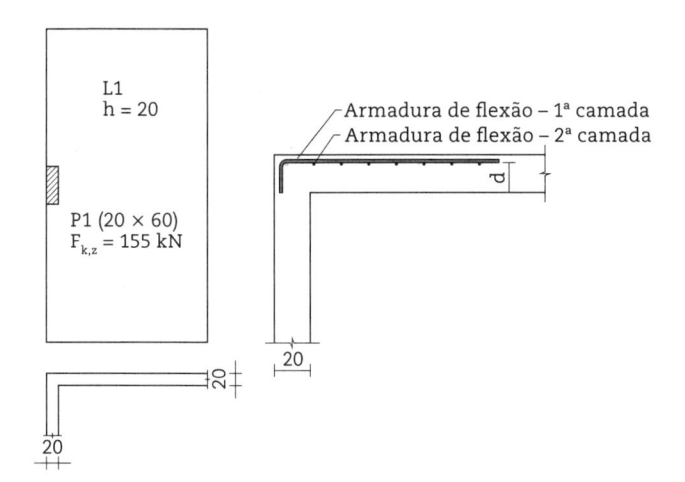

Fig. 8.13 Dimensões e reações de apoio da laje lisa do Exemplo 8.7 (cotas em cm)

A altura útil da laje varia conforme sua direção, sendo diferente na direção principal e na direção secundária. Para essa verificação, foi considerada uma altura útil média.

$$d = h - c_{nom} - \phi_{ref} = 20 - 2{,}5 - 1{,}25 = 16{,}25 \text{ cm}$$

$$u_0 = C_2 + 3d = 60 + 3 \times 16{,}25 = 108{,}75 \text{ cm} \leq 2 \times 20 + 60$$
$$= 100 \text{ cm} \therefore u_0 = 100 \text{ cm}$$

$$\tau_{Sd} = \frac{F_{Sd}}{u_0 \cdot d} = \frac{1{,}4 \times 155}{100 \times 16{,}25} = 0{,}134 \text{ kN/cm}^2$$

A tensão resistente de cálculo é obtida por meio da Eq. 8.25.

$$\tau_{Rd2} = 0{,}27 \alpha_v \cdot f_{cd}$$

$$\alpha_v = 1 - \frac{f_{ck}}{250} = 1 - \frac{25}{250} = 0{,}9$$

$$\tau_{Rd2} = 0{,}27 \times 0{,}9 \times \frac{2{,}5}{1{,}4} = 0{,}434 \text{ kN/cm}^2 > \tau_{Sd}$$
$$= 0{,}134 \text{ kN/cm}^2 \therefore \text{OK}$$

Exemplo 8.8

Verificar a resistência à compressão do concreto no contorno C para a laje com pilar de extremidade indicada na Fig. 8.14, supondo classe de agressividade ambiental II, usando os cobrimentos e f_{ck} mínimos normativos e aço CA-50. Para o cálculo da altura útil, estimar armadura de flexão com ϕ = 10 mm.

Utiliza-se a Eq. 8.22, dada por:

$$\tau_{Sd} = \frac{F_{Sd}}{u_0 \cdot d}$$

A altura útil da laje varia conforme sua direção, sendo diferente na direção principal e na direção secundária. Para essa verificação, foi considerada uma altura útil média.

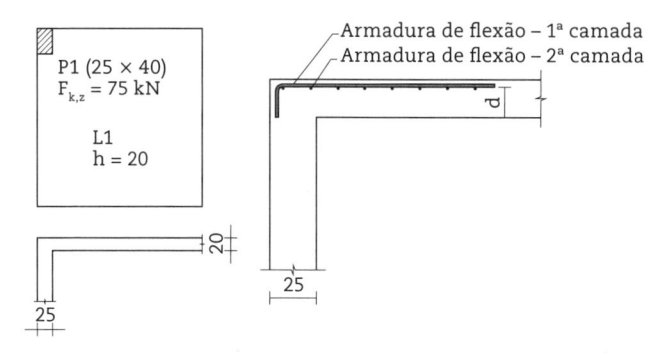

Fig. 8.14 Dimensões e reações de apoio da laje lisa do Exemplo 8.8 (cotas em cm)

$$d = h - c_{nom} - \phi_{ref} = 20 - 2{,}5 - 1{,}0 = 16{,}5 \text{ cm}$$

$$u_0 = 3d \leq C_1 + C_2 = 3 \times 16{,}5 = 49{,}5 \text{ cm} \leq 25 + 40$$
$$= 65 \text{ cm} \therefore u_0 = 49{,}5 \text{ cm}$$

$$\tau_{Sd} = \frac{F_{Sd}}{u_0 \cdot d} = \frac{1{,}4 \times 75}{49{,}5 \times 16{,}5} = 0{,}129 \text{ kN/cm}^2$$

A tensão resistente de cálculo é obtida por meio da Eq. 8.25.

$$\tau_{Rd2} = 0{,}27 \alpha_v \cdot f_{cd}$$

$$\alpha_v = 1 - \frac{f_{ck}}{250} = 1 - \frac{25}{250} = 0{,}9$$

$$\tau_{Rd2} = 0{,}27 \times 0{,}9 \times \frac{2{,}5}{1{,}4} = 0{,}434 \text{ kN/cm}^2 > \tau_{Sd}$$
$$= 0{,}129 \text{ kN/cm}^2 \therefore \text{OK}$$

8.2.2 Contorno C'

A segunda superfície crítica é definida afastada a uma distância 2d do pilar ou da carga concentrada. É denominada contorno C' e nela se verifica a capacidade da ligação à punção, associada à resistência à tração diagonal, por meio de uma tensão de cisalhamento. Caso haja necessidade, essa ligação deve ser reforçada por uma armadura transversal. Na Fig. 8.15 são apresentados os contornos C e C' para pilares internos.

Se o contorno C apresentar reentrâncias, na NBR 6118 (ABNT, 2023) é indicada a resolução para o contorno crítico C', como mostrado na Fig. 8.16.

Contorno C' para pilares internos

A tensão solicitante de cálculo em pilares internos é descrita por:

$$\tau_{Sd} = \frac{F_{Sd}}{u_1 \cdot d} \tag{8.27}$$

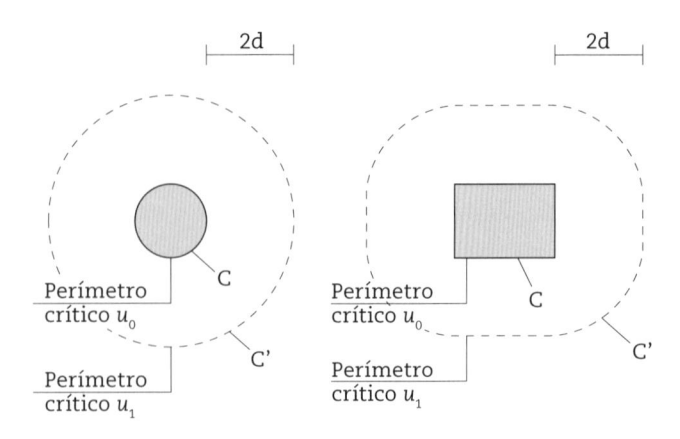

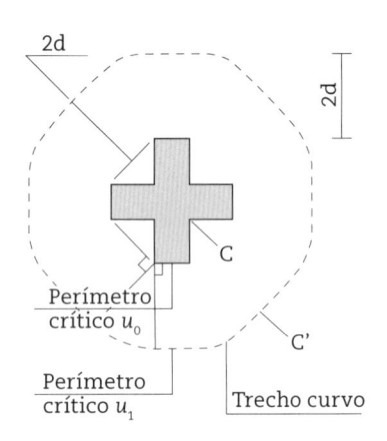

Fig. 8.15 Perímetro crítico em pilares internos
Fonte: adaptado de ABNT (2023).

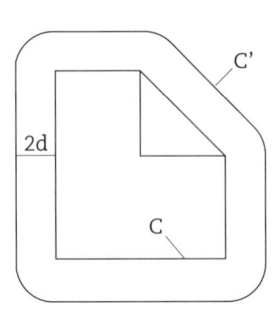

Fig. 8.16 Perímetro crítico no caso de o contorno C apresentar reentrância
Fonte: adaptado de ABNT (2023).

em que:
F_{Sd} é a força ou reação concentrada de cálculo;
u_1 é o perímetro crítico do contorno C';
d é a altura útil da laje.

Caso exista transferência de momento da laje para o pilar além da força vertical, o efeito de assimetria deve ser considerado de acordo com:

$$\tau_{Sd} = \frac{F_{Sd}}{u_1 \cdot d} + \frac{K \cdot M_{Sd}}{W_p \cdot d} \quad (8.28)$$

em que:
M_{Sd} é o momento fletor de cálculo da laje para o pilar;
W_p é o módulo de resistência plástica.

Para calcular W_p, deve-se utilizar a Eq. 8.29 para cada direção de pilares retangulares e a Eq. 8.30 para pilares circulares.

$$W_p = \frac{C_1^2}{2} + C_1 \cdot C_2 + 4C_2 \cdot d + 16d^2 + 2\pi \cdot d \cdot C_1 \quad (8.29)$$

$$W_p = (D + 4d)^2 \quad (8.30)$$

em que:
D é o diâmetro do pilar.

Os valores de K são indicados na Tab. 8.1. Para pilares circulares internos, deve ser adotado o valor K = 0,6.

Tab. 8.1 Valores de K

C_1/C_2	0,5	1,0	2,0	3,0
K	0,45	0,60	0,70	0,80

C_1 é a dimensão do pilar paralela à excentricidade da força (ver Fig. 8.23);
C_2 é a dimensão do pilar perpendicular à excentricidade da força (ver Fig. 8.23).
Fonte: ABNT (2023, p. 163).

Na NBR 6118 (ABNT, 2023) não são abordadas situações em que dois momentos fletores estejam atuando em um pilar interno simultaneamente. Nesse caso, deve ser acrescida uma terceira parte na Eq. 8.28 para a determinação da tensão solicitante de cálculo, somando a parcela de influência dos momentos fletores nas duas direções.

A verificação do contorno C' consiste em comparar a tensão solicitante de cálculo com a tensão resistente de cálculo, sendo que a tensão resistente de cálculo precisa ser maior ou igual à tensão solicitante de cálculo. A tensão resistente de cálculo é descrita por:

$$\tau_{sd} \leq \tau_{Rd1} = 0{,}13k_e \cdot (100\rho \cdot f_{ck})^{\frac{1}{3}} + 0{,}10\sigma_{cp} \quad (8.31)$$

sendo:

$$k_e = \left(1 + \sqrt{\frac{20}{d}}\right) \leq 2 \quad (8.32)$$

$$\rho = \sqrt{\rho_x \cdot \rho_y} = \sqrt{\frac{A_{s,x}}{A_{c,x}} \cdot \frac{A_{s,y}}{A_{c,y}}} \leq 0{,}02 \quad (8.33)$$

em que:
σ_{cp} é a tensão de compressão no concreto gerada pela protensão;
$A_{s,x}$ e $A_{s,y}$ são as áreas de aço de flexão nas direções x e y, respectivamente, na região do pilar, estendendo-se até $3d$ da face do pilar para cada lado;
$A_{c,x}$ e $A_{c,y}$ são as áreas da seção transversal da laje nas direções x e y, respectivamente, que envolvem as armaduras de flexão.

No caso de a verificação do contorno C' não satisfazer aos parâmetros normativos, pode-se resolver o problema da punção de quatro formas: aumentar a espessura da laje, implementar um capitel, aumentar o f_{ck} ou colocar armadura de punção.

O aumento da espessura da laje influi em aumento de carga no pavimento inteiro. A colocação de um capitel gera um aumento pequeno de carga, porém o benefício para a punção é expressivo, devendo ser compatibilizado com a arquitetura. A resistência característica do concreto comumente é definida no início do projeto, mediante a classe de agressividade ambiental. Nesse caso, a armadura de punção se torna uma das formas mais interessantes para resolver o problema. Além disso, na NBR 6118 (ABNT, 2023, p. 170) é comentado que "no caso de a estabilidade global da estrutura depender da resistência da laje à punção, deve ser prevista armadura de punção, mesmo que τ_{Sd} seja menor que τ_{Rd1}. Essa armadura deve equilibrar um mínimo de 50% de F_{Sd}".

Outro benefício na colocação da armadura de punção é o acréscimo de ductilidade. Na NBR 6118 (ABNT, 2023) é recomendado que a armadura seja preferencialmente constituída por três ou mais linhas de conectores tipo pino com extremidades alargadas, dispostas radialmente a partir do perímetro do pilar, conforme a Fig. 8.17. Nessa figura também se pode visualizar a terceira superfície crítica, denominada contorno C''. Ela deverá ser verificada quando for indicado colocar armadura transversal. Essa superfície crítica é afastada $2d$ da última camada de armadura transversal.

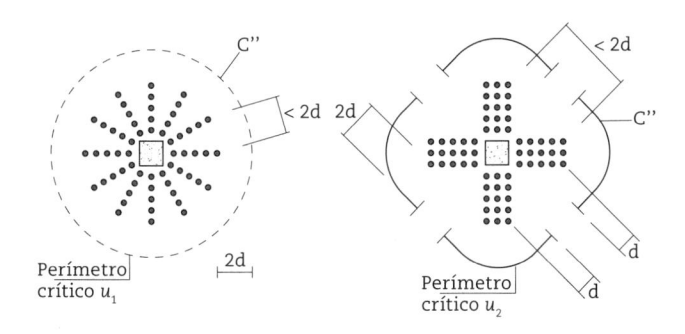

Fig. 8.17 Disposição da armadura de punção em planta e contorno da superfície crítica C''
Fonte: adaptado de ABNT (2023).

Na Fig. 8.18 pode-se observar a disposição da armadura de punção em corte.

Uma vez que se tenha a necessidade de colocar a armadura de punção, a tensão resistente de cálculo se dá por:

$$\tau_{sd} \leq \tau_{Rd1} = 0{,}10 k_e \cdot (100\rho \cdot f_{ck})^{\frac{1}{3}} + 0{,}10\sigma_{cp} + 1{,}5 \cdot \frac{d}{s_r} \cdot \frac{A_{sw} \cdot f_{ywd} \cdot \operatorname{sen}\alpha}{u_1 \cdot d} \quad (8.34)$$

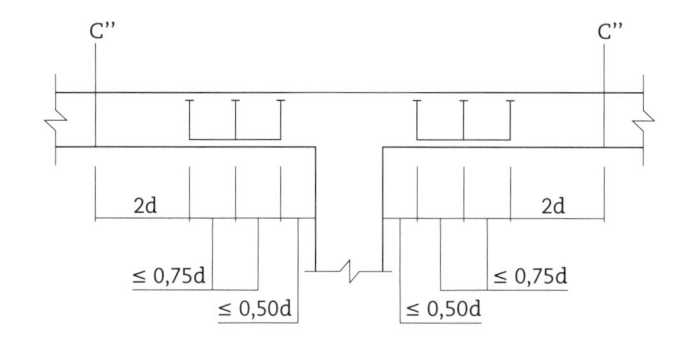

Fig. 8.18 Disposição da armadura de punção em corte
Fonte: adaptado de ABNT (2023).

em que:
s_r é o espaçamento radial entre linhas de armadura de punção, não maior do que $0{,}75d$;
A_{sw} é a área da armadura de punção em um contorno completo paralelo a C';
α é o ângulo de inclinação entre o eixo da armadura de punção e o plano da laje;
f_{ywd} é a resistência de cálculo da armadura de punção, não maior do que 300 MPa para conectores (studs) ou 250 MPa para estribos (de aço CA-50 ou CA-60) em lajes com espessura de 15 cm, e 435 MPa para lajes com espessura maior do que 35 cm. Para lajes com espessura entre 15 cm e 35 cm, pode-se interpolar o valor.

Exemplo 8.9

Verificar a resistência à punção do concreto no contorno C' para a laje com pilar interno indicada na Fig. 8.12, supondo classe de agressividade ambiental II, usando os cobrimentos mínimos normativos, $f_{ck} = 30$ MPa e aço CA-50. A armadura negativa nessa laje é de $\phi 16$ c/8 nas duas direções, e não se têm momentos fletores desbalanceados.

Como não há momentos fletores desbalanceados, utiliza-se a Eq. 8.27 para a determinação da tensão solicitante de cálculo.

$$\tau_{Sd} = \frac{F_{Sd}}{u_1 \cdot d}$$

A altura útil da laje varia conforme sua direção, sendo diferente na direção principal e na direção secundária. Para essa verificação, foi considerada uma altura útil média.

$$d = h - c_{nom} - \phi_{ref} = 20 - 2{,}5 - 1{,}6 = 15{,}9 \text{ cm}$$

$$u_1 = \pi \cdot (D + 4d) = \pi \cdot (30 + 4 \times 15{,}9) = 294{,}05 \text{ cm}$$

$$\tau_{Sd} = \frac{F_{Sd}}{u_1 \cdot d} = \frac{1{,}4 \times 430}{294{,}05 \times 15{,}9} = 0{,}129 \text{ kN/cm}^2$$

A tensão resistente de cálculo é obtida por meio da Eq. 8.31.

$$\tau_{sd} \leq \tau_{Rd1} = 0{,}13 k_e \cdot (100\rho \cdot f_{ck})^{\frac{1}{3}} + 0{,}10\sigma_{cp}$$

$$k_e = \left(1 + \sqrt{\frac{20}{d}}\right) = \left(1 + \sqrt{\frac{20}{15{,}9}}\right) = 2{,}12 \leq 2 \therefore k_e = 2$$

A taxa de armadura nas duas direções será igual, pois a armadura em cada direção é de $\phi 16$ c/8. Sabe-se que $1\phi 16 = 2{,}01$ cm².

$$A_{s,x} = A_{s,y} = \frac{\phi_{pilar} + 2 \times 3d}{s} \cdot \phi_{ref}$$
$$= \frac{30 + 2 \times 3 \times 15{,}9}{8} \times 2{,}01 = 31{,}51 \text{ cm}^2$$

$$\rho = \sqrt{\frac{A_{s,x}}{A_{c,x}} \cdot \frac{A_{s,y}}{A_{c,y}}} = \sqrt{\frac{31{,}51}{(30 + 2 \times 3 \times 15{,}9) \times 20} \times \frac{31{,}51}{(30 + 2 \times 3 \times 15{,}9) \times 20}}$$
$$= 0{,}0126 \leq 0{,}02 \therefore \rho = 0{,}0126$$

Como não se trata de uma laje protendida, o valor de σ_{cp} é igual a 0.

$$\tau_{Rd1} = 0{,}13 k_e \cdot (100\rho \cdot f_{ck})^{\frac{1}{3}}$$
$$= 0{,}13 \times 2 \times (100 \times 0{,}0126 \times 30)^{\frac{1}{3}} = 0{,}873 \text{ MPa}$$

$$\tau_{Rd1} = 0{,}0873 \text{ kN/cm}^2 < \tau_{Sd} = 0{,}129 \text{ kN/cm}^2$$
$$\therefore \text{ Necessita de armadura de punção}$$

Adotam-se conectores $\phi 6{,}3$ em aço CA-50 dispostos conforme a Fig. 8.19.

Com a colocação de armadura de punção, a tensão resistente de cálculo é obtida por meio da Eq. 8.34.

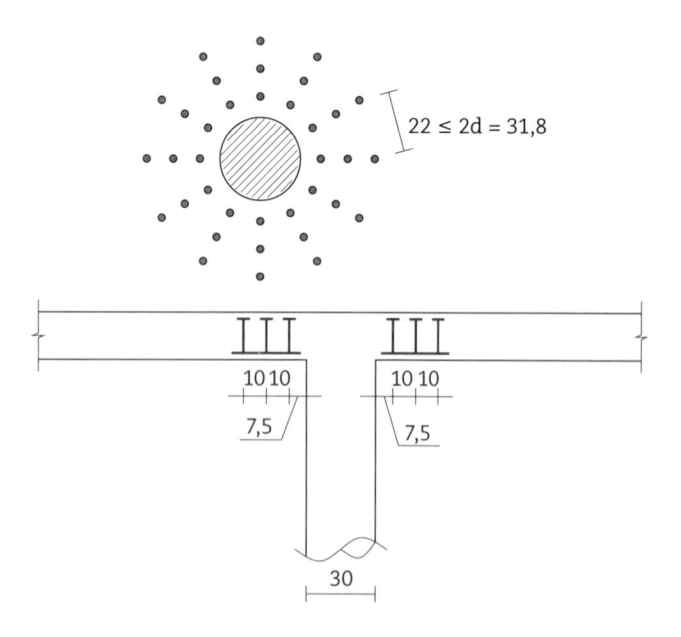

Fig. 8.19 Disposição da armadura de punção da laje lisa do Exemplo 8.9 (cotas em cm)

$$\tau_{sd} \leq \tau_{Rd1} = 0{,}10 k_e \cdot (100\rho \cdot f_{ck})^{\frac{1}{3}} + 0{,}10\sigma_{cp}$$
$$+ 1{,}5 \cdot \frac{d}{s_r} \cdot \frac{A_{sw} \cdot f_{ywd} \cdot \text{sen}\,\alpha}{u_1 \cdot d}$$

Como não se trata de uma laje protendida, o valor de σ_{cp} é igual a 0.

$$s_r = 10 \text{ cm} < 0{,}75d = 0{,}75 \times 15{,}9 = 11{,}925 \text{ cm} \therefore \text{OK}$$

Em cada contorno completo de armadura de punção, foi adotado $12\phi 6{,}3$. Nesse caso:

$$A_{sw} = 12 \times 0{,}31 = 3{,}72 \text{ cm}^2$$

Como foi empregado conector de cisalhamento, $f_{ywd} = 300$ MPa.

$$\tau_{Rd1} = 0{,}10 \times 2 \times (100 \times 0{,}0126 \times 30)^{\frac{1}{3}}$$
$$+ 1{,}5 \times \frac{15{,}9}{10} \times \frac{3{,}72 \times 300 \times \text{sen}\,90}{294{,}05 \times 15{,}9} = 1{,}241 \text{ MPa}$$

$$\tau_{Rd1} = 0{,}1241 \text{ kN/cm}^2 < \tau_{Sd} = 0{,}129 \text{ kN/cm}^2 \therefore \text{Não OK}$$

Aumentando-se a bitola do conector para 8 mm, tem-se:

$$A_{sw} = 12 \times 0{,}5 = 6{,}00 \text{ cm}^2$$

$$\tau_{Rd1} = 0{,}10 \times 2 \times (100 \times 0{,}0126 \times 30)^{\frac{1}{3}}$$
$$+ 1{,}5 \times \frac{15{,}9}{10} \times \frac{6 \times 300 \times \text{sen}\,90}{294{,}05 \times 15{,}9} = 1{,}589 \text{ MPa}$$

$$\tau_{Rd1} = 0{,}159 \text{ kN/cm}^2 > \tau_{Sd} = 0{,}129 \text{ kN/cm}^2 \therefore \text{OK}$$

Exemplo 8.10

Verificar a resistência à punção do concreto no contorno C' para a laje com pilar interno indicada na Fig. 8.20, supondo classe de agressividade ambiental II, usando os cobrimentos mínimos normativos, $f_{ck} = 30$ MPa e aço CA-50. A armadura negativa nessa laje é de $\phi 16$ c/8 nas duas direções, com momento fletor desbalanceado na direção y.

Como há momento fletor em uma direção, utiliza-se a Eq. 8.28 para a determinação da tensão solicitante de cálculo.

$$\tau_{Sd} = \frac{F_{Sd}}{u_1 \cdot d} + \frac{K \cdot M_{Sd}}{W_p \cdot d}$$

A altura útil da laje varia conforme sua direção, sendo diferente na direção principal e na direção secundária. Para essa verificação, foi considerada uma altura útil média.

$$d = h - c_{nom} - \phi_{ref} = 20 - 2{,}5 - 1{,}6 = 15{,}9 \text{ cm}$$

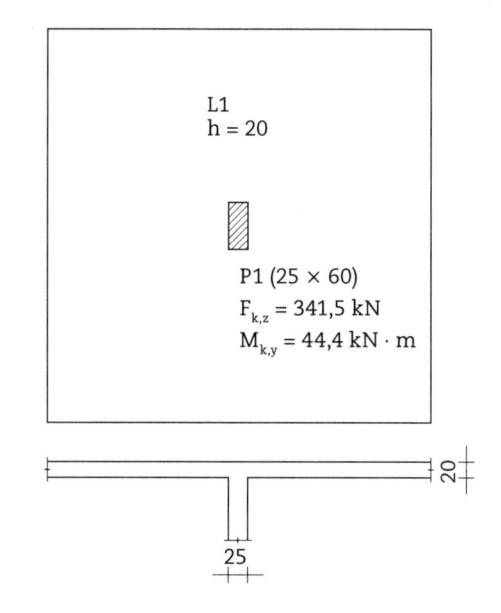

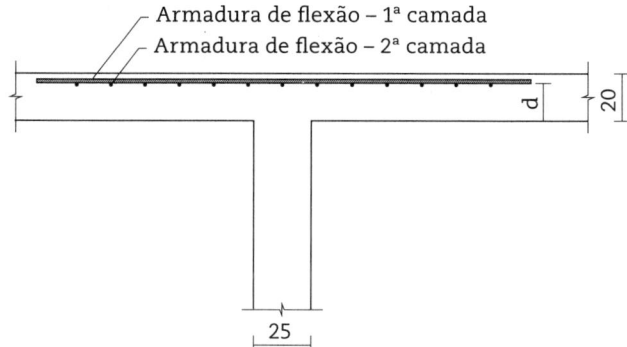

Fig. 8.20 Dimensões e reações de apoio da laje lisa do Exemplo 8.10 (cotas em cm)

$$u_1 = 2C_1 + 2C_2 + \pi \cdot (4d) = 2 \times 60 + 2 \times 25 + \pi \cdot (4 \times 15,9)$$
$$= 369,81 \text{ cm}$$

$$\frac{C_1}{C_2} = \frac{60}{25} = 2,4$$
⇒ Interpolando linearmente os valores da Tab. 8.1
⇒ K = 0,74

$$W_p = \frac{60^2}{2} + 60 \times 25 + 4 \times 25 \times 15,9 + 16 \times 15,9^2 + 2\pi \cdot 15,9 \times 60$$
$$= 14.929,12 \text{ cm}^2$$

$$\tau_{Sd} = \frac{1,4 \times 341,5}{369,81 \times 15,9} + \frac{0,74 \times 1,4 \times 4.440}{14.929,12 \times 15,9} = 0,275 \text{ kN/cm}^2$$

A tensão resistente de cálculo é obtida por meio da Eq. 8.31.

$$\tau_{sd} \leq \tau_{Rd1} = 0,13k_e \cdot (100\rho \cdot f_{ck})^{\frac{1}{3}} + 0,10\sigma_{cp}$$

$$k_e = \left(1 + \sqrt{\frac{20}{d}}\right) = \left(1 + \sqrt{\frac{20}{15,9}}\right) = 2,12 \leq 2 \therefore k_e = 2$$

A taxa de armadura nas duas direções será igual, pois a armadura em cada direção é de $\phi 16$ c/8. Sabe-se que $1\varphi 16 = 2,01$ cm².

$$A_{s,x} = \frac{h_{pilar,y} + 2 \times 3d}{s} \cdot \phi_{ref} = \frac{60 + 2 \times 3 \times 15,9}{8} \times 2,01$$
$$= 39,04 \text{ cm}^2$$

$$A_{s,y} = \frac{h_{pilar,x} + 2 \times 3d}{s} \cdot \phi_{ref} = \frac{25 + 2 \times 3 \times 15,9}{8} \times 2,01$$
$$= 30,25 \text{ cm}^2$$

$$\rho = \sqrt{\frac{A_{s,x}}{A_{c,y}} \cdot \frac{A_{s,y}}{A_{c,x}}} = \sqrt{\frac{39,04}{(60 + 2 \times 3 \times 15,9) \times 20} \times \frac{30,25}{(25 + 2 \times 3 \times 15,9) \times 20}}$$
$$= 0,0126 \leq 0,02 \therefore \rho = 0,0126$$

Como não se trata de uma laje protendida, o valor de σ_{cp} é igual a 0.

$$\tau_{Rd1} = 0,13k_e \cdot (100\rho \cdot f_{ck})^{\frac{1}{3}} = 0,13 \times 2 \times (100 \times 0,0126 \times 30)^{\frac{1}{3}}$$
$$= 0,873 \text{ MPa}$$

$$\tau_{Rd1} = 0,0873 \text{ kN/cm}^2 < \tau_{Sd} = 0,275 \text{ kN/cm}^2$$
∴ Necessita de armadura de punção

Adotam-se conectores $\phi 10$ em aço CA-50 dispostos conforme a Fig. 8.21.

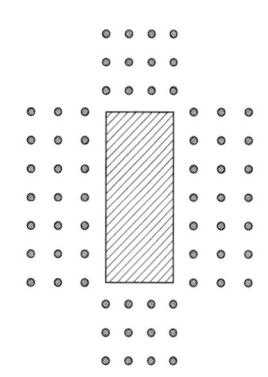

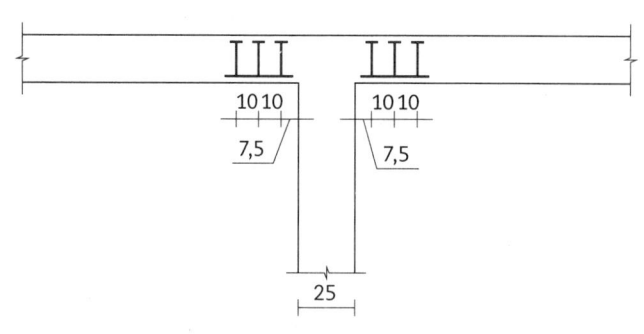

Fig. 8.21 Disposição da armadura de punção da laje lisa do Exemplo 8.10 (cotas em cm)

Com a colocação de armadura de punção, a tensão resistente de cálculo é obtida por meio da Eq. 8.34.

$$\tau_{sd} \leq \tau_{Rd1} = 0{,}10k_e \cdot (100\rho \cdot f_{ck})^{\frac{1}{3}} + 0{,}10\sigma_{cp}$$
$$+ 1{,}5 \cdot \frac{d}{s_r} \cdot \frac{A_{sw} \cdot f_{ywd} \cdot \sin\alpha}{u_1 \cdot d}$$

Como não se trata de uma laje protendida, o valor de σ_{cp} é igual a 0.

$s_r = 10\ \text{cm} < 0{,}75d = 0{,}75 \times 15{,}9 = 11{,}925\ \text{cm} \therefore \text{OK}$

Em cada contorno completo de armadura de punção, foi adotado 22ϕ10. Nesse caso:

$$A_{sw} = 22 \times 0{,}785 = 17{,}27\ \text{cm}^2$$

Como foi empregado conector de cisalhamento, f_{ywd} = 300 MPa.

$$\tau_{Rd1} = 0{,}10 \times 2 \times (100 \times 0{,}0126 \times 30)^{\frac{1}{3}}$$
$$+ 1{,}5 \times \frac{15{,}9}{10} \times \frac{17{,}27 \times 300 \times \sin 90}{369{,}81 \times 15{,}9} = 2{,}773\ \text{MPa}$$

$\tau_{Rd1} = 0{,}277\ \text{kN/cm}^2 > \tau_{Sd} = 0{,}275\ \text{kN/cm}^2 \therefore \text{OK}$

Exemplo 8.11

Verificar a resistência à punção do concreto no contorno C' para a laje com pilar interno indicada na Fig. 8.22, supondo classe de agressividade ambiental II, usando os cobrimentos mínimos normativos, f_{ck} = 30 MPa e aço CA-50. A armadura negativa nessa laje é de ϕ16 c/8 nas duas direções, com momento fletor desbalanceado em ambas as direções.

Com a presença de momento fletor nas duas direções, utiliza-se uma adaptação da Eq. 8.28 para a determinação da tensão solicitante de cálculo.

$$\tau_{Sd} = \frac{F_{Sd}}{u_1 \cdot d} + \frac{K_x \cdot M_{Sdx}}{W_{p,x} \cdot d} + \frac{K_y \cdot M_{Sdy}}{W_{p,y} \cdot d}$$

A altura útil da laje varia conforme sua direção, sendo diferente na direção principal e na direção secundária. Para essa verificação, foi considerada uma altura útil média.

$d = h - c_{nom} - \phi_{ref} = 25 - 2{,}5 - 1{,}6 = 20{,}9\ \text{cm}$

$u_1 = 2C_1 + 2C_2 + \pi \cdot (4d) = 2 \times 60 + 2 \times 25 + \pi \cdot (4 \times 20{,}9)$
$= 432{,}64\ \text{cm}$

$\dfrac{C_{1,x}}{C_{2,x}} = \dfrac{25}{60} = 0{,}42 \approx 0{,}5 \Rightarrow K_x = 0{,}45$

$\dfrac{C_{1,y}}{C_{2,y}} = \dfrac{60}{25} = 2{,}4 \Rightarrow$ Interpolando os valores da Tab. 8.1
$\Rightarrow K_y = 0{,}74$

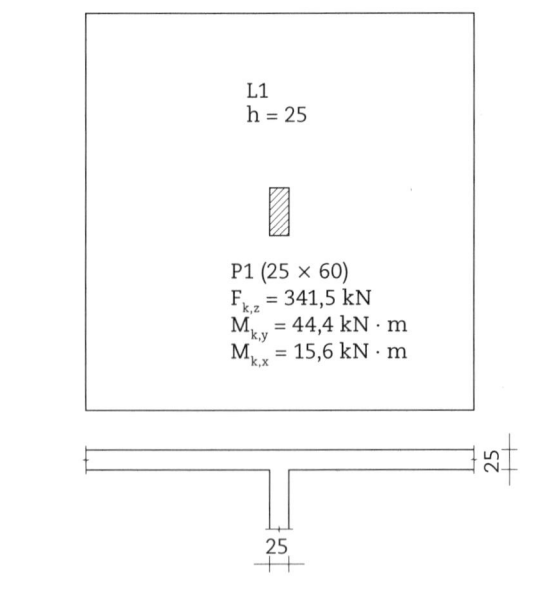

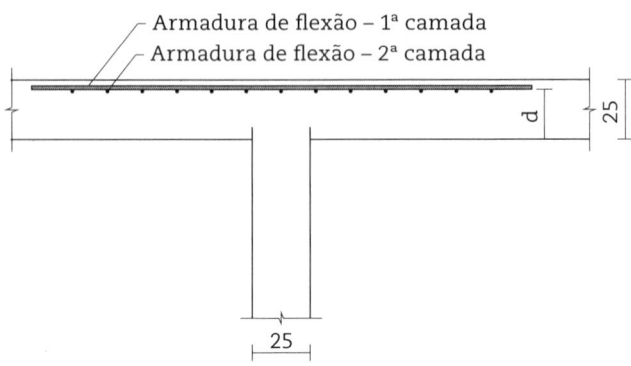

Fig. 8.22 Dimensões e reações de apoio da laje lisa do Exemplo 8.11 (cotas em cm)

L1
h = 25

P1 (25 × 60)
$F_{k,z}$ = 341,5 kN
$M_{k,y}$ = 44,4 kN · m
$M_{k,x}$ = 15,6 kN · m

Armadura de flexão – 1ª camada
Armadura de flexão – 2ª camada

$$W_{p,x} = \frac{25^2}{2} + 25 \times 60 + 4 \times 60 \times 20{,}9 + 16 \times 20{,}9^2$$
$$+ 2\pi \cdot 20{,}9 \times 25 = 17.100{,}42\ \text{cm}^2$$

$$W_{p,y} = \frac{60^2}{2} + 60 \times 25 + 4 \times 25 \times 20{,}9 + 16 \times 20{,}9^2$$
$$+ 2\pi \cdot 20{,}9 \times 60 = 20.258{,}07\ \text{cm}^2$$

$$\tau_{Sd} = \frac{1{,}4 \times 341{,}5}{432{,}64 \times 20{,}9} + \frac{0{,}45 \times 1{,}4 \times 1.560}{17.100{,}42 \times 20{,}9} + \frac{0{,}74 \times 1{,}4 \times 4.440}{20.258{,}07 \times 20{,}9}$$
$$= 0{,}0665\ \text{kN/cm}^2$$

A tensão resistente de cálculo é obtida por meio da Eq. 8.31.

$$\tau_{sd} \leq \tau_{Rd1} = 0{,}13k_e \cdot (100\rho \cdot f_{ck})^{\frac{1}{3}} + 0{,}10\sigma_{cp}$$

$$k_e = \left(1 + \sqrt{\frac{20}{d}}\right) = \left(1 + \sqrt{\frac{20}{20{,}9}}\right) = 1{,}978 \leq 2 \therefore k_e = 1{,}978$$

A taxa de armadura nas duas direções será igual, pois a armadura em cada direção é de ϕ16 c/8. Sabe-se que 1ϕ16 = 2,01 cm².

$$A_{s,x} = \frac{h_{pilar,y} + 2 \times 3d}{s} \cdot \phi_{ref} = \frac{60 + 2 \times 3 \times 20{,}9}{8} \times 2{,}01$$
$$= 46{,}58 \text{ cm}^2$$

$$A_{s,y} = \frac{h_{pilar,x} + 2 \times 3d}{s} \cdot \phi_{ref} = \frac{25 + 2 \times 3 \times 20{,}9}{8} \times 2{,}01$$
$$= 37{,}79 \text{ cm}^2$$

$$\rho = \sqrt{\frac{A_{s,x}}{A_{c,y}} \cdot \frac{A_{s,y}}{A_{c,x}}} = \sqrt{\frac{46{,}58}{(60 + 2 \times 3 \times 20{,}9) \times 25} \times \frac{37{,}79}{(25 + 2 \times 3 \times 20{,}9) \times 25}}$$
$$= 0{,}0101 \leq 0{,}02 \therefore \rho = 0{,}0101$$

Como não se trata de uma laje protendida, o valor de σ_{cp} é igual a 0.

$$\tau_{Rd1} = 0{,}13 k_e \cdot (100\rho \cdot f_{ck})^{\frac{1}{3}} = 0{,}13 \times 1{,}978 \times (100 \times 0{,}0101 \times 30)^{\frac{1}{3}}$$
$$= 0{,}802 \text{ MPa}$$

$$\tau_{Rd1} = 0{,}0802 \text{ kN/cm}^2 > \tau_{Sd} = 0{,}0665 \text{ kN/cm}^2 \therefore \text{OK}$$

Contorno C' para pilares de borda

Em pilares de borda, o perímetro crítico u_1 é reduzido conforme apresentado na Fig. 8.23.

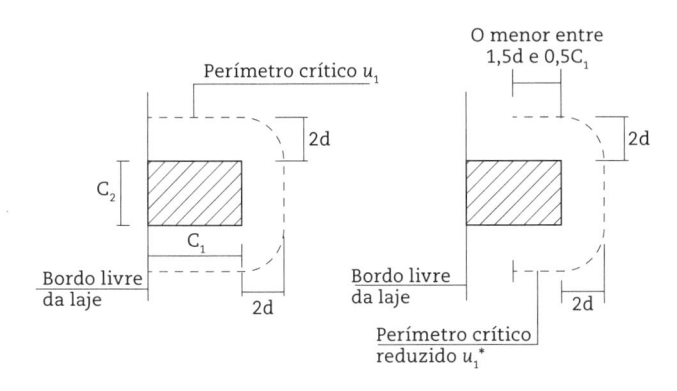

Fig. 8.23 Perímetro crítico reduzido em pilares de borda
Fonte: adaptado de ABNT (2023).

A tensão solicitante de cálculo em pilares de borda é descrita por:

$$\tau_{Sd} = \frac{F_{Sd}}{u_1^* \cdot d} + \frac{K_1 \cdot M_{Sd1}}{W_{p1} \cdot d} \quad \textbf{(8.35)}$$

em que:
u_1^* é o perímetro crítico reduzido do contorno C';
K_1 assume os valores estabelecidos para K na Tab. 8.1, com C_1 e C_2 de acordo com a Fig. 8.23;
W_{p1} é o módulo de resistência plástica perpendicular à borda livre calculado para o perímetro u_1, que, de acordo com Melges (1995), pode ser determinado por:

$$W_{p1} = \frac{C_1^2}{2} + \frac{C_1 \cdot C_2}{2} + 2C_2 \cdot d + 8d^2 + \pi \cdot d \cdot C_1 \quad \textbf{(8.36)}$$

O valor de M_{Sd1} é:

$$M_{Sd1} = \left(M_{Sd} - M_{Sd^*}\right) \geq 0 \quad \textbf{(8.37)}$$

em que:
M_{Sd} é o momento fletor de cálculo da laje no plano perpendicular à borda livre;
M_{Sd^*} é o momento de cálculo resultante da excentricidade do perímetro crítico reduzido u_1^* em relação ao centro do pilar, calculado por:

$$M_{Sd^*} = F_{Sd} \cdot e^* \quad \textbf{(8.38)}$$

sendo e^* a excentricidade do perímetro crítico reduzido em relação ao centro do pilar (Fig. 8.24), obtida por:

$$e^* = \frac{C_1 \cdot a - a^2 + \dfrac{C_1 \cdot C_2}{2} + 2d \cdot C_2 + \pi \cdot d \cdot C_1 + 8d^2}{2a + C_2 + 2\pi \cdot d} \quad \textbf{(8.39)}$$

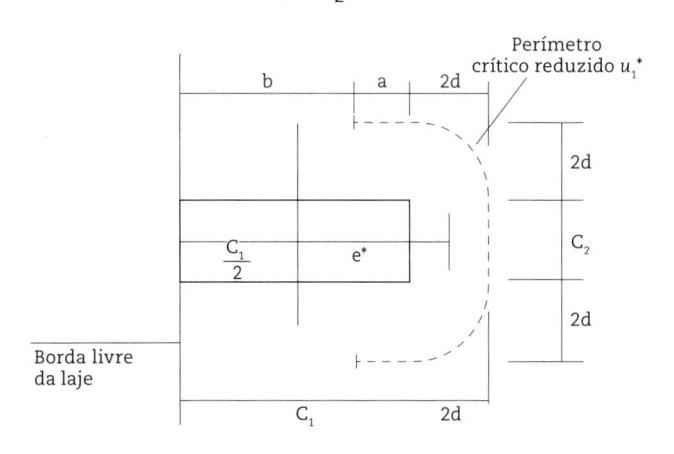

Fig. 8.24 Excentricidade do perímetro crítico reduzido
Fonte: adaptado de Melges (1995).

Quando houver momento no plano paralelo à borda livre da laje, a tensão solicitante de cálculo assume:

$$\tau_{Sd} = \frac{F_{Sd}}{u_1^* \cdot d} + \frac{K_1 \cdot M_{Sd1}}{W_{p1} \cdot d} + \frac{K_2 \cdot M_{Sd2}}{W_{p2} \cdot d} \quad \textbf{(8.40)}$$

em que:
M_{Sd2} é o momento fletor de cálculo no plano paralelo à borda livre;
K_2 assume os valores estabelecidos para K na Tab. 8.1, substituindo-se C_1/C_2 por $C_2/2C_1$, sendo C_1 e C_2 de acordo com a Fig. 8.23;
W_{p2} é o módulo de resistência plástica na direção paralela à borda livre calculado para o perímetro u_1, que, de acordo com Melges (1995), pode ser determinado por:

$$W_{p2} = \frac{C_2^2}{4} + C_1 \cdot C_2 + 4C_1 \cdot d + 8d^2 + \pi \cdot d \cdot C_2 \quad (8.41)$$

Exemplo 8.12

Verificar a resistência à punção do concreto no contorno C' para a laje com pilar de extremidade indicada na Fig. 8.25, supondo classe de agressividade ambiental II, usando os cobrimentos mínimos normativos, f_{ck} = 30 MPa e aço CA-50. A armadura negativa nessa laje é de ϕ12,5 c/10 nas duas direções, com momento fletor na direção x.

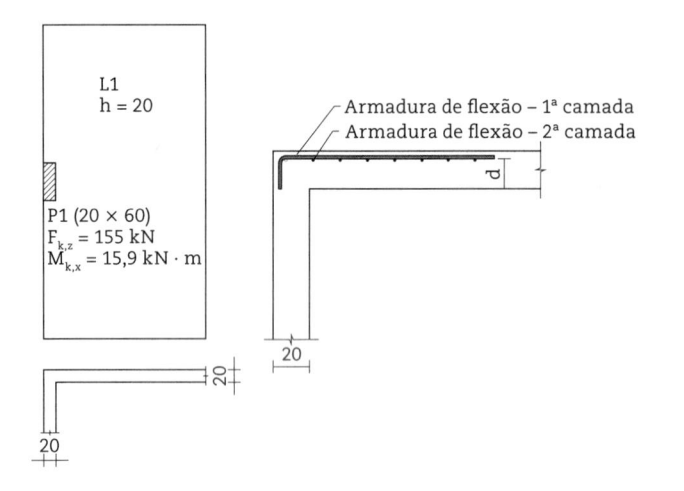

Fig. 8.25 Dimensões e reações de apoio da laje lisa do Exemplo 8.12 (cotas em cm)

Como há momento fletor apenas na direção perpendicular da borda, utiliza-se a Eq. 8.35 para a determinação da tensão solicitante de cálculo.

$$\tau_{Sd} = \frac{F_{Sd}}{u_1^* \cdot d} + \frac{K_1 \cdot M_{Sd1}}{W_{p1} \cdot d}$$

A altura útil da laje varia conforme sua direção, sendo diferente na direção principal e na direção secundária. Para essa verificação, foi considerada uma altura útil média.

$$d = h - c_{nom} - \phi_{ref} = 20 - 2{,}5 - 1{,}25 = 16{,}25 \text{ cm}$$

$$u_1^* \le \begin{cases} 2 \times 1{,}5d + C_2 + 2d \cdot \pi = 2 \times 1{,}5 \\ \quad \times 16{,}25 + 60 + 2 \times 16{,}25\pi = 210{,}85 \text{ cm} \\ 2 \times 0{,}5C_1 + C_2 + 2d \cdot \pi = 2 \times 0{,}5 \\ \quad \times 20 + 60 + 2 \times 16{,}25\pi = 182{,}10 \text{ cm} \end{cases} \therefore u_1^* = 182{,}10 \text{ cm}$$

$$\frac{C_1}{C_2} = \frac{20}{60} = 0{,}33 \Rightarrow \text{na Tab. 8.1, o menor valor é 0,5} \therefore K = 0{,}45$$

Utilizando a Eq. 8.39, pode-se verificar a excentricidade do perímetro crítico reduzido:

$$e^* = \frac{20 \times 10 - 10^2 + \frac{20 \times 60}{2} + 2 \times 16{,}25 \times 60 + \pi \cdot 16{,}25 \times 20 + 8 \times 16{,}25^2}{2 \times 10 + 60 + 2\pi \cdot 16{,}25}$$
$$= 31{,}76 \text{ cm}$$

$$M_{Sd^*} = F_{Sd} \cdot e^* = 1{,}4 \times 155 \times 31{,}76 = 6.891{,}92 \text{ kN} \cdot \text{cm}$$

$$M_{Sd1} = (M_{Sd} - M_{Sd^*}) = (1{,}4 \times 1.590 - 6.891{,}92)$$
$$= -4.665{,}92 \text{ kN} \cdot \text{cm} < 0 \therefore M_{Sd1} = 0$$

$$W_{p1} = \frac{20^2}{2} + \frac{20 \times 60}{2} + 2 \times 60 \times 16{,}25 + 8 \times 16{,}25^2 + \pi \cdot 16{,}25 \times 20$$
$$= 5.883{,}52 \text{ cm}^2$$

$$\tau_{Sd} = \frac{1{,}4 \times 155}{182{,}1 \times 16{,}25} + \frac{0{,}45 \times 0}{5.883{,}52 \times 16{,}25} = 0{,}073 \text{ kN/cm}^2$$

A tensão resistente de cálculo é obtida por meio da Eq. 8.31.

$$\tau_{Sd} \le \tau_{Rd1} = 0{,}13k_e \cdot (100\rho \cdot f_{ck})^{\frac{1}{3}} + 0{,}10\sigma_{cp}$$

$$k_e = \left(1 + \sqrt{\frac{20}{d}}\right) = \left(1 + \sqrt{\frac{20}{16{,}25}}\right) = 2{,}109 \le 2 \therefore k_e = 2$$

A taxa de armadura nas duas direções será igual, pois a armadura em cada direção é de ϕ12,5 c/10. Sabe-se que 1ϕ12,5 = 1,227 cm².

$$A_{s,x} = \frac{h_{pilar,y} + 3d}{s} \cdot \phi_{ref} = \frac{60 + 3 \times 16{,}25}{10} \times 1{,}227 = 19{,}33 \text{ cm}^2$$

$$A_{s,y} = \frac{h_{pilar,x} + 2 \times 3d}{s} \cdot \phi_{ref} = \frac{20 + 2 \times 3 \times 16{,}25}{10} \times 1{,}227$$
$$= 8{,}44 \text{ cm}^2$$

$$\rho = \sqrt{\frac{A_{s,x}}{A_{c,y}} \cdot \frac{A_{s,y}}{A_{c,x}}} = \sqrt{\frac{19{,}33}{(60 + 3 \times 16{,}25) \times 20} \times \frac{19{,}33}{(20 + 2 \times 3 \times 16{,}25) \times 20}}$$
$$= 0{,}006 \le 0{,}02 \therefore \rho = 0{,}006$$

Como não se trata de uma laje protendida, o valor de σ_{cp} é igual a 0.

$$\tau_{Rd1} = 0{,}13k_e \cdot (100\rho \cdot f_{ck})^{\frac{1}{3}} = 0{,}13 \times 2 \times (100 \times 0{,}006 \times 30)^{\frac{1}{3}}$$
$$= 0{,}681 \text{ MPa}$$

$$\tau_{Rd1} = 0{,}068 \text{ kN/cm}^2 < \tau_{Sd} = 0{,}073 \text{ kN/cm}^2$$
$$\therefore \text{ Necessita de armadura de punção}$$

Adotaram-se estribos S ϕ5 em aço CA-60 dispostos conforme a Fig. 8.26.

Com a colocação de armadura de punção, a tensão resistente de cálculo é obtida por meio da Eq. 8.34.

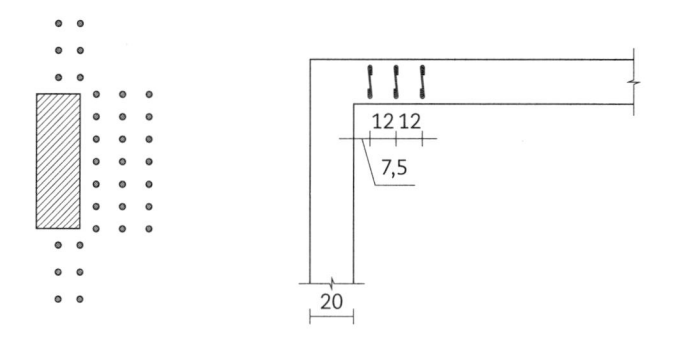

Fig. 8.26 Disposição da armadura de punção da laje lisa do Exemplo 8.12 (cotas em cm)

$$\tau_{sd} \leq \tau_{Rd1} = 0{,}10k_e \cdot (100\rho \cdot f_{ck})^{\frac{1}{3}} + 0{,}10\sigma_{cp} + 1{,}5 \cdot \frac{d}{s_r} \cdot \frac{A_{sw} \cdot f_{ywd} \cdot \text{sen}\,\alpha}{u_1 \cdot d}$$

Como não se trata de uma laje protendida, o valor de σ_{cp} é igual a 0.

$$s_r = 12 \text{ cm} < 0{,}75d = 0{,}75 \times 16{,}25 = 12{,}19 \text{ cm} \therefore \text{OK}$$

Em cada contorno completo de armadura de punção, foi adotado $11\phi5$. Nesse caso:

$$A_{sw} = 11 \times 0{,}196 = 2{,}16 \text{ cm}$$

Para a determinação de f_{ywd}, precisa-se interpolar a espessura da laje e a tensão resistente.

$$f_{ywd} = 250 - \frac{(15-h) \times (250-435)}{15-35}$$
$$= 250 - \frac{(15-20) \times (250-435)}{15-35} = 296{,}25 \text{ MPa}$$

$$\tau_{Rd1} = 0{,}10 \times 2 \times (100 \times 0{,}006 \times 30)^{\frac{1}{3}} + 1{,}5 \times \frac{16{,}25}{12} \times \frac{2{,}16 \times 296{,}25 \times \text{sen}\,90}{182{,}1 \times 16{,}25} = 0{,}963 \text{ MPa}$$

$$\tau_{Rd1} = 0{,}0963 \text{ kN/cm}^2 > \tau_{Sd} = 0{,}073 \text{ kN/cm}^2 \therefore \text{OK}$$

Exemplo 8.13

Verificar a resistência à punção do concreto no contorno C' para a laje com pilar de extremidade indicada na Fig. 8.27, supondo classe de agressividade ambiental II, usando os cobrimentos mínimos normativos, $f_{ck} = 30$ MPa e aço CA-50. A armadura negativa nessa laje é de $\phi12{,}5$ c/10 nas duas direções, com momento fletor em ambas as direções.

Como há momento fletor nas duas direções, utiliza-se a Eq. 8.40 para a determinação da tensão solicitante de cálculo.

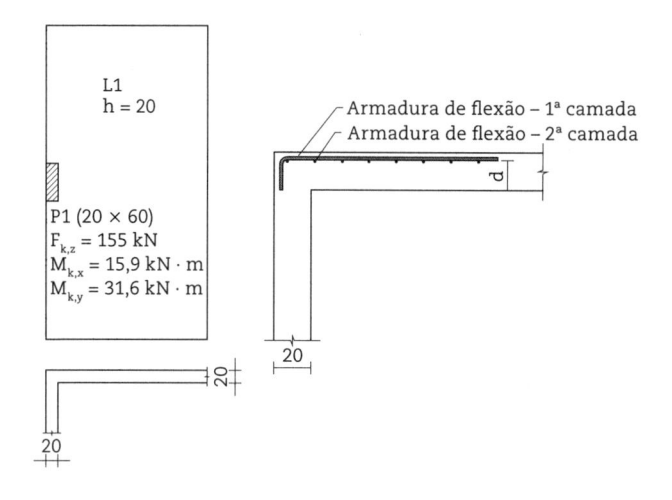

Fig. 8.27 Dimensões e reações de apoio da laje lisa do Exemplo 8.13 (cotas em cm)

$$\tau_{Sd} = \frac{F_{Sd}}{u_1^* \cdot d} + \frac{K_1 \cdot M_{Sd1}}{W_{p1} \cdot d} + \frac{K_2 \cdot M_{Sd2}}{W_{p2} \cdot d}$$

A altura útil da laje varia conforme sua direção, sendo diferente na direção principal e na direção secundária. Para essa verificação, foi considerada uma altura útil média.

$$d = h - c_{nom} - \phi_{ref} = 20 - 2{,}5 - 1{,}25 = 16{,}25 \text{ cm}$$

$$u_1^* \leq \begin{cases} 2 \times 1{,}5d + C_2 + 2d \cdot \pi = 2 \times 1{,}5 \times 16{,}25 \\ + 60 + 2 \times 16{,}25\pi = 210{,}85 \text{ cm} \\ 2 \times 0{,}5C_1 + C_2 + 2d \cdot \pi = 2 \times 0{,}5 \times 20 \\ + 60 + 2 \times 16{,}25\pi = 182{,}10 \text{ cm} \end{cases} \therefore u_1^* = 182{,}10 \text{ cm}$$

$$\frac{C_1}{C_2} = \frac{20}{60} = 0{,}33 \Rightarrow \text{na Tab. 8.1, o menor valor é 0,5} \therefore K_1 = 0{,}45$$

$$\frac{C_2}{2C_1} = \frac{60}{2 \times 20} = 1{,}50 \Rightarrow \text{Interpolando os valores da Tab. 8.1}$$
$$\Rightarrow K_2 = 0{,}65$$

Utilizando a Eq. 8.39, pode-se verificar a excentricidade do perímetro crítico reduzido:

$$e^* = \frac{\left(\begin{array}{c}20 \times 10 - 10^2 + \dfrac{20 \times 60}{2} \\ + 2 \times 16{,}25 \times 60 + \pi \cdot 16{,}25 \times 20 + 8 \times 16{,}25^2\end{array}\right)}{2 \times 10 + 60 + 2\pi \cdot 16{,}25} = 31{,}76 \text{ cm}$$

$$M_{Sd^*} = F_{Sd} \cdot e^* = 1{,}4 \times 155 \times 31{,}76 = 6.891{,}92 \text{ kN} \cdot \text{cm}$$

$$M_{Sd1} = (M_{Sd} - M_{Sd^*}) = (1{,}4 \times 1.590 - 6.891{,}92)$$
$$= -4.665{,}92 \text{ kN} \cdot \text{cm} < 0 \therefore M_{Sd1} = 0$$

$$W_{p1} = \frac{20^2}{2} + \frac{20 \times 60}{2} + 2 \times 60 \times 16{,}25 + 8 \times 16{,}25^2 + \pi \cdot 16{,}25 \times 20$$
$$= 5.883{,}52 \text{ cm}^2$$

$$W_{p2} = \frac{C_2^2}{4} + C_1 \cdot C_2 + 4C_1 \cdot d + 8d^2 + \pi \cdot d \cdot C_2$$

$$W_{p2} = \frac{60^2}{4} + 20 \times 60 + 4 \times 20 \times 16{,}25 + 8 \times 16{,}25^2 + \pi \cdot 16{,}25 \times 60$$
$$= 8.575{,}55 \text{ cm}^2$$

$$\tau_{Sd} = \frac{1{,}4 \times 155}{182{,}1 \times 16{,}25} + \frac{0{,}45 \times 0}{5.883{,}52 \times 16{,}25} + \frac{0{,}65 \times 1{,}4 \times 3.160}{8.575{,}55 \times 16{,}25}$$
$$= 0{,}094 \text{ kN/cm}^2$$

A tensão resistente de cálculo é obtida por meio da Eq. 8.31.

$$\tau_{sd} \leq \tau_{Rd1} = 0{,}13 k_e \cdot (100\rho \cdot f_{ck})^{\frac{1}{3}} + 0{,}10\sigma_{cp}$$

$$k_e = \left(1 + \sqrt{\frac{20}{d}}\right) = \left(1 + \sqrt{\frac{20}{16{,}25}}\right) = 2{,}109 \leq 2 \therefore k_e = 2$$

A taxa de armadura nas duas direções será igual, pois a armadura em cada direção é de $\phi 12{,}5$ c/10. Sabe-se que $1\phi 12{,}5 = 1{,}227$ cm².

$$A_{s,x} = \frac{h_{pilar,y} + 3d}{s} \cdot \phi_{ref} = \frac{60 + 3 \times 16{,}25}{10} \times 1{,}227 = 19{,}33 \text{ cm}^2$$

$$A_{s,y} = \frac{h_{pilar,x} + 2 \times 3d}{s} \cdot \phi_{ref} = \frac{20 + 2 \times 3 \times 16{,}25}{10} \times 1{,}227$$
$$= 8{,}44 \text{ cm}^2$$

$$\rho = \sqrt{\frac{A_{s,x}}{A_{c,y}} \cdot \frac{A_{s,y}}{A_{c,x}}} = \sqrt{\frac{19{,}33}{(60 + 3 \times 16{,}25) \times 20} \times \frac{8{,}44}{(20 + 2 \times 3 \times 16{,}25) \times 20}}$$
$$= 0{,}006 \leq 0{,}02 \therefore \rho = 0{,}006$$

Como não se trata de uma laje protendida, o valor de σ_{cp} é igual a 0.

$$\tau_{Rd1} = 0{,}13 k_e \cdot (100\rho \cdot f_{ck})^{\frac{1}{3}}$$
$$= 0{,}13 \times 2 \times (100 \times 0{,}006 \times 30)^{\frac{1}{3}} = 0{,}681 \text{ MPa}$$

$$\tau_{Rd1} = 0{,}068 \text{ kN/cm}^2 < \tau_{Sd} = 0{,}094 \text{ kN/cm}^2$$
$$\therefore \text{ Necessita de armadura de punção}$$

Adotaram-se estribos S $\phi 5$ em aço CA-60 dispostos conforme a Fig. 8.28.

Com a colocação de armadura de punção, a tensão resistente de cálculo é obtida por meio da Eq. 8.34.

$$\tau_{sd} \leq \tau_{Rd1} = 0{,}10 k_e \cdot (100\rho \cdot f_{ck})^{\frac{1}{3}}$$
$$+ 0{,}10\sigma_{cp} + 1{,}5 \cdot \frac{d}{s_r} \cdot \frac{A_{sw} \cdot f_{ywd} \cdot \text{sen}\,\alpha}{u_1 \cdot d}$$

Como não se trata de uma laje protendida, o valor de σ_{cp} é igual a 0.

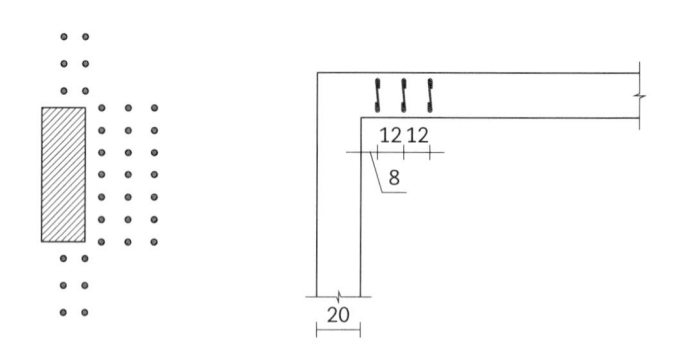

Fig. 8.28 Disposição da armadura de punção da laje lisa do Exemplo 8.13 (cotas em cm)

$$s_r = 12 \text{ cm} < 0{,}75d = 0{,}75 \times 16{,}25 = 12{,}19 \text{ cm} \therefore \text{ OK}$$

Em cada contorno completo de armadura de punção, foi adotado 11ϕ5. Nesse caso:

$$A_{sw} = 11 \times 0{,}196 = 2{,}16 \text{ cm}^2$$

Para a determinação de f_{ywd}, precisa-se interpolar a espessura da laje e a tensão resistente.

$$f_{ywd} = 250 - \frac{(15-h) \times (250-435)}{15-35} = 250 - \frac{(15-20) \times (250-435)}{15-35}$$
$$= 296{,}25 \text{ MPa}$$

$$\tau_{Rd1} = 0{,}10 \times 2 \times (100 \times 0{,}006 \times 30)^{\frac{1}{3}} + 1{,}5$$
$$\times \frac{16{,}25}{12} \times \frac{2{,}16 \times 296{,}25 \times \text{sen}\,90}{182{,}1 \times 16{,}25} = 0{,}963 \text{ MPa}$$

$$\tau_{Rd1} = 0{,}096 \text{ kN/cm}^2 > \tau_{Sd} = 0{,}094 \text{ kN/cm}^2 \therefore \text{ OK}$$

Contorno C' para pilares de canto

Em pilares de canto também se realiza uma redução do perímetro crítico u_1 de maneira similar à feita em pilares de borda, conforme indicado na Fig. 8.29.

Para a determinação da tensão solicitante de cálculo, a NBR 6118 (ABNT, 2023) recomenda aplicar a Eq. 8.35, utilizada em pilares de borda sem a presença de momentos fletores agindo no plano paralelo à borda. Como o pilar de canto apre-

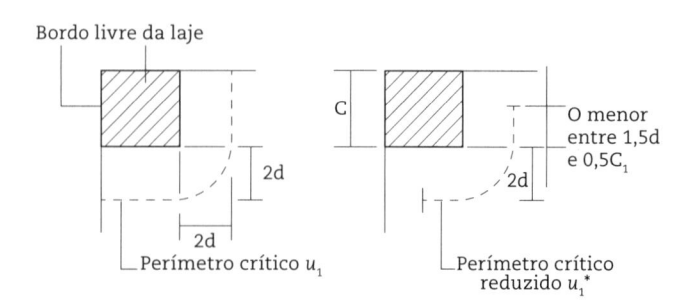

Fig. 8.29 Perímetro crítico reduzido em pilares de canto
Fonte: adaptado de ABNT (2023).

senta duas bordas livres, deve ser feita essa verificação separadamente para cada uma delas, considerando o momento fletor, cujo plano é perpendicular à borda livre adotada. A norma ainda comenta que o coeficiente K deve ser calculado em função da proporção C_1/C_2, sendo C_1 e C_2 respectivamente os lados do pilar perpendicular e paralelo à borda livre adotada, como mostrado na Tab. 8.1 e na Fig. 8.23.

A excentricidade do perímetro crítico reduzido pode ser calculada por:

$$e^* = \frac{C_1 \cdot a_1 - a_1^2 + C_1 \cdot C_2 + 4a_2 \cdot d + \pi \cdot C_1 \cdot d + 8d^2}{2 \cdot (a_1 + a_2 + \pi \cdot d)} \quad (8.42)$$

Na Fig. 8.30 é possível identificar os dados encontrados nessa equação.

O valor do módulo de resistência plástica perpendicular à borda livre pode ser calculado conforme indicado por Melges (1995):

$$W_p = \frac{C_1^2}{4} + \frac{C_1 \cdot C_2}{2} + 2C_2 \cdot d + 4d^2 + \frac{\pi \cdot d \cdot C_1}{2} \quad (8.43)$$

Exemplo 8.14

Verificar a resistência à punção do concreto no contorno C' para a laje com pilar de canto indicada na Fig. 8.31, supondo classe de agressividade ambiental II, usando os cobrimentos mínimos normativos, f_{ck} = 30 MPa e aço CA-50. A armadura negativa nessa laje é de ϕ10 c/10 nas duas direções, com momento fletor em ambas as direções.

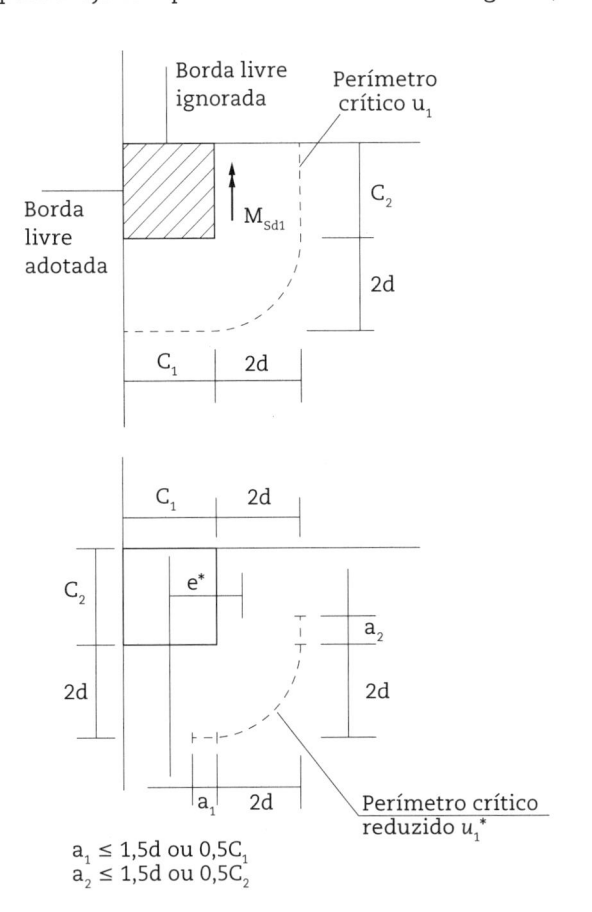

Fig. 8.30 Esquema de cálculo para W_{p1} e e^* em pilares de canto

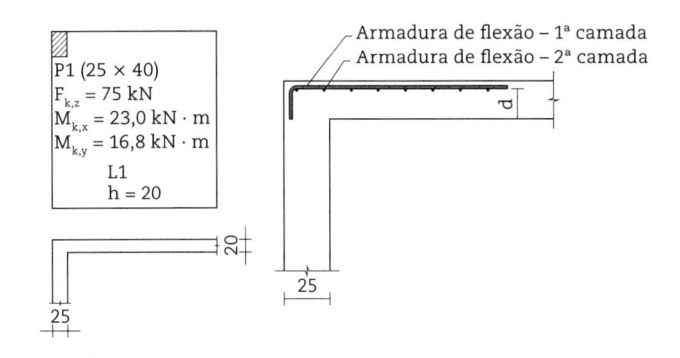

Fig. 8.31 Dimensões e reações de apoio da laje lisa do Exemplo 8.14 (cotas em cm)

Como é um pilar de canto, utiliza-se a Eq. 8.35 separadamente em cada uma das direções para a determinação da tensão solicitante de cálculo.

$$\tau_{Sd} = \frac{F_{Sd}}{u_1^* \cdot d} + \frac{K_1 \cdot M_{Sd1}}{W_{p1} \cdot d}$$

A altura útil da laje varia conforme sua direção, sendo diferente na direção principal e na direção secundária. Para essa verificação, foi considerada uma altura útil média.

$$d = h - c_{nom} - \phi_{ref} = 20 - 2,5 - 1,00 = 16,5 \text{ cm}$$

Na Fig. 8.30 pode-se ter uma noção do perímetro crítico reduzido u_1^*.

$$u_1^* \leq \begin{cases} 1,5d + 1,5d + \dfrac{2d \cdot \pi}{2} = 1,5 \times 16,5 \\ \quad + 1,5 \times 16,5 + \dfrac{2 \times 16,5\pi}{2} = 76,14 \text{ cm} \\ 0,5C_1 + 1,5d + \dfrac{2d \cdot \pi}{2} = 0,5 \times 25 \\ \quad + 1,5 \times 16,5 + \dfrac{2 \times 16,5\pi}{2} = 89,09 \text{ cm} \\ 1,5d + 0,5C_2 + \dfrac{2d \cdot \pi}{2} = 1,5 \times 16,5 \\ \quad + 0,5 \times 40 + \dfrac{2 \times 16,5\pi}{2} = 96,59 \text{ cm} \\ 0,5C_1 + 0,5C_2 + \dfrac{2d \cdot \pi}{2} = 0,5 \times 25 \\ \quad + 0,5 \times 40 + \dfrac{2 \times 16,5\pi}{2} = 84,34 \text{ cm} \end{cases}$$

$$\therefore u_1^* = 76,14 \text{ cm}$$

Direção x

$$\frac{C_1}{C_2} = \frac{25}{40} = 0,625 \Rightarrow \text{na Tab. 8.1, o menor valor é 0,5}$$

$$\therefore K_{1x} = 0,4875$$

$$M_{Sd1} = \left(M_{Sd} - M_{Sd^*}\right) = \left(M_{Sdx} - F_{Sd} \cdot e_x^*\right)$$

De acordo com a Fig. 8.30, têm-se os valores de $a_1 = 12{,}5$ cm e $a_2 = 20$ cm. Nesse caso, é possível verificar a excentricidade do perímetro crítico reduzido por meio da Eq. 8.42:

$$e_x^* = \frac{\begin{pmatrix} 25 \times 12{,}5 - 12{,}5^2 + 25 \times 40 + 4 \times 20 \\ \times 16{,}5 + \pi \cdot 25 \times 16{,}5 + 8 \times 16{,}5^2 \end{pmatrix}}{2 \times (12{,}5 + 20 + \pi \cdot 16{,}5)} = 35{,}28 \text{ cm}$$

$$M_{Sd^*} = F_{Sd} \cdot e_x^* = 1{,}4 \times 75 \times 35{,}28 = 3.704{,}4 \text{ kN} \cdot \text{cm}$$

$$M_{Sd1} = \left(M_{Sdx} - M_{Sd^*}\right) = (1{,}4 \times 2.300 - 3.704{,}4)$$
$$= -484{,}4 \text{ kN} \cdot \text{cm} < 0 \therefore M_{Sd1} = 0$$

$$W_{p1} = \frac{25^2}{4} + \frac{25 \times 40}{2} + 2 \times 40 \times 16{,}5 + 4 \times 16{,}5^2$$
$$+ \frac{\pi \cdot 16{,}5 \times 25}{2} = 3.713{,}2 \text{ cm}^2$$

$$\tau_{Sd} = \frac{1{,}4 \times 75}{76{,}14 \times 16{,}5} + \frac{0{,}4875 \times 0}{3.713{,}2 \times 16{,}5} = 0{,}084 \text{ kN/cm}^2$$

Direção y

$$\frac{C_2}{C_1} = \frac{40}{25} = 1{,}60 \Rightarrow \text{Interpolando os valores da Tab. 8.1}$$
$$\Rightarrow K_{1y} = 0{,}66$$

$$e_y^* = \frac{\begin{pmatrix} 40 \times 20 - 20^2 + 25 \times 40 + 4 \times 12{,}5 \\ \times 16{,}5 + \pi \cdot 40 \times 16{,}5 + 8 \times 16{,}5^2 \end{pmatrix}}{2 \times (12{,}5 + 20 + \pi \cdot 16{,}5)} = 38{,}40 \text{ cm}$$

$$M_{Sd^*} = F_{Sd} \cdot e_y^* = 1{,}4 \times 75 \times 38{,}40 = 4.032{,}0 \text{ kN} \cdot \text{cm}$$

$$M_{Sd1} = \left(M_{Sdy} - M_{Sd^*}\right) = (1{,}4 \times 1.680 - 4.032{,}0)$$
$$= -1.680{,}0 \text{ kN} \cdot \text{cm} < 0 \therefore M_{Sd1} = 0$$

$$W_{p1} = \frac{40^2}{4} + \frac{40 \times 25}{2} + 2 \times 25 \times 16{,}5 + 4 \times 16{,}5^2 + \frac{\pi \cdot 16{,}5 \times 40}{2}$$
$$= 3.850{,}73 \text{ cm}^2$$

$$\tau_{Sd} = \frac{1{,}4 \times 75}{76{,}14 \times 16{,}5} + \frac{0{,}66 \times 0}{3.850{,}73 \times 16{,}5} = 0{,}084 \text{ kN/cm}^2$$

Nas duas direções, tem-se $\tau_{Sd} = 0{,}084$ kN/cm². Caso os valores fossem diferentes, seria assumido o maior deles.

A tensão resistente de cálculo é obtida por meio da Eq. 8.31.

$$\tau_{sd} \leq \tau_{Rd1} = 0{,}13 k_e \cdot (100\rho \cdot f_{ck})^{\frac{1}{3}} + 0{,}10 \sigma_{cp}$$

$$k_e = \left(1 + \sqrt{\frac{20}{d}}\right) = \left(1 + \sqrt{\frac{20}{16{,}5}}\right) = 2{,}101 \leq 2 \therefore k_e = 2$$

A taxa de armadura nas duas direções será igual, pois a armadura em cada direção é de $\phi 10$ c/10. Sabe-se que $1\phi 10 = 0{,}785$ cm².

$$A_{s,x} = \frac{h_{pilar,y} + 3d}{s} \cdot \phi_{ref} = \frac{40 + 3 \times 16{,}5}{10} \times 0{,}785 = 7{,}03 \text{ cm}^2$$

$$A_{s,y} = \frac{h_{pilar,x} + 3d}{s} \cdot \phi_{ref} = \frac{25 + 3 \times 16{,}5}{10} \times 0{,}785 = 5{,}85 \text{ cm}^2$$

$$\rho = \sqrt{\frac{A_{s,x}}{A_{c,y}} \cdot \frac{A_{s,y}}{A_{c,x}}} = \sqrt{\frac{7{,}03}{(40 + 3 \times 16{,}5) \times 20} \times \frac{5{,}85}{(25 + 3 \times 16{,}5) \times 20}}$$
$$= 0{,}0039 \leq 0{,}02 \therefore \rho = 0{,}0039$$

Como não se trata de uma laje protendida, o valor de σ_{cp} é igual a 0.

$$\tau_{Rd1} = 0{,}13 k_e \cdot (100\rho \cdot f_{ck})^{\frac{1}{3}} = 0{,}13 \times 2 \times (100 \times 0{,}0039 \times 30)^{\frac{1}{3}}$$
$$= 0{,}590 \text{ MPa}$$

$$\tau_{Rd1} = 0{,}059 \text{ kN/cm}^2 < \tau_{Sd} = 0{,}084 \text{ kN/cm}^2$$
$$\therefore \text{Necessita de armadura de punção}$$

Adotaram-se estribos S $\phi 5$ em aço CA-60 dispostos conforme a Fig. 8.32.

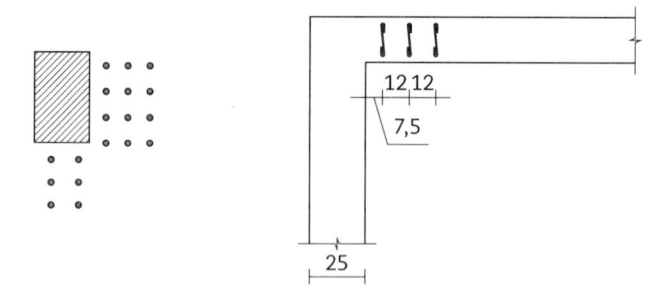

Fig. 8.32 Disposição da armadura de punção da laje lisa do Exemplo 8.14 (cotas em cm)

Com a colocação de armadura de punção, a tensão resistente de cálculo é obtida por meio da Eq. 8.34.

$$\tau_{sd} \leq \tau_{Rd1} = 0{,}10 k_e \cdot (100\rho \cdot f_{ck})^{\frac{1}{3}} + 0{,}10 \sigma_{cp}$$
$$+ 1{,}5 \cdot \frac{d}{s_r} \cdot \frac{A_{sw} \cdot f_{ywd} \cdot \text{sen}\,\alpha}{u_1 \cdot d}$$

Como não se trata de uma laje protendida, o valor de σ_{cp} é igual a 0.

$$s_r = 12 \text{ cm} < 0{,}75d = 0{,}75 \times 16{,}5 = 12{,}375 \text{ cm} \therefore \text{OK}$$

Em cada contorno completo de armadura de punção, foi adotado $6\phi 5$. Nesse caso:

$$A_{sw} = 6 \times 0{,}196 = 1{,}176 \text{ cm}^2$$

Para a determinação de f_{ywd}, precisa-se interpolar a espessura da laje e a tensão resistente.

$$f_{ywd} = 250 - \frac{(15-h) \times (250-435)}{15-35}$$
$$= 250 - \frac{(15-20) \times (250-435)}{15-35} = 296{,}25 \text{ MPa}$$

$$\tau_{Rd1} = 0{,}10 \times 2 \times (100 \times 0{,}0039 \times 30)^{\frac{1}{3}}$$
$$+ 1{,}5 \times \frac{16{,}5}{12} \times \frac{1{,}176 \times 296{,}25 \times \text{sen } 90}{76{,}14 \times 16{,}5} = 1{,}026 \text{ MPa}$$

$$\tau_{Rd1} = 0{,}103 \text{ kN/cm}^2 > \tau_{Sd} = 0{,}084 \text{ kN/cm}^2 \therefore \text{OK}$$

8.2.3 Contorno C''

A NBR 6118 (ABNT, 2023, p. 169) comenta que "quando for necessário utilizar armadura transversal, ela deve ser estendida em contornos paralelos a C' até que, em um contorno C'' afastado 2d do último contorno de armadura [Fig. 8.17], não seja mais necessária armadura, isto é, $\tau_{Sd} \leq \tau_{Rd1}$". Nesse caso, a verificação no contorno C'' só será necessária quando for colocada armadura de punção.

A tensão solicitante de cálculo em pilares internos é descrita por:

$$\tau_{Sd} = \frac{F_{Sd}}{u_2 \cdot d} \tag{8.44}$$

em que:
F_{Sd} é a força ou reação concentrada de cálculo;
u_2 é o perímetro crítico do contorno C'';
d é a altura útil da laje.

Em casos de transferências de momentos fletores, bem como de pilares de extremidade e de canto, as equações de tensão solicitante de cálculo para a verificação do contorno C'' são similares às equações para o contorno C', porém substituindo-se u_1 por u_2.

Exemplo 8.15

Verificar a distância mínima que o contorno C'' precisa estar do pilar para que a resistência à punção da laje com pilar interno indicada na Fig. 8.12 seja atendida (continuação do Exemplo 8.9), supondo classe de agressividade ambiental II, usando os cobrimentos mínimos normativos, $f_{ck} = 30$ MPa e aço CA-50. A armadura negativa nessa laje é de $\phi 16$ c/8 nas duas direções, e não se têm momentos fletores desbalanceados.

A tensão resistente de cálculo é obtida por meio da Eq. 8.31.

$$\tau_{sd} \leq \tau_{Rd1} = 0{,}13 k_e \cdot (100 \rho \cdot f_{ck})^{\frac{1}{3}} + 0{,}10 \sigma_{cp}$$

$$k_e = \left(1 + \sqrt{\frac{20}{d}}\right) = \left(1 + \sqrt{\frac{20}{15{,}9}}\right) = 2{,}122 \leq 2 \therefore k_e = 2$$

A taxa de armadura nas duas direções será igual, pois a armadura em cada direção é de $\phi 16$ c/8. Sabe-se que $1\phi 16 = 2{,}01$ cm².

$$A_{s,x} = A_{s,y} = \frac{\phi_{pilar} + 2 \times 3d}{s} \cdot \phi_{ref} = \frac{30 + 2 \times 3 \times 15{,}9}{8} \times 2{,}01$$
$$= 31{,}51 \text{ cm}^2$$

$$\rho = \sqrt{\frac{A_{s,x}}{A_{c,y}} \cdot \frac{A_{s,y}}{A_{c,c}}} = \sqrt{\frac{31{,}51}{(30 + 2 \times 3 \times 15{,}9) \times 20} \times \frac{31{,}51}{(30 + 2 \times 3 \times 15{,}9) \times 20}}$$
$$= 0{,}0126 \leq 0{,}02 \therefore \rho = 0{,}0126$$

Como não se trata de uma laje protendida, o valor de σ_{cp} é igual a 0.

$$\tau_{Rd1} = 0{,}13 k_e \cdot (100 \rho \cdot f_{ck})^{\frac{1}{3}} = 0{,}13 \times 2 \times (100 \times 0{,}0126 \times 30)^{\frac{1}{3}}$$
$$= 0{,}873 \text{ MPa}$$

Como não há momentos fletores desbalanceados, utiliza-se a Eq. 8.44 para a determinação da tensão solicitante de cálculo.

$$\tau_{Sd} = \frac{F_{Sd}}{u_2 \cdot d}$$

A altura útil da laje varia conforme sua direção, sendo diferente na direção principal e na direção secundária. Para essa verificação, foi considerada uma altura útil média.

$$d = h - c_{nom} - \phi_{ref} = 20 - 2{,}5 - 1{,}6 = 15{,}9 \text{ cm}$$

Para determinar o perímetro u_2, pode-se igualar a tensão resistente de cálculo τ_{Rd1} com a tensão solicitante de cálculo τ_{Sd}.

$$\frac{1{,}4 \times 430}{u_2 \cdot 15{,}9} \leq 0{,}0873 \Rightarrow u_2 \geq \frac{1{,}4 \times 430}{15{,}9 \times 0{,}0873} = 433{,}70 \text{ cm}$$

$$u_2 = \pi \cdot (D + \text{distância entre pilar e contorno C''})$$

$$u_2 = \pi \cdot D + \pi \cdot (\text{distância entre pilar e contorno C''})$$

$$\text{Distância entre pilar e contorno C''} = \frac{u_1 - \pi \cdot D}{\pi}$$
$$= \frac{433{,}70 - \pi \cdot 30}{\pi}$$
$$= 108{,}05 \text{ cm}$$

Na Fig. 8.33 pode-se visualizar os contornos C' e C''.

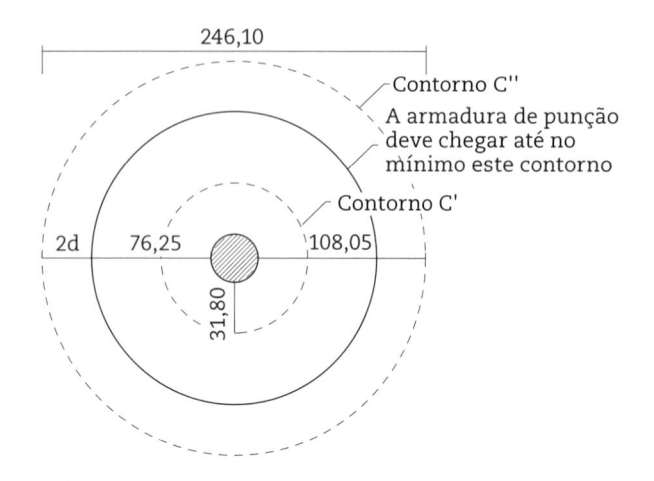

Fig. 8.33 Contornos C' e C'' para a laje lisa do Exemplo 8.15 (cotas em cm)

Neste exemplo, que é uma continuação do Exemplo 8.9, verificou-se a necessidade de armadura de punção até uma distância de 76,25 cm da face do pilar. Nesse caso, o detalhamento indicado na Fig. 8.19 não atende à verificação de C''. A Fig. 8.34 representa o detalhamento final.

Exemplo 8.16

Verificar a distância mínima que o contorno C'' precisa estar do pilar para que a resistência à punção da laje com pilar de extremidade indicada na Fig. 8.27 seja atendida (continuação do Exemplo 8.13), supondo classe de agressividade ambiental II, usando os cobrimentos mínimos normativos, f_{ck} = 30 MPa e aço CA-50. A armadura negativa nessa laje é de ϕ12,5 c/10 nas duas direções, com momento fletor em ambas as direções.

A tensão resistente de cálculo é obtida por meio da Eq. 8.31.

$$\tau_{sd} \leq \tau_{Rd1} = 0{,}13 k_e \cdot (100\rho \cdot f_{ck})^{\frac{1}{3}} + 0{,}10\sigma_{cp}$$

$$k_e = \left(1 + \sqrt{\frac{20}{d}}\right) = \left(1 + \sqrt{\frac{20}{16{,}25}}\right) = 2{,}109 \leq 2 \therefore k_e = 2$$

A taxa de armadura nas duas direções será igual, pois a armadura em cada direção é de ϕ12,5 c/10. Sabe-se que 1ϕ12,5 = 1,227 cm².

$$A_{s,x} = \frac{h_{pilar,y} + 3d}{s} \cdot \phi_{ref} = \frac{60 + 3 \times 16{,}25}{10} \times 1{,}227 = 19{,}33 \text{ cm}^2$$

$$A_{s,y} = \frac{h_{pilar,x} + 2 \times 3d}{s} \cdot \phi_{ref} = \frac{20 + 2 \times 3 \times 16{,}25}{10} \times 1{,}227$$
$$= 8{,}44 \text{ cm}^2$$

$$\rho = \sqrt{\frac{A_{s,x}}{A_{c,y}} \cdot \frac{A_{s,y}}{A_{c,x}}} = \sqrt{\frac{19{,}33}{(60 + 3 \times 16{,}25) \times 20} \times \frac{8{,}44}{(20 + 2 \times 3 \times 16{,}25) \times 20}}$$
$$= 0{,}006 \leq 0{,}02 \therefore \rho = 0{,}006$$

Como não se trata de uma laje protendida, o valor de σ_{cp} é igual a 0.

$$\tau_{Rd1} = 0{,}13 k_e \cdot (100\rho \cdot f_{ck})^{\frac{1}{3}} = 0{,}13 \times 2 \times (100 \times 0{,}006 \times 30)^{\frac{1}{3}}$$
$$= 0{,}681 \text{ MPa}$$

Como há momento fletor nas duas direções, utiliza-se a Eq. 8.40 para a determinação da tensão solicitante de cálculo.

$$\tau_{Sd} = \frac{F_{Sd}}{u_2^* \cdot d} + \frac{K_1 \cdot M_{Sd1}}{W_{p1} \cdot d} + \frac{K_2 \cdot M_{Sd2}}{W_{p2} \cdot d}$$

A altura útil da laje varia conforme sua direção, sendo diferente na direção principal e na direção secundária. Para essa verificação, foi considerada uma altura útil média.

$$d = h - c_{nom} - \phi_{ref} = 20 - 2{,}5 - 1{,}25 = 16{,}25 \text{ cm}$$

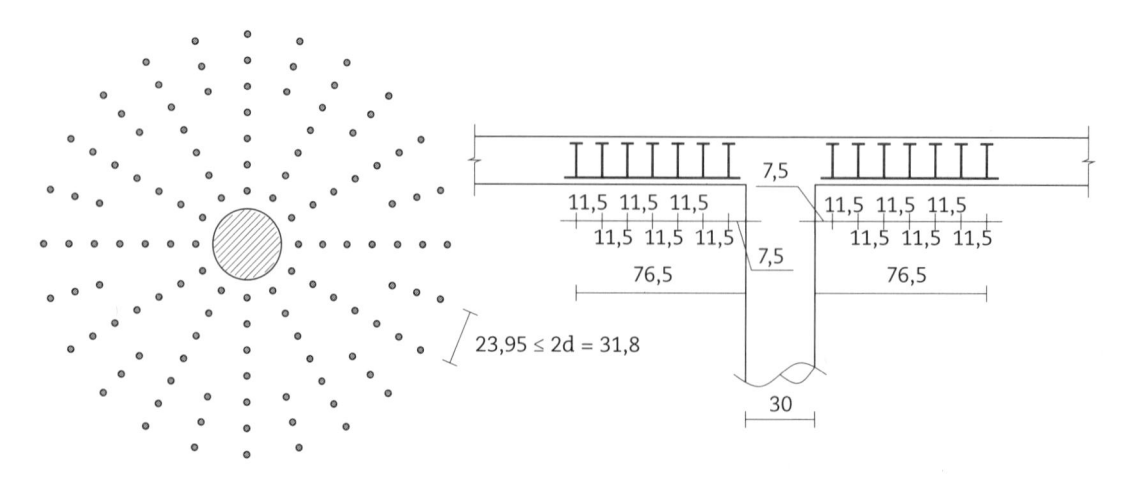

Fig. 8.34 Distribuição das armaduras de punção da laje lisa do Exemplo 8.15 (cotas em cm)

$\dfrac{C_1}{C_2} = \dfrac{20}{60} = 0,33 \Rightarrow$ na Tab. 8.1, o menor valor é 0,5 $\therefore K_1 = 0,45$

$\dfrac{C_2}{2C_1} = \dfrac{60}{2 \times 20} = 1,50 \Rightarrow$ Interpolando os valores da Tab. 8.1

$$\Rightarrow K_2 = 0,65$$

Utilizando a Eq. 8.39, pode-se verificar a excentricidade do perímetro crítico reduzido:

$$e^* = \dfrac{\begin{pmatrix} 20 \times 10 - 10^2 + \dfrac{20 \times 60}{2} + 2 \times 16,25 \times 60 \\ + \pi \cdot 16,25 \times 20 + 8 \times 16,25^2 \end{pmatrix}}{2 \times 10 + 60 + 2\pi \cdot 16,25}$$
$$= 31,76 \text{ cm}$$

$$M_{Sd^*} = F_{Sd} \cdot e^* = 1,4 \times 155 \times 31,76 = 6.891,92 \text{ kN} \cdot \text{cm}$$

$$M_{Sd1} = \left(M_{Sd} - M_{Sd^*}\right) = (1,4 \times 1.590 - 6.891,92)$$
$$= -4.665,92 \text{ kN} \cdot \text{cm} < 0 \therefore M_{Sd1} = 0$$

$$W_{p1} = \dfrac{20^2}{2} + \dfrac{20 \times 60}{2} + 2 \times 60 \times 16,25 + 8 \times 16,25^2 + \pi \cdot 16,25 \times 20$$
$$= 5.883,52 \text{ cm}^2$$

$$W_{p2} = \dfrac{C_2^2}{4} + C_1 \cdot C_2 + 4C_1 \cdot d + 8d^2 + \pi \cdot d \cdot C_2$$

$$W_{p2} = \dfrac{60^2}{4} + 20 \times 60 + 4 \times 20 \times 16,25 + 8 \times 16,25^2 + \pi \cdot 16,25 \times 60$$
$$= 8.575,55 \text{ cm}^2$$

Para determinar o perímetro u_2, pode-se igualar a tensão resistente de cálculo τ_{Rd1} com a tensão solicitante de cálculo τ_{Sd}.

$$\dfrac{1,4 \times 155}{u_2^* \cdot 16,25} + \dfrac{0,45 \times 0}{5.883,52 \times 16,25} + \dfrac{0,65 \times 1,4 \times 3.160}{8.575,55 \times 16,25} \leq 0,0681$$
$$\Rightarrow u_2^* = 281,34 \text{ cm}$$

$$u_2^* \leq \begin{cases} 2 \times 1,5d + C_2 + (\text{distância entre pilar e contorno } C'') \cdot \pi \\ 2 \times 0,5C_1 + C_2 + (\text{distância entre pilar e contorno } C'') \cdot \pi \end{cases}$$

Adota-se a equação que tiver a menor parcela inicial:

$$\begin{cases} 2 \times 1,5d = 2 \times 1,5 \times 16,25 = 48,75 \text{ cm} \\ 2 \times 0,5C_1 = 2 \times 0,5 \times 20 = 20 \text{ cm} \end{cases}$$

$$281,34 \leq 2 \times 0,5C_1 + C_2 + \begin{pmatrix} \text{distância entre} \\ \text{pilar e contorno } C'' \end{pmatrix} \cdot \pi$$

Distância entre pilar e contorno $C'' \geq \dfrac{281,34 - 2 \times 0,5 \times 20 - 60}{\pi}$
$$= 64,09 \text{ cm}$$

Na Fig. 8.35 pode-se visualizar os contornos C' e C''.

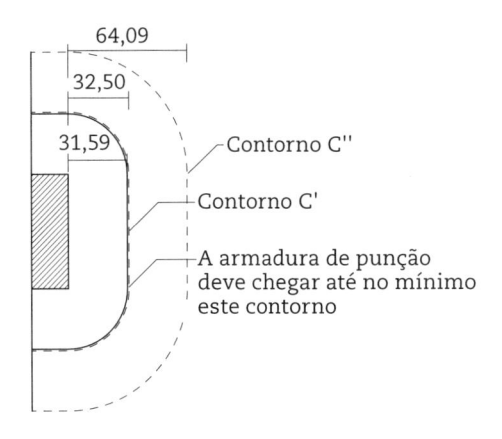

Fig. 8.35 Contornos C' e C'' para a laje lisa do Exemplo 8.16 (cotas em cm)

Neste exemplo, que é uma continuação do Exemplo 8.13, verificou-se a necessidade de armadura de punção até uma distância de 31,59 cm da face do pilar. Nesse caso, o detalhamento indicado na Fig. 8.28 atende à verificação de C''.

Exemplo 8.17

Verificar a distância mínima que o contorno C'' precisa estar do pilar para que a resistência à punção da laje com pilar de canto indicada na Fig. 8.31 seja atendida (continuação do Exemplo 8.14), supondo classe de agressividade ambiental II, usando os cobrimentos mínimos normativos, $f_{ck} = 30$ MPa e aço CA-50. A armadura negativa nessa laje é de $\phi 10$ c/10 nas duas direções, com momento fletor em ambas as direções.

A tensão resistente de cálculo é obtida por meio da Eq. 8.31.

$$\tau_{Sd} \leq \tau_{Rd1} = 0,13 k_e \cdot (100 \rho \cdot f_{ck})^{\frac{1}{3}} + 0,10 \sigma_{cp}$$

$$k_e = \left(1 + \sqrt{\dfrac{20}{d}}\right) = \left(1 + \sqrt{\dfrac{20}{16,5}}\right) = 2,101 \leq 2 \therefore k_e = 2$$

A taxa de armadura nas duas direções será igual, pois a armadura em cada direção é de $\phi 10$ c/10. Sabe-se que $1\phi 10 = 0,785$ cm².

$$A_{s,x} = \dfrac{h_{pilar,y} + 3d}{s} \cdot \phi_{ref} = \dfrac{40 + 3 \times 16,5}{10} \times 0,785 = 7,03 \text{ cm}^2$$

$$A_{s,y} = \dfrac{h_{pilar,x} + 3d}{s} \cdot \phi_{ref} = \dfrac{25 + 3 \times 16,5}{10} \times 0,785 = 5,85 \text{ cm}^2$$

$$\rho = \sqrt{\dfrac{A_{s,x}}{A_{c,y}} \cdot \dfrac{A_{s,y}}{A_{c,x}}} = \sqrt{\dfrac{7,03}{(40 + 3 \times 16,5) \times 20} \times \dfrac{5,85}{(25 + 3 \times 16,5) \times 20}}$$
$$= 0,0039 \leq 0,02 \therefore \rho = 0,0039$$

Como não se trata de uma laje protendida, o valor de σ_{cp} é igual a 0.

$$\tau_{Rd1} = 0{,}13 k_e \cdot (100\rho \cdot f_{ck})^{\frac{1}{3}} = 0{,}13 \times 2 \times (100 \times 0{,}0039 \times 30)^{\frac{1}{3}}$$
$$= 0{,}590 \text{ MPa}$$

Como é um pilar de canto, utiliza-se a Eq. 8.35 separadamente em cada uma das direções para a determinação da tensão solicitante de cálculo.

$$\tau_{Sd} = \frac{F_{Sd}}{u_2^* \cdot d} + \frac{K_1 \cdot M_{Sd1}}{W_{p1} \cdot d}$$

A altura útil da laje varia conforme sua direção, sendo diferente na direção principal e na direção secundária. Para essa verificação, foi considerada uma altura útil média.

$$d = h - c_{nom} - \phi_{ref} = 20 - 2{,}5 - 1{,}00 = 16{,}5 \text{ cm}$$

Direção x

$$\frac{C_1}{C_2} = \frac{25}{40} = 0{,}625 \Rightarrow \text{na Tab. 8.1, o menor valor é 0,5}$$
$$\therefore K_{1x} = 0{,}4875$$

$$M_{Sd1} = \left(M_{Sd} - M_{Sd^*}\right) = \left(M_{Sdx} - F_{Sd} \cdot e_x^*\right)$$

De acordo com a Fig. 8.30, têm-se os valores de $a_1 = 12{,}5$ cm e $a_2 = 20$ cm. Nesse caso, pode-se verificar a excentricidade do perímetro crítico reduzido por meio da Eq. 8.42:

$$e_x^* = \frac{\begin{pmatrix} 25 \times 12{,}5 - 12{,}5^2 + 25 \times 40 + 4 \times 20 \\ \times 16{,}5 + \pi \cdot 25 \times 16{,}5 + 8 \times 16{,}5^2 \end{pmatrix}}{2 \times (12{,}5 + 20 + \pi \cdot 16{,}5)} = 35{,}28 \text{ cm}$$

$$M_{Sd^*} = F_{Sd} \cdot e_x^* = 1{,}4 \times 75 \times 35{,}28 = 3.704{,}4 \text{ kN} \cdot \text{cm}$$

$$M_{Sd1} = \left(M_{Sdx} - M_{Sd^*}\right) = (1{,}4 \times 2.300 - 3.704{,}4)$$
$$= -484{,}4 \text{ kN} \cdot \text{cm} < 0 \therefore M_{Sd1} = 0$$

$$W_{p1} = \frac{25^2}{4} + \frac{25 \times 40}{2} + 2 \times 40 \times 16{,}5 + 4 \times 16{,}5^2 + \frac{\pi \cdot 16{,}5 \times 25}{2}$$
$$= 3.713{,}2 \text{ cm}^2$$

Para determinar o perímetro u_2, pode-se igualar a tensão resistente de cálculo τ_{Rd1} com a tensão solicitante de cálculo τ_{Sd}.

$$\frac{1{,}4 \times 75}{u_2^* \cdot 16{,}5} + \frac{0{,}4875 \times 0}{3.713{,}2 \times 16{,}5} \leq 0{,}059 \Rightarrow u_2^* \geq \frac{1{,}4 \times 75}{16{,}5 \times 0{,}059} = 107{,}86 \text{ cm}$$

Direção y

$$\frac{C_2}{C_1} = \frac{40}{25} = 1{,}60 \Rightarrow \text{Interpolando os valores da Tab. 8.1}$$
$$\Rightarrow K_{1y} = 0{,}66$$

$$e_y^* = \frac{\begin{pmatrix} 40 \times 20 - 20^2 + 25 \times 40 + 4 \times 12{,}5 \\ \times 16{,}5 + \pi \cdot 40 \times 16{,}5 + 8 \times 16{,}5^2 \end{pmatrix}}{2 \times (12{,}5 + 20 + \pi \cdot 16{,}5)} = 38{,}40 \text{ cm}$$

$$M_{Sd^*} = F_{Sd} \cdot e_y^* = 1{,}4 \times 75 \times 38{,}40 = 4.032{,}0 \text{ kN} \cdot \text{cm}$$

$$M_{Sd1} = \left(M_{Sdy} - M_{Sd^*}\right) = (1{,}4 \times 1.680 - 4.032{,}0)$$
$$= -1.680{,}0 \text{ kN} \cdot \text{cm} < 0 \therefore M_{Sd1} = 0$$

$$W_{p1} = \frac{40^2}{4} + \frac{40 \times 25}{2} + 2 \times 25 \times 16{,}5 + 4 \times 16{,}5^2 + \frac{\pi \cdot 16{,}5 \times 40}{2}$$
$$= 3.850{,}73 \text{ cm}^2$$

Para determinar o perímetro u_2, pode-se igualar a tensão resistente de cálculo τ_{Rd1} com a tensão solicitante de cálculo τ_{Sd}.

$$\frac{1{,}4 \times 75}{u_2^* \cdot 16{,}5} + \frac{0{,}66 \times 0}{3.850{,}73 \times 16{,}5} \leq 0{,}059 \Rightarrow u_2^* \geq \frac{1{,}4 \times 75}{16{,}5 \times 0{,}059} = 107{,}86 \text{ cm}$$

Percebe-se, nas duas verificações, que o valor de u_2^* foi igual a 107,86 cm.

$$u_2^* \leq \begin{cases} 1{,}5d + 1{,}5d + \dfrac{\left(\text{distância entre pilar e contorno C''}\right) \cdot \pi}{2} \\ 0{,}5C_1 + 1{,}5d + \dfrac{\left(\text{distância entre pilar e contorno C''}\right) \cdot \pi}{2} \\ 1{,}5d + 0{,}5C_2 + \dfrac{\left(\text{distância entre pilar e contorno C''}\right) \cdot \pi}{2} \\ 0{,}5C_1 + 0{,}5C_2 + \dfrac{\left(\text{distância entre pilar e contorno C''}\right) \cdot \pi}{2} \end{cases}$$

Adota-se a equação que tiver a menor parcela inicial:

$$u_2^* \leq \begin{cases} 1{,}5d + 1{,}5d = 1{,}5 \times 16{,}5 + 1{,}5 \times 16{,}5 = 49{,}5 \text{ cm} \\ 0{,}5C_1 + 1{,}5d = 0{,}5 \times 25 + 1{,}5 \times 16{,}5 = 37{,}25 \text{ cm} \\ 1{,}5d + 0{,}5C_2 = 1{,}5 \times 16{,}5 + 0{,}5 \times 40 = 44{,}75 \text{ cm} \\ 0{,}5C_1 + 0{,}5C_2 = 0{,}5 \times 25 + 0{,}5 \times 40 = 32{,}5 \text{ cm} \end{cases}$$

$$107{,}86 \leq 0{,}5C_1 + 0{,}5C_2 + \frac{\left(\text{distância entre pilar e contorno C''}\right) \cdot \pi}{2}$$

Distância entre pilar e contorno $C'' \geq 2$
$$\times \frac{107{,}86 - (0{,}5 \times 25 + 0{,}5 \times 40)}{\pi} = 47{,}98 \text{ cm}$$

Na Fig. 8.36 pode-se visualizar os contornos C' e C''. Nota-se, ao analisar essa figura, que o contorno C'' está mais próximo do contorno C' do que do limite mínimo para a armadura de punção. Como na Fig. 8.32 o detalhamento das armaduras de punção vai até 31,5 cm, essa distância é mais que suficiente para resistir aos esforços requeridos.

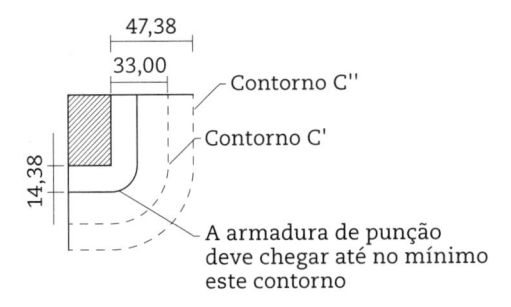

Fig. 8.36 Contornos C' e C'' para a laje lisa do Exemplo 8.17 (cotas em cm)

8.2.4 Informações complementares

Na NBR 6118 (ABNT, 2023) é comentada a possibilidade de colocação de capitel. Na Fig. 8.37 é apresentado um esboço da definição de altura útil para o cálculo de punção em lajes-cogumelo (lajes com capitéis). Quando existir capitel, devem ser feitas duas verificações nos contornos críticos C'_1 e C'_2.

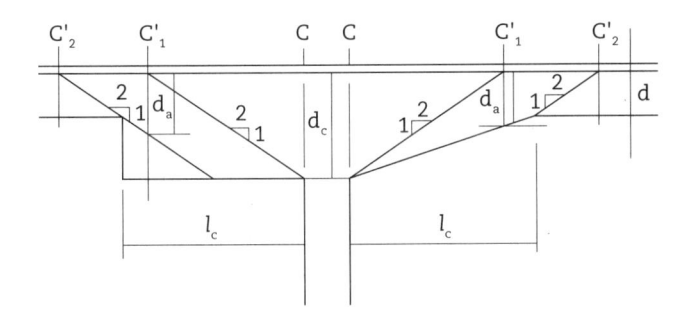

Fig. 8.37 Definição da altura útil no caso de capitel (cotas em cm)
Fonte: adaptado de ABNT (2023).

Além da vantagem de aumentar a seção de concreto resistente à punção, o capitel também enrijece a região da ligação laje-pilar, reduzindo a flecha da laje, nas proximidades de onde está inserido.

Outro ponto importante diz respeito à possibilidade de existir abertura em laje lisa e laje-cogumelo. Na NBR 6118 (ABNT, 2023, p. 167) é apresentada a informação de que "se na laje existir abertura situada a menos de $8d$ do contorno C, não pode ser considerado o trecho do contorno crítico C' entre as duas retas que passam pelo centro de gravidade da área de aplicação da força e que tangenciam o contorno da abertura [Fig. 8.38]".

8.3 Colapso progressivo

Na NBR 6118 (ABNT, 2023, p. 170) é comentado o seguinte: "para garantir a ductilidade local e a consequente proteção contra o colapso progressivo, a armadura de flexão inferior que atravessa o contorno C deve estar suficientemente ancorada além do contorno C' ou C'', conforme [a Fig. 8.39]".

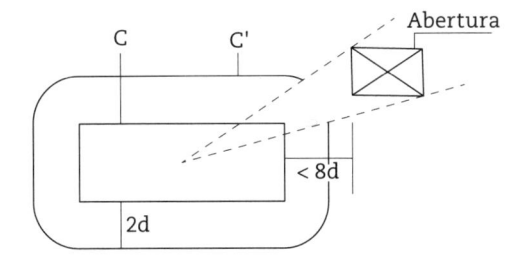

Fig. 8.38 Perímetro crítico junto à abertura na laje
Fonte: adaptado de ABNT (2023).

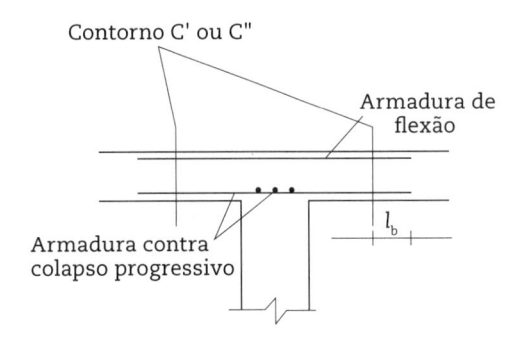

Fig. 8.39 Armadura contra colapso progressivo
Fonte: adaptado de ABNT (2023).

A norma também prescreve uma armadura mínima a ser utilizada:

$$f_{yd} \cdot A_{s,ccp} \geq 1,5 F_{Sd} \qquad (8.45)$$

em que:
$A_{s,ccp}$ é o somatório de todas as áreas das barras inferiores que cruzam cada uma das faces do pilar;
F_{Sd} é a força solicitante de cálculo (pode ser calculada com $\gamma_f = 1,2$).

Exemplo 8.18

Calcular a armadura contra colapso progressivo da laje lisa indicada na Fig. 8.40. Sabe-se que a armadura positiva nessa região da laje é de $\phi 6,3$ c/10 nas duas direções. Nesse caso:

$$A_{s,ef} = \phi 6,3 \text{ c/10} = \frac{100}{10} \times 0,31 = 3,1 \text{ cm}^2/\text{m}$$

Como o pilar possui diâmetro de 30 cm, pode-se estimar que nas duas direções dele passem aproximadamente seis barras, totalizando 12 seções de barras, ou seja, 3,72 cm².

$$A_{s,ef,pil} = 3,1 \times 0,3 \times 2 \times 2 = 3,72 \text{ cm}^2$$

Utilizando a Eq. 8.45, tem-se:

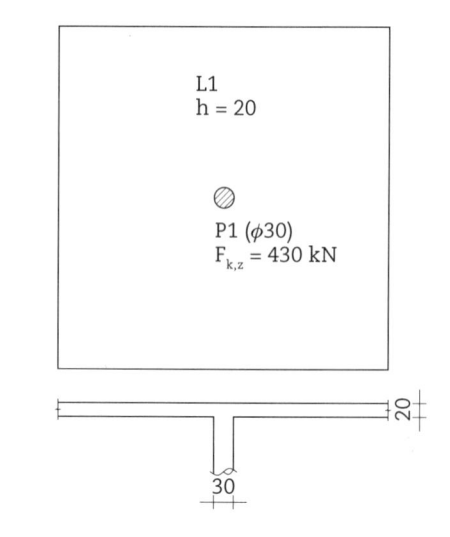

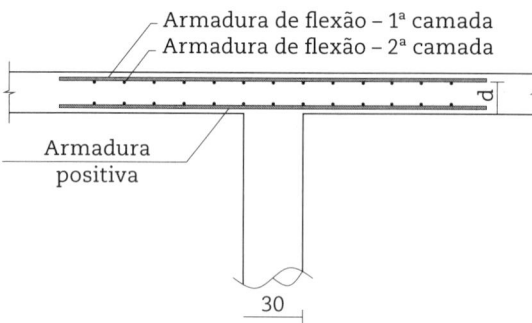

Fig. 8.40 Laje lisa do Exemplo 8.18 (cotas em cm)

$$f_{yd} \cdot A_{s,ccp} \geq 1{,}5F_{Sd} \Rightarrow A_{s,ccp} \geq \frac{1{,}5F_{Sd}}{f_{yd}} = \frac{1{,}5 \times 1{,}2 \times 430}{\frac{50}{1{,}15}} = 17{,}8 \text{ cm}^2$$

$$A_{s,ccp,nec} = A_{s,ccp} - A_{s,ef,pil} = 17{,}8 - 3{,}72 = 14{,}08 \text{ cm}^2$$

Adotando $\phi 16$ (2,01 cm²), o número de barras extras para combater o esforço de colapso progressivo será:

$$n = \frac{A_{s,ccp,nec}}{A_{s,\phi 16}} = \frac{14{,}08}{2 \times 2{,}01} = 3{,}5 \text{ barras} \Rightarrow 2\phi 16 \text{ p/direção}$$

Na Fig. 8.41 pode-se visualizar o detalhamento em planta.

Uma observação importante é que essas armaduras contra colapso progressivo devem ultrapassar um valor mínimo de l_b (comprimento básico de ancoragem) do contorno C' (quando não houver armadura de punção) ou do contorno C" (quando houver armadura de punção), conforme indicado na Fig. 8.39.

8.4 Ligação mesa-nervura

A mudança de seção que existe na região entre mesa e alma da nervura é solicitada por uma tensão cisalhante, oriunda da variação de largura da peça entre mesa e alma, a qual deve ser verificada e combatida por meio da uti-

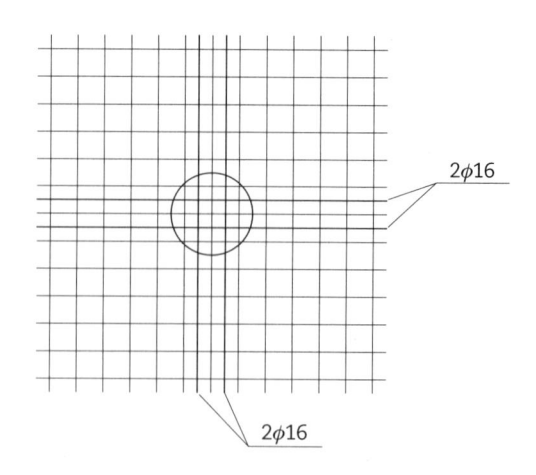

Fig. 8.41 Armadura positiva e armadura contra colapso progressivo na região do pilar do Exemplo 8.18

lização de armadura, denominada armadura de ligação mesa-nervura. As equações que são utilizadas nesse estado-limite são advindas da teoria de vigas.

A dedução das equações apresentadas a seguir foi extraída da publicação de Andrade (1982).

8.4.1 Mesa comprimida

Considerando uma viga de seção T solicitada à flexão e ao cisalhamento, isola-se um elemento de largura d_s situado entre duas fissuras, conforme a Fig. 8.42.

Fazendo o equilíbrio estático, têm-se:

$$z \cdot dR_{cc} = z \cdot dR_{st} = dM_d \quad \text{(8.46)}$$

$$dR_{cc} = \frac{dM_d}{z} \quad \text{(8.47)}$$

A variação de R_{cc} na unidade de comprimento será:

$$\frac{dR_{cc}}{d_s} = \frac{dM_d/d_s}{z} = \frac{V_d}{z} \quad \text{(8.48)}$$

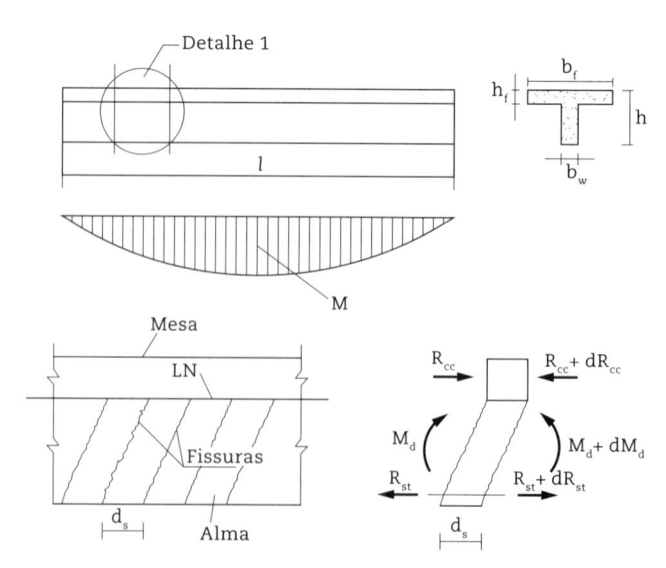

Fig. 8.42 Fissuração da alma e resultantes de forças
Fonte: adaptado de Andrade (1982).

A força R_{cc}, resultante das tensões de compressão no concreto, pode ser pensada como a soma das parcelas indicadas na Fig. 8.43.

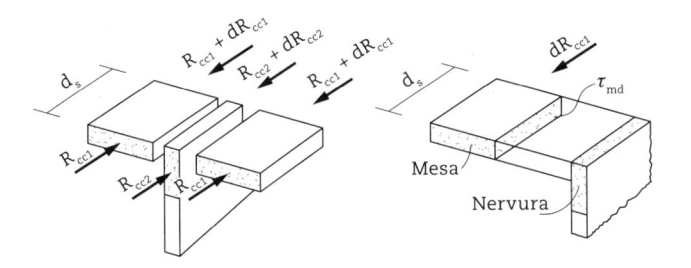

Fig. 8.43 Resultantes de forças para a mesa comprimida
Fonte: adaptado de Andrade (1982).

Da mesma forma como R_{cc} varia com a alteração de M, também R_{cc1} apresentará um diferencial em d_s que precisa ser transferido à nervura, originando tensões cisalhantes na ligação da aba com a nervura.

O equilíbrio do elemento da mesa (capa) gera:

$$dR_{cc1} = \tau_{md} \cdot h_f \cdot d_s \quad (8.49)$$

Entretanto,

$$dR_{cc1} = \frac{R_{cc1}}{R_{cc}} \cdot dR_{cc} \quad (8.50)$$

ou, na unidade de comprimento:

$$\frac{dR_{cc1}}{d_s} = \frac{R_{cc1}}{R_{cc}} \cdot \frac{dR_{cc}}{d_s} \quad (8.51)$$

Utilizando a Eq. 8.51 na Eq. 8.49 e considerando a expressão de dR_{cc} dada pela Eq. 8.48, tem-se:

$$\tau_{md} = \frac{V_d}{h_f \cdot z} \cdot \frac{R_{cc1}}{R_{cc}} \quad (8.52)$$

A armadura transversal necessária para absorver os esforços de tração oriundos de τ_{md} pode ser calculada com base na Fig. 8.44.

Admitindo que as fissuras tenham inclinação a 45°, o equilíbrio de forças resulta em:

$$F_{st} = dR_{cc1} \quad (8.53)$$

$$A_{st} = \frac{F_{st}}{f_{yd}} = \frac{dR_{cc1}}{R_{cc}} \quad (8.54)$$

$$A_{st} = \frac{V_d}{z \cdot f_{yd}} = \frac{R_{cc1}}{R_{cc}} \quad (8.55)$$

Do ponto de vista prático, a relação R_{cc1}/R_{cc} pode ser determinada com a relação entre as áreas comprimidas A_{c1}/A_c. Portanto:

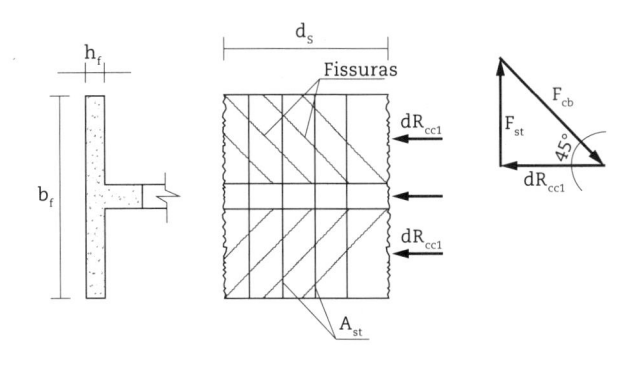

Fig. 8.44 Fissuração da mesa e disposição da armadura de ligação, em que F_{cb} = força de compressão nas bielas e F_{st} = força de tração na armadura transversal A_{st}
Fonte: adaptado de Andrade (1982).

$$\frac{R_{cc1}}{R_{cc}} = \frac{A_{c1}}{A_c} \quad (8.56)$$

O uso dessa expressão, que é geral, exige a definição da posição da linha neutra.

Quando a linha neutra corta a mesa, pode-se deduzir que:

$$\frac{A_{c1}}{A_c} = \frac{\frac{1}{2} \cdot (b_f - b_w) \cdot h_f}{b_f \cdot h_f} = \frac{1}{2} \cdot \left(1 - \frac{b_w}{b_f}\right) \quad (8.57)$$

Substituindo a Eq. 8.57 nas Eqs. 8.53 e 8.55, têm-se finalmente:

$$\tau_{md} = \frac{V_d}{h_f \cdot z} \cdot \frac{1}{2} \cdot \left(1 - \frac{b_w}{b_f}\right) \quad (8.58)$$

$$A_{st} = \frac{V_d}{z \cdot f_{yd}} \cdot \frac{1}{2} \cdot \left(1 - \frac{b_w}{b_f}\right) \quad (8.59)$$

Essa tensão solicitante de cálculo indicada na Eq. 8.58 deve ser menor ou igual à tensão τ_{Rd2}, dada por:

$$\tau_{Rd2} = 0,27 \cdot \left(1 - \frac{f_{ck}}{250}\right) \cdot f_{cd} \quad (8.60)$$

No caso de mesas solicitadas à tração e à compressão, devem ser respeitadas simultaneamente as condições impostas para cada situação isoladamente.

Quando as mesas forem solicitadas à flexão perpendicularmente à direção da nervura, as tensões de compressão daí resultantes terão efeito favorável. Nesse caso, a armadura de flexão da mesa também poderá ser considerada como armadura transversal da mesa, colocando-se apenas a maior das duas armaduras calculadas. Pode-se, portanto, adotar apenas a maior das duas armaduras.

A armadura de ligação mesa-nervura age nas duas ligações da alma com as flanges (uma de cada lado da alma).

Nesse caso, cada barra que cruza essa região é contabilizada duas vezes no procedimento de cálculo. A NBR 6118 (ABNT, 2023) prescreve que essa armadura deve ser de no mínimo 1,5 cm²/m e transversal à alma posicionada na mesa.

Por fim, cabe mencionar que, nas lajes nervuradas e nas vigas T com mesa comprimida, pode-se adotar $z = d - 0{,}5h_f$.

Exemplo 8.19

Calcular a armadura de ligação mesa-nervura na região de momento positivo da laje treliçada indicada nas Figs. 8.3 e 8.4, supondo classe de agressividade ambiental II, usando os cobrimentos mínimos normativos, f_{ck} = 25 MPa, b_f = 43 cm e altura útil da laje de 14,75 cm. As forças cortantes já foram dadas na Fig. 8.3.

Utilizando a Eq. 8.58, pode-se determinar a tensão solicitante de cálculo. A força cortante de cálculo a ser empregada deve ser a força cortante da face apoiada da Fig. 8.3.

$$\tau_{md} = \frac{V_d}{h_f \cdot z} \cdot \frac{1}{2} \cdot \left(1 - \frac{b_w}{b_f}\right) = \frac{V_d \cdot \frac{\text{Intereixo}}{100}}{h_f \cdot (d - 0{,}5h_f)} \cdot \frac{1}{2} \cdot \left(1 - \frac{b_w}{b_f}\right)$$

$$= \frac{1{,}4 \times 8{,}46 \times \frac{43}{100}}{5 \times (14{,}75 - 0{,}5 \times 5)} \times \frac{1}{2} \times \left(1 - \frac{10}{43}\right)$$

$$\tau_{md} = 0{,}032 \text{ kN/cm}^2$$

A tensão resistente de cálculo é obtida pela Eq. 8.60.

$$\tau_{Rd2} = 0{,}27 \cdot \left(1 - \frac{f_{ck}}{250}\right) \cdot f_{cd} = 0{,}27 \times \left(1 - \frac{25}{250}\right) \times \frac{2{,}5}{1{,}4}$$

$$= 0{,}434 \text{ kN/cm}^2$$

$$\tau_{md} = 0{,}032 \text{ kN/cm}^2 < \tau_{Rd2} = 0{,}434 \text{ kN/cm}^2 \therefore \text{OK}$$

A armadura necessária que deve ser disposta na mesa de concreto transversalmente à vigota e apoiada na treliça se dá pela Eq. 8.59.

$$A_{st} = \frac{V_d}{z \cdot f_{yd}} \cdot \frac{1}{2} \cdot \left(1 - \frac{b_w}{b_f}\right) = \frac{V_d \cdot \frac{\text{Intereixo}}{100}}{(d - 0{,}5h_f) \cdot f_{yd}} \cdot \frac{1}{2} \cdot \left(1 - \frac{b_w}{b_f}\right)$$

$$= \frac{1{,}4 \times 8{,}46 \times \frac{43}{100}}{(14{,}75 - 0{,}5 \times 5) \times \frac{50}{1{,}15}} \times \frac{1}{2} \times \left(1 - \frac{10}{43}\right)$$

$$A_{st} = 0{,}00367 \text{ cm}^2/\text{cm} = 0{,}367 \text{ cm}^2/\text{m} < 1{,}5 \text{ cm}^2/\text{m}$$

$$\therefore A_{st} = 1{,}5 \text{ cm}^2/\text{m}$$

Convertendo a área de aço para CA-60, precisa-se de:

$$A_{st} = \frac{1{,}5}{1{,}2} = 1{,}25 \text{ cm}^2/\text{m} \Rightarrow A_{st,face} = \frac{1{,}25}{2}$$

$$= 0{,}625 \text{ cm}^2/\text{m/face} \therefore \text{Adota-se tela Q75}$$

Exemplo 8.20

Calcular a armadura de ligação mesa-nervura da laje treliçada indicada nas Figs. 8.7 a 8.9, supondo classe de agressividade ambiental II, usando os cobrimentos mínimos normativos, f_{ck} = 25 MPa, b_f = 50 cm e altura útil da laje de 32 cm. As forças cortantes já foram dadas na Fig. 8.9.

Utilizando a Eq. 8.58, pode-se determinar a tensão solicitante de cálculo. A força cortante de cálculo a ser empregada deve ser a força cortante da face apoiada da Fig. 8.9.

$$\tau_{md} = \frac{V_d}{h_f \cdot z} \cdot \frac{1}{2} \cdot \left(1 - \frac{b_w}{b_f}\right) = \frac{V_d \cdot \frac{\text{Intereixo}}{100}}{h_f \cdot (d - 0{,}5h_f)} \cdot \frac{1}{2} \cdot \left(1 - \frac{b_w}{b_f}\right)$$

$$= \frac{1{,}4 \times 81{,}15 \times \frac{50}{100}}{5 \times (32 - 0{,}5 \times 5)} \times \frac{1}{2} \times \left(1 - \frac{10}{50}\right)$$

$$\tau_{md} = 0{,}154 \text{ kN/cm}^2$$

A tensão resistente de cálculo é obtida pela Eq. 8.60.

$$\tau_{Rd2} = 0{,}27 \cdot \left(1 - \frac{f_{ck}}{250}\right) \cdot f_{cd} = 0{,}27 \times \left(1 - \frac{25}{250}\right) \times \frac{2{,}5}{1{,}4}$$

$$= 0{,}434 \text{ kN/cm}^2$$

$$\tau_{md} = 0{,}154 \text{ kN/cm}^2 < \tau_{Rd2} = 0{,}434 \text{ kN/cm}^2 \therefore \text{OK}$$

A armadura necessária que deve ser disposta na mesa de concreto transversalmente à vigota e apoiada na treliça se dá pela Eq. 8.59.

$$A_{st} = \frac{V_d}{z \cdot f_{yd}} \cdot \frac{1}{2} \cdot \left(1 - \frac{b_w}{b_f}\right) = \frac{V_d \cdot \frac{\text{Intereixo}}{100}}{(d - 0{,}5h_f) \cdot f_{yd}} \cdot \frac{1}{2} \cdot \left(1 - \frac{b_w}{b_f}\right)$$

$$= \frac{1{,}4 \times 81{,}15 \times \frac{50}{100}}{(32 - 0{,}5 \times 5) \times \frac{50}{1{,}15}} \times \frac{1}{2} \times \left(1 - \frac{10}{50}\right)$$

$$A_{st} = 0{,}0177 \text{ cm}^2/\text{cm} = 1{,}77 \text{ cm}^2/\text{m} > 1{,}5 \text{ cm}^2/\text{m}$$

$$\therefore A_{st} = 1{,}77 \text{ cm}^2/\text{m}$$

Convertendo a área de aço para CA-60, precisa-se de:

$$A_{st} = \frac{1{,}77}{1{,}2} = 1{,}475 \text{ cm}^2/\text{m} \Rightarrow A_{st,face} = \frac{1{,}475}{2}$$

$$= 0{,}74 \text{ cm}^2/\text{m/face} \therefore \text{Adota-se tela Q75}$$

8.4.2 Mesa tracionada

No caso de se ter mesa tracionada, o cálculo é feito de maneira análoga à realizada para mesa comprimida (Fig. 8.45).

$$dR_{st} = \frac{dM_d}{z} \tag{8.61}$$

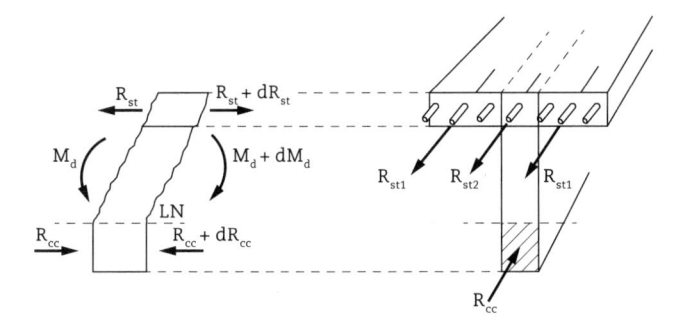

Fig. 8.45 Esquema de resultantes de forças para mesa tracionada
Fonte: adaptado de Andrade (1982).

ou

$$\frac{dR_{st}}{d_s} = \frac{V_d}{z} \qquad (8.62)$$

O equilíbrio de forças gera:

$$dR_{st1} = \tau_{md} \cdot h_f \cdot d_s \qquad (8.63)$$

Entretanto,

$$dR_{st1} = \frac{R_{st1}}{R_{st}} \cdot dR_{st} \qquad (8.64)$$

ou, na unidade de comprimento:

$$\frac{dR_{st1}}{d_s} = \frac{R_{st1}}{R_{st}} \cdot \frac{dR_{st}}{d_s} \qquad (8.65)$$

O que resulta então em:

$$\tau_{md} = \frac{V_d}{h_f \cdot z} \cdot \frac{R_{st1}}{R_{st}} \qquad (8.66)$$

A armadura transversal necessária para absorver os esforços de tração oriundos de τ_{md} pode ser calculada com base na Fig. 8.46.

A armadura transversal por unidade de comprimento será, analogamente ao caso anterior:

$$A_{st} = \frac{V_d}{z \cdot f_{yd}} \cdot \frac{R_{st1}}{R_{st}} \qquad (8.67)$$

A relação R_{st1}/R_{st} é a própria relação entre as áreas de ferro tracionadas A_{s1} e A_s, resultando finalmente em:

$$\tau_{md} = \frac{V_d}{h_f \cdot z} \cdot \frac{A_{s1}}{A_s} \qquad (8.68)$$

$$A_{st} = \frac{V_d}{z \cdot f_{yd}} \cdot \frac{A_{s1}}{A_s} \qquad (8.69)$$

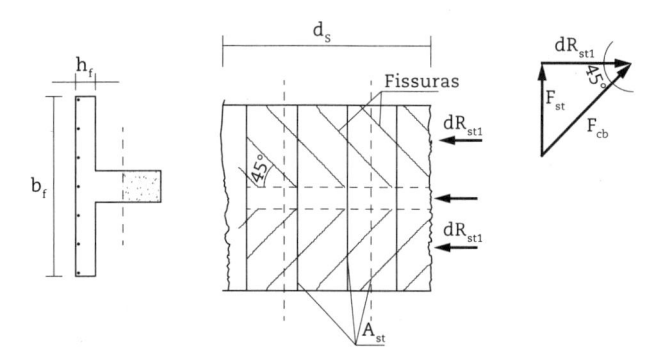

Fig. 8.46 Fissuração da mesa e disposição da armadura, em que F_{cb} = força de compressão nas bielas e F_{st} = força de tração na armadura transversal A_{st}
Fonte: adaptado de Andrade (1982).

No caso de mesas solicitadas à tração e à compressão, devem ser respeitadas simultaneamente as condições impostas para cada situação isoladamente.

Quando as mesas forem solicitadas à flexão perpendicularmente à direção da nervura, as tensões de compressão daí resultantes terão efeito favorável. Nesse caso, a armadura de flexão da mesa também poderá ser considerada como armadura transversal da mesa, colocando-se apenas a maior das duas armaduras calculadas. Pode-se, portanto, adotar apenas a maior das duas armaduras.

O parâmetro A_{s1} equivale à soma de toda a armadura negativa em uma flange, enquanto A_s equivale à soma de toda a armadura negativa na mesa. Se toda a armadura negativa estiver na projeção da nervura, deve-se utilizar a armadura mínima indicada na NBR 6118 (ABNT, 2023), que é 1,5 cm²/m.

A armadura de ligação mesa-nervura age nas duas ligações da alma com as flanges (uma de cada lado da alma). Nesse caso, cada barra que cruza essa região é contabilizada duas vezes no procedimento de cálculo.

Por fim, cabe mencionar que, nas lajes nervuradas e nas vigas T com mesa tracionada, pode-se adotar $z = 0,9d$.

Exemplo 8.21

Calcular a armadura de ligação mesa-nervura na região de momento negativo da laje treliçada indicada nas Figs. 8.3 e 8.4, supondo classe de agressividade ambiental II, usando os cobrimentos mínimos normativos, f_{ck} = 25 MPa, b_f = 43 cm e altura útil da laje de 14,1 cm. A armadura positiva é constituída de 2ϕ5, totalizando 0,39 cm²/nervura em CA-60 ou 0,47 cm²/nervura em CA-50. A armadura negativa é constituída de 2ϕ8, totalizando 1,00 cm²/nervura em CA-50. As forças cortantes já foram dadas na Fig. 8.3.

Supondo que 50% das armaduras negativas estejam fora da projeção da nervura, tem-se a resolução a seguir.

Utilizando a Eq. 8.68, pode-se determinar a tensão solicitante de cálculo. A força cortante de cálculo a ser empregada deve ser a força cortante da face engastada da Fig. 8.3.

$$\tau_{md} = \frac{V_d \cdot \frac{\text{Intereixo}}{100}}{h_f \cdot z} \cdot \frac{A_{s1}}{A_s} = \frac{V_d \cdot \frac{\text{Intereixo}}{100}}{h_f \cdot (0{,}9d)} \cdot \frac{A_{s1}}{A_s}$$

$$= \frac{1{,}4 \times 14{,}1 \times \frac{43}{100}}{5 \times (0{,}9 \times 14{,}1)} \times \frac{0{,}50}{1{,}00} = 0{,}067 \text{ kN/cm}^2$$

A tensão resistente de cálculo é obtida pela Eq. 8.60.

$$\tau_{Rd2} = 0{,}27 \cdot \left(1 - \frac{f_{ck}}{250}\right) \cdot f_{cd} = 0{,}27 \times \left(1 - \frac{25}{250}\right) \times \frac{2{,}5}{1{,}4}$$
$$= 0{,}434 \text{ kN/cm}^2$$

$$\tau_{md} = 0{,}067 \text{ kN/cm}^2 < \tau_{Rd2} = 0{,}434 \text{ kN/cm}^2 \therefore \text{OK}$$

A armadura necessária que deve ser disposta na capa de concreto transversalmente à vigota e apoiada na treliça se dá pela Eq. 8.69.

$$A_{st} = \frac{V_d \cdot \frac{\text{Intereixo}}{100}}{z \cdot f_{yd}} \cdot \frac{A_{s1}}{A_s} = \frac{V_d \cdot \frac{\text{Intereixo}}{100}}{(0{,}9d) \cdot f_{yd}} \cdot \frac{A_{s1}}{A_s}$$

$$= \frac{1{,}4 \times 14{,}1 \times \frac{43}{100}}{(0{,}9 \times 14{,}1) \times \frac{50}{1{,}15}} \times \frac{0{,}5}{1{,}00}$$

$$A_{st} = 0{,}0089 \text{ cm}^2/\text{cm} = 0{,}89 \text{ cm}^2/\text{m} < 1{,}5 \text{ cm}^2/\text{m}$$
$$\therefore A_{st} = 0{,}89 \text{ cm}^2/\text{m}$$

Convertendo a área de aço para CA-60, precisa-se de:

$$A_{st} = \frac{1{,}5}{1{,}2} = 1{,}25 \text{ cm}^2/\text{m} \Rightarrow A_{st,face} = \frac{1{,}25}{2}$$
$$= 0{,}625 \text{ cm}^2/\text{m/face} \therefore \text{Adota-se tela Q75}$$

Supondo que 100% das armaduras negativas estejam fora da projeção da nervura, tem-se a resolução a seguir.

Utilizando a Eq. 8.68, pode-se determinar a tensão solicitante de cálculo. A força cortante de cálculo a ser empregada deve ser a força cortante da face engastada da Fig. 8.3.

$$\tau_{md} = \frac{V_d \cdot \frac{\text{Intereixo}}{100}}{h_f \cdot z} \cdot \frac{A_{s1}}{A_s} = \frac{V_d \cdot \frac{\text{Intereixo}}{100}}{h_f \cdot (0{,}9d)} \cdot \frac{A_{s1}}{A_s}$$

$$= \frac{1{,}4 \times 14{,}1 \times \frac{43}{100}}{5 \times (0{,}9 \times 14{,}1)} \times \frac{1{,}00}{1{,}00} = 0{,}155 \text{ kN/cm}^2$$

A tensão resistente de cálculo é obtida pela Eq. 8.60.

$$\tau_{Rd2} = 0{,}27 \cdot \left(1 - \frac{f_{ck}}{250}\right) \cdot f_{cd} = 0{,}27 \times \left(1 - \frac{25}{250}\right) \times \frac{2{,}5}{1{,}4}$$
$$= 0{,}434 \text{ kN/cm}^2$$

$$\tau_{md} = 0{,}155 \text{ kN/cm}^2 < \tau_{Rd2} = 0{,}434 \text{ kN/cm}^2 \therefore \text{OK}$$

A armadura necessária que deve ser disposta na capa de concreto transversalmente à vigota e apoiada na treliça se dá pela Eq. 8.69.

$$A_{st} = \frac{V_d \cdot \frac{\text{Intereixo}}{100}}{z \cdot f_{yd}} \cdot \frac{A_{s1}}{A_s} = \frac{V_d \cdot \frac{\text{Intereixo}}{100}}{(0{,}9d) \cdot f_{yd}} \cdot \frac{A_{s1}}{A_s}$$

$$= \frac{1{,}4 \times 14{,}1 \times \frac{43}{100}}{(0{,}9 \times 14{,}1) \times \frac{50}{1{,}15}} \times \frac{1{,}00}{1{,}00}$$

$$A_{st} = 0{,}0179 \text{ cm}^2/\text{cm} = 1{,}79 \text{ cm}^2/\text{m} > 1{,}5 \text{ cm}^2/\text{m}$$
$$\therefore A_{st} = 1{,}79 \text{ cm}^2/\text{m}$$

Convertendo a área de aço para CA-60, precisa-se de:

$$A_{st} = \frac{1{,}79}{1{,}2} = 1{,}49 \text{ cm}^2/\text{m} \Rightarrow A_{st,face} = \frac{1{,}49}{2}$$
$$= 0{,}745 \text{ cm}^2/\text{m/face} \therefore \text{Adota-se tela Q75}$$

Neste exemplo numérico, percebe-se a vantagem de colocar parcialmente ou em sua totalidade a armadura negativa sobre as nervuras.

ESTADOS-LIMITES DE SERVIÇO (ELS)

9

O objetivo das verificações dos estados-limites de serviço (ELS) é garantir que a estrutura possua bom desempenho em face das solicitações e que, com isso, alcance uma vida útil mais elevada.

Não é desejo de nenhum projetista que a estrutura por ele calculada se aproxime dos estados-limites últimos (ELU). Mesmo a peça sendo dimensionada para os ELU, o dia a dia dela se desenvolverá longe desse limite (em serviço). Ao menos é esse o desejo para estruturas que não serão ensaiadas até a ruína em um laboratório.

Há um frequente equívoco por parte de alguns profissionais em considerar que os ELU são mais importantes em um projeto do que os ELS. Apesar de a ruptura ou a ruína ser evidente quando se ultrapassa um ELU, a contínua transgressão dos ELS poderá conduzir a estrutura a um ELU. Além disso, ao serem ultrapassados os ELS, a durabilidade será afetada, o funcionamento adequado da estrutura deixará de existir e o desconforto dos usuários será instalado.

Com essa breve introdução, observa-se claramente que as verificações dos ELS são tão importantes quanto os dimensionamentos nos ELU. Assim sendo, este capítulo trata de quatro ELS que devem ser observados nos projetos de lajes treliçadas. São eles: estado-limite de serviço de formação de fissuras (ELS-F), estado-limite de serviço de abertura de fissuras (ELS-W), estado-limite de serviço de deformações excessivas (ELS-DEF) e estado-limite de serviço de vibração excessiva (ELS-VE).

9.1 Estado-limite de serviço de formação de fissuras (ELS-F)

O estado-limite de serviço de formação de fissuras (ELS-F) é uma verificação para determinar se um elemento de concreto está no Estádio I ou no Estádio II. Nessa verificação, compara-se o momento atuante na combinação rara de ações com o momento de fissuração. Caso o momento de fissuração seja maior, a peça estará no Estádio II, ou seja, estará fissurada. Do contrário, a peça estará no Estádio I e sem fissuras. Para calcular o momento de fissuração, utiliza-se:

$$M_r = \frac{\alpha \cdot f_{ct} \cdot I_c}{y_t} \quad (9.1)$$

em que:

α é um coeficiente que depende da forma da seção transversal, sendo igual a 1,5 para seções retangulares, como a das lajes maciças, 1,3 para seções I ou T invertido, como a das lajes mesa dupla, e 1,2 para seções em forma de T ou duplo T, como a das lajes nervuradas e das lajes PI;

f_{ct} é a resistência do concreto à tração, admitida com o valor de $f_{ctk,inf}$ (Tab. 2.1);

I_c é a inércia da seção bruta de concreto;
y_t é a distância do centro de gravidade da seção bruta de concreto à borda mais tracionada dessa seção.

A utilidade dessa verificação pode ser comentada em três pontos. Primeiramente, se a peça estiver fissurada (Estádio II), existirá a obrigatoriedade de verificar a abertura estimada dessas fissuras através da teoria do ELS-W. Em segundo lugar, se a peça estiver fissurada, a inércia da seção transversal será bem menor do que a inércia bruta de concreto e isso impactará diretamente a deformação da peça, o que deve ser observado atentamente no ELS-DEF. Por fim, a seção fissurada também modificará o comportamento dinâmico da peça, diminuindo sua frequência natural.

Exemplo 9.1

Verificar se a laje maciça indicada na Fig. 9.1 está no Estádio I ou no Estádio II, supondo classe do concreto C25. Os momentos fletores apresentados são devidos à combinação rara de ações.

O momento de fissuração é dado conforme a Eq. 9.1, sendo:

$$\alpha = 1,5$$

$$f_{ct} = f_{ctk,inf} = 0,7 \times 0,3 f_{ck}^{2/3} = 0,7 \times 0,3 \times 25^{2/3} = 1,795 \text{ MPa}$$
$$= 0,1795 \text{ kN/cm}^2$$

$$I_c = \frac{b \cdot h^3}{12} = \frac{100 \times 10^3}{12} = 8.333,33 \text{ cm}^4$$

$$y_t = \frac{h}{2} = \frac{10}{2} = 5 \text{ cm}$$

$$M_r = \frac{\alpha \cdot f_{ct} \cdot I_c}{y_t} = \frac{1,5 \times 0,1795 \times 8.333,33}{5} = 448,75 \text{ kN} \cdot \text{cm/m}$$

Nesse caso, ao comparar os momentos fletores devidos à combinação rara de ações (Fig. 9.1) com o momento de fissuração, percebe-se que somente na região de engaste com momento fletor M'_x a laje está no Estádio II. O restante da laje está no Estádio I.

Exemplo 9.2

Verificar se a laje nervurada indicada nas Figs. 9.2 e 9.3 está no Estádio I ou no Estádio II, supondo classe do concreto C25. Os momentos fletores apresentados são devidos à combinação rara de ações.

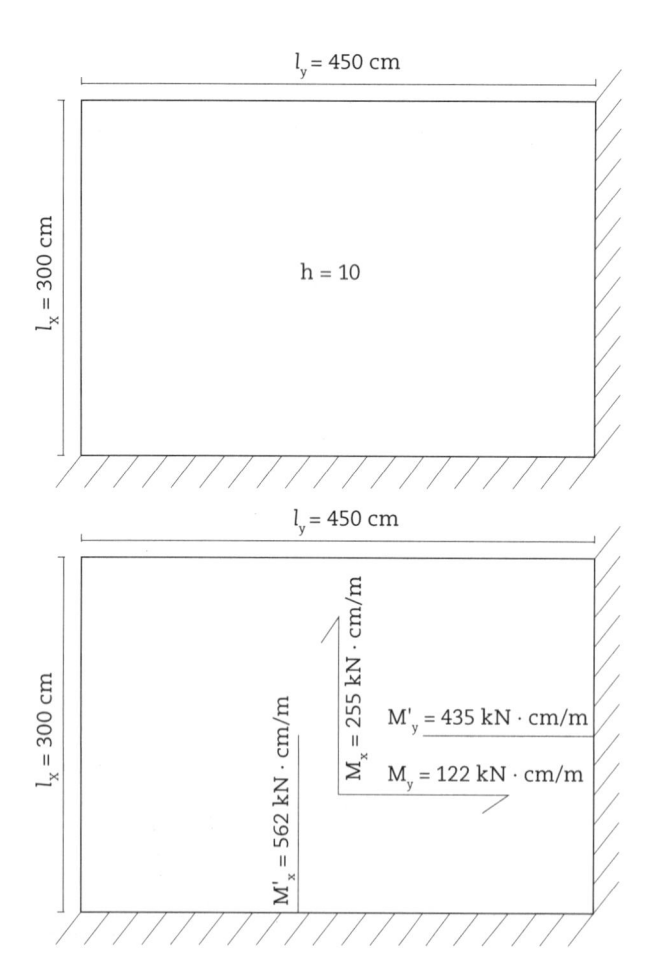

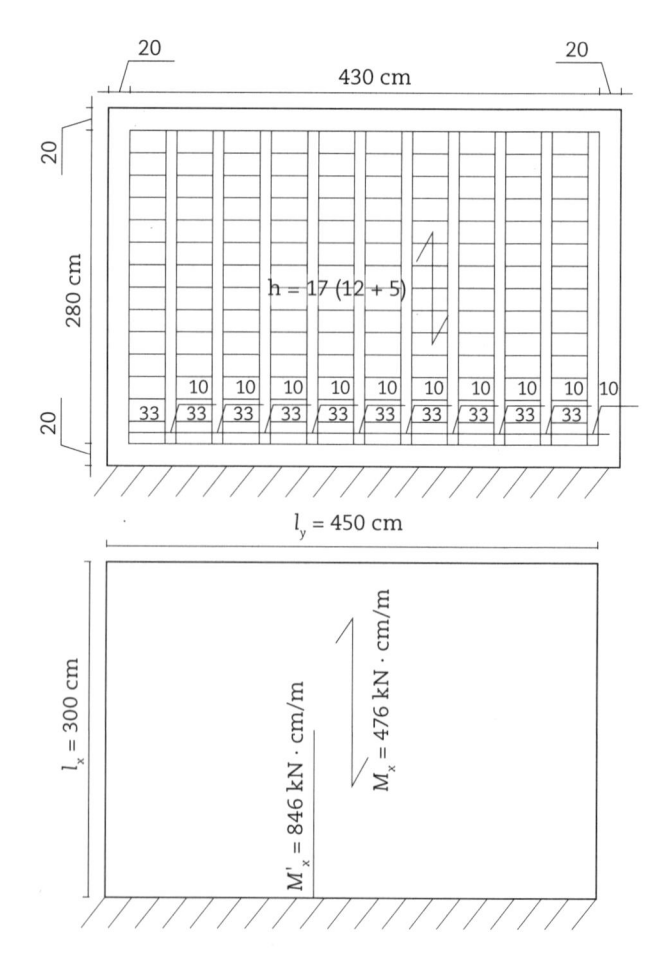

Fig. 9.1 Laje tipo 3 do Exemplo 9.1 e seus momentos fletores devidos à combinação rara de ações

Fig. 9.2 Forma da laje do Exemplo 9.2 e seus momentos fletores devidos à combinação rara de ações

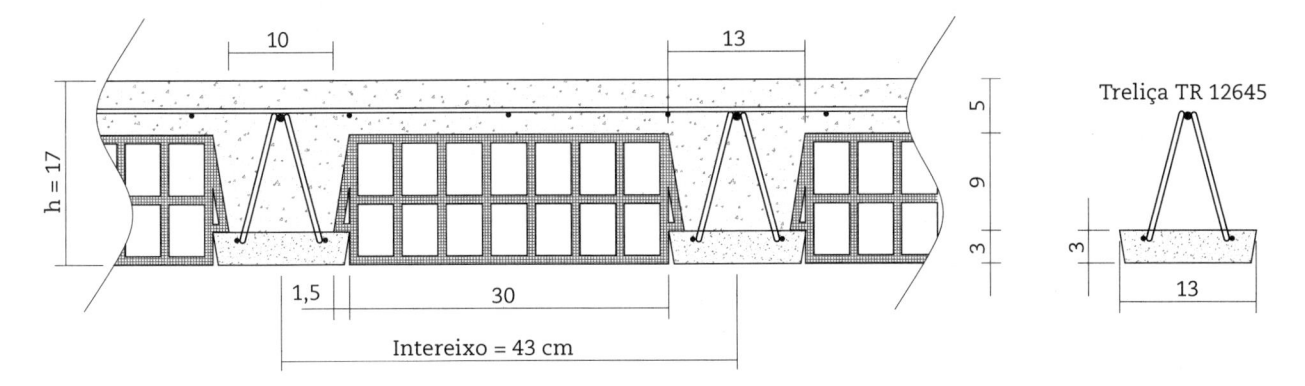

Fig. 9.3 Seção transversal da laje do Exemplo 9.2

O momento de fissuração é dado conforme a Eq. 9.1, sendo:

$$\alpha = 1,2$$

$$f_{ct} = f_{ctk,inf} = 0,7 \times 0,3 f_{ck}^{2/3} = 0,7 \times 0,3 \times 25^{2/3} = 1,795 \text{ MPa}$$
$$= 0,1795 \text{ kN/cm}^2$$

O cálculo da inércia foi realizado com o auxílio da Fig. 9.4, na qual é apresentada a subdivisão da laje com apenas um intereixo, com o objetivo de determinar a inércia por nervura.

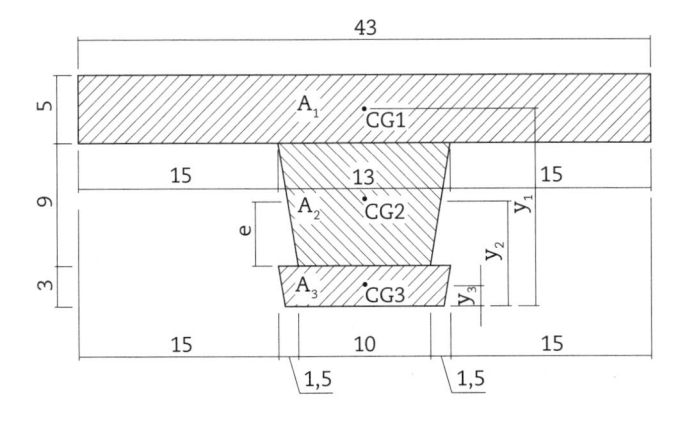

Fig. 9.4 Seção transversal de intereixo isolado da laje do Exemplo 9.2

Essa seção da laje foi subdividida em três regiões para a obtenção do momento de inércia: A_1, A_2 e A_3.

$$A_1 = b \cdot h = 43 \times 5 = 215 \text{ cm}^2$$

$$A_2 = \frac{a+b}{2} \cdot h = \frac{13+10}{2} \times 9 = 103,5 \text{ cm}^2$$

$$A_3 \cong b \cdot h = 3 \times 13 = 39 \text{ cm}^2$$

$$y_1 = 3 + 9 + \frac{5}{2} = 14,5 \text{ cm}$$

$$y_2 = 3 + e$$

$$e = \frac{h \cdot (2a+b)}{3 \cdot (a+b)} = \frac{9 \times (2 \times 13 + 10)}{3 \times (13+10)} = 4,696 \text{ cm}$$

$$y_2 = 3 + 4,696 = 7,696 \text{ cm}$$

$$y_3 \cong \frac{3}{2} = 1,5 \text{ cm}$$

$$CG, y = \frac{A_1 \cdot y_1 + A_2 \cdot y_2 + A_3 \cdot y_3}{A}$$
$$= \frac{215 \times 14,5 + 103,5 \times 7,696 + 39 \times 1,5}{215 + 103,5 + 39} = 11,11 \text{ cm}$$

$$I_1 = \frac{b \cdot h^3}{12} = \frac{43 \times 5^3}{12} = 447,92 \text{ cm}^4$$

$$I_2 = \frac{h^3 \cdot (a^2 + 4a \cdot b + b^2)}{36 \cdot (a+b)} = \frac{9^3 \times (13^2 + 4 \times 13 \times 10 + 10^2)}{36 \times (13+10)}$$
$$= 694,66 \text{ cm}^4$$

$$I_3 \cong \frac{b \cdot h^3}{12} = \frac{13 \times 3^3}{12} = 29,25 \text{ cm}^4$$

$$I = I_1 + A_1 \cdot (y_1 - CG)^2 + I_2 + A_2 \cdot (y_2 - CG)^2 + I_3 + A_3 \cdot (y_3 - CG)^2$$

$$I = 447,92 + 215 \times (14,5 - 11,11)^2 + 694,66 + 103,5$$
$$\times (7,696 - 11,11)^2 + 29,25 + 39 \times (1,5 - 11,11)^2$$

$$I = 8.450,7 \text{ cm}^4/\text{nervura}$$

O valor de y_t para a borda inferior é de 11,11 cm, enquanto para a borda superior é de 17 − 11,11 = 5,89 cm. Logo, existem dois valores de momento de fissuração.

$$M_{r,inferior} = \frac{\alpha \cdot f_{ct} \cdot I_c}{y_{t,i}} = \frac{1,2 \times 0,1795 \times 8.450,7}{11,11}$$
$$= 163,84 \text{ kN} \cdot \text{cm/nervura}$$

$$M_{r,superior} = \frac{\alpha \cdot f_{ct} \cdot I_c}{y_{t,s}} = \frac{1,2 \times 0,1795 \times 8.450,7}{5,89}$$
$$= 309,05 \text{ kN} \cdot \text{cm/nervura}$$

Para converter o momento de fissuração por nervura para momento de fissuração por metro, deve-se dividi-lo pelo intereixo.

$$M_{r,inferior} = \frac{163,84}{0,43} = 381,02 \text{ kN} \cdot \text{cm/m}$$

$$M_{r,inferior} = \frac{309,05}{0,43} = 718,72 \text{ kN} \cdot \text{cm/m}$$

Nesse caso, ao comparar os momentos fletores devidos à combinação rara de ações (Fig. 9.2) com o momento de fissuração, percebe-se que tanto a região de momento fletor positivo quanto a região do engaste da laje estão no Estádio II.

9.2 Estado-limite de serviço de abertura de fissuras (ELS-W)

Uma vez que a laje está no Estádio II, ou seja, fissurada, deve-se determinar a estimativa da máxima abertura de fissura e comparar o resultado com os valores permitidos em norma. Esse procedimento é a verificação do estado-limite de serviço de abertura de fissuras (ELS-W). No Quadro 9.1, adaptado da NBR 6118 (ABNT, 2023), são apresentadas as exigências de durabilidade relacionadas à fissuração e à proteção da armadura em função das classes de agressividade ambiental (CAA).

A verificação do ELS-W pode ser realizada de duas maneiras. A primeira forma é determinando-se a abertura estimada de fissura w_k e comparando-se esse valor aos limites mostrados no Quadro 9.1. Já o segundo procedimento dispensa o cálculo da abertura estimada de fissura se a tensão desenvolvida na armadura e o espaçamento adotado entre as barras não excedem certos limites.

9.2.1 Cálculo da abertura estimada de fissura

A estimativa da abertura de uma fissura não é procedimento simples de ser realizado, já que as variações volumétricas decorrentes de gradientes térmicos e higroscopia, bem como o efeito mecânico das ações solicitantes, influenciam a abertura da fissura. As vinculações e a plasticidade de uma estrutura também influenciam a forma, a distribuição e a abertura das fissuras. A todos esses aspectos se somam as condições de dosagem, transporte, lançamento e cura da estrutura de concreto.

Dessa maneira, as equações apresentadas na NBR 6118 (ABNT, 2023) para a estimativa de abertura de fissuras devem ser consideradas como uma aproximação aceitável para fins de projeto.

No procedimento normativo, o valor estimado da abertura de fissura deve ser tomado como o menor dos valores obtidos com:

$$w_{k1} = \frac{\phi_i \cdot 3\sigma_{si}^2}{12,5\eta_1 \cdot E_{si} \cdot f_{ct,m}} \quad (9.2)$$

$$w_{k2} = \frac{\phi_i \cdot \sigma_{si}}{12,5\eta_1 \cdot E_{si}} \cdot \left(\frac{4}{\rho_{ri}} + 45\right) \quad (9.3)$$

em que:
ϕ_i é o diâmetro da barra que protege a região de envolvimento considerada;
σ_{si} é a tensão de tração no centro de gravidade da armadura considerada, calculada no Estádio II;
η_1 é o coeficiente de conformação superficial da armadura considerada, igual a 1,0 para barras lisas (CA-25 ou CA-60) e 2,25 para barras nervuradas (CA-50 ou CA-60), cabendo observar que os fios e as barras utilizados nas treliças sempre são nervurados;
E_{si} é o módulo de elasticidade da armadura, adotado com o valor de 210 GPa para armadura passiva;
$f_{ct,m}$ é a resistência média à tração do concreto (Tab. 2.1);
ρ_{ri} é a taxa de armadura passiva aderente em relação à área da região de envolvimento (A_{cri}) definida na Fig. 9.5.

Para cada barra ou grupo de barras que controla a fissuração do elemento estrutural, deve ser considerada uma área A_{cri} do concreto de envolvimento, constituída por um retângulo cujos lados não distem mais de 7,5ϕ_i do eixo da barra da armadura, como ilustrado na Fig. 9.5.

A determinação da tensão do aço no Estádio II (σ_{si}) pode ser realizada de forma mais refinada com a utilização de:

$$\sigma_{si} = \alpha_e \cdot \frac{M_{CF}}{I_{II}} \cdot (d - x_{II}) \quad (9.4)$$

Quadro 9.1 Exigências de durabilidade relacionadas à fissuração e à proteção da armadura em função das classes de agressividade ambiental

Tipo de concreto estrutural	Classe de agressividade ambiental (CAA)	Exigência relativa à fissuração	Combinação de ações em serviço a utilizar
Concreto armado	CAA I	ELS-W $w_k \leq$ 0,4 mm	Combinação frequente
	CAA II e CAA III	ELS-W $w_k \leq$ 0,3 mm	
	CAA IV	ELS-W $w_k \leq$ 0,2 mm	

em que w_k é a abertura de fissura característica na superfície do concreto.
Fonte: adaptado de ABNT (2023).

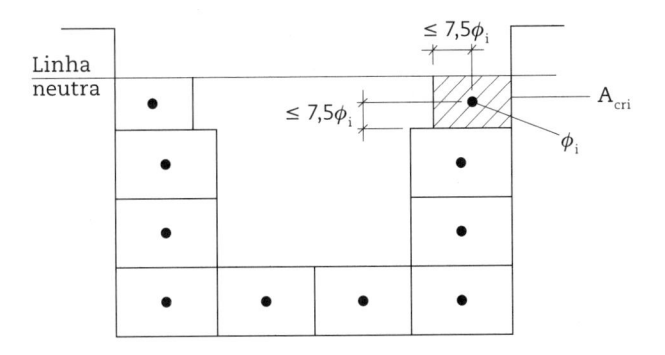

Fig. 9.5 Definição da área de envolvimento da barra A_{cri}
Fonte: adaptado de ABNT (2023).

em que:

M_{CF} é o momento fletor atuante que causa a fissuração calculado com a combinação frequente de ações;
I_{II} é a inércia da seção transversal no Estádio II;
x_{II} é a profundidade da linha neutra no Estádio II;
d é a altura útil;
α_e é a razão modular, definida por:

$$\alpha_e = \frac{E_s}{E_{cs}} \quad (9.5)$$

em que:

E_s é o módulo de elasticidade do aço;
E_{cs} é o módulo de elasticidade secante do concreto (Tab. 2.2).

Em uma seção retangular de largura b_w e altura h, a profundidade da linha neutra x_{II} e a inércia I_{II} são obtidas respectivamente por:

$$x_{II}^2 + \frac{2\alpha_e}{b_w} \cdot (A_s + A_{s'}) \cdot x_{II} - \frac{2\alpha_e}{b_w} \cdot (A_s \cdot d + A_{s'} \cdot d') = 0 \quad (9.6)$$

$$I_{II} = \frac{b_w \cdot x^3}{3} + A_{s'} \cdot \alpha_e \cdot (x - d')^2 + A_s \cdot \alpha_e \cdot (d - x)^2 \quad (9.7)$$

em que:

A_s é a área da seção transversal da armadura tracionada;
$A_{s'}$ é a área da seção transversal da armadura comprimida;
d' é a distância da fibra mais comprimida ao centro de gravidade da armadura comprimida.

No caso de seções transversais em formato de T ou I, ou outro formato qualquer, é preciso aplicar o somatório de momentos estáticos em relação à linha neutra para a determinação de x_{II}. Logo após, pode ser calculada a inércia I_{II}. Em ambos os cálculos, é necessária a homogeneização da seção transversal, ou seja, a transformação da área de aço em uma área equivalente de concreto em termos de rigidez, multiplicando a área de aço pela razão modular.

O processo descrito anteriormente se torna trabalhoso para seções não retangulares. Dessa forma, uma maneira aproximada e prática de determinar a tensão σ_{si}, e que conduz a resultados com boa precisão, é utilizando:

$$\sigma_{si} = \frac{M_{CF}}{0{,}80d \cdot A_s} \quad (9.8)$$

9.2.2 Verificação da abertura de fissura através da tensão e do espaçamento da armadura

De acordo com a NBR 6118 (ABNT, 2023, item 17.3.3.3), uma estrutura está dispensada de avaliação da grandeza da abertura de fissuras, para aberturas máximas esperadas de cerca de 0,3 mm em concreto armado, caso respeite as restrições da Tab. 9.1. Nessa tabela, uma determinada estrutura atenderá ao requisito de abertura de fissura se a tensão (σ_{si}) desenvolvida na armadura for combatida por uma determinada bitola limitada ao valor máximo ($\phi_{máx}$) e distribuída na laje com um espaçamento limitado ao valor máximo ($s_{máx}$).

Tab. 9.1 Valores máximos de diâmetro e espaçamento, com barras de alta aderência

Tensão na barra σ_{si} (kN/cm²)	$\phi_{máx}$ (mm)	$s_{máx}$ (cm)
16	32	30
20	25	25
24	20	20
28	16	15
32	12,5	10
36	10	5
40	8	–

Fonte: adaptado de ABNT (2023).

Exemplo 9.3

Verificar o ELS-W na região do engaste da laje do Exemplo 9.2 utilizando a Tab. 9.1. Sabe-se que a armação negativa escolhida é de 2ϕ8 c/nervura e que a altura útil dessa armação é de 14,75 cm. As Figs. 9.6 e 9.7 ilustram os detalhes da forma e da seção transversal da laje.

Para este exemplo, adotou-se a metodologia de verificação da abertura das fissuras através da tensão e do espaçamento da armadura.

A armadura negativa é constituída de 2ϕ8 c/nervura. Como uma barra de 8 mm de diâmetro possui 0,5 cm² de área de seção transversal, em 1 m de laje há a seguinte área de aço:

$$A_s = \frac{a_{s,nervura}}{\text{intereixo}} = \frac{2 \times 0{,}5}{0{,}43} = 2{,}33 \text{ cm}^2/\text{m}$$

Dessa forma, com a Eq. 9.8 é calculada a tensão atuante na armadura negativa.

$$\sigma_{si} = \frac{M_{CF}}{0,80d \cdot A_s} = \frac{745}{0,80 \times 14,75 \times 2,33} = 27,1 \text{ kN/cm}^2$$

Observando a Tab. 9.1, nota-se que uma tensão atuante na armadura da ordem de 27,1 kN/cm² seria permitida em um caso de barras de até 16 mm de diâmetro. Já que a armadura adotada possui 8 mm de diâmetro, essa condição estaria atendida. Quanto ao espaçamento, pode-se fazer uma interpolação linear entre os valores de tensão de 24 kN/cm² e 28 kN/cm², resultando que o espaçamento máximo deverá ser de 16,13 cm, o que não é atendido primariamente pensando em duas barras por nervura, já que nesse caso se tem um espaçamento de 21,5 cm.

No entanto, em lajes nervuradas sempre é utilizada uma tela superior, que também contribui para a costura de fissuras e a limitação de sua abertura. Neste exemplo, foi empregada uma tela Q75, que possui uma área de aço de 0,75 cm²/m e um espaçamento de fios de 15 cm. Apenas essa indicação de espaçamento de fios a cada 15 cm seria suficiente para verificar o critério de espaçamento máximo. Mas, admitindo que a tela esteja devidamente ancorada, ela também pode ser computada na área de aço que resiste ao momento fletor negativo. Então, a tensão atuante no aço seria:

$$\sigma_{si} = \frac{M_{CF}}{0,80d \cdot A_s} = \frac{745}{0,80 \times 14,75 \times (2,33 + 0,75)} = 20,5 \text{ kN/cm}^2$$

Com esse nível de tensão, o espaçamento das barras poderia ser de até 24,38 cm, o que é atendido tranquilamente com o arranjo de armadura usado.

Alternativamente, quando o arranjo de armadura não atende aos critérios da Tab. 9.1, a diminuição do tamanho da bitola da armadura adotada, elevando a quantidade de barras e diminuindo o espaçamento entre elas, é uma opção viável e muito utilizada.

Exemplo 9.4

Verificar o ELS-W na região do engaste da laje do Exemplo 9.2 calculando a abertura estimada de fissuras. Como já calculado no Exemplo 9.3, a tensão no aço desprezando a presença da tela é de 27,1 kN/cm². Para o emprego das Eqs. 9.2 e 9.3, devem ser determinados alguns parâmetros conforme segue:

$$\phi_i = 8 \text{ mm} = 0,8 \text{ cm}$$

$$\eta_1 = 2,25$$

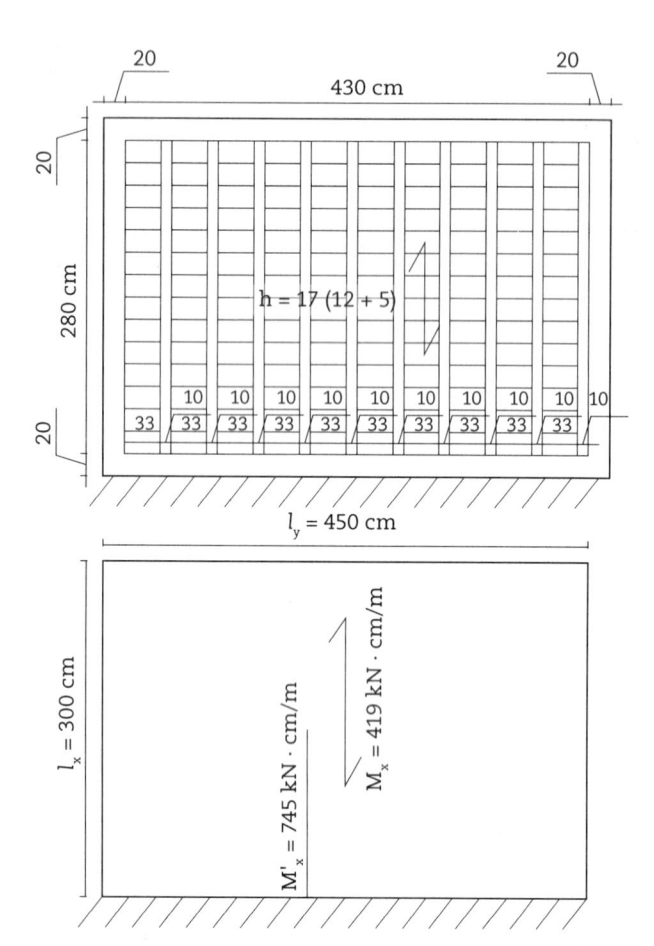

Fig. 9.6 Forma da laje do Exemplo 9.3 e seus momentos fletores devidos à combinação frequente de ações

Fig. 9.7 Seção transversal da laje do Exemplo 9.3

$$E_{si} = 210 \text{ GPa} = 21.000 \text{ kN/cm}^2$$

$$f_{ct,m} = 0,3 \times 25^{2/3} = 2,56 \text{ MPa} = 0,256 \text{ kN/cm}^2$$

Para o cálculo da área crítica A_{cri}, pode-se observar a Fig. 9.8.

$$A_{cri,1} = (6+6) \times 5 = 60 \text{ cm}^2$$

$$A_{cri,2} = (6+6) \times (2,2+6) = 98,2 \text{ cm}^2$$

⇒ Adotada por ser a maior

$$\rho_{ri} = \frac{A_{sri}}{A_{cri}} = \frac{0,5}{98,2} = 0,00509$$

$$w_{k1} = \frac{\phi_i \cdot 3\sigma_{si}^2}{12,5\eta_1 \cdot E_{si} \cdot f_{ct,m}} = \frac{0,8 \times 3 \times 27,1^2}{12,5 \times 2,25 \times 21.000 \times 0,256}$$
$$= 0,0039 \text{ cm} = 0,039 \text{ mm}$$

$$w_{k2} = \frac{\phi_i \cdot \sigma_{si}}{12,5\eta_1 \cdot E_{si}} \cdot \left(\frac{4}{\rho_{ri}} + 45\right)$$
$$= \frac{0,8 \times 27,1}{12,5 \times 2,25 \times 21.000} \times \left(\frac{4}{0,00509} + 45\right)$$
$$= 0,0305 \text{ cm} = 0,305 \text{ mm}$$

Como indicado na norma, o menor valor deve ser adotado. Logo, a abertura estimada é de 0,039 mm, bem abaixo do limite para CAA II, que é de 0,3 mm.

Ao serem comparados os Exemplos 9.3 e 9.4, verifica-se que o processo utilizando os critérios da Tab. 9.1 é mais punitivo, já que com o cálculo da abertura de fissura estimada há uma folga relativamente grande em relação ao limite normativo.

Exemplo 9.5

Verificar o ELS-W estimando a abertura de fissura para as barras na armadura inferior de tração das vigotas da laje indicada nas Figs. 9.9 e 9.10, calculada como unidirecional. Considerar CAA II, $d = 31$ cm, $g_k = 4$ kN/m² (ação permanente característica), $q_k = 3$ kN/m² (ação variável característica), concreto C30 e edifício de escola.

O valor dos momentos fletores característicos para essa laje é:

$$M_{gk} = 1.600 \text{ kN} \cdot \text{cm/nervura}$$

$$M_{qk} = 1.200 \text{ kN} \cdot \text{cm/nervura}$$

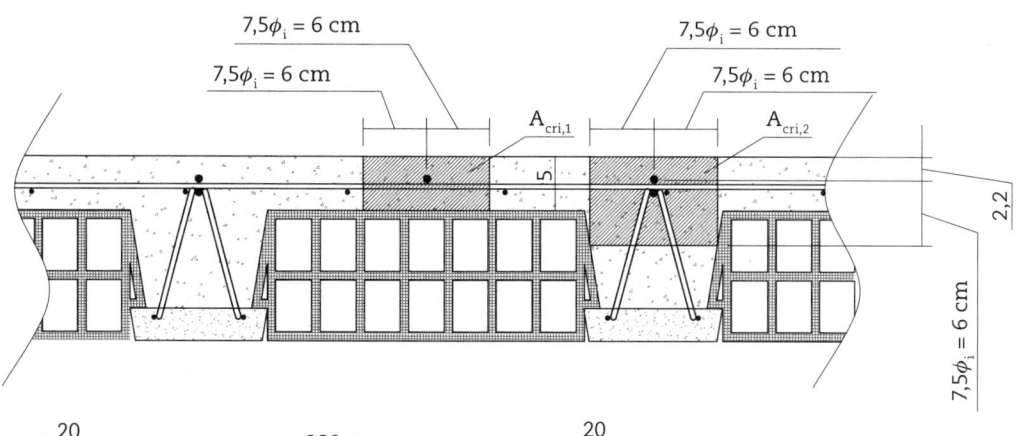

Fig. 9.8 Definição da área A_{cri} do Exemplo 9.4

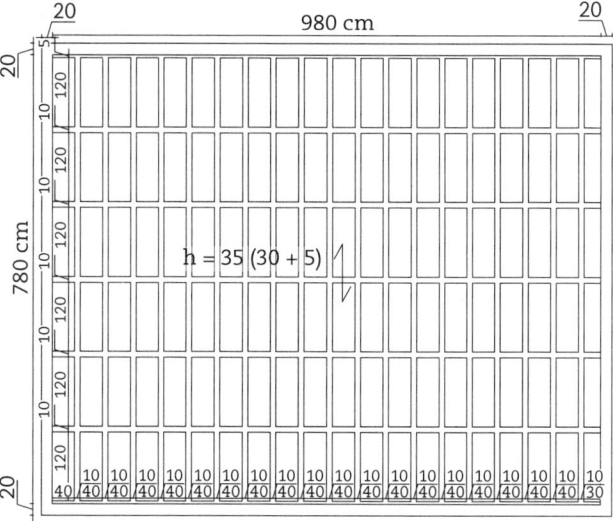

Fig. 9.9 Planta de forma da laje do Exemplo 9.5

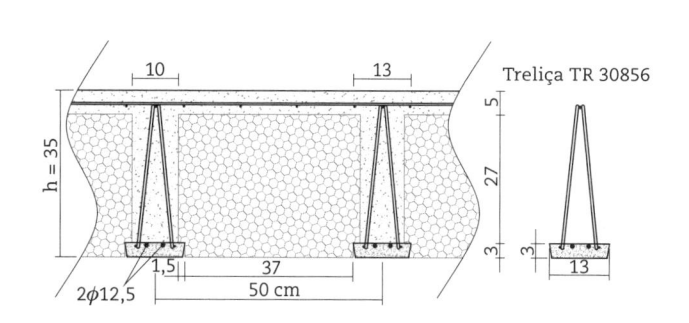

Fig. 9.10 Seção transversal da laje do Exemplo 9.5

O momento fletor na combinação frequente de ações é:

$$M_{CF} = 1.600 + 0,6 \times 1.200 = 2.320 \text{ kN·cm/nervura}$$

A área de aço equivalente em CA-50 em uma nervura é de 3,13 cm². Logo, a tensão desenvolvida no aço (Eq. 9.8) é de:

$$\sigma_{si} = \frac{M_{CF}}{0,80d \cdot A_s} = \frac{2.320}{0,80 \times 31 \times 3,13} = 29,90 \text{ kN/cm}^2$$

Para a utilização das Eqs. 9.2 e 9.3, devem ser determinados alguns parâmetros conforme segue:

$\phi_i = 12,5$ mm $= 1,25$ cm – A verificação será feita para a maior barra, o que geralmente conduz a um resultado mais desfavorável

$$\eta_1 = 2,25$$

$$E_{si} = 210 \text{ GPa} = 21.000 \text{ kN/cm}^2$$

$$f_{ct,m} = 0,3 \times 30^{2/3} = 2,90 \text{ MPa} = 0,290 \text{ kN/cm}^2$$

Para o cálculo da área crítica A_{cri}, pode-se observar a Fig. 9.11.

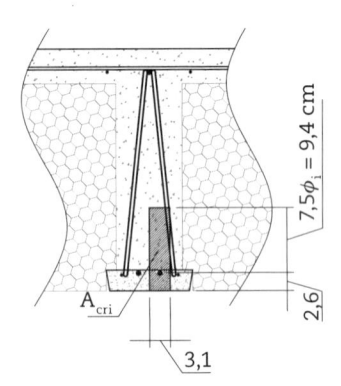

Fig. 9.11 Definição da área A_{cri} do Exemplo 9.5

$$A_{cri} = (2,6 + 9,4) \times 3,1 = 37,2 \text{ cm}^2$$

$$\rho_{ri} = \frac{A_{sri}}{A_{cri}} = \frac{1,23}{37,2} = 0,0331$$

$$w_{k1} = \frac{\phi_i \cdot 3\sigma_{si}^2}{12,5\eta_1 \cdot E_{si} \cdot f_{ct,m}} = \frac{1,25 \times 3 \times 29,9^2}{12,5 \times 2,25 \times 21.000 \times 0,290}$$
$$= 0,0196 \text{ cm} = 0,196 \text{ mm}$$

$$w_{k2} = \frac{\phi_i \cdot \sigma_{si}}{12,5\eta_1 \cdot E_{si}} \cdot \left(\frac{4}{\rho_{ri}} + 45\right)$$
$$= \frac{1,25 \times 29,9}{12,5 \times 2,25 \times 21.000} \times \left(\frac{4}{0,0331} + 45\right)$$
$$= 0,0105 \text{ cm} = 0,105 \text{ mm}$$

Como indicado na norma, o menor valor deve ser adotado. Logo, a abertura estimada é de 0,105 mm, abaixo do limite para CAA II, que é de 0,3 mm.

Quando o limite de fissuração é excedido, geralmente o projetista pode recorrer a duas soluções. A primeira é reduzir o diâmetro da barra, observando-se a área de aço requerida no ELU. A segunda é elevar a altura da laje, o que mudará a inércia e diminuirá a tensão no aço.

A experiência tem demonstrado que, em lajes em que o ELS-DEF é respeitado, comumente a abertura de fissuras fica dentro dos limites estabelecidos por norma. Mas é essencial que a verificação sempre seja realizada.

9.3 Estado-limite de serviço de deformações excessivas (ELS-DEF)

O estado-limite de deformações excessivas (ELS-DEF) é o procedimento de verificação dos deslocamentos máximos da estrutura, conferindo se atendem aos limites estabelecidos em norma para o adequado funcionamento da estrutura e para o conforto sensorial dos ocupantes.

Os deslocamentos são subdivididos em três grupos: deslocamentos nos elementos estruturais; entre pavimentos; e na estrutura de forma global. No caso das lajes, os deslocamentos de interesse são os máximos verticais, denominados flechas no elemento estrutural.

As deformações podem ser classificadas como dependentes, ou não, do carregamento. Na primeira situação destacam-se a deformação inicial elástica e a fluência, sendo a elástica reversível, porém a fluência, que atua com grande importância sobre as flechas, com uma grande parcela irreversível. No segundo caso estão as deformações causadas pela temperatura e pela retração, que não possuem direção definida como as anteriores e não são foco deste livro.

Considerando as deformações dependentes do carregamento, observa-se que a deformabilidade de uma estrutura é diretamente proporcional ao carregamento, ao sistema de vinculação e ao vão vencido. Por outro lado, essas deformações são inversamente proporcionais ao produto de rigidez, que nada mais é que o produto da inércia da seção transversal pelo módulo de elasticidade do material.

De fato, a rigidez estrutural é um parâmetro de suma importância. Ela não afeta apenas as verificações de deformações em serviço, mas também a distribuição de esforços na estrutura.

Verifica-se, da Mecânica dos Sólidos, a relação direta entre carregamento, momento fletor, giro e linha elástica da estrutura, como pode ser observado em:

$$\left.\begin{array}{l} -p(x) \Rightarrow \text{Função do carregamento} \\ \int -p(x)dx = V(x) \Rightarrow \text{Função da força cortante} \\ \int V(x)dx = M(x) \Rightarrow \text{Função do momento fletor} \\ \int M(x)dx = \theta(x) \Rightarrow \text{Função do giro} \\ \int \theta(x)dx = a(x) \Rightarrow \text{Função da linha elástica} \end{array}\right\} \quad (9.9)$$

Analisando a Eq. 9.9, conclui-se que, quanto maior for o momento fletor, maiores serão as deformações elásticas da estrutura.

Como exemplo, pode-se citar peças não em balanço, nas quais o momento fletor positivo (que traciona as fibras inferiores) é o esforço que gera a flecha. Logo, artifícios estruturais, como aumentar a inércia da seção transversal na região dos apoios (com maciços ao lado de vigas ou aumento da largura de nervura em lajes nervuradas convencionais; maciços maiores sobre os pilares em lajes lisas; e capitéis mais espessos em lajes-cogumelo), conduzem a uma diminuição da flecha, pelo fato de a maior inércia dos apoios absorver uma quantidade maior de momento fletor negativo (que traciona as fibras superiores), reduzindo consideravelmente o momento fletor positivo, originador da flecha.

De maneira geral, a experiência dos autores tem demonstrado que uma grande fonte de manifestações patológicas em lajes provém do excesso de deslocamentos nesses elementos. De fato, a deformação excessiva, além do desconforto estético e funcional aos usuários, via de regra vem acompanhada de um estado de fissuração inaceitável, e, como fissuras são portas de entrada para agentes agressivos à estrutura, os eventos que se desdobram conduzem a laje a um estado de deterioração elevado, reduzindo sua vida útil.

Definir em qual estádio de carregamento a peça está trabalhando é imprescindível para a determinação da flecha. No caso de a peça estar trabalhando no Estádio I, o cálculo da flecha é feito utilizando a inércia bruta da seção de concreto.

Entretanto, se a peça estiver trabalhando no Estádio II, a NBR 6118 (ABNT, 2023) apresenta a equação de Branson, que determina um valor equivalente para o produto de rigidez (EI):

$$(EI)_{eq} = E_{cs} \cdot \left\{ \left(\frac{M_r}{M_a}\right)^3 \cdot I_c + \left[1 - \left(\frac{M_r}{M_a}\right)^3\right] I_{II} \right\} \leq E_{cs} \cdot I_c \quad \text{(9.10)}$$

em que:
I_c é o momento de inércia da seção bruta de concreto;
I_{II} é o momento de inércia da seção fissurada de concreto no Estádio II, calculado com $\alpha_e = E_s/E_{cs}$;
M_a é o momento fletor na seção crítica do vão considerado, ou seja, o momento máximo no vão para vigas/lajes biapoiadas ou contínuas ou o momento no apoio para balanços, para a combinação quase permanente de ações;
M_r é o momento fletor de fissuração (Eq. 9.1), calculado com $f_{ct} = f_{ct,m}$ (Tab. 2.1), cujo valor deve ser reduzido pela metade em caso de utilização de barras lisas, o que, entretanto, não é usual em lajes;
E_{cs} é o módulo de elasticidade secante do concreto.

Essa equação faz uma consideração aproximada do nível de fissuração da peça em função do nível de solicitação do momento fletor atuante. Branson observou que, nos níveis iniciais de uma peça no Estádio II, nem todas as suas seções estão fissuradas, logo, utilizar a inércia da seção transversal no Estádio II seria punitivo. Então, essa equação faz uma ponderação entre a inércia bruta e a inércia no Estádio II.

Para vãos de vigas e lajes contínuas, quando for necessária uma maior precisão, pode-se adotar, para $(EI)_{eq}$, o valor com ponderação utilizando o critério estabelecido na Fig. 9.12 e na equação a seguir:

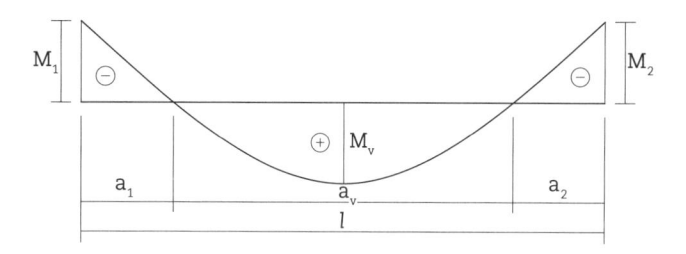

Fig. 9.12 Rigidez equivalente para vãos de vigas e lajes contínuas
Fonte: adaptado de ABNT (2023).

$$(EI)_{eq} = \frac{1}{l} \cdot \left[\left((EI)_{eq,1} \cdot a_1\right) + \left((EI)_{eq,v} \cdot a_v\right) + \left((EI)_{eq,2} \cdot a_2\right) \right] \quad \text{(9.11)}$$

em que:
$(EI)_{eq,1}$ é a rigidez equivalente no trecho 1;
$(EI)_{eq,v}$ é a rigidez equivalente no trecho de momentos positivos;
$(EI)_{eq,2}$ é a rigidez equivalente no trecho 2.

Em cada trecho, a rigidez equivalente deve ser calculada com seu respectivo I_{II}, considerando as armaduras existentes no trecho e com M_a igual a M_1, M_v e M_2, respectivamente.

Pode-se adotar a_1/l e a_2/l aproximadamente iguais a 0,15 em caso de vigas ou lajes convencionais, entretanto, em lajes lisas e lajes-cogumelo nervuradas, devido à grande diferença de inércias entre as regiões do apoio e do meio do vão, esses valores podem ser maiores.

9.3.1 Flecha elástica inicial

A flecha imediata ocorre por ocasião da aplicação do carregamento e pode ser obtida a partir da integração da equação diferencial da teoria de placas:

$$\frac{\partial^4 w}{\partial x^4} + 2 \cdot \frac{\partial^4 w}{\partial x^2 \cdot \partial y^2} + \frac{\partial^4 w}{\partial y^4} = \frac{p \cdot (1 - v^2)}{E_c \cdot I} \qquad (9.12)$$

em que:
w são os deslocamentos da laje;
p é a carga distribuída uniformemente, por área, pela laje;
v é o coeficiente de Poisson, variando entre 1/6 e 1/5, sendo em geral igual a 0,2 para as lajes.

A solução exata por meio da integração dessa equação se torna muito trabalhosa. Rotinas computacionais em elementos finitos ou diferenças finitas conduzem a resultados muito próximos aos exatos e com boa precisão. O método das grelhas também pode ser utilizado em rotinas computacionais para a estimativa dos deslocamentos de lajes. Entretanto, por ter uma série de simplificações em relação aos outros dois métodos, os valores de deslocamentos gerados por ele são maiores e, em alguns casos, muito punitivos.

No entanto, os métodos descritos somente são viáveis em processos computacionais, já que manualmente sua solução seria absurdamente demorada, tendo em vista as inúmeras interações entre elementos e barras.

Antes mesmo do aparecimento das rotinas computacionais, pesquisadores já desenvolveram tabelas que derivam da solução geral da teoria de placas e que possuem utilidade prática e boa precisão para a estimativa de flechas elásticas iniciais em lajes. Essas tabelas foram elaboradas para lajes maciças e considerando os apoios das lajes como estruturas indeslocáveis, o que de fato não ocorre quando as lajes são apoiadas em vigas convencionais.

A utilização dessas tabelas para avaliação da estimativa de flechas de lajes nervuradas é permitida, mas o projetista sempre deve ter em mente que o resultado nesses casos é uma aproximação e que, possivelmente, o valor real da flecha seja maior do que o encontrado.

Em análises de deformações de pavimentos, também é importante que o engenheiro projetista fique atento às deformações do conjunto de vigas e lajes. Em algumas circunstâncias, erroneamente a flecha excessiva é atribuída à laje, porém o real problema está nas vigas que dão o suporte a ela. Portanto, a real flecha de uma laje é o máximo deslocamento apresentado nela menos o deslocamento da viga que a sustenta. Porém, deve-se atentar que o limite de deformação do pavimento precisa ser observado no conjunto, e não somente no elemento isolado.

Na Tab. E.2 são apresentados valores de α a serem utilizados na equação a seguir, para o cálculo simplificado das flechas elásticas iniciais de lajes maciças.

$$a_i = \frac{\alpha}{100} \cdot \frac{b}{12} \cdot \frac{p \cdot l_x^4}{E_{cs} \cdot I} \qquad (9.13)$$

em que:
α é o coeficiente determinado pela teoria elástica das placas, que depende do tipo de vinculação, da relação entre os comprimentos dos lados da laje e do coeficiente de Poisson do material;
l_x é o menor vão da laje.

As lajes nervuradas necessitam de um tratamento diferente e é aconselhável a utilização de processos numéricos computacionais, como o de grelhas ou elementos finitos. Entretanto, uma maneira simplificada para determinar as flechas em lajes nervuradas é através de coeficientes denominados quinhões de carga (K_x e K_y). Calculado o quinhão de carga para cada direção, o cálculo da flecha é feito como para vigas com a vinculação característica de cada direção. Esse procedimento é conservador e o valor das flechas é maior do que nos modelos mais apurados.

No Quadro 9.2 são apresentados os tipos de laje e seus respectivos quinhões de carga. Destaca-se que o carregamento absorvido em cada direção principal é uma estimativa e que essas equações são somente aplicáveis a lajes nervuradas bidirecionais. A ideia é promover a igualdade de flechas elásticas iniciais das duas direções considerando cada direção como se fosse uma viga independente.

9.3.2 Flecha diferida no tempo e flecha total

A NBR 6118 (ABNT, 2023) determina que, para o cálculo da flecha total devida às ações de longa duração, deve-se multiplicar o valor da flecha imediata pelo coeficiente $(1 + \alpha_f)$, dado na equação a seguir, para levar em conta o efeito da fluência do concreto.

$$\alpha_f = \frac{\Delta \xi}{1 + 50\rho'} \qquad (9.14)$$

em que:
$\rho' = \dfrac{A_s{'}}{b \cdot d}$ é a taxa de armadura de compressão, caso exista;
ξ é um coeficiente em função do tempo, que pode ser obtido pela Tab. 9.2.

Finalmente, o valor da flecha total será dado por:

$$a_{total} = a_i \cdot (1 + \alpha_f) \qquad (9.15)$$

9.3.3 Critérios para limitação das flechas

Um determinado deslocamento deverá ser menor ou no máximo igual aos valores-limites expressos no Quadro 9.3.

Quadro 9.2 Quinhões de carga (K_x) para cálculo de flechas de lajes nervuradas bidirecionais

Tipo de laje	Quinhões de carga
1	$a_{ix} = a_{iy} \Rightarrow \dfrac{5}{384} \cdot \dfrac{p_x \cdot l_x^4}{E \cdot I_x} = \dfrac{5}{384} \cdot \dfrac{p_y \cdot l_y^4}{E \cdot I_y} \Rightarrow \dfrac{p_x}{p_y} = \dfrac{I_x \cdot l_y^4}{I_y \cdot l_x^4}$ $\lambda = \dfrac{l_y}{l_x} \therefore \dfrac{p_x}{p_y} = \lambda^4 \cdot \dfrac{I_x}{I_y}$ $K_x = \dfrac{p_x}{p} = \dfrac{p_x}{p_x + p_y} = \dfrac{1}{1 + \dfrac{p_y}{p_x}} = \dfrac{1}{1 + \dfrac{I_y}{I_x \cdot \lambda^4}}$
2A	$a_{ix} = a_{iy} \Rightarrow \dfrac{5}{384} \cdot \dfrac{p_x \cdot l_x^4}{E \cdot I_x} = \dfrac{3}{554} \cdot \dfrac{p_y \cdot l_y^4}{E \cdot I_y} \Rightarrow \dfrac{p_x}{p_y} = \dfrac{I_x \cdot l_y^4}{I_y \cdot l_x^4} \cdot \dfrac{576}{1.385}$ $\lambda = \dfrac{l_y}{l_x} \therefore \dfrac{p_x}{p_y} = \lambda^4 \cdot \dfrac{I_x}{I_y} \cdot \dfrac{576}{1.385}$ $K_x = \dfrac{p_x}{p} = \dfrac{p_x}{p_x + p_y} = \dfrac{1}{1 + \dfrac{p_y}{p_x}} = \dfrac{1}{1 + \dfrac{I_y \cdot 1.385}{I_x \cdot \lambda^4 \cdot 576}}$
2B	$a_{ix} = a_{iy} \Rightarrow \dfrac{3}{554} \cdot \dfrac{p_x \cdot l_x^4}{E \cdot I} = \dfrac{5}{384} \cdot \dfrac{p_y \cdot l_y^4}{E \cdot I} \Rightarrow \dfrac{p_x}{p_y} = \dfrac{I_x \cdot l_y^4}{I_y \cdot l_x^4} \cdot \dfrac{1.385}{576}$ $\lambda = \dfrac{l_y}{l_x} \therefore \dfrac{p_x}{p_y} = \lambda^4 \cdot \dfrac{I_x}{I_y} \cdot \dfrac{1.385}{576}$ $K_x = \dfrac{p_x}{p} = \dfrac{p_x}{p_x + p_y} = \dfrac{1}{1 + \dfrac{p_y}{p_x}} = \dfrac{1}{1 + \dfrac{I_y \cdot 576}{I_x \cdot \lambda^4 \cdot 1.385}}$
3	$a_{ex} = a_{ey} \Rightarrow \dfrac{3}{554} \cdot \dfrac{p_x \cdot l_x^4}{E \cdot I} = \dfrac{3}{554} \cdot \dfrac{p_y \cdot l_y^4}{E \cdot I} \Rightarrow \dfrac{p_x}{p_y} = \dfrac{I_x \cdot l_y^4}{I_y \cdot l_x^4}$ $\lambda = \dfrac{l_y}{l_x} \therefore \dfrac{p_x}{p_y} = \lambda^4 \cdot \dfrac{I_x}{I_y}$ $K_x = \dfrac{p_x}{p} = \dfrac{p_x}{p_x + p_y} = \dfrac{1}{1 + \dfrac{p_y}{p_x}} = \dfrac{1}{1 + \dfrac{I_y}{I_x \cdot \lambda^4}}$
4A	$a_{ex} = a_{ey} \Rightarrow \dfrac{5}{384} \cdot \dfrac{p_x \cdot l_x^4}{E \cdot I} = \dfrac{1}{384} \cdot \dfrac{p_y \cdot l_y^4}{E \cdot I} \Rightarrow \dfrac{p_x}{p_y} = \dfrac{I_x \cdot l_y^4}{I_y \cdot l_x^4} \cdot \dfrac{1}{5}$ $\lambda = \dfrac{l_y}{l_x} \therefore \dfrac{p_x}{p_y} = \lambda^4 \cdot \dfrac{I_x}{I_y} \cdot \dfrac{1}{5}$ $K_x = \dfrac{p_x}{p} = \dfrac{p_x}{p_x + p_y} = \dfrac{1}{1 + \dfrac{p_y}{p_x}} = \dfrac{1}{1 + \dfrac{5 I_y}{I_x \cdot \lambda^4}}$
4B	$a_{ex} = a_{ey} \Rightarrow \dfrac{1}{384} \cdot \dfrac{p_x \cdot l_x^4}{E \cdot I} = \dfrac{5}{384} \cdot \dfrac{p_y \cdot l_y^4}{E \cdot I} \Rightarrow \dfrac{p_x}{p_y} = \dfrac{I_x \cdot l_y^4}{I_y \cdot l_x^4} \cdot 5$ $\lambda = \dfrac{l_y}{l_x} \therefore \dfrac{p_x}{p_y} = \lambda^4 \cdot \dfrac{I_x}{I_y} \cdot 5$ $K_x = \dfrac{p_x}{p} = \dfrac{p_x}{p_x + p_y} = \dfrac{1}{1 + \dfrac{p_y}{p_x}} = \dfrac{1}{1 + \dfrac{I_y}{I_x \cdot \lambda^4 \cdot 5}}$

Quadro 9.2 (continuação)

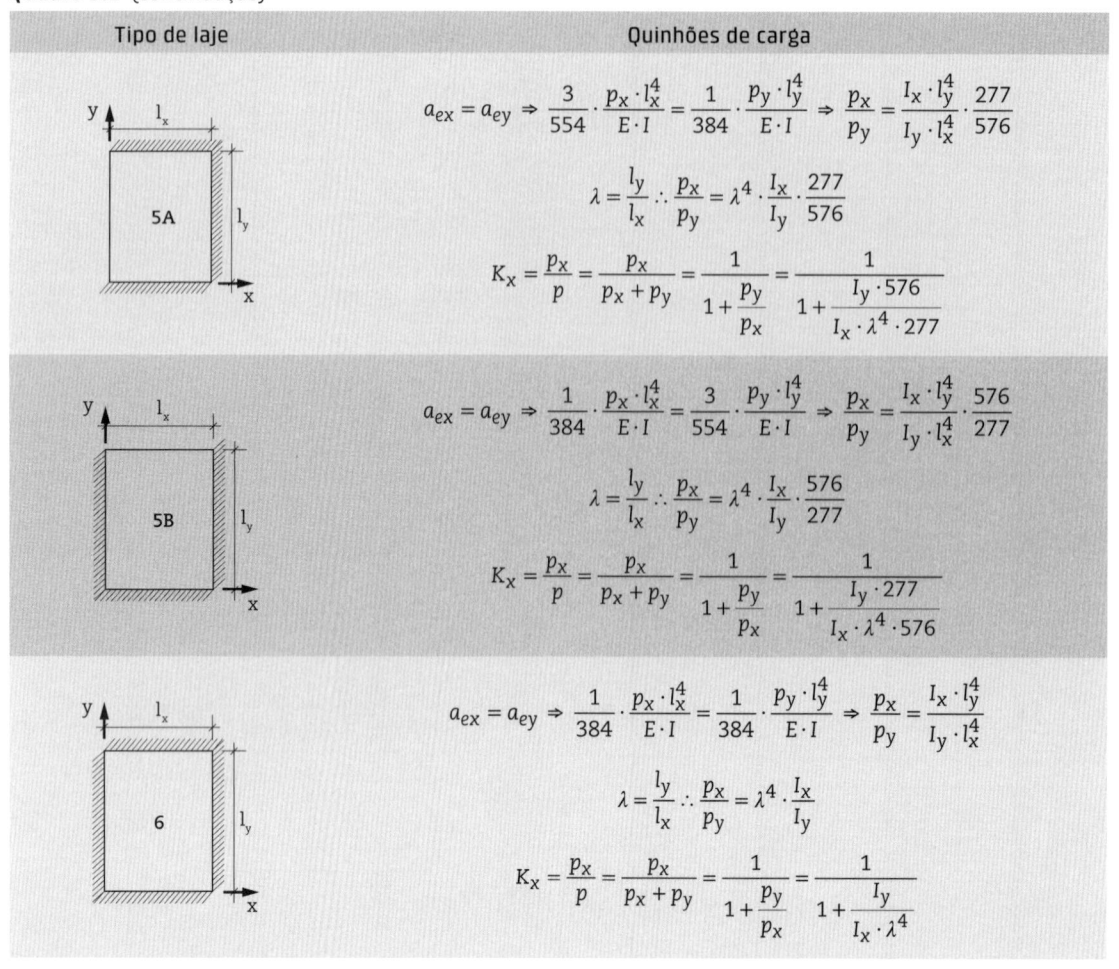

Tipo de laje	Quinhões de carga
5A	$a_{ex} = a_{ey} \Rightarrow \dfrac{3}{554} \cdot \dfrac{p_x \cdot l_x^4}{E \cdot I} = \dfrac{1}{384} \cdot \dfrac{p_y \cdot l_y^4}{E \cdot I} \Rightarrow \dfrac{p_x}{p_y} = \dfrac{I_x \cdot l_y^4}{I_y \cdot l_x^4} \cdot \dfrac{277}{576}$ $\lambda = \dfrac{l_y}{l_x} \therefore \dfrac{p_x}{p_y} = \lambda^4 \cdot \dfrac{I_x}{I_y} \cdot \dfrac{277}{576}$ $K_x = \dfrac{p_x}{p} = \dfrac{p_x}{p_x + p_y} = \dfrac{1}{1 + \dfrac{p_y}{p_x}} = \dfrac{1}{1 + \dfrac{I_y \cdot 576}{I_x \cdot \lambda^4 \cdot 277}}$
5B	$a_{ex} = a_{ey} \Rightarrow \dfrac{1}{384} \cdot \dfrac{p_x \cdot l_x^4}{E \cdot I} = \dfrac{3}{554} \cdot \dfrac{p_y \cdot l_y^4}{E \cdot I} \Rightarrow \dfrac{p_x}{p_y} = \dfrac{I_x \cdot l_y^4}{I_y \cdot l_x^4} \cdot \dfrac{576}{277}$ $\lambda = \dfrac{l_y}{l_x} \therefore \dfrac{p_x}{p_y} = \lambda^4 \cdot \dfrac{I_x}{I_y} \cdot \dfrac{576}{277}$ $K_x = \dfrac{p_x}{p} = \dfrac{p_x}{p_x + p_y} = \dfrac{1}{1 + \dfrac{p_y}{p_x}} = \dfrac{1}{1 + \dfrac{I_y \cdot 277}{I_x \cdot \lambda^4 \cdot 576}}$
6	$a_{ex} = a_{ey} \Rightarrow \dfrac{1}{384} \cdot \dfrac{p_x \cdot l_x^4}{E \cdot I} = \dfrac{1}{384} \cdot \dfrac{p_y \cdot l_y^4}{E \cdot I} \Rightarrow \dfrac{p_x}{p_y} = \dfrac{I_x \cdot l_y^4}{I_y \cdot l_x^4}$ $\lambda = \dfrac{l_y}{l_x} \therefore \dfrac{p_x}{p_y} = \lambda^4 \cdot \dfrac{I_x}{I_y}$ $K_x = \dfrac{p_x}{p} = \dfrac{p_x}{p_x + p_y} = \dfrac{1}{1 + \dfrac{p_y}{p_x}} = \dfrac{1}{1 + \dfrac{I_y}{I_x \cdot \lambda^4}}$

em que:

λ é a relação de lados da laje;

p é a carga total absorvida pela laje;

p_x é a parcela de carga absorvida pela direção x;

p_y é a parcela de carga absorvida pela direção y.

Tab. 9.2 Valores do coeficiente ξ em função do tempo

Tempo (t) meses	0	0,5	1	2	3	4	5	10	20	40	≥ 70
Coeficiente $\xi(t)$	0	0,54	0,68	0,84	0,95	1,04	1,12	1,36	1,64	1,89	2

$\xi = 0{,}68 \times (0{,}996^t) \cdot t^{0{,}32}$ para $t < 70$ meses;

$\xi = 2$ para $t \geq 70$ meses.

Fonte: adaptado de ABNT (2023).

Entre as possíveis soluções para a diminuição dos deslocamentos excessivos, são mencionadas as mais usuais: elevar a altura da peça, abaixando os valores da esbeltez, dada por l/h; elevar o módulo de elasticidade do concreto; promover sistemas hiperestáticos que impedirão o giro da estrutura; adotar procedimentos adequados na produção, transporte, manuseio, utilização e cura das estruturas de concreto; evitar o descimbramento e a desforma precoce; elevar a resistência característica à compressão do concreto; e, finalmente, aumentar a área de armadura de tração A_s. Estas duas últimas opções nem sempre são economicamente viáveis.

9.3.4 Contraflechas e implicações das deformações excessivas

A utilização de contraflechas é uma medida muito corrente nos projetos de estruturas de concreto armado, principalmente para as lajes. Consiste em adotar, por meio de formas e escoras, um deslocamento contrário àquele provocado pelo carregamento. Como exemplo, pode-se notar a Fig. 9.13.

O valor da contraflecha (a_0) não pode ser superior a l/350, como indicado na observação (b) do Quadro 9.3.

Nem sempre o uso de contraflechas é eficiente. Isso é devido ao fato de, durante a execução, não ser dada a

Quadro 9.3 Limites para deslocamentos

Tipo de efeito	Razão da limitação	Exemplo	Deslocamento a considerar	Deslocamento-limite
Aceitabilidade sensorial	Visual	Deslocamentos visíveis em elementos estruturais	Total	$l/250$
	Outro	Vibrações sentidas no piso	Devido a cargas variáveis de utilização	$l/350$
Efeitos estruturais em serviço	Superfícies que devem drenar água	Coberturas e varandas	Total	$l/250^{(a)}$
	Pavimentos que devem permanecer planos	Ginásio e pistas de boliche	Total	$l/350$ + contraflecha$^{(b)}$
			Ocorrido após a construção do piso	$l/600$
	Elementos que suportam equipamentos sensíveis	Laboratórios	Ocorrido após nivelamento do equipamento	De acordo com recomendação do fabricante do equipamento
Efeitos em elementos não estruturais	Paredes	Alvenaria, caixilhos e revestimentos	Após a construção da parede	$l/500^{(c)}$ e 10 mm
		Divisórias leves e caixilhos telescópicos	Ocorrido após a instalação da divisória	$l/250^{(c)}$ e 25 mm
		Movimento lateral de edifícios	Provocado pela ação do vento para combinação frequente (ψ_1 = 0,30)	$H/1.700$ e $H_i/850^{(d)}$ entre pavimentos$^{(e)}$
		Movimentos térmicos verticais	Provocado por diferença de temperatura	$l/400^{(f)}$ e 15 mm
		Movimentos térmicos horizontais	Provocado por diferença de temperatura	$H_i/500$
	Forros	Revestimentos colados	Ocorrido após a construção do forro	$l/350$
		Revestimentos pendurados ou com juntas	Deslocamento ocorrido após a construção do forro	$l/175$
	Pontes rolantes	Desalinhamento de trilhos	Deslocamento provocado pelas ações decorrentes da frenação	$H/400$
Efeitos em elementos estruturais	Afastamento em relação às hipóteses de cálculo adotadas	Se os deslocamentos forem relevantes para o elemento considerado, seus efeitos sobre as tensões ou sobre a estabilidade da estrutura devem ser considerados, incorporando-os ao modelo estrutural adotado.		

$^{(a)}$As superfícies devem ser suficientemente inclinadas ou o deslocamento previsto compensado por contraflechas, de modo a não ter acúmulo de água.
$^{(b)}$Os deslocamentos podem ser parcialmente compensados pela especificação de contraflechas. Entretanto, a atuação isolada da contraflecha não pode ocasionar um desvio do plano maior que $l/350$.
$^{(c)}$O vão l deve ser tomado na direção na qual a parede ou a divisória se desenvolve.
$^{(d)}$H é a altura total do edifício e H_i o desnível entre dois pavimentos vizinhos.
$^{(e)}$Esse limite aplica-se ao deslocamento lateral entre dois pavimentos consecutivos, devido à atuação de ações horizontais. Não podem ser incluídos os deslocamentos devidos a deformações axiais nos pilares. O limite também se aplica ao deslocamento vertical relativo das extremidades de lintéis conectados a duas paredes de contraventamento, quando H_i representa o comprimento do lintel.
$^{(f)}$O valor l refere-se à distância entre o pilar externo e o primeiro pilar interno.
Nota 1 Todos os valores-limites de deslocamentos supõem elementos de vão l suportados em ambas as extremidades por apoios que não se movem. Quando se tratar de balanços, o vão equivalente a ser considerado deve ser o dobro do comprimento do balanço.
Nota 2 Para o caso de elementos de superfície, os limites prescritos consideram que o valor l é o menor vão, exceto em casos de verificação de paredes e divisórias, onde interessa a direção na qual a parede ou divisória se desenvolve, limitando-se esse valor a duas vezes o vão menor.
Nota 3 O deslocamento total deve ser obtido a partir da combinação das ações características ponderadas pelos coeficientes indicados na seção 11 da NBR 6118 (ABNT, 2023).
Nota 4 Deslocamentos excessivos podem ser parcialmente compensados por contraflechas.
Nota 5 Para determinação da flecha de longa duração, adotar a combinação quase permanente.

Fonte: ABNT (2023, p. 77-78).

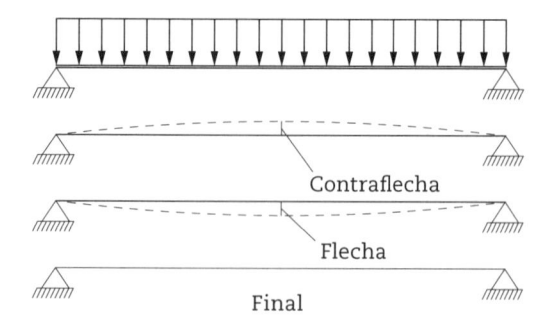

Fig. 9.13 Comportamento esquemático de uma estrutura executada com contraflecha

devida atenção para que se mantenha a altura prevista em projeto para o elemento estrutural. Esse problema é característico das lajes, nas quais a face superior central é nivelada com as bordas, resultando numa redução de sua altura no centro do painel, onde geralmente são aplicadas as contraflechas. É então comprometida a segurança da laje, que apresentará altura reduzida na região onde estão localizados os maiores momentos fletores positivos. O correto é elevar a altura da forma das bordas no valor da contraflecha para possibilitar que, na região central, seja garantida a altura prevista para a laje.

A contraflecha deve ser deduzida do valor da flecha total, gerando, assim, a flecha final:

$$a_{final} = a_{total} - a_0 \qquad (9.16)$$

Deve-se sempre indicar o valor da contraflecha de modo claro nos desenhos de forma estrutural.

Um comentário importante precisa ser feito neste ponto em relação à utilização de contraflechas em lajes e vigas que suportam alvenarias ou esquadrias. Para esses elementos, o limite normativo é bem mais restritivo, sendo $l/500$ e 10 mm, devendo-se respeitar os três limites. Em uma estrutura desse grupo, quando se aplica a contraflecha, é necessário garantir que a deformação que se desenvolverá após a aplicação da parede ou das esquadrias não exceda esses limites.

Para ilustrar, seja uma laje que suporta uma parede e cuja limitação de deformação é de 10 mm. A deformação total é de 15 mm quando o carregamento é aplicado simultaneamente (peso próprio da laje mais peso da parede). Para assegurar sua utilização, foi prevista uma contraflecha de 5 mm, mas o projetista precisa garantir que a flecha imediata que ocorre devido ao peso próprio da laje sem a parede seja de no mínimo 5 mm, para que os 10 mm restantes sejam desenvolvidos na flecha diferida no tempo. Finalmente, a flecha visível será de 10 mm, porém a deformação total da laje foi de 15 mm (5 mm antes da aplicação da parede e 10 mm após a aplicação da parede). A Fig. 9.14 ilustra esse conceito.

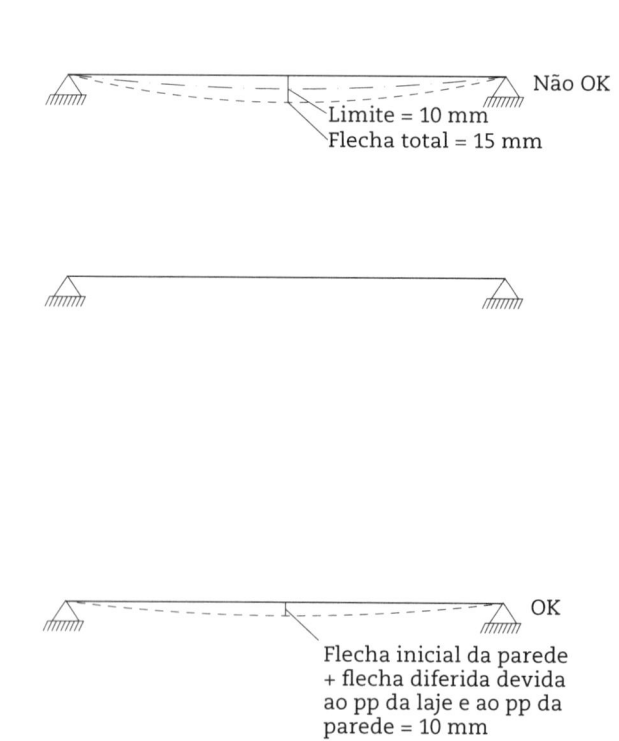

Fig. 9.14 Ilustração de parede sendo construída sobre laje com contraflecha: (A) situação 1 – todas as cargas aplicadas ao mesmo tempo na laje e (B) situação 2 – carregamentos aplicados em momentos diferentes

Algumas das complicações causadas pelas deformações excessivas são comentadas a seguir:

- necessidade de nivelamento, que, além de aumentar o custo da obra, eleva as cargas, por exemplo, das lajes, aumentando também o valor da flecha total;
- lajes de cobertura e varandas em balanço são afetadas pelas flechas e pelas deformações, não tendo eficiência na drenagem das águas pluviais, aumentando a carga e consequentemente as flechas e as fissuras;
- flechas excessivas podem provocar fissuras de cisalhamento em paredes não estruturais, uma vez que elas não conseguem, por sua grande rigidez, acompanhar as deformações dos elementos estruturais nos quais se apoiam;
- deformações excessivas afetam o funcionamento de esquadrias de portas, de janelas e de painéis vítreos;
- perigo de flambagem de paredes ou pilares esbeltos, devido à rotação provocada pela deformação da laje ou de vigas esbeltas do piso que estejam ligadas rigidamente à flexão, engastadas, com os respectivos apoios;
- geração de fissuras externas, que facilitam a penetração da umidade e reduzem a durabilidade;
- as deformações excessivas geralmente são acompanhadas de um estado de vibrações inaceitável, devido à baixa rigidez da estrutura.

Exemplo 9.6

Verificar o ELS-DEF da laje maciça ilustrada na Fig. 9.15. Considerar concreto da classe C30, agregado graúdo de basalto, armaduras positivas nas direções x e y de $\phi 8$ c/10 cm (5 cm²/m) e $\phi 8$ c/20 cm (2,5 cm²/m), respectivamente, cobrimento nominal de 2,5 cm e edifício residencial. Sabe-se também que o carregamento característico permanente é de 6,04 kN/m², e o variável, de 1,50 kN/m², e que os momentos fletores na combinação quase permanente de ações nas direções x e y são de 1.339,10 kN·cm/m e 606,39 kN·cm/m, respectivamente.

O carregamento na combinação quase permanente de ações para essa laje, considerando edifício residencial, é:

$$CQP = G + \psi_2 \cdot Q = 6,04 + 0,3 \times 1,5 = 6,49 \text{ kN/m}^2$$
$$= 0,000649 \text{ kN/cm}^2$$

Como a laje é maciça e bidirecional, pode ser usada a Tab. E.2 para o cálculo da estimativa da flecha elástica inicial.

Para a determinação da flecha, é necessário saber se a peça está trabalhando no Estádio I ou no Estádio II. Essa definição é feita comparando-se o momento fletor de fissuração (Eq. 9.1) com o momento fletor da combinação quase permanente de ações na direção x. Nessa verificação, f_{ct} é admitido com o valor de $f_{ct,m}$.

$$\alpha = 1,5$$

$$f_{ct} = f_{ct,m} = 0,3 f_{ck}^{2/3} = 0,3 \times 30^{2/3} = 2,896 \text{ MPa}$$
$$= 0,2896 \text{ kN/cm}^2$$

$$I_c = \frac{b \cdot h^3}{12} = \frac{100 \times 15^3}{12} = 28.125 \text{ cm}^4$$

$$y_t = \frac{h}{2} = \frac{15}{2} = 7,5 \text{ cm}$$

$$M_r = \frac{\alpha \cdot f_{ct} \cdot I_c}{y_t} = \frac{1,5 \times 0,2896 \times 28.125}{7,5} = 1.629 \text{ kN·cm/m}$$

$$M_{ax,CQP} = 1.339,10 \text{ kN·cm/m} < M_r \therefore \text{Estádio I} \therefore I = I_c$$

A relação de lados nesse caso vale:

$$\lambda = \frac{l_y}{l_x} = \frac{800}{500} = 1,60$$

Logo, o valor do coeficiente para cálculo de flecha é de $\alpha = 9,71$. Já o valor do módulo de elasticidade secante do concreto C30 com agregado graúdo de basalto corresponde a 32,2 GPa (Tab. 2.2).

A flecha elástica inicial é determinada pela Eq. 9.13.

$$a_i = \frac{\alpha}{100} \cdot \frac{b}{12} \cdot \frac{p \cdot l_x^4}{E_{cs} \cdot I} = \frac{9,71}{100} \times \frac{100}{12} \times \frac{0,000649 \times 500^4}{3.220 \times 28.125}$$
$$= 0,362 \text{ cm}$$

Para a obtenção da flecha diferida no tempo, é necessário o cálculo do coeficiente que leva em conta a deformação por fluência do concreto α_f (Eq. 9.14). Para tanto, estima-se neste exemplo que as escoras sejam retiradas aos 15 dias (0,5 mês) e determina-se todo o efeito de fluência do concreto, portanto em um tempo maior que 70 me-

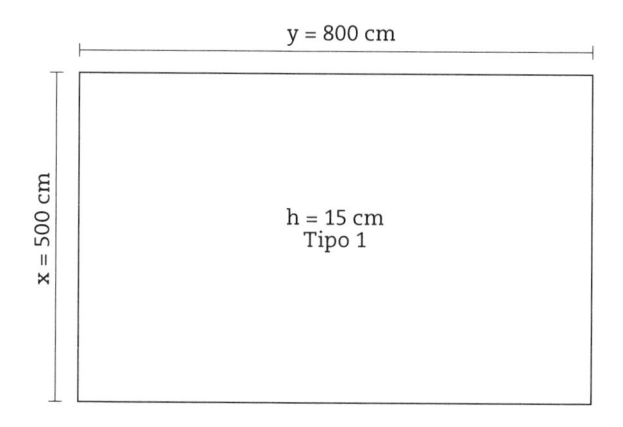

Fig. 9.15 Laje do Exemplo 9.6

ses. Assim sendo, $\xi(t_0) = 0{,}54$ e $\xi(t) = 2{,}0$ (Tab. 9.2). Não há armadura de compressão para gerar a taxa mecânica de armadura ρ'.

$$\alpha_f = \frac{\Delta\xi}{1+50\rho'} = \frac{(2-0{,}54)}{1+0} = 1{,}46$$

Logo, a flecha final (imediata mais diferida no tempo), calculada pela Eq. 9.15, é de:

$$a_{total} = a_i \cdot (1 + \alpha_f) = 0{,}362 \times (1 + 1{,}46) = 0{,}891 \text{ cm}$$

O limite de flecha nesse caso vale:

$$a_{lim} = \frac{l_x}{250} = \frac{500}{250} = 2 \text{ cm} > a_{total} \therefore \text{OK}$$

Exemplo 9.7

Refazer o Exemplo 9.6, porém com a diminuição de apenas 2 cm na altura da peça ($h = 13$ cm). Obviamente essa alteração muda o peso próprio, e a ação permanente característica passa a ser de 5,54 kN/m². A armadura positiva também sofre alteração devido à mudança do carregamento e da altura útil, passando a ser de $\phi 8$ c/9,5 cm (5,26 cm²/m) na direção x. O momento fletor devido à combinação quase permanente de ações na direção x passa a ser de 1.236,95 kN · cm/m.

O carregamento na combinação quase permanente de ações para essa laje, considerando edifício residencial, é:

$$CQP = G + \psi_2 \cdot Q = 5{,}54 + 0{,}3 \times 1{,}5 = 5{,}99 \text{ kN/m}^2$$
$$= 0{,}000599 \text{ kN/cm}^2$$

Como a laje é maciça e bidirecional, pode ser usada a Tab. E.2 para o cálculo da estimativa da flecha elástica inicial.

Para a determinação da flecha, é necessário saber se a peça está trabalhando no Estádio I ou no Estádio II. Essa definição é feita comparando-se o momento fletor de fissuração com o momento fletor da combinação quase permanente de ações na direção x.

$$\alpha = 1{,}5$$

$$f_{ct} = f_{ct,m} = 0{,}3 f_{ck}^{2/3} = 0{,}3 \times 30^{2/3} = 2{,}896 \text{ MPa}$$
$$= 0{,}2896 \text{ kN/cm}^2$$

$$I_c = \frac{b \cdot h^3}{12} = \frac{100 \times 13^3}{12} = 18.308{,}33 \text{ cm}^4$$

$$y_t = \frac{h}{2} = \frac{13}{2} = 6{,}5 \text{ cm}$$

$$M_r = \frac{\alpha \cdot f_{ct} \cdot I_c}{y_t} = \frac{1{,}5 \times 0{,}2896 \times 18.308{,}33}{6{,}5} = 1.223{,}56 \text{ kN} \cdot \text{cm/m}$$

$$M_{ax,CQP} = 1.236{,}95 \text{ kN} \cdot \text{cm/m} > M_r \therefore \text{Estádio II} \therefore I = I_{eq}$$

Para a obtenção da inércia equivalente de Branson (Eq. 9.10), é preciso calcular a inércia no Estádio II (Eq. 9.7), que depende da homogeneização da seção transversal e da profundidade da linha neutra no Estádio II (Eq. 9.6). Para a homogeneização da seção transversal, determina-se a razão modular:

$$\alpha_e = \frac{E_s}{E_{cs}} = \frac{21.000}{3.220} = 6{,}52$$

A profundidade da linha neutra no Estádio II é:

$$x^2 + \frac{2\alpha_e}{b_w} \cdot (A_s + A_{s'}) \cdot x - \frac{2\alpha_e}{b_w} \cdot (A_s \cdot d + A_{s'} \cdot d') = 0$$

$$x^2 + \frac{2 \times 6{,}52}{100} \times (5{,}26 + 0) \cdot x - \frac{2 \times 6{,}52}{100} \times (5{,}26 \times 10 + 0) = 0$$

$$x^2 + 0{,}6859x - 6{,}8590 = 0$$

$$x' = 2{,}31 \text{ cm (adotado)}$$

$$x'' = -2{,}99 \text{ cm (sem valor físico)}$$

A inércia no Estádio II corresponde a:

$$I_{II} = \frac{b_w \cdot x^3}{3} + A_{s'} \cdot \alpha_e \cdot (x - d')^2 + A_s \cdot \alpha_e \cdot (d - x)^2$$

$$I_{II} = \frac{100 \times 2{,}31^3}{3} + 5{,}26 \times 6{,}52 \times (10 - 2{,}31)^2 = 2.438{,}96 \text{ cm}^4$$

A inércia equivalente de Branson é de:

$$I_{eq} = \left\{ \left(\frac{M_r}{M_a}\right)^3 \cdot I_c + \left[1 - \left(\frac{M_r}{M_a}\right)^3\right] \cdot I_{II} \right\} \leq I_c$$

$$I_{eq} = \left\{ \left(\frac{1.223{,}56}{1.236{,}95}\right)^3 \times 18.308{,}33 + \left[1 - \left(\frac{1.223{,}56}{1.236{,}95}\right)^3\right] \times 2.438{,}96 \right\}$$
$$\leq 18.308{,}33 \text{ cm}^4$$

$$I_{eq} = 17.798{,}53 \text{ cm}^4 \leq 18.308{,}33 \text{ cm}^4$$

A relação de lados nesse caso vale:

$$\lambda = \frac{l_y}{l_x} = \frac{800}{500} = 1{,}60$$

Logo, o valor do coeficiente para cálculo de flecha é de $\alpha = 9{,}71$. Já o valor do módulo de elasticidade secante do concreto C30 com agregado graúdo de basalto corresponde a 32,2 GPa (Tab. 2.2).

A flecha elástica inicial é determinada pela Eq. 9.13.

$$a_i = \frac{\alpha}{100} \cdot \frac{b}{12} \cdot \frac{p \cdot l_x^4}{E_{cs} \cdot I_{eq}} = \frac{9{,}71}{100} \times \frac{100}{12} \times \frac{0{,}000599 \times 500^4}{3.220 \times 17.798{,}53}$$
$$= 0{,}529 \text{ cm}$$

Para a obtenção da flecha diferida no tempo, é necessário o cálculo do coeficiente que leva em conta a deformação por fluência do concreto α_f (Eq. 9.14). Para tanto, estima-se neste exemplo que as escoras sejam retiradas aos 15 dias (0,5 mês) e determina-se todo o efeito de fluência do concreto, portanto em um tempo maior que 70 meses. Assim sendo, $\xi(t_0) = 0{,}54$ e $\xi(t) = 2{,}0$ (Tab. 9.2). Não há armadura de compressão para gerar a taxa mecânica de armadura ρ'.

$$\alpha_f = \frac{\Delta \xi}{1 + 50\rho'} = \frac{(2 - 0{,}54)}{1 + 0} = 1{,}46$$

Logo, a flecha final (imediata mais diferida no tempo), calculada pela Eq. 9.15, é de:

$$a_{total} = a_i \cdot (1 + \alpha_f) = 0{,}529 \times (1 + 1{,}46) = 1{,}301 \text{ cm}$$

O limite de flecha nesse caso vale:

$$a_{lim} = \frac{l_x}{250} = \frac{500}{250} = 2 \text{ cm} > a_{total} \therefore \text{OK}$$

Comparando os resultados dos Exemplos 9.6 e 9.7, observa-se que, com uma redução de 13,3% na altura da laje, a flecha aumentou 46%. Esse fenômeno é verificado devido à alta importância que a inércia possui em relação aos deslocamentos. A alteração da altura para combater o efeito negativo de deformações excessivas é a medida mais eficaz. Elevar a resistência à compressão do concreto, mudar o tipo de agregado graúdo ou aumentar a taxa de armadura para combater deformações excessivas são recursos secundários, que normalmente mais elevam o custo da estrutura do que de fato combatem as deformações excessivas.

Exemplo 9.8

Verificar o ELS-DEF da laje nervurada treliçada ilustrada nas Figs. 9.16 e 9.17. Considerar concreto da classe C30, agregado graúdo de basalto, armadura positiva na direção x de 1,25 cm²/nervura, cobrimento nominal de 2,5 cm (2 cm na vigota devido ao rígido controle de qualidade) e edifício residencial. Sabe-se também que o carregamento característico permanente é de 3,50 kN/m², e o variável, de 1,50 kN/m², e que o momento fletor na combinação quase permanente de ações na direção x é de 481,25 kN · cm/nervura.

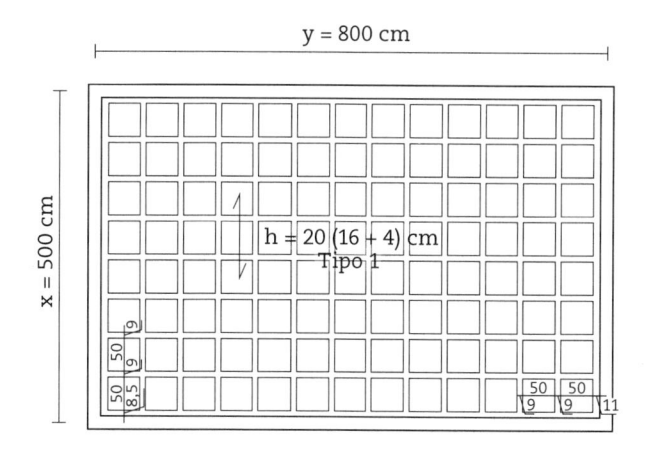

Fig. 9.16 Vista em planta da laje do Exemplo 9.8

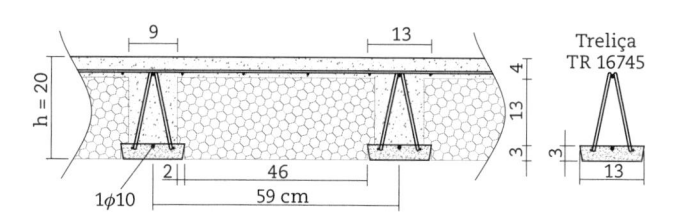

Fig. 9.17 Corte da laje do Exemplo 9.8

O carregamento na combinação quase permanente de ações para essa laje, considerando edifício residencial, é:

$$CQP = G + \psi_2 \cdot Q = 3{,}5 + 0{,}3 \times 1{,}5 = 3{,}95 \text{ kN/m}^2$$

Como a laje é nervurada bidirecional, podem ser usados os coeficientes de quinhões de carga apresentados no Quadro 9.2 para determinar o carregamento que é absorvido na direção x e que deve ser utilizado para o cálculo da estimativa da flecha elástica inicial.

A relação de lados nesse caso vale:

$$\lambda = \frac{l_y}{l_x} = \frac{800}{500} = 1{,}60$$

$$(\text{Tipo 1}) \quad K_x = \frac{\lambda^4}{\lambda^4 + 1} = \frac{1{,}6^4}{1{,}6^4 + 1} = 0{,}8676$$

$$p_x = 0{,}8676 \times 3{,}95 = 3{,}43 \text{ kN/m}^2 = 0{,}000343 \text{ kN/cm}^2$$

$$p_{x,nerv} = 0{,}000343 \times 59 = 0{,}020237 \text{ kN/cm} \cdot \text{nervura}$$

Para a determinação da flecha, é necessário saber se a peça está trabalhando no Estádio I ou no Estádio II. Essa definição é feita comparando-se o momento fletor de fissuração com o momento fletor da combinação quase permanente de ações na direção x.

Para o cálculo do valor de y_t e da inércia de uma seção T, podem ser utilizadas as informações contidas na Fig. 9.18 e nas Eqs. 9.17 e 9.18.

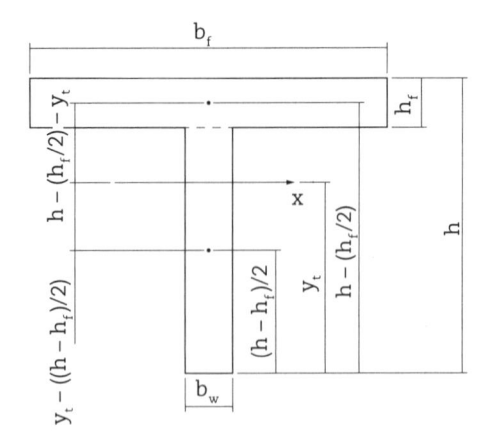

Fig. 9.18 Esquema de uma seção transversal T do Exemplo 9.8

$$y_t = \frac{Q_x}{A_T} = \frac{(b_f \cdot h_f) \cdot \left(h - \frac{h_f}{2}\right) + (h - h_f) \cdot b_w \cdot \left(\frac{h - h_f}{2}\right)}{(b_f \cdot h_f) + (h - h_f) \cdot b_w} \quad (9.17)$$

$$I_{c,seçãoT} = \frac{b_f \cdot h_f^3}{12} + b_f \cdot h_f \cdot \left(h - \frac{h_f}{2} - y_t\right)^2$$
$$+ \frac{b_w \cdot (h - h_f)^3}{12} + (h - h_f) \cdot b_w \cdot \left[y_t - \left(\frac{h - h_f}{2}\right)\right]^2 \quad (9.18)$$

$$y_t = 14{,}21 \text{ cm}$$

$$I_c = 12.329{,}82 \text{ cm}^4/\text{nervura}$$

$$\alpha = 1{,}2$$

$$f_{ct} = f_{ct,m} = 0{,}3 f_{ck}^{2/3} = 0{,}3 \times 30^{2/3} = 2{,}896 \text{ MPa}$$
$$= 0{,}2896 \text{ kN/cm}^2$$

$$M_r = \frac{\alpha \cdot f_{ct} \cdot I_c}{y_t} = \frac{1{,}2 \times 0{,}2896 \times 12.329{,}82}{14{,}21}$$
$$= 301{,}54 \text{ kN} \cdot \text{cm/nervura}$$

$$M_{ax,CQP} = 481{,}25 \text{ kN} \cdot \text{cm/m} < M_r \therefore \text{Estádio II} \therefore I = I_{eq}$$

Para a obtenção da inércia equivalente de Branson (Eq. 9.10), é preciso calcular a inércia no Estádio II, que depende da homogeneização da seção transversal e da profundidade da linha neutra no Estádio II. Para a homogeneização da seção transversal, determina-se a razão modular:

$$\alpha_e = \frac{E_s}{E_{cs}} = \frac{21.000}{3.220} = 6{,}52$$

A profundidade da linha neutra e a inércia no Estádio II, caso a linha neutra esteja na mesa, são calculadas respectivamente por:

$$\frac{b_f \cdot x^2}{2} + A_s \cdot \alpha_e \cdot x - A_s \cdot \alpha_e \cdot d = 0 \quad (9.19)$$

$$I_{II} = \frac{b_f \cdot x^3}{12} + b_f \cdot \frac{x^3}{4} + A_s \cdot \alpha_e \cdot (d - x)^2 \quad (9.20)$$

Caso se verifique, com a Eq. 9.19, que a linha neutra no Estádio II está na alma da nervura, sua posição real e a inércia no Estádio II são obtidas por:

$$b_f \cdot h_f \cdot \left(x - \frac{h_f}{2}\right) + (x - h_f) \cdot b_w \cdot \left(\frac{x - h_f}{2}\right) - A_s \cdot \alpha_e \cdot (d - x) = 0 \quad (9.21)$$

$$I_{II} = \left(\frac{b_f \cdot h_f^3}{12}\right) + \left[b_f \cdot h_f \cdot \left(x - \frac{h_f}{2}\right)^2\right] + \left[\frac{b_w \cdot (x - h_f)^3}{12}\right]$$
$$+ \left[b_w \cdot (x - h_f) \cdot \left(\frac{x - h_f}{2}\right)^2\right] + \left[A_s \cdot \alpha_e \cdot (d - x)^2\right] \quad (9.22)$$

Admitindo que a linha neutra esteja na mesa:

$$\frac{b_f \cdot x^2}{2} + A_s \cdot \alpha_e \cdot x - A_s \cdot \alpha_e \cdot d = 0$$

$$\frac{59x^2}{2} + 1{,}25 \times 6{,}52x - 1{,}25 \times 6{,}52 \times 17{,}5 = 0$$

$$29{,}5x^2 + 8{,}15x - 142{,}625 = 0$$

$$x' = 2{,}06 \text{ cm (adotado)}$$

$$x'' = -2{,}34 \text{ cm (sem valor físico)}$$

Como o valor de x é menor que a mesa, que possui 4 cm de espessura, a linha neutra está na mesa, e a inércia no Estádio II é determinada pela Eq. 9.20.

$$I_{II} = \frac{b_f \cdot x^3}{12} + b_f \cdot \frac{x^3}{4} + A_s \cdot \alpha_e \cdot (d - x)^2$$

$$I_{II} = \frac{59 \times 2{,}06^3}{12} + 59 \times \frac{2{,}06^3}{4} + 1{,}25 \times 6{,}52 \times (17{,}5 - 2{,}06)^2$$

$$= 2.114{,}83 \text{ cm}^4/\text{nervura}$$

A inércia equivalente de Branson é de:

$$I_{eq} = \left\{\left(\frac{M_r}{M_a}\right)^3 \cdot I_c + \left[1 - \left(\frac{M_r}{M_a}\right)^3\right] \cdot I_{II}\right\} \leq I_c$$

$$I_{eq} = \left\{\left(\frac{301{,}54}{481{,}25}\right)^3 \times 12.329{,}82 + \left[1 - \left(\frac{301{,}54}{481{,}25}\right)^3\right] \times 2.114{,}83\right\}$$

$$\leq 12.329{,}82 \text{ cm}^4/\text{nervura}$$

$$I_{eq} = 4.627{,}64 \text{ cm}^4/\text{nervura} \leq 12.329{,}82 \text{ cm}^4/\text{nervura}$$

O valor do módulo de elasticidade secante do concreto C30 com agregado graúdo de basalto corresponde a 32,2 GPa (Tab. 2.2).

A flecha elástica inicial é determinada pela equação da Mecânica dos Sólidos contida na Tab. E.1.

$$a_i = \frac{5}{384} \cdot \frac{p_{x,nerv} \cdot l_x^4}{E_{cs} \cdot I_{eq}} = \frac{5}{384} \times \frac{0{,}020237 \times 500^4}{3.220 \times 4.627{,}64} = 1{,}105 \text{ cm}$$

Para a obtenção da flecha diferida no tempo, é necessário o cálculo do coeficiente que leva em conta a deformação por fluência do concreto α_f (Eq. 9.14). Para tanto, estima-se neste exemplo que as escoras sejam retiradas aos 15 dias (0,5 mês) e determina-se todo o efeito de fluência do concreto, portanto em um tempo maior que 70 meses. Assim sendo, $\xi(t_0) = 0{,}54$ e $\xi(t) = 2{,}0$ (Tab. 9.2). Não há armadura de compressão para gerar a taxa mecânica de armadura ρ'.

$$\alpha_f = \frac{\Delta \xi}{1 + 50\rho'} = \frac{(2 - 0{,}54)}{1 + 0} = 1{,}46$$

Logo, a flecha final (imediata mais diferida no tempo), calculada pela Eq. 9.15, é de:

$$a_{total} = a_i \cdot (1 + \alpha_f) = 1{,}105 \times (1 + 1{,}46) = 2{,}718 \text{ cm}$$

O limite de flecha nesse caso vale:

$$a_{lim} = \frac{l_x}{250} = \frac{500}{250} = 2 \text{ cm} < a_{total} \therefore \text{Não OK}$$

Uma forma de resolver o problema é com a utilização de contraflecha limitada a:

$$a_0 \le \frac{l_x}{350} = \frac{500}{350} = 1{,}42 \text{ cm}$$

Adotando a contraflecha com o valor de 1 cm, tem-se:

$$a_{final} = a_{total} - a_0 = 2{,}718 - 1{,}0 = 1{,}718 \text{ cm} < a_{lim} \therefore \text{OK}$$

Exemplo 9.9

Refazer o Exemplo 9.8, porém com a laje sendo armada em apenas uma direção (Figs. 9.19 e 9.20). Considerar concreto da classe C30, agregado graúdo de basalto, armadura positiva na direção x de 2,04 cm²/nervura, cobrimento nominal de 2,5 cm (2 cm na vigota devido ao rígido controle de qualidade) e edifício residencial. Sabe-se também que o carregamento característico permanente é de 3,50 kN/m², e o variável, de 1,50 kN/m², e que o momento fletor na combinação quase permanente de ações na direção x é de 728,28 kN·cm/nervura.

O carregamento na combinação quase permanente de ações para essa laje, considerando edifício residencial, é:

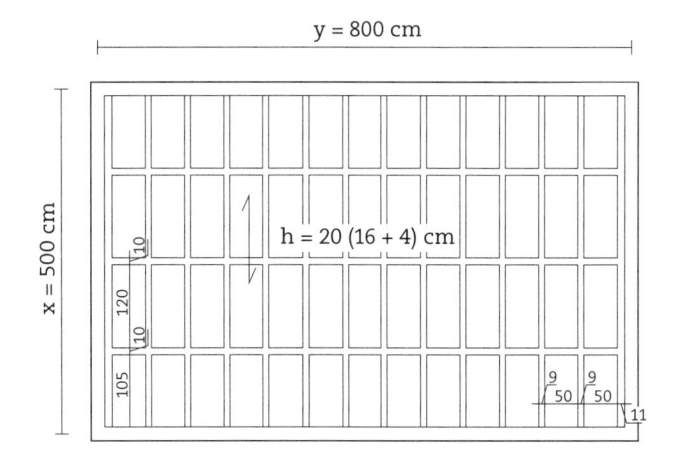

Fig. 9.19 Vista em planta da laje do Exemplo 9.9

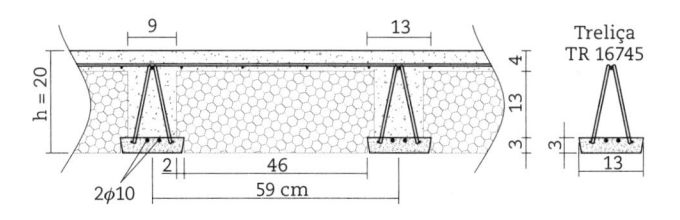

Fig. 9.20 Corte da laje do Exemplo 9.9

$$CQP = G + \psi_2 \cdot Q = 3{,}5 + 0{,}3 \times 1{,}5 = 3{,}95 \text{ kN/m}^2$$
$$= 0{,}000395 \text{ kN/cm}^2$$

$$p_{x,nerv} = 0{,}000395 \times 59 = 0{,}023305 \text{ kN/cm} \cdot \text{nervura}$$

Para a determinação da flecha, é necessário saber se a peça está trabalhando no Estádio I ou no Estádio II. Essa definição é feita comparando-se o momento fletor de fissuração com o momento fletor da combinação quase permanente de ações na direção x.

$$y_t = 14{,}21 \text{ cm}$$

$$I_c = 12.329{,}82 \text{ cm}^4/\text{nervura}$$

$$\alpha = 1{,}2$$

$$f_{ct} = f_{ct,m} = 0{,}3 f_{ck}^{2/3} = 0{,}3 \times 30^{2/3} = 2{,}896 \text{ MPa}$$
$$= 0{,}2896 \text{ kN/cm}^2$$

$$M_r = \frac{\alpha \cdot f_{ct} \cdot I_c}{y_t} = \frac{1{,}2 \times 0{,}2896 \times 12.329{,}82}{14{,}21}$$
$$= 301{,}54 \text{ kN} \cdot \text{cm/nervura}$$

$$M_{ax,CQP} = 728{,}28 \text{ kN} \cdot \text{cm/m} < M_r \therefore \text{Estádio II} \therefore I = I_{eq}$$

Para a obtenção da inércia equivalente de Branson (Eq. 9.10), é preciso calcular a inércia no Estádio II, que depende da homogeneização da seção transversal e da profundidade da linha neutra no Estádio II. Para a homogeneização da seção transversal, determina-se a razão modular:

$$\alpha_e = \frac{E_s}{E_{cs}} = \frac{21.000}{3.220} = 6,52$$

Admitindo que a linha neutra esteja na mesa:

$$\frac{b_f \cdot x^2}{2} + A_s \cdot \alpha_e \cdot x - A_s \cdot \alpha_e \cdot d = 0$$

$$\frac{59x^2}{2} + 2,04 \times 6,52x - 2,04 \times 6,52 \times 17,5 = 0$$

$$29,5x^2 + 13,30x - 232,76 = 0$$

$$x' = 2,58 \text{ cm (adotado)}$$

$$x'' = -3,04 \text{ cm (sem valor físico)}$$

Como o valor de x é menor que a mesa, que possui 4 cm de espessura, a linha neutra está na mesa, e a inércia no Estádio II é determinada pela Eq. 9.20.

$$I_{II} = \frac{b_f \cdot x^3}{12} + b_f \cdot \frac{x^3}{4} + A_s \cdot \alpha_e \cdot (d-x)^2$$

$$I_{II} = \frac{59 \times 2,58^3}{12} + 59 \times \frac{2,58^3}{4} + 2,04 \times 6,52 \times (17,5 - 2,58)^2$$

$$= 3.298,59 \text{ cm}^4/\text{nervura}$$

A inércia equivalente de Branson é de:

$$I_{eq} = \left\{\left(\frac{M_r}{M_a}\right)^3 \cdot I_c + \left[1 - \left(\frac{M_r}{M_a}\right)^3\right] \cdot I_{II}\right\} \leq I_c$$

$$I_{eq} = \left\{\left(\frac{301,54}{728,28}\right)^3 \times 12.329,82 + \left[1 - \left(\frac{301,54}{728,28}\right)^3\right] \times 3.298,59\right\}$$

$$\leq 12.329,82 \text{ cm}^4/\text{nervura}$$

$$I_{eq} = 3.939,63 \text{ cm}^4/\text{nervura} \leq 12.329,82 \text{ cm}^4/\text{nervura}$$

O valor do módulo de elasticidade secante do concreto C30 com agregado graúdo de basalto corresponde a 32,2 GPa (Tab. 2.2).

A flecha elástica inicial é determinada pela equação da Mecânica dos Sólidos contida na Tab. E.1.

$$a_i = \frac{5}{384} \cdot \frac{p_{x,nerv} \cdot l_x^4}{E_{cs} \cdot I_{eq}} = \frac{5}{384} \times \frac{0,023305 \times 500^4}{3.220 \times 3.939,63} = 1,495 \text{ cm}$$

Para a obtenção da flecha diferida no tempo, é necessário o cálculo do coeficiente que leva em conta a deformação por fluência do concreto α_f (Eq. 9.14). Para tanto, estima-se neste exemplo que as escoras sejam retiradas aos 15 dias (0,5 mês) e determina-se todo o efeito de fluência do concreto, portanto em um tempo maior que 70 meses. Assim sendo, $\xi(t_0) = 0,54$ e $\xi(t) = 2,0$ (Tab. 9.2). Não há armadura de compressão para gerar a taxa mecânica de armadura ρ'.

$$\alpha_f = \frac{\Delta\xi}{1 + 50\rho'} = \frac{(2 - 0,54)}{1 + 0} = 1,46$$

Logo, a flecha final (imediata mais diferida no tempo), calculada pela Eq. 9.15, é de:

$$a_{total} = a_i \cdot (1 + \alpha_f) = 1,495 \times (1 + 1,46) = 3,678 \text{ cm}$$

O limite de flecha nesse caso vale:

$$a_{lim} = \frac{l_x}{250} = \frac{500}{250} = 2 \text{ cm} < a_{total} \therefore \text{Não OK}$$

Mesmo aplicando o máximo possível de contraflecha (1,42 cm), a flecha final ficaria acima do limite (2,258 cm), não sendo possível executar essa laje dessa maneira.

Comparando os resultados dos Exemplos 9.8 e 9.9, verifica-se que, sempre que for possível utilizar uma laje bidirecional, o comportamento estrutural dela em relação às flechas será melhor que o da mesma laje de forma unidirecional.

Ainda cabe observar que essa verificação para uma laje unidirecional também é aproximada e que, em um *software* de elementos finitos, os resultados seriam mais realistas, porém com uma divergência aceitável.

9.4 Estado-limite de serviço de vibração excessiva (ELS-VE)

O objetivo desta seção é apresentar alguns indicativos sobre a aceitabilidade dos níveis vibratórios em estruturas civis. A aceitabilidade dos níveis vibratórios pode ser avaliada quanto ao desempenho da estrutura (aspectos estruturais) e quanto à sensibilidade humana à vibração (aspectos humanos).

Porém, o tipo de excitação dinâmica influencia grandemente os níveis exigidos para aceitabilidade estrutural. Em outras palavras, uma estrutura submetida a excitações devidas à ação de máquinas apresenta limites de aceitabilidade às vibrações diferentes dos relativos à mesma estrutura submetida a ações de movimento humano.

As características dinâmicas de uma estrutura são significativamente influenciadas por sua rigidez, amortecimento e massa. A redução da rigidez estrutural, com o objetivo de transmitir uma perspectiva atraente para um edifício, leva à diminuição das frequências fundamentais e, portanto, dificulta o bom desempenho dinâmico da estrutura.

As medidas necessárias para resolver um problema de vibração exagerada após a estrutura estar construída, levando em conta tanto os aspectos estruturais quanto os humanos, geralmente são de difícil implementação e elevado custo. O enfrentamento do problema na fase de projeto torna as soluções potencialmente mais simples e econômicas. Os custos de uma intervenção pós-construção envolvem não somente os detalhes técnicos da solução, mas também possíveis despesas judiciais, taxas, receitas de aluguel do imóvel, entre outros.

O critério de verificação de vibração excessiva é apresentado de modo bem sucinto na NBR 6118 (ABNT, 2023) e leva em conta principalmente movimentos vibratórios que possam gerar desconforto nos usuários que ficam por muito tempo na estrutura. Por exemplo, os limites de frequência crítica contidos na citada norma não são necessariamente aplicáveis a pontes. Nessas estruturas, os usuários não permanecem por longos períodos. Entretanto, é óbvio que a análise dinâmica em pontes é fundamental.

As pesquisas têm demonstrado que movimentos rítmicos do corpo humano, de uma ou mais pessoas, com duração de até 20 s, podem conduzir a forças dinâmicas de caráter periódico. As excitações humanas podem ser originadas ao caminhar, correr, dançar, pular, bater palmas etc., e são principalmente essas excitações que são tratadas na NBR 6118 (ABNT, 2023).

O movimento humano pode causar vários tipos de cargas dinâmicas periódicas ou transientes. As cargas periódicas são principalmente devidas a saltar, correr, dançar, caminhar e balançar o corpo. Já as cargas transientes resultam principalmente de cargas de impulso único, como um salto único de uma posição mais elevada.

Nas ações humanas, é importante a consideração dos efeitos dos harmônicos mais elevados, pois eles representam uma parcela considerável da força dinâmica. Harmônicos superiores nas ações humanas podem ser estimados com múltiplos inteiros da frequência do movimento humano, sendo capazes de provocar ressonância. Para maior entendimento do assunto, recomenda-se o estudo da literatura técnica especializada, da qual se destaca Bachmann et al. (1997).

São aqui apresentados os critérios normativos da NBR 6118 (ABNT, 2023). Nessa norma não são fornecidos grandes detalhes para as análises dinâmicas, ficando o engenheiro projetista responsável por grande parte das decisões a serem tomadas com relação à análise dinâmica da estrutura de concreto.

A NBR 6118 (ABNT, 2023) apresenta em suas definições de estados-limites de serviço o estado-limite de vibração excessiva (ELS-VE). Esse estado-limite é caracterizado por vibrações que atingem os limites estabelecidos para o uso normal da construção. Em seu item 13.3 relacionam-se os limites de vibração com os limites de deslocamento excessivo.

Segundo o mesmo documento, quando os limites de deformação são infringidos, podem surgir problemas de vibrações excessivas que prejudicam a aceitabilidade sensorial dos usuários. Ambos os problemas (deformações e vibrações excessivas) possuem sua origem na redução da rigidez ou do produto de rigidez.

As ações dinâmicas e de fadiga são tratadas conjuntamente no item 23 da NBR 6118 (ABNT, 2023), no qual são definidas duas grandezas: a frequência natural da estrutura (f_n) e a frequência crítica atuante na estrutura (f_{crit}).

A citada norma admite que a análise das vibrações possa ser feita em regime linear, no caso de estruturas usuais. Ela ainda estabelece que, para garantir um comportamento adequado das estruturas sujeitas a ações dinâmicas, deve-se afastar o máximo possível a frequência natural f_n da frequência crítica f_{crit}, que é dependente da destinação da edificação e apresentada na Tab. 9.3. A condição que deve ser atendida é a seguinte:

$$f_n > 1{,}2 f_{crit} \qquad (9.23)$$

Tab. 9.3 Frequência crítica para vibrações verticais para alguns casos especiais de estruturas submetidas a vibrações pela ação de pessoas

Caso	f_{crit} (Hz)
Ginásio de esportes e academias de ginástica	8,0
Salas de dança ou de concerto sem cadeiras fixas	7,0
Passarelas de pedestres ou ciclistas	4,5
Escritórios	4,0
Salas de concerto com cadeiras fixas	3,5

Fonte: ABNT (2023, p. 196).

A NBR 6118 (ABNT, 2023, p. 195-196) ainda afirma que:

> A relação indicada é uma avaliação simplificada do problema da vibração em estruturas, sendo a sua adoção uma decisão que fica a critério do projetista, podendo não constituir uma solução adequada para o problema em questão. [...]
> As frequências naturais da estrutura devem ser determinadas por uma análise modal computacional ou experimental. As massas a serem consideradas nesta avaliação

correspondem aos pesos definidos nas combinações de serviço frequente [...].

Quando a ação crítica é originada por uma máquina, a frequência crítica passa a ser a da operação da máquina. Nesse caso, pode não ser suficiente afastar as duas frequências, própria e crítica. Principalmente quando a máquina é ligada, durante o seu processo de aceleração, é usualmente necessário aumentar a massa ou o amortecimento da estrutura para absorver parte da energia envolvida.

Ainda existe a recomendação de que, em casos em que as prescrições não puderem ser atendidas, deve ser feita uma análise dinâmica mais acurada, conforme normas internacionais, quando não existir norma brasileira específica.

Segundo a NBR 6118 (ABNT, 2023), o ELU provocado por ressonância ou amplificação dinâmica deve ser avaliado em regime elástico linear. Na existência de coeficiente de impacto, esse valor deve ser utilizado para a análise.

CÁLCULO DO ESCORAMENTO

10

Acidentes estruturais com lajes treliçadas durante a construção devidos a problemas com escoramento já foram observados diversas vezes e, infelizmente, trazem uma marca negativa a esses sistemas, sem que eles tenham necessariamente algum demérito. A imperícia, a imprudência e o descaso são os grandes responsáveis por esses acidentes durante a fase construtiva das lajes treliçadas.

A falta de conhecimento do funcionamento da treliça durante a fase construtiva leva à falsa impressão de que o distanciamento entre linhas de escora sempre poderá ser o mesmo. Essa situação faz com que o executor empregue equivocadamente o mesmo distanciamento para as linhas de escora, independentemente da geometria da treliça e da laje, o que leva a situações antieconômicas ou sem segurança.

As ações que a laje treliçada deve ser capaz de suportar durante a fase construtiva incluem o peso próprio dos elementos pré-fabricados, dos elementos de enchimento e do concreto fresco e o peso dos equipamentos e dos operários durante a fase construtiva, adotado como 1,50 kN/m² a 2,00 kN/m² conforme a necessidade de projeto.

A capacidade portante de uma laje treliçada na fase construtiva está diretamente ligada à capacidade resistente das partes que compõem a armadura treliçada, a solda da treliça e a própria vigota treliçada.

O cálculo do espaçamento entre linhas de escora para lajes treliçadas tem como base o comportamento da treliça. Compostas de barras ligadas por meio de nós, as treliças têm sua capacidade resistente determinada por três fatores, os quais são a resistência à tração das barras, a resistência à compressão das barras e a resistência ao cisalhamento dos nós.

A resistência à tração das barras da treliça é de fácil determinação, já que precisa ser verificada apenas a tensão de escoamento do material. A resistência ao cisalhamento dos nós também não é complexa. Entretanto, a resistência à compressão das barras da treliça não é tão simples assim, já que envolve a resistência à instabilidade por flambagem. Caso a treliça fosse ideal (barras perfeitamente rotuladas nos nós), os comprimentos de flambagem seriam de simples determinação geométrica.

Mas o fato é que não existem treliças ideais e com certeza esse não é o caso das armaduras treliçadas eletrossoldadas. Nas armaduras treliçadas, o nó soldado impede o giro livre da barra. Esse impedimento não é igual ao de um engaste perfeito, mas não pode ser desprezado. Em outras palavras, se o comprimento de flambagem das barras for considerado com nós perfeitamente articulados, o resultado será antieconômico por favorecer a flambagem. Por outro lado, se o comprimento adotado para a flambagem for considerando os nós como engastes perfeitos, o resultado será contra a segurança. Assim sendo, é necessário que o verdadeiro comprimento de flambagem das barras seja determinado para que o resultado seja econômico e seguro.

Além disso, os elementos pré-fabricados com armaduras treliçadas não podem sofrer deformações excessivas durante a fase construtiva, o que resultaria em lajes defeituosas desde sua execução. A rigidez do elemento treliçado pré-fabricado é complexa, pois é oriunda de uma combinação de treliça eletrossoldada com nós semirrígidos, imersa em uma base de concreto a uma determinada altura.

Devido ao espaçamento entre as linhas de escora, durante a fase construtiva nas lajes treliçadas podem ocorrer cinco estados-limites últimos ligados aos treliçados pré-fabricados, a saber:

- *Estado-limite último por flambagem do banzo superior da treliça*: ocorre em regiões de momento fletor positivo (tração inferior). Para verificar essa condição, é necessário o conhecimento do comprimento de flambagem real do banzo superior da treliça.
- *Estado-limite último por flambagem das diagonais da treliça*: ocorre quando a força cortante no elemento treliçado pré-fabricado gera uma força de compressão acima do limite resistente das diagonais. Para verificar essa condição, é necessário o conhecimento do comprimento de flambagem real das diagonais da treliça.
- *Estado-limite último por flambagem do banzo inferior da treliça*: ocorre em situações em que há uma abertura de concretagem na base de concreto do elemento treliçado pré-fabricado com a presença de momento fletor negativo (tração superior). Para verificar essa condição, é necessário o conhecimento do comprimento de flambagem real do banzo inferior da treliça.
- *Estado-limite último por tração excessiva no aço*: ocorre quando a força de tração que eventualmente atua nas barras da treliça ultrapassa a força resistente ao escoamento do aço. É muito raro de acontecer, já que na maioria das vezes as forças de tração durante a fase construtiva são muito menores do que as verificadas durante a fase de serviço para a qual a laje foi projetada.
- *Estado-limite último por cisalhamento do nó eletrossoldado*: ocorre quando a união de diagonais com os banzos nos nós eletrossoldados resulta no cisalhamento destes. Para verificar essa condição, é necessário comparar a resistência do nó eletrossoldado com a força cortante máxima aplicada durante a fase construtiva.

Também há um estado-limite de serviço que deve ser verificado durante a fase construtiva:

- *Estado-limite de serviço de deformações excessivas*: ocorre quando a flecha ultrapassa o limite de l/500 (vão dividido por 500). Para verificar essa condição, é necessário o conhecimento da rigidez real do conjunto treliçado pré-fabricado.

A Fig. 10.1 ilustra onde ocorrem esses estados-limites.

Um trabalho para apresentar a aplicabilidade do efeito autoportante em lajes treliçadas foi publicado por Sartorti, Vizotto e Pinheiro (2010). Adicionalmente, com o objetivo de determinar os comprimentos de flambagem reais e as rigidezes de vigotas treliçadas pré-fabricadas, Sartorti, Fontes e Pinheiro (2013) e Storch et al. (2017) conduziram ensaios laboratoriais que estabeleceram esses parâmetros. Na sequência deste capítulo, são apresentados de forma sucinta os resultados e as aplicações dessas pesquisas. Mais informações sobre como os ensaios foram realizados e sobre o equacionamento utilizado devem ser obtidas nas mencionadas referências.

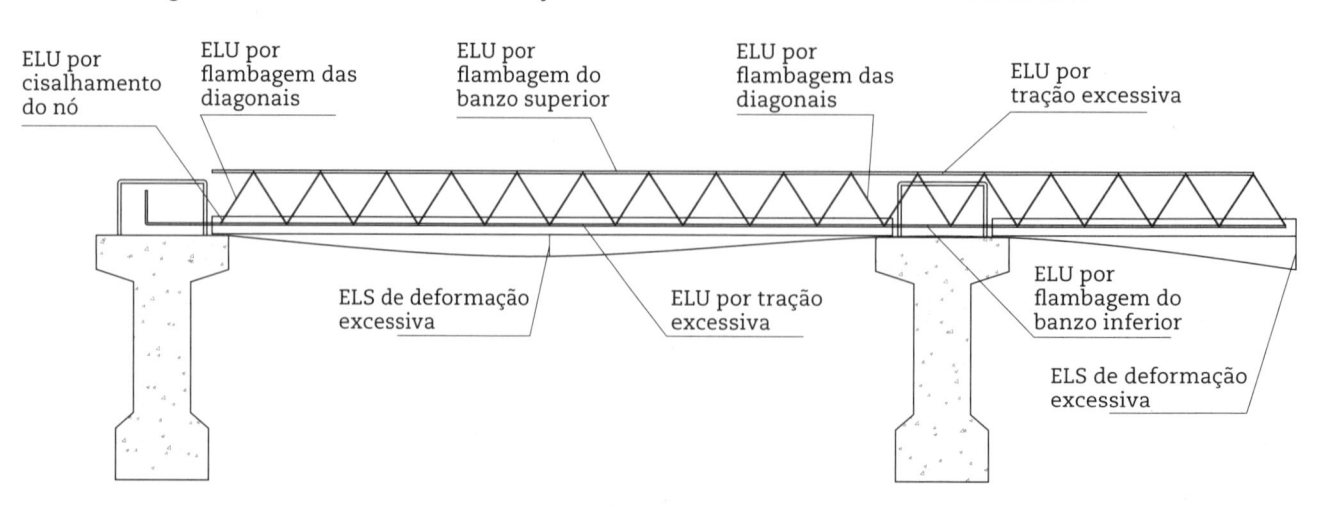

Fig. 10.1 Formas de falha possíveis em elementos treliçados pré-fabricados na fase construtiva

A posição das linhas de escora define um esquema estático do elemento pré-fabricado em que cada linha pode ser simulada como um apoio simples, como ilustrado na Fig. 10.2. Com esse esquema estático são obtidos momentos fletores e forças cortantes, devidos ao peso próprio do elemento pré-fabricado e ao peso do concreto fresco, do enchimento da laje, dos operários e dos equipamentos utilizados nas fases de montagem e concretagem. Esses esforços devem ser resistidos pelo elemento pré-fabricado.

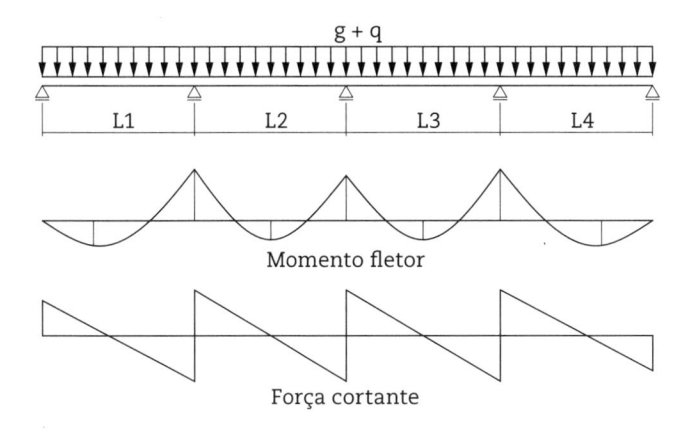

Fig. 10.2 Esquema estático e diagramas de esforços de um elemento treliçado pré-fabricado com escoras

Os esforços resistentes do elemento treliçado pré-fabricado variam em função dos comprimentos de flambagem dos fios que compõem a treliça. Esses comprimentos de flambagem foram determinados em ensaios nas pesquisas anteriormente citadas. Observando a variação de resultados encontrados nos ensaios, recomenda-se que as resistências sejam divididas por 1,05.

10.1 Estado-limite último por flambagem do banzo superior

A Fig. 10.3 ilustra o esquema de forças internas de uma vigota solicitada por momento fletor positivo.

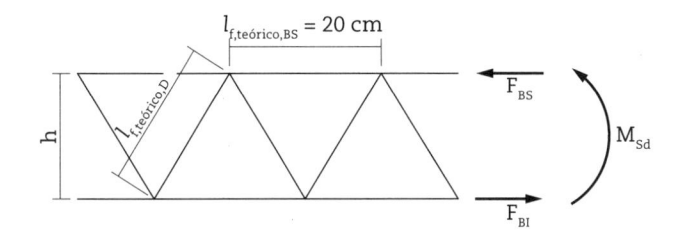

Fig. 10.3 Esquema de forças internas de uma vigota treliçada solicitada por momento fletor positivo

O momento fletor positivo resistente de cálculo $\left(M_{d,res}^+\right)$ e o comprimento efetivo de flambagem ($l_{f,real,BS}$) são calculados utilizando:

$$M_{d,res}^+ = \frac{P_{CR,BS} \cdot h}{1,05} \quad (10.1)$$

$$P_{CR,BS} = \frac{\pi^2 \cdot E_s \cdot I_{BS}}{l_{f,real,BS}^2} \quad (10.2)$$

$$M_{d,res}^+ = \frac{\pi^2 \cdot E_s \cdot I_{BS}}{l_{f,real,BS}^2} \cdot \frac{h}{1,05} \quad (10.3)$$

$$l_{f,real,BS} = l_{f,teórico,BS} \cdot \theta_1 = 20\theta_1 \quad (10.4)$$

em que:

$P_{CR,BS}$ é a carga crítica de flambagem do banzo superior;

h é a altura da treliça;

E_s é o módulo de elasticidade do aço, admitido com o valor de 21.000 kN/cm²;

I_{BS} é o momento de inércia da seção transversal do fio do banzo superior;

$l_{f,teórico,BS}$ é o comprimento teórico de flambagem do fio do banzo superior, sempre com valor de 20 cm;

θ_1 é o valor indicado na Tab. 10.1, em função do tipo de treliça. Treliças com geometria e bitolas diferentes terão outros resultados.

Tab. 10.1 Valores de θ_1 para as treliças ensaiadas

Treliça ensaiada	θ_1
TR 6644	0,66
TR 8644	0,66
TR 12645	0,77
TR 16745	0,89
TR 20745	0,90
TR 25756	1,05
TR 30856	(a)

(a)Para a altura indicada, o modo de falha foi por flambagem da diagonal.
Fonte: Sartorti, Fontes e Pinheiro (2013).

A segurança é garantida quando se respeita a seguinte condição:

$$M_{d,res}^+ \geq M_{Sd}^+ \quad (10.5)$$

em que:
M_{Sd}^+ é o momento fletor positivo solicitante de cálculo.

10.2 Estado-limite último por flambagem das diagonais

A Fig. 10.4 ilustra o esquema de forças internas de uma vigota submetida a força cortante.

O valor da força normal de compressão em uma diagonal (N) é dado por:

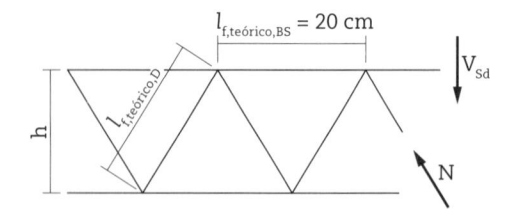

Fig. 10.4 Esquema de forças internas de uma vigota treliçada submetida a força cortante

$$N = \frac{V_{Sd} \cdot l_{f,teórico,D}}{2h} \quad (10.6)$$

em que:
V_{Sd} é a força cortante solicitante de cálculo;
h é a altura da treliça;
$l_{f,teórico,D}$ é o comprimento teórico de flambagem da diagonal, calculado por:

$$l_{f,teórico,D} = \sqrt{h^2 + \left(\frac{\text{abertura entre os fios do banzo inferior}}{2}\right)^2 + \left(\frac{\text{passo do nó} = 20\text{ cm}}{2}\right)^2} \quad (10.7)$$

A força normal crítica de flambagem de uma diagonal ($P_{CR,D}$) é obtida por:

$$P_{CR,D} = \frac{\pi^2 \cdot E_s \cdot I_D}{l_{f,real,D}^2 \cdot 1{,}05} \quad (10.8)$$

$$l_{f,real,D} = l_{f,teórico,D} \cdot \theta_2 \quad (10.9)$$

em que:
E_s é o módulo de elasticidade do aço, admitido com o valor de 21.000 kN/cm²;
I_D é o momento de inércia da seção transversal da diagonal;
$l_{f,real,D}$ é o comprimento efetivo de flambagem da diagonal;
$l_{f,teórico,D}$ é o comprimento teórico de flambagem da diagonal;
θ_2 é o valor indicado na Tab. 10.2.

A segurança é garantida quando se respeita a seguinte condição:

$$P_{CR,D} \geq N \quad (10.10)$$

10.3 Estado-limite último por cisalhamento do nó eletrossoldado

De acordo com a NBR 14859-3 (ABNT, 2017b, item 4.1.2), a resistência ao cisalhamento da solda nos nós não pode ser inferior a:

$$0{,}3 \times 500 A_0 \quad \text{(para aços CA-50)} \quad (10.11)$$

Tab. 10.2 Valores de θ_2 para as treliças ensaiadas

Treliça ensaiada	θ_2
TR 6644	(a)
TR 8644	(a)
TR 12645	(a)
TR 16745	0,62
TR 20745	0,56
TR 25756	0,66
TR 30856	0,60

(a)Para as alturas indicadas, o modo de falha foi por flambagem do banzo superior da treliça.
Fonte: Sartorti, Fontes e Pinheiro (2013).

$$0{,}25 \times 600 A_0 \quad \text{(para aços CA-60)} \quad (10.12)$$

em que:
A_0 é a área da seção do fio ou da barra de maior diâmetro no nó analisado (mm²).

Logo, a resistência ao cisalhamento do nó eletrossoldado é uma garantia de fabricação, sendo que a indicação da quantidade de amostras a serem ensaiadas e o método de ensaio podem ser observados na NBR 14859-3 (ABNT, 2017b).

Entretanto, uma forma de verificar a capacidade cisalhante do nó durante a fase construtiva é utilizando:

$$V = \frac{15\pi \cdot \phi_{BS}^2 \cdot h}{4 l_{nó}} \quad (10.13)$$

em que:
V é a força cortante resistente do nó superior da treliça;
ϕ_{BS} é o diâmetro do fio que constitui o banzo superior da treliça;
h é a altura da treliça;
$l_{nó}$ é o comprimento entre os nós da treliça, fixado em 20 cm.

Sendo V_{Sd} a força cortante solicitante de cálculo na fase transitória, a segurança está garantida quando se respeita a seguinte condição:

$$V_{Sd} \leq V \quad (10.14)$$

10.4 Estado-limite último por flambagem do banzo inferior

Como dito, essa configuração de ruptura só acontece quando há interrupção de concretagem. Os resultados aqui mostrados são oriundos de ensaios que foram realizados em vigotas treliçadas com aberturas de concretagem de 20 cm, 30 cm e 40 cm, submetidas a momentos fletores negativos que comprimiam o banzo inferior da treliça.

Nas equações a seguir é apresentado o momento fletor negativo resistente de cálculo ($M_{d,res}^-$).

$$M_{d,res}^- = \frac{P_{CR,BI} \cdot h}{1,05} \quad (10.15)$$

$$P_{CR,BI} = \frac{2\pi^2 \cdot E_s \cdot I_{\phi,inf}}{l_{e,real,BI}^2} \quad (10.16)$$

$$M_{d,res}^- = \frac{2\pi^2 \cdot E_s \cdot I_{\phi,inf}}{l_{e,real,BI}^2} \cdot \frac{h}{1,05} \quad (10.17)$$

$$l_{e,real,BI} = l_{e,teórico} \cdot \theta_3 \quad (10.18)$$

em que:
$P_{CR,BI}$ é a carga crítica de flambagem do banzo inferior;
h é a altura da treliça;
E_s é o módulo de elasticidade do aço, admitido com o valor de 21.000 kN/cm²;
$I_{\phi,inf}$ é o momento de inércia da seção transversal do fio inferior da treliça;
$l_{e,real,BI}$ é o comprimento efetivo de flambagem do banzo inferior na abertura de concretagem;
$l_{e,teórico}$ é o comprimento teórico de flambagem do banzo inferior na abertura de concretagem, que pode ser de 20 cm, 30 cm ou 40 cm;
θ_3 é o valor indicado na Tab. 10.3.

A segurança é garantida quando se respeita a seguinte condição:

$$M_{d,res}^- \geq M_{Sd}^- \quad (10.19)$$

em que:
M_{Sd}^- é o momento fletor negativo solicitante de cálculo.

10.5 Estado-limite último por tração excessiva no aço

Observando a Fig. 10.3, verifica-se que, para momento fletor positivo, haverá tração no banzo inferior da treliça, e, para momento fletor negativo, haverá tração no banzo superior da treliça.

Dessa forma, esse estado-limite será atendido se forem satisfeitas as seguintes equações:

$$M_{Sd}^+ \leq \frac{\pi \cdot \phi_{BI}^2}{2} \cdot f_{yd} \cdot h \quad (10.20)$$

$$M_{Sd}^- \leq \frac{\pi \cdot \phi_{BS}^2}{4} \cdot f_{yd} \cdot h \quad (10.21)$$

Tab. 10.3 Valores de θ_3 para as treliças ensaiadas

Treliça ensaiada	Abertura de concretagem (cm)	θ_3
TR 6644	20	0,35
	30	0,26
	40	0,21
TR 8644	20	0,38
	30	0,29
	40	0,23
TR 10644	20	0,42
	30	0,32
	40	0,25
TR 12644	20	0,43
	30	0,34
	40	0,28
TR 16745	20	0,53
	30	0,44
	40	0,36
TR 20745	20	0,63
	30	0,45
	40	0,40
TR 25756	20	(a)
	30	0,53
	40	0,45
TR 30856	20	(a)
	30	0,56
	40	0,49

(a)Para as treliças e a abertura de concretagem indicadas, o modo de falha foi por flambagem das diagonais.
Fonte: Storch et al. (2017).

em que:
ϕ_{BI} é o diâmetro do fio ou da barra do banzo inferior da treliça;
ϕ_{BS} é o diâmetro do fio ou da barra do banzo superior da treliça;
f_{yd} é a resistência de cálculo ao escoamento do aço;
h é a altura da treliça.

10.6 Estado-limite de serviço de deformações excessivas

Nesta seção são tratadas duas situações, sendo a primeira referente a casos em que não há interrupção de concretagem da base de concreto e a segunda referente a balanços após a interrupção de concretagem da base de concreto.

Busca-se a determinação do produto de rigidez corrigido $(EI)_{real}$ que melhor represente o comportamento para as vigotas treliçadas.

10.6.1 Situação sem interrupção da concretagem

Os valores do produto de rigidez $(EI)_{real}$ devem ser calculados conforme:

$$(EI)_{real} = (EI)_{teórico} \cdot \theta_4 = E_{cs} \cdot I_H \cdot \theta_4 \qquad (10.22)$$

em que:

E_{cs} é o módulo de elasticidade secante do concreto (Tab. 2.2);
I_H é o momento de inércia da seção homogeneizada (Eqs. 10.23 a 10.25);
θ_4 é o valor indicado na Tab. 10.4.

Tab. 10.4 Valores de θ_4 para as treliças ensaiadas

Treliça ensaiada	θ_4
TR 6644	1,00
TR 8644	0,99
TR 12645	0,75
TR 16745	0,66
TR 20745	0,53
TR 25756	0,28
TR 30856	0,20

Fonte: Sartorti, Fontes e Pinheiro (2013).

$$\alpha_e = \frac{E_s}{E_{cs}} \qquad (10.23)$$

$$x = \frac{\left[\frac{\phi_{BS}^2}{4} \cdot \left(h - \frac{\phi_{BS}}{2} + c_{nom}\right) + \frac{\phi_{BI}^2}{2} \cdot \left(\frac{\phi_{BI}}{2} + c_{nom}\right)\right] \cdot \pi \cdot \alpha_e + \frac{h_s^2 \cdot b_s}{2}}{\left(\frac{\phi_{BS}^2}{4} + \frac{\phi_{BI}^2}{2}\right) \cdot \pi \cdot \alpha_e + h_s \cdot b_s} \qquad (10.24)$$

$$I_H = \frac{\pi \cdot \phi_{BS}^4}{64} + \frac{\pi \cdot \phi_{BI}^4}{32}$$
$$+ \left[\frac{\phi_{BS}^2}{4} \cdot \left(h + c_{nom} - x - \frac{\phi_{BS}}{2}\right)^2 + \frac{\phi_{BI}^2}{2} \cdot \left(x - \frac{\phi_{BI}}{2} - c_{nom}\right)^2\right]$$
$$\cdot \pi \cdot \alpha_e + \frac{h_s^3 \cdot b_s}{12} + h_s \cdot b_s \cdot \left(x - \frac{h_s}{2}\right)^2 \qquad (10.25)$$

em que:

x é a posição do centro de gravidade da seção homogeneizada em relação à base;
ϕ_{BS} é o diâmetro do fio ou da barra do banzo superior da treliça;
ϕ_{BI} é o diâmetro do fio ou da barra do banzo inferior da treliça;
h é a altura da treliça;
c_{nom} é o cobrimento dos fios ou das barras inferiores;
b_s é a largura inferior da sapata de concreto;
h_s é a altura da sapata de concreto.

Essas variáveis estão ilustradas na Fig. 10.5.

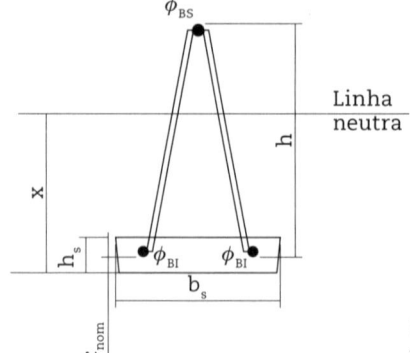

Fig. 10.5 Seção transversal da vigota

10.6.2 Situação com interrupção de concretagem

Os valores do produto de rigidez $(EI)_{real}$ devem ser calculados conforme:

$$(EI)_{real} = (EI)_{teórico} \cdot \theta_5 = E_{cs} \cdot I_H \cdot \theta_5 \qquad (10.26)$$

em que:

E_{cs} é o módulo de elasticidade secante do concreto (Tab. 2.2);
I_H é o momento de inércia da seção homogeneizada (Eqs. 10.23 a 10.25);
θ_5 é o valor indicado na Tab. 10.5.

Tab. 10.5 Valores de θ_5 para as treliças ensaiadas

Treliça ensaiada	Abertura de concretagem (cm)	θ_5
TR 6644	20	0,67
	30	0,47
	40	0,35
TR 8644	20	0,63
	30	0,42
	40	0,32
TR 10644	20	0,51
	30	0,36
	40	0,28
TR 12644	20	0,45
	30	0,33
	40	0,23
TR 16745	20	0,34
	30	0,25
	40	0,19

Tab. 10.5 (continuação)

Treliça ensaiada	Abertura de concretagem (cm)	θ_5
TR 20745	20	0,21
	30	0,21
	40	0,13
TR 25756	20	0,18
	30	0,16
	40	0,13
TR 30856	20	0,12
	30	0,10
	40	0,10

Fonte: Storch et al. (2017).

Exemplo 10.1

Determinar a distância entre linhas de escora para a laje representada nas Figs. 10.6 e 10.7. Considerar f_{ck} = 30 MPa e agregado graúdo de basalto.

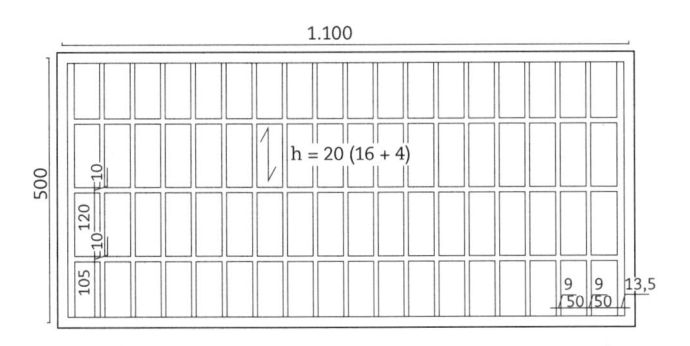

Fig. 10.6 Forma estrutural da laje do Exemplo 10.1

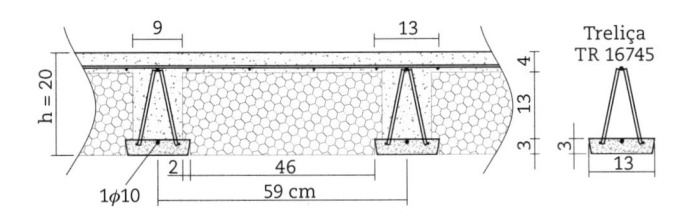

Fig. 10.7 Seção transversal da laje do Exemplo 10.1

Para o cálculo das linhas de escora, é necessário o levantamento das cargas atuantes sobre uma vigota.

O peso de concreto absorvido por uma vigota é de:

$$g_c = \left[\frac{(1,3 \times 0,59 \times 0,2 - 1,2 \times 0,5 \times 0,13 - 1,2 \times 0,46 \times 0,03)}{1,3}\right] \times 25$$
$$= 1,132 \text{ kN/m} \cdot \text{nervura}$$

Mesmo sendo pouco representativo, para fins didáticos, foi calculado o peso próprio do enchimento de EPS. Considerou-se EPS de alta densidade com 30 kg/m³. Se o enchimento fosse cerâmico, o valor dessa ação não seria desprezível.

$$g_{EPS} = (0,50 \times 0,13 + 0,46 \times 0,03) \times 0,30 = 0,024 \text{ kN/m} \cdot \text{nervura}$$

A ação variável no ato da concretagem foi admitida em 1,50 kN/m². Logo, o carregamento variável por vigota é de:

$$q = 1,5 \times 0,59 = 0,885 \text{ kN/m} \cdot \text{nervura}$$

Para o dimensionamento no ELU, utilizou-se a combinação especial de construção, e, para a verificação de deslocamentos máximos do ELS, a combinação quase permanente de ações.

$$p_{d,ELU} = (g_c + g_{EPS}) \cdot 1,3 + q \cdot 1,2 = (1,132 + 0,024)$$
$$\times 1,3 + 0,885 \times 1,2 = 2,565 \text{ kN/m} \cdot \text{nervura}$$

$$p_{CQP,ELS} = (g_c + g_{EPS}) \cdot 1,0 + q \cdot 0,6 = (1,132 + 0,024)$$
$$\times 1,0 + 0,885 \times 0,6 = 1,687 \text{ kN/m} \cdot \text{nervura}$$

O processo de cálculo de linhas de escora é iterativo, até que se obtenha um resultado aceitável.

Tentativa 1

A primeira tentativa consiste em posicionar uma linha de escora embaixo de cada nervura transversal, fazendo o esquema estático e os diagramas de esforços solicitantes no ELU indicados na Fig. 10.8.

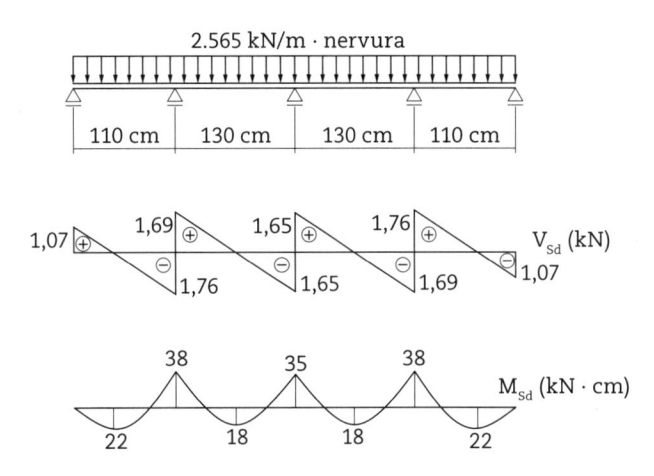

Fig. 10.8 Esquema estático e diagramas de esforços solicitantes da tentativa 1

Recomenda-se que a distribuição de linhas de escora seja tal que os momentos fletores oriundos sejam da mesma ordem de grandeza. Por exemplo, na Fig. 10.8, os momentos fletores negativos são da mesma ordem de grandeza, assim como os positivos.

Verificam-se agora os diversos estados-limites.

Estado-limite último por flambagem do banzo superior

$$l_{f,real,BS} = l_{f,teórico,BS} \cdot \theta_1 = 20\theta_1 = 20 \times \underbrace{0{,}89}_{\text{Tab. 10.1}} = 17{,}80 \text{ cm}$$

$$I_{BS} = \frac{\pi \cdot \phi_{BS}^4}{64} = \frac{\pi \cdot 0{,}7^4}{64} = 0{,}01179 \text{ cm}^4$$

$$M_{d,res}^+ = \frac{\pi^2 \cdot E_s \cdot I_{BS}}{l_{f,real,BS}^2} \cdot \frac{h}{1{,}05} = \frac{\pi^2 \cdot 21.000 \times 0{,}01179}{17{,}8^2} \times \frac{16}{1{,}05}$$
$$= 117{,}49 \text{ kN} \cdot \text{cm} > M_{Sd,máx}^+ = 22 \text{ kN} \cdot \text{cm} \therefore \text{OK}$$

Estado-limite último por flambagem das diagonais

$$l_{f,teórico,D} = \sqrt{h^2 + \left(\frac{\text{abertura entre os fios do banzo inferior}}{2}\right)^2 + \left(\frac{\text{passo do nó} = 20 \text{ cm}}{2}\right)^2}$$

$$l_{f,teórico,D} = \sqrt{16^2 + \left(\frac{8}{2}\right)^2 + \left(\frac{20}{2}\right)^2} = 19{,}29 \text{ cm}$$

$$N = \frac{V_{Sd} \cdot l_{f,teórico,D}}{2h} = \frac{1{,}76 \times 19{,}29}{2 \times 16} = 1{,}06 \text{ kN}$$

$$l_{f,real,D} = l_{f,teórico,D} \cdot \theta_2 = 19{,}29 \times \underbrace{0{,}62}_{\text{Tab. 10.2}} = 11{,}96 \text{ cm}$$

$$I_D = \frac{\pi \cdot \phi_D^4}{64} = \frac{\pi \cdot 0{,}42^4}{64} = 0{,}001527 \text{ cm}^4$$

$$P_{CR,D} = \frac{\pi^2 \cdot E_s \cdot I_D}{l_{f,real,D}^2 \cdot 1{,}05} = \frac{\pi^2 \cdot 21.000 \times 0{,}001527}{11{,}96^2 \times 1{,}05} = 2{,}10 \text{ kN} > N \therefore \text{OK}$$

Estado-limite último por cisalhamento do nó eletrossoldado

$$V = \frac{15\pi \cdot \phi_{BS}^2 \cdot h}{4l_{nó}} = \frac{15\pi \cdot 0{,}7^2 \times 16}{4 \times 20} = 4{,}62 \text{ kN} > V_{Sd} = 1{,}76 \text{ kN} \therefore \text{OK}$$

Estado-limite último por tração excessiva no aço

$$M_{Sd}^+ \leq \frac{\pi \cdot \phi_{BI}^2}{2} \cdot f_{yd} \cdot h = \frac{\pi \cdot 0{,}5^2}{2} \times \frac{50}{1{,}15} \times 16$$
$$= 273{,}18 \text{ kN} \cdot \text{cm} \geq 22 \text{ kN} \cdot \text{cm} \therefore \text{OK}$$

$$M_{Sd}^- \leq \frac{\pi \cdot \phi_{BS}^2}{4} \cdot f_{yd} \cdot h = \frac{\pi \cdot 0{,}7^2}{4} \times \frac{50}{1{,}15} \times 16$$
$$= 267{,}72 \text{ kN} \cdot \text{cm} \geq 38 \text{ kN} \cdot \text{cm} \therefore \text{OK}$$

Estado-limite de serviço de deformações excessivas

$$\alpha_e = \frac{E_s}{E_{cs}} = \frac{21.000}{3.220} = 6{,}52$$

$$x = \frac{\left[\frac{0{,}7^2}{4} \times \left(16 - \frac{0{,}7}{2} + 2\right) + \frac{0{,}5^2}{2} \times \left(\frac{0{,}5}{2} + 2\right)\right] \cdot \pi \cdot 6{,}52 + \frac{3^2 \times 13}{2}}{\left(\frac{0{,}7^2}{4} + \frac{0{,}5^2}{2}\right) \cdot \pi \cdot 6{,}52 + 3 \times 13}$$
$$= 2{,}46 \text{ cm}$$

$$I_H = \frac{\pi \cdot 0{,}7^4}{64} + \frac{\pi \cdot 0{,}5^4}{32} + \left[\frac{0{,}7^2}{4} \times \left(16 + 2 - 2{,}46 - \frac{0{,}7}{2}\right)^2 + \frac{0{,}5^2}{2} \times \left(2{,}46 - \frac{0{,}5}{2} - 2\right)^2\right]$$
$$\cdot \pi \cdot 6{,}52 + \frac{3^3 \times 13}{12} + 3 \times 13 \times \left(2{,}46 - \frac{3}{2}\right)^2 = 644{,}28 \text{ cm}^4$$

$$(EI)_{real} = E_{cs} \cdot I_H \cdot \theta_4 = 3.220 \times 644{,}28 \times \underbrace{0{,}66}_{\text{Tab. 10.4}}$$
$$= 1.369.232{,}28 \text{ kN/cm}^2$$

A flecha foi verificada para o primeiro e o segundo tramo.

Vão de extremidade:

$$a = \frac{3p_{CQP,ELS} \cdot l^4}{554 \cdot (EI)_{real}} = \frac{3 \times 0{,}01687 \times 110^4}{554 \times 1.369.232{,}28} = 0{,}00977 \text{ cm}$$
$$= 0{,}0977 \text{ mm}$$

$$a_{lim} = \frac{l}{500} = \frac{110}{500} = 0{,}22 \text{ cm} = 2{,}2 \text{ mm} > a \therefore \text{OK}$$

Vão intermediário:

$$a = \frac{p_{CQP,ELS} \cdot l^4}{384 \cdot (EI)_{real}} = \frac{0{,}01687 \times 130^4}{384 \times 1.369.232{,}28} = 0{,}00916 \text{ cm}$$
$$= 0{,}0916 \text{ mm}$$

$$a_{lim} = \frac{l}{500} = \frac{130}{500} = 0{,}26 \text{ cm} = 2{,}6 \text{ mm} > a \therefore \text{OK}$$

Observa-se que essa configuração de escoramento pode ser atendida e as verificações passam com certa tranquilidade. Em lajes unidirecionais como a deste exemplo, manter uma linha de escora sob as nervuras transversais é interessante, já que ela dará apoio às tábuas que fazem a forma dessas nervuras.

Tentativa 2

Para fins didáticos, retira-se uma linha de escora, obtendo-se três vãos. Será adotada uma proporção de 30%, 40% e 30% para os vãos, como ilustrado na Fig. 10.9.

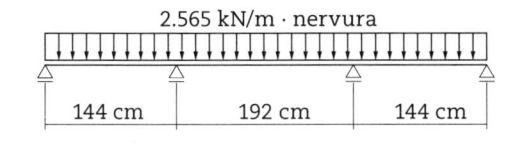

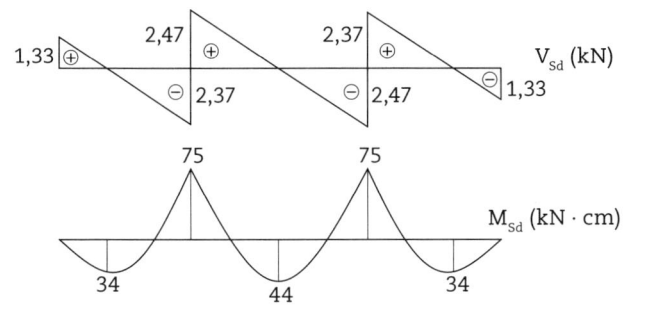

Fig. 10.9 Esquema estático e diagramas de esforços solicitantes da tentativa 2

Estado-limite último por flambagem do banzo superior

$$l_{f,real,BS} = 17,80 \text{ cm}$$

$$I_{BS} = 0,01179 \text{ cm}^4$$

$$M_{d,res}^+ = 117,49 \text{ kN} \cdot \text{cm} > M_{Sd,máx}^+ = 44 \text{ kN} \cdot \text{cm} \therefore \text{OK}$$

Estado-limite último por flambagem das diagonais

$$l_{f,teórico,D} = 19,29 \text{ cm}$$

$$N = \frac{V_{Sd} \cdot l_{f,teórico,D}}{2h} = \frac{2,47 \times 19,29}{2 \times 16} = 1,49 \text{ kN}$$

$$l_{f,real,D} = 11,96 \text{ cm}$$

$$I_D = 0,001527 \text{ cm}^4$$

$$P_{CR,D} = 2,10 \text{ kN} > N \therefore \text{OK}$$

Estado-limite último por cisalhamento do nó eletrossoldado

$$V = 4,62 \text{ kN} > V_{Sd} = 2,47 \text{ kN} \therefore \text{OK}$$

Estado-limite último por tração excessiva no aço

$$M_{Sd}^+ = 44 \text{ kN} \cdot \text{cm} \leq 273,18 \text{ kN} \cdot \text{cm} \therefore \text{OK}$$

$$M_{Sd}^- = 75 \text{ kN} \cdot \text{cm} \leq 267,72 \text{ kN} \cdot \text{cm} \therefore \text{OK}$$

Estado-limite de serviço de deformações excessivas

$$\alpha_e = 6,52$$

$$x = 2,46 \text{ cm}$$

$$I_H = 644,28 \text{ cm}^4$$

$$(EI)_{real} = 1.369.232,28 \text{ kN/cm}^2$$

Vão de extremidade:

$$a = \frac{3p_{CQP,ELS} \cdot l^4}{554 \cdot (EI)_{real}} = \frac{3 \times 0,01687 \times 144^4}{554 \times 1.369.232,28} = 0,0574 \text{ cm} = 0,574 \text{ mm}$$

$$a_{lim} = \frac{l}{500} = \frac{144}{500} = 0,288 \text{ cm} = 2,88 \text{ mm} > a \therefore \text{OK}$$

Vão intermediário:

$$a = \frac{p_{CQP,ELS} \cdot l^4}{384 \cdot (EI)_{real}} = \frac{0,01687 \times 192^4}{384 \times 1.369.232,28} = 0,0436 \text{ cm} = 0,436 \text{ mm}$$

$$a_{lim} = \frac{l}{500} = \frac{192}{500} = 0,384 \text{ cm} = 3,84 \text{ mm} > a \therefore \text{OK}$$

Ainda há uma folga de resistência.

Tentativa 3

Na tentativa 3 foi retirada mais uma linha de escora, ge-

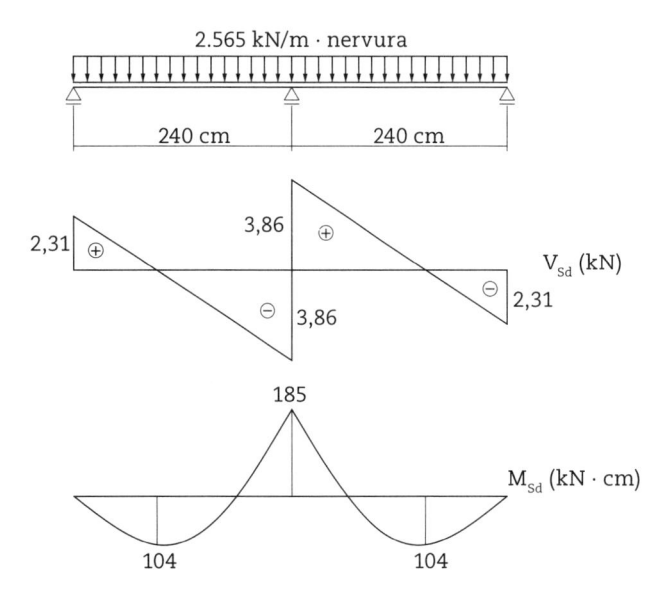

Fig. 10.10 Esquema estático e diagramas de esforços solicitantes da tentativa 3

rando os esforços contidos na Fig. 10.10.

Estado-limite último por flambagem do banzo superior

$$l_{f,real,BS} = 17,80 \text{ cm}$$

$$I_{BS} = 0,01179 \text{ cm}^4$$

$M_{d,res}^+ = 117{,}49 \text{ kN}\cdot\text{cm} > M_{Sd,máx}^+ = 104 \text{ kN}\cdot\text{cm} \therefore \text{OK}$

Estado-limite último por flambagem das diagonais

$$l_{f,teórico,D} = 19{,}29 \text{ cm}$$

$$N = \frac{V_{Sd} \cdot l_{f,teórico,D}}{2h} = \frac{3{,}86 \times 19{,}29}{2 \times 16} = 2{,}33 \text{ kN}$$

$$l_{f,real,D} = 11{,}96 \text{ cm}$$

$$I_D = 0{,}001527 \text{ cm}^4$$

$$P_{CR,D} = 2{,}10 \text{ kN} < N \therefore \text{Não OK}$$

Estado-limite último por cisalhamento do nó eletrossoldado

$$V = 4{,}62 \text{ kN} > V_{Sd} = 3{,}86 \text{ kN} \therefore \text{OK}$$

Estado-limite último por tração excessiva no aço

$$M_{Sd}^+ = 104 \text{ kN}\cdot\text{cm} \leq 273{,}18 \text{ kN}\cdot\text{cm} \therefore \text{OK}$$

$$M_{Sd}^- = 185 \text{ kN}\cdot\text{cm} \leq 267{,}72 \text{ kN}\cdot\text{cm} \therefore \text{OK}$$

Estado-limite de serviço de deformações excessivas

$$\alpha_e = 6{,}52$$

$$x = 2{,}46 \text{ cm}$$

$$I_H = 644{,}28 \text{ cm}^4$$

$$(EI)_{real} = 1.369.232{,}28 \text{ kN/cm}^2$$

Vão de extremidade:

$$a = \frac{3 p_{CQP,ELS} \cdot l^4}{554 \cdot (EI)_{real}} = \frac{3 \times 0{,}01687 \times 240^4}{554 \times 1.369.232{,}28} = 0{,}221 \text{ cm} = 2{,}21 \text{ mm}$$

$$a_{lim} = \frac{l}{500} = \frac{240}{500} = 0{,}48 \text{ cm} = 4{,}8 \text{ mm} > a \therefore \text{OK}$$

Percebe-se que a tentativa 3 não pode ser utilizada. A tentativa 2 seria a mais econômica em termos de escoramentos. No entanto, na opção da tentativa 2, as formas das nervuras transversais devem ser executadas amarrando-se a tábua de forma nas vigotas treliçadas. A conveniência de aplicação dos resultados das tentativas 1 ou 2 será pela preferência do usuário.

PRÁTICAS CONSTRUTIVAS 11

A execução das lajes treliçadas começa na fábrica, embora possa iniciar em algum local fora dela quando se tratar de pré-moldados. No presente capítulo são apresentados detalhes e singularidades construtivas pertinentes a todos os sistemas construtivos já abordados, seja laje pré-moldada, seja pré-fabricada, como preconiza a NBR 14859-1 (ABNT, 2016a).

Do início ao final do processo de execução da laje, pode-se identificar várias situações construtivas onde são necessários ajustes e implementações de detalhes construtivos diferentes dos já tratados, tendo em vista as necessidades de compatibilização de diversos subsistemas (elétrico, de lógica, de refrigeração, hidrossanitário etc.) com os sistemas das lajes.

Os assuntos estão divididos em grupos de natureza construtiva afim para contornar e respeitar as limitações e as culturas regionais de execução, minimizando as consequências de tais práticas quando colidem com os princípios científicos ou a boa técnica executiva, uma vez que as estruturas funcionam como executadas e nem sempre exatamente como projetadas, mesmo que bem projetadas.

11.1 Comportamento estrutural afetado pela execução

A definição estrutural teórica das lajes, do ponto de vista das vinculações, de modo geral pode seguir duas opções ou a combinação delas: lajes com apoios simples (isostáticas) ou lajes engastadas (hiperestáticas).

A solução engastada pode ser executada em duas situações construtivas: ligação monolítica, geralmente recomendada e ideal (Fig. 11.1), e ligação não monolítica, normalmente não indicada, mas presente nas práticas mais informais de construções de pequenas obras (Fig. 11.2).

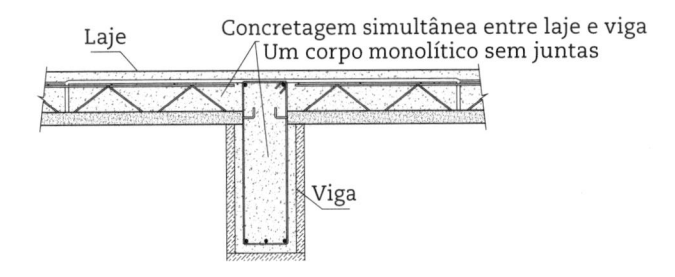

Fig. 11.1 Detalhe da execução da ligação monolítica laje-viga

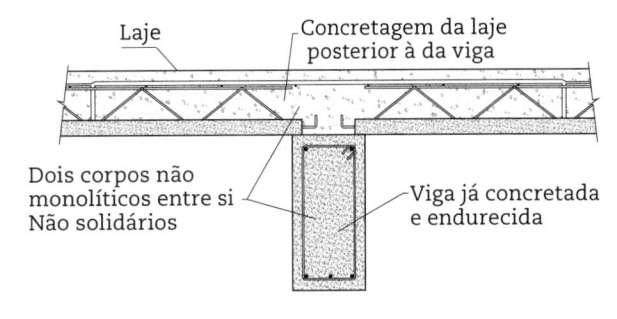

Fig. 11.2 Detalhe da execução da ligação não monolítica laje-viga

No caso de ligação monolítica, o engastamento teórico pode ocorrer nas lajes de extremidade (Fig. 11.3) (situação pouco indicada), quando o conjunto viga-pilar oferecer rigidez à torção, e nas lajes contínuas (Fig. 11.1), onde a rigidez à torção do conjunto viga-pilar eventualmente pode ser desprezível, contudo pode-se preservar a possibilidade de equilibrar o momento negativo entre as próprias lajes vizinhas, quando as vigotas vizinhas são dispostas alinhadas de topo. Nesses casos, a principal diferença no comportamento estrutural é que a viga que recebe as lajes de extremidade é solicitada à torção e à flexão, enquanto a viga que recebe as lajes contínuas é solicitada apenas à flexão.

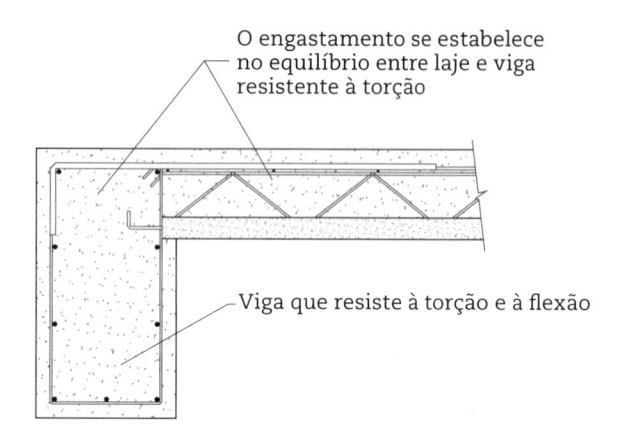

Fig. 11.3 Laje engastada na viga (pouco usual)

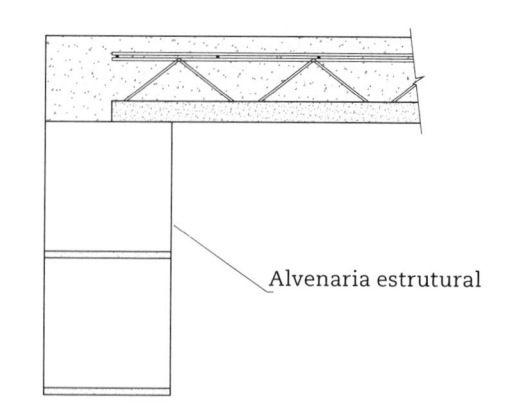

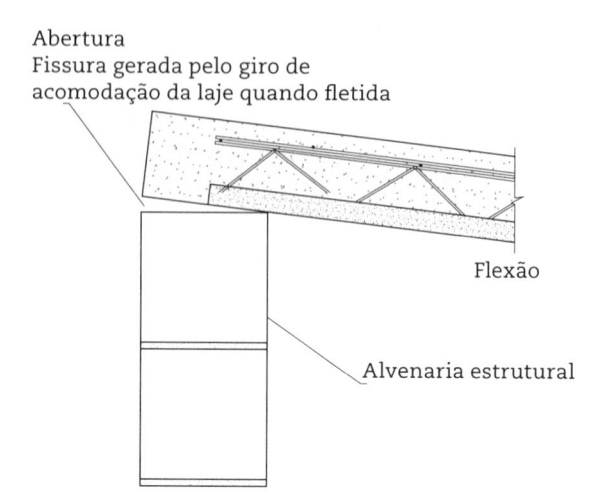

Fig. 11.4 Laje apoiada sobre alvenaria

Quando a laje é de extremidade e construída com ligação não monolítica, não é possível ocorrer o engaste, pois a laje possui total liberdade de giro em torno do apoio (Fig. 11.4). Exemplos recorrentes são as lajes de extremidade apoiadas na alvenaria tendo a possibilidade de giro, que podem provocar fissuras decorrentes de sua deformação excessiva. Nesse caso, é necessário maior rigor na escolha da altura da laje para evitar a fissura indicada na Fig. 11.4.

As lajes contínuas, mesmo quando construídas em apoios não monolíticos, podem trabalhar engastadas entre si, posicionando-se uma armadura superior de tração na quantidade, na posição e no comprimento especificados e mantendo-se as vigotas treliçadas alinhadas de topo (Fig. 11.5).

Nos casos de lajes de extremidade, ainda que em situações monolíticas, adotam-se soluções geralmente em apoio simples, pois vigas usuais de concreto armado não possuem boa inércia à torção. Mesmo assim, é fundamental a presença de armadura negativa de borda, que terá a função de redistribuir potenciais fissuras, controlando as aberturas e gerando condição compatível à vida útil de projeto da laje (Fig. 11.6).

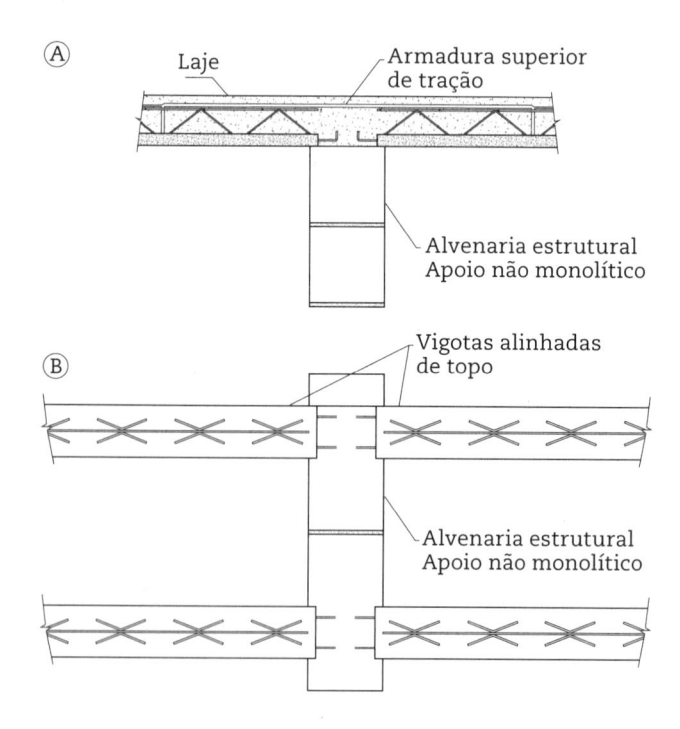

Fig. 11.5 Lajes contínuas não monolíticas com o apoio, porém engastadas com lajes vizinhas: (A) corte e (B) planta

Nas continuidades, mesmo em situações não monolíticas, especificar e executar a construção na hipótese engastada gera resultados otimizados quanto à altura das

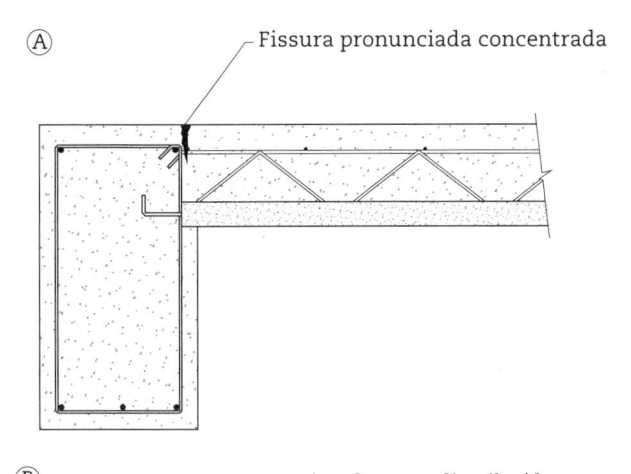

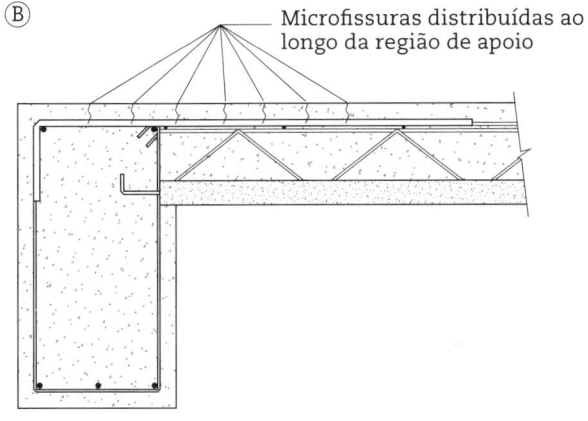

Fig. 11.6 Detalhe da distribuição de fissuras: (A) sem armadura negativa de borda e (B) com armadura negativa de borda

lajes e menor consumo de materiais estruturais. Salienta-se que o projetista deve administrar o nível de engastamento (por meio de plastificação) para poder equilibrar as solicitações e as deformações que ocorrem no aço e no concreto ali presentes.

Quando a solução especificada avança para resultados de maior economia, aumenta a necessidade de precisão na execução por parte da equipe de mão de obra, pois o posicionamento correto das armaduras é o que garante a eficiência estrutural desejada.

11.2 Escoramento (cimbramento)

Na Fig. 11.7 estão apresentados alguns detalhes importantes do sistema de escoramento.

Um aspecto essencial a ser observado é a parte das escoras que entra em contato direto com as tábuas de espelho. Na forma mostrada na Fig. 11.8C, notam-se as peculiaridades do sistema com chapuz. Nesse sistema, se é empregada madeira verde, material que tende a se contrair quando exposto às intempéries (sol e chuva), há o risco de que os orifícios dos pregos folguem, o que pode comprometer a segurança do escoramento.

O nivelamento dos elementos da laje pode ser garantido com o processo de encunhamento, utilizando-se pedaços de madeira em forma de cunha, introduzidos na base dos

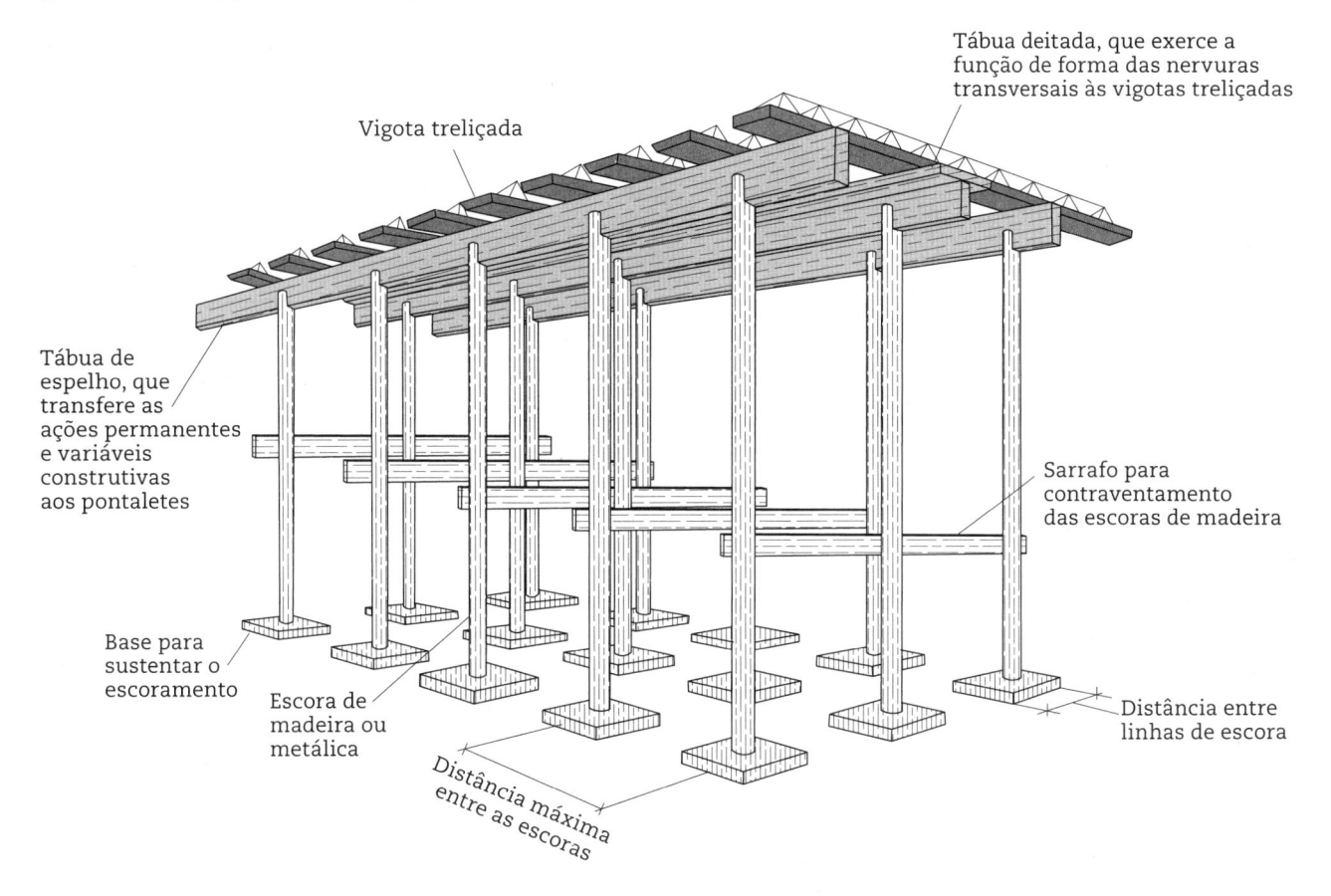

Fig. 11.7 Detalhes do sistema de escoramento

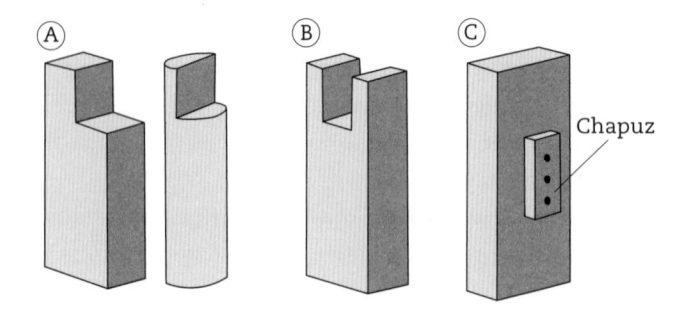

Fig. 11.8 Modelos das extremidades dos pontaletes que receberão as tábuas de espelho: (A) cadeira; (B) coxo; (C) chapa

pontaletes para ajustar a altura da estrutura e devidamente fixados com pregos (Fig. 11.9). Essas cunhas são dispensáveis quando as escoras são metálicas reguláveis. O nivelamento das tábuas de espelho pode acompanhar o nivelamento do respaldo da alvenaria, mas, caso a alvenaria não esteja nivelada, deve ser usado algum instrumento ou técnica de nivelamento.

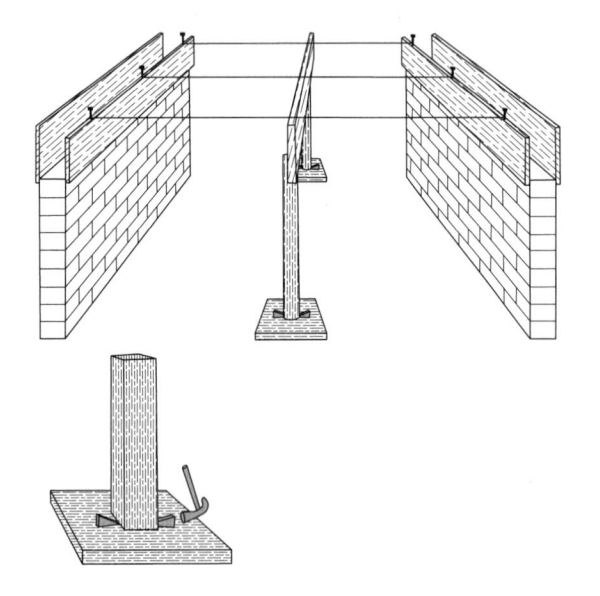

Fig. 11.9 Esquema do nivelamento das linhas de escora com o auxílio de cunhas

Cuidado especial deve ser dispensado aos procedimentos de escoramento das lajes quando as escoras são apoiadas diretamente no solo. Recomenda-se a colocação de um pedaço de tábua na superfície do solo sob cada escora para evitar que ele ceda quando em demanda da execução das lajes. Isso porque, antes da concretagem de obra, quando a laje é molhada para umedecer os elementos de enchimento a fim de evitar a perda de água do amassamento do concreto, a água pode descer pelos pontaletes e amolecer o solo da região do apoio de cada pontalete, provocando, assim, seu afundamento e a consequente perda de nivelamento da laje.

A distância entre linhas de escora é resultado do dimensionamento apresentado no Cap. 10. A distância entre escoras (pontaletes) de madeira, em cada linha de escora, geralmente é de cerca de 1 m e leva em conta o peso próprio da laje concretada, as ações de trabalho na montagem e a capacidade de carga de cada escora, que é função do tipo de madeira e de sua geometria (dimensões da seção transversal e altura da peça).

É necessário fazer o contraventamento dos pontaletes para garantir a estabilidade global de todo o escoramento, sobretudo quando é utilizado pé-direito maior. Quando se adotar escoramento metálico, é preciso seguir as orientações e especificações do fabricante ou do fornecedor do equipamento.

Para mais detalhes referentes ao dimensionamento das escoras e formas de madeira, pode ser consultada bibliografia técnica especializada ou catálogos de fabricantes de sistemas de cimbramento. As escoras e formas metálicas podem ser dimensionadas pela utilização dos conceitos de estruturas metálicas.

Uma das alternativas para combater deformações excessivas sem elevar a rigidez da estrutura é a adoção de contraflecha, quando aplicável e dentro dos limites normativos. A contraflecha é introduzida após o nivelamento dos apoios da laje, com o emprego de galgas auxiliares (Fig. 11.10) e a suspensão da linha nivelada exatamente na medida da contraflecha determinada no projeto. A seguir, posiciona-se a escora central da laje de maneira que a face superior da tábua de espelho toque a linha nivelada acrescida da contraflecha. Apoiam-se as vigotas sobre a escora central e os apoios extremos da laje. Na sequência, são colocadas as demais escoras, ajustadas de modo que toquem as faces inferiores das vigotas, formando um arco de curvatura abatida.

Visto que a resistência de projeto do concreto é alcançada após 28 dias de cura, ao ser cumprida essa condição fica liberada a laje para retirada do escoramento e atuação plena das ações, conforme previstas em projeto, caso se estabeleça a resistência de projeto.

Quando a retirada das escoras ocorrer em prazo menor que 28 dias e maior que 14 dias desde a concretagem, na primeira semana após tal retirada a carga aplicada nunca deverá ultrapassar 60% do total previsto em projeto, ou seja, é liberada apenas parcialmente a utilização da laje. Outras definições podem ser adotadas mediante estudos específicos.

As paredes que forem construídas sobre a laje deverão ser executadas de maneira homogênea, para que gerem acomodações suaves e gradativas, até que o carregamento total da laje se complete.

Nas Figs. 11.11 e 11.12 estão exemplificados os procedimentos de retirada de escoras para laje sobre dois apoios e laje em balanço, respectivamente.

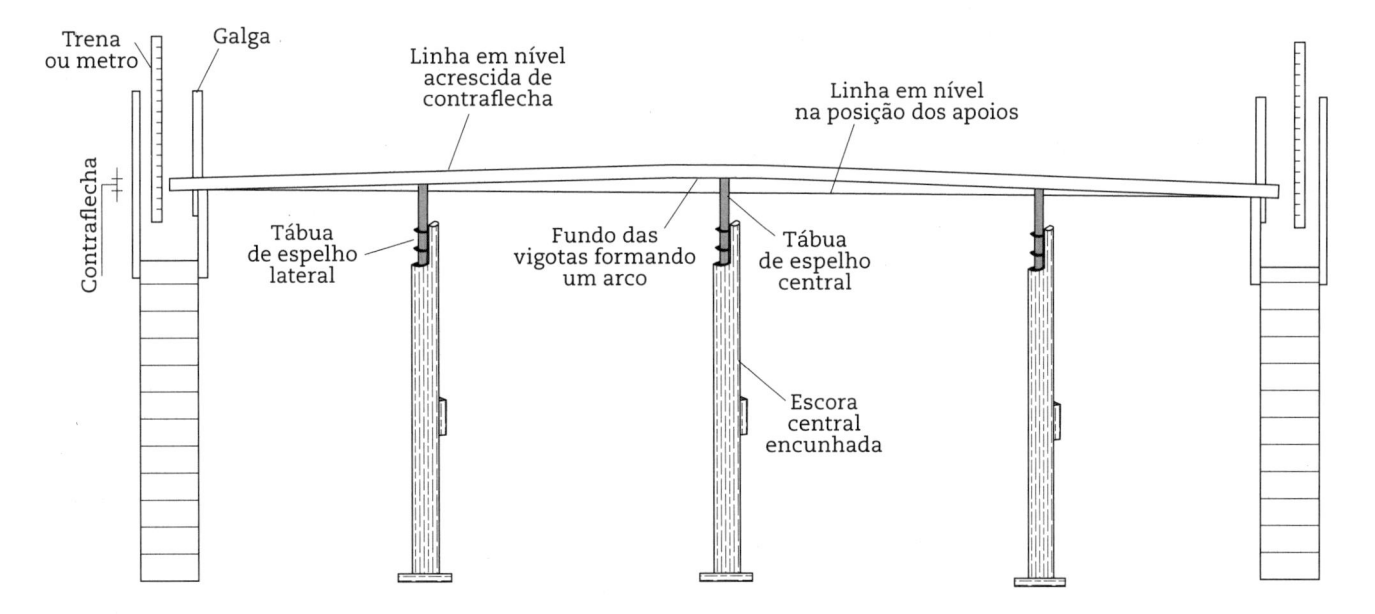

Fig. 11.10 Execução da contraflecha

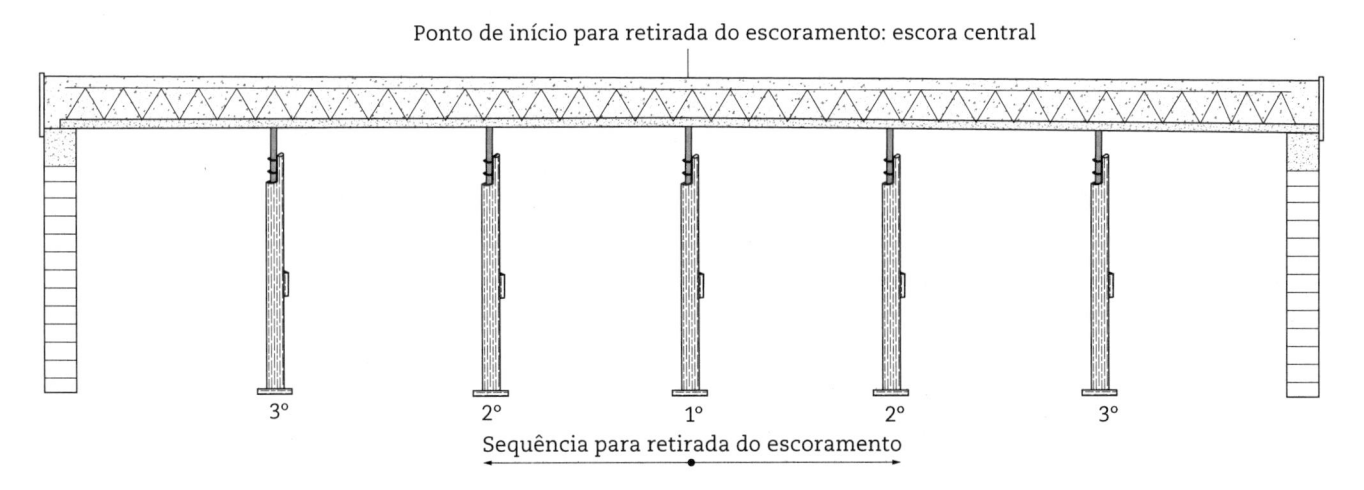

Fig. 11.11 Sequência de retirada de linhas de escora para laje simplesmente apoiada

Fig. 11.12 Sequência de retirada de linhas de escora para laje em balanço

11.3 Faixas de ajuste

Há duas situações em que as faixas de ajuste são usuais, representadas por meio de exemplos.

O primeiro exemplo é de uma laje nervurada treliçada unidirecional (Fig. 11.13). Nesse caso, a faixa de ajuste é um recurso técnico que compatibiliza a flecha entre a laje

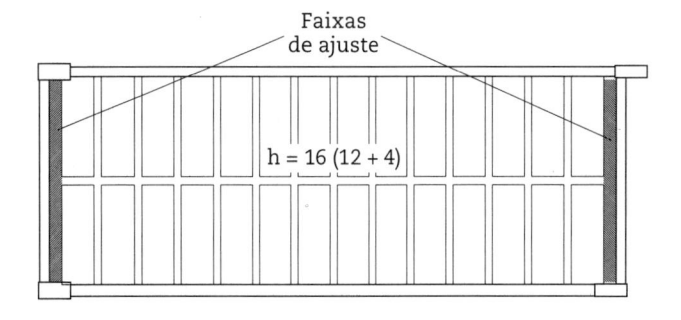

Fig. 11.13 Faixas de ajuste para laje unidirecional

PRÁTICAS CONSTRUTIVAS 175

e os apoios laterais, além de prevenir um quadro de fissuração indesejável na face inferior nessas regiões da laje.

O segundo exemplo é de uma laje nervurada pré-moldada treliçada bidirecional (Fig. 11.14), em que a faixa de ajuste tem as mesmas finalidades do caso anterior, podendo também funcionar como mesa de compressão numa situação de laje em balanço ou lajes contínuas.

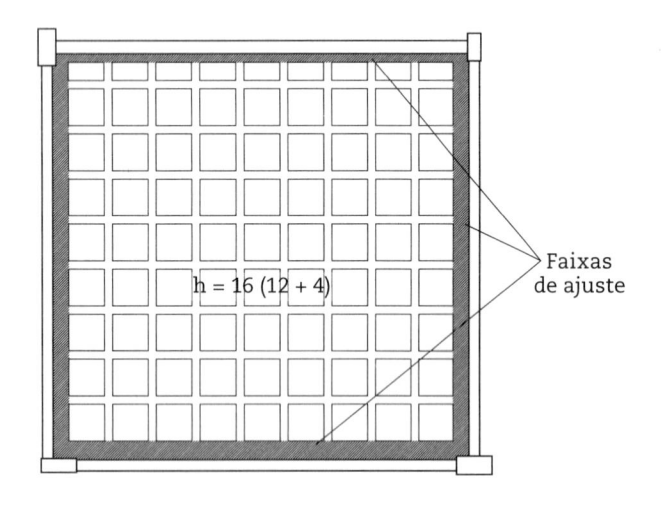

Fig. 11.14 Faixas de ajuste para laje bidirecional

11.4 Vigotas justapostas

Nas lajes nervuradas treliçadas pré-fabricadas armadas em uma única direção, é indicada a presença de vigotas justapostas como recurso de compatibilização de flecha de uma pequena região da laje que, devido geralmente à ocorrência de alguma alvenaria sobre ela e paralela às vigotas, gera uma flecha maior do que nas vigotas vizinhas menos carregadas (Fig. 11.15).

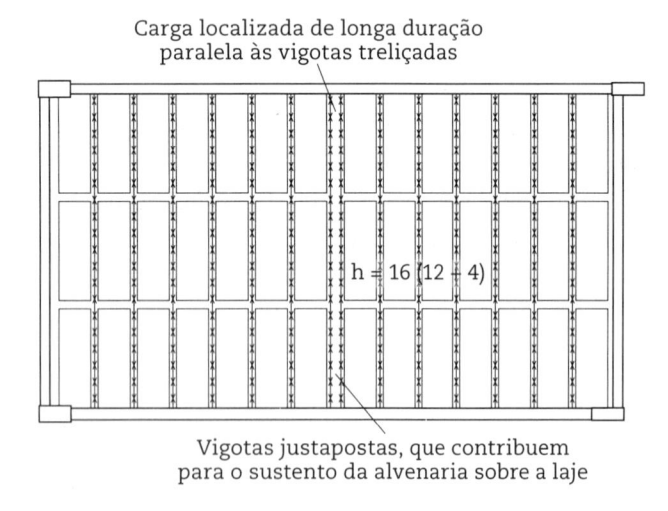

Fig. 11.15 Faixa da laje composta de duas vigotas

Em situações em que o carregamento é relativamente alto, pode ser crítica a verificação ao cisalhamento oriundo da força cortante. Esse esforço pode ser combatido pela justaposição de duas ou mais vigotas ao longo de quase toda a laje, como ilustrado na Fig. 11.16. Antes de lançar mão desse recurso, explora-se a presença do aço das diagonais da treliça.

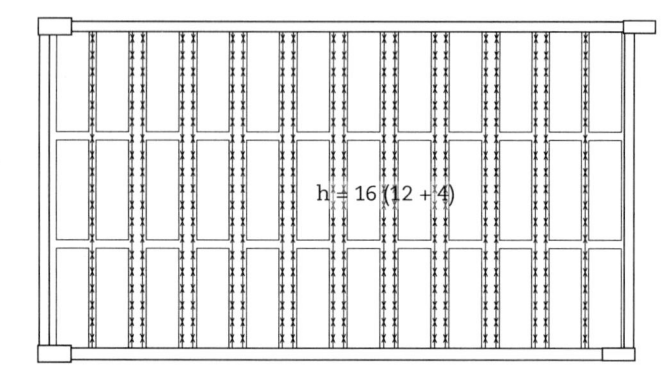

Fig. 11.16 Representação de vigotas justapostas para laje de alto carregamento

No caso de junções de elementos treliçados pré-fabricados, é necessário utilizar conformação geométrica das formas, de modo a garantir o cobrimento das armaduras e minimizar perdas da capacidade estrutural, tais como a diminuição do braço de alavanca na direção transversal à armadura treliçada. Exemplos de modelos geométricos são apresentados nas Figs. 11.17 a 11.19.

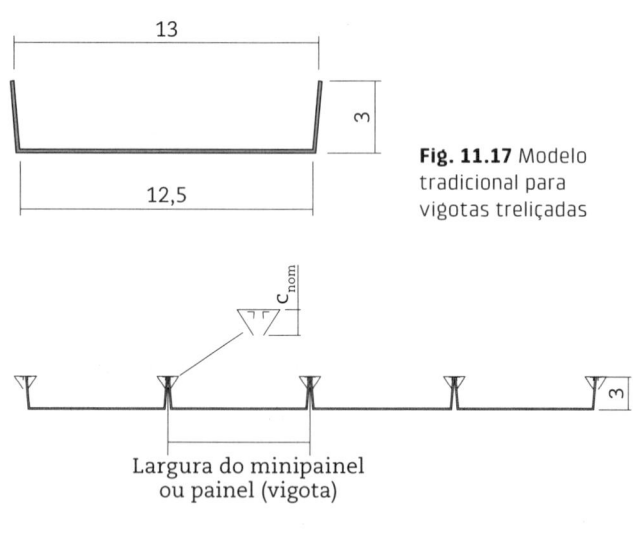

Fig. 11.17 Modelo tradicional para vigotas treliçadas

Fig. 11.18 Modelo com dois chanfros

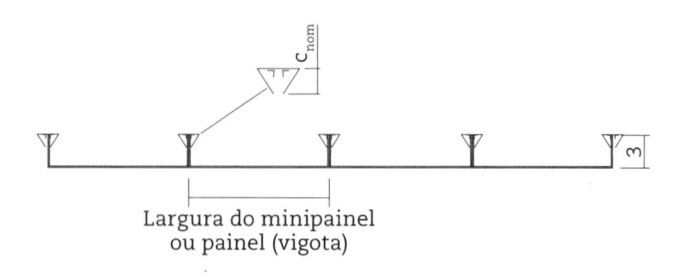

Fig. 11.19 Modelo com um trecho reto e um chanfro

11.5 Aberturas em lajes

As diversas aplicações de lajes em que se faz necessária alguma abertura devem ser avaliadas individualmente.

As aberturas em lajes geram perturbações na redistribuição dos esforços. Quando as aberturas são pequenas, normalmente as nervuras dispostas em borda livre são suficientes para absorver tais esforços (Fig. 11.20).

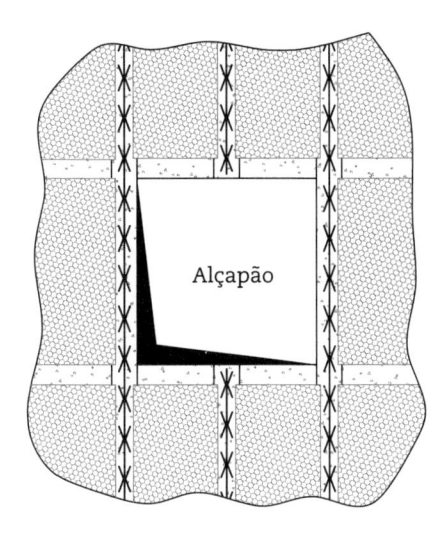

Fig. 11.20 Detalhe construtivo para pequena abertura

Quando ocorrem situações de aberturas maiores, são necessários recursos para reforçar regiões onde as tensões são maiores e localizadas (Fig. 11.21). Além de dispor vigotas justapostas na quantidade definida em cada projeto em função dos esforços no ELU e das verificações pertinentes ao ELS, arranjos de armaduras se fazem indispensáveis para equilíbrio e desempenho estrutural.

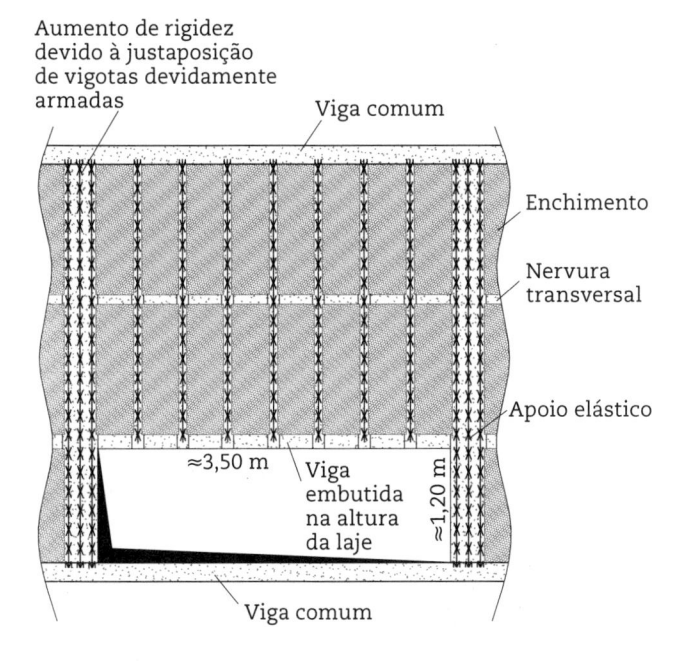

Fig. 11.21 Detalhe construtivo para aberturas maiores (estudar caso a caso)

Há ainda situações mais críticas em que cargas concentradas incidem nas bordas livres das aberturas. Para tais casos, além dos reforços já descritos, pode ser preciso aumentar a altura da laje para elevar a rigidez da estrutura. Também são recomendadas as considerações feitas para vigotas justapostas e/ou vigas embutidas na laje. Escadas que se apoiam na borda da laje são exemplos dessa situação.

Para todas as circunstâncias apresentadas, devem ser observadas as recomendações prescritas no item 13.2.5.2 da NBR 6118 (ABNT, 2023), referentes ao posicionamento e às dimensões de aberturas em lajes.

11.6 Continuidade entre lajes

As lajes com relação de continuidade (vizinhança) naturalmente sugerem soluções de engastamento, embora existam situações particulares que indicam apoio simples. O alinhamento das vigotas treliçadas é uma condição necessária para que se estabeleça um vínculo de engaste, conforme ilustrado na Fig. 11.22.

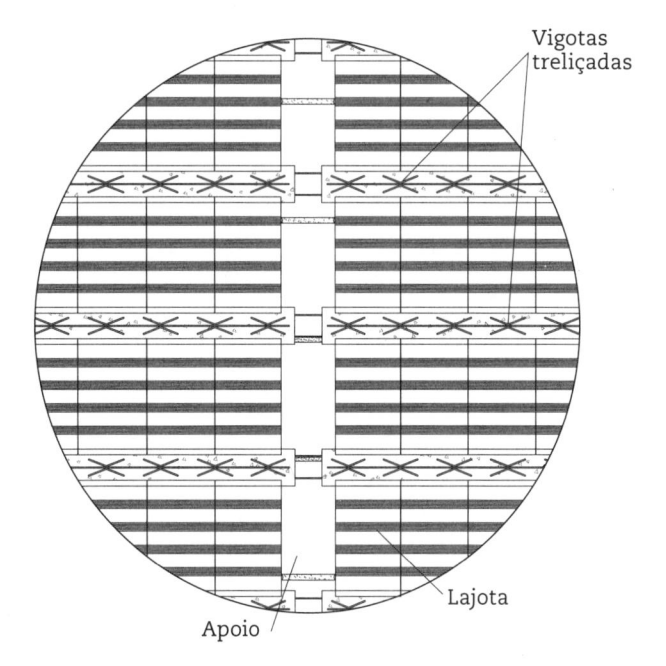

Fig. 11.22 Laje com vigotas treliçadas alinhadas

Cumpridas as condições de engastamento em lajes contínuas, pode-se aumentar o nível de engastamento quando se emprega uma mesa de compressão por meio da substituição de algumas lajotas por concreto armado (Fig. 11.23).

O engastamento não ocorre em lajes esconsas, lajes em desnível e lajes ortogonais (perpendiculares), apresentadas respectivamente nas Figs. 11.24 a 11.26. No detalhe circulado da Fig. 11.25, relativa à laje em desnível, observa-se que a armadura positiva da laje rebaixada deve sempre ficar apoiada sobre a armadura positiva da viga de apoio. No caso da laje ortogonal, pode-se obter algum nível de engastamento quando se empregam faixas maciças (Fig. 11.27).

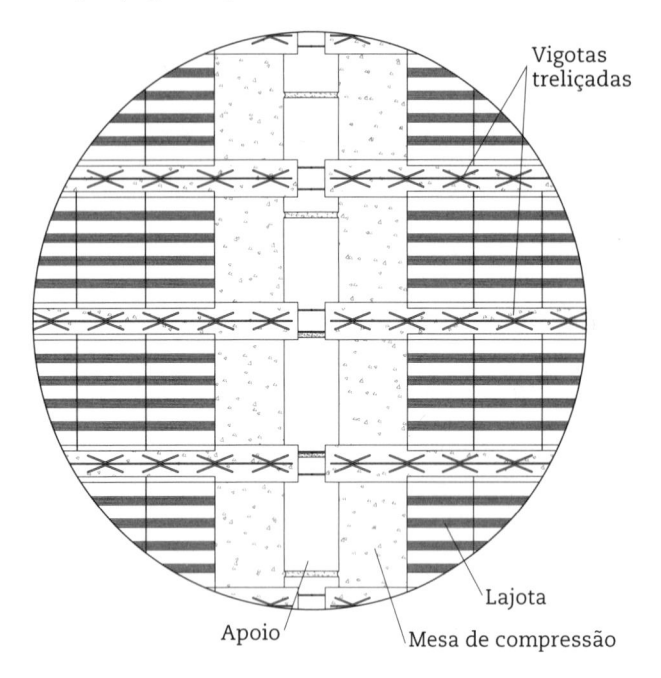

Fig. 11.23 Laje com vigotas treliçadas alinhadas e mesa de compressão

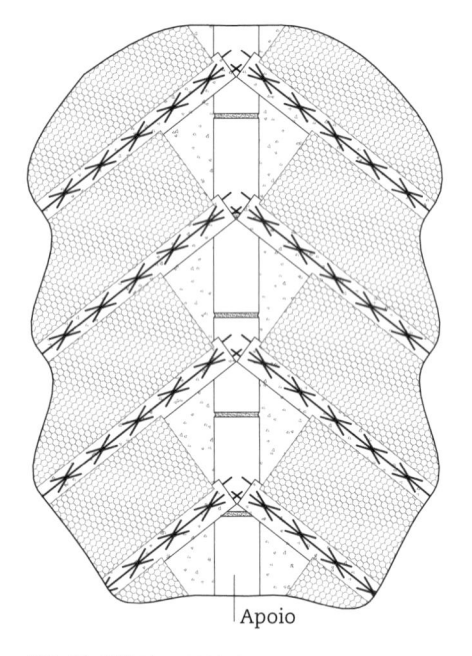

Fig. 11.24 Laje esconsa

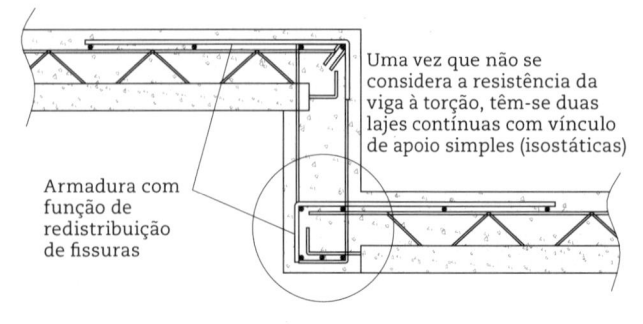

Fig. 11.25 Laje em desnível

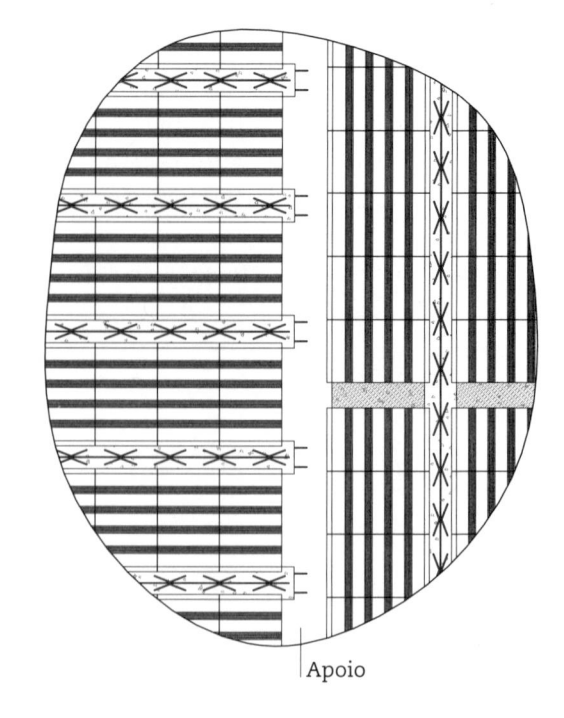

Fig. 11.26 Laje ortogonal

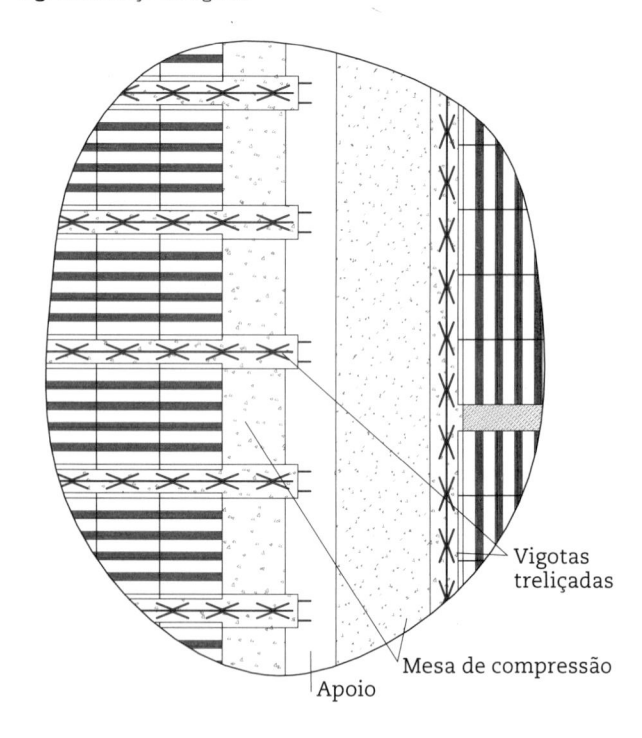

Fig. 11.27 Laje ortogonal com mesa de compressão

11.7 Balanço em lajes

A construção de balanço isolado pode não ser muito frequente, mas há ocorrências importantes. A estabilidade dessa solução consiste num conjunto de peças estruturais especificadas adequadamente para suportar todos os esforços demandados pelo balanço (Fig. 11.28).

Quando a situação implica um balanço sucedido de laje vizinha com vigotas treliçadas alinhadas de topo, a solução fica simplificada, pois o balanço passa a funcionar engastado na laje interna (Fig. 11.29). Em caso de laje em balanço engastada na laje interna, e não nas vigas, o engastamento da laje interna não é permitido na laje em balanço.

Nas lajes treliçadas unidirecionais, são necessários arranjos estruturais e armaduras específicas para possibilitar os balanços de canto (Fig. 11.30).

11.8 Instalações elétricas em sistemas treliçados

A situação ideal em termos executivos e estruturais é que toda a instalação elétrica e de lógica seja realizada na parte inferior da laje, escondida com forro falso. Porém, há situações em que as instalações elétricas e lógicas, entre outras que se fizerem necessárias, devem ser distribuídas ao longo das lajes por caminhos onde não haja interrupção do fluxo das tensões principais da estrutura.

Os eletrodutos podem ser introduzidos na mesa de concreto desde que respeitados os limites normativos descritos na seção 6.1, devendo estar rentes à face superior dos elementos de enchimento (Fig. 11.31).

Quando os elementos intermediários utilizados para enchimento são de EPS, evita-se o aumento da altura da mesa de concreto com a finalidade de alojar os elementos de instalações, devendo-se abrir canaletas no EPS (com soprador de ar quente) para alocá-los, como indicado na Fig. 11.32. Não se aplica esse recurso para lajotas em EPS vazadas.

Quando são estabelecidos os caminhos por onde devem passar os eletrodutos, é necessário considerar a presença das armaduras complementares de obra (armadura das nervuras transversais, armadura de distribuição e armadura negativa) e as ações dos procedimentos construtivos durante a execução da(s) laje(s) até o momento

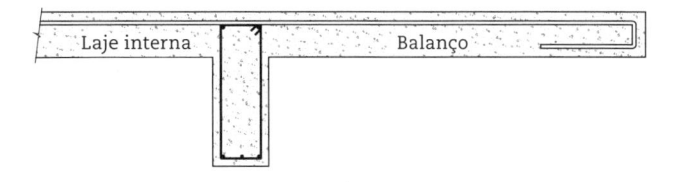

Fig. 11.29 Laje em balanço engastada na laje vizinha

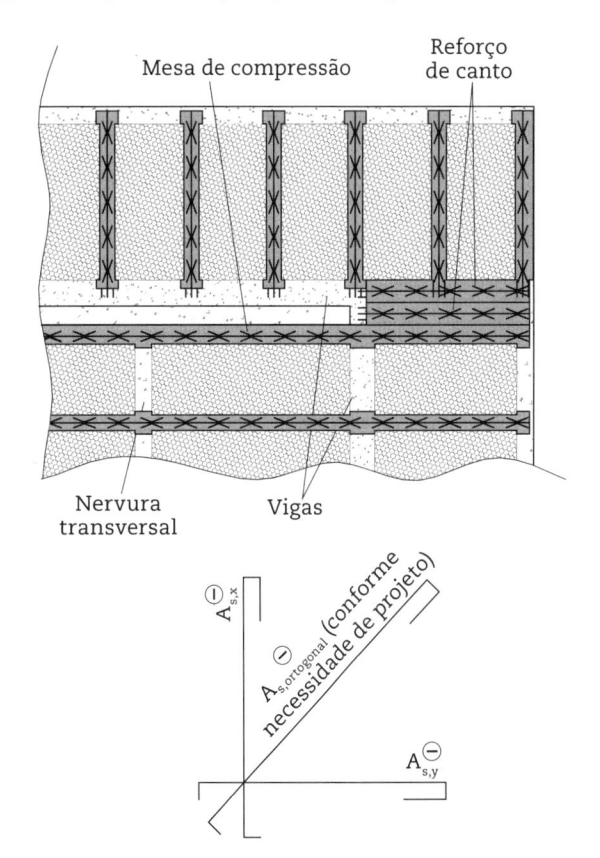

Fig. 11.30 Canto de laje em balanço unidirecional com arranjo de armadura negativa sugestivo

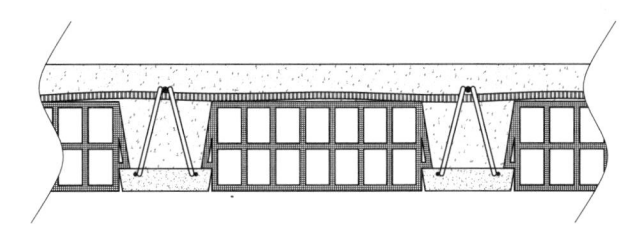

Fig. 11.31 Passagem de eletroduto na mesa de concreto

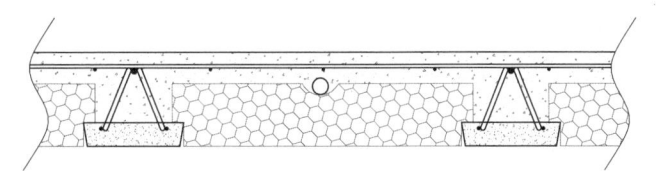

Fig. 11.32 Possibilidade para a passagem de eletrodutos em laje com EPS

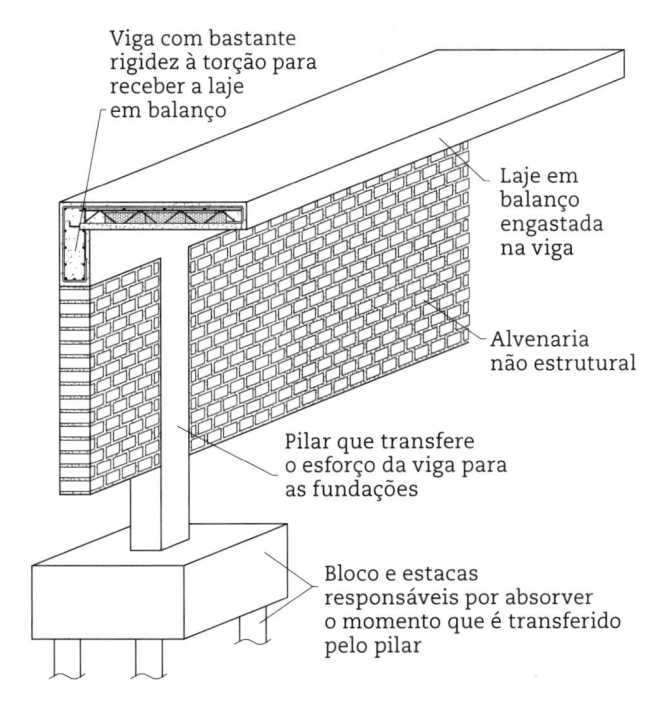

Fig. 11.28 Laje em balanço engastada na viga

do término da concretagem, de maneira que resultem em eletrodutos não danificados, conforme ilustrado na Fig. 11.33.

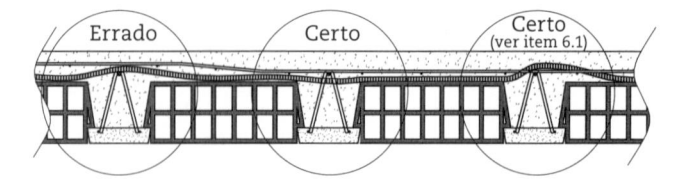

Fig. 11.33 Cuidados na passagem dos eletrodutos na mesa

Sempre que possível, o mais adequado é passar os elementos ao longo das nervuras, desde que validada essa hipótese por meio das verificações de cálculo (Fig. 11.34).

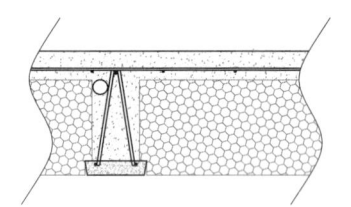

Fig. 11.34 Indicação da posição do eletroduto na nervura

As caixinhas elétricas (pontos de energia) devem ser acomodadas nas posições das lajotas e estas devem ser removidas, parcial ou totalmente, a fim de que o concreto complementar de obra as envolva. Há alguns recursos simples e práticos que possibilitam tais soluções: remoção da lajota com adição de forma localizada (Fig. 11.35), remoção da lajota com adição de peça de plástico ou similar que recebe a caixinha ou que já é constituída por ela (Fig. 11.36) e recorte da lajota de EPS com introdução da caixinha (Fig. 11.37).

11.9 Instalações hidrossanitárias em sistemas treliçados

Dado que a laje é um elemento estrutural esbelto e sujeito a deformações de curta e longa duração (flechas), não é prudente atravessá-la com tubulações hidráulicas sanitárias por trechos longos, pois a movimentação da laje impõe esforços nas tubulações e nas conexões que seguramente resultariam em problemas indesejáveis de vazamentos.

Contudo, estudando-se soluções para cada caso em particular, é possível admitir trechos curtos de tubulações e/ou lajes com alta rigidez e, consequentemente, flechas tendendo a zero, tal que os riscos apresentados sejam seguramente eliminados.

E, assim sendo, há duas possibilidades para a construção de soluções com tubulação embutida na laje: retirada de lajotas com adequação de formas localizadas (Fig. 11.38) e substituição de lajotas altas por baixas, gerando o espaço para a tubulação desejada (Fig. 11.39).

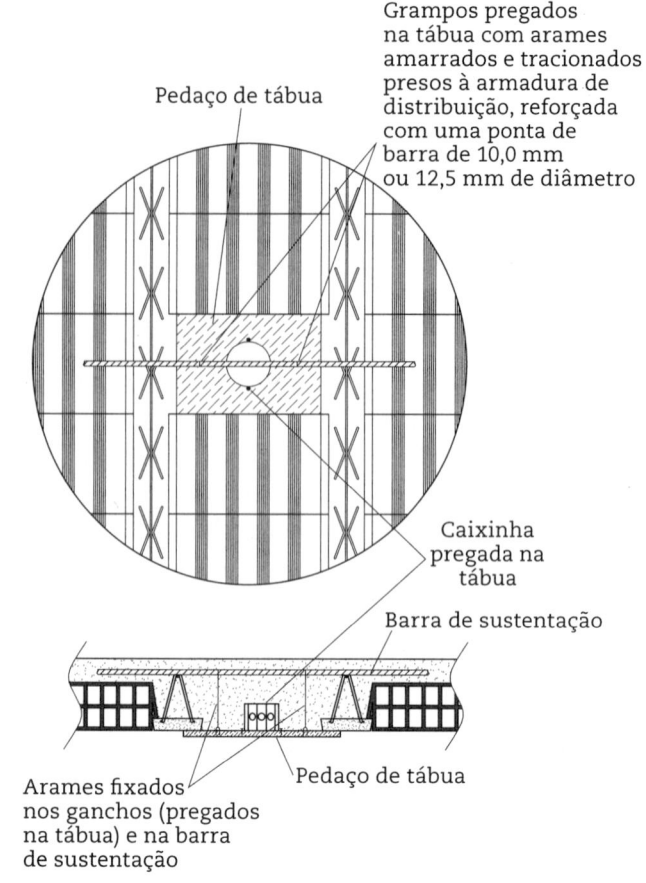

Fig. 11.35 Caixinha na laje executada com a remoção da lajota e a adição de forma localizada

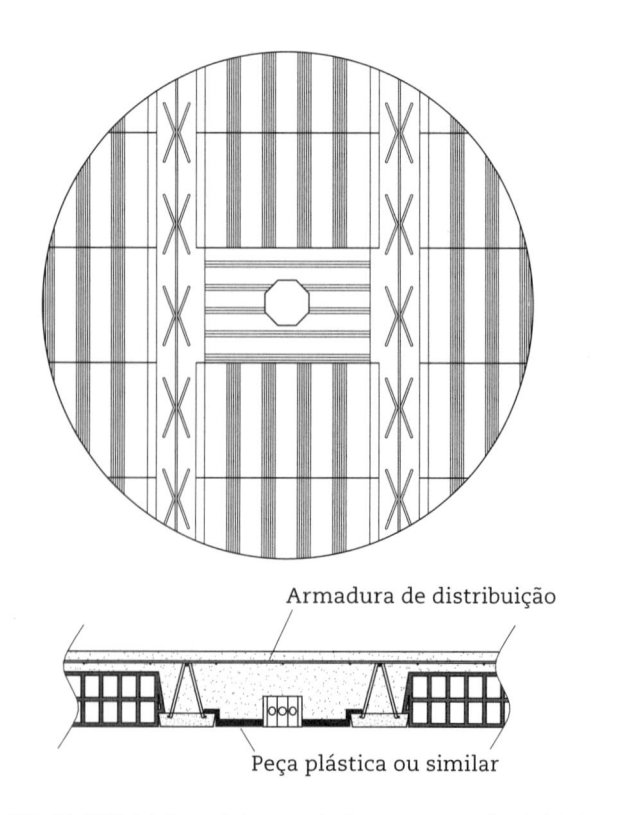

Fig. 11.36 Caixinha na laje executada com a remoção da lajota e a adição de peça plástica ou similar

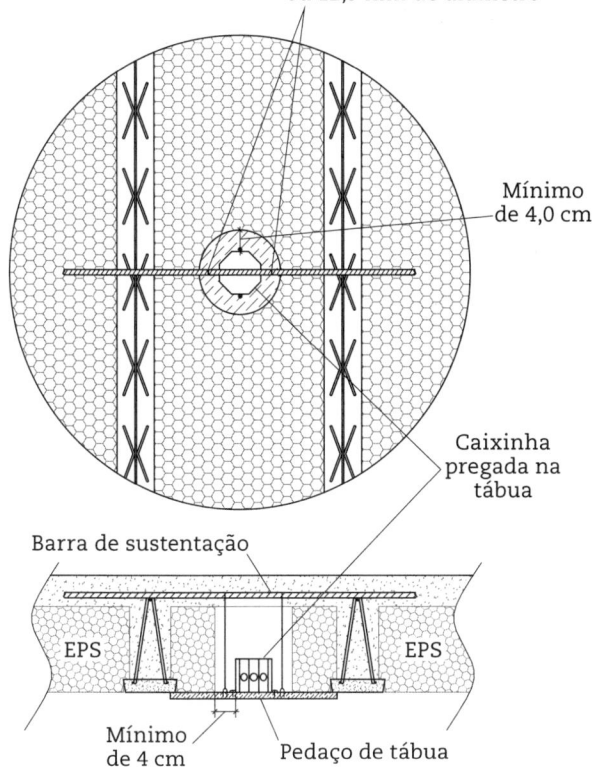

Fig. 11.37 Caixinha na laje executada com recorte no EPS

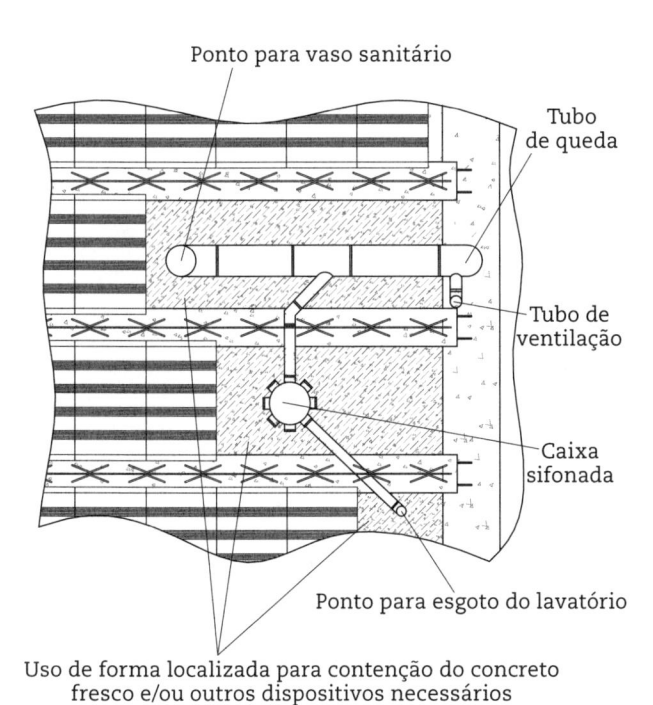

Fig. 11.38 Tubulação hidrossanitária embutida na laje com o auxílio de formas localizadas

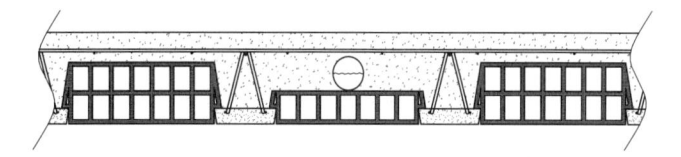

Fig. 11.39 Tubulação hidrossanitária embutida na laje com o auxílio de lajotas com altura menor

Para ambos os casos citados, é recomendável que as tubulações sejam envolvidas com algum material que as isole do concreto, criando uma junta de movimentação entre o tubo e o concreto (por exemplo, papelão, saco de cimento, retalhos de EPS, espuma de alta densidade etc.).

De maneira geral, não se deve interromper armadura inferior longitudinal, contudo, se isso for inevitável, deve-se prever reforço que substitua tal(is) barra(s) interrompida(s).

Há ao menos mais duas soluções características com tubulação não embutida na laje: uso de forro falso (Fig. 11.40) e de entulho (Fig. 11.41). O forro falso pode dispensar o revestimento direto na laje, preservando a proteção às armaduras, e ainda permite fácil e econômico sistema de manutenção ao longo da vida útil da obra. Já a utilização de entulho, embora fosse usual no passado, apresenta o acréscimo inconveniente de carregamento (peso específico de 15 kN/m³) e, em caso de manutenção, acarreta o prejuízo com pisos, revestimentos etc.

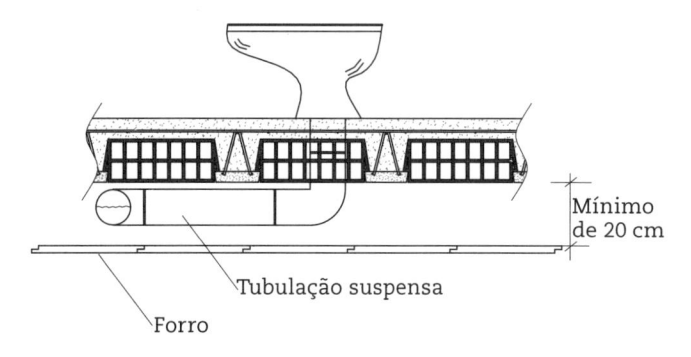

Fig. 11.40 Aplicação de forro falso para ocultar tubulações não embutidas na laje

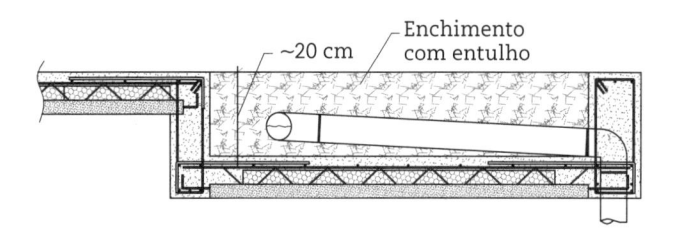

Fig. 11.41 Aplicação de entulho para cobrir tubulações não embutidas na laje

11.10 Paredes sobre lajes

As alvenarias que forem planejadas incidindo sobre a laje devem ser construídas somente depois da retirada total e definitiva das escoras (cimbramentos) utilizadas na fase construtiva da laje.

Na ocorrência de obras com múltiplos pavimentos, em que as lajes sustentam as alvenarias, é de fundamental importância, durante o processo construtivo, proceder de tal maneira que as alvenarias sobre cada laje não se configurem como apoio intermediário para a laje superior, pois isso perturbaria todo o processo de redistribuição das cargas, sobrecarregando lajes que foram previstas para receber somente o carregamento das alvenarias imediatamente superiores a elas. As alvenarias não devem ser encunhadas sob a laje, e sim fechadas com massa podre.

EXEMPLO COMPLETO DE PAVIMENTO EM LAJE MACIÇA TRELIÇADA

12

A arquitetura utilizada para este exemplo numérico é de uma edificação com vãos moderados e posicionamento de pilares não uniforme, simulando um pavimento-tipo de edificação residencial com área de 244 m², em perímetro urbano, tendo simetria em torno do eixo y. Devido à simetria, durante o exemplo numérico foram dimensionadas apenas as lajes de metade da edificação, uma vez que essa metade representa a edificação toda. Essa arquitetura é apresentada na Fig. 12.1.

Para todas as lajes, foi adotado minipainel de 25 cm de largura com uma treliça centrada. Foram considerados os valores mínimos normativos para a resistên-

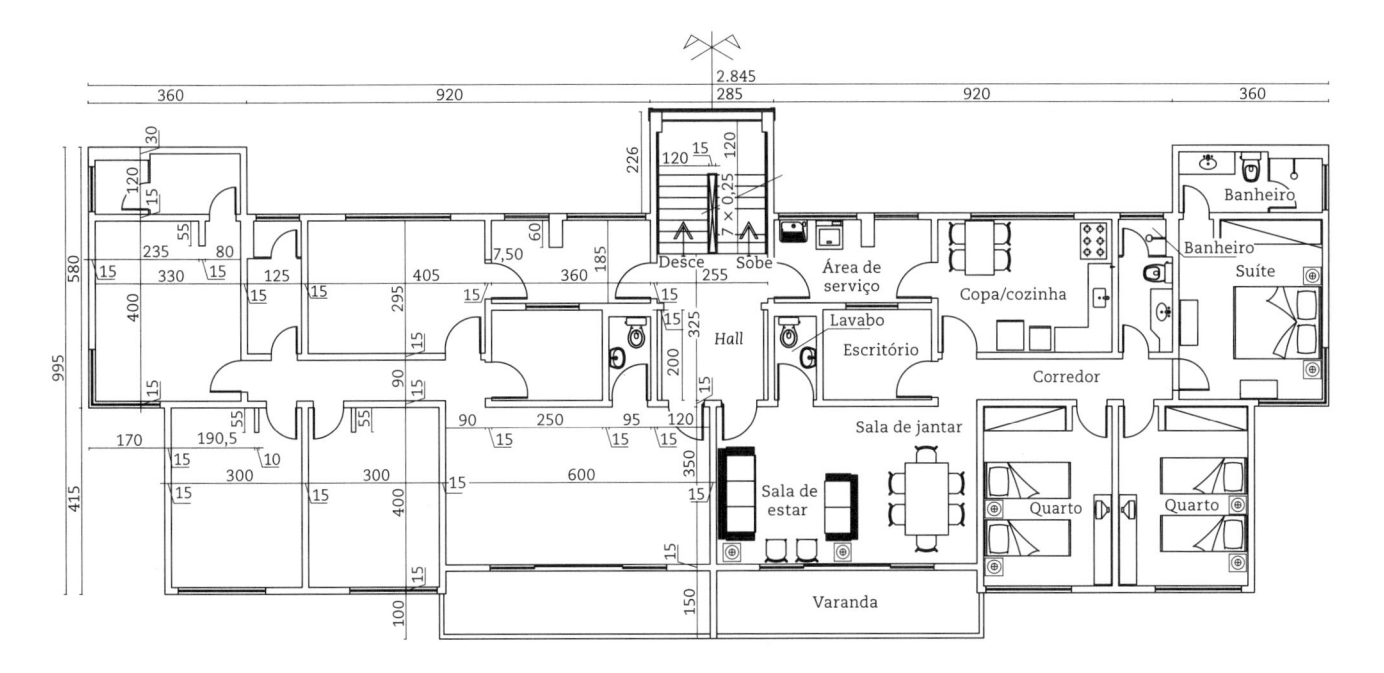

Fig. 12.1 Planta baixa arquitetônica (cotas em cm)

cia característica do concreto e granito para agregado graúdo. Para cobrimento nominal das armaduras, foram considerados elementos pré-fabricados e foi utilizado o comentário (b) da Tab. 3.1, adaptada da NBR 6118 (ABNT, 2023), segundo o qual é permitida a redução do cobrimento nominal superior para até 15 mm em situações em que a armadura não passe de 15 mm de diâmetro e se tenha revestimento superior da laje. Sendo assim, f_{ck} = 25 MPa, $c_{nom,sup}$ = 15 mm e $c_{nom,inf}$ = 20 mm.

Para a determinação das ações permanentes em toda a laje, considerou-se argamassa de nivelamento de 4 cm, porcelanato com espessura de 9 mm e forro de gesso acartonado. Foi adotado *drywall* em todas as paredes internas e distância entre pisos de 306 cm. A definição das ações variáveis seguiu a Tabela 10 da NBR 6120 (ABNT, 2019).

Na Fig. 12.2 pode-se visualizar o lançamento das vigas e dos pilares, bem como as paredes que incidem apoiadas nas lajes (hachuradas).

Na Fig. 12.3 é possível observar as tipologias das lajes. Nota-se que algumas lajes possuem mais de uma previsão de tipologia referente às vinculações. Isso se deve ao fato de que a definição da tipologia está relacionada à compatibilização de momentos fletores, que por sinal ainda não se tem.

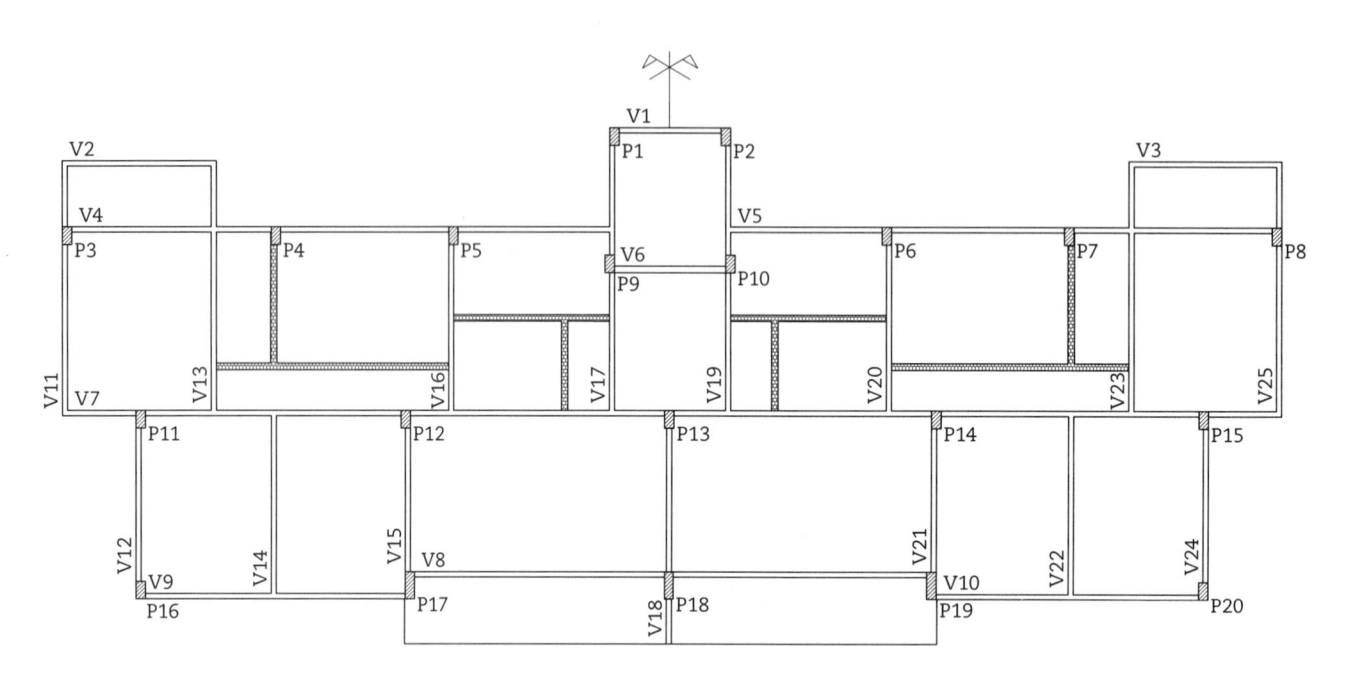

Fig. 12.2 Posicionamento das vigas e dos pilares

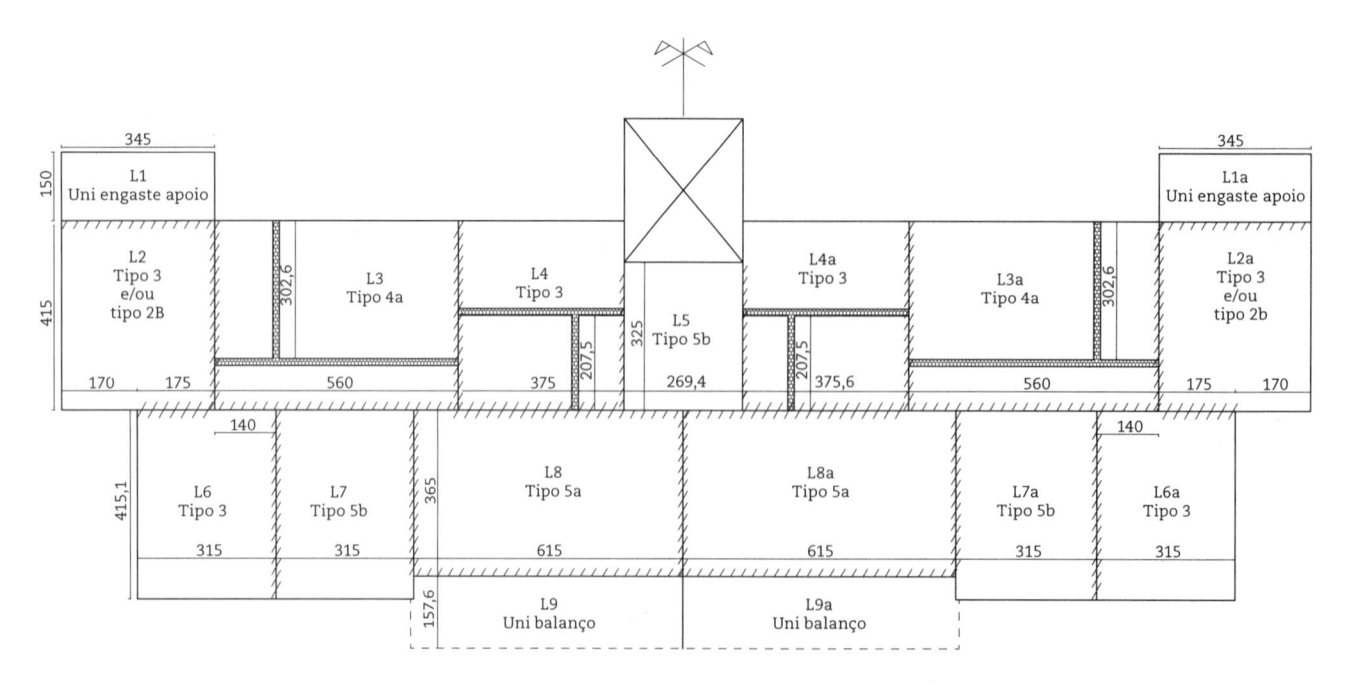

Fig. 12.3 Tipos e vinculações das lajes (cotas em cm)

A determinação inicial da vinculação é visual. Para vãos que diferem muito uns dos outros, recomenda-se que a laje com maior vão se apoie na viga. Por outro lado, vãos de dimensões próximas ou vão pequeno em relação ao adjacente podem engastar. Um aspecto importante de ser comentado é referente à laje L2. Na face de ligação com a laje L6, parte da face L2 não tem contato com nenhuma outra laje, impossibilitando o engastamento pleno. Nesse caso, pode-se verificar o percentual da face que está participando da ligação engastada. Se é maior que dois terços, pode-se considerar a laje engastada. Se é menor que um terço, deve-se considerá-la apenas apoiada. Se está entre dois terços e um terço, pode-se calculá-la tanto como engastada quanto como apoiada e utilizar a composição dos máximos esforços de cada tipologia.

O dimensionamento de lajes maciças treliçadas é similar ao de lajes maciças convencionais, porém, no detalhamento, aproveitam-se os dois fios longitudinais do banzo inferior para o detalhamento das armaduras positivas e a treliça como um todo para o cálculo da distância entre linhas de escora ou da condição de autoportância.

Sugere-se um roteiro de cálculo para o dimensionamento da laje maciça treliçada:

1. determinar as vinculações das lajes;
2. pré-dimensionar a altura das lajes;
3. determinar as ações atuantes e as combinações de ações;
4. calcular os esforços solicitantes;
5. dimensionar o ELU para solicitações normais – flexão simples;
6. dimensionar o ELU para solicitações tangenciais – força cortante;
7. verificar o ELS-F;
8. verificar o ELS-W;
9. verificar o ELS-DEF;
10. verificar o ELS-VE (verificação comumente feita por meios computacionais);
11. detalhar as armaduras;
12. calcular o espaçamento entre linhas de escora (procedimento não realizado no presente exemplo).

12.1 Determinação das vinculações das lajes

O posicionamento das vigas e dos pilares está descrito na Fig. 12.2, e os tipos e as vinculações das lajes estão mostrados na Fig. 12.3. Para o exemplo numérico não ficar muito repetitivo, foram calculadas passo a passo apenas uma laje unidirecional (L9) e uma laje bidirecional (L6). Os resultados de cálculo das outras lajes foram apresentados em formato de tabela.

12.2 Pré-dimensionamento da altura das lajes

Foram adotados ϕ_{ref} = 10 mm e treliça TR 6644 (menor treliça). Na Fig. 12.4 pode-se observar as características do minipainel usado. A espessura da placa é de 3 cm.

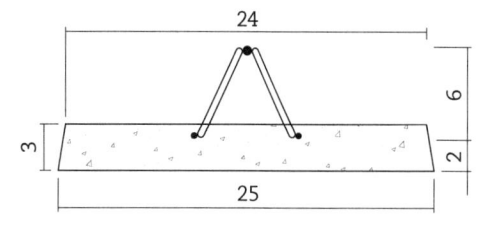

Fig. 12.4 Características do minipainel utilizado (cotas em cm)

Percebe-se, ao analisar essa figura, que a maior dimensão da sapata de concreto está na face inferior, e não na face superior. Esse modelo foi empregado, mesmo não sendo muito usual, para não comprometer o cobrimento nominal inferior na direção secundária.

Para o pré-dimensionamento da laje em balanço, foi adotada a Eq. 6.1. Para as demais lajes, foram utilizados os ábacos propostos no Cap. 6.

Laje unidirecional (L9)

$$d_{est} = \frac{l}{\chi_1 \cdot \chi_2} = \frac{157,6}{0,5 \times 25} = 12,61 \text{ cm}$$

Essa equação corriqueiramente conduz a um resultado conservador. Foi usada uma espessura de 11 cm, uma vez que serão realizadas as verificações em serviço.

$$d_{neg} = h - c_{nom,sup} - \frac{\phi_{ref}}{2} = 11 - 1,5 - \frac{1,0}{2} = 9 \text{ cm}$$

Laje bidirecional (L6)

$$\lambda = \frac{l_y}{l_x} = \frac{415,1}{315} = 1,32$$

Para a utilização dos ábacos, adotou-se λ = 1,25. Como se trata de uma laje tipo 3, ela está simplesmente apoiada em duas bordas e engastada em outras duas. Sendo assim, foram consultados os ábacos das Figs. 6.1C e 6.2C para estimar a espessura inicial. Foi estabelecida inicialmente uma carga de 5 kN/m² (sem levar em conta o peso próprio). Na Fig. 12.5 é mostrado o pré-dimensionamento da laje L6 com o uso de tais ábacos.

Analisando os ábacos ilustrados nessa figura, conclui-se que o pré-dimensionamento para a laje L6 está entre 10 cm e 11 cm. Foi adotada a espessura de 11 cm.

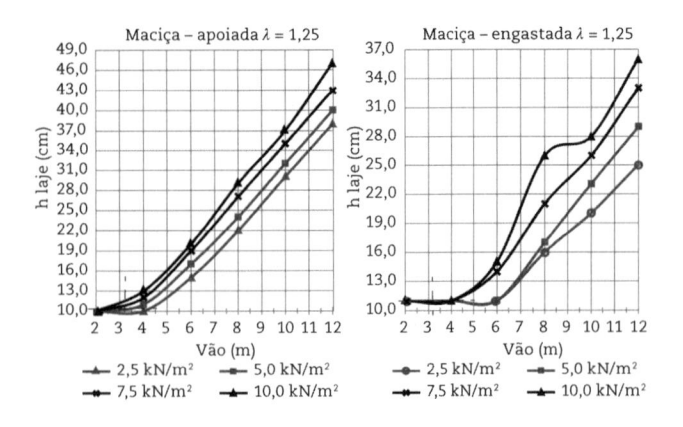

Fig. 12.5 Pré-dimensionamento da laje L6

$$d_{pos,princ} = h - c_{nom,inf} - \frac{\phi_{ref}}{2} = 11 - 2 - \frac{1,0}{2} = 8,5 \text{ cm}$$

$$d_{pos,sec} = h - c_{nom,inf} - \phi_{ref} - \frac{\phi_{ref}}{2} = 11 - 2 - 1 - \frac{1,0}{2} = 7,5 \text{ cm}$$

$$d_{neg} = h - c_{nom,sup} - \frac{\phi_{ref}}{2} = 11 - 1,5 - \frac{1,0}{2} = 9,0 \text{ cm}$$

Todas as lajes

Na Tab. 12.1 são apresentadas a espessura e a altura útil das lajes.

12.3 Determinação das ações e das combinações de ações

Seguem os pesos específicos dos materiais e as ações variáveis sugeridas de acordo com a NBR 6120 (ABNT, 2019):
- concreto armado: 25 kN/m³;
- argamassa de cimento e areia: 21 kN/m³;
- porcelanato: 23 kN/m³;
- forro de gesso acartonado: 0,25 kN/m²;
- paredes de *drywall*: 0,5 kN/m² de parede;
- peso próprio do guarda-corpo: 0,5 kN/m;
- ação variável vertical no guarda-corpo: 2 kN/m;
- ação variável horizontal no guarda-corpo: 1 kN/m;
- ação variável para apartamento: 1,5 kN/m²;
- ação variável para área de serviço: 2 kN/m²;
- ação variável para corredor de uso comum: 3 kN/m².

Composição das ações
Laje unidirecional (L9)

Ação permanente = $h_{nivelamento} \cdot \gamma_{nivelamento} + h_{porcelanato}$
$\cdot \gamma_{porcelanato} + h_{laje} \cdot \gamma_{concreto}$ + forro de gesso
$= 0,04 \times 21 + 0,009 \times 23 + 0,11 \times 25 + 0,25$
$= 4,05 \text{ kN/m}^2$

Além dessa composição de ações por metro quadrado, ainda existe a ação do guarda-corpo.

Laje bidirecional (L6)
As ações permanentes na laje L6 são iguais às da laje L9, porém sem o guarda-corpo.

Todas as lajes
Na Tab. 12.2 pode-se visualizar as ações permanentes e variáveis de todas as lajes.

Para determinar as combinações, deve-se identificar a origem das ações. Como se trata de uma edificação residencial, foram adotados os valores de $\Psi_1 = 0,4$ e $\Psi_2 = 0,3$.

Combinação última normal
Laje unidirecional (L9)
Carga por metro quadrado:

$$F_d = \sum_{i=1}^{m} \gamma_{gi} \cdot F_{Gi,k} + \gamma_q \cdot F_{Qk} = 1,4 \times 1,4 \times 4,05 + 1,4 \times 1,4 \times 1,5$$
$$= 10,88 \text{ kN/m}^2$$

Pelo fato de a laje L9 ser em balanço, no cálculo da combinação última normal entra o fator $\gamma_n = 1,4$, indicado na Tabela 13.2 da NBR 6118 (ABNT, 2023).

Tab. 12.1 Pré-dimensionamento da espessura e da altura útil das lajes

Laje	l_x (cm)	l_y (cm)	l_y/l_x	Tipo de laje	h (cm)	$d_{pos,princ}$ (cm)	$d_{pos,sec}$ (cm)	$d_{neg,princ}$ (cm)
L1	150	315	2,10	Engaste/apoio	11,00	8,5	-	9,0
L2	315	415	1,32	3 e/ou 2B	11,00	8,5	7,5	9,0
L3	415	560	1,35	5A	12,00	9,5	8,5	10,0
L4	375	415	1,11	3	12,00	9,5	8,5	10,0
L5	269,4	325	1,21	5B	11,00	8,5	7,5	9,0
L6	315	415,1	1,32	3	11,00	8,5	7,5	9,0
L7	315	415,1	1,32	5B	11,00	8,5	7,5	9,0
L8	365	615	1,68	5A	11,00	8,5	7,5	9,0
L9	157,6	615	3,90	Balanço	11,00	-	-	9,0

Tab. 12.2 Ações nas lajes

Laje	Ação permanente (kN/m²)				Total (kN/m²)	Variável (kN/m²)	Permanente linear (kN/m)	Variável vertical linear (kN/m)	Variável horizontal linear (kN/m)
	Peso próprio	Regularização e revestimento	Forro de gesso	Paredes[a]					
L1	2,75	1,047	0,25	-	4,05	1,50	-	-	-
L2	2,75	1,047	0,25	-	4,05	1,50	-	-	-
L3	3,00	1,047	0,25	0,75	5,05	1,50	-	-	-
L4	3,00	1,047	0,25	0,75	5,05	2,00	-	-	-
L5	2,75	1,047	0,25	-	4,05	3,00	-	-	-
L6	2,75	1,047	0,25	-	4,05	1,50	-	-	-
L7	2,75	1,047	0,25	-	4,05	1,50	-	-	-
L8	2,75	1,047	0,25	-	4,05	1,50	-	-	-
L9	2,75	1,047	0,25	-	4,05	1,50	0,5	2	1,0

[a]Para o cálculo das paredes, utilizou-se a Tabela 11 da NBR 6120 (ABNT, 2019).

Carga linear vertical:

$$F_d = \sum_{i=1}^{m} \gamma_{gi} \cdot F_{Gi,k} + \gamma_q \cdot F_{Qk} = 1,4 \times 1,4 \times 0,5 + 1,4 \times 1,4 \times 2$$
$$= 4,9 \text{ kN/m}$$

Carga linear horizontal:

$$F_d = \sum_{i=1}^{m} \gamma_{gi} \cdot F_{Gi,k} + \gamma_q \cdot F_{Qk} = 1,4 \times 1,4 \times 1 = 1,96 \text{ kN/m}$$

Laje bidirecional (L6)

$$F_d = \sum_{i=1}^{m} \gamma_{gi} \cdot F_{Gi,k} + \gamma_q \cdot F_{Qk} = 1,4 \times 4,05 + 1,4 \times 1,5 = 7,77 \text{ kN/m}^2$$

Combinação rara

Laje unidirecional (L9)

Carga por metro quadrado:

$$F_{d,uti} = \sum_{i=1}^{m} F_{Gi,k} + F_{Q1,k} = 4,05 + 1,5 = 5,55 \text{ kN/m}^2$$

Carga linear vertical:

$$F_{d,uti} = \sum_{i=1}^{m} F_{Gi,k} + F_{Q1,k} = 0,5 + 2 = 2,5 \text{ kN/m}$$

Carga linear horizontal:

$$F_{d,uti} = \sum_{i=1}^{m} F_{Gi,k} + F_{Q1,k} = 1 \text{ kN/m}$$

Laje bidirecional (L6)

$$F_{d,uti} = \sum_{i=1}^{m} F_{Gi,k} + F_{Q1,k} = 4,05 + 1,5 = 5,55 \text{ kN/m}^2$$

Combinação frequente

Laje unidirecional (L9)

Carga por metro quadrado:

$$F_{d,uti} = \sum_{i=1}^{m} F_{Gi,k} + \Psi_1 \cdot F_{Q1,k} = 4,05 + 0,4 \times 1,5 = 4,65 \text{ kN/m}^2$$

Carga linear vertical:

$$F_{d,uti} = \sum_{i=1}^{m} F_{Gi,k} + \Psi_1 \cdot F_{Q1,k} = 0,5 + 0,4 \times 2 = 1,3 \text{ kN/m}$$

Carga linear horizontal:

$$F_{d,uti} = \sum_{i=1}^{m} F_{Gi,k} + \Psi_1 \cdot F_{Q1,k} = 0,4 \times 1 = 0,4 \text{ kN/m}$$

Laje bidirecional (L6)

$$F_{d,uti} = \sum_{i=1}^{m} F_{Gi,k} + \Psi_1 \cdot F_{Q1,k} = 4,05 + 0,4 \times 1,5 = 4,65 \text{ kN/m}^2$$

Combinação quase permanente

Laje unidirecional (L9)

Carga por metro quadrado:

$$F_{d,uti} = \sum_{i=1}^{m} F_{Gi,k} + \sum_{j=1}^{n} \Psi_{2j} \cdot F_{Qj,k} = 4,05 + 0,3 \times 1,5 = 4,5 \text{ kN/m}^2$$

Carga linear vertical:

$$F_{d,uti} = \sum_{i=1}^{m} F_{Gi,k} + \sum_{j=1}^{n} \Psi_{2j} \cdot F_{Qj,k} = 0,5 + 0,3 \times 2 = 1,1 \text{ kN/m}$$

Carga linear horizontal:

$$F_{d,uti} = \sum_{i=1}^{m} F_{Gi,k} + \sum_{j=1}^{n} \Psi_{2j} \cdot F_{Qj,k} = 0{,}3 \times 1 = 0{,}3 \text{ kN/m}$$

Laje bidirecional (L6)

$$F_{d,uti} = \sum_{i=1}^{m} F_{Gi,k} + \sum_{j=1}^{n} \Psi_{2j} \cdot F_{Qj,k} = 4{,}05 + 0{,}3 \times 1{,}5 = 4{,}5 \text{ kN/m}^2$$

Combinações de ações de todas as lajes

Na Tab. 12.3 mostram-se as combinações de ações de todas as lajes.

Tab. 12.3 Combinações de ações

Laje	Combinação última normal (kN/m²)	Combinação rara (kN/m²)	Combinação frequente (kN/m²)	Combinação quase permanente (kN/m²)
L1	7,77	5,55	4,647	4,497
L2	7,77	5,55	4,647	4,497
L3	9,17	6,55	5,647	5,497
L4	9,87	7,05	5,847	5,647
L5	9,87	7,05	5,247	4,947
L6	7,77	5,55	4,647	4,497
L7	7,77	5,55	4,647	4,497
L8	7,77	5,55	4,647	4,497
L9[a]	10,87	5,55	4,647	4,497

[a] As ações lineares só existem na laje L9. Como elas já foram calculadas passo a passo, não foram colocadas na tabela.

As cargas lineares das lajes L3 e L4 foram convertidas em cargas por metro quadrado.

12.4 Cálculo dos esforços solicitantes
Momentos fletores

Laje unidirecional (L9)

Para entender melhor os esforços de momento fletor na laje L9, na Fig. 12.6 é apresentado um resumo das ações da combinação última normal.

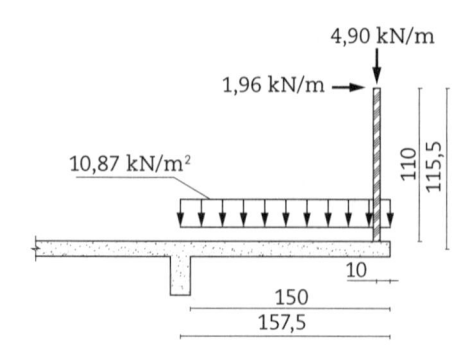

Fig. 12.6 Ações devidas à combinação última normal para a laje L9 (cotas em cm)

$$M'_d = \frac{q \cdot l^2}{2} + P_1 \cdot l_1 + P_2 \cdot l_2 = \frac{10{,}87 \times 1{,}575^2}{2}$$
$$+ 4{,}9 \times 1{,}475 + 1{,}96 \times 1{,}155 = 22{,}97 \text{ kN} \cdot \text{m/m}$$

$$M'_d = 2.297 \text{ kN} \cdot \text{cm/m}$$

Laje bidirecional (L6)

Os valores de μ, para a determinação dos momentos fletores, são encontrados na Tab. B.5.

$$\mu_x = 4{,}06 \qquad \mu'_x = 9{,}37$$
$$\mu_y = 2{,}50 \qquad \mu'_y = 7{,}81$$

$$M_{d,x} = \mu_x \cdot \frac{P_d \cdot l_x^2}{100} = 4{,}06 \times \frac{7{,}77 \times 3{,}15^2}{100} = 3{,}13 \text{ kN} \cdot \text{m/m}$$
$$= 313 \text{ kN} \cdot \text{cm/m}$$

$$M'_{d,x} = \mu'_x \cdot \frac{P_d \cdot l_x^2}{100} = 9{,}37 \times \frac{7{,}77 \times 3{,}15^2}{100} = 7{,}22 \text{ kN} \cdot \text{m/m}$$
$$= 722 \text{ kN} \cdot \text{cm/m}$$

$$M_{d,y} = \mu_y \cdot \frac{P_d \cdot l_x^2}{100} = 2{,}5 \times \frac{7{,}77 \times 3{,}15^2}{100} = 1{,}93 \text{ kN} \cdot \text{m/m}$$
$$= 193 \text{ kN} \cdot \text{cm/m}$$

$$M'_{d,y} = \mu'_y \cdot \frac{P_d \cdot l_x^2}{100} = 7{,}81 \times \frac{7{,}77 \times 3{,}15^2}{100} = 6{,}02 \text{ kN} \cdot \text{m/m}$$
$$= 602 \text{ kN} \cdot \text{cm/m}$$

Todas as lajes

Na Fig. 12.7 pode-se visualizar os momentos devidos às combinações últimas normais de todas as lajes já compatibilizados.

Em relação às outras combinações de ações, o cálculo dos momentos fletores se dá com as mesmas equações, alterando apenas os carregamentos. Nas Figs. 12.8 a 12.10 são mostrados os momentos fletores para combinação rara, combinação frequente e combinação quase permanente, respectivamente.

Forças cortantes

Laje unidirecional (L9)

Para entender melhor os esforços devidos à força cortante na laje L9, na Fig. 12.6 é apresentado um resumo das ações da combinação última normal.

$$V'_d = q \cdot l + P = 10{,}87 \times 1{,}5 + 4{,}9 = 21{,}21 \text{ kN/m}$$

Laje bidirecional (L6)

Os valores de ν, para a determinação das forças cortantes, são encontrados na Tab. B.2.

$$\nu_x = 2{,}63 \qquad \nu'_x = 3{,}90$$
$$\nu_y = 2{,}17 \qquad \nu'_y = 3{,}17$$

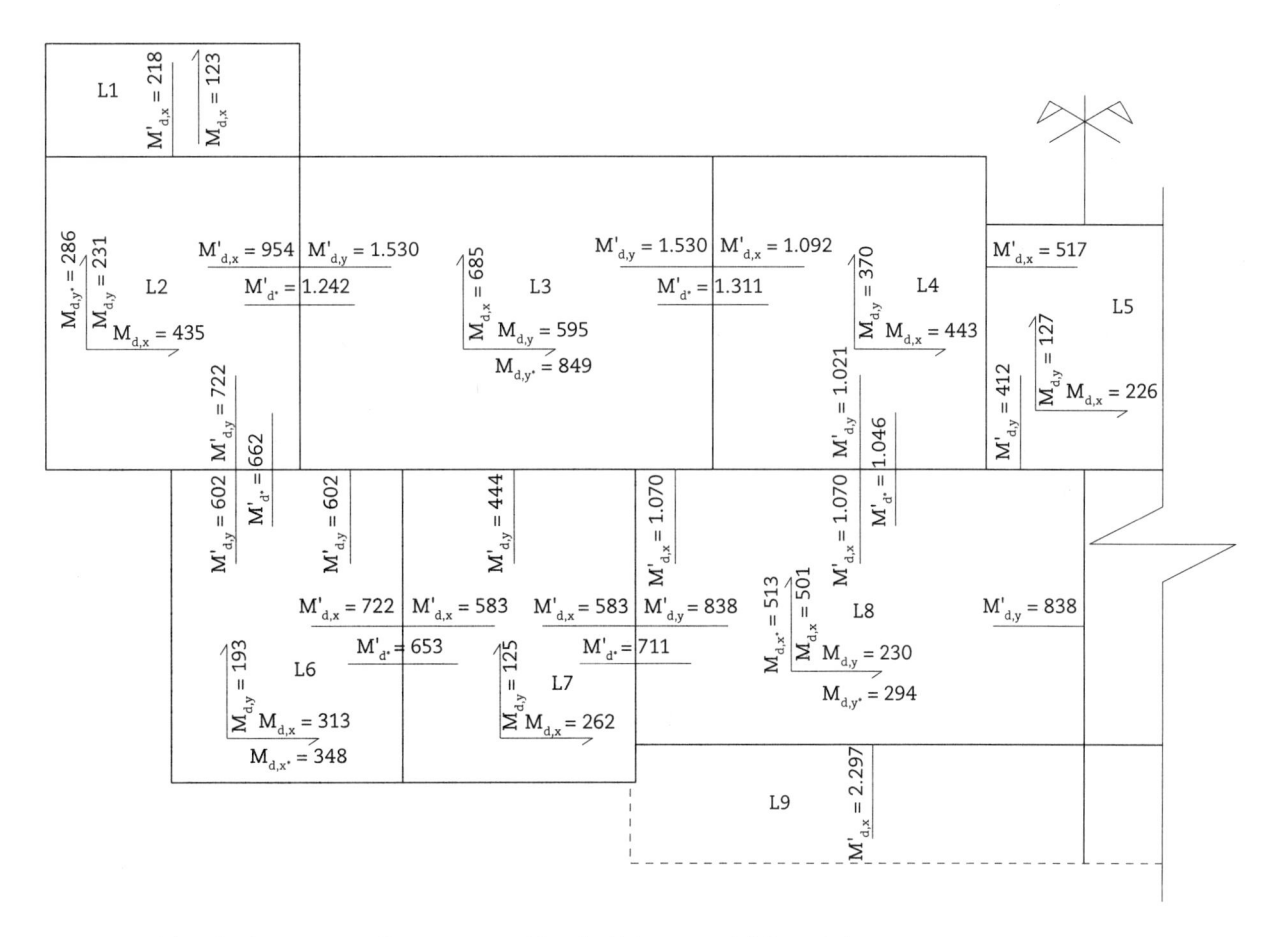

Fig. 12.7 Compatibilização de momentos fletores na combinação última normal (kN · cm/m)

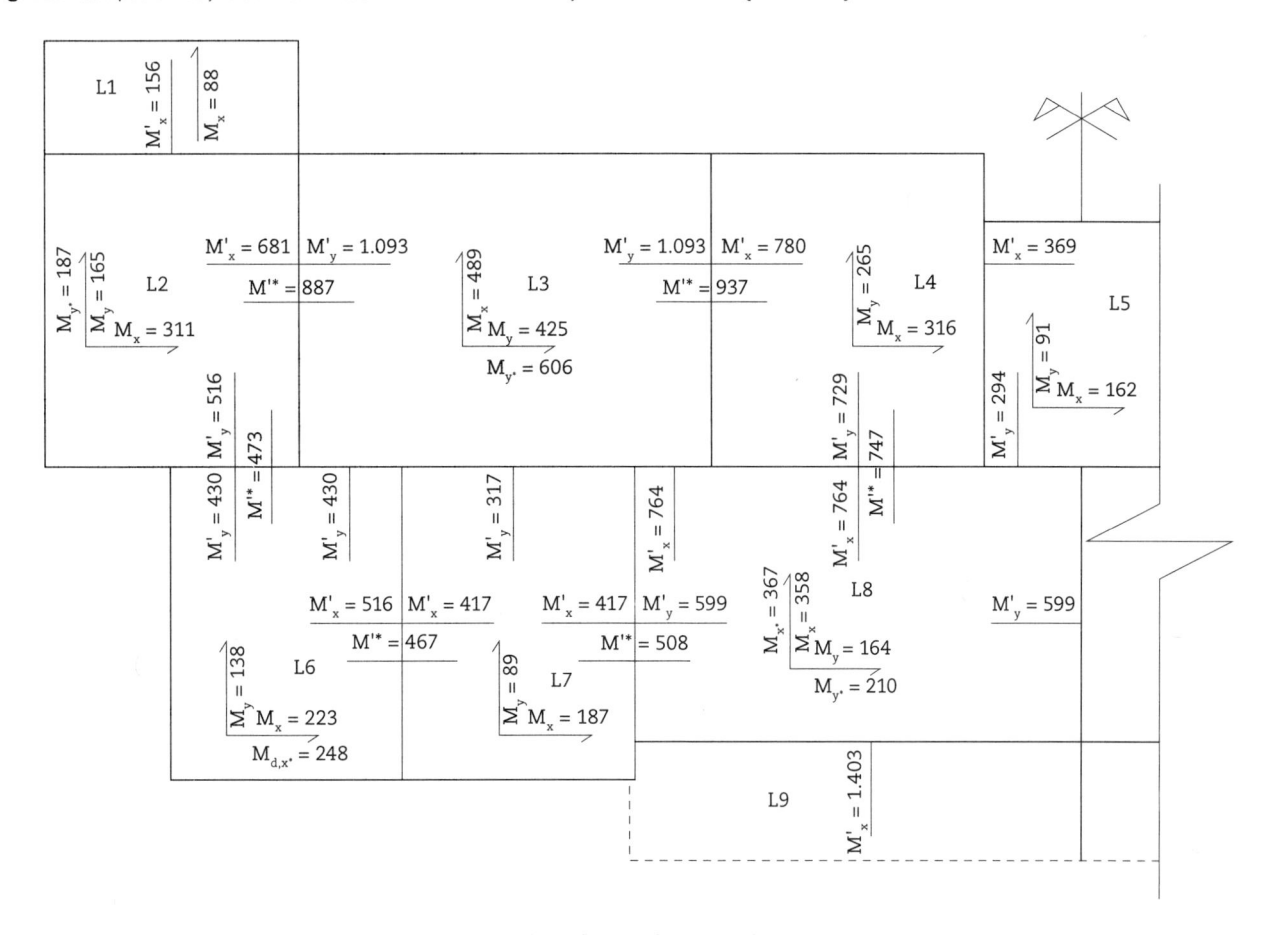

Fig. 12.8 Compatibilização de momentos fletores na combinação rara (kN · cm/m)

Exemplo completo de pavimento em laje maciça treliçada · 189

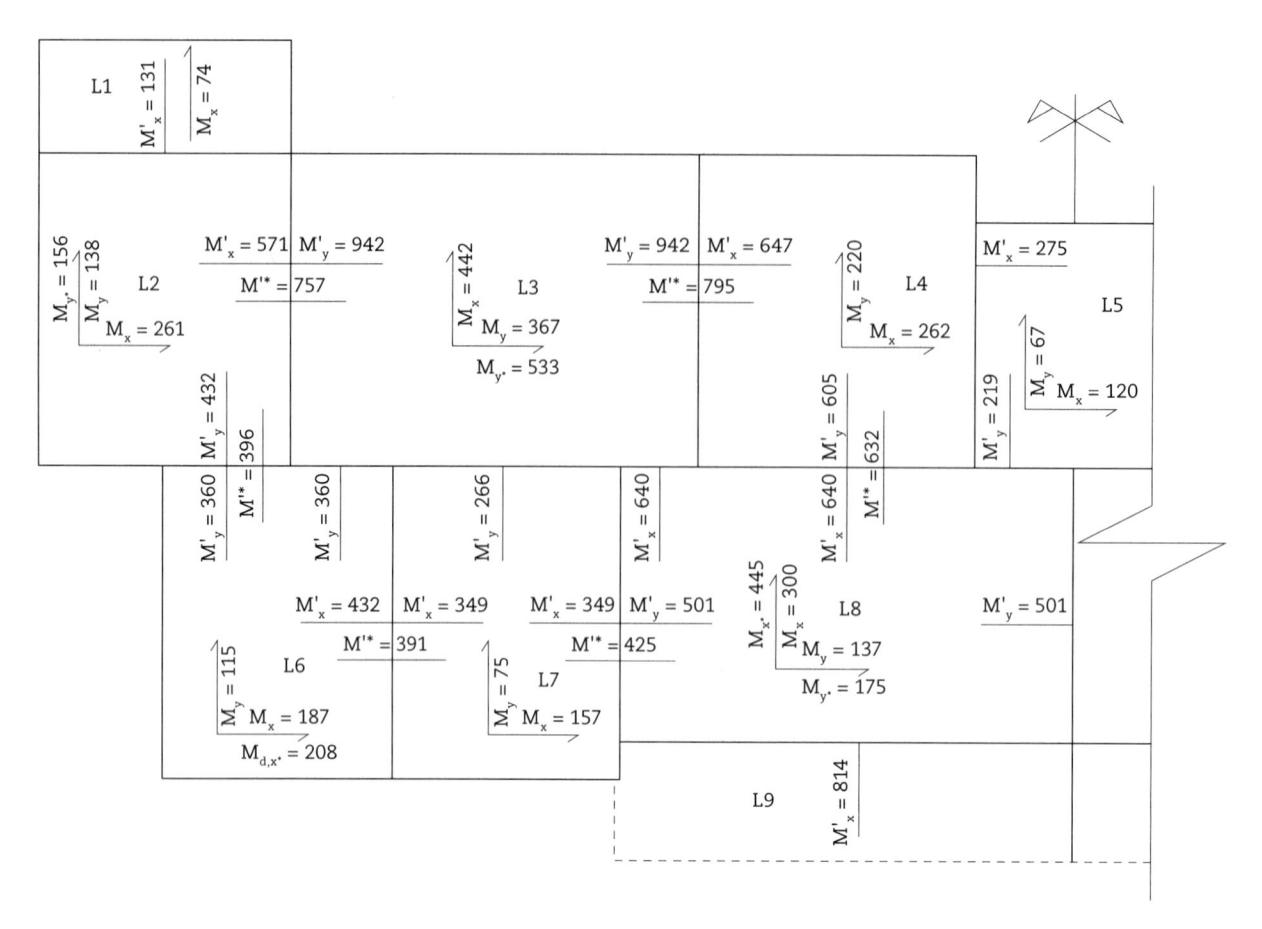

Fig. 12.9 Compatibilização de momentos fletores na combinação frequente (kN · cm/m)

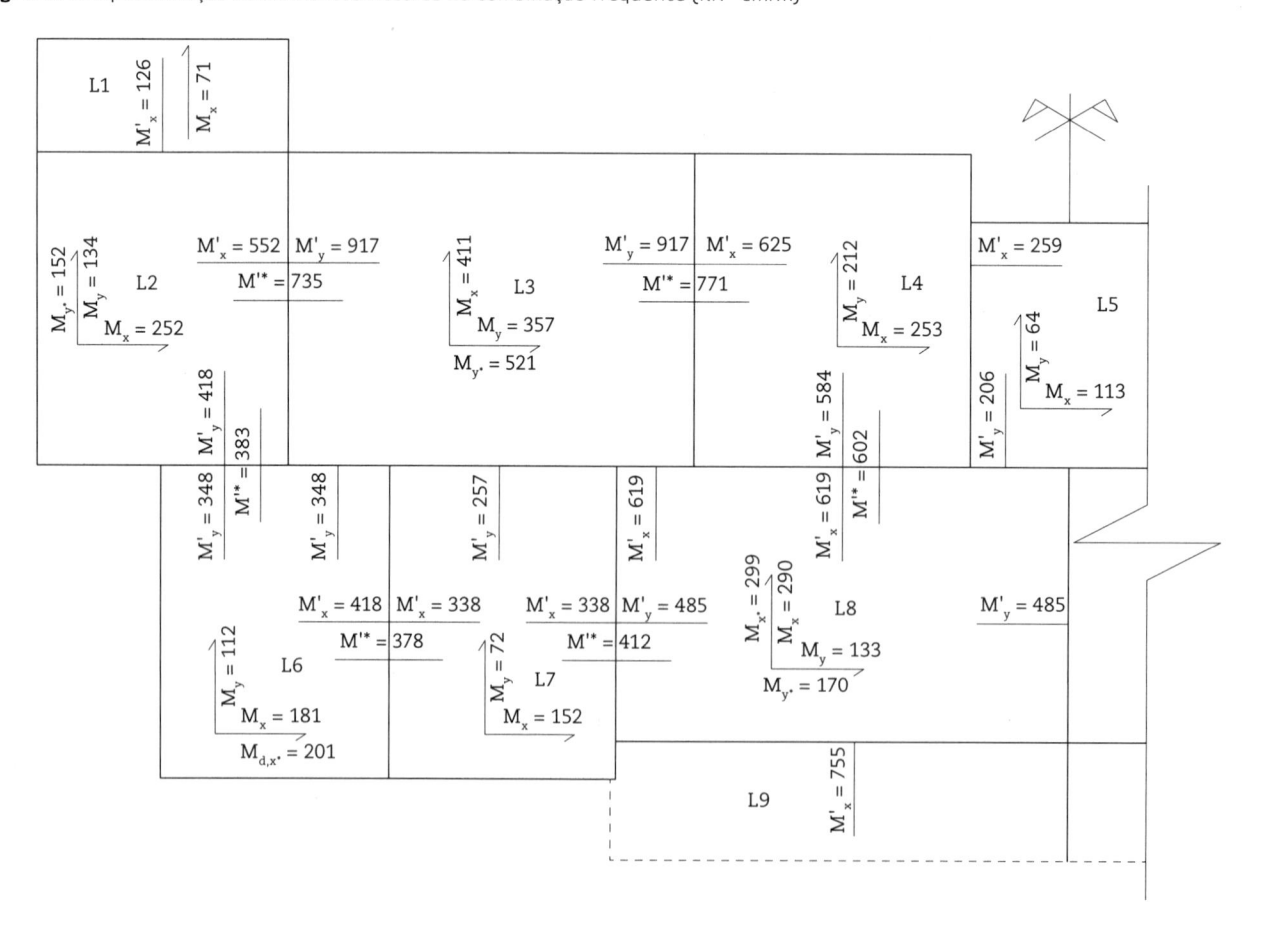

Fig. 12.10 Compatibilização de momentos fletores na combinação quase permanente (kN · cm/m)

$$V_{d,x} = \nu_x \cdot \frac{P_d \cdot l_x}{10} = 2{,}63 \times \frac{7{,}77 \times 3{,}15}{10} = 6{,}43 \text{ kN/m}$$

$$V'_{d,x} = \nu'_x \cdot \frac{P_d \cdot l_x}{10} = 3{,}90 \times \frac{7{,}77 \times 3{,}15}{10} = 9{,}54 \text{ kN/m}$$

$$V_{d,y} = \nu_y \cdot \frac{P_d \cdot l_x}{10} = 2{,}17 \times \frac{7{,}77 \times 3{,}15}{10} = 5{,}31 \text{ kN/m}$$

$$V'_{d,y} = \nu'_y \cdot \frac{P_d \cdot l_x}{10} = 3{,}17 \times \frac{7{,}77 \times 3{,}15}{10} = 7{,}76 \text{ kN/m}$$

Todas as lajes
Na Fig. 12.11 pode-se visualizar as forças cortantes devidas às combinações últimas normais de todas as lajes.

12.5 Dimensionamento do ELU para solicitações normais – flexão simples

Já que as lajes são maciças, elas terão seção retangular no dimensionamento à flexão. Foi colocado no enunciado que f_{ck} = 25 MPa. Utilizando a Tab. D.1, têm-se:

Laje unidirecional (L9)

$$k_c = \frac{b \cdot d^2}{M_d} = \frac{100 \times 9^2}{2.297} = 3{,}53 \therefore k_s = 0{,}026$$

$$A^-_{s,x} = \frac{k_s \cdot M_d}{d} = \frac{0{,}026 \times 2.297}{9} = 6{,}64 \text{ cm}^2/\text{m}$$

$$A^-_{s,x,mín} = \frac{0{,}15}{100} \cdot b \cdot h = \frac{0{,}15}{100} \times 100 \times 11 = 1{,}65 \text{ cm}^2/\text{m}$$

$$A^-_{s,x} = 6{,}64 \text{ cm}^2/\text{m} > A^-_{s,x,mín} = 1{,}65 \text{ cm}^2/\text{m}$$

$$\therefore A^-_{s,x} = 6{,}64 \text{ cm/m}$$

Adotando ϕ10 mm:

$$s = \frac{0{,}785}{6{,}64} = 0{,}11 \text{ m} = 11 \text{ cm} \therefore \phi10 \text{ c/11}$$

Recomenda-se a colocação de uma armadura secundária para melhor redistribuição de esforços.

$$A^-_{s,y} \geq \begin{cases} 0{,}2 A^-_{s,x} = 0{,}2 \times 6{,}64 = 1{,}33 \text{ cm}^2/\text{m} \\ 0{,}5 \rho_{mín} = 0{,}5 \times 1{,}65 = 0{,}83 \text{ cm}^2/\text{m} \\ 0{,}9 \text{ cm}^2/\text{m} \end{cases} \therefore A'_{s,y} = 1{,}33 \text{ cm}^2/\text{m}$$

Adotando ϕ6,3 mm:

$$s = \frac{0{,}31}{1{,}33} = 0{,}23 \text{ m} = 23 \text{ cm} \therefore \phi6{,}3 \text{ c/23}$$

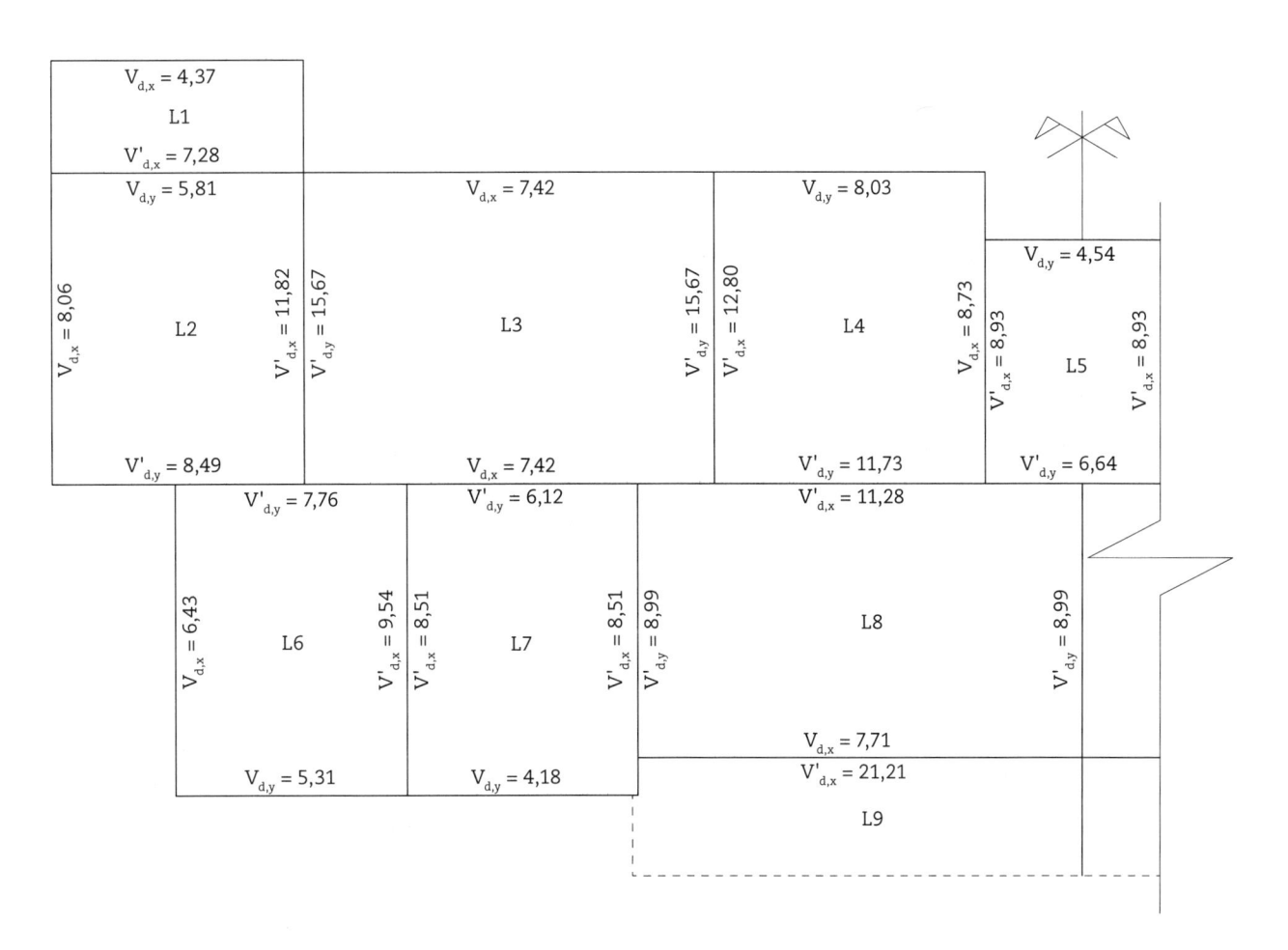

Fig. 12.11 Forças cortantes na combinação última normal (kN/m)

Laje bidirecional (L6)

Como essa laje é bidirecional, serão consideradas quatro armaduras diferentes no procedimento de cálculo, sendo duas positivas (direções x e y) e duas negativas (direções x e y).

Armadura positiva principal (direção x)

$$k_c = \frac{b \cdot d^2}{M_d} = \frac{100 \times 8,5^2}{348} = 20,76 \therefore k_s = 0,023$$

$$A_{s,x}^+ = \frac{k_s \cdot M_d}{d} = \frac{0,023 \times 348}{8,5} = 0,94 \text{ cm}^2/\text{m}$$

$$A_{s,x,mín}^+ = 0,67 \times \frac{0,15}{100} \cdot b \cdot h = 0,67 \times \frac{0,15}{100} \times 100 \times 11$$
$$= 1,11 \text{ cm}^2/\text{m}$$

$$A_{s,x}^+ = 0,94 \text{ cm}^2/\text{m} < A_{s,x,mín}^+ = 1,11 \text{ cm}^2/\text{m}$$
$$\therefore A_{s,x}^+ = 1,11 \text{ cm}^2/\text{m}$$

A armadura principal é detalhada dentro da sapata do minipainel da laje, junto com a treliça. Porém, é descontada a área de aço do banzo inferior das treliças ($A_{s,treliça}$). No enunciado foi mencionado que essas lajes teriam minipainéis de 25 cm de largura, com uma treliça TR 6644 centrada em cada painel. Portanto, em 1 m de largura de laje existem quatro minipainéis e oito fios de 4,2 mm (0,1385 cm²/fio em CA-60 ou 0,166 cm²/fio em CA-50).

$$A_{s,treliça} = 8 \times 0,166 = 1,33 \text{ cm}^2/\text{m} > A_{s,x}^+ = 1,11 \text{ cm}^2/\text{m}$$

Nesse caso, apenas as armaduras existentes nos banzos inferiores das treliças são suficientes para atender à taxa de armadura necessária.

Armadura positiva secundária (direção y)

$$k_c = \frac{b \cdot d^2}{M_d} = \frac{100 \times 7,5^2}{193} = 29,15 \therefore k_s = 0,023$$

$$A_{s,y}^+ = \frac{k_s \cdot M_d}{d} = \frac{0,023 \times 193}{7,5} = 0,59 \text{ cm}^2/\text{m}$$

$$A_{s,y,mín}^+ = 0,67 \times \frac{0,15}{100} \cdot b \cdot h = 0,67 \times \frac{0,15}{100} \times 100 \times 11$$
$$= 1,11 \text{ cm}^2/\text{m}$$

$$A_{s,y}^+ = 0,59 \text{ cm}^2/\text{m} < A_{s,y,mín}^+ = 1,11 \text{ cm}^2/\text{m}$$
$$\therefore A_{s,y}^+ = 1,11 \text{ cm}^2/\text{m}$$

Adotando $\phi 5$ mm:

$$s = \frac{0,2 \times 1,2}{1,11} = 0,21 \text{ m} = 21 \text{ cm} > 20 \text{ cm} \therefore \phi 5 \text{ c}/20$$

Armadura negativa principal (direção x)

$$k_c = \frac{b \cdot d^2}{M_d} = \frac{100 \times 9^2}{653} = 12,40 \therefore k_s = 0,024$$

$$A_{s,x}^- = \frac{k_s \cdot M_d}{d} = \frac{0,024 \times 653}{9} = 1,74 \text{ cm}^2/\text{m}$$

$$A_{s,x,mín}^- = \frac{0,15}{100} \cdot b \cdot h = \frac{0,15}{100} \times 100 \times 11 = 1,65 \text{ cm}^2/\text{m}$$

$$A_{s,x}^- = 1,74 \text{ cm}^2/\text{m} > A_{s,x,mín}^- = 1,65 \text{ cm}^2/\text{m}$$
$$\therefore A_{s,x}^- = 1,74 \text{ cm}^2/\text{m}$$

Adotando $\phi 6,3$ mm:

$$s = \frac{0,31}{1,74} = 0,17 \text{ m} = 17 \text{ cm} \therefore \phi 6,3 \text{ c}/17$$

Armadura negativa principal (direção y)

$$k_c = \frac{b \cdot d^2}{M_d} = \frac{100 \times 9^2}{662} = 12,24 \therefore k_s = 0,024$$

$$A_{s,y}^- = \frac{k_s \cdot M_d}{d} = \frac{0,024 \times 662}{9} = 1,77 \text{ cm}^2/\text{m}$$

$$A_{s,y,mín}^- = \frac{0,15}{100} \cdot b \cdot h = \frac{0,15}{100} \times 100 \times 11 = 1,65 \text{ cm}^2/\text{m}$$

$$A_{s,y}^- = 1,77 \text{ cm}^2/\text{m} > A_{s,y,mín}^- = 1,65 \text{ cm}^2/\text{m}$$
$$\therefore A_{s,y}^- = 1,77 \text{ cm}^2/\text{m}$$

Adotando $\phi 6,3$ mm:

$$s = \frac{0,31}{1,77} = 0,17 \text{ m} = 17 \text{ cm} \therefore \phi 6,3 \text{ c}/17$$

Todas as lajes

Nas Tabs. 12.4 e 12.5 são apresentadas as armaduras longitudinais positivas nas direções x e y, respectivamente, de todas as lajes. Na Tab. 12.6 são mostradas as armaduras longitudinais negativas.

12.6 Dimensionamento do ELU para solicitações tangenciais – força cortante

Comumente não se têm problemas devidos à força cortante em lajes maciças convencionais. Porém, é importante saber a ordem de grandeza e as situações em que corriqueiramente esse esforço não é preponderante. Nesse caso, recomenda-se sempre realizar tal verificação.

Tab. 12.4 Armaduras longitudinais positivas na direção x

Laje	l_x (cm)	h (cm)	$d_{pos,princ}$ (cm)	$M_{d,x}$ (kN·cm/m)	k_c	k_s	$A^+_{s,x}$ (cm²/m)	$A^+_{s,x,min}$ (cm²/m)	$A_{s,treliça}$ (cm²/m)	Armadura complementar
L1	150	11,0	8,5	123	59	0,023	0,33	1,65	1,33	1ϕ5 p/minipainel
L2	345	11,0	8,5	435	17	0,024	1,23	1,11	1,33	-
L3	415	12,0	9,5	685	13	0,024	1,73	1,21	1,33	-
L4	375	12,0	9,5	443	20	0,024	1,12	1,21	1,33	-
L5	269,4	11,0	8,5	226	32	0,023	0,61	1,11	1,33	-
L6	315	11,0	8,5	348	21	0,024	0,98	1,11	1,33	-
L7	315	11,0	8,5	262	28	0,023	0,71	1,11	1,33	-
L8	365	11,0	8,5	513	14	0,024	1,45	1,11	1,33	-
L9[a]	157,6	11,0	-	-	-	-	-	-		-

[a]Para a laje L9, só há esforços para dimensionar armaduras negativas, pois trata-se de uma laje em balanço. No entanto, recomenda-se colocar uma armadura positiva de colapso progressivo.

Tab. 12.5 Armaduras longitudinais positivas na direção y

Laje	l_x (cm)	h (cm)	$d_{pos,sec}$ (cm)	$M_{d,y}$ (kN·cm/m)	k_c	k_s	$A^+_{s,y}$ (cm²/m)	$A^+_{s,y,min}$ (cm²/m)	ϕ_{adot} (mm)[a]	s (cm)[b]
L1	150	11,0	-	-	-	-	-	0,90	5,0	26
L2	345	11,0	7,5	231	24	0,023	0,71	1,11	5,0	20
L3	415	12,0	8,5	849	9	0,024	2,40	1,21	6,3	13
L4	375	12,0	8,5	370	20	0,024	1,05	1,21	5,0	19
L5	269,4	11,0	7,5	127	44	0,023	0,39	1,11	5,0	20
L6	315	11,0	7,5	193	29	0,023	0,59	1,11	5,0	20
L7	315	11,0	7,5	125	45	0,023	0,38	1,11	5,0	20
L8	365	11,0	7,5	230	24	0,023	0,70	1,11	5,0	20
L9	157,6	11,0	-	-	-	-	-	0,90	5,0	26

[a]Para as armaduras CA-60, foi utilizada área de aço equivalente.

[b]Foi trabalhado um espaçamento máximo entre armaduras longitudinais de lajes bidirecionais de 20 cm, e, para lajes unidirecionais, de 33 cm.

Tab. 12.6 Armaduras longitudinais negativas

Junção de lajes	d (cm)[a]	M_d (kN·cm/m)	k_c	k_s	A^-_s (cm²/m)	$A^-_{s,min}$ (cm²/m)	ϕ_{adot} (mm)	s (cm)
L1/L2	9,0	218	37,16	0,023	0,56	1,65	6,3	18
L2/L3	9,0	1.242	6,52	0,024	3,31	1,8	8	15
L2/L6	9,0	662	12,24	0,024	1,77	1,8	6,3	17
L3/L4	10,0	1.311	7,63	0,024	3,15	1,8	8	15
L3/L6	9,0	602	13,46	0,024	1,61	1,8	6,3	17
L3/L7	9,0	444	18,24	0,024	1,18	1,8	6,3	17
L3/L8	9,0	1.070	7,57	0,024	2,85	1,8	8	17
L4/L5	9,0	517	15,67	0,024	1,38	1,8	6,3	17
L4/L8	9,0	1.046	7,74	0,024	2,79	1,8	8	18
L5/L8	9,0	412	19,66	0,024	1,10	1,65	6,3	18
L6/L7	9,0	653	12,40	0,024	1,74	1,65	6,3	17
L7/L8	9,0	711	11,39	0,024	1,90	1,65	6,3	16
L8/L8a	9,0	838	9,67	0,024	2,23	1,65	6,3	13
L9/L8	9,0	2.297	3,53	0,026	6,64	1,65	10	11

[a]Todas as junções de lajes estão com altura útil igual, sendo essa a menor altura útil da junção.

Laje unidirecional (L9)

Verificação da necessidade de armadura transversal

$$V_{Sd} \leq V_{Rd1} = \left[\tau_{Rd} \cdot k \cdot (1{,}2 + 40\rho_1) + 0{,}15\sigma_{cp}\right] \cdot b_w \cdot d$$

$$\tau_{Rd} = 0{,}25 f_{ctd} = 0{,}25 \times \frac{0{,}7 \times 0{,}3 f_{ck}^{2/3}}{\gamma_c} = 0{,}25 \times \frac{0{,}7 \times 0{,}3 \times 25^{2/3}}{1{,}4}$$
$$= 0{,}3206 \text{ MPa} = 320{,}6 \text{ kN/m}^2$$

$$k = |1{,}6 - d| = |1{,}6 - 0{,}11| = |1{,}49| \geq 1{,}0 \therefore k = 1{,}49$$

$$\rho_1 = \frac{A_{s1}}{b_w \cdot d} = \frac{\frac{100}{11} \times 0{,}785}{100 \times 9} = 0{,}00793 \leq 0{,}02 \therefore \rho_1 = 0{,}00793$$

$$V_{Sd} = 21{,}21 \text{ kN/m} \leq V_{Rd1} = \left[320{,}6 \times 1{,}49 \times (1{,}2 + 40 \times 0{,}00793)\right]$$
$$\times 1 \times 0{,}09 = 65{,}23 \text{ kN/m}$$

Como $V_{Sd} \leq V_{Rd1}$, a armadura transversal é dispensada.

Verificação do esmagamento do concreto

$$V_{Sd} \leq V_{Rd2} = 0{,}27\alpha_{v2} \cdot f_{cd} \cdot b_w \cdot d$$

$$\alpha_{v2} = 1 - \frac{f_{ck}}{250} = 1 - \frac{25}{250} = 0{,}9$$

$$V_{Sd} = 21{,}21 \text{ kN/m} \leq V_{Rd2} = 0{,}27 \times 0{,}9 \times \frac{2{,}5}{1{,}4} \times 100 \times 9$$
$$= 390{,}5 \text{ kN/m} \therefore \text{OK}$$

A única diferença desse caso em relação à laje L6 é que, para a verificação da força cortante em bordas apoiadas, a taxa de armadura ρ_1 é calculada com a armadura positiva, e não com a negativa.

Todas as lajes

Na Tab. 12.7 pode-se visualizar as verificações da força cortante para todas as lajes.

12.7 Verificação do ELS-F

Laje unidirecional (L9)

O momento de fissuração é dado da seguinte forma:

$$M_r = \frac{\alpha \cdot f_{ct} \cdot I_c}{y_t}$$

$$\alpha = 1{,}5$$

$$f_{ct} = f_{ctk,inf} = 0{,}7 \times 0{,}3 f_{ck}^{2/3} = 0{,}7 \times 0{,}3 \times 25^{2/3} = 1{,}795 \text{ MPa}$$
$$= 0{,}1795 \text{ kN/cm}^2$$

$$I_c = \frac{b \cdot h^3}{12} = \frac{100 \times 11^3}{12} = 11.091{,}67 \text{ cm}^4$$

$$y_t = \frac{h}{2} = \frac{11}{2} = 5{,}5 \text{ cm}$$

$$M_r = \frac{\alpha \cdot f_{ct} \cdot I_c}{y_t} = \frac{1{,}5 \times 0{,}1795 \times 11 \times 091{,}67}{5{,}5} = 543 \text{ kN} \cdot \text{cm/m}$$

Comparando o momento de fissuração com o momento devido à combinação rara para a laje L9 ($M'_x = 1.403$ kN·cm/m), indicado na Fig. 12.8, percebe-se que o momento devido à combinação rara é maior, ou seja, essa região está no Estádio II.

Todas as lajes

Na Tab. 12.8 são apresentados os lugares em que o momento devido à combinação rara foi maior do que o momento de fissuração.

Tab. 12.7 Verificações da força cortante

Laje	V_{sd} (kN/m)		V_{Rd1} (kN/m)		V_{Rd2} (kN/m)		Observação
	Borda apoiada	Borda engastada	Borda apoiada	Borda engastada	Borda apoiada	Borda engastada	
L1	4,37	7,28	55,21	54,90	390,54	390,54	OK
L2	8,06	11,82	53,71	58,00	390,54	390,54	OK
L3	7,42	15,67	53,35	57,61	390,54	390,54	OK
L4	8,73	12,8	53,35	58,59	390,54	390,54	OK
L5	4,54	8,93	53,47	55,10	390,54	390,54	OK
L6	6,43	9,54	53,71	55,10	390,54	390,54	OK
L7	4,18	8,51	53,47	55,10	390,54	390,54	OK
L8	7,11	11,28	53,71	56,93	390,54	390,54	OK
L9	-	21,21	-	65,23	-	390,54	OK

Observação: foram calculadas a maior força cortante em borda apoiada e a maior força cortante em borda engastada para todas as lajes. Como todas passaram, as bordas com menos força cortante também passarão nos cálculos.

Tab. 12.8 Verificação do ELS-F

Laje	Local	M_k (kN·cm/m)	M_r (kN·cm/m)
L2/L3	Momento negativo	887	543
L3/L4	Momento negativo	937	646,2
L3/L8	Momento negativo	764	543
L4/L8	Momento negativo	747	543
L8/L8a	Momento negativo	599	543
L8/L9	Momento negativo	1.403	543

12.8 Verificação do ELS-W
Laje unidirecional (L9)

O detalhamento para a laje L9 foi adotado em $\phi 10$ c/11. Nesse caso:

$$A^-_{s,x} = \frac{100}{s} \cdot A_{s,\phi} = \frac{100}{11} \times 0,785 = 7,14 \text{ cm}^2/\text{m}$$

$$\sigma_{si} = \frac{M_{CF}}{0,80d \cdot A_s} = \frac{814}{0,80 \times 9 \times 7,14} = 15,83 \text{ kN/cm}^2$$

$$\phi_i = 10 \text{ mm} = 1 \text{ cm}$$

$$\eta_1 = 2,25$$

$$E_{si} = 210 \text{ GPa} = 21.000 \text{ kN/cm}^2$$

$$f_{ct,m} = 0,3 \times 25^{2/3} = 2,56 \text{ MPa} = 0,256 \text{ kN/cm}^2$$

Para o cálculo da área crítica A_{cri}, pode-se observar a Fig. 12.12.

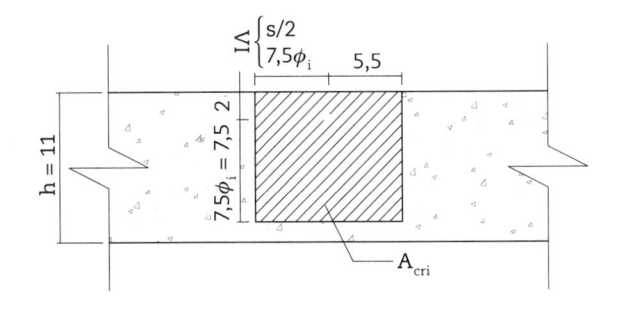

Fig. 12.12 Definição da área A_{cri} (cotas em cm)

$$A_{cri} = 11 \times 9,5 = 104,5 \text{ cm}^2$$

$$\rho_{ri} = \frac{A_{s,\phi i}}{A_{cri}} = \frac{0,785}{104,5} = 0,00751$$

$$w_{k1} = \frac{\phi_i \cdot 3\sigma_{si}^2}{12,5\eta_1 \cdot E_{si} \cdot f_{ct,m}} = \frac{1 \times 3 \times 15,83^2}{12,5 \times 2,25 \times 21.000 \times 0,256}$$
$$= 0,00497 \text{ cm} = 0,05 \text{ mm}$$

$$w_{k2} = \frac{\phi_i \cdot \sigma_{si}}{12,5\eta_1 \cdot E_{si}} \cdot \left(\frac{4}{\rho_{ri}} + 45\right) = \frac{1 \times 15,83}{12,5 \times 2,25 \times 21.000}$$
$$\times \left(\frac{4}{0,00751} + 45\right) = 0,0155 \text{ cm} = 0,155 \text{ mm}$$

Como indicado na norma, o menor valor deve ser adotado. Logo, a abertura estimada é de 0,05 mm, valor abaixo do limite para CAA II, que é de 0,3 mm.

Todas as lajes

Na Tab. 12.9 pode-se visualizar o cálculo de abertura de fissuras para as outras regiões em que o pavimento está no Estádio II.

12.9 Verificação do ELS-DEF
Laje unidirecional (L9)

A flecha inicial para a laje unidirecional L9 pode ser calculada utilizando a superposição de efeitos. As equações são apresentadas na Tab. E.1, enquanto as ações e as distâncias são ilustradas na Fig. 12.13.

$$a_{total} = a_i \cdot (1 + \alpha_f)$$

$$a_i = \frac{1}{8} \cdot \frac{q \cdot l^4}{E \cdot I} + \frac{1}{3} \cdot \frac{p \cdot l^3}{E \cdot I}$$

Para determinar a inércia, é preciso verificar se o elemento está no Estádio I ou no Estádio II.

$$M_r = \frac{\alpha \cdot f_{ct} \cdot I_c}{y_t}$$

$$\alpha = 1,5$$

Tab. 12.9 Verificação do ELS-W

Laje	ϕ_{adot} (mm)	s (cm)	A_s (cm²/m)	σ_{si} (kN/cm²)	A_{cri} (cm²)	ρ_{ri}	w_{k1} (mm)	w_{k2} (mm)	w_{est} (mm)	Limite (mm)	Observação
L2/L3	8	15	3,35	31,38	94,8	0,00531	0,156	0,340	0,156	0,3	OK
L3/L4	8	13	3,87	25,70	94,8	0,00531	0,105	0,278	0,105	0,3	OK
L3/L8	8	17	2,96	30,06	94,8	0,00531	0,143	0,325	0,143	0,3	OK
L4/L8	8	18	2,79	30,99	94,8	0,00531	0,152	0,335	0,152	0,3	OK
L8/L8a	6,3	13	2,40	29,02	61,803	0,00505	0,105	0,259	0,105	0,3	OK
L8/L9	10	11	7,14	15,83	104,5	0,00751	0,050	0,155	0,050	0,3	OK

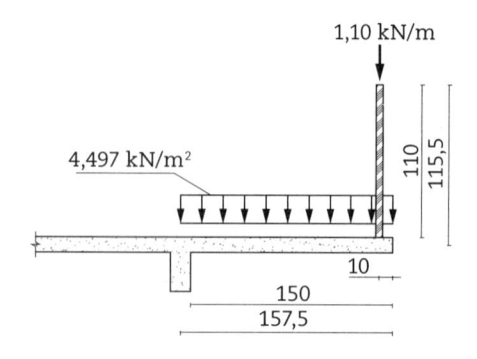

Fig. 12.13 Combinação quase permanente para o ELS-DEF na laje L9 (cotas em cm)

$$f_{ct} = f_{ct,m} = 0{,}3 f_{ck}^{2/3} = 0{,}3 \times 25^{2/3} = 2{,}565 \text{ MPa}$$
$$= 0{,}2565 \text{ kN/cm}^2$$

$$I_c = \frac{b \cdot h^3}{12} = \frac{100 \times 11^3}{12} = 11.091{,}67 \text{ cm}^4$$

$$y_t = \frac{h}{2} = \frac{11}{2} = 5{,}5 \text{ cm}$$

$$M_r = \frac{\alpha \cdot f_{ct} \cdot I_c}{y_t} = \frac{1{,}5 \times 0{,}2565 \times 11.091{,}67}{5{,}5} = 775{,}91 \text{ kN} \cdot \text{cm/m}$$

Comparando o momento de fissuração com o momento devido à combinação quase permanente para a laje L9 ($M'_x = 755$ kN · cm/m), indicado na Fig. 12.10, percebe-se que o momento devido à combinação quase permanente é menor, ou seja, essa região está no Estádio I.

$$E_{cs} = \alpha_i \cdot \alpha_E \cdot 5.600 \cdot \sqrt{f_{ck}}$$

$$\alpha_i = 0{,}8 + 0{,}2 \cdot \frac{f_{ck}}{80} = 0{,}8 + 0{,}2 \times \frac{25}{80} = 0{,}8625$$

$$\alpha_E = 1{,}0 \text{ (granito)}$$

$$E_{cs} = 0{,}8625 \times 1{,}0 \times 5.600 \times \sqrt{25} = 24.150 \text{ MPa} = 2.415 \text{ kN/cm}^2$$

$$a_i = \frac{1}{8} \times \frac{0{,}04497 \times 157{,}5^4}{2.415 \times 11.091{,}67} + \frac{1}{3} \times \frac{1{,}10 \times 147{,}5^3}{2.415 \times 11.091{,}67} = 0{,}173 \text{ cm}$$

Para estimar a flecha diferida, é adotada uma retirada de escoramento em 30 dias.

$$\alpha_f = \frac{\Delta \xi}{1 + 50\rho'}$$

$\rho' = 0$ (não tem armadura de compressão)

Utilizando a Tab. 9.2, pode-se estimar os valores de tempo para a determinação dos ξ.

$$\alpha_f = \frac{2 - 0{,}68}{1} = 1{,}32$$

$$a_{total} = 0{,}173 \times (1 + 1{,}32) = 0{,}40 \text{ cm}$$

O limite de flecha para essa laje é de l/125 (laje em balanço). Sendo assim:

$$a_{limite} = \frac{l}{125} = \frac{157{,}5}{125} = 1{,}26 \text{ cm} > 0{,}40 \text{ cm} \therefore \text{OK}$$

Todas as lajes
Na Tab. 12.10 são apresentados os valores de flecha para todas as lajes.

12.10 Detalhamento das armaduras
Na Fig. 12.14 são ilustradas as armaduras positivas complementares de obra. Na Fig. 12.15 são mostradas as armaduras negativas. Recomenda-se ainda colocar armadura negativa de borda em todas as bordas da periferia.

Laje unidirecional (L9)
Para lajes em balanço, o comprimento da armadura negativa para dentro da laje interna recomendado é de:

Comprimento interno $\geq 1{,}5 \cdot$ balanço $= 1{,}5 \times 157{,}5 = 236{,}25$ cm

Tab. 12.10 Verificação do ELS-DEF

Laje	M_r	M_{CQP}	Estádio	E_{cs} (kN/cm²)	I (cm⁴)	l_x (cm)	a_i (cm)	a_{total} (cm)	a_{limite} (cm)
L1	775,91	71	I	2.415	11.091,67	150	0,005	0,011	0,60
L2	775,91	252	I	2.415	11.091,67	345	0,081	0,188	1,38
L3	923,40	441	I	2.415	14.400,00	415	0,196	0,454	1,66
L4	923,40	253	I	2.415	14.400,00	375	0,079	0,184	1,50
L5	775,91	113	I	2.415	11.091,67	269,4	0,018	0,043	1,08
L6	775,91	201	I	2.415	11.091,67	315	0,052	0,121	1,26
L7	775,91	152	I	2.415	11.091,67	315	0,034	0,079	1,26
L8	775,91	290	I	2.415	11.091,67	365	0,114	0,264	1,46
L9	775,91	755	I	2.415	11.091,67	157,6	0,173	0,400	1,26

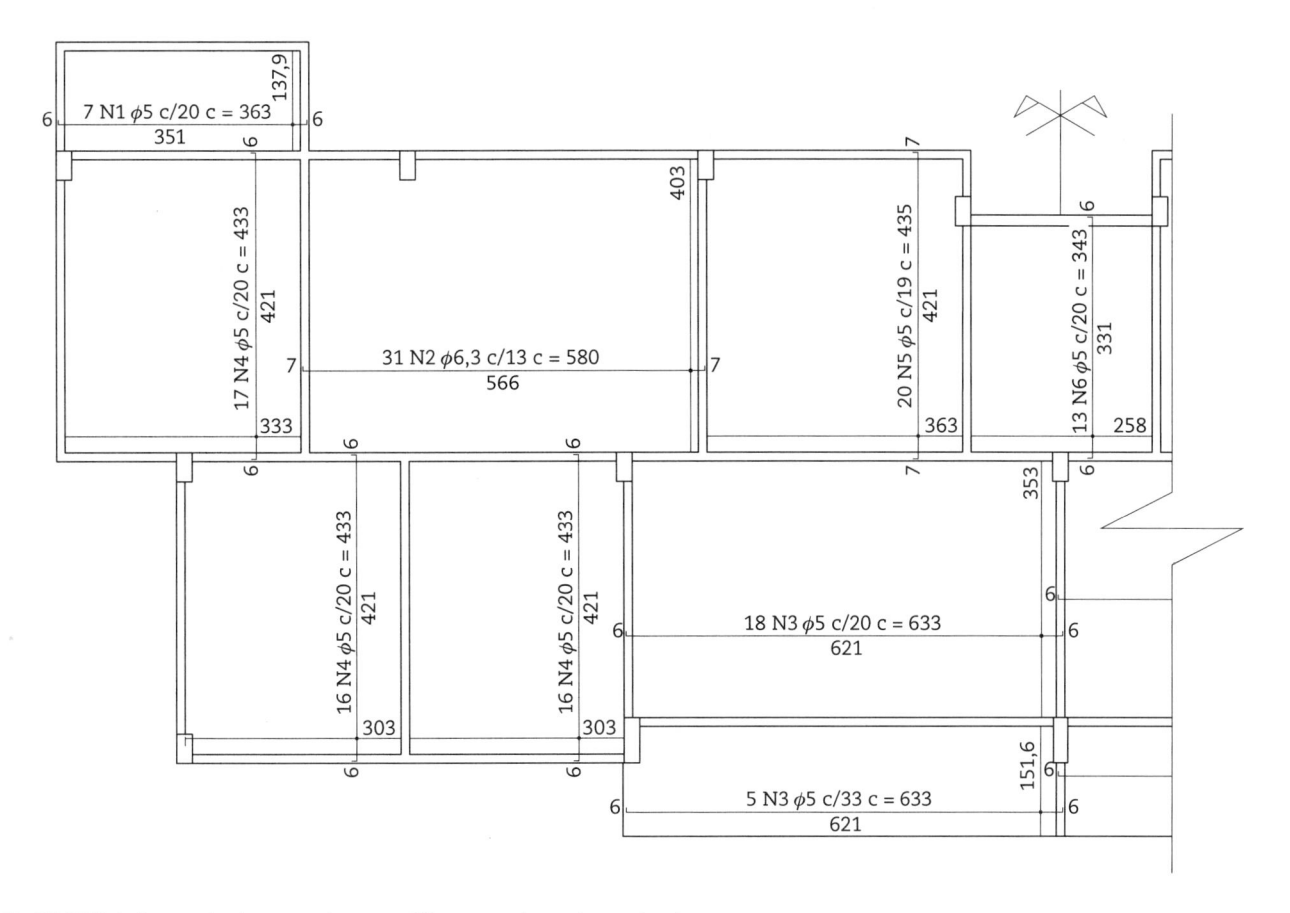

Fig. 12.14 Detalhamento das armaduras positivas complementares de obra

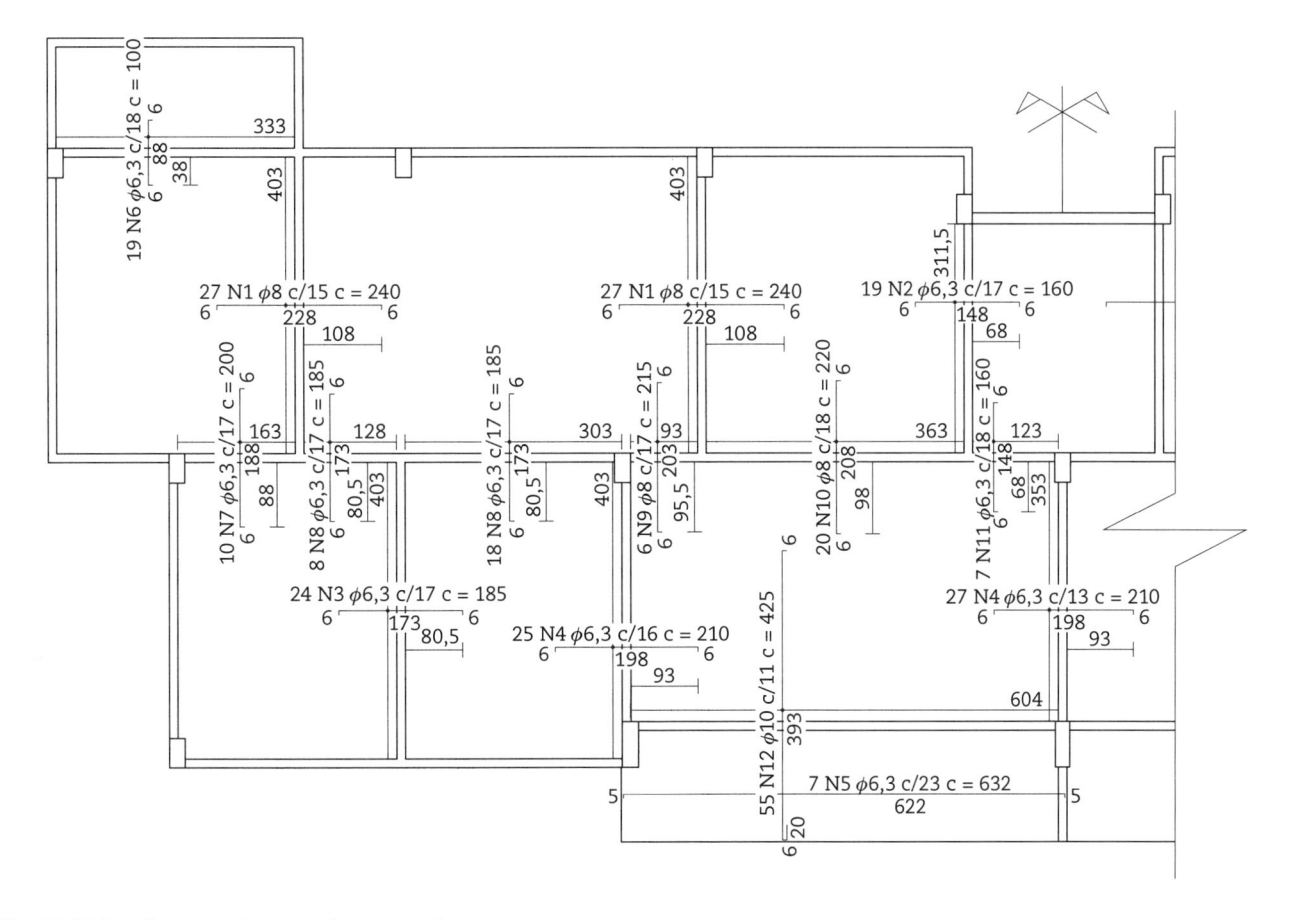

Fig. 12.15 Detalhamento das armaduras negativas

Exemplo completo de pavimento em laje maciça treliçada 197

Laje bidirecional (L6)

Foi adotado um único comprimento de armadura negativa para cada momento negativo da laje. Para determinar o comprimento das armaduras negativas, deve-se calcular o valor de a_1, que é o comprimento do eixo da viga até o final da armadura.

$$a_1 \geq \begin{cases} a_l + l_b \\ 0{,}25l + 10\phi \end{cases}$$

Direção x

$$a_l = 1{,}5d = 1{,}5 \times 9 = 13{,}5 \text{ cm}$$

$$l_b = \alpha \cdot \frac{\phi}{4} \cdot \frac{f_{yd}}{f_{bd}}$$

$\alpha = 0{,}7$ (barras com gancho)

$\phi = 6{,}3 \text{ mm} = 0{,}63 \text{ cm}$

$f_{bd} = \eta_1 \cdot \eta_2 \cdot \eta_3 \cdot f_{ctd}$

$\eta_1 = 2{,}25$ (barras nervuradas)

$\eta_2 = 1{,}00$ (região de boa aderência)

$\eta_3 = 1{,}00$ ($\phi \leq 32$ mm)

$$f_{ctd} = \frac{f_{ctk,inf}}{\gamma_c} = \frac{0{,}7 \times 0{,}3 f_{ck}^{2/3}}{\gamma_c} = \frac{0{,}7 \times 0{,}3 \times 25^{2/3}}{1{,}4} = 1{,}282 \text{ MPa}$$
$$= 0{,}1282 \text{ kN/cm}^2$$

$$f_{bd} = 2{,}25 \times 1{,}00 \times 1{,}00 \times 0{,}1282 = 0{,}289 \text{ kN/cm}^2$$

$$l_b = 0{,}7 \times \frac{0{,}63}{4} \times \frac{\frac{50}{1{,}15}}{0{,}289} = 16{,}59 \text{ cm}$$

$$a_1 \geq \begin{cases} a_l + l_b = 13{,}5 + 16{,}59 = 30{,}09 \text{ cm} \\ 0{,}25l + 10\phi = 0{,}25 \times 315 \\ \quad + 10 \times 0{,}63 = 85{,}05 \text{ cm} \end{cases} \therefore a_1 = 85{,}05 \text{ cm}$$

Direção y

A única informação que muda para essa direção é o valor de l. Nesse caso:

$$a_1 \geq \begin{cases} a_l + l_b = 13{,}5 + 16{,}59 = 30{,}09 \text{ cm} \\ 0{,}25l + 10\phi = 0{,}25 \times 345 \\ \quad + 10 \times 0{,}63 = 92{,}55 \text{ cm} \end{cases} \therefore a_1 = 92{,}55 \text{ cm}$$

Todas as lajes

Na Tab. 12.11 são apresentados os valores de comprimento a_1 para todas as barras negativas.

Tab. 12.11 Comprimento a_1 para detalhamento das barras negativas

Laje	d (cm)	a_l (cm)	ϕ (mm)	f_{bd} (kN/cm²)	l_b (cm)	$a_l + l_b$ (cm)	$0{,}25l + 10\phi$ (cm)	a_1 (cm)
L1/L2	9,0	13,5	6,30	0,289	16,59	30,09	43,80	43,80
L2/L3	9,0	13,5	8,00	0,289	21,06	34,56	111,75	111,75
L2/L6	9,0	13,5	6,30	0,289	16,59	30,09	92,55	92,55
L3/L4	10,0	15	8,00	0,289	21,06	36,06	111,75	111,75
L3/L6	9,0	13,5	6,30	0,289	16,59	30,09	85,05	85,05
L3/L7	9,0	13,5	6,30	0,289	16,59	30,09	85,05	85,05
L3/L8	9,0	13,5	8,00	0,289	21,06	34,56	99,25	99,25
L4/L5	9,0	13,5	6,30	0,289	16,59	30,09	73,65	73,65
L4/L8	9,0	13,5	8,00	0,289	21,06	34,56	101,75	101,75
L5/L8	9,0	13,5	6,30	0,289	16,59	30,09	73,65	73,65
L6/L7	9,0	13,5	6,30	0,289	16,59	30,09	85,05	85,05
L7/L8	9,0	13,5	6,30	0,289	16,59	30,09	97,55	97,55
L8/L8a	9,0	13,5	6,30	0,289	16,59	30,09	97,55	97,55
L9/L8	9,0	13,5	10,00	0,289	26,33	39,83	49,40	49,40

EXEMPLO COMPLETO DE PAVIMENTO EM LAJE NERVURADA COM VIGOTA TRELIÇADA

13

A arquitetura utilizada para este exemplo é a mesma do Cap. 12. Trata-se de uma edificação com vãos moderados e posicionamento de pilares não uniforme, simulando um pavimento-tipo de edificação residencial com área de 244 m², em perímetro urbano, tendo simetria em torno do eixo y. Devido à simetria, durante o exemplo numérico foi dimensionada apenas metade das lajes da edificação, uma vez que essa metade representa a edificação toda. Sua arquitetura é apresentada na Fig. 12.1.

Foram adotadas vigotas de 13 cm de largura, com elementos de enchimento cerâmico de 30 cm de largura, formando um intereixo de 43 cm. Também foram utilizados os valores mínimos normativos de resistência característica de concreto e cobrimento nominal, considerando os elementos como pré-fabricados. Sendo assim, f_{ck} = 25 MPa, $c_{nom,sup}$ = 15 mm e $c_{nom,inf}$ = 20 mm. Foi usado granito como agregado graúdo.

Para a determinação das ações permanentes em toda a laje, considerou-se argamassa de nivelamento de 4 cm, porcelanato com espessura de 9 mm e forro de gesso acartonado. Foi adotado *drywall* em todas as paredes internas e distância entre pisos de 306 cm. A definição das ações variáveis seguiu a Tabela 10 da NBR 6120 (ABNT, 2019).

Tanto o exemplo contido no Cap. 12 quanto este exemplo são constituídos de lajes convencionais (apoiadas em vigas), e a configuração do posicionamento de seus pilares, vigas e vinculações é igual. Na Fig. 12.2 pode-se visualizar as vigas e os pilares posicionados, bem como as paredes que ficaram apoiadas nas lajes.

O dimensionamento de lajes nervuradas unidirecionais e bidirecionais com vigotas treliçadas possui diferenças basicamente na determinação dos esforços e nas armaduras mínimas para o detalhamento.

Sugere-se um roteiro de cálculo para o dimensionamento da laje nervurada com vigotas treliçadas:

1. determinar as vinculações das lajes;
2. pré-dimensionar a altura das lajes;
3. determinar as ações atuantes e as combinações de ações;
4. calcular os esforços solicitantes;
5. dimensionar o ELU para solicitações normais – flexão simples;
6. dimensionar o ELU para solicitações normais – flexão na mesa;
7. dimensionar o ELU para solicitações tangenciais – força cortante;
8. dimensionar o ELU para solicitações tangenciais – ligação mesa-nervura;
9. verificar o ELS-F;
10. verificar o ELS-W;
11. verificar o ELS-DEF;

12. verificar o ELS-VE (verificação comumente feita por meios computacionais);
13. detalhar as armaduras;
14. calcular o espaçamento entre linhas de escora (procedimento não realizado no presente exemplo).

13.1 Determinação das vinculações das lajes

O posicionamento das vigas e dos pilares está descrito na Fig. 12.2, e os tipos e as vinculações das lajes estão mostrados na Fig. 12.3. Para o exemplo numérico não ficar muito repetitivo, foram calculadas passo a passo apenas uma laje unidirecional (L9) e uma laje bidirecional (L6). Os resultados de cálculo das outras lajes foram apresentados em formato de tabela.

13.2 Pré-dimensionamento da altura das lajes

Foi adotado ϕ_{ref} = 10 mm. Para o $c_{nom,sup}$, utilizou-se o comentário (b) da Tab. 3.1, adaptada da NBR 6118 (ABNT, 2023), segundo o qual é permitida a redução do cobrimento nominal superior para até 15 mm em situações em que a armadura não passe de 15 mm de diâmetro e a face superior da laje seja revestida. Na Fig. 13.1 apresentam-se as características das vigotas e das lajotas adotadas. Trata-se de vigotas com 13 cm de largura e lajotas cerâmicas com 30 cm de largura, formando intereixo de 43 cm na direção principal e 50 cm na direção secundária. A espessura da sapata de concreto é de 3 cm.

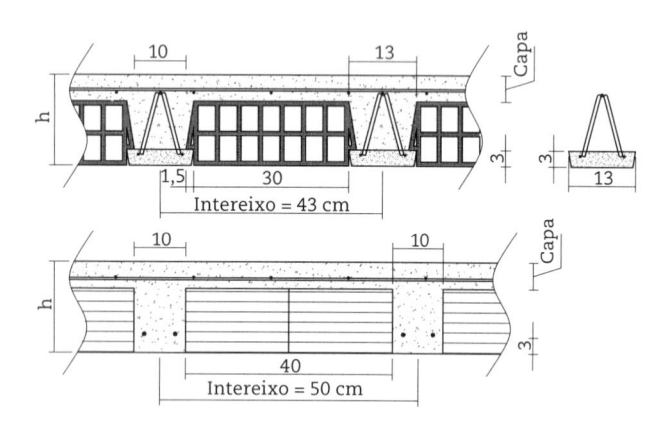

Fig. 13.1 Características da vigota e da lajota utilizadas

Para o pré-dimensionamento da laje em balanço, foi adotada a Eq. 6.1. Para as demais lajes, foram utilizados os ábacos propostos no Cap. 6.

Laje unidirecional (L9)

$$d_{est} = \frac{l}{\chi_1 \cdot \chi_2} = \frac{157,6}{0,5 \times 17} = 18,54 \text{ cm}$$

$$h_{est} = d_{est} + \frac{\phi_{ref}}{2} + c_{nom,sup} = 18,54 + \frac{1,0}{2} + 1,5 = 20,54 \text{ cm} \approx 21 \text{ cm}$$

Mesmo o h_{est} sendo de 21 cm, foi calculado com 17 cm.

$$d_{neg} = h - c_{nom,sup} - \frac{\phi_{ref}}{2} = 17 - 1,5 - \frac{1,0}{2} = 15 \text{ cm}$$

Laje bidirecional (L6)

$$\lambda = \frac{l_y}{l_x} = \frac{415,1}{315} = 1,32$$

Para a utilização dos ábacos, adotou-se λ = 1,25. Como se trata de uma laje tipo 3, ela está simplesmente apoiada em duas bordas e engastada em outras duas. Sendo assim, foram consultados os ábacos das Figs. 6.4C e 6.5C para estimar a espessura inicial. Foi estabelecida inicialmente uma carga de 5 kN/m² (sem levar em conta o peso próprio). Na Fig. 13.2 é mostrado o pré-dimensionamento da laje L6 com o uso de tais ábacos.

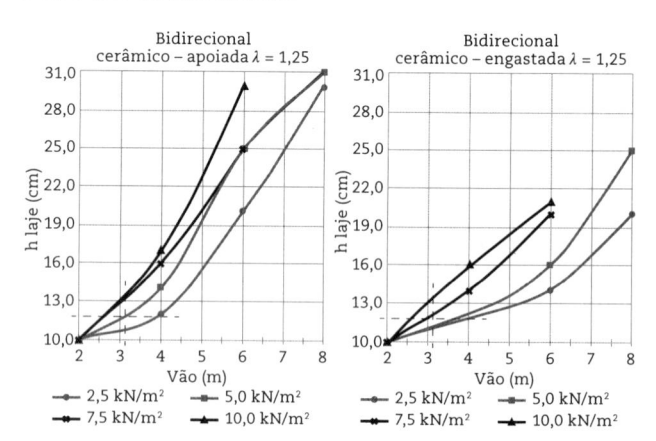

Fig. 13.2 Pré-dimensionamento da laje L6

Analisando os ábacos ilustrados nessa figura, conclui-se que o pré-dimensionamento para a laje L6 está entre 11 cm e 12 cm. Foi adotada a espessura de 13 cm.

$$d_{pos,princ} = h - c_{nom,inf} - \frac{\phi_{ref}}{2} = 13 - 2 - \frac{1,0}{2} = 10,5 \text{ cm}$$

$$d_{pos,sec} = h - c_{nom,inf} - \phi_{ref} - \frac{\phi_{ref}}{2} = 13 - 2 - 1 - \frac{1,0}{2} = 9,5 \text{ cm}$$

$$d_{neg} = h - c_{nom,sup} - \frac{\phi_{ref}}{2} = 13 - 1,5 - \frac{1,0}{2} = 11 \text{ cm}$$

Todas as lajes

Na Tab. 13.1 são apresentadas a espessura e a altura útil das lajes.

Tab. 13.1 Pré-dimensionamento da espessura e da altura útil das lajes

Laje	l_x (cm)	l_y (cm)	l_y/l_x	Tipo de laje	h_{adot} (cm)	$d_{pos,princ}$ (cm)	$d_{pos,sec}$ (cm)	$d_{neg,princ}$ (cm)
L1	150	315	2,10	Engaste/apoio	13,00	10,5	-	11,0
L2	315	415	1,32	3 ou 2B	13,00	10,5	9,50	11,0
L3	415	560	1,35	4A	17,00	14,5	13,50	15,0
L4	375	415	1,11	3	17,00	14,5	13,50	15,0
L5	269,4	325	1,21	5B	13,00	10,5	9,50	11,0
L6	315	415,1	1,32	3	13,00	10,5	9,50	11,0
L7	315	415,1	1,32	5B	13,00	10,5	9,50	11,0
L8	365	615	1,68	5A	17,00	14,5	13,50	15,0
L9	157,6	615	3,90	Balanço	17,00	-	-	15,0

Observação: para as lajes com 13 cm de espessura, foi utilizada a treliça TR 8644, e, para as lajes com 17 cm de espessura, a treliça TR 12645.

Na Fig. 13.3 pode-se visualizar a pré-forma. Percebe-se que foram deixadas faixas maciças nas bordas engastadas de lajes com regiões com descontinuidade de nervuras no engastamento.

13.3 Determinação das ações e das combinações de ações

Seguem os pesos específicos dos materiais e as ações variáveis sugeridas de acordo com a NBR 6120 (ABNT, 2019):

- concreto armado: 25 kN/m³;
- lajota cerâmica: 6,5 kN/m³;
- argamassa de cimento e areia: 21 kN/m³;
- porcelanato: 23 kN/m³;
- forro de gesso acartonado: 0,25 kN/m²;
- paredes de *drywall*: 0,5 kN/m² de parede;
- peso próprio do guarda-corpo: 0,5 kN/m;
- ação variável vertical no guarda-corpo: 2 kN/m;
- ação variável horizontal no guarda-corpo: 1 kN/m;

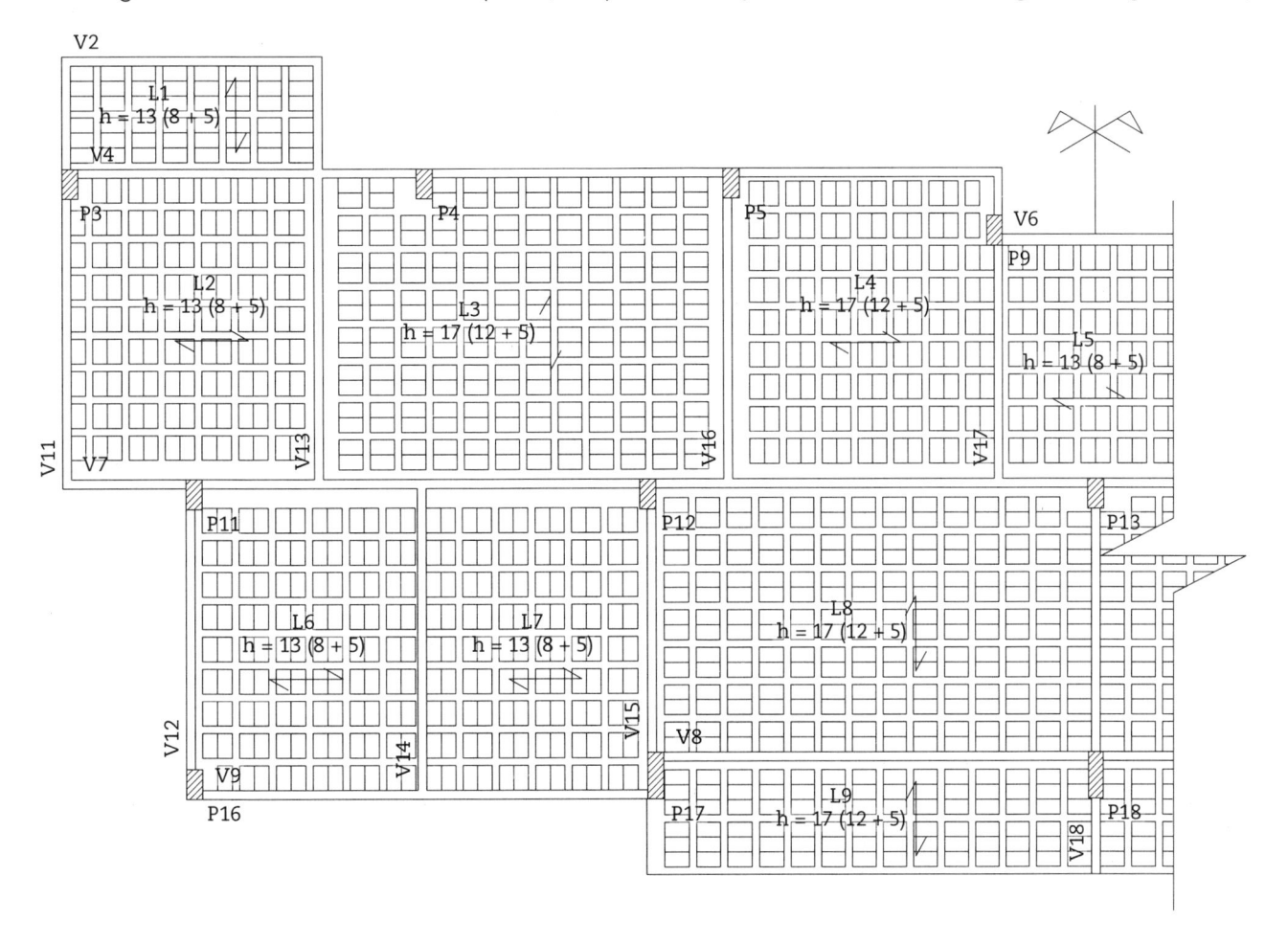

Fig. 13.3 Pré-forma

- ação variável para apartamento: 1,5 kN/m²;
- ação variável para área de serviço: 2 kN/m²;
- ação variável para corredor de uso comum: 3 kN/m².

Composição das ações

Laje unidirecional (L9)

$$\text{Peso próprio} = \text{Volume}_{mesa} \cdot \gamma_{concreto} + \text{Volume}_{nervura} \cdot \gamma_{concreto} + \text{Volume}_{cerâmica} \cdot \gamma_{cerâmica}$$

$$\text{Volume}_{mesa} \cdot \gamma_{concreto} = 0,05 \times 25 = 1,25 \text{ kN/m}^2$$

$$\text{Volume}_{nervura} \cdot \gamma_{concreto} = \frac{0,1 \times 0,12 \times 0,70 + 0,1 \times 0,12 \times 0,3}{0,43 \times 0,70} \times 25 = 0,997 \text{ kN/m}^2$$

$$\text{Volume}_{cerâmica} \cdot \gamma_{cerâmica} = \frac{0,33 \times 0,60}{0,43 \times 0,70} \times 0,12 \times 6,5 = 0,513 \text{ kN/m}^2$$

$$\text{Peso próprio} = 1,25 + 0,997 + 0,513 = 2,76 \text{ kN/m}^2$$

$$\text{Ação permanente} = h_{nivelamento} \cdot \gamma_{nivelamento} + h_{porcelanato} \cdot \gamma_{porcelanato} + \text{peso próprio} + \text{forro de gesso}$$
$$= 0,04 \times 21 + 0,009 \times 23 + 2,76 + 0,25$$
$$= 4,06 \text{ kN/m}^2$$

Além dessa composição de ações por metro quadrado, ainda existe a ação do guarda-corpo.

Laje bidirecional (L6)

$$\text{Peso próprio} = \text{Volume}_{mesa} \cdot \gamma_{concreto} + \text{Volume}_{nervura} \cdot \gamma_{concreto} + \text{Volume}_{EPS} \cdot \gamma_{EPS}$$

$$\text{Volume}_{mesa} \cdot \gamma_{concreto} = 0,05 \times 25 = 1,25 \text{ kN/m}^2$$

$$\text{Volume}_{nervura} \cdot \gamma_{concreto} = \frac{0,1 \times 0,08 \times 0,5 + 0,1 \times 0,08 \times 0,3}{0,43 \times 0,50} \times 25 = 0,744 \text{ kN/m}^2$$

$$\text{Volume}_{cerâmica} \cdot \gamma_{cerâmica} = \frac{0,33 \times 0,40}{0,43 \times 0,50} \times 0,08 \times 6,5 = 0,319 \text{ kN/m}^2$$

$$\text{Peso próprio} = 1,25 + 0,744 + 0,319 = 2,313 \text{ kN/m}^2$$

$$\text{Ação permanente} = h_{nivelamento} \cdot \gamma_{nivelamento} + h_{porcelanato} \cdot \gamma_{porcelanato} + \text{peso próprio} + \text{forro de gesso}$$
$$= 0,04 \times 21 + 0,009 \times 23 + 2,313 + 0,25$$
$$= 3,61 \text{ kN/m}^2$$

Todas as lajes

Na Tab. 13.2 pode-se visualizar as ações permanentes e variáveis de todas as lajes.

Para determinar as combinações, deve-se identificar a origem das ações. Como se trata de uma edificação residencial, foram adotados os valores de $\Psi_1 = 0,4$ e $\Psi_2 = 0,3$.

Combinação última normal

Laje unidirecional (L9)

Carga por metro quadrado:

$$F_d = \sum_{i=1}^{m} \gamma_{gi} \cdot F_{Gi,k} + \gamma_q \cdot F_{Qk} = 4,06 \times 1,4 \times 1,1 + 1,5 \times 1,4 \times 1,1 = 8,56 \text{ kN/m}^2$$

Pelo fato de a laje L9 ser em balanço, no cálculo da combinação última normal entra o fator $\gamma_n = 1,1$, indicado na Tabela 13.2 da NBR 6118 (ABNT, 2023).

Carga linear vertical:

$$F_d = \sum_{i=1}^{m} \gamma_{gi} \cdot F_{Gi,k} + \gamma_q \cdot F_{Qk} = 0,5 \times 1,4 \times 1,1 + 2 \times 1,4 \times 1,1 = 3,85 \text{ kN/m}$$

Tab. 13.2 Ações nas lajes

Laje	Ação permanente (kN/m²)				Total (kN/m²)	Variável (kN/m²)	Permanente linear (kN/m)	Variável vertical linear (kN/m)	Variável horizontal linear (kN/m)
	Peso próprio	Regularização e revestimento	Forro de gesso	Paredes[a]					
L1	2,19	2,91	0,25	-	3,55	1,50	-	-	-
L2	2,24	2,91	0,25	-	3,61	1,50	-	-	-
L3	2,73	2,91	0,25	0,75	4,89	1,50	-	-	-
L4	2,73	2,91	0,25	0,75	4,89	2,00	-	-	-
L5	2,24	2,91	0,25	-	3,61	3,00	-	-	-
L6	2,24	2,91	0,25	-	3,61	1,50	-	-	-
L7	2,24	2,91	0,25	-	3,61	1,50	-	-	-
L8	2,73	2,91	0,25	-	4,14	1,50	-	-	-
L9	2,66	2,91	0,25	-	4,06	1,50	0,5	2	1,0

[a] Para o cálculo das paredes, utilizou-se a Tabela 11 da NBR 6120 (ABNT, 2019).

Carga linear horizontal:

$$F_d = \sum_{i=1}^{m} \gamma_{gi} \cdot F_{Gi,k} + \gamma_q \cdot F_{Qk} = 1 \times 1{,}4 \times 1{,}1 = 1{,}54 \text{ kN/m}$$

Laje bidirecional (L6)

$$F_d = \sum_{i=1}^{m} \gamma_{gi} \cdot F_{Gi,k} + \gamma_q \cdot F_{Qk} = 3{,}61 \times 1{,}4 + 1{,}5 \times 1{,}4 = 7{,}15 \text{ kN/m}^2$$

Combinação rara
Laje unidirecional (L9)
Carga por metro quadrado:

$$F_{d,uti} = \sum_{i=1}^{m} F_{Gi,k} + F_{Q1,k} = 4{,}06 + 1{,}5 = 5{,}56 \text{ kN/m}^2$$

Carga linear vertical:

$$F_{d,uti} = \sum_{i=1}^{m} F_{Gi,k} + F_{Q1,k} = 0{,}5 + 2 = 2{,}5 \text{ kN/m}$$

Carga linear horizontal:

$$F_{d,uti} = \sum_{i=1}^{m} F_{Gi,k} + F_{Q1,k} = 1 \text{ kN/m}$$

Laje bidirecional (L6)

$$F_{d,uti} = \sum_{i=1}^{m} F_{Gi,k} + F_{Q1,k} = 3{,}61 + 1{,}5 = 5{,}11 \text{ kN/m}^2$$

Combinação frequente
Laje unidirecional (L9)
Carga por metro quadrado:

$$F_{d,uti} = \sum_{i=1}^{m} F_{Gi,k} + \Psi_1 \cdot F_{Q1,k} = 4{,}06 + 0{,}4 \times 1{,}5 = 4{,}66 \text{ kN/m}^2$$

Carga linear vertical:

$$F_{d,uti} = \sum_{i=1}^{m} F_{Gi,k} + \Psi_1 \cdot F_{Q1,k} = 0{,}5 + 0{,}4 \times 2 = 1{,}3 \text{ kN/m}$$

Carga linear horizontal:

$$F_{d,uti} = \sum_{i=1}^{m} F_{Gi,k} + \Psi_1 \cdot F_{Q1,k} = 0{,}4 \times 1 = 0{,}4 \text{ kN/m}$$

Laje bidirecional (L6)

$$F_{d,uti} = \sum_{i=1}^{m} F_{Gi,k} + \Psi_1 \cdot F_{Q1,k} = 3{,}61 + 0{,}4 \times 1{,}5 = 4{,}21 \text{ kN/m}^2$$

Combinação quase permanente
Laje unidirecional (L9)
Carga por metro quadrado:

$$F_{d,uti} = \sum_{i=1}^{m} F_{Gi,k} + \sum_{j=1}^{n} \Psi_{2j} \cdot F_{Qj,k} = 4{,}06 + 0{,}3 \times 1{,}5 = 4{,}51 \text{ kN/m}^2$$

Carga linear vertical:

$$F_{d,uti} = \sum_{i=1}^{m} F_{Gi,k} + \sum_{j=1}^{n} \Psi_{2j} \cdot F_{Qj,k} = 0{,}5 + 0{,}3 \times 2 = 1{,}1 \text{ kN/m}$$

Carga linear horizontal:

$$F_{d,uti} = \sum_{i=1}^{m} F_{Gi,k} + \sum_{j=1}^{n} \Psi_{2j} \cdot F_{Qj,k} = 0{,}3 \times 1 = 0{,}3 \text{ kN/m}$$

Laje bidirecional (L6)

$$F_{d,uti} = \sum_{i=1}^{m} F_{Gi,k} + \sum_{j=1}^{n} \Psi_{2j} \cdot F_{Qj,k} = 3{,}61 + 0{,}3 \times 1{,}5 = 4{,}06 \text{ kN/m}^2$$

Combinações de ações de todas as lajes
Na Tab. 13.3 mostram-se as combinações de ações de todas as lajes.

Tab. 13.3 Combinações de ações

Laje	Combinação última normal (kN/m²)	Combinação rara (kN/m²)	Combinação frequente (kN/m²)	Combinação quase permanente (kN/m²)
L1	7,07	5,05	4,15	4,00
L2	7,15	5,11	4,21	4,06
L3	8,95	6,39	5,49	5,34
L4	9,65	6,89	5,69	5,49
L5	9,25	6,61	4,81	4,51
L6	7,15	5,11	4,21	4,06
L7	7,15	5,11	4,21	4,06
L8	7,90	5,64	4,74	4,59
L9[a]	8,56	5,56	4,66	4,51

[a]As ações lineares só existem na laje L9. Como elas já foram calculadas passo a passo, não foram colocadas na tabela.

As cargas lineares das lajes L3 e L4 foram convertidas em cargas por metro quadrado.

13.4 Cálculo dos esforços solicitantes
Momentos fletores
Laje unidirecional (L9)

Para entender melhor os esforços de momento fletor na laje L9, na Fig. 13.4 é apresentado um resumo das ações da combinação última normal.

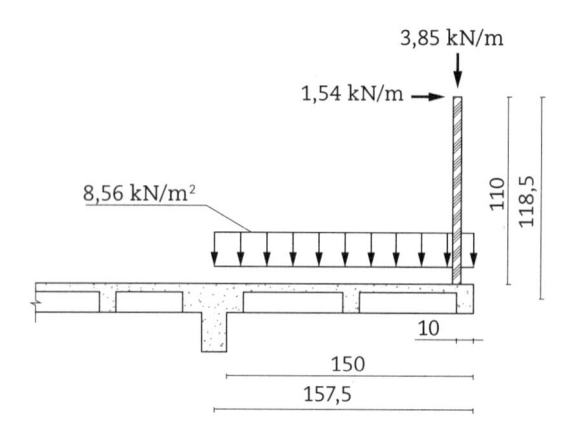

Fig. 13.4 Ações devidas à combinação última normal para a laje L9 (cotas em cm)

$$M'_d = \frac{q \cdot l^2}{2} + P_1 \cdot l_1 + P_2 \cdot l_2 = \frac{8{,}56 \times 1{,}575^2}{2}$$
$$+ 3{,}85 \times 1{,}475 + 1{,}54 \times 1{,}185 = 18{,}12 \text{ kN} \cdot \text{m/m}$$

$$M'_d = 1.812 \text{ kN} \cdot \text{cm/m}$$

Laje bidirecional (L6)

Os valores de μ, para a determinação dos momentos fletores, são encontrados na Tab. B.5.

$$\mu_x = 4{,}06 \qquad \mu'_x = 9{,}37$$

$$\mu_y = 2{,}50 \qquad \mu'_y = 7{,}81$$

$$M_{d,x} = \mu_x \cdot \frac{P_d \cdot l_x^2}{100} = 4{,}06 \times \frac{7{,}15 \times 3{,}15^2}{100} = 2{,}88 \text{ kN} \cdot \text{m/m}$$
$$= 288 \text{ kN} \cdot \text{cm/m}$$

$$M'_{d,x} = \mu'_x \cdot \frac{P_d \cdot l_x^2}{100} = 9{,}37 \times \frac{7{,}15 \times 3{,}15^2}{100} = 6{,}65 \text{ kN} \cdot \text{m/m}$$
$$= 665 \text{ kN} \cdot \text{cm/m}$$

$$M_{d,y} = \mu_y \cdot \frac{P_d \cdot l_x^2}{100} = 2{,}5 \times \frac{7{,}15 \times 3{,}15^2}{100} = 1{,}77 \text{ kN} \cdot \text{m/m}$$
$$= 177 \text{ kN} \cdot \text{cm/m}$$

$$M'_{d,y} = \mu'_y \cdot \frac{P_d \cdot l_x^2}{100} = 7{,}81 \times \frac{7{,}15 \times 3{,}15^2}{100} = 5{,}54 \text{ kN} \cdot \text{m/m}$$
$$= 554 \text{ kN} \cdot \text{cm/m}$$

Todas as lajes

Na Fig. 13.5 pode-se visualizar os momentos devidos às combinações últimas normais de todas as lajes já compatibilizados.

Em relação às outras combinações de ações, o cálculo dos momentos fletores se dá com as mesmas equações, alterando apenas os carregamentos. Nas Figs. 13.6 a 13.8 são mostrados os momentos fletores para combinação rara, combinação frequente e combinação quase permanente, respectivamente.

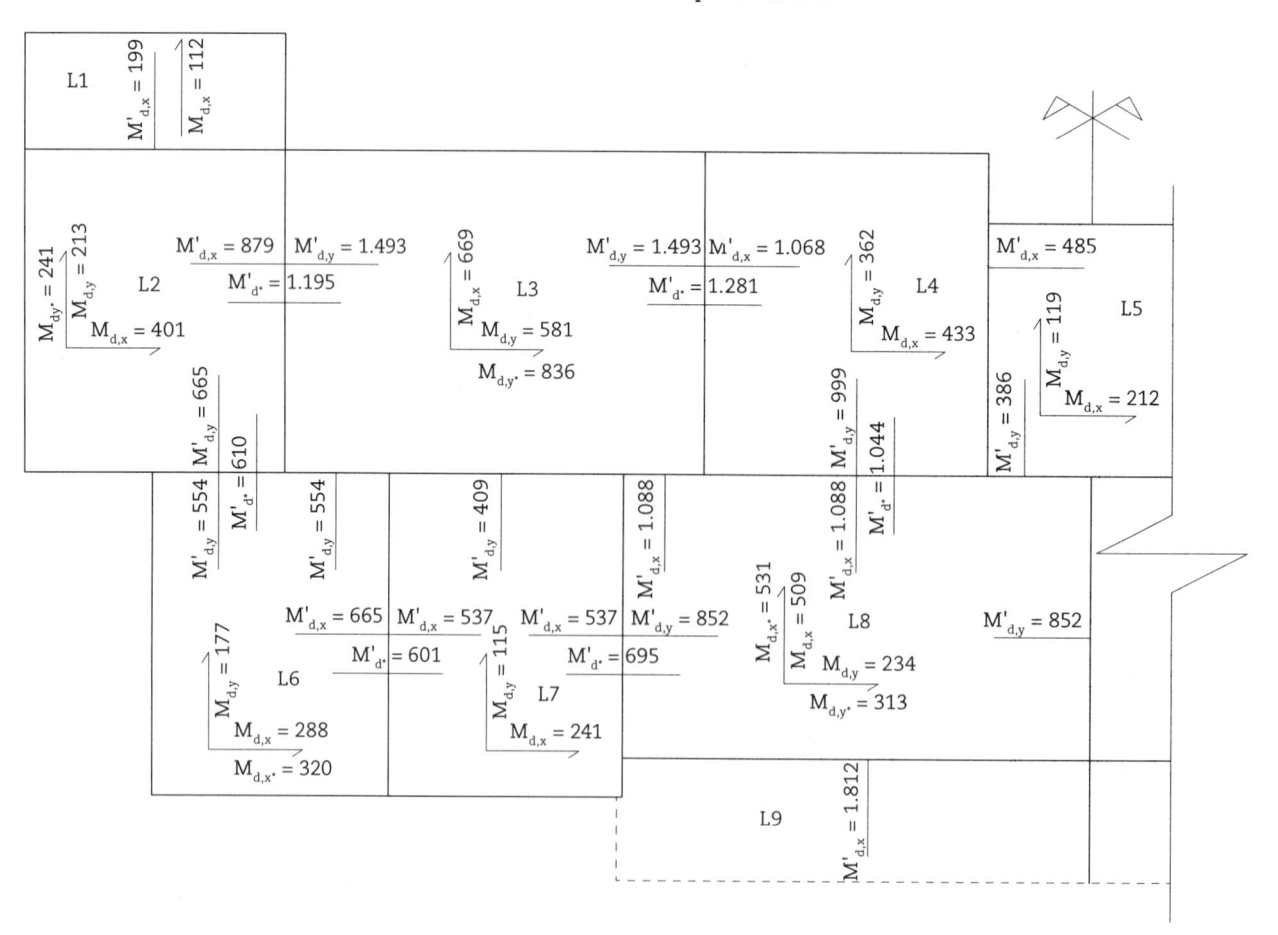

Fig. 13.5 Compatibilização de momentos fletores na combinação última normal (kN · cm/m)

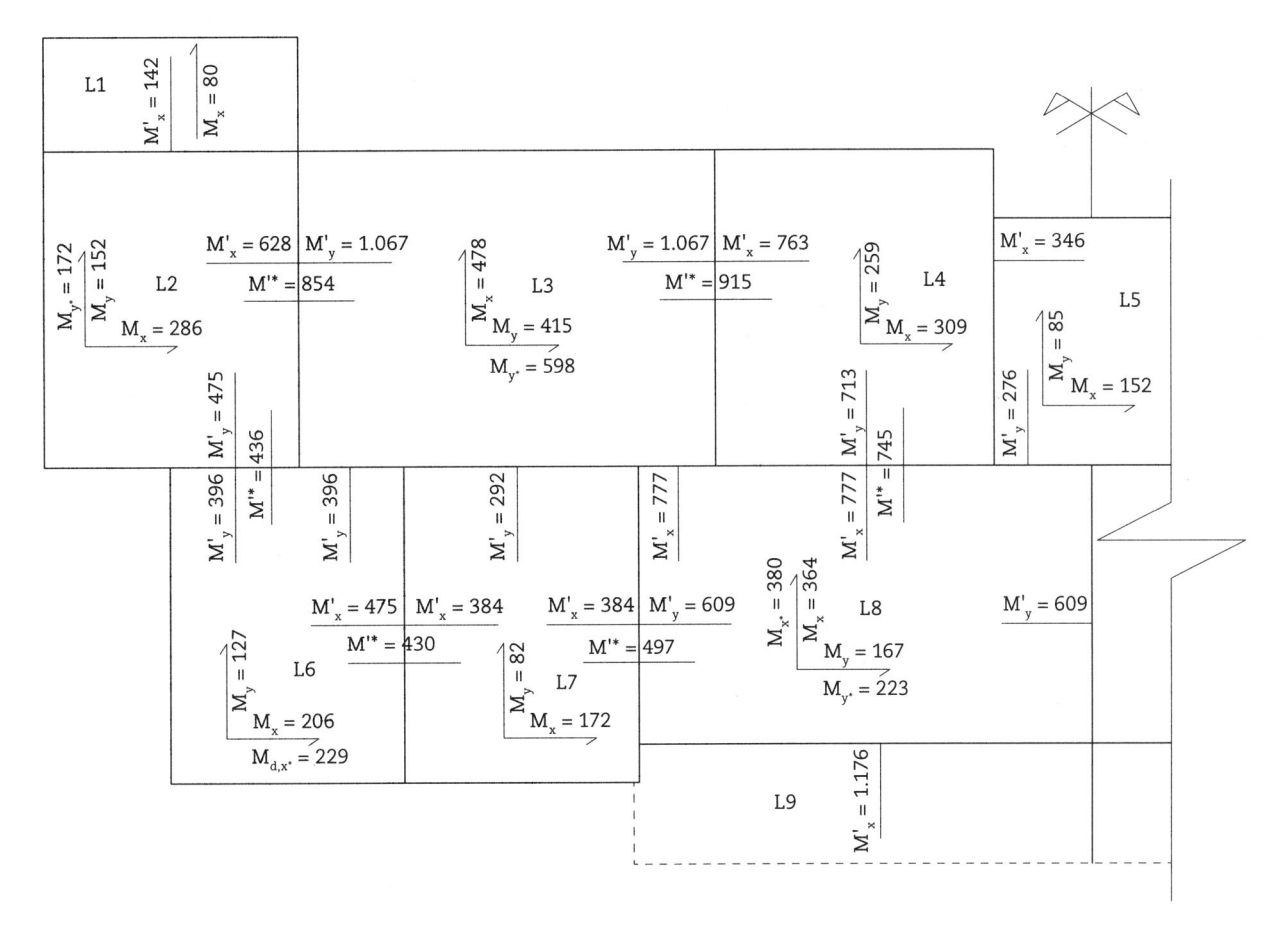

Fig. 13.6 Compatibilização de momentos fletores na combinação rara (kN · cm/m)

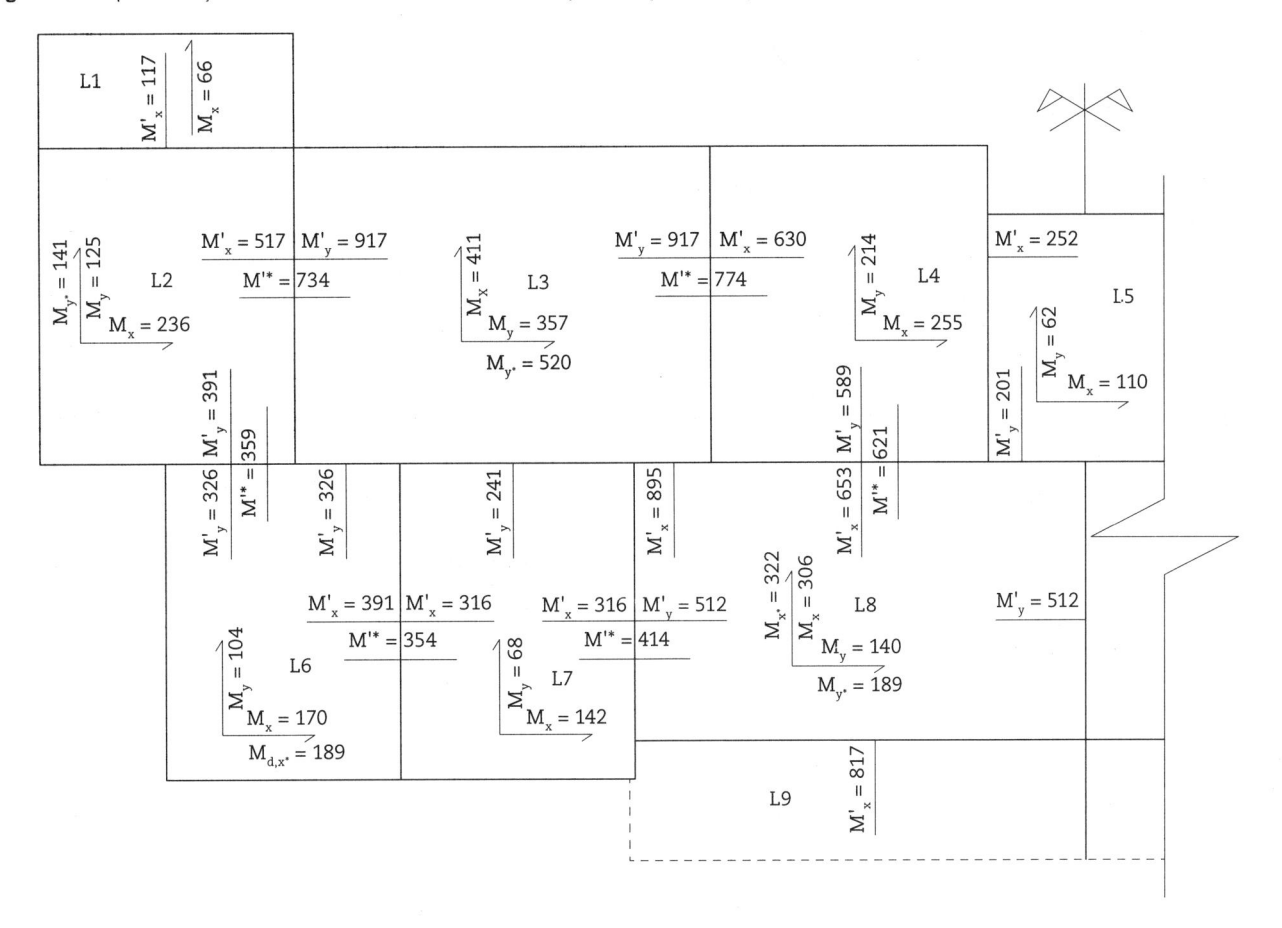

Fig. 13.7 Compatibilização de momentos fletores na combinação frequente (kN · cm/m)

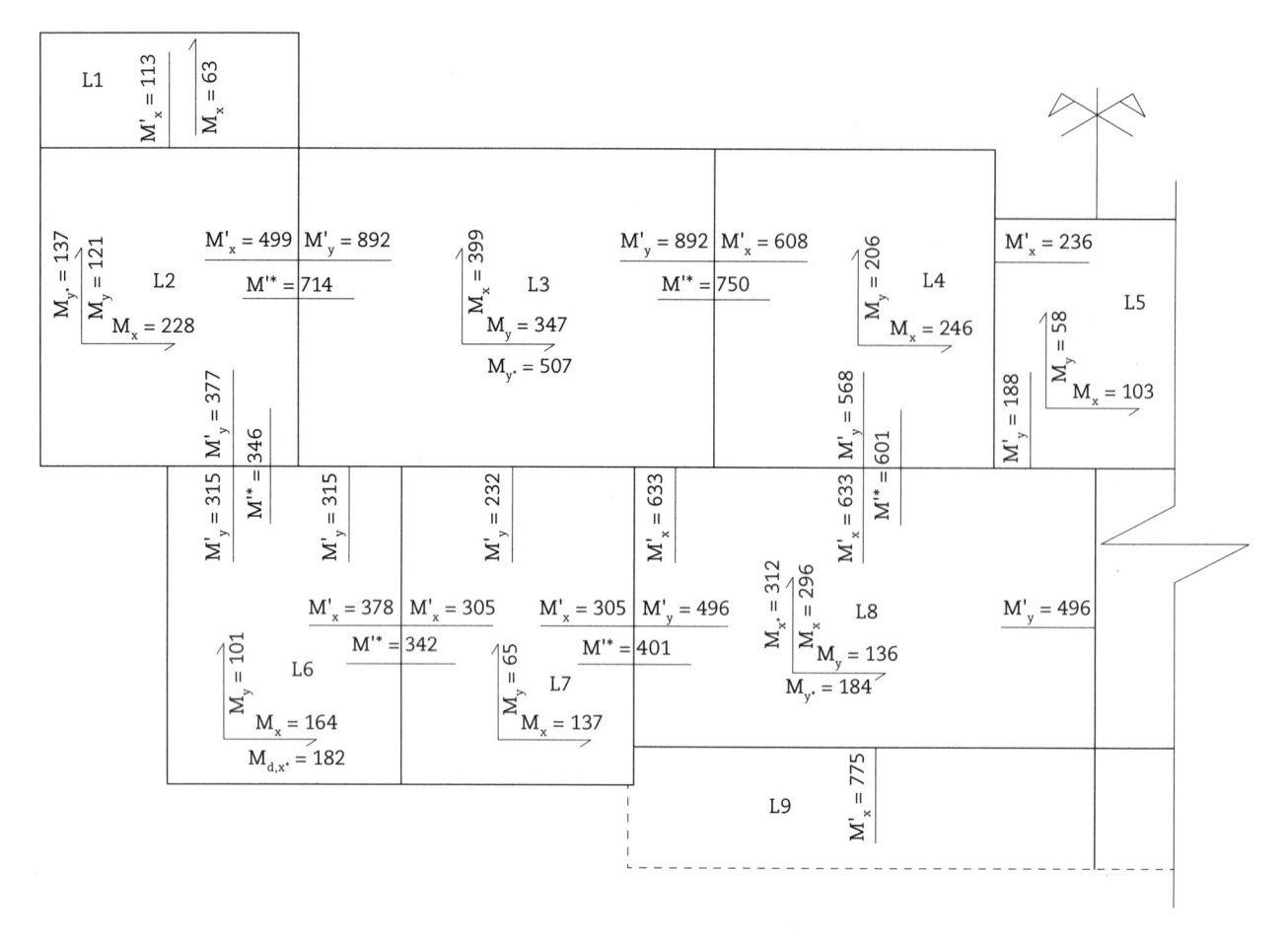

Fig. 13.8 Compatibilização de momentos fletores na combinação quase permanente (kN · cm/m)

Forças cortantes
Laje unidirecional (L9)

Para entender melhor os esforços devidos à força cortante na laje L9, na Fig. 13.4 é apresentado um resumo das ações da combinação última normal.

$$V'_d = q \cdot l + P = 8{,}56 \times 1{,}5 + 3{,}85 = 16{,}69 \text{ kN/m}$$

Laje bidirecional (L6)

Os valores de v, para a determinação das forças cortantes, são encontrados na Tab. B.2.

$$v_x = 2{,}63 \qquad v'_x = 3{,}90$$
$$v_y = 2{,}17 \qquad v'_y = 3{,}17$$

$$V_{d,x} = v_x \cdot \frac{P_d \cdot l_x}{10} = 2{,}63 \times \frac{7{,}15 \times 3{,}15}{10} = 5{,}92 \text{ kN/m}$$

$$V'_{d,x} = v'_x \cdot \frac{P_d \cdot l_x}{10} = 3{,}90 \times \frac{7{,}15 \times 3{,}15}{10} = 8{,}78 \text{ kN/m}$$

$$V_{d,y} = v_y \cdot \frac{P_d \cdot l_x}{10} = 2{,}17 \times \frac{7{,}15 \times 3{,}15}{10} = 4{,}89 \text{ kN/m}$$

$$V'_{d,y} = v'_y \cdot \frac{P_d \cdot l_x}{10} = 3{,}17 \times \frac{7{,}15 \times 3{,}15}{10} = 7{,}14 \text{ kN/m}$$

Todas as lajes

Na Fig. 13.9 pode-se visualizar as forças cortantes devidas às combinações últimas normais de todas as lajes.

13.5 Dimensionamento do ELU para solicitações normais – flexão simples
Laje unidirecional (L9)

A largura da nervura é variável, e, por simplificação de cálculo, foi adotado o valor de 10 cm, que é a menor largura do trecho. Esse trecho da laje foi calculado como peça retangular, pois a parte mais estreita está comprimida. O momento fletor dado no enunciado está em kN · cm/m, porém precisa ser transformado para kN · cm/nervura. Nesse caso:

$$M'_{x,d} = 1.812 \times \frac{43}{100} = 779{,}16 \text{ kN} \cdot \text{cm/nervura}$$

$$k_c = \frac{b \cdot d^2}{M_d} = \frac{10 \times 15^2}{779{,}16} = 2{,}89$$

Utilizando a Tab. D.1, pode-se encontrar os valores de $\beta_x = 0{,}34$ e $k_s = 0{,}027$.

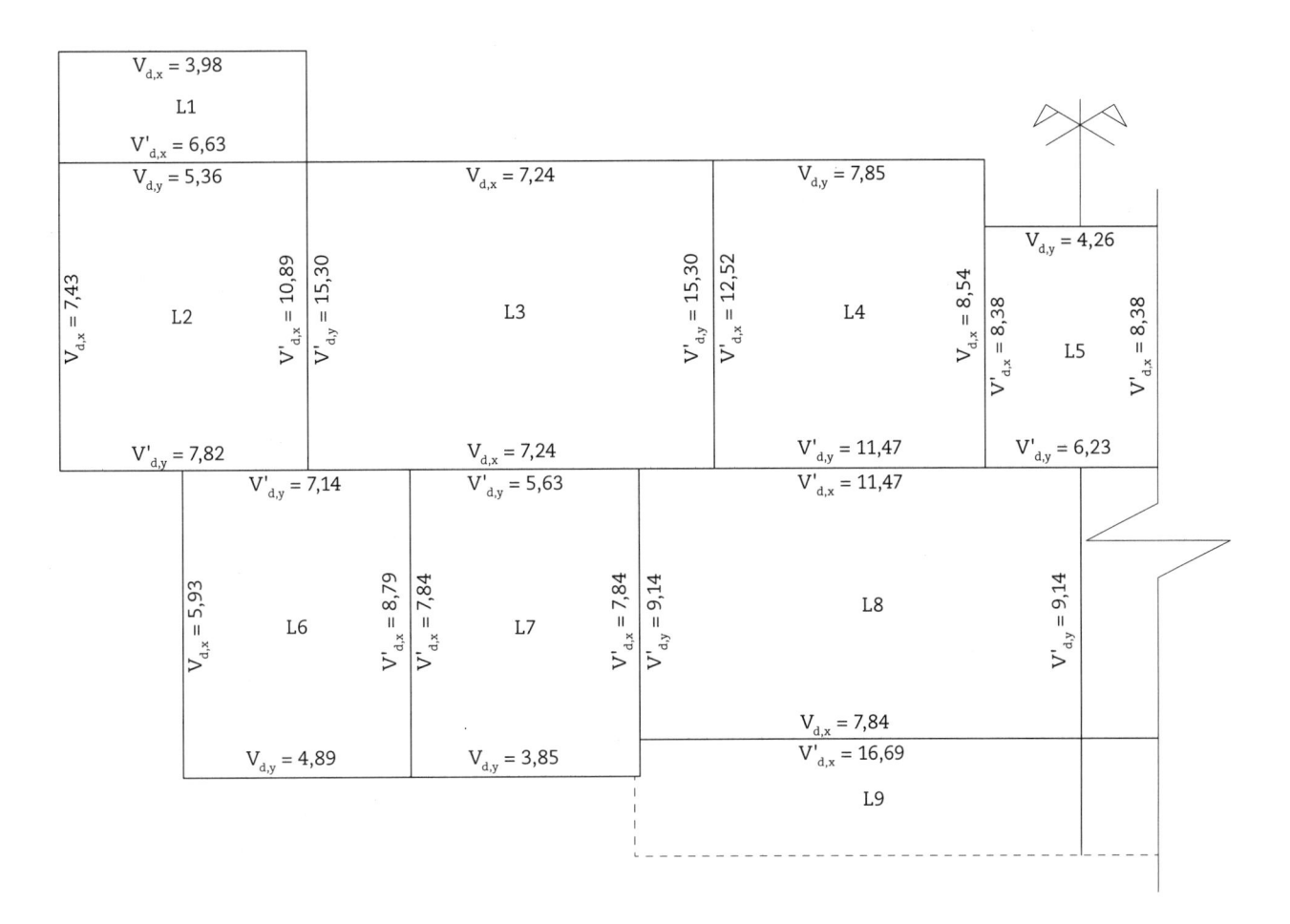

[Floor plan diagram with shear forces labeled on slabs L1-L9]

L1: $V_{d,x} = 3{,}98$; $V'_{d,x} = 6{,}63$

L2: $V_{d,x} = 7{,}43$; $V_{d,y} = 5{,}36$; $V'_{d,x} = 10{,}89$; $V'_{d,y} = 7{,}82$

L3: $V_{d,x} = 7{,}24$; $V'_{d,x} = 15{,}30$; $V'_{d,y} = 15{,}30$; $V_{d,x} = 7{,}24$

L4: $V_{d,y} = 7{,}85$; $V'_{d,y} = 15{,}30$; $V'_{d,x} = 12{,}52$; $V'_{d,y} = 11{,}47$

L5: $V_{d,y} = 4{,}26$; $V_{d,x} = 8{,}54$; $V'_{d,x} = 8{,}38$; $V'_{d,y} = 6{,}23$

L6: $V_{d,x} = 5{,}93$; $V'_{d,y} = 7{,}14$; $V'_{d,x} = 8{,}79$; $V_{d,y} = 4{,}89$

L7: $V'_{d,x} = 7{,}84$; $V'_{d,y} = 5{,}63$; $V'_{d,x} = 7{,}84$; $V_{d,y} = 3{,}85$

L8: $V'_{d,x} = 11{,}47$; $V'_{d,y} = 9{,}14$; $V'_{d,y} = 9{,}14$; $V_{d,x} = 7{,}84$

L9: $V'_{d,x} = 16{,}69$

Fig. 13.9 Forças cortantes na combinação última normal (kN/m)

$$A^-_{s,x} = \frac{k_s \cdot M_d}{d} = \frac{0{,}027 \times 779{,}16}{15} = 1{,}40 \text{ cm}^2/\text{nervura}$$

$$y_{t,inf} = \frac{Q_x}{A_T} = \frac{(b_f \cdot h_f) \cdot \left(h - \dfrac{h_f}{2}\right) + (h - h_f) \cdot b_w \cdot \left(\dfrac{h - h_f}{2}\right)}{(b_f \cdot h_f) + (h - h_f) \cdot b_w}$$

$$y_{t,inf} = \frac{(43 \times 5) \times \left(17 - \dfrac{5}{2}\right) + (17 - 5) \times 10 \times \left(\dfrac{17 - 5}{2}\right)}{(43 \times 5) + (17 - 5) \times 10} = 11{,}46 \text{ cm}$$

$$y_{t,sup} = h - y_{t,inf} = 17 - 11{,}46 = 5{,}54 \text{ cm}$$

$$I_c = \frac{b_f \cdot h_f^3}{12} + b_f \cdot h_f \cdot \left(h - \frac{h_f}{2} - y_{t,inf}\right)^2 + \frac{b_w \cdot (h - h_f)^3}{12}$$
$$+ (h - h_f) \cdot b_w \cdot \left[y_{t,inf} - \left(\frac{h - h_f}{2}\right)\right]^2$$

$$I_c = \frac{43 \times 5^3}{12} + 43 \times 5 \times \left(17 - \frac{5}{2} - 11{,}46\right)^2 + \frac{10 \times (17 - 5)^3}{12}$$
$$+ (17 - 5) \times 10 \times \left[11{,}46 - \left(\frac{17 - 5}{2}\right)\right]^2$$

$$I_c = 7.452{,}25 \text{ cm}^4/\text{nervura}$$

$$W_{0,sup} = \frac{I_x}{y_{t,sup}} = \frac{7.452{,}25}{5{,}54} = 1.345{,}17 \text{ cm}^3/\text{nervura}$$

$$f_{ctk,sup} = 1{,}3 \times 0{,}3 f_{ck}^{2/3} = 1{,}3 \times 0{,}3 \times 25^{2/3} = 3{,}33 \text{ MPa}$$
$$= 0{,}333 \text{ kN/cm}^2$$

$$M_{d,mín,sup} = 0{,}8 W_{0,sup} \cdot f_{ctk,sup} = 0{,}8 \times 1.345{,}17 \times 0{,}333$$
$$= 358{,}35 \text{ kN} \cdot \text{cm/nervura}$$

$$k_c = \frac{b_f \cdot d^2}{M_{d,mín,sup}} = \frac{10 \times 15^2}{358{,}35} = 6{,}28 \therefore \beta_x \approx 0{,}14 \text{ e } k_s = 0{,}024$$

$$A^-_{s,x,mín} \geq \begin{cases} \dfrac{k_s \cdot M_{d,mín,sup}}{d} = \dfrac{0{,}024 \times 358{,}35}{15} \\ \qquad = 0{,}573 \text{ cm}^2/\text{nervura} \\ \dfrac{0{,}15}{100} \cdot A_T = \dfrac{0{,}15}{100} \times [(43 \times 5) + (17 - 5) \times 10] \\ \qquad = 0{,}503 \text{ cm}^2/\text{nervura} \end{cases}$$

$$\therefore A^-_{s,x,mín} = 0{,}573 \text{ cm}^2/\text{nervura}$$

Então:

$$A^-_{s,x} = 1{,}40 \text{ cm}^2/\text{nervura} > A^-_{s,x,mín} = 0{,}573 \text{ cm}^2/\text{nervura}$$
$$\therefore A^-_{s,x} = 1{,}40 \text{ cm}^2/\text{nervura}$$

Assim, é possível adotar um detalhamento de $3\phi 8$ c/nervura.

Laje bidirecional (L6)

Armadura positiva principal (direção x)

A largura da mesa colaborante é calculada com base nas dimensões da laje. O momento fletor dado no enunciado está em kN·cm/m, porém precisa ser transformado para kN·cm/nervura.

$$b_1 \leq \begin{cases} 0,5b_2 = 0,5 \times 33 = 16,5 \text{ cm} \\ 0,1a = 0,1 \times 0,75 \times 315 = 23,625 \text{ cm} \end{cases} \therefore b_1 = 16,5 \text{ cm}$$

$$b_f = b_w + 2b_1 = 10 + 2 \times 16,5 = 43 \text{ cm}$$

$$M_{x,d} = 320 \times \frac{43}{100} = 137,6 \text{ kN·cm/nervura}$$

$$\beta_{xf} = \frac{h_f}{\lambda \cdot d} = \frac{5}{0,8 \times 10,5} = 0,595$$

$$k_c = \frac{b \cdot d^2}{M_d} = \frac{43 \times 10,5^2}{137,6} = 34,45 \therefore \beta_x \approx 0,03 < \beta_{xf}$$
$$= 0,595 \therefore \text{Seção falso T e } k_s = 0,023$$

$$A_{s,x}^+ = \frac{k_s \cdot M_d}{d} = \frac{0,023 \times 137,6}{10,5} = 0,30 \text{ cm}^2/\text{nervura}$$

$$y_{t,inf} = \frac{Q_x}{A_T} = \frac{\left(b_f \cdot h_f\right) \cdot \left(h - \frac{h_f}{2}\right) + \left(h - h_f\right) \cdot b_w \cdot \left(\frac{h - h_f}{2}\right)}{\left(b_f \cdot h_f\right) + \left(h - h_f\right) \cdot b_w}$$

$$y_{t,inf} = \frac{(43 \times 5) \times \left(13 - \frac{5}{2}\right) + (13 - 5) \times 10 \times \left(\frac{13 - 5}{2}\right)}{(43 \times 5) + (13 - 5) \times 10} = 8,74 \text{ cm}$$

$$I_c = \frac{b_f \cdot h_f^3}{12} + b_f \cdot h_f \cdot \left(h - \frac{h_f}{2} - y_{t,inf}\right)^2 + \frac{b_w \cdot (h - h_f)^3}{12}$$
$$+ (h - h_f) \cdot b_w \cdot \left[y_{t,inf} - \left(\frac{h - h_f}{2}\right)\right]^2$$

$$I_c = \frac{43 \times 5^3}{12} + 43 \times 5 \times \left(13 - \frac{5}{2} - 8,74\right)^2 + \frac{10 \times (13 - 5)^3}{12}$$
$$+ (13 - 5) \times 10 \times \left[8,74 - \left(\frac{13 - 5}{2}\right)\right]^2$$

$$I_c = 3.337,97 \text{ cm}^4/\text{nervura}$$

$$W_{0,inf} = \frac{I_x}{y_{t,inf}} = \frac{3.337,97}{8,74} = 381,92 \text{ cm}^3/\text{nervura}$$

$$M_{d,mín,inf} = 0,8 W_{0,inf} \cdot f_{ctk,sup} = 0,8 \times 381,92 \times 0,333$$
$$= 101,74 \text{ kN·cm/nervura}$$

$$k_c = \frac{b_f \cdot d^2}{M_{d,mín,inf}} = \frac{43 \times 10,5^2}{101,74} = 45,60 \therefore \beta_x \approx 0,02 < \beta_{xf}$$
$$= 0,595 \text{ e } k_s = 0,023$$

$$A_{s,x,mín}^+ \geq \begin{cases} \dfrac{k_s \cdot M_{d,mín,inf}}{d} = \dfrac{0,023 \times 101,74}{10,5} \\ \qquad = 0,223 \text{ cm}^2/\text{nervura} \\ 0,67 \times \dfrac{0,15}{100} \cdot A_T = 0,67 \times \dfrac{0,15}{100} \\ \qquad \times \left[(43 \times 5) + (13 - 5) \times 10\right] = 0,296 \text{ cm}^2/\text{nervura} \end{cases}$$

$$\therefore A_{s,x,mín}^+ = 0,296 \text{ cm}^2/\text{nervura}$$

Então:

$$A_{s,x}^+ = 0,30 \text{ cm}^2/\text{nervura} > A_{s,x,mín}^+ = 0,296 \text{ cm}^2/\text{nervura}$$
$$\therefore A_{s,x}^+ = 0,30 \text{ cm}^2/\text{nervura}$$

Em cada nervura principal, o banzo inferior da treliça é composto de $2\phi 4,2 = 0,138 \times 2 = 0,276$ cm² em CA-60 ou $0,276 \times 1,2 = 0,332$ cm² em CA-50. Neste caso, a área de aço do banzo inferior, de 0,332 cm², é suficiente para cobrir a armadura necessária, dispensando a armadura complementar.

Armadura positiva secundária (direção y)

A largura da mesa colaborante é calculada com base nas dimensões da laje. O momento fletor dado no enunciado está em kN·cm/m, porém precisa ser transformado para kN·cm/nervura.

$$b_1 \leq \begin{cases} 0,5b_2 = 0,5 \times 40 = 20 \text{ cm} \\ 0,1a = 0,1 \times 0,75 \times 315 = 23,625 \text{ cm} \end{cases} \therefore b_1 = 20 \text{ cm}$$

$$b_f = b_w + 2b_1 = 10 + 2 \times 20 = 50 \text{ cm}$$

$$M_{y,d} = 177 \times \frac{50}{100} = 88,5 \text{ kN·cm/nervura}$$

$$\beta_{xf} = \frac{h_f}{\lambda \cdot d} = \frac{5}{0,8 \times 9,5} = 0,657$$

$$k_c = \frac{b \cdot d^2}{M_d} = \frac{50 \times 9,5^2}{88,5} = 50,99 \therefore \beta_x \approx 0,02 < \beta_{xf}$$
$$= 0,657 \therefore \text{Seção falso T e } k_s = 0,023$$

$$A_{s,y}^+ = \frac{k_s \cdot M_d}{d} = \frac{0,023 \times 88,5}{9,5} = 0,21 \text{ cm}^2/\text{nervura}$$

$$y_{t,inf} = \frac{Q_x}{A_T} = \frac{\left(b_f \cdot h_f\right) \cdot \left(h - \frac{h_f}{2}\right) + \left(h - h_f\right) \cdot b_w \cdot \left(\frac{h - h_f}{2}\right)}{\left(b_f \cdot h_f\right) + \left(h - h_f\right) \cdot b_w}$$

$$y_{t,inf} = \frac{(50 \times 5) \times \left(13 - \frac{5}{2}\right) + (13 - 5) \times 10 \times \left(\frac{13 - 5}{2}\right)}{(50 \times 5) + (13 - 5) \times 10} = 8,92 \text{ cm}$$

$$I_c = \frac{b_f \cdot h_f^3}{12} + b_f \cdot h_f \cdot \left(h - \frac{h_f}{2} - y_{t,inf}\right)^2 + \frac{b_w \cdot (h - h_f)^3}{12}$$
$$+ (h - h_f) \cdot b_w \cdot \left[y_{t,inf} - \left(\frac{h - h_f}{2}\right)\right]^2$$

$$I_c = \frac{50 \times 5^3}{12} + 50 \times 5 \times \left(13 - \frac{5}{2} - 8{,}92\right)^2 + \frac{10 \times (13-5)^3}{12}$$
$$+ (13-5) \times 10 \times \left[8{,}92 - \left(\frac{13-5}{2}\right)\right]^2$$

$$I_c = 3.508{,}11 \text{ cm}^4/\text{nervura}$$

$$W_{0,inf} = \frac{I_y}{y_{t,inf}} = \frac{3.508{,}11}{8{,}92} = 393{,}29 \text{ cm}^3/\text{nervura}$$

$$M_{d,min,inf} = 0{,}8 W_{0,inf} \cdot f_{ctk,sup} = 0{,}8 \times 393{,}29 \times 0{,}333$$
$$= 104{,}77 \text{ kN} \cdot \text{cm}/\text{nervura}$$

$$k_c = \frac{b_f \cdot d^2}{M_{d,min,inf}} = \frac{50 \times 9{,}5^2}{104{,}77} = 43{,}07 \therefore \beta_x \approx 0{,}02 < \beta_{xf}$$
$$= 0{,}595 \text{ e } k_s = 0{,}023$$

$$A^+_{s,y,min} \geq \begin{cases} \dfrac{k_s \cdot M_{d,min,inf}}{d} = \dfrac{0{,}023 \times 104{,}77}{9{,}5} \\ \quad = 0{,}254 \text{ cm}^2/\text{nervura} \\ 0{,}67 \times \dfrac{0{,}15}{100} \cdot A_T = 0{,}67 \times \dfrac{0{,}15}{100} \\ \quad \times [(50 \times 5) + (13-5) \times 10] = 0{,}332 \text{ cm}^2/\text{nervura} \end{cases}$$

$$\therefore A^+_{s,y,min} = 0{,}332 \text{ cm}^2/\text{nervura}$$

Então:

$$A^+_{s,y} = 0{,}21 \text{ cm}^2/\text{nervura} < A^+_{s,y,min} = 0{,}332 \text{ cm}^2/\text{nervura}$$
$$\therefore A^+_{s,y} = 0{,}332 \text{ cm}^2/\text{nervura}$$

$$\therefore 1\phi 8 \text{ c/nervura}$$

Armadura negativa em x

A largura da mesa comprimida é variável, e, por simplificação de cálculo, foi adotado o valor de 10 cm, que é a menor largura do trecho. Esse trecho da laje foi calculado como peça retangular, pois a parte mais estreita está comprimida. O momento fletor dado no enunciado está em kN · cm/m, porém precisa ser transformado para kN · cm/nervura. Nesse caso:

$$M'_{x,d} = 601 \times \frac{43}{100} = 258{,}43 \text{ kN} \cdot \text{cm}/\text{nervura}$$

$$k_c = \frac{b \cdot d^2}{M_d} = \frac{10 \times 11^2}{258{,}43} = 4{,}68$$

Utilizando a Tab. D.1, pode-se encontrar os valores de $\beta_x = 0{,}20$ e $k_s = 0{,}025$.

$$A^-_{s,x} = \frac{k_s \cdot M_d}{d} = \frac{0{,}025 \times 258{,}43}{11} = 0{,}587 \text{ cm}^2/\text{nervura}$$

$$y_{t,sup} = h - y_{t,inf} = 13 - 8{,}74 = 4{,}26 \text{ cm}$$

$$I_c = 3.337{,}97 \text{ cm}^4/\text{nervura}$$

$$W_{0,sup} = \frac{I_x}{y_{t,sup}} = \frac{3.337{,}97}{4{,}26} = 783{,}56 \text{ cm}^3/\text{nervura}$$

$$M_{d,min,sup} = 0{,}8 W_{0,sup} \cdot f_{ctk,sup} = 0{,}8 \times 783{,}56 \times 0{,}333$$
$$= 208{,}74 \text{ kN} \cdot \text{cm}/\text{nervura}$$

$$k_c = \frac{b_f \cdot d^2}{M_{d,min,sup}} = \frac{10 \times 11^2}{208{,}74} = 5{,}80 \therefore \beta_x \approx 0{,}16 \text{ e } k_s = 0{,}025$$

$$A^-_{s,x,min} \geq \begin{cases} \dfrac{k_s \cdot M_{d,min,sup}}{d} = \dfrac{0{,}025 \times 208{,}74}{11} \\ \quad = 0{,}474 \text{ cm}^2/\text{nervura} \\ \dfrac{0{,}15}{100} \cdot A_T = \dfrac{0{,}15}{100} \times [(43 \times 5) + (13-5) \times 10] \\ \quad = 0{,}443 \text{ cm}^2/\text{nervura} \end{cases}$$

$$\therefore A^-_{s,x,min} = 0{,}474 \text{ cm}^2/\text{nervura}$$

Então:

$$A^-_{s,x} = 0{,}587 \text{ cm}^2/\text{nervura} > A^-_{s,x,min} = 0{,}474 \text{ cm}^2/\text{nervura}$$
$$\therefore A^-_{s,x} = 0{,}587 \text{ cm}^2/\text{nervura}$$

Assim, é possível adotar um detalhamento de $2\phi 6{,}3$ c/nervura.

Armadura negativa em y

A largura da mesa comprimida é de 10 cm. Esse trecho da laje foi calculado como peça retangular, pois a parte mais estreita está comprimida. O momento fletor dado no enunciado está em kN · cm/m, porém precisa ser transformado para kN · cm/nervura. Nesse caso:

$$M'_{y,d} = 610 \times \frac{50}{100} = 305 \text{ kN} \cdot \text{cm}/\text{nervura}$$

$$k_c = \frac{b \cdot d^2}{M_d} = \frac{10 \times 11^2}{305} = 3{,}97$$

Utilizando a Tab. D.1, pode-se encontrar os valores de $\beta_x = 0{,}23$ e $k_s = 0{,}025$.

$$A^-_{s,y} = \frac{k_s \cdot M_d}{d} = \frac{0{,}025 \times 305}{11} = 0{,}69 \text{ cm}^2/\text{nervura}$$

$$y_{t,sup} = h - y_{t,inf} = 13 - 8{,}92 = 4{,}08 \text{ cm}$$

$$I_c = 3.508{,}11 \text{ cm}^4/\text{nervura}$$

$$W_{0,sup} = \frac{I_y}{y_{t,sup}} = \frac{3.508{,}11}{4{,}08} = 859{,}83 \text{ cm}^3/\text{nervura}$$

$$M_{d,mín,sup} = 0,8W_{0,sup} \cdot f_{ctk,sup}$$
$$= 0,8 \times 859,83 \times 0,333 = 229,06 \text{ kN} \cdot \text{cm/nervura}$$

$$k_c = \frac{b_f \cdot d^2}{M_{d,mín,sup}} = \frac{10 \times 11^2}{229,06} = 5,28 \therefore \beta_x \approx 0,18 \text{ e } k_s = 0,025$$

$$A_{s,y,mín}^- \geq \begin{cases} \dfrac{k_s \cdot M_{d,mín,sup}}{d} = \dfrac{0,025 \times 229,06}{11} \\ \qquad = 0,521 \text{ cm}^2/\text{nervura} \\ \dfrac{0,15}{100} \cdot A_T = \dfrac{0,15}{100} \times \left[(50 \times 5) + (13-5) \times 10\right] \\ \qquad = 0,495 \text{ cm}^2/\text{nervura} \end{cases}$$

$$\therefore A_{s,y,mín}^- = 0,521 \text{ cm}^2/\text{nervura}$$

Então:

$$A_{s,y}^- = 0,69 \text{ cm}^2/\text{nervura} > A_{s,y,mín}^- = 0,521 \text{ cm}^2/\text{nervura}$$
$$\therefore A_{s,y}^- = 0,69 \text{ cm}^2/\text{nervura}$$

Assim, é possível adotar um detalhamento de $2\phi 8$ c/nervura.

Todas as lajes

Nas Tabs. 13.4 e 13.5 são apresentadas as armaduras longitudinais positivas nas direções x e y, respectivamente, de todas as lajes. Na Tab. 13.6 são mostradas as armaduras longitudinais negativas.

13.6 Dimensionamento do ELU para solicitações normais – flexão na mesa

Como a distância entre nervuras deste exemplo é menor que 65 cm, o dimensionamento da flexão na mesa é desnecessário.

Tab. 13.4 Armaduras longitudinais positivas na direção x

Laje	h (cm)	$d_{pos,princ}$ (cm)	$M_{d,x}$ (kN · cm/nervura)	Seção	$A_{s,x}^+$ (cm²/nervura)	$A_{s,x,min}^+$ (cm²/nervura)	$A_{s,treliça}$ (cm²/nervura)	Armadura complementar
L1	13,0	10,5	48	Falso T	0,11	0,44	0,33	$1\phi 5$ c/nervura
L2	13,0	10,5	172	Falso T	0,38	0,30	0,33	$1\phi 5$ c/nervura
L3	17,0	14,5	288	Falso T	0,46	0,34	0,47	-
L4	17,0	14,5	186	Falso T	0,30	0,34	0,47	-
L5	13,0	10,5	91	Falso T	0,20	0,30	0,33	-
L6	13,0	10,5	138	Falso T	0,30	0,30	0,33	-
L7	13,0	10,5	104	Falso T	0,23	0,30	0,33	-
L8	17,0	14,5	228	Falso T	0,36	0,34	0,47	-
L9[a]	17,0	-	-	-	-	-	-	-

[a]Para a laje L9, só há esforços para dimensionar armaduras negativas, pois trata-se de uma laje em balanço. No entanto, recomenda-se colocar uma armadura positiva de colapso progressivo.

Tab. 13.5 Armaduras longitudinais positivas na direção y

Laje	h (cm)	$d_{pos,sec}$ (cm)	$M_{d,y}$ (kN · cm/nervura)	Seção	$A_{s,y}^+$ (cm²/m)	$A_{s,y,min}^+$ (cm²/m)	Detalhamento[a]
L1	13,0	-	-	-	-	-	-
L2	13,0	9,5	121	Falso T	0,29	0,33	$1\phi 8$ c/nervura
L3	17,0	13,5	418	Falso T	0,71	0,37	$2\phi 6,3$ c/nervura
L4	17,0	13,5	181	Falso T	0,31	0,37	$2\phi 6,3$ c/nervura
L5	13,0	9,5	60	Falso T	0,14	0,33	$1\phi 8$ c/nervura
L6	13,0	9,5	89	Falso T	0,21	0,33	$1\phi 8$ c/nervura
L7	13,0	9,5	58	Falso T	0,14	0,33	$1\phi 8$ c/nervura
L8	17,0	13,5	157	Falso T	0,27	0,37	$2\phi 6,3$ c/nervura
L9	17,0	-	-	-	-	-	-

[a]Em nervuras transversais de lajes unidirecionais, foi calculada uma armadura secundária de distribuição, oriunda de $\rho_{sw,min} \cdot b_w \cdot h$.

Tab. 13.6 Armaduras longitudinais negativas

Laje	d (cm)	M_d (kN · cm/nervura)	A_s^- (cm²/nervura)	$A_{s,min}^-$ (cm²/nervura)	Detalhamento[a]
L1/L2	11	85,57	0,18	0,44	1ϕ8 c/nervura
L2/L3	11	513,85	1,12	0,44	3ϕ8 c/nervura
L2/L6	11	305	0,67	0,50	2ϕ8 c/nervura
L3/L4	15	550,83	0,88	0,55	2ϕ8 c/nervura
L3/L6	11	277	0,58	0,50	2ϕ6,3 c/nervura
L3/L7	11	204,5	0,43	0,50	2ϕ6,3 c/nervura
L3/L8	15	544	0,87	0,56	2ϕ8 c/nervura
L4/L5	11	208,55	0,44	0,44	2ϕ6,3 c/nervura
L4/L8	15	522	0,80	0,56	2ϕ8 c/nervura
L5/L8	11	193	0,40	0,50	2ϕ6,3 c/nervura
L6/L7	11	258,43	0,56	0,44	2ϕ6,3 c/nervura
L7/L8	11	298,85	0,65	0,44	3ϕ6,3 c/nervura
L8/L8a	15	366,36	0,56	0,55	2ϕ6,3 c/nervura
L9/L8	15	779,16	1,25	0,55	3ϕ8 c/nervura

[a] A nervura considerada no detalhamento é referente ao menor intereixo, caso haja mais de um.

13.7 Dimensionamento do ELU para solicitações tangenciais – força cortante

Laje unidirecional (L9)

Verificação da necessidade de armadura transversal

$$V_{Sd} \leq V_{Rd1} = \left[\tau_{Rd} \cdot k \cdot (1,2 + 40\rho_1) + 0,15\sigma_{cp}\right] \cdot b_w \cdot d$$

$$\tau_{Rd} = 0,25 f_{ctd} = 0,25 \times \frac{0,7 \times 0,3 f_{ck}^{2/3}}{\gamma_c} = 0,25 \times \frac{0,7 \times 0,3 \times 25^{2/3}}{1,4}$$
$$= 0,3206 \text{ MPa} = 320,6 \text{ kN/m}^2$$

$$k = |1,6 - d| = |1,6 - 0,15| = |1,45| \geq 1,0 \therefore k = 1,45$$

$$\rho_1 = \frac{A_{s1}}{b_w \cdot d} = \frac{3 \times 0,5}{10 \times 15} = 0,01 \leq 0,02 \therefore \rho_1 = 0,01$$

$$V_{Sd} = 16,69 \text{ kN/m} = 16,69 \times \frac{43}{100} = 7,18 \text{ kN/nervura}$$

$$V_{Rd1} = \left[320,6 \times 1,45 \times (1,2 + 40 \times 0,01)\right] \times 0,1 \times 0,15$$
$$= 11,16 \text{ kN/nervura}$$

$V_{Sd} = 7,18$ kN/nervura $\leq V_{Rd1} = 11,16$ kN/nervura
$\therefore$ Armadura transversal dispensada

Verificação do esmagamento do concreto

$$V_{Sd} \leq V_{Rd2} = 0,27 \alpha_{v2} \cdot f_{cd} \cdot b_w \cdot d$$

$$\alpha_{v2} = 1 - \frac{f_{ck}}{250} = 1 - \frac{25}{250} = 0,9$$

$$V_{Sd} = 7,18 \text{ kN/nervura} \leq V_{Rd2} = 0,27 \times 0,9 \times \frac{2,5}{1,4} \times 10 \times 15$$
$$= 65,09 \text{ kN/nervura} \therefore \text{OK}$$

A única diferença desse caso em relação à laje L6 é que, para a verificação da força cortante em bordas apoiadas, a taxa de armadura ρ_1 é calculada com a armadura positiva, e não com a negativa.

Todas as lajes

Na Tab. 13.7 pode-se visualizar as verificações da força cortante para todas as lajes.

13.8 Dimensionamento do ELU para solicitações tangenciais – ligação mesa-nervura

Laje unidirecional (L9)

Supondo que 50% das armaduras negativas estejam fora da projeção da nervura:

$$\tau_{md} = \frac{V_d \cdot \dfrac{\text{Intereixo}}{100}}{h_f \cdot (0,9d)} \cdot \frac{A_{s1}}{A_s} = \frac{16,69 \times \dfrac{43}{100}}{5 \times (0,9 \times 15)} \times \frac{0,50}{1,00}$$
$$= 0,053 \text{ kN/cm}^2$$

$$\tau_{Rd2} = 0,27 \times \left(1 - \frac{f_{ck}}{250}\right) \cdot f_{cd} = 0,27 \times \left(1 - \frac{25}{250}\right) \times \frac{2,5}{1,4}$$
$$= 0,434 \text{ kN/cm}^2$$

$\tau_{md} = 0,053$ kN/cm² $< \tau_{Rd2} = 0,434$ kN/cm² $\therefore$ OK

Tab. 13.7 Verificações da força cortante

Laje	V_{Sd} (kN/nervura)		V_{Rd1} (kN/nervura)		V_{Rd2} (kN/nervura)		Observação
	Borda apoiada	Borda engastada	Borda apoiada	Borda engastada	Borda apoiada	Borda engastada	
L1	1,71	2,85	7,13	7,27	45,56	47,73	OK
L2	3,19	4,68	7,13	9,19	45,56	47,73	OK
L3	3,11	7,65	9,00	10,24	62,92	65,09	OK
L4	3,67	5,38	9,00	10,24	62,92	65,09	OK
L5	2,13	3,17	6,47	7,50	41,22	47,73	OK
L6	2,55	3,78	6,68	7,50	45,56	47,73	OK
L7	1,93	3,37	6,47	7,50	41,22	47,73	OK
L8	3,37	4,93	9,00	10,24	62,92	65,09	OK
L9	-	7,18	-	11,16	-	65,09	OK

Observação: foram calculadas a maior força cortante em borda apoiada e a maior força cortante em borda engastada para todas as lajes. Como todas passaram, as bordas com menos força cortante também passarão nos cálculos.

$$A_{st} = \frac{V_d \cdot \frac{\text{Intereixo}}{100}}{(0,9d) \cdot f_{yd}} \cdot \frac{A_{s1}}{A_s} = \frac{16,69 \times \frac{43}{100}}{(0,9 \times 15) \times \frac{50}{1,15}} \times \frac{0,5}{1,00}$$

$$= 0,0061 \text{ cm}^2/\text{cm} = 0,61 \text{ cm}^2/\text{m}$$

$A_{st} = 0,61 \text{ cm}^2/\text{m} < 1,5 \text{ cm}^2/\text{m} \therefore A_{st} = 1,50 \text{ cm}^2/\text{m}$

Convertendo a área de aço para CA-60, precisa-se de:

$$A_{st} = \frac{1,50}{1,2} = 1,25 \text{ cm}^2/\text{m} \Rightarrow A_{st,face} = \frac{1,25}{2}$$

$= 0,625 \text{ cm}^2/\text{m/face} \therefore \text{Adota-se tela Q75}$

Laje bidirecional (L6)

Cálculo para o momento positivo (máximo)

$$\tau_{md} = \frac{V_d \cdot \frac{\text{Intereixo}}{100}}{h_f \cdot (d - 0,5h_f)} \cdot \frac{1}{2} \cdot \left(1 - \frac{b_w}{b_f}\right) = \frac{5,93 \times \frac{43}{100}}{5 \times (10,5 - 0,5 \times 5)}$$

$$\times \frac{1}{2} \times \left(1 - \frac{10}{43}\right) = 0,024 \text{ kN/cm}^2$$

$$\tau_{Rd2} = 0,27 \times \left(1 - \frac{f_{ck}}{250}\right) \cdot f_{cd} = 0,27 \times \left(1 - \frac{25}{250}\right) \times \frac{2,5}{1,4}$$

$= 0,434 \text{ kN/cm}^2$

$\tau_{md} = 0,024 \text{ kN/cm}^2 < \tau_{Rd2} = 0,434 \text{ kN/cm}^2 \therefore \text{OK}$

$$A_{st} = \frac{V_d \cdot \frac{\text{Intereixo}}{100}}{(d - 0,5h_f) \cdot f_{yd}} \cdot \frac{1}{2} \cdot \left(1 - \frac{b_w}{b_f}\right)$$

$$= \frac{5,93 \times \frac{43}{100}}{(10,5 - 0,5 \times 5) \times \frac{50}{1,15}} \times \frac{1}{2} \times \left(1 - \frac{10}{43}\right)$$

$A_{st} = 0,0028 \text{ cm}^2/\text{cm} = 0,28 \text{ cm}^2/\text{m} < 1,5 \text{ cm}^2/\text{m}$

$\therefore A_{st} = 1,5 \text{ cm}^2/\text{m}$

Convertendo a área de aço para CA-60, precisa-se de:

$$A_{st} = \frac{1,5}{1,2} = 1,25 \text{ cm}^2/\text{m} \Rightarrow A_{st,face} = \frac{1,25}{2}$$

$= 0,625 \text{ cm}^2/\text{m/face} \therefore \text{Adota-se tela Q75}$

Cálculo para o momento negativo (máximo)
Supondo que 50% das armaduras negativas estejam fora da projeção da nervura:

$$\tau_{md} = \frac{V_d \cdot \frac{\text{Intereixo}}{100}}{h_f \cdot (0,9d)} \cdot \frac{A_{s1}}{A_s} = \frac{8,79 \times \frac{43}{100}}{5 \times (0,9 \times 11)} \times \frac{0,50}{1,00}$$

$= 0,038 \text{ kN/cm}^2$

$$\tau_{Rd2} = 0,27 \times \left(1 - \frac{f_{ck}}{250}\right) \cdot f_{cd} = 0,27 \times \left(1 - \frac{25}{250}\right) \times \frac{2,5}{1,4}$$

$= 0,434 \text{ kN/cm}^2$

$\tau_{md} = 0,038 \text{ kN/cm}^2 < \tau_{Rd2} = 0,434 \text{ kN/cm}^2 \therefore \text{OK}$

$$A_{st} = \frac{V_d \cdot \frac{\text{Intereixo}}{100}}{(0,9d) \cdot f_{yd}} \cdot \frac{A_{s1}}{A_s} = \frac{8,79 \times \frac{43}{100}}{(0,9 \times 11) \times \frac{50}{1,15}} \times \frac{0,5}{1,00}$$

$= 0,0043 \text{ cm}^2/\text{cm} = 0,43 \text{ cm}^2/\text{m}$

$A_{st} = 0,43 \text{ cm}^2/\text{m} < 1,5 \text{ cm}^2/\text{m} \therefore A_{st} = 1,50 \text{ cm}^2/\text{m}$

Convertendo a área de aço para CA-60, precisa-se de:

$$A_{st} = \frac{1,50}{1,2} = 1,25 \text{ cm}^2/\text{m} \Rightarrow A_{st,face} = \frac{1,25}{2}$$

$= 0,625 \text{ cm}^2/\text{m/face} \therefore \text{Adota-se tela Q75}$

Todas as lajes

Na Tab. 13.8 é apresentada a verificação da ligação mesa-nervura de todas as lajes.

Tab. 13.8 Verificação da ligação mesa-nervura

Laje	Mesa comprimida				Mesa tracionada			
	τ_{md} (kN/cm²)	τ_{Rd2} (kN/cm²)	A_{st} (cm²/m/face)	Detalhamento	τ_{md} (kN/cm²)	τ_{Rd2} (kN/cm²)	A_{st} (cm²/m/face)	Detalhamento
L1	0,0164	0,434	0,625	Q75	0,029	0,434	0,625	Q75
L2	0,0306	0,434	0,625	Q75	0,047	0,434	0,625	Q75
L3	0,0199	0,434	0,625	Q75	0,057	0,434	0,625	Q75
L4	0,0235	0,434	0,625	Q75	0,040	0,434	0,625	Q75
L5	0,0243	0,434	0,625	Q75	0,032	0,434	0,625	Q75
L6	0,0245	0,434	0,625	Q75	0,038	0,434	0,625	Q75
L7	0,0220	0,434	0,625	Q75	0,034	0,434	0,625	Q75
L8	0,0216	0,434	0,625	Q75	0,037	0,434	0,625	Q75
L9	-	-	-	-	0,053	0,434	0,625	Q75

Observação: a tela adotada deve ser disposta na capa de concreto e apoiada na treliça antes da armadura negativa.

13.9 Verificação do ELS-F
Laje unidirecional (L9)

O momento de fissuração é dado da seguinte forma:

$$M_r = \frac{\alpha \cdot f_{ct} \cdot I_c}{y_t}$$

$$\alpha = 1,2$$

$$f_{ct} = f_{ctk,inf} = 0,7 \times 0,3 f_{ck}^{2/3} = 0,7 \times 0,3 \times 25^{2/3} = 1,795 \text{ MPa}$$
$$= 0,1795 \text{ kN/cm}^2$$

$I_c = 7.452,25 \text{ cm}^4/\text{nervura}$ (já calculado na seção 13.5)

Para transformar esse valor em cm⁴/m, deve-se dividi-lo pelo intereixo.

$$I_c = \frac{7.452,25}{0,43} = 17.331 \text{ cm}^4/\text{m}$$

$y_{t,sup} = 5,54$ cm (já calculado na seção 13.5)

$$M_r = \frac{\alpha \cdot f_{ct} \cdot I_c}{y_t} = \frac{1,2 \times 0,1795 \times 17.331}{5,54} = 674 \text{ kN} \cdot \text{cm/m}$$

Comparando o momento de fissuração com o momento devido à combinação rara para a laje L9 ($M'_x = 1.176$ kN · cm/m), indicado na Fig. 13.6, percebe-se que o momento devido à combinação rara é maior, ou seja, essa região está no Estádio II.

Todas as lajes

Na Tab. 13.9 são apresentados os lugares em que o momento devido à combinação rara foi maior do que o momento de fissuração.

Tab. 13.9 Verificação do ELS-F

Laje	Local	M_k (kN · cm/m)	M_r (kN · cm/m)
L2	Positivo em x	286	191
L3	Positivo em x	478	326
L3	Positivo em y	598	287
L6	Positivo em x	229	191
L8	Positivo em x	380	326
L2/L3	Negativo	854	392
L2/L6	Negativo	436	337
L3/L4	Negativo	915	673
L3/L6	Negativo	396	337
L3/L8	Negativo	777	673
L4/L8	Negativo	745	579
L6/L7	Negativo	430	392
L7/L8	Negativo	497	337
L8/L8a	Negativo	609	579
L8/L9	Negativo	1.176	673

13.10 Verificação do ELS-W
Laje unidirecional (L9)

O detalhamento para a laje L9 foi adotado em $3\phi 8$ c/nervura, ou $\phi 8$ c/14,3. Nesse caso:

$$A_{s,x}^{-} = \frac{100}{s} \cdot A_{s,\phi} = \frac{100}{14,3} \times 0,502 = 3,51 \text{ cm}^2/\text{m}$$

$$\sigma_{si} = \frac{M_{CF}}{0,80d \cdot A_s} = \frac{817}{0,80 \times 15 \times 3,51} = 19,40 \text{ kN/cm}^2$$

$$\phi_i = 8 \text{ mm} = 0,8 \text{ cm}$$

$$\eta_1 = 2,25$$

$$E_{si} = 210 \text{ GPa} = 21.000 \text{ kN/cm}^2$$

$$f_{ct,m} = 0,3 \times 25^{2/3} = 2,56 \text{ MPa} = 0,256 \text{ kN/cm}^2$$

Para o cálculo da área crítica A_{cri}, pode-se observar a Fig. 13.10.

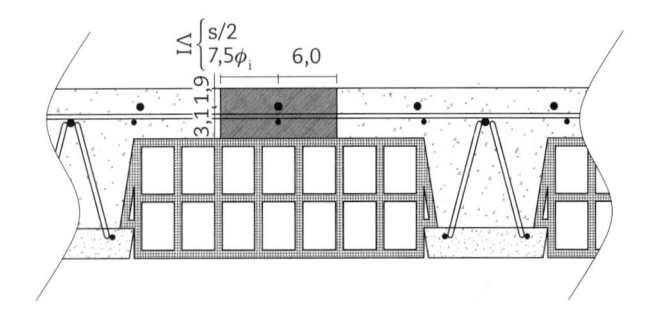

Fig. 13.10 Definição da área A_{cri} (cotas em cm)

$$A_{cri} = 12 \times 5 = 60,0 \text{ cm}^2$$

$$\rho_{ri} = \frac{A_{s,\phi i}}{A_{cri}} = \frac{0,502}{60} = 0,00838$$

$$w_{k1} = \frac{\phi_i \cdot 3\sigma_{si}^2}{12,5\eta_1 \cdot E_{si} \cdot f_{ct,m}} = \frac{0,8 \times 3 \times 19,40^2}{12,5 \times 2,25 \times 21.000 \times 0,256}$$
$$= 0,00597 \text{ cm} = 0,06 \text{ mm}$$

$$w_{k2} = \frac{\phi_i \cdot \sigma_{si}}{12,5\eta_1 \cdot E_{si}} \cdot \left(\frac{4}{\rho_{ri}} + 45\right)$$
$$= \frac{0,8 \times 19,40}{12,5 \times 2,25 \times 21.000} \times \left(\frac{4}{0,00838} + 45\right)$$
$$= 0,0137 \text{ cm} = 0,137 \text{ mm}$$

Como indicado na norma, o menor valor deve ser adotado. Logo, a abertura estimada é de 0,06 mm, que fica bem abaixo do limite para CAA II, que é de 0,3 mm.

Todas as lajes

Na Tab. 13.10 pode-se visualizar o cálculo de abertura de fissuras para as outras regiões em que o pavimento está no Estádio II.

13.11 Verificação do ELS-DEF
Laje unidirecional (L9)

A flecha inicial para a laje unidirecional L9 pode ser calculada utilizando a superposição de efeitos. As equações são apresentadas na Tab. E.1, enquanto as ações e as distâncias são ilustradas na Fig. 13.11.

Tab. 13.10 Verificação do ELS-W

Laje	ϕ_{adot} (mm)	s (cm)	A_s (cm²/m)	σ_{si} (kN/cm²)	A_{cri} (cm²)	ρ_{ri}	w_{k1} (mm)	w_{k2} (mm)	w_{est} (mm)	Limite (mm)	Observação
L2 (x)	5	43	1,32	21,28	22,74	0,00862	0,045	0,092	0,045	0,3	OK
L3 (x)	5	43	1,10	32,21	24,00	0,00817	0,103	0,146	0,103	0,3	OK
L3 (y)	6,3	50	1,45	33,21	35,20	0,00886	0,138	0,176	0,138	0,3	OK
L6 (x)	4,2	43	0,77	29,22	21,44	0,00648	0,071	0,138	0,071	0,3	OK
L8 (x)	5	43	1,10	25,24	24,00	0,00817	0,063	0,114	0,063	0,3	OK
L2/L3	8	14,3	3,51	23,76	60,00	0,00838	0,090	0,168	0,090	0,3	OK
L2/L6	8	21,5	2,34	17,43	60,00	0,00838	0,048	0,123	0,048	0,3	OK
L3/L4	8	21,5	2,34	27,56	60,00	0,00838	0,121	0,195	0,121	0,3	OK
L3/L6	6,3	21,5	1,45	25,55	47,25	0,00660	0,082	0,177	0,082	0,3	OK
L3/L8	8	21,5	2,34	31,87	60,00	0,00838	0,161	0,225	0,161	0,3	OK
L4/L8	8	21,5	2,34	22,12	60,00	0,00838	0,078	0,156	0,078	0,3	OK
L6/L7	6,3	21,5	1,45	27,74	47,25	0,00660	0,096	0,193	0,096	0,3	OK
L7/L8	6,3	14,3	2,17	21,68	47,25	0,00660	0,059	0,150	0,059	0,3	OK
L8/L8a	6,3	21,5	1,45	29,43	47,25	0,00660	0,108	0,204	0,108	0,3	OK
L8/L9	8	14,3	3,51	19,40	60,00	0,00838	0,060	0,137	0,060	0,3	OK

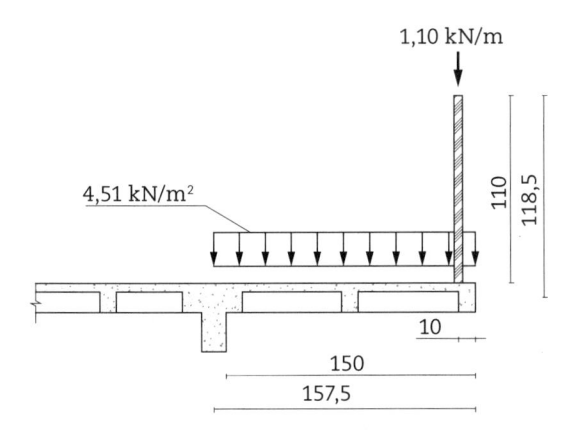

Fig. 13.11 Combinação quase permanente para o ELS-DEF na laje L9 (cotas em cm)

$$a_{total} = a_i \cdot (1 + \alpha_f)$$

$$a_i = \frac{1}{8} \cdot \frac{q \cdot l^4}{E \cdot I} + \frac{1}{3} \cdot \frac{p \cdot l^3}{E \cdot I}$$

Para determinar a inércia, é preciso verificar se o elemento está no Estádio I ou no Estádio II.

$$M_r = \frac{\alpha \cdot f_{ct} \cdot I_c}{y_t}$$

$$\alpha = 1,2$$

$$f_{ct} = f_{ct,m} = 0,3 f_{ck}^{2/3} = 0,3 \times 25^{2/3} = 2,565 \text{ MPa} = 0,2565 \text{ kN/cm}^2$$

$I_c = 7.452,25 \text{ cm}^4/\text{nervura}$ (já calculado na seção 13.5)

Para transformar esse valor em cm⁴/m, deve-se dividi-lo pelo intereixo.

$$I_c = \frac{7.452,25}{0,43} = 17.331 \text{ cm}^4/\text{m}$$

$y_{t,sup} = 5,54$ cm (já calculado na seção 13.5)

$$M_r = \frac{\alpha \cdot f_{ct} \cdot I_c}{y_t} = \frac{1,2 \times 0,2565 \times 17.331}{5,54} = 962,90 \text{ kN} \cdot \text{cm/m}$$

Comparando o momento de fissuração com o momento devido à combinação quase permanente para a laje L9 ($M_x' = 775$ kN · cm/m), indicado na Fig. 13.8, percebe-se que o momento devido à combinação quase permanente é menor, ou seja, essa região está no Estádio I.

$$E_{cs} = \alpha_i \cdot \alpha_E \cdot 5.600 \cdot \sqrt{f_{ck}}$$

$$\alpha_i = 0,8 + 0,2 \cdot \frac{f_{ck}}{80} = 0,8 + 0,2 \times \frac{25}{80} = 0,8625$$

$$\alpha_E = 1,0 \text{ (granito)}$$

$$E_{cs} = 0,8625 \times 1,0 \times 5.600 \times \sqrt{25} = 24.150 \text{ MPa} = 2.415 \text{ kN/cm}^2$$

$$a_i = \frac{1}{8} \times \frac{0,0451 \times 157,5^4}{2.415 \times 17.331} + \frac{1}{3} \times \frac{1,10 \times 147,5^3}{2.415 \times 17.331} = 0,111 \text{ cm}$$

Para estimar a flecha diferida, é adotada uma retirada de escoramento em 30 dias.

$$\alpha_f = \frac{\Delta \xi}{1 + 50 \rho'}$$

$\rho' = 0$ (não tem armadura de compressão)

Utilizando a Tab. 9.2, pode-se estimar os valores de tempo para a determinação dos ξ.

$$\alpha_f = \frac{2 - 0,68}{1} = 1,32$$

$$a_{total} = 0,111 \times (1 + 1,32) = 0,26 \text{ cm}$$

O limite de flecha para essa laje é de l/125 (laje em balanço). Sendo assim:

$$a_{limite} = \frac{l}{125} = \frac{157,5}{125} = 1,26 \text{ cm} > 0,26 \text{ cm} \therefore \text{ OK}$$

Laje bidirecional (L6)

Como a laje L6 é bidirecional, foi utilizado o coeficiente K_x para a adaptação do carregamento no quinhão de carga, conforme apresentado no Quadro 9.2.

A relação de lados nesse caso vale:

$$\lambda = \frac{l_y}{l_x} = \frac{415,1}{315} = 1,32$$

$I_x = 3.337,97 \text{ cm}^4/\text{nervura}$ (já calculado na seção 13.5)

Para transformar esse valor em cm⁴/m, deve-se dividi-lo pelo intereixo.

$$I_x = \frac{3.337,97}{0,43} = 7.762,72 \text{ cm}^4/\text{m}$$

$I_y = 3.508,11 \text{ cm}^4/\text{nervura}$ (já calculado na seção 13.5)

Para transformar esse valor em cm⁴/m, deve-se dividi-lo pelo intereixo.

$$I_y = \frac{3.508,11}{0,50} = 7.016,22 \text{ cm}^4/\text{m}$$

$$\text{(Tipo 3)} \quad K_x = \frac{1}{1 + \frac{I_y}{I_x \cdot \lambda^4}} = \frac{1}{1 + \frac{7.016,22}{7.762,72 \times 1,32^4}} = 0,77$$

A carga utilizada é devida à combinação quase permanente de ações.

$$p = 4,06 \text{ kN/m}^2 = 0,000406 \text{ kN/cm}^2$$

$$p_x = K_x \cdot p \cdot \text{intereixo} = 0,77 \times 0,000406 \times 43$$
$$= 0,01344 \text{ kN/cm} \cdot \text{nervura}$$

Com o quinhão de carga, pode-se adotar a equação de flecha para laje unidirecional apoiada engastada, indicada na Tab. E.1.

$$a_i = \frac{3}{554} \cdot \frac{p \cdot l^4}{E \cdot I}$$

Para determinar a inércia, é preciso verificar se o elemento está no Estádio I ou no Estádio II.

$$M_r = \frac{\alpha \cdot f_{ct} \cdot I_c}{y_t}$$

$$\alpha = 1,2$$

$$f_{ct} = f_{ct,m} = 0,3 f_{ck}^{2/3} = 0,3 \times 25^{2/3} = 2,565 \text{ MPa} = 0,2565 \text{ kN/cm}^2$$

$$y_{t,inf} = \frac{(43 \times 5) \times \left(13 - \frac{5}{2}\right) + (13-5) \times 10 \times \left(\frac{13-5}{2}\right)}{(43 \times 5) + (13-5) \times 10} = 8,74 \text{ cm}$$

(já calculado na seção 13.5)

$$M_r = \frac{\alpha \cdot f_{ct} \cdot I_c}{y_t} = \frac{1,2 \times 0,2565 \times 7.762,72}{8,74} = 273,38 \text{ kN} \cdot \text{cm/m}$$

Comparando o momento de fissuração com o momento devido à combinação quase permanente para a laje L6 (M_{d,x^*} = 182 kN · cm/m), indicado na Fig. 13.8, percebe-se que o momento devido à combinação quase permanente é menor, ou seja, essa região está no Estádio I.

$$a_i = \frac{3}{554} \times \frac{0,01344 \times 315^4}{2.415 \times 3.337,97} = 0,089 \text{ cm}$$

$$a_{total} = 0,089 \times (1 + 1,32) = 0,21 \text{ cm}$$

O limite de flecha para essa laje é de l/250. Sendo assim:

$$a_{limite} = \frac{l}{250} = \frac{315}{250} = 1,26 \text{ cm} > 0,21 \text{ cm} \therefore \text{OK}$$

Todas as lajes
Na Tab. 13.11 são apresentados os valores de flecha para todas as lajes.

13.12 Detalhamento das armaduras
Na Fig. 13.12 são ilustradas as armaduras positivas complementares de obra. Na Fig. 13.13 são mostradas as armaduras negativas. Recomenda-se ainda colocar armadura negativa de borda em todas as bordas da periferia.

Laje unidirecional (L9)
Para lajes em balanço, o comprimento da armadura negativa para dentro da laje interna recomendado é de:

Comprimento interno ≥ 1,5 · balanço = 1,5 × 157,5 = 236,25 cm

Laje bidirecional (L6)
Foi adotado um único comprimento de armadura negativa para cada momento negativo da laje. Para determinar o comprimento das armaduras negativas, deve-se calcular o valor de a_1, que é o comprimento do eixo da viga até o final da armadura.

$$a_1 \geq \begin{cases} a_l + l_b \\ 0,25l + 10\phi \end{cases}$$

Direção x

$$a_l = 1,5d = 1,5 \times 11 = 16,5 \text{ cm}$$

Tab. 13.11 Verificação do ELS-DEF

Laje	M_r (kN·cm/m)	M_{CQP} (kN·cm/m)	E_{cs} (kN/cm²)	I_c (cm⁴)	I_x (cm)	K_x	p_x (kN/cm · nervura)	α_i (cm)	α_{total} (cm)	α_{limite} (cm)
L1	273,38	63	2.415	7.762,73	150,00		0,017215	0,006	0,014	0,60
L2	273,38	228	2.415	7.762,73	345,00	0,847793	0,014802	0,141	0,327	1,38
L3	465,48	399	2.415	17.330,80	415,00	0,423599	0,009731	0,209	0,484	1,66
L4	465,48	246	2.415	17.330,80	375,00	0,624384	0,014746	0,088	0,204	1,50
L5	273,38	103	2.415	7.762,73	269,40	0,829730	0,016093	0,027	0,064	1,08
L6	273,38	182	2.415	7.762,73	315,00	0,769395	0,013434	0,089	0,206	1,26
L7	273,38	137	2.415	7.762,73	315,00	0,874021	0,015260	0,049	0,113	1,26
L8	465,48	312	2.415	17.330,80	365,00	0,811165	0,016018	0,086	0,198	1,46
L9	962,06	775	2.415	17.330,80	157,60		0,019379	0,111	0,258	1,26

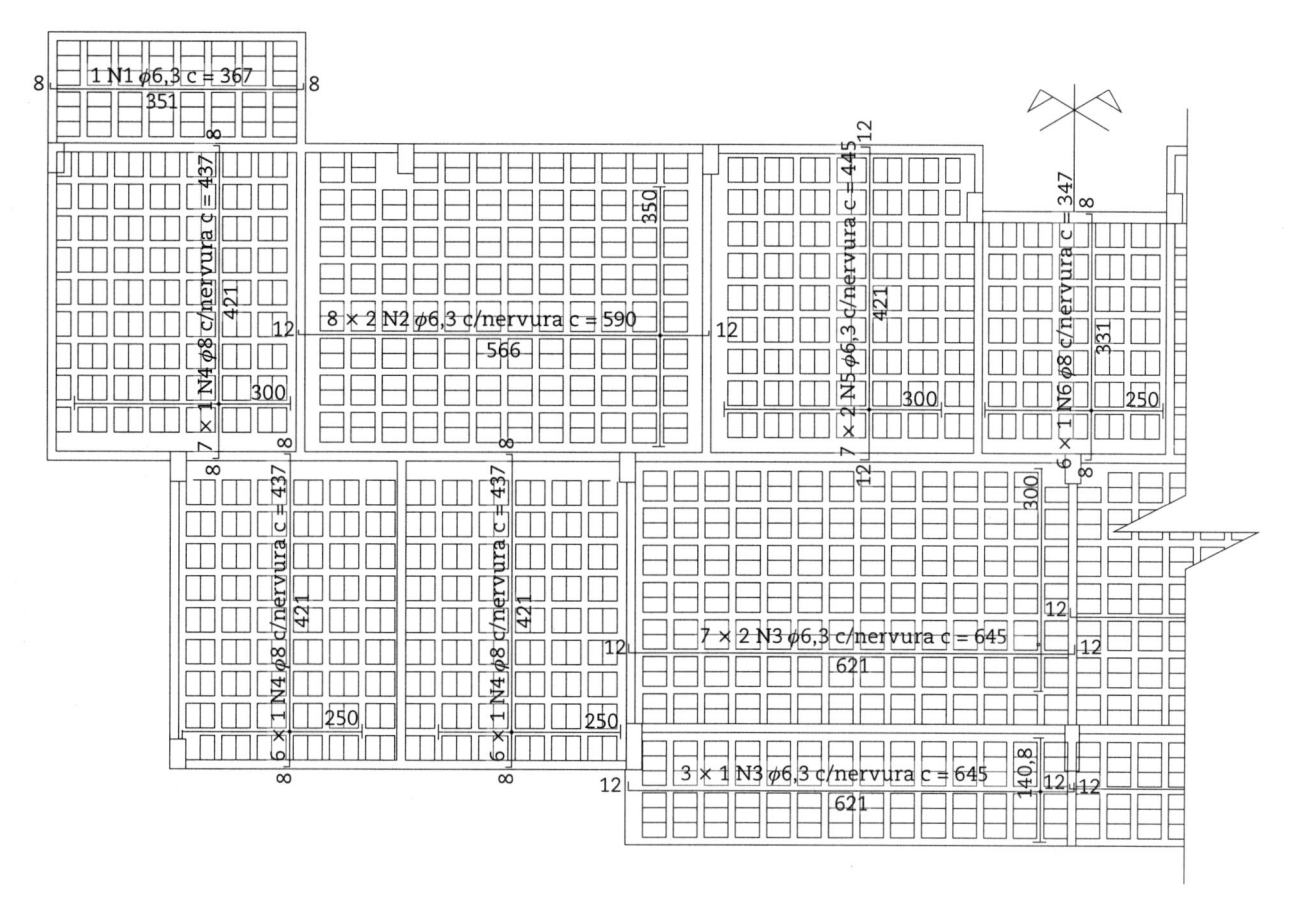

Fig. 13.12 Detalhamento das armaduras positivas complementares de obra

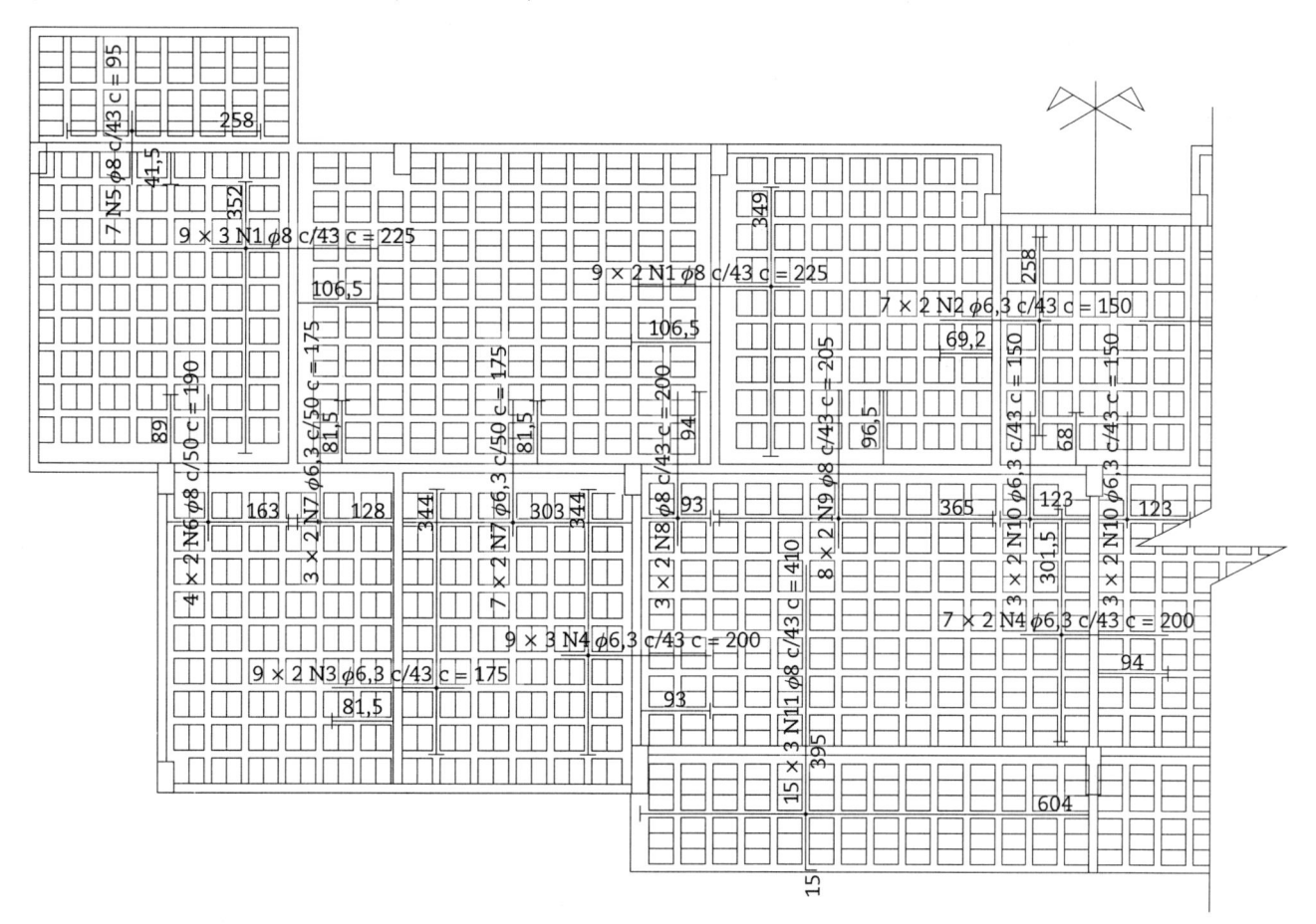

Fig. 13.13 Detalhamento das armaduras negativas

Exemplo completo de pavimento em laje nervurada com vigota treliçada

$$l_b = \alpha \cdot \frac{\phi}{4} \cdot \frac{f_{yd}}{f_{bd}}$$

$\alpha = 1,0$ (barras sem gancho)

$\phi = 6,3$ mm $= 0,63$ cm

$f_{bd} = \eta_1 \cdot \eta_2 \cdot \eta_3 \cdot f_{ctd}$

$\eta_1 = 2,25$ (barras nervuradas)

$\eta_2 = 1,00$ (região de boa aderência)

$\eta_3 = 1,00$ ($\phi \leq 32$ mm)

$$f_{ctd} = \frac{f_{ctk,inf}}{\gamma_c} = \frac{0,7 \times 0,3 f_{ck}^{2/3}}{\gamma_c} = \frac{0,7 \times 0,3 \times 25^{2/3}}{1,4}$$
$= 1,282$ MPa $= 0,1282$ kN/cm^2

$f_{bd} = 2,25 \times 1,00 \times 1,00 \times 0,1282 = 0,289$ kN/cm^2

$$l_b = 1,0 \times \frac{0,63}{4} \times \frac{\frac{50}{1,15}}{0,289} = 23,69 \text{ cm}$$

$$a_1 \geq \begin{cases} a_l + l_b = 16,5 + 23,69 = 40,19 \text{ cm} \\ 0,25l + 10\phi = 0,25 \times 315 \\ \qquad + 10 \times 0,63 = 85,05 \text{ cm} \end{cases} \therefore a_1 = 85,05 \text{ cm}$$

Direção y

A única informação que muda para essa direção é o valor de l. Nesse caso:

$$a_1 \geq \begin{cases} a_l + l_b = 16,5 + 23,69 = 40,19 \text{ cm} \\ 0,25l + 10\phi = 0,25 \times 345 \\ \qquad + 10 \times 0,63 = 92,55 \text{ cm} \end{cases} \therefore a_1 = 92,55 \text{ cm}$$

Todas as lajes

Na Tab. 13.12 são apresentados os valores de comprimento a_1 para todas as barras negativas.

Tab. 13.12 Comprimento a_1 para detalhamento das barras negativas

Laje	d (cm)	a_l (cm)	ϕ (mm)	f_{bd} (kN/cm²)	l_b (cm)	$a_l + l_b$ (cm)	$0,25l + 10\phi$ (cm)	a_1 (cm)
L1/L2	11,0	16,5	8,00	0,289	30,09	46,59	45,50	46,59
L2/L3	11,0	16,5	8,00	0,289	30,09	46,59	111,75	111,75
L2/L6	11,0	16,5	8,00	0,289	30,09	46,59	94,25	94,25
L3/L4	15,0	22,5	8,00	0,289	30,09	52,59	111,75	111,75
L3/L6	11,0	16,5	6,30	0,289	23,69	40,19	85,05	85,05
L3/L7	11,0	16,5	6,30	0,289	23,69	40,19	85,05	85,05
L3/L8	15,0	22,5	8,00	0,289	30,09	52,59	99,25	99,25
L4/L5	11,0	16,5	6,30	0,289	23,69	40,19	73,65	73,65
L4/L8	15,0	22,5	8,00	0,289	30,09	52,59	101,75	101,75
L5/L8	11,0	16,5	6,30	0,289	23,69	40,19	73,65	73,65
L6/L7	11,0	16,5	6,30	0,289	23,69	40,19	85,05	85,05
L7/L8	11,0	16,5	6,30	0,289	23,69	40,19	97,55	97,55
L8/L8a	15,0	22,5	6,30	0,289	23,69	46,19	97,55	97,55
L9/L8	15,0	22,5	8,00	0,289	30,09	52,59	47,40	52,59

EXEMPLO COMPLETO DE PAVIMENTO EM LAJE TRELIÇADA MESA DUPLA

14

A arquitetura utilizada para este exemplo é de um pavimento de garagem em perímetro urbano com 647,5 m², tendo simetria em torno dos eixos x e y. Devido à simetria, durante o exemplo numérico foram dimensionadas apenas as lajes de um quarto da edificação, uma vez que essa fração representa a edificação toda. Essa arquitetura é apresentada na Fig. 14.1.

Foram adotados painéis treliçados, enchimento de EPS e placas de 250 cm de largura com treliças espaçadas a cada 62,5 cm. Foram utilizados os valores de cobrimento nominal mínimos normativos, considerando os elementos como pré-fabricados. Porém, para melhor desempenho na mesa de compressão, foi empregada resistência característica de concreto acima do mínimo normativo. Sendo assim, f_{ck} = 30 MPa, $c_{nom,sup}$ = 25 mm e $c_{nom,inf}$ = 20 mm. Também foi usado granito como agregado graúdo.

Para a determinação das ações permanentes em toda a laje, foi utilizado concreto polido, sem nenhum revestimento. As paredes externas foram substituídas por mureta de 17 cm de largura acabada e 80 cm de altura, tendo grade metálica em cima para iluminação e ventilação, gerando carregamento linear baixo. Foram adotados pilares de 20 cm × 50 cm e distância entre pisos de 288 cm. A definição das ações variáveis seguiu a Tabela 10 da NBR 6120 (ABNT, 2019).

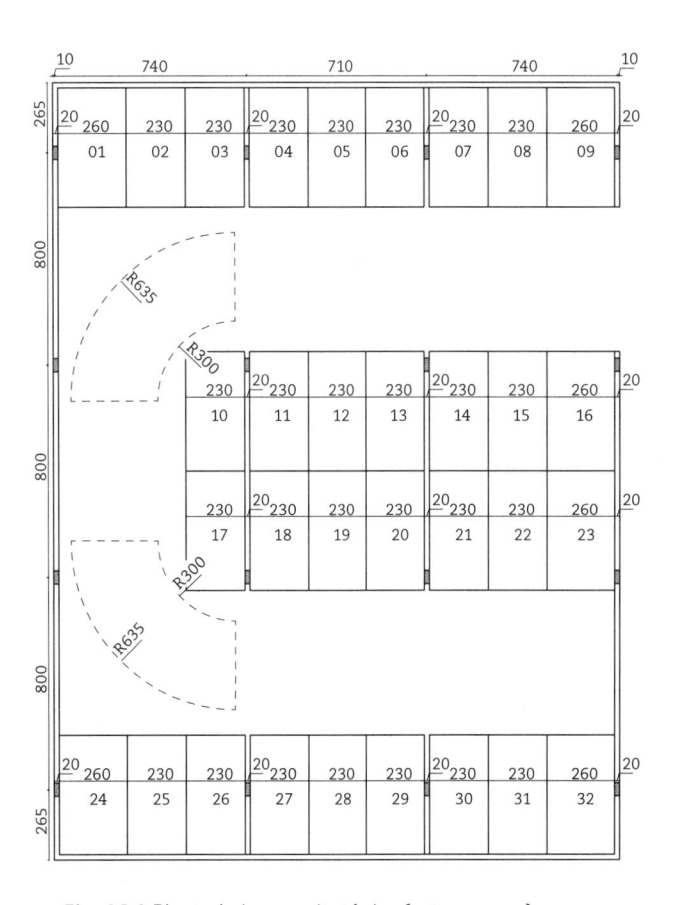

Fig. 14.1 Planta baixa arquitetônica (cotas em cm)

O dimensionamento de lajes nervuradas treliçadas mesa dupla é semelhante ao de lajes nervuradas treliçadas com vigotas, porém, no engastamento na direção da treliça, a face inferior da laje, que está comprimida, possui mesa de concreto que colabora na resistência à compressão. Além disso, a inércia da peça aumenta substancialmente, reduzindo a flecha e possibilitando maiores vãos considerando a mesma altura.

Sugere-se um roteiro de cálculo para o dimensionamento da laje nervurada treliçada mesa dupla:

1. determinar as vinculações das lajes;
2. pré-dimensionar a altura das lajes;
3. determinar as ações atuantes e as combinações de ações;
4. calcular os esforços solicitantes;
5. dimensionar o ELU para solicitações normais – flexão simples;
6. dimensionar o ELU para solicitações normais – flexão na mesa;
7. dimensionar o ELU para solicitações tangenciais – força cortante;
8. dimensionar o ELU para solicitações tangenciais – ligação mesa-nervura;
9. verificar o ELS-F;
10. verificar o ELS-W;
11. verificar o ELS-DEF;
12. verificar o ELS-VE (verificação comumente feita por meios computacionais);
13. detalhar as armaduras;
14. calcular o espaçamento entre linhas de escora (procedimento não realizado no presente exemplo).

14.1 Determinação das vinculações das lajes

O posicionamento das vigas e dos pilares está descrito na Fig. 14.2, e os tipos e as vinculações das lajes estão mostrados na Fig. 14.3. Para o exemplo numérico não ficar repetitivo, foram calculadas passo a passo apenas uma laje em balanço (L1) e uma laje biengastada (L3). Os resultados de cálculo das outras lajes foram apresentados em formato de tabela.

14.2 Pré-dimensionamento da altura das lajes

Na Fig. 14.4 pode-se observar as características do painel e do enchimento adotados. Trata-se de painel com 250 cm de largura e enchimento de EPS com 52,5 cm × 150 cm para as lajes internas e 52,5 cm × 110 cm para as lajes em balanço, formando intereixo de 62,5 cm com nervura de 10 cm. A espessura da mesa inferior é de 5 cm, e, abaixo da treliça,

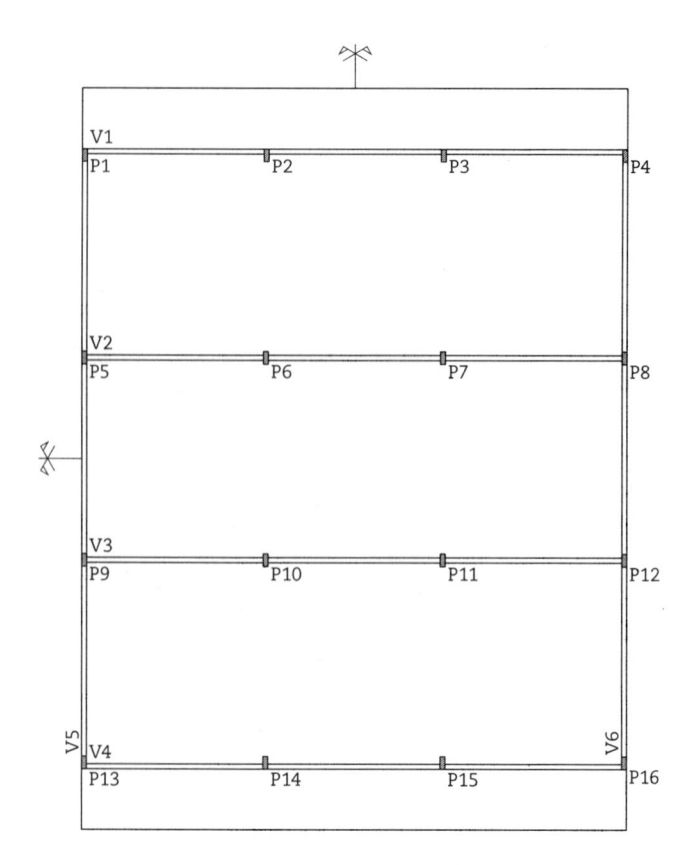

Fig. 14.2 Posicionamento das vigas e dos pilares

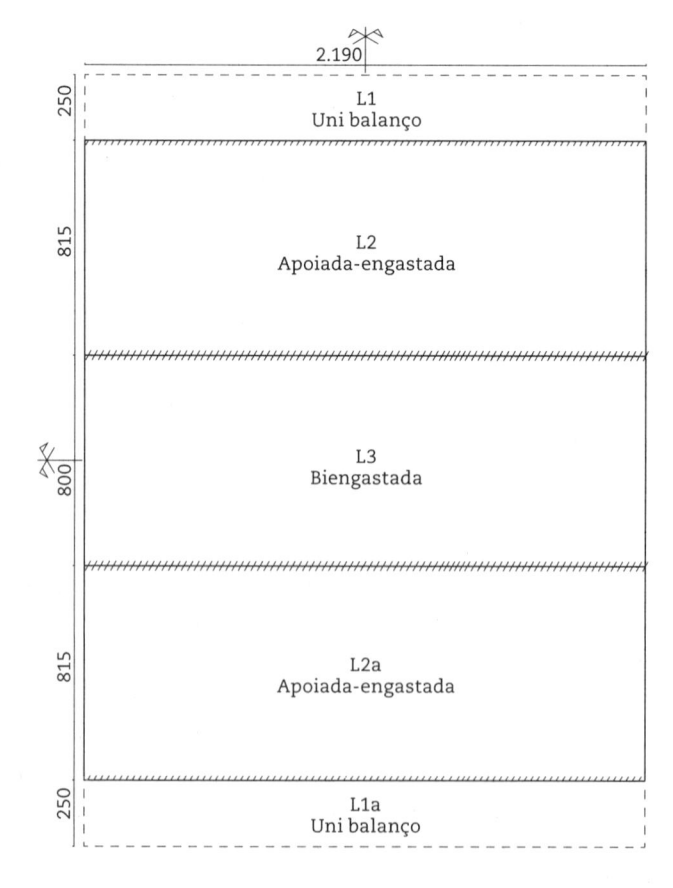

Fig. 14.3 Tipos e vinculações das lajes (cotas em cm)

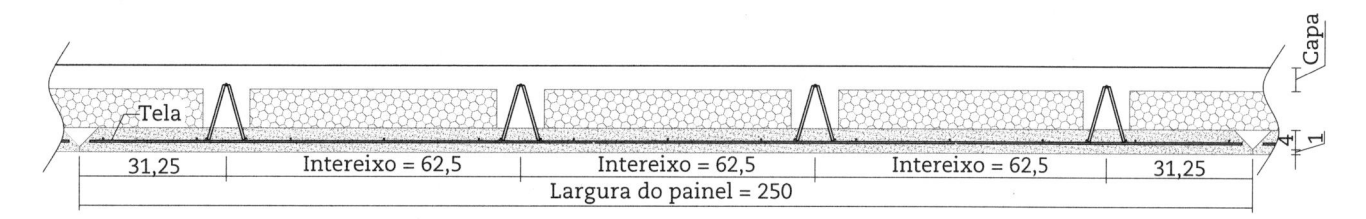

Fig. 14.4 Características do painel e do enchimento utilizados (cotas em cm)

devido à flexão transversal da mesa, coloca-se uma tela soldada. Foi usado ϕ_{ref} = 10 mm.

Para o pré-dimensionamento da laje em balanço, foi adotada a Eq. 6.1. Para as demais lajes, foram utilizados os ábacos propostos no Cap. 6.

Laje L1

$$d_{est} = \frac{l}{\chi_1 \cdot \chi_2} = \frac{250}{0,5 \times 17} = 29,41 \text{ cm}$$

$$h_{est} = d_{est} + \frac{\phi_{ref}}{2} + c_{nom,sup} = 29,41 + \frac{1,0}{2} + 2,5$$
$$= 32,41 \text{ cm} \approx 32 \text{ cm}$$

Mesmo o h_{est} sendo de 32 cm, foi calculado com 18 cm, uma vez que essas estimativas são conservadoras e não foram desenvolvidas para laje nervurada mesa dupla.

$$d_{neg} = h - c_{nom,sup} - \frac{\phi_{ref}}{2} = 18 - 2,5 - \frac{1,0}{2} = 15 \text{ cm}$$

Laje L3

$$\lambda = \frac{l_y}{l_x} = \frac{2.190}{800} = 2,74 > 2,00 \therefore \text{Laje unidirecional}$$

Utilizando a Fig. 6.9C, pode-se estimar a espessura da laje. Além do peso próprio, existe uma ação variável de 3 kN/m² (Fig. 14.5).

Analisando essa figura, conclui-se que o pré-dimensionamento para a laje L3 é de 21 cm. Foi adotada a espessura de 22 cm. Como abaixo da treliça precisa haver uma tela, foi aumentado em 0,5 cm o cobrimento do banzo inferior da treliça, espaço esse destinado à colocação da tela.

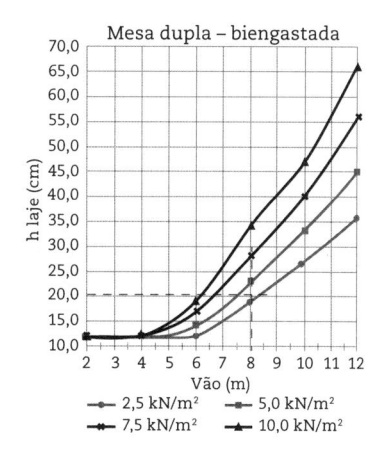

Fig. 14.5 Pré-dimensionamento da laje L3

$$d_{pos} = h - c_{nom,inf} - \frac{\phi_{ref}}{2} = 22 - 2,5 - \frac{1,0}{2} = 19 \text{ cm}$$

$$d_{neg} = h - c_{nom,sup} - \frac{\phi_{ref}}{2} = 22 - 2,5 - \frac{1,0}{2} = 19 \text{ cm}$$

Todas as lajes

Na Tab. 14.1 são apresentadas a espessura e a altura útil das lajes. Na Fig. 14.6 pode-se visualizar a pré-forma.

14.3 Determinação das ações e das combinações de ações

Seguem os pesos específicos dos materiais e as ações variáveis sugeridas de acordo com a NBR 6120 (ABNT, 2019):

- concreto armado: 25 kN/m³;
- EPS: 0,3 kN/m³;
- paredes de bloco cerâmico vazado de 14 cm, com 17 cm de espessura acabada: 1,7 kN/m² de parede;
- gradil metálico acima da parede de extremidade: 1 kN/m;
- ação variável para garagem: 3 kN/m².

Tab. 14.1 Pré-dimensionamento da espessura e da altura útil das lajes

Laje	l_x (cm)	l_y (cm)	l_y/l_x	Tipo de laje	h_{est} (cm)	h_{adot} (cm)	$d_{pos,princ}$ (cm)	$d_{neg,princ}$ (cm)
L1	250	2.190	8,76	Balanço	29,00	18,00	-	15,0
L2	815	2.190	2,69	Apoio-engaste	21,00	22,00	19,0	19,0
L3	800	2.190	2,74	Biengastada	20,50	22,00	19,0	19,0

Observação: para as lajes com 18 cm de espessura, foi utilizada a treliça TR 12645 e, para as lajes com 22 cm de espessura, a treliça TR 16745.

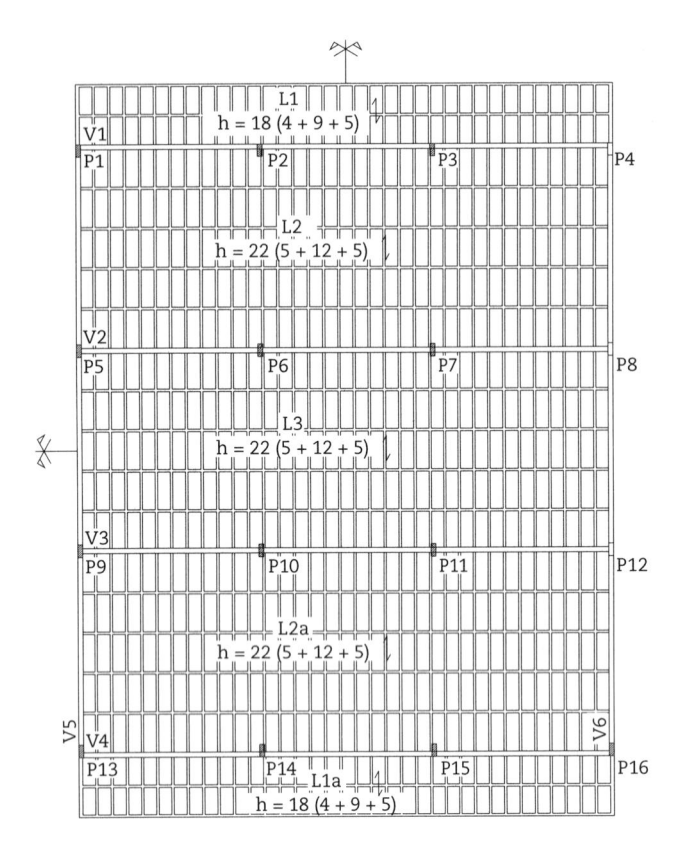

Fig. 14.6 Pré-forma

Composição das ações
Laje L1

Peso próprio = $Volume_{mesas} \cdot \gamma_{concreto} + Volume_{nervura} \cdot \gamma_{concreto} + Volume_{EPS} \cdot \gamma_{EPS}$

$Volume_{mesas} \cdot \gamma_{concreto} = (0{,}05 + 0{,}05) \times 25 = 2{,}50 \text{ kN/m}^2$

$Volume_{nervura} \cdot \gamma_{concreto} = \dfrac{0{,}10 \times 0{,}08 \times 1{,}20 + 0{,}10 \times 0{,}08 \times 0{,}525}{0{,}625 \times 1{,}20}$
$\times 25 = 0{,}46 \text{ kN/m}^2$

$Volume_{EPS} \cdot \gamma_{EPS} = \dfrac{0{,}525 \times 1{,}10}{0{,}625 \times 1{,}20} \times 0{,}08 \times 0{,}3 = 0{,}02 \text{ kN/m}^2$

Peso próprio = $2{,}50 + 0{,}46 + 0{,}02 = 2{,}98 \text{ kN/m}^2$

Além dessa composição de ações por metro quadrado, ainda existe a ação da parede/gradil na extremidade da laje.

Peso próprio da parede/gradil = $1{,}7 \times 0{,}80 + 1{,}00 = 2{,}36 \text{ kN/m}$

Laje L3

Peso próprio = $Volume_{mesa} \cdot \gamma_{concreto} + Volume_{nervura} \cdot \gamma_{concreto} + Volume_{EPS} \cdot \gamma_{EPS}$

$Volume_{mesas} \cdot \gamma_{concreto} = (0{,}05 + 0{,}05) \times 25 = 2{,}50 \text{ kN/m}^2$

$Volume_{nervura} \cdot \gamma_{concreto} = \dfrac{0{,}10 \times 0{,}12 \times 0{,}625 + 0{,}10 \times 0{,}12 \times 1{,}5}{0{,}625 \times 1{,}60}$
$\times 25 = 0{,}64 \text{ kN/m}^2$

$Volume_{EPS} \cdot \gamma_{EPS} = \dfrac{0{,}525 \times 1{,}50}{0{,}625 \times 1{,}60} \times 0{,}12 \times 0{,}3 = 0{,}03 \text{ kN/m}^2$

Peso próprio = $2{,}50 + 0{,}64 + 0{,}03 = 3{,}17 \text{ kN/m}^2$

Todas as lajes

Na Tab. 14.2 pode-se visualizar as ações permanentes e variáveis de todas as lajes.

Tab. 14.2 Ações nas lajes

Laje	Ação permanente (kN/m²)		Variável (kN/m²)	Permanente linear (kN/m)
	Peso próprio (kN/m²)	Total (kN/m²)		
L1	2,980	2,980	3,00	2,36
L2	3,170	3,170	3,00	-
L3	3,170	3,170	3,00	-

Para determinar as combinações, deve-se identificar a origem das ações. Como se trata de uma região de garagem, foram adotados os valores de $\Psi_1 = 0{,}4$ e $\Psi_2 = 0{,}3$.

Combinação última normal
Laje L1

Carga por metro quadrado:

$$F_d = \sum_{i=1}^{m} \gamma_{gi} \cdot F_{Gi,k} + \gamma_q \cdot F_{Qk} = 2{,}98 \times 1{,}4 \times 1{,}05 + 3{,}0 \times 1{,}4 \times 1{,}05$$
$$= 8{,}79 \text{ kN/m}^2$$

Pelo fato de a laje L1 ser em balanço, no cálculo da combinação última normal entra o fator $\gamma_n = 1{,}05$, indicado na Tabela 13.2 da NBR 6118 (ABNT, 2023).

Carga linear vertical:

$$F_d = \sum_{i=1}^{m} \gamma_{gi} \cdot F_{Gi,k} + \gamma_q \cdot F_{Qk} = 2{,}36 \times 1{,}4 \times 1{,}05 = 3{,}47 \text{ kN/m}$$

Laje L3

$$F_d = \sum_{i=1}^{m} \gamma_{gi} \cdot F_{Gi,k} + \gamma_q \cdot F_{Qk} = 3{,}17 \times 1{,}4 + 3{,}00 \times 1{,}4 = 8{,}64 \text{ kN/m}^2$$

Combinação rara
Laje L1

Carga por metro quadrado:

$$F_{d,uti} = \sum_{i=1}^{m} F_{Gi,k} + F_{Q1,k} = 2{,}98 + 3{,}00 = 5{,}98 \text{ kN/m}^2$$

Carga linear vertical:

$$F_{d,uti} = \sum_{i=1}^{m} F_{Gi,k} + F_{Q1,k} = 2{,}36 \text{ kN/m}$$

Laje L3

$$F_{d,uti} = \sum_{i=1}^{m} F_{Gi,k} + F_{Q1,k} = 3{,}17 + 3{,}00 = 6{,}17 \text{ kN/m}^2$$

Combinação frequente
Laje L1

Carga por metro quadrado:

$$F_{d,uti} = \sum_{i=1}^{m} F_{Gi,k} + \Psi_1 \cdot F_{Q1,k} = 2{,}98 + 0{,}4 \times 3{,}00 = 4{,}18 \text{ kN/m}^2$$

Carga linear vertical:

$$F_{d,uti} = \sum_{i=1}^{m} F_{Gi,k} + \Psi_1 \cdot F_{Q1,k} = 2{,}36 \text{ kN/m}$$

Laje L3

$$F_{d,uti} = \sum_{i=1}^{m} F_{Gi,k} + \Psi_1 \cdot F_{Q1,k} = 3{,}17 + 0{,}4 \times 3{,}00 = 4{,}37 \text{ kN/m}^2$$

Combinação quase permanente
Laje L1

Carga por metro quadrado:

$$F_{d,uti} = \sum_{i=1}^{m} F_{Gi,k} + \sum_{j=1}^{n} \Psi_{2j} \cdot F_{Qj,k} = 2{,}98 + 0{,}3 \times 3{,}00 = 3{,}88 \text{ kN/m}^2$$

Carga linear vertical:

$$F_{d,uti} = \sum_{i=1}^{m} F_{Gi,k} + \sum_{j=1}^{n} \Psi_{2j} \cdot F_{Qj,k} = 2{,}36 \text{ kN/m}$$

Laje L3

$$F_{d,uti} = \sum_{i=1}^{m} F_{Gi,k} + \sum_{j=1}^{n} \Psi_{2j} \cdot F_{Qj,k} = 3{,}17 + 0{,}3 \times 3{,}00 = 4{,}07 \text{ kN/m}^2$$

Combinações de ações de todas as lajes

Na Tab. 14.3 mostram-se as combinações de ações de todas as lajes.

14.4 Cálculo dos esforços solicitantes
Momentos fletores
Laje L1

Para entender melhor os esforços de momento fletor na laje L1, na Fig. 14.7 é apresentado um resumo das ações da combinação última normal.

$$M'_d = \frac{q \cdot l^2}{2} + P_1 \cdot l_1 = \frac{8{,}79 \times 2{,}5^2}{2} + 3{,}47 \times 2{,}415 = 35{,}85 \text{ kN} \cdot \text{m/m}$$

$$M'_d = 3.585 \text{ kN} \cdot \text{cm/m}$$

Tab. 14.3 Combinações de ações

Laje	Combinação última normal (kN/m²)	Combinação rara (kN/m²)	Combinação frequente (kN/m²)	Combinação quase permanente (kN/m²)
L1[a]	8,79	5,98	4,18	3,88
L2	8,64	6,17	4,37	4,07
L3	8,64	6,17	4,37	4,07

[a]As ações lineares só existem na laje L1. Como elas já foram calculadas passo a passo, não foram colocadas na tabela.

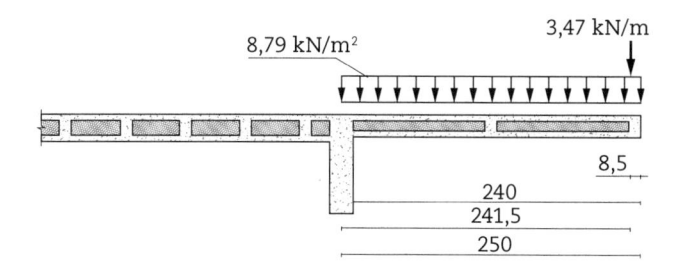

Fig. 14.7 Ações devidas à combinação última normal para a laje L1 (cotas em cm)

Laje L3
Utilizando a Tab. A.1, pode-se calcular o máximo momento fletor positivo e negativo:

$$M'_d = \frac{q \cdot l^2}{12} = \frac{8{,}64 \times 8^2}{12} = 46{,}08 \text{ kN} \cdot \text{m/m} = 4.608 \text{ kN} \cdot \text{cm/m}$$

$$M_d = \frac{q \cdot l^2}{24} = \frac{8{,}64 \times 8^2}{24} = 23{,}04 \text{ kN} \cdot \text{m/m} = 2.304 \text{ kN} \cdot \text{cm/m}$$

Todas as lajes

Na Fig. 14.8 pode-se visualizar os momentos devidos às combinações últimas normais de todas as lajes já compatibilizados.

Em relação às outras combinações de ações, a determinação dos momentos fletores se dá com as mesmas equações, alterando apenas os carregamentos. Nas Figs. 14.9 a 14.11 são mostrados os momentos fletores para combinação rara, combinação frequente e combinação quase permanente, respectivamente.

Forças cortantes
Laje L1

Para entender melhor os esforços devidos à força cortante na laje L1, na Fig. 14.7 é apresentado um resumo das ações da combinação última normal.

$$V'_d = q \cdot l + P = 8{,}79 \times 2{,}4 \times 1{,}05 + 3{,}47 \times 1{,}05 = 25{,}79 \text{ kN/m}$$

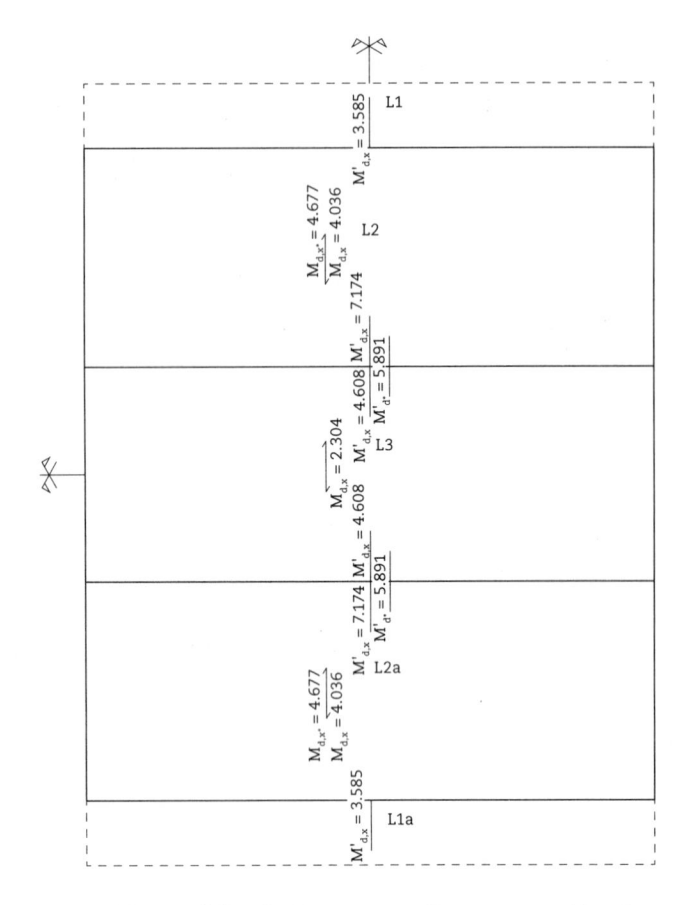

Fig. 14.8 Compatibilização de momentos fletores na combinação última normal (kN · cm/m)

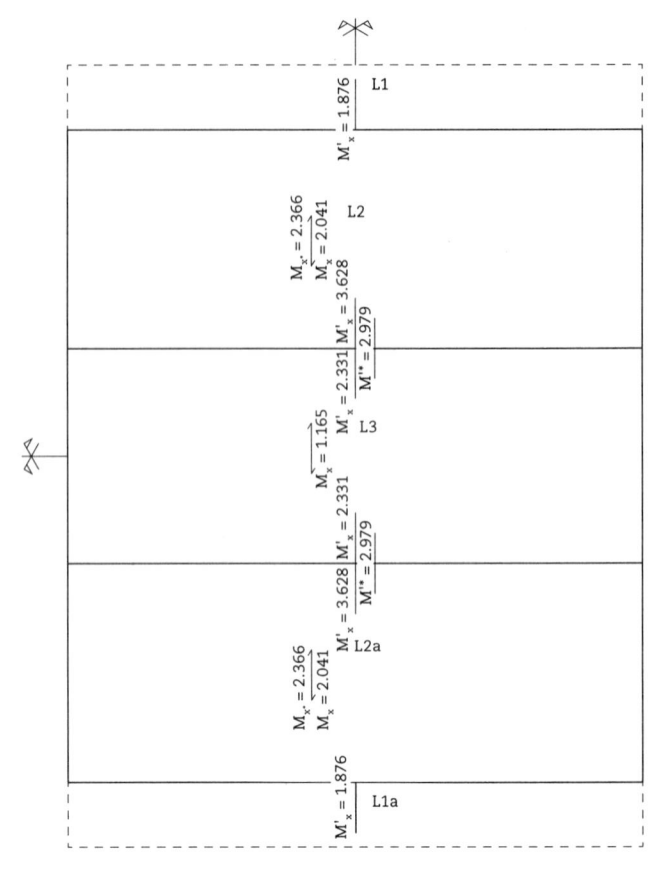

Fig. 14.10 Compatibilização de momentos fletores na combinação frequente (kN · cm/m)

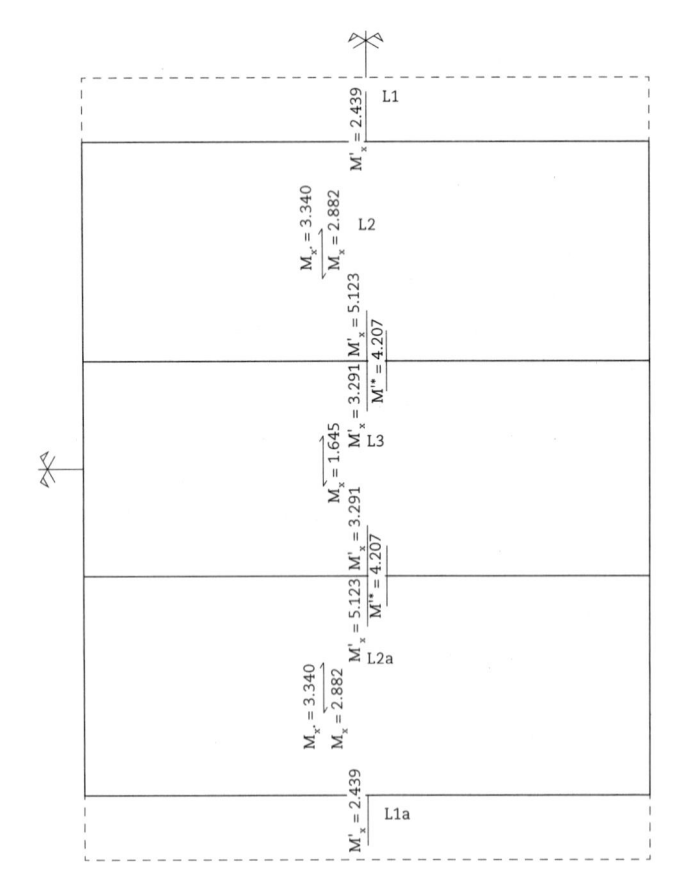

Fig. 14.9 Compatibilização de momentos fletores na combinação rara (kN · cm/m)

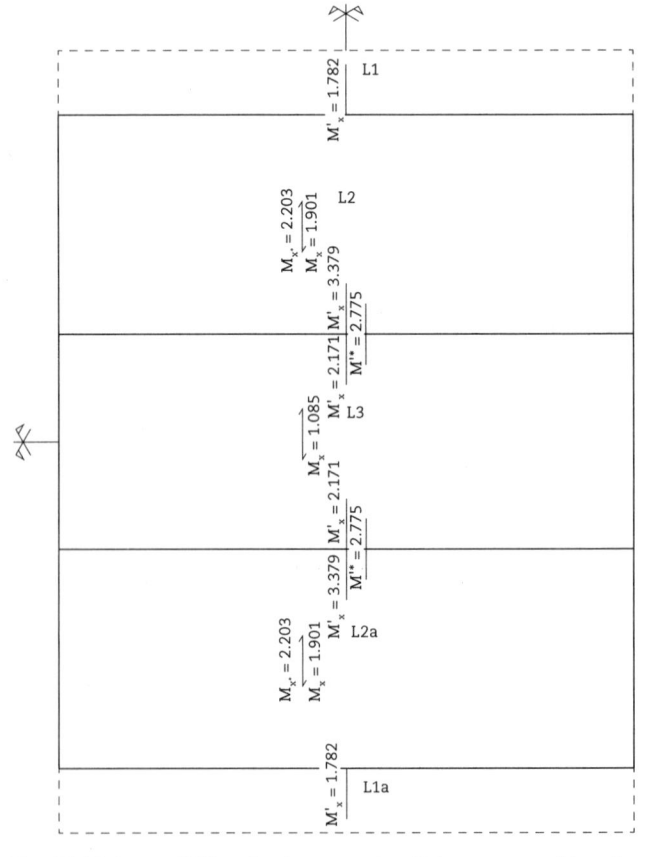

Fig. 14.11 Compatibilização de momentos fletores na combinação quase permanente (kN · cm/m)

Laje L3
Utilizando a Tab. A.2, pode-se calcular as reações de apoio (ou forças cortantes):

$$V'_d = \frac{q \cdot l}{2} = \frac{8{,}64 \times 8}{2} = 34{,}56 \text{ kN/m}$$

Todas as lajes
Na Fig. 14.12 pode-se visualizar as forças cortantes devidas às combinações últimas normais de todas as lajes. Não estão sendo apresentadas as forças cortantes devidas às demais combinações de ações, pois no roteiro de cálculo essa informação é desnecessária.

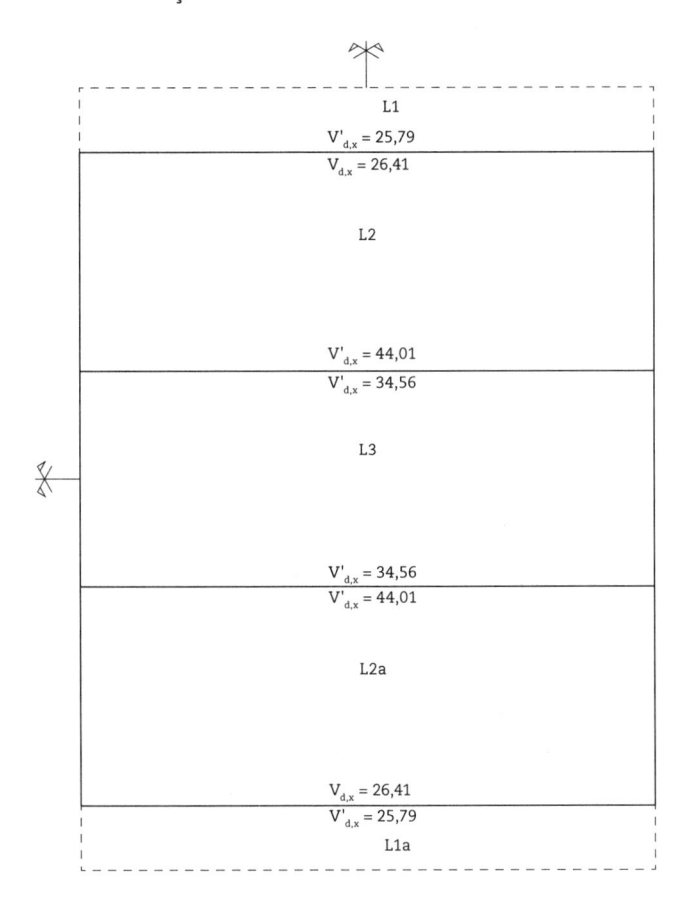

Fig. 14.12 Forças cortantes na combinação última normal (kN/m)

14.5 Dimensionamento do ELU para solicitações normais – flexão simples

Laje L1
A largura da mesa colaborante é calculada com base nas dimensões da laje. O momento fletor dado no enunciado está em kN · cm/m, porém precisa ser transformado para kN · cm/nervura.

$$b_1 \leq \begin{cases} 0{,}5b_2 = 0{,}5 \times 52{,}5 = 26{,}25 \text{ cm} \\ 0{,}1a = 0{,}1 \times 2 \times 240 = 48 \text{ cm} \end{cases} \therefore b_1 = 26{,}25 \text{ cm}$$

$$b_f = b_w + 2b_1 = 10 + 2 \times 26{,}25 = 62{,}50 \text{ cm}$$

$$M_{x,d} = 3{,}585 \times \frac{62{,}50}{100} = 2{,}241 \text{ kN} \cdot \text{cm/nervura}$$

$$\beta_{xf} = \frac{h_f}{\lambda \cdot d} = \frac{5}{0{,}8 \times 15} = 0{,}42$$

$$k_c = \frac{b \cdot d^2}{M_d} = \frac{62{,}50 \times 15^2}{2{,}241} = 6{,}28 \therefore \beta_x \approx 0{,}12 < \beta_{xf}$$
$$= 0{,}42 \therefore \text{Seção falso T e } k_s = 0{,}024$$

$$A^-_{s,x} = \frac{k_s \cdot M_d}{d} = \frac{0{,}024 \times 2{,}241}{15} = 3{,}59 \text{ cm}^2/\text{nervura}$$

$$y_{t,inf} = \frac{Q_x}{A_T}$$

$$y_{t,inf} = \frac{\begin{Bmatrix}\left(b_f \cdot h_{f,s}\right) \cdot \left(h - \dfrac{h_{f,s}}{2}\right) + \left(h - h_{f,s} - h_{f,i}\right) \cdot b_w \\ \cdot \left[\left(\dfrac{h - h_{f,s} - h_{f,i}}{2}\right) + h_{f,i}\right] + \left(b_f \cdot h_{f,i}\right) \cdot \left(\dfrac{h_{f,i}}{2}\right)\end{Bmatrix}}{\left(b_f \cdot h_{f,i}\right) + \left(b_f \cdot h_{f,s}\right) + \left(h - h_{f,i} - h_{f,s}\right) \cdot b_w}$$

$$y_{t,inf} = \frac{\begin{Bmatrix}(62{,}5 \times 5) \times \left(18 - \dfrac{5}{2}\right) + (18 - 5 - 5) \times 10 \\ \times \left[\left(\dfrac{18-5-5}{2}\right) + 4\right] + (62{,}5 \times 5) \times \left(\dfrac{5}{2}\right)\end{Bmatrix}}{(62{,}5 \times 5) + (62{,}5 \times 5) + (18 - 5 - 5) \times 10} = 9{,}00 \text{ cm}$$

$$y_{t,sup} = h - y_{t,inf} = 18 - 9{,}00 = 9{,}00 \text{ cm}$$

$$I_c = \frac{b_f \cdot h_{f,s}^3}{12} + b_f \cdot h_{f,s} \cdot \left(h - \frac{h_{f,s}}{2} - y_{t,inf}\right)^2$$
$$+ \frac{b_w \cdot (h - h_{f,s} - h_{f,i})^3}{12} + (h - h_{f,s} - h_{f,i}) \cdot b_w$$
$$\cdot \left\{y_{t,inf} - \left[h_{f,i} + \left(\frac{h - h_{f,s} - h_{f,i}}{2}\right)\right]\right\}^2$$
$$+ \frac{b_f \cdot h_{f,i}^3}{12} + b_f \cdot h_{f,i} \cdot \left(y_{t,inf} - \frac{h_{f,i}}{2}\right)^2$$

$$I_c = \frac{62{,}5 \times 5^3}{12} + 62{,}5 \times 5 \times \left(18 - \frac{5}{2} - 9\right)^2 + \frac{10 \times (18-5-5)^3}{12}$$
$$+ (18-5-5) \times 10 \times \left\{9 - \left[5 + \left(\frac{18-5-5}{2}\right)\right]\right\}^2$$
$$+ \frac{62{,}5 \times 5^3}{12} + 62{,}5 \times 5 \times \left(9 - \frac{5}{2}\right)^2$$

$$I_c = 28.135 \text{ cm}^4/\text{nervura}$$

$$W_{0,sup} = \frac{I_x}{y_{t,sup}} = \frac{28.135}{9} = 3.126{,}11 \text{ cm}^3/\text{nervura}$$

$$f_{ctk,sup} = 1{,}3 \times 0{,}3 f_{ck}^{2/3} = 1{,}3 \times 0{,}3 \times 30^{2/3} = 3{,}77 \text{ MPa}$$
$$= 0{,}377 \text{ kN/cm}^2$$

$$M_{d,mín,sup} = 0{,}8W_{0,sup} \cdot f_{ctk,sup} = 0{,}8 \times 3.126{,}11 \times 0{,}377$$
$$= 941{,}69 \text{ kN} \cdot \text{cm/nervura}$$

$$k_c = \frac{b_f \cdot d^2}{M_{d,mín,sup}} = \frac{62{,}5 \times 15^2}{941{,}69} = 14{,}93 \therefore \beta_x \approx 0{,}05 < \beta_{xf}$$
$$= 0{,}42 \text{ e } k_s = 0{,}024$$

$$A_{s,x,mín}^- \geq \begin{cases} \dfrac{k_s \cdot M_{d,mín,sup}}{d} = \dfrac{0{,}024 \times 941{,}69}{15} = 1{,}51 \text{ cm}^2/\text{nervura} \\ \dfrac{0{,}15}{100} \cdot A_T = \dfrac{0{,}15}{100} \times \begin{bmatrix} (62{,}5 \times 5) \\ +(62{,}5 \times 5) \\ +(18-5-5) \times 10 \end{bmatrix} = 1{,}06 \text{ cm}^2/\text{nervura} \end{cases}$$

$$\therefore A_{s,x,mín}^- = 1{,}51 \text{ cm}^2/\text{nervura}$$

Então:

$$A_{s,x}^- = 3{,}59 \text{ cm}^2/\text{nervura} > A_{s,x,mín}^- = 1{,}51 \text{ cm}^2/\text{nervura}$$
$$\therefore A_{s,x}^- = 3{,}59 \text{ cm}^2/\text{nervura}$$

Assim, é possível adotar um detalhamento de 5ϕ10 c/nervura (ϕ10 c/12,5). Entretanto, devido à ligação mesa-nervura, necessita-se de uma armadura que corriqueiramente é detalhada como tela. Nesse caso, se ela estiver devidamente ancorada, poderá ser utilizada para ajudar a combater esse esforço de flexão, diminuindo o detalhamento.

Laje L3

Armadura positiva principal

A largura da mesa colaborante é calculada com base nas dimensões da laje. O momento fletor dado no enunciado está em kN · cm/m, porém precisa ser transformado para kN · cm/nervura.

$$b_1 \leq \begin{cases} 0{,}5b_2 = 0{,}5 \times 52{,}5 = 26{,}25 \text{ cm} \\ 0{,}1a = 0{,}1 \times 0{,}6 \times 800 = 48{,}00 \text{ cm} \end{cases} \therefore b_1 = 26{,}25 \text{ cm}$$

$$b_f = b_w + 2b_1 = 10 + 2 \times 26{,}25 = 62{,}50 \text{ cm}$$

$$M_{x,d} = 2.304 \times \frac{62{,}50}{100} = 1.440 \text{ kN} \cdot \text{cm/nervura}$$

$$\beta_{xf} = \frac{h_f}{\lambda \cdot d} = \frac{5}{0{,}8 \times 19} = 0{,}329$$

$$k_c = \frac{b \cdot d^2}{M_d} = \frac{62{,}50 \times 19^2}{1.440} = 15{,}7 \therefore \beta_x \approx 0{,}06 < \beta_{xf}$$
$$= 0{,}329 \therefore \text{Seção falso T e } k_s = 0{,}024$$

$$A_{s,x}^+ = \frac{k_s \cdot M_d}{d} = \frac{0{,}024 \times 1.440}{19} = 1{,}82 \text{ cm}^2/\text{nervura}$$

$$y_{t,inf} = \frac{\begin{Bmatrix} (62{,}5 \times 5) \times \left(22 - \dfrac{5}{2}\right) + (22-5-5) \times 10 \\ \times \left[\left(\dfrac{22-5-5}{2}\right) + 5\right] + (62{,}5 \times 5) \times \left(\dfrac{5}{2}\right) \end{Bmatrix}}{(62{,}5 \times 5) + (62{,}5 \times 5) + (22-5-5) \times 10} = 11{,}00 \text{ cm}$$

$$I_c = \frac{62{,}5 \times 5^3}{12} + 62{,}5 \times 5 \times \left(22 - \frac{5}{2} - 11\right)^2 + \frac{10 \times (22-5-5)^3}{12}$$
$$+ (22-5-5) \times 10 \times \left\{11 - \left[5 + \left(\frac{22-5-5}{2}\right)\right]\right\}^2 + \frac{62{,}5 \times 5^3}{12}$$
$$+ 62{,}5 \times 5 \times \left(11 - \frac{5}{2}\right)^2$$

$$I_c = 47.898 \text{ cm}^4/\text{nervura}$$

$$W_{0,inf} = \frac{I_x}{y_{t,inf}} = \frac{47.898}{11} = 4.354{,}39 \text{ cm}^3/\text{nervura}$$

$$M_{d,mín,inf} = 0{,}8W_{0,inf} \cdot f_{ctk,sup} = 0{,}8 \times 4.354{,}39 \times 0{,}377$$
$$= 1.313{,}28 \text{ kN} \cdot \text{cm/nervura}$$

$$k_c = \frac{b_f \cdot d^2}{M_{d,mín,inf}} = \frac{62{,}5 \times 19^2}{1.313{,}28} = 17{,}18 \therefore \beta_x \approx 0{,}04 < \beta_{xf}$$
$$= 0{,}329 \text{ e } k_s = 0{,}024$$

$$A_{s,x,mín}^+ \geq \begin{cases} \dfrac{0{,}024 \times 1.313{,}28}{19} = 1{,}66 \text{ cm}^2/\text{nervura} \\ \dfrac{0{,}15}{100} \times \left[(62{,}5 \times 5) + (62{,}5 \times 5) + (22-5-5) \times 10\right] \\ = 1{,}12 \text{ cm}^2/\text{nervura} \end{cases}$$

$$\therefore A_{s,x,mín}^+ = 1{,}66 \text{ cm}^2/\text{nervura}$$

Então:

$$A_{s,x}^+ = 1{,}82 \text{ cm}^2/\text{nervura} > A_{s,x,mín}^+ = 1{,}66 \text{ cm}^2/\text{nervura}$$
$$\therefore A_{s,x}^+ = 1{,}82 \text{ cm}^2/\text{nervura}$$

Em cada nervura principal, o banzo inferior da treliça é composto de 2ϕ5 = 0,196 cm² em CA-60 ou 0,235 cm² em CA-50. Neste caso, a área de aço complementar necessária em cada treliça é:

$$A_{s,complementar} = 1{,}82 - 2 \times 0{,}236 = 1{,}348 \text{ cm}^2/\text{nervura} \therefore 2\phi 10$$

Entretanto, devido à ligação mesa-nervura, necessita-se de uma armadura que corriqueiramente é detalhada como tela. Nesse caso, se ela estiver devidamente ancorada na viga, poderá ser utilizada para ajudar a combater esse esforço de flexão, diminuindo o detalhamento.

Armadura negativa

A largura da mesa colaborante é calculada com base nas dimensões da laje. O momento fletor dado no enunciado está em kN · cm/m, porém precisa ser transformado para kN · cm/nervura.

$$b_1 \leq \begin{cases} 0{,}5b_2 = 0{,}5 \times 52{,}5 = 26{,}25 \text{ cm} \\ 0{,}1a = 0{,}1 \times 0{,}6 \times 800 = 48{,}00 \text{ cm} \end{cases} \therefore b_1 = 26{,}25 \text{ cm}$$

$$b_f = b_w + 2b_1 = 10 + 2 \times 26{,}25 = 62{,}5 \text{ cm}$$

$$M'_{x,d} = 5.891 \times \frac{62{,}5}{100} = 3.682 \text{ kN} \cdot \text{cm/nervura}$$

$$\beta_{xf} = \frac{h_f}{\lambda \cdot d} = \frac{5}{0{,}8 \times 19} = 0{,}329$$

$$k_c = \frac{b \cdot d^2}{M_d} = \frac{62{,}5 \times 19^2}{3.682} = 6{,}13 \therefore \beta_x \approx 0{,}12 < \beta_{xf}$$
$$= 0{,}329 \therefore \text{Seção falso T e } k_s = 0{,}024$$

$$A_{s,x}^- = \frac{k_s \cdot M_d}{d} = \frac{0{,}024 \times 3.682}{19} = 4{,}65 \text{ cm}^2/\text{nervura}$$

$$y_{t,sup} = h - y_{t,inf} = 22 - 11 = 11 \text{ cm}$$

$$I_c = 47.898{,}33 \text{ cm}^4/\text{nervura}$$

$$W_{0,sup} = \frac{I_x}{y_{t,sup}} = \frac{47.898{,}33}{11{,}00} = 4.354{,}39 \text{ cm}^3/\text{nervura}$$

$$M_{d,min,sup} = 0{,}8 W_{0,sup} \cdot f_{ctk,sup} = 0{,}8 \times 4.354{,}39 \times 0{,}377$$
$$= 1.313{,}28 \text{ kN} \cdot \text{cm/nervura}$$

$$k_c = \frac{b_f \cdot d^2}{M_{d,min,sup}} = \frac{62{,}5 \times 19^2}{1.313{,}28} = 17{,}18 \therefore \beta_x \approx 0{,}04 < \beta_{xf}$$
$$= 0{,}329 \text{ e } k_s = 0{,}024$$

$$A_{s,x,min}^- \geq \begin{cases} \dfrac{0{,}024 \times 1.313{,}28}{19} = 1{,}66 \text{ cm}^2/\text{nervura} \\ \dfrac{0{,}15}{100} \times \left[(62{,}5 \times 5) + (62{,}5 \times 5) + (22 - 5 - 5) \times 10 \right] \\ = 1{,}12 \text{ cm}^2/\text{nervura} \end{cases}$$

$$\therefore A_{s,min,sup}^- = 1{,}66 \text{ cm}^2/\text{nervura}$$

Então:

$$A_{s,x}^- = 4{,}65 \text{ cm}^2/\text{nervura} > A_{s,x,min}^- = 1{,}66 \text{ cm}^2/\text{nervura}$$
$$\therefore A_{s,x}^- = 4{,}65 \text{ cm}^2/\text{nervura}$$

Assim, é possível adotar um detalhamento de 6ϕ10 c/nervura (ϕ10 c/10). Entretanto, devido à ligação mesa-nervura, necessita-se de uma armadura que corriqueiramente é detalhada como tela. Nesse caso, se ela estiver devidamente ancorada, poderá ser utilizada para ajudar a combater esse esforço de flexão, diminuindo o detalhamento.

Todas as lajes

Nas Tabs. 14.4 e 14.5 são apresentadas as armaduras longitudinais positivas e negativas, respectivamente, de todas as lajes. Deve-se atentar em colocar uma armadura mínima nas nervuras transversais.

14.6 Dimensionamento do ELU para solicitações normais – flexão na mesa

Como a distância entre nervuras deste exemplo numérico é menor que 65 cm, o dimensionamento da flexão na mesa é desnecessário.

14.7 Dimensionamento do ELU para solicitações tangenciais – força cortante

Laje L1

Verificação da necessidade de armadura transversal

$$V_{Sd} \leq V_{Rd1} = \left[\tau_{Rd} \cdot k \cdot (1{,}2 + 40\rho_1) + 0{,}15\sigma_{cp} \right] \cdot b_w \cdot d$$

$$\tau_{Rd} = 0{,}25 f_{ctd} = 0{,}25 \times \frac{0{,}7 \times 0{,}3 f_{ck}^{2/3}}{\gamma_c} = 0{,}25 \times \frac{0{,}7 \times 0{,}3 \times 30^{2/3}}{1{,}4}$$
$$= 0{,}3621 \text{ MPa} = 362{,}1 \text{ kN/m}^2$$

$$k = |1{,}6 - d| = |1{,}6 - 0{,}15| = |1{,}45| \geq 1{,}0 \therefore k = 1{,}45$$

Tab. 14.4 Armaduras longitudinais positivas na direção x

Laje	h (cm)	$d_{pos,princ}$ (cm)	$M_{d,x}$ (kN · nervura)	Seção	$A_{s,x}^+$ (cm²/nervura)	$A_{s,x,min}^+$ (cm²/nervura)	$A_{s,treliça}$ (cm²/nervura)	Armadura complementar[a]
L1[b]	18,0	-	-	-	-	1,06	0,47	2ϕ6,3 c/nervura
L2	22,0	19,0	2.522	Falso T	3,19	1,66	0,47	2ϕ16 c/nervura
L3	22,0	19,0	1.440	Falso T	1,82	1,66	0,47	2ϕ10 c/nervura

[a] Em nervuras transversais de lajes unidirecionais, foi calculada uma armadura secundária de distribuição, oriunda de $\rho_{sw,min} \cdot b_w \cdot h$.
[b] Para a laje L1, só há esforços para dimensionar armaduras negativas, pois trata-se de uma laje em balanço. No entanto, recomenda-se colocar uma armadura positiva de colapso progressivo.

Tab. 14.5 Armaduras longitudinais negativas

Laje	d (cm)	M_d (kN · cm/nervura)	$A_{s,x}^-$ (cm²/nervura)	$A_{s,x,min}^-$ (cm²/nervura)	Detalhamento
L1/L2	15,0	2.241	3,59	1,51	5ϕ10 c/nervura
L2/L3	19,0	3.682	4,65	1,66	6ϕ10 c/nervura

$$\rho_1 = \frac{A_{s1}}{b_w \cdot d} = \frac{5 \times 0,785}{10 \times 15} = 0,026 > 0,02 \therefore \rho_1 = 0,02$$

$$V_{Sd} = 25,76 \text{ kN/m} = 25,76 \times \frac{62,5}{100} = 16,10 \text{ kN/nervura}$$

$$V_{Rd1} = \left[362,1 \times 1,45 \times (1,2 + 40 \times 0,02)\right] \times 0,1 \times 0,15$$
$$= 15,75 \text{ kN/nervura}$$

$V_{Sd} = 16,10$ kN/nervura $> V_{Rd1} = 15,75$ kN/nervura $\therefore$ Não OK

Apenas o concreto não resiste ao cisalhamento. Nesse caso, precisa-se dimensionar a armadura de cisalhamento.

$$V_{Rd3} = V_c + V_{sw}$$

Fazendo $V_{Rd3} = V_{Sdx}$ e reduzindo a resistência V_c, encontra-se V_{sw}.

$$V_{sw} = V_{Sdx} - V_c$$

$$V_c = 0,6 f_{ctd} \cdot b_w \cdot d$$

$$f_{ctd} = \frac{f_{ctk,inf}}{\gamma_c} = \frac{0,7 \times 0,3 f_{ck}^{2/3}}{\gamma_c} = \frac{0,7 \times 0,3 \times 30^{2/3}}{1,4}$$
$$= 1,45 \text{ MPa} = 0,145 \text{ kN/cm}^2$$

$$V_c = 0,6 \times 0,145 \times 10 \times 15 = 13,05 \text{ kN/nervura}$$

$$V_{sw} = 16,10 - 13,05 = 3,05 \text{ kN/nervura}$$

$$\left(\frac{A_{sw}}{s}\right) = \frac{V_{sw}}{0,9d \cdot f_{ywd} \cdot (\text{sen}\,\alpha + \cos\alpha)}$$

$$\alpha = \arctan\left(\frac{12}{10}\right) = 50,19°$$

$$\left(\frac{A_{sw}}{s}\right) = \frac{3,05}{0,9 \times 15 \times 43,5 \times (\text{sen}\,50,19° + \cos 50,19°)}$$
$$= 0,0037 \text{ cm}^2/\text{cm} = 0,37 \text{ cm}^2/\text{m}$$

A armadura transversal das diagonais existentes em 1 m de treliça é:

$$A_{sw} = 10\phi 4,2 = 1,38 \text{ cm}^2/\text{m}$$

Convertendo a área de aço para CA-60, tem-se:

$$A_{sw} = 1,38 \times \frac{60}{50} = 1,66 \text{ cm}^2/\text{m} > 0,37 \text{ cm}^2/\text{m}$$

Logo, observa-se que a armadura da treliça atende à necessidade de armadura transversal.

Verificação do esmagamento do concreto

$$V_{Sd} \le V_{Rd2} = 0,27 \alpha_{v2} \cdot f_{cd} \cdot b_w \cdot d$$

$$\alpha_{v2} = 1 - \frac{f_{ck}}{250} = 1 - \frac{30}{250} = 0,88$$

$$V_{Sd} = 16,10 \text{ kN/nervura} \le V_{Rd2} = 0,27 \times 0,88 \times \frac{3,0}{1,4} \times 10 \times 15$$
$$= 76,37 \text{ kN/nervura} \therefore \text{OK}$$

A única diferença desse caso em relação às outras lajes é que, para a verificação da força cortante em bordas apoiadas, a taxa de armadura ρ_1 é calculada com a armadura positiva, e não com a negativa.

Todas as lajes
Na Tab. 14.6 pode-se visualizar as verificações da força cortante para todas as lajes.

14.8 Dimensionamento do ELU para solicitações tangenciais – ligação mesa-nervura

Laje L1

Mesa comprimida

$$\tau_{md} = \frac{V_d \cdot \dfrac{\text{Intereixo}}{100}}{h_f \cdot (d - 0,5h_f)} \cdot \frac{1}{2} \cdot \left(1 - \frac{b_w}{b_f}\right) = \frac{25,76 \times \dfrac{62,5}{100}}{5 \times (15 - 0,5 \times 5)} \times \frac{1}{2}$$
$$\times \left(1 - \frac{10}{62,5}\right) = 0,108 \text{ kN/cm}^2$$

$$\tau_{Rd2} = 0,27 \times \left(1 - \frac{f_{ck}}{250}\right) \cdot f_{cd} = 0,27 \times \left(1 - \frac{30}{250}\right) \times \frac{3,0}{1,4}$$
$$= 0,509 \text{ kN/cm}^2$$

Tab. 14.6 Verificações da força cortante

Laje	V_{Sd} (kN/nervura)		V_{Rd1} (kN/nervura)		V_{Rd2} (kN/nervura)		V_{Rd3} (kN/nervura)		Observação
	Borda apoiada	Borda engastada	Borda apoiada	Borda engastada	Borda apoiada	Borda engastada	A_{sw}/s	A_{sw} (cm²/m)	
L1	-	16,10	-	15,75	-	76,37	0,37	1,66	OK
L2	16,51	27,51	20,81	19,40	96,74	96,74	1,07	1,66	OK
L3	-	21,60	-	19,40	-	96,74	0,49	1,66	OK

Observação: foram calculadas a maior força cortante em borda apoiada e a maior força cortante em borda engastada para todas as lajes. Como todas passaram, as bordas com menos força cortante também passarão nos cálculos.

$\tau_{md} = 0,108$ kN/cm² $< \tau_{Rd2} = 0,509$ kN/cm² ∴ OK

$$A_{st} = \frac{V_d \cdot \frac{Intereixo}{100}}{(d - 0,5h_f) \cdot f_{yd}} \cdot \frac{1}{2} \cdot \left(1 - \frac{b_w}{b_f}\right) = \frac{25,76 \times \frac{62,5}{100}}{(15 - 0,5 \times 5) \times \frac{50}{1,15}} \times \frac{1}{2} \times \left(1 - \frac{10}{62,5}\right)$$

$A_{st} = 0,0124$ cm²/cm $= 1,24$ cm²/m $< 1,5$ cm²/m

∴ $A_{st} = 1,50$ cm²/m

Convertendo a área de aço para CA-60, precisa-se de:

$$A_{st} = \frac{1,5}{1,2} = 1,25 \text{ cm}^2/m \Rightarrow A_{st,face} = \frac{1,25}{2}$$
$= 0,625$ cm²/m/face ∴ Adota-se tela Q75

Mesa tracionada

Supondo que 50% das armaduras negativas estejam fora da projeção da nervura:

$$\tau_{md} = \frac{V_d \cdot \frac{Intereixo}{100}}{h_f \cdot (0,9d)} \cdot \frac{A_{s1}}{A_s} = \frac{25,76 \times \frac{62,5}{100}}{5 \times (0,9 \times 15)} \times \frac{0,50}{1,00} = 0,119 \text{ kN/cm}^2$$

$$\tau_{Rd2} = 0,27 \times \left(1 - \frac{f_{ck}}{250}\right) \cdot f_{cd} = 0,27 \times \left(1 - \frac{30}{250}\right) \times \frac{3,0}{1,4}$$
$= 0,509$ kN/cm²

$\tau_{md} = 0,119$ kN/cm² $< \tau_{Rd2} = 0,509$ kN/cm² ∴ OK

$$A_{st} = \frac{V_d \cdot \frac{Intereixo}{100}}{(0,9d) \cdot f_{yd}} \cdot \frac{A_{s1}}{A_s} = \frac{25,76 \times \frac{62,5}{100}}{(0,9 \times 15) \times \frac{50}{1,15}} \times \frac{0,5}{1,00}$$
$= 0,0137$ cm²/cm $= 1,37$ cm²/m

$A_{st} = 1,37$ cm²/m $< 1,5$ cm²/m ∴ $A_{st} = 1,5$ cm²/m

Convertendo a área de aço para CA-60, precisa-se de:

$$A_{st} = \frac{1,5}{1,2} = 1,25 \text{ cm}^2/m \Rightarrow A_{st,face} = \frac{1,25}{2}$$
$= 0,625$ cm²/m/face ∴ Adota-se tela Q75

Como o roteiro de cálculo é similar entre as lajes, não foi colocado o cálculo da laje L3.

Todas as lajes

Na Tab. 14.7 é apresentada a verificação da ligação mesa-nervura de todas as lajes.

14.9 Verificação do ELS-F
Laje L1

O momento de fissuração é dado da seguinte forma:

$$M_r = \frac{\alpha \cdot f_{ct} \cdot I_c}{y_t}$$

$\alpha = 1,3$

$f_{ct} = f_{ctk,inf} = 0,7 \times 0,3 f_{ck}^{2/3} = 0,7 \times 0,3 \times 30^{2/3} = 2,028$ MPa
$= 0,2028$ kN/cm²

$I_c = 28.135$ cm⁴/nervura (já calculado na seção 14.5)

Para transformar esse valor em cm⁴/m, deve-se dividi-lo pelo intereixo.

$$I_c = \frac{28.135}{0,625} = 45.016 \text{ cm}^4/m$$

$y_{t,sup} = 9,00$ cm (já calculado na seção 14.5)

$$M_r = \frac{\alpha \cdot f_{ct} \cdot I_c}{y_t} = \frac{1,3 \times 0,2028 \times 45.016}{9} = 1.319 \text{ kN} \cdot \text{cm/m}$$

Comparando o momento de fissuração com o momento devido à combinação rara para a laje L9 ($M'_x = 2.439$ kN·cm/m), indicado na Fig. 14.9, percebe-se que o momento devido à combinação rara é maior, ou seja, essa região está no Estádio II.

Todas as lajes

Na Tab. 14.8 são apresentados os lugares em que o momento devido à combinação rara foi maior do que o momento de fissuração.

Tab. 14.7 Verificação da ligação mesa-nervura

Laje	Mesa comprimida (mesa inferior)				Mesa tracionada (mesa superior)			
	τ_{md} (kN/cm²)	τ_{Rd2} (kN/cm²)	A_{st} (cm²/m/face)	Detalhamento	τ_{md} (kN/cm²)	τ_{Rd2} (kN/cm²)	A_{st} (cm²/m/face)	Detalhamento
L1	0,108	0,509	0,625	Q75	0,119	0,509	0,625	Q75
L2	0,140	0,509	0,625	Q75	0,161	0,509	0,771	Q92
L3	0,110	0,509	0,625	Q75	0,126	0,509	0,625	Q75

Observação: a armadura necessária deve ser disposta na capa de concreto transversalmente às treliças. Na mesa superior, deve ser posicionada antes da armadura negativa.

Tab. 14.8 Verificação do ELS-F

Laje	Local	M_k (kN·cm/m)	M_r (kN·cm/m)
L2	Positivo	3.340	1.837
L1/L2	Negativo	2.439	1.319
L2/L3	Negativo	4.207	1.837

14.10 Verificação do ELS-W
Laje L1

O detalhamento para a laje L1 foi adotado em 5ϕ10 c/nervura, ou ϕ10 c/12,5. Nesse caso:

$$A_{s,x}^- = \frac{100}{s} \cdot A_{s,\phi} = \frac{100}{12,5} \times 0,785 = 6,28 \text{ cm}^2/\text{m}$$

$$\sigma_{si} = \frac{M_{CF}}{0,80d \cdot A_s} = \frac{1.876}{0,80 \times 15 \times 6,28} = 24,89 \text{ kN/cm}^2$$

$$\phi_i = 10 \text{ mm} = 1 \text{ cm}$$

$$\eta_1 = 2,25$$

$$E_{si} = 210 \text{ GPa} = 21.000 \text{ kN/cm}^2$$

$$f_{ct,m} = 0,3 \times 30^{2/3} = 2,90 \text{ MPa} = 0,290 \text{ kN/cm}^2$$

Para o cálculo da área crítica A_{cri}, pode-se observar a Fig. 14.13.

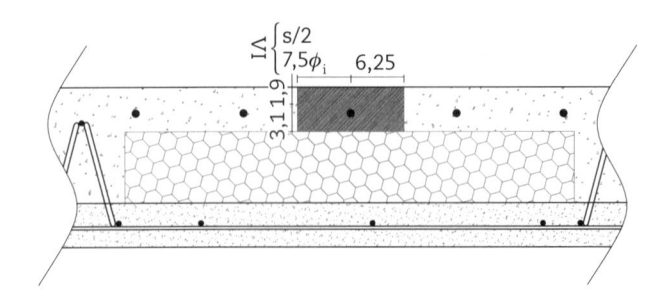

Fig. 14.13 Definição da área A_{cri} (cotas em cm)

$$A_{cri} = 12,5 \times 5 = 62,5 \text{ cm}^2$$

$$\rho_{ri} = \frac{A_{s,\phi i}}{A_{cri}} = \frac{0,785}{62,5} = 0,01256$$

$$w_{k1} = \frac{\phi_i \cdot 3 \cdot \sigma_{si}^2}{12,5\eta_1 \cdot E_{si} \cdot f_{ct,m}} = \frac{1 \times 3 \times 24,89^2}{12,5 \times 2,25 \times 21.000 \times 0,290}$$
$$= 0,0108 \text{ cm} = 0,108 \text{ mm}$$

$$w_{k2} = \frac{\phi_i \cdot \sigma_{si}}{12,5\eta_1 \cdot E_{si}} \cdot \left(\frac{4}{\rho_{ri}} + 45\right)$$
$$= \frac{1 \times 24,89}{12,5 \times 2,25 \times 21.000} \times \left(\frac{4}{0,01256} + 45\right)$$
$$= 0,0153 \text{ cm} = 0,153 \text{ mm}$$

Como indicado na norma, o menor valor deve ser adotado. Logo, a abertura estimada é de 0,108 mm, que fica bem abaixo do limite para CAA II, que é de 0,3 mm.

Todas as lajes

Na Tab. 14.9 pode-se visualizar o cálculo de abertura de fissuras para as outras regiões em que o pavimento está no Estádio II.

14.11 Verificação do ELS-DEF
Laje L1

A flecha inicial para a laje unidirecional L1 pode ser calculada utilizando a superposição de efeitos. As equações são apresentadas na Tab. E.1, enquanto as ações e as distâncias são ilustradas na Fig. 14.14.

$$a_{total} = a_i \cdot (1 + \alpha_f)$$

$$a_i = \frac{1}{8} \cdot \frac{q \cdot l^4}{E \cdot I} + \frac{1}{3} \cdot \frac{p \cdot l^3}{E \cdot I}$$

Fig. 14.14 Combinação quase permanente para o ELS-DEF na laje L1 (cotas em cm)

Para determinar a inércia, é preciso verificar se o elemento está no Estádio I ou no Estádio II.

$$M_r = \frac{\alpha \cdot f_{ct} \cdot I_c}{y_t}$$

$$\alpha = 1,3$$

Tab. 14.9 Verificação do ELS-W

Laje	ϕ_{adot} (mm)	s (cm)	A_s (cm²/m)	ϕ_{si} (kN/cm²)	A_{cri} (cm²)	ϕ_{ri}	w_{k1} (mm)	w_{k2} (mm)	w_{est} (mm)	Limite (mm)	Observação
L2	16	62,5	7,19	21,66	38,25	0,05258	0,131	0,071	0,071	0,3	OK
L1/L2	10	12,5	6,28	24,88	62,50	0,01256	0,108	0,153	0,108	0,3	OK
L2/L3	10	10,42	7,54	25,99	52,08	0,01507	0,118	0,137	0,118	0,3	OK

$f_{ct} = f_{ct,m} = 0{,}3 f_{ck}^{2/3} = 0{,}3 \times 30^{2/3} = 2{,}896 \text{ MPa} = 0{,}2896 \text{ kN/cm}^2$

$I_c = 28.135 \text{ cm}^4/\text{nervura}$ (já calculado na seção 14.5)

Para transformar esse valor em cm⁴/m, deve-se dividi-lo pelo intereixo.

$$I_c = \frac{28.135}{0{,}625} = 45.016 \text{ cm}^4/\text{m}$$

$y_{t,sup} = 9{,}00 \text{ cm}$ (já calculado na seção 14.5)

$$M_r = \frac{\alpha \cdot f_{ct} \cdot I_c}{y_t} = \frac{1{,}3 \times 0{,}2896 \times 45.016}{9{,}00} = 1.883{,}07 \text{ kN}\cdot\text{cm/m}$$

Comparando o momento de fissuração com o momento devido à combinação quase permanente para a laje L1 ($M'_x = 1.782 \text{ kN}\cdot\text{cm/m}$), indicado na Fig. 14.11, percebe-se que o momento devido à combinação quase permanente é menor, ou seja, essa região está no Estádio I.

$$E_{cs} = \alpha_i \cdot \alpha_E \cdot 5.600 \cdot \sqrt{f_{ck}}$$

$$\alpha_i = 0{,}8 + 0{,}2 \cdot \frac{f_{ck}}{80} = 0{,}8 + 0{,}2 \times \frac{30}{80} = 0{,}875$$

$\alpha_E = 1{,}0 \text{ (granito)}$

$E_{cs} = 0{,}875 \times 1{,}0 \times 5.600 \times \sqrt{30} = 26.838 \text{ MPa} = 2.683{,}8 \text{ kN/cm}^2$

$$a_i = \frac{1}{8} \times \frac{0{,}0388 \times 250^4}{2.683{,}8 \times 45.016} + \frac{1}{3} \times \frac{2{,}36 \times 241{,}5^3}{2.683{,}8 \times 45.016} = 0{,}249 \text{ cm}$$

Para estimar a flecha diferida, é adotada uma retirada de escoramento em 30 dias.

$$\alpha_f = \frac{\Delta \xi}{1 + 50 \rho'}$$

$\rho' = 0$ (não tem armadura de compressão)

Utilizando a Tab. 9.2, pode-se estimar os valores de tempo para a determinação dos ξ.

$$\alpha_f = \frac{2 - 0{,}68}{1} = 1{,}32$$

$a_{total} = 0{,}249 \times (1 + 1{,}32) = 0{,}578 \text{ cm}$

O limite de flecha para essa laje é de l/125 (laje em balanço). Sendo assim:

$$a_{limite} = \frac{l}{125} = \frac{250}{125} = 2{,}00 \text{ cm} > 0{,}578 \text{ cm} \therefore \text{OK}$$

Todas as lajes
Na Tab. 14.10 são apresentados os valores de flecha para todas as lajes.

14.12 Detalhamento das armaduras
Na Fig. 14.15 são ilustradas as armaduras positivas complementares de obra. Na Fig. 14.16 são mostradas as armaduras negativas. Recomenda-se ainda colocar armadura negativa de borda em todas as bordas da periferia.

Laje L1
Para lajes em balanço, o comprimento da armadura negativa para dentro da laje interna recomendado é de:

Comprimento interno $\geq 1{,}5 \cdot$ balanço $= 1{,}5 \times 250 = 375 \text{ cm}$

Junção das lajes L2 e L3
Foi adotado um único comprimento de armadura negativa para o momento negativo da laje. Para determinar o comprimento das armaduras negativas, deve-se calcular o valor de a_1, que é o comprimento do eixo da viga até o final da armadura.

$$a_1 \geq \begin{cases} a_l + l_b \\ 0{,}25l + 10\phi \end{cases}$$

$a_l = 1{,}5d = 1{,}5 \times 19 = 28{,}5 \text{ cm}$

$$l_b = \alpha \cdot \frac{\phi}{4} \cdot \frac{f_{yd}}{f_{bd}}$$

$\alpha = 1{,}0$ (barras sem gancho)

$\phi = 10{,}0 \text{ mm} = 1{,}00 \text{ cm}$

$f_{bd} = \eta_1 \cdot \eta_2 \cdot \eta_3 \cdot f_{ctd}$

$\eta_1 = 2{,}25$ (barras nervuradas)

$\eta_2 = 1{,}00$ (região de boa aderência)

Tab. 14.10 Verificação do ELS-DEF

Laje	M_r	M_{CQP}	Estádio	E_{cs} (kN/cm²)	I (cm⁴)	l_x (cm)	a_i (cm)	α_{total} (cm)	α_{limite} (cm)
L1	1.883,07	1.782	I	2.684	45.016,00	250,00	0,249	0,578	2,00
L2	2.622,95	2.203	I	2.684	76.637,33	815,00	0,473	1,097	3,26
L3	2.622,95	1.085	I	2.684	76.637,33	800,00	0,211	0,490	3,20

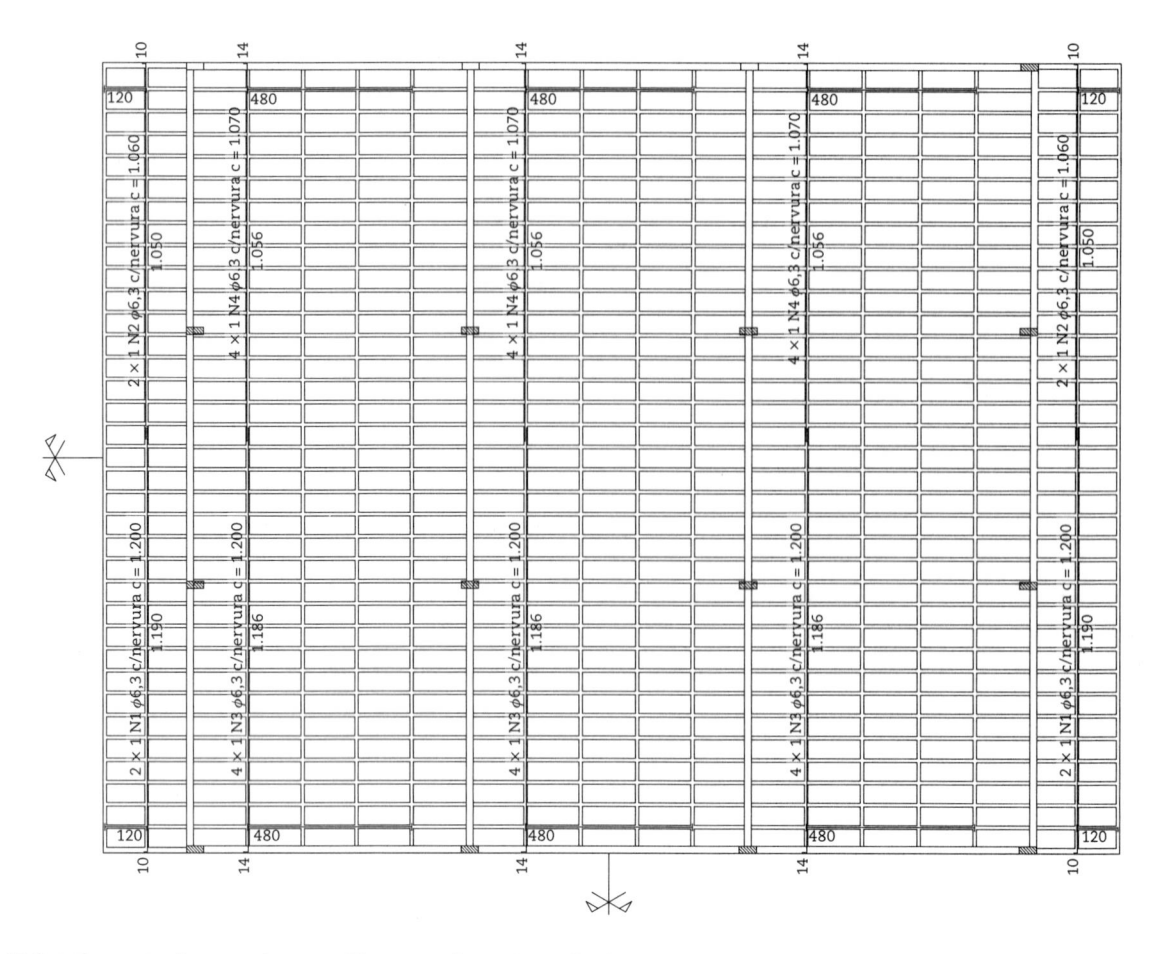

Fig. 14.15 Detalhamento das armaduras positivas complementares de obra

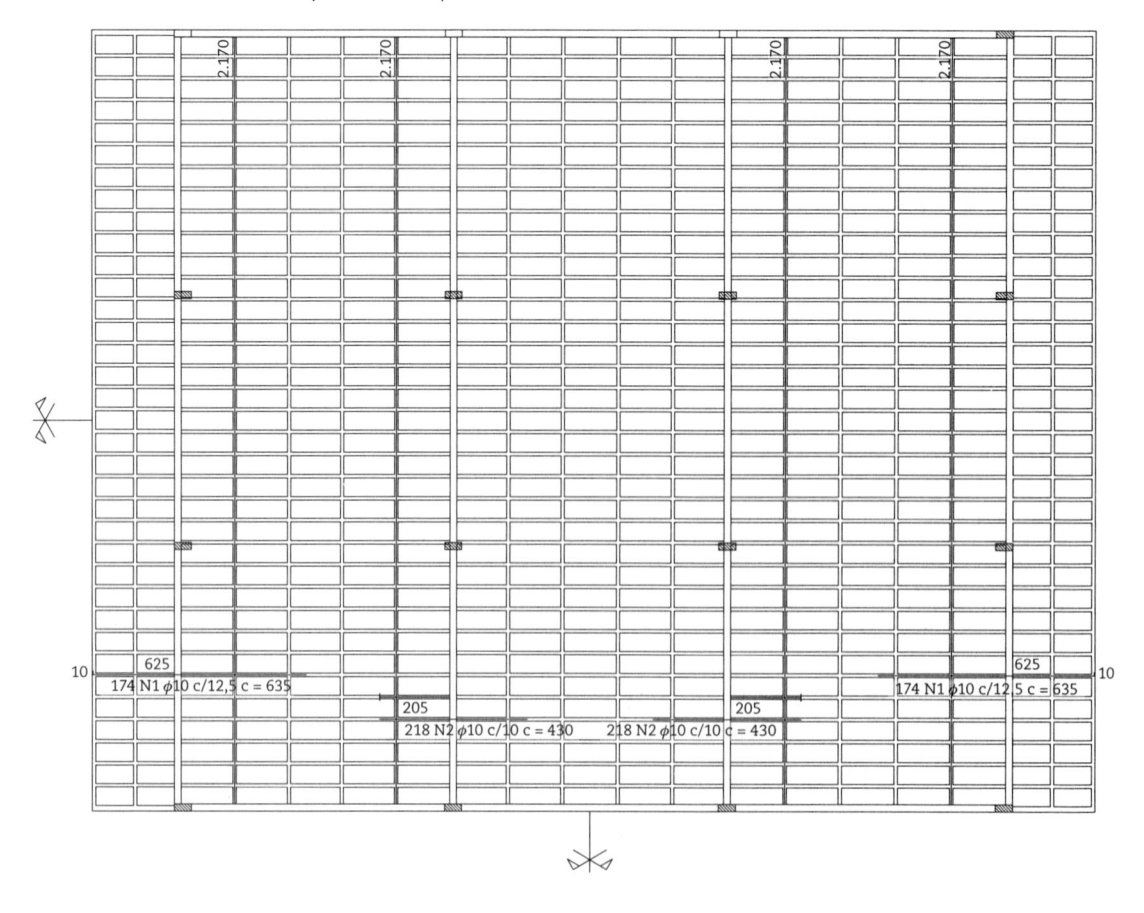

Fig. 14.16 Detalhamento das armaduras negativas

$$\eta_3 = 1,00 \, (\phi \leq 32 \text{ mm})$$

$$f_{ctd} = \frac{f_{ctk,inf}}{\gamma_c} = \frac{0,7 \times 0,3 f_{ck}{}^{2/3}}{\gamma_c} = \frac{0,7 \times 0,3 \times 30^{2/3}}{1,4}$$
$$= 1,448 \text{ MPa} = 0,1448 \text{ kN/cm}^2$$

$$f_{bd} = 2,25 \times 1,00 \times 1,00 \times 0,1448 = 0,3258 \text{ kN/cm}^2$$

$$l_b = 1,0 \times \frac{1,00}{4} \times \frac{\frac{50}{1,15}}{0,3258} = 33,36 \text{ cm}$$

$$a_1 \geq \begin{cases} a_l + l_b = 28,5 + 33,36 = 61,86 \text{ cm} \\ 0,25l + 10\phi = 0,25 \times 815 \\ \quad + 10 \times 1,00 = 213,75 \text{ cm} \end{cases} \therefore a_1 = 213,75 \text{ cm}$$

EXEMPLO COMPLETO DE PAVIMENTO EM LAJE LISA COM VIGOTA TRELIÇADA

15

A arquitetura utilizada para este exemplo é a mesma do Cap. 14. Trata-se de um pavimento de garagem em perímetro urbano com 647,5 m², tendo simetria em torno dos eixos x e y. Devido à dupla simetria, durante o exemplo numérico foram dimensionadas apenas as lajes de um quarto da edificação, uma vez que essa fração representa a edificação toda. Essa arquitetura é apresentada na Fig. 14.1.

Foram adotadas vigotas de 13 cm de largura, com elementos de enchimento de EPS de 37 cm de largura, formando um intereixo de 50 cm. Foram utilizados os valores mínimos normativos de cobrimento nominal, considerando os elementos como pré-fabricados. Porém, para melhor desempenho na punção e na flecha, foi empregada resistência característica de concreto acima do mínimo normativo. Sendo assim, f_{ck} = 30 MPa, $c_{nom,sup}$ = 25 mm e $c_{nom,inf}$ = 20 mm. Também foi usado granito como agregado graúdo.

Para a determinação das ações permanentes em toda a laje, foi utilizado concreto polido, sem nenhum revestimento. As paredes externas foram substituídas por mureta de 17 cm de largura acabada e 80 cm de altura, tendo grade metálica em cima para iluminação e ventilação, gerando carregamento linear baixo. Foram adotados pilares de 20 cm × 50 cm e distância entre pisos de 288 cm. A definição das ações variáveis seguiu a Tabela 10 da NBR 6120 (ABNT, 2019).

O dimensionamento de lajes lisas treliçadas se distingue do de outros modelos apresentados neste livro pelo fato de a laje não se apoiar em vigas, e sim diretamente nos pilares.

Sugere-se um roteiro de cálculo para o dimensionamento da laje lisa treliçada:

1. pré-dimensionar a altura das lajes;
2. definir as dimensões dos maciços nas regiões dos pilares;
3. determinar as ações atuantes e as combinações de ações;
4. calcular os esforços solicitantes;
5. dimensionar o ELU para solicitações normais – flexão simples;
6. dimensionar o ELU para solicitações normais – flexão na mesa;
7. dimensionar o ELU para solicitações tangenciais – força cortante;
8. dimensionar o ELU para solicitações tangenciais – punção;
9. dimensionar o ELU para solicitações tangenciais – colapso progressivo;
10. dimensionar o ELU para solicitações tangenciais – ligação mesa-nervura;
11. verificar o ELS-F;
12. verificar o ELS-W;

13. verificar o ELS-DEF;
14. verificar o ELS-VE (verificação comumente feita por meios computacionais);
15. detalhar as armaduras;
16. calcular o espaçamento entre linhas de escora (procedimento não realizado no presente exemplo).

15.1 Pré-dimensionamento da altura das lajes

Para a determinação da altura da laje do pavimento, pode-se utilizar os ábacos propostos no Cap. 6. A relação de lado indicada nesse pavimento pode ser estimada por meio de uma média das relações de lado dos panos de laje entre pilares:

$$\lambda = \frac{l_y}{l_x} = \frac{815}{740} = 1{,}10 \qquad \lambda = \frac{l_y}{l_x} = \frac{815}{710} = 1{,}15$$

$$\lambda = \frac{l_y}{l_x} = \frac{800}{740} = 1{,}08 \qquad \lambda = \frac{l_y}{l_x} = \frac{800}{710} = 1{,}13$$

Nesse caso, a relação de lado máxima é de 1,15, e o vão considerado para pré-dimensionamento é de 740 cm. Além do peso próprio, só se tem a ação variável, que para essa edificação é de 3 kN/m². Nos ábacos indicados na Fig. 15.1 pode-se visualizar o pré-dimensionamento dessa laje.

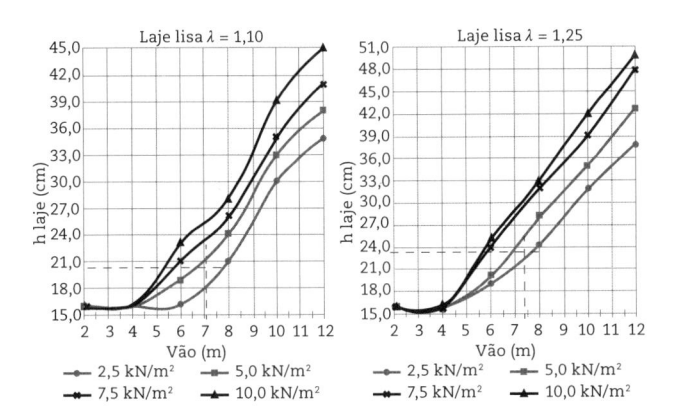

Fig. 15.1 Pré-dimensionamento de lajes treliçadas nervuradas lisas bidirecionais com enchimento de EPS

Pelo pré-dimensionamento para a relação de lado de 1,10, a espessura indicada é de 20,5 cm, e, para a relação de lado de 1,25, a espessura indicada é de 23,5 cm. Como em lajes lisas as armaduras negativas são pesadas, utilizou-se capa de 6 cm. Foram adotados enchimento de 20 cm e treliça TR 20756, totalizando uma espessura de 26 cm, considerando as alturas disponíveis padronizadas de treliça e a necessidade de uma capa de 6 cm. A altura empregada foi ligeiramente maior devido à imprecisão do método manual utilizado para a obtenção de esforços quando comparado com o processo numérico computacional, que deu origem aos ábacos.

15.2 Definição das dimensões dos maciços nas regiões dos pilares

A região dos maciços em lajes lisas pode ser estimada pensando na região em que se têm os momentos fletores negativos em cada direção principal. Em vãos internos de lajes lisas, essa estimativa se dá aproximadamente a 22% do vão da laje. Nesse caso, pode-se limitar os maciços nessas regiões. Na Fig. 15.2 ilustram-se essas limitações, juntamente com as nervuras e os enchimentos da laje.

Na Fig. 15.3 são mostradas as especificações dos intereixos nas direções principais.

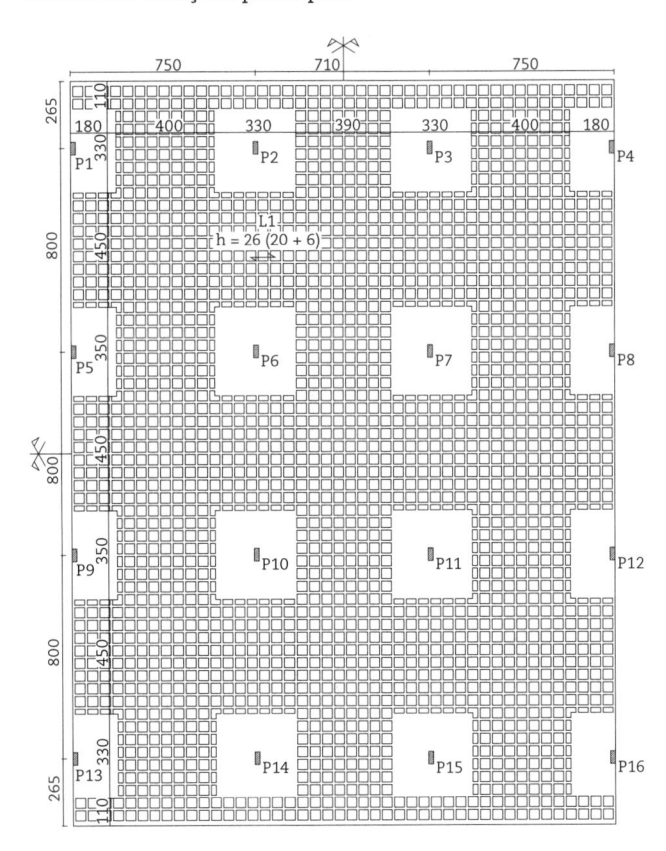

Fig. 15.2 Pré-forma e composições dos maciços

15.3 Determinação das ações e das combinações de ações

Seguem os pesos específicos dos materiais e as ações variáveis sugeridas de acordo com a NBR 6120 (ABNT, 2019):
- concreto armado: 25 kN/m³;
- EPS: 0,3 kN/m³;
- paredes de bloco cerâmico vazado de 14 cm, com 17 cm de espessura acabada: 1,7 kN/m² de parede;
- gradil metálico acima da parede de extremidade: 1 kN/m;
- ação variável para garagem: 3 kN/m².

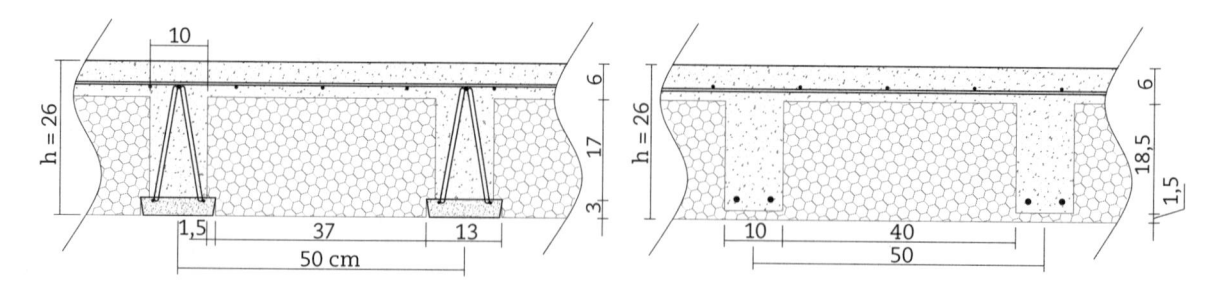

Fig. 15.3 Intereixos longitudinal e transversal

Composição das ações
Região de maciço

Peso próprio = $h_{laje} \cdot \gamma_{concreto} = 0,26 \times 25 = 6,5$ kN/m²

Região nervurada

Peso próprio = $Volume_{mesa} \cdot \gamma_{concreto} + Volume_{nervura}$
$\cdot \gamma_{concreto} + Volume_{EPS} \cdot \gamma_{EPS}$

$Volume_{mesa} \cdot \gamma_{concreto} = (0,06) \times 25 = 1,50$ kN/m²

$Volume_{nervura} \cdot \gamma_{concreto} = \dfrac{\begin{pmatrix} 0,13 \times 0,03 \times 0,5 + 0,10 \times 0,17 \\ \times 0,5 + 0,10 \times 0,185 \times 0,40 \end{pmatrix}}{0,50 \times 0,50}$
$\times 25 = 1,785$ kN/m²

$Volume_{EPS} \cdot \gamma_{EPS} = \dfrac{\begin{pmatrix} 0,37 \times 0,50 \times 0,015 + 0,37 \times 0,40 \\ \times 0,015 + 0,40 \times 0,40 \times 0,17 \end{pmatrix}}{0,50 \times 0,50}$
$\times 0,30 = 0,039$ kN/m²

Peso próprio = $1,50 + 1,785 + 0,039 = 3,32$ kN/m²

Além dessa composição de ações por metro quadrado, ainda existe a ação da parede/gradil na extremidade da laje.

Peso próprio da parede/gradil = $1,7 \times 0,80 + 1,00 = 2,36$ kN/m

Para determinar as combinações, deve-se identificar a origem das ações. Como se trata de uma região de garagem, foram adotados os valores de $\Psi_1 = 0,4$ e $\Psi_2 = 0,3$.

Combinação última normal
Região de maciço

$F_d = \sum_{i=1}^{m} \gamma_{gi} \cdot F_{Gi,k} + \gamma_q \cdot F_{Qk} = 6,5 \times 1,4 + 3,0 \times 1,4 = 13,30$ kN/m²

Região nervurada

$F_d = \sum_{i=1}^{m} \gamma_{gi} \cdot F_{Gi,k} + \gamma_q \cdot F_{Qk} = 3,32 \times 1,4 + 3,00 \times 1,4 = 8,85$ kN/m²

Carga linear vertical

$F_d = \sum_{i=1}^{m} \gamma_{gi} \cdot F_{Gi,k} + \gamma_q \cdot F_{Qk} = 2,36 \times 1,4 = 3,30$ kN/m

Combinação rara
Região de maciço

$F_{d,uti} = \sum_{i=1}^{m} F_{Gi,k} + F_{Q1,k} = 6,50 + 3,00 = 9,50$ kN/m²

Região nervurada

$F_{d,uti} = \sum_{i=1}^{m} F_{Gi,k} + F_{Q1,k} = 3,32 + 3,00 = 6,32$ kN/m²

Carga linear vertical

$F_{d,uti} = \sum_{i=1}^{m} F_{Gi,k} + F_{Q1,k} = 2,36$ kN/m

Combinação frequente
Região de maciço

$F_{d,uti} = \sum_{i=1}^{m} F_{Gi,k} + \Psi_1 \cdot F_{Q1,k} = 6,50 + 0,4 \times 3,00 = 7,70$ kN/m²

Região nervurada

$F_{d,uti} = \sum_{i=1}^{m} F_{Gi,k} + \Psi_1 \cdot F_{Q1,k} = 3,32 + 0,4 \times 3,00 = 4,52$ kN/m²

Carga linear vertical

$F_{d,uti} = \sum_{i=1}^{m} F_{Gi,k} + \Psi_1 \cdot F_{Q1,k} = 2,36$ kN/m

Combinação quase permanente
Região de maciço

$F_{d,uti} = \sum_{i=1}^{m} F_{Gi,k} + \sum_{j=1}^{n} \Psi_{2j} \cdot F_{Qj,k} = 6,50 + 0,3 \times 3,00 = 7,40$ kN/m²

Região nervurada

$$F_{d,uti} = \sum_{i=1}^{m} F_{Gi,k} + \sum_{j=1}^{n} \Psi_{2j} \cdot F_{Qj,k} = 3{,}32 + 0{,}3 \times 3{,}00 = 4{,}22 \text{ kN/m}^2$$

Carga linear vertical

$$F_{d,uti} = \sum_{i=1}^{m} F_{Gi,k} + \sum_{j=1}^{n} \Psi_{2j} \cdot F_{Qj,k} = 2{,}36 \text{ kN/m}$$

15.4 Cálculo dos esforços solicitantes

Seguindo as recomendações de utilização do método dos pórticos equivalentes, têm-se:
- para a direção x (relação entre vãos) $\Rightarrow 710 \geq {}^2/_3 \times 750 = 500 \therefore$ OK;
- para a direção y (relação entre vãos) $\Rightarrow 800 \geq {}^2/_3 \times 800 = 533{,}33 \therefore$ OK;
- $0{,}75 \leq \dfrac{l_x(\text{máximo})}{l_y(\text{máximo})} \leq 1{,}33 \Rightarrow 0{,}75 < 800/750 = 1{,}07 < 1{,}33 \therefore$ OK;
- não existe desalinhamento entre pilares em nenhuma das direções;
- para a direção x (balanço) $\Rightarrow$ não existe;
- para a direção y (balanço) $\Rightarrow 265 \leq {}^1/_3 \times 800 = 266{,}67 \therefore$ OK.

O pavimento está dentro das recomendações para a utilização do método. Nesse caso, o exemplo numérico prosseguiu. Nas Figs. 15.4 e 15.5 são apresentadas as linhas de pórticos com as divisões das faixas.

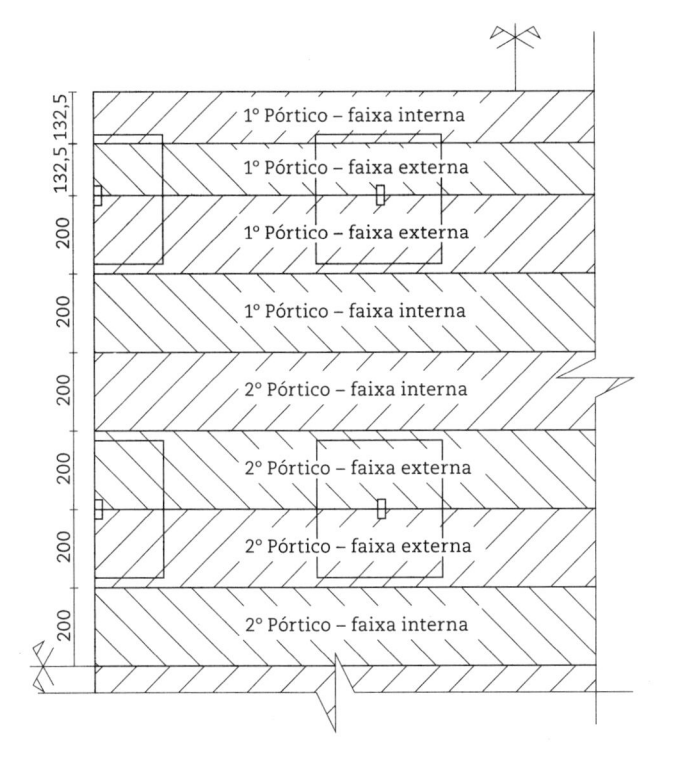

Fig. 15.4 Linhas de pórticos e faixas na direção x

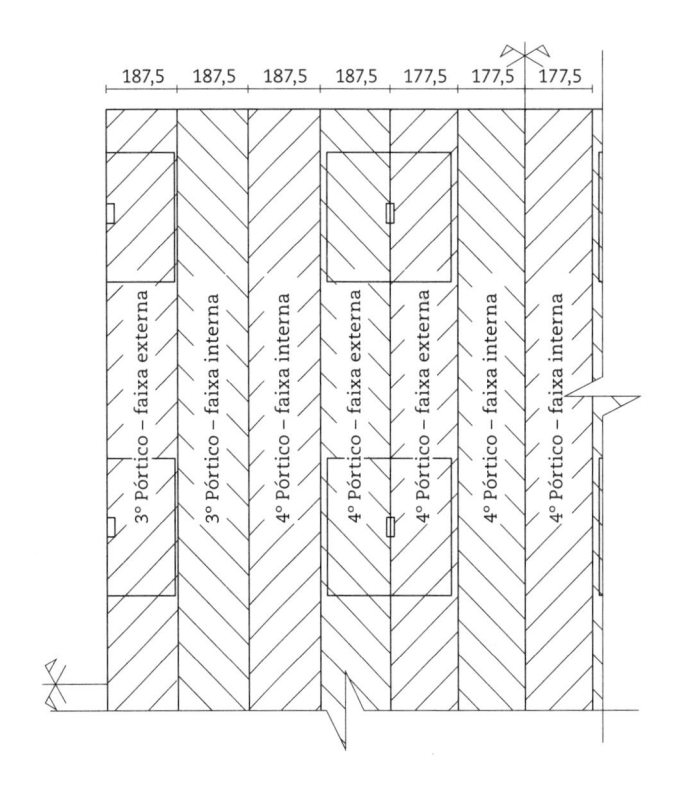

Fig. 15.5 Linhas de pórticos e faixas na direção y

Com os dados indicados nessas figuras, pode-se calcular os esforços em cada linha de pórtico. Para facilitar a determinação dos esforços, em vez de utilizar procedimentos manuais, foi empregado o *software* Ftool®. A largura do 1º pórtico é de 650 cm, porém, como a laje é nervurada, existem duas intensidades de peso próprio, gerando ações totais distintas nessas regiões. Na região maciça, a ação total da laje para combinação última normal é de 13,30 kN/m². Na região nervurada, a ação total da laje para combinação última normal é de 8,85 kN/m². Além dessas ações, na borda da laje ainda há uma ação linear de 3,3 kN/m. A ação utilizada para calcular o pórtico refere-se à composição de cada carga em sua região, multiplicada pela largura correspondente, mais a carga linear. Na Fig. 15.6 são mostrados os carregamentos e os esforços de momento fletor e força cortante para o ELU do 1º pórtico.

Os valores para os outros pórticos são apresentados apenas nos resultados finais. Os momentos fletores específicos para cada trecho da laje são obtidos com base nas porcentagens indicadas por norma. Para as forças cortantes, foram utilizadas as mesmas porcentagens que a NBR 6118 (ABNT, 2023) estipula para os momentos fletores. Porém, como essas porcentagens se alteram em relação às faixas de momentos fletores positivos e negativos, forças cortantes que foram analisadas em região de momento fletor positivo foram distribuídas com as mesmas porcentagens que os momentos fletores positivos, e forças cortantes que foram analisadas em região de momento fletor

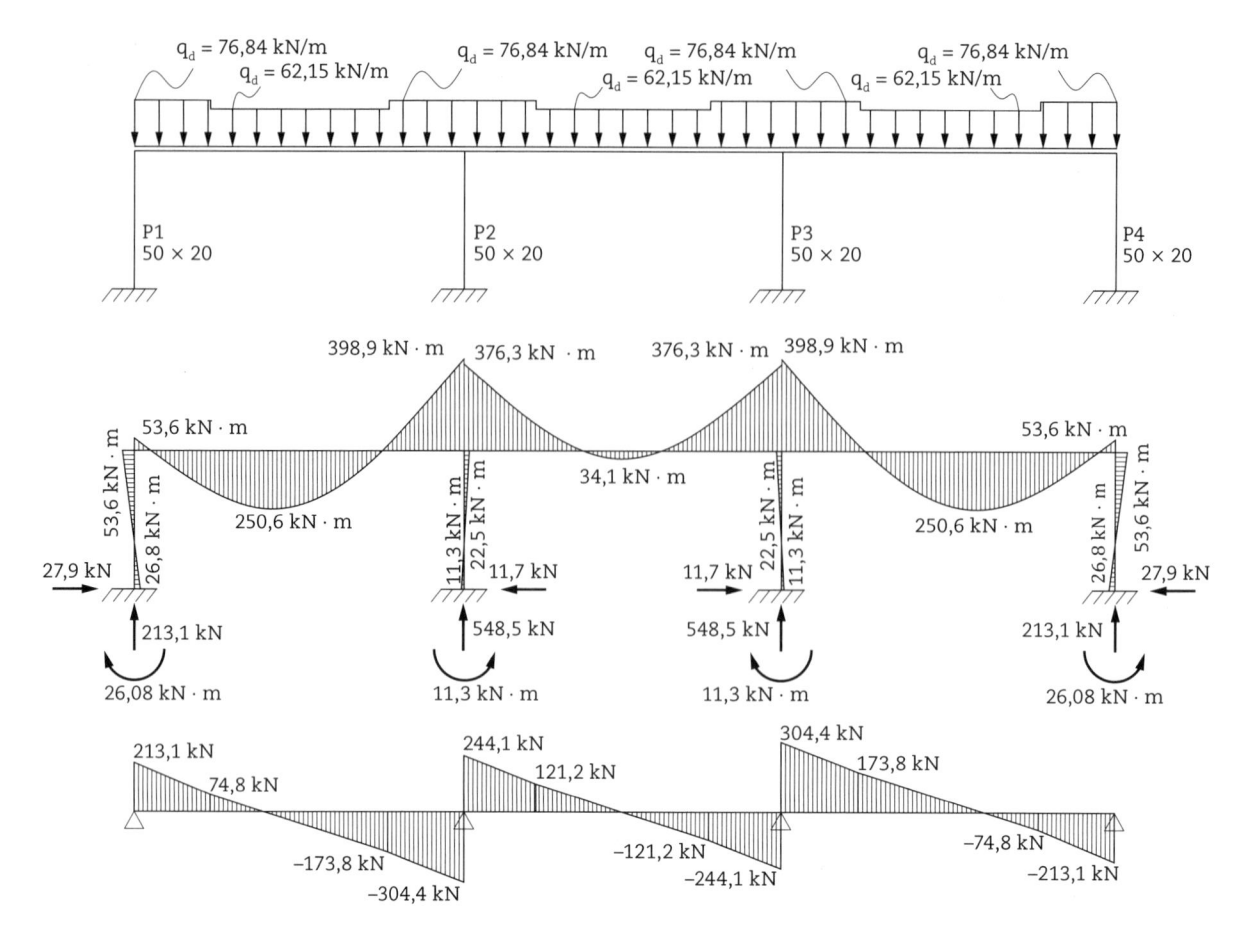

Fig. 15.6 Ações, diagramas de momento fletor e força cortante e reações de apoio do 1º pórtico

negativo foram distribuídas com as mesmas porcentagens que os momentos fletores negativos. A seguir são apresentados os cálculos apenas para a primeira faixa interna e a primeira faixa externa do 1º pórtico.

Momento negativo no pilar P1
1ª faixa interna
$$\Rightarrow M = \frac{\chi \cdot M_{tot}}{b} = \frac{0,125 \times 53,6}{1,325}$$
$$= 5,06 \text{ kN} \cdot \text{m/m}$$

Momento negativo no pilar P1
1ª faixa externa
$$\Rightarrow M = \frac{0,375 \times 53,6}{1,325}$$
$$= 15,17 \text{ kN} \cdot \text{m/m}$$

Força cortante no pilar P1
1ª faixa interna
$$\Rightarrow V = \frac{\chi \cdot V_{tot}}{b}$$
$$= \frac{0,125 \times 213,1}{1,325} = 20,10 \text{ kN/m}$$

Força cortante no pilar P1
1ª faixa externa
$$\Rightarrow V = \frac{\chi \cdot V_{tot}}{b} = \frac{0,375 \times 213,1}{1,325}$$
$$= 60,31 \text{ kN/m}$$

Momento positivo no 1º vão
1ª faixa interna
$$\Rightarrow \frac{0,225 \times 250,6}{1,325} = 42,55 \text{ kN} \cdot \text{m/m}$$

Momento positivo no 1º vão
1ª faixa externa
$$\Rightarrow \frac{0,275 \times 250,6}{1,325} = 52,01 \text{ kN} \cdot \text{m/m}$$

Força cortante no final do capitel do pilar P1
1ª faixa interna
$$\Rightarrow V = \frac{\chi \cdot V_{tot}}{b} = \frac{0,225 \times 74,8}{1,325}$$
$$= 12,70 \text{ kN/m}$$

Força cortante no final do capitel do pilar P1
1ª faixa externa
$$\Rightarrow V = \frac{\chi \cdot V_{tot}}{b} = \frac{0,275 \times 74,8}{1,325}$$
$$= 15,52 \text{ kN/m}$$

Força cortante à esquerda do capitel do pilar P2
1ª faixa interna
$$\Rightarrow V = \frac{\chi \cdot V_{tot}}{b} = \frac{0,125 \times 173,8}{1,325}$$
$$= 16,40 \text{ kN/m}$$

Força cortante à esquerda do capitel do pilar P2
1ª faixa externa
$$\Rightarrow V = \frac{\chi \cdot V_{tot}}{b} = \frac{0,375 \times 173,8}{1,325}$$
$$= 49,19 \text{ kN/m}$$

Momento negativo no pilar P2
1ª faixa interna
$$\Rightarrow M = \frac{0,125 \times 398,9}{1,325}$$
$$= 37,63 \text{ kN} \cdot \text{m/m}$$

Momento negativo no pilar P2
1ª faixa externa
$$\Rightarrow M = \frac{0,375 \times 398,9}{1,325}$$
$$= 112,90 \text{ kN} \cdot \text{m/m}$$

Força cortante no pilar P2
1ª faixa interna
$$\Rightarrow V = \frac{\chi \cdot V_{tot}}{b} = \frac{0{,}125 \times 304{,}4}{1{,}325}$$
$$= 28{,}72 \text{ kN/m}$$

Força cortante no pilar P2
1ª faixa externa
$$\Rightarrow V = \frac{\chi \cdot V_{tot}}{b} = \frac{0{,}375 \times 304{,}4}{1{,}325}$$
$$= 86{,}15 \text{ kN/m}$$

Momento positivo no 2º vão
1ª faixa interna
$$\Rightarrow \frac{0{,}225 \times 34{,}1}{1{,}325} = 5{,}79 \text{ kN} \cdot \text{m/m}$$

Momento positivo no 2º vão
1ª faixa externa
$$\Rightarrow \frac{0{,}275 \times 34{,}1}{1{,}325} = 7{,}08 \text{ kN} \cdot \text{m/m}$$

Força cortante à direita
do capitel do pilar P2
1ª faixa interna
$$\Rightarrow V = \frac{\chi \cdot V_{tot}}{b} = \frac{0{,}125 \times 121{,}2}{1{,}325}$$
$$= 11{,}43 \text{ kN/m}$$

Força cortante à direita
do capitel do pilar P2
1ª faixa externa
$$\Rightarrow V = \frac{\chi \cdot V_{tot}}{b} = \frac{0{,}375 \times 121{,}2}{1{,}325}$$
$$= 34{,}30 \text{ kN/m}$$

Como há simetria no pórtico, o cálculo da outra parte é desnecessário. Nas Figs. 15.7 e 15.8 são ilustrados os diagramas de momento fletor para a primeira faixa interna e a primeira faixa externa do 1º pórtico, respectivamente.

Nas Figs. 15.9 a 15.16 são mostrados os valores de momentos fletores para combinações últimas normais, combinação rara, combinação frequente e combinação quase permanente.

Um resumo das forças cortantes para os pórticos 1 a 4 é apresentado nas Tabs. 15.1 a 15.4.

Para a determinação das reações de apoio que a laje produz, é realizada uma média dos valores encontrados em cada direção para cada pilar. Na Fig. 15.17 são exibidos esses valores.

15.5 Dimensionamento do ELU para solicitações normais – flexão simples

Para exemplificação do dimensionamento à flexão simples, foram usados os seguintes trechos de lajes:

- para armadura positiva na direção x (direção da treliça), foi utilizado o esforço contido no primeiro vão da faixa externa do pórtico 1, na região do balanço;
- para armadura positiva na direção y, foi utilizado o esforço contido no último vão da faixa externa do pórtico 3;
- para armadura negativa na direção x, foi utilizado o esforço contido no pilar P2, na faixa externa do pórtico 1, na região do balanço;
- para armadura negativa na direção y, foi utilizado o esforço contido no pilar P6, na faixa externa (do lado esquerdo) do pórtico 4.

Armadura positiva na direção x

A largura da mesa colaborante é calculada com base nas dimensões da laje. O momento fletor dado no enunciado está em kN · cm/m, porém precisa ser transformado para kN · cm/nervura.

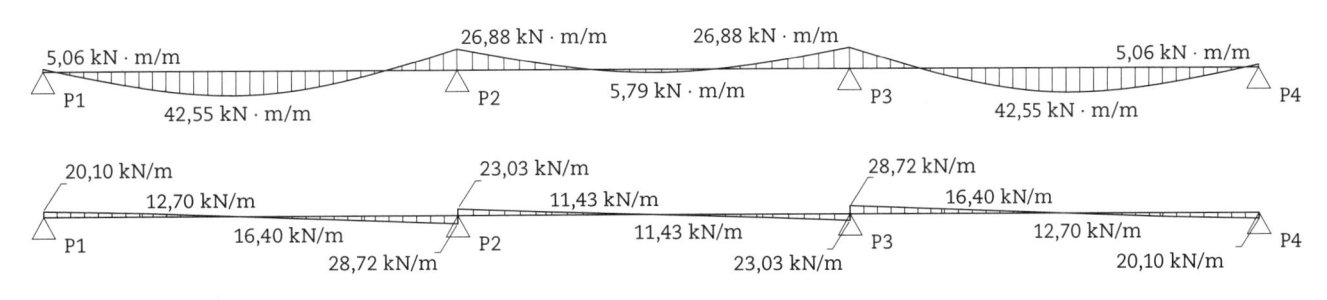

Fig. 15.7 Momentos fletores e forças cortantes da primeira faixa interna do 1º pórtico

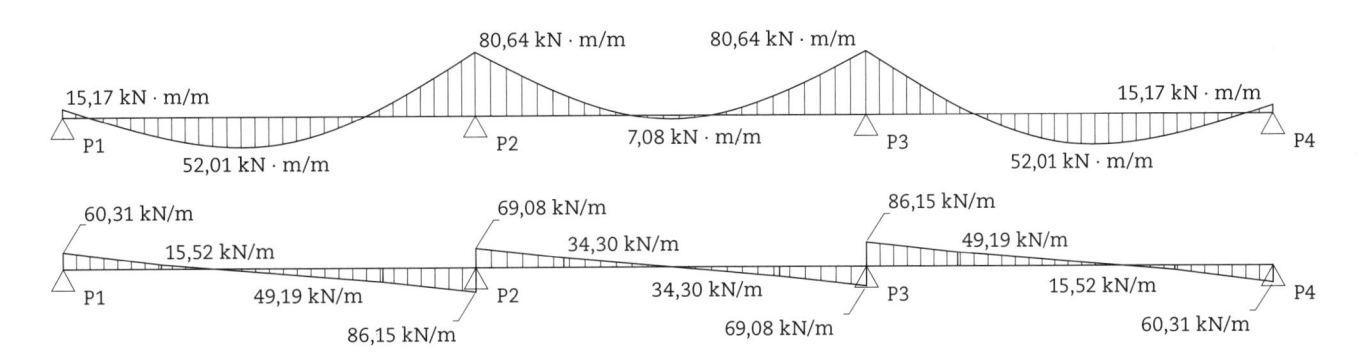

Fig. 15.8 Momentos fletores e forças cortantes da primeira faixa externa do 1º pórtico

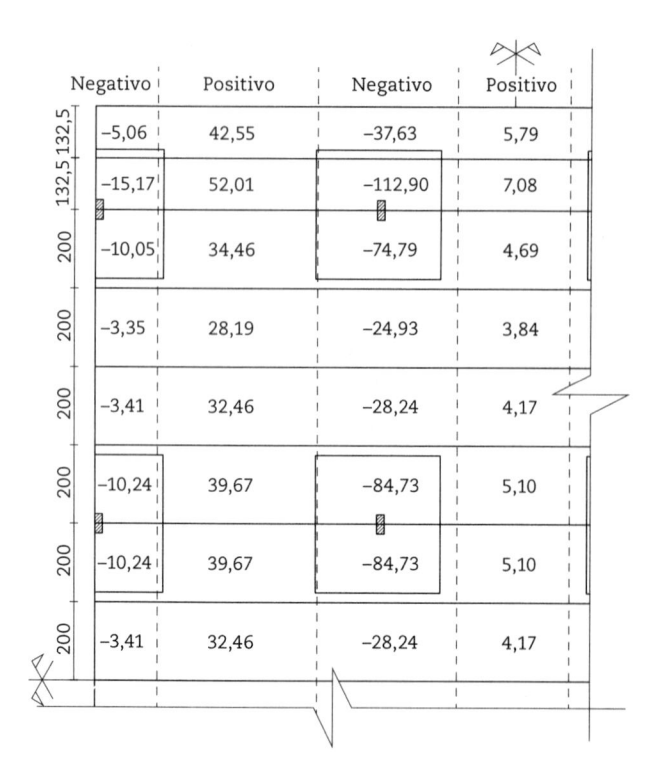

Fig. 15.9 — Momentos fletores na direção x para combinações últimas normais (kN · m/m)

Negativo	Positivo	Negativo	Positivo
−5,06	42,55	−37,63	5,79
−15,17	52,01	−112,90	7,08
−10,05	34,46	−74,79	4,69
−3,35	28,19	−24,93	3,84
−3,41	32,46	−28,24	4,17
−10,24	39,67	−84,73	5,10
−10,24	39,67	−84,73	5,10
−3,41	32,46	−28,24	4,17

Fig. 15.9 Momentos fletores na direção x para combinações últimas normais (kN · m/m)

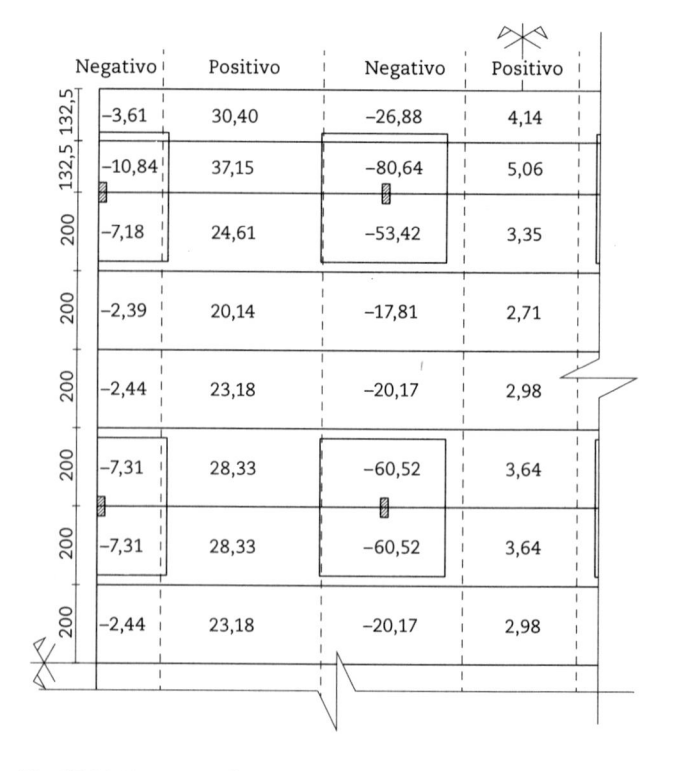

Fig. 15.11 — Momentos fletores na direção x para combinação rara (kN · m/m)

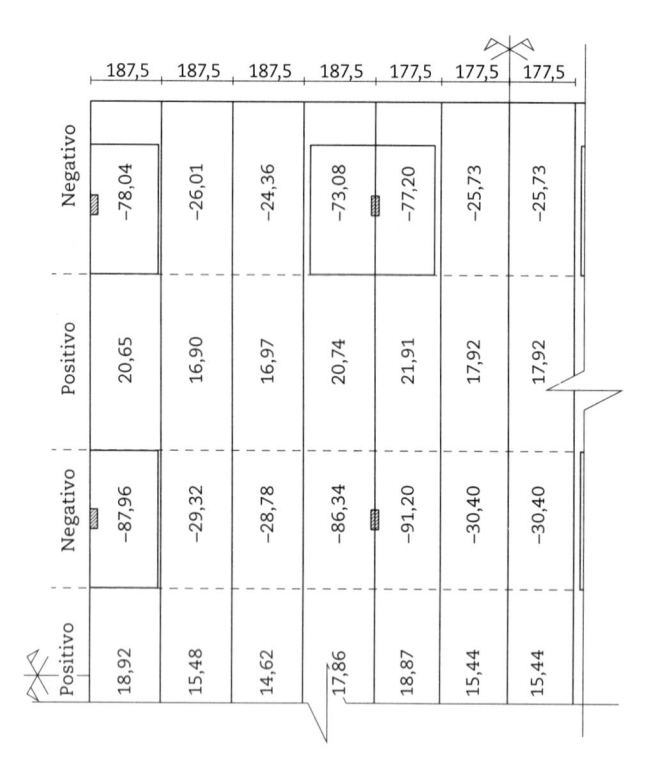

Negativo	Positivo	Negativo	Positivo
−3,61	30,40	−26,88	4,14
−10,84	37,15	−80,64	5,06
−7,18	24,61	−53,42	3,35
−2,39	20,14	−17,81	2,71
−2,44	23,18	−20,17	2,98
−7,31	28,33	−60,52	3,64
−7,31	28,33	−60,52	3,64
−2,44	23,18	−20,17	2,98

Fig. 15.11 Momentos fletores na direção x para combinação rara (kN · m/m)

Fig. 15.10 — Momentos fletores na direção y para combinações últimas normais (kN · m/m)

	187,5	187,5	187,5	187,5	177,5	177,5	177,5
Negativo	−78,04	−26,01	−24,36	−73,08	−77,20	−25,73	−25,73
Positivo	20,65	16,90	16,97	20,74	21,91	17,92	17,92
Negativo	−87,96	−29,32	−28,78	−86,34	−91,20	−30,40	−30,40
Positivo	18,92	15,48	14,62	17,86	18,87	15,44	15,44

Fig. 15.10 Momentos fletores na direção y para combinações últimas normais (kN · m/m)

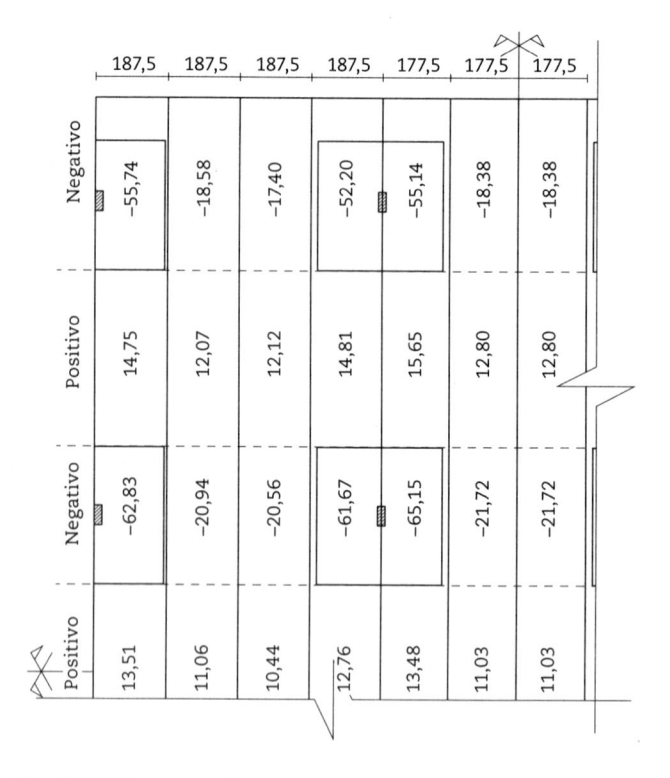

Fig. 15.12 — Momentos fletores na direção y para combinação rara (kN · m/m)

	187,5	187,5	187,5	187,5	177,5	177,5	177,5
Negativo	−55,74	−18,58	−17,40	−52,20	−55,14	−18,38	−18,38
Positivo	14,75	12,07	12,12	14,81	15,65	12,80	12,80
Negativo	−62,83	−20,94	−20,56	−61,67	−65,15	−21,72	−21,72
Positivo	13,51	11,06	10,44	12,76	13,48	11,03	11,03

Fig. 15.12 Momentos fletores na direção y para combinação rara (kN · m/m)

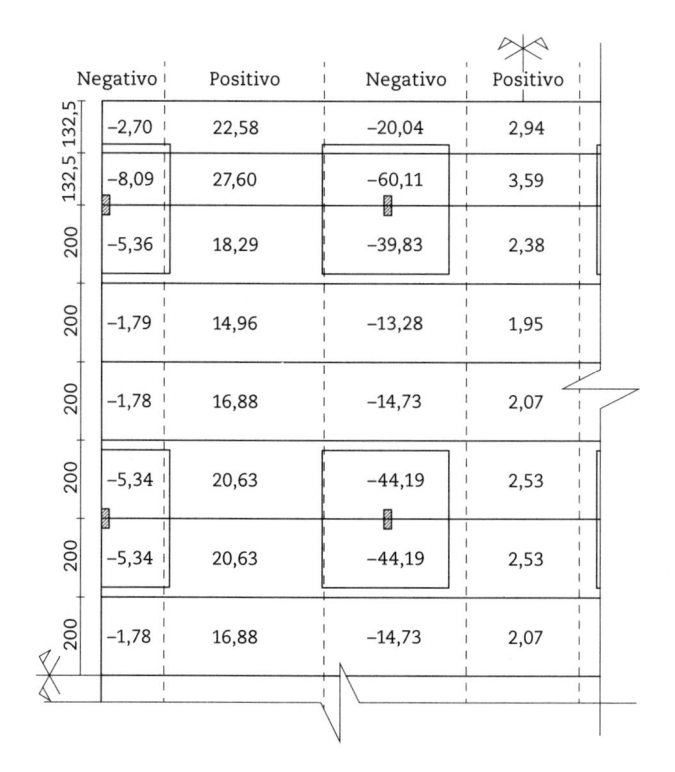

	Negativo	Positivo	Negativo	Positivo
132,5	−2,70	22,58	−20,04	2,94
132,5	−8,09	27,60	−60,11	3,59
200	−5,36	18,29	−39,83	2,38
200	−1,79	14,96	−13,28	1,95
200	−1,78	16,88	−14,73	2,07
200	−5,34	20,63	−44,19	2,53
200	−5,34	20,63	−44,19	2,53
200	−1,78	16,88	−14,73	2,07

Fig. 15.13 Momentos fletores na direção x para combinação frequente (kN · m/m)

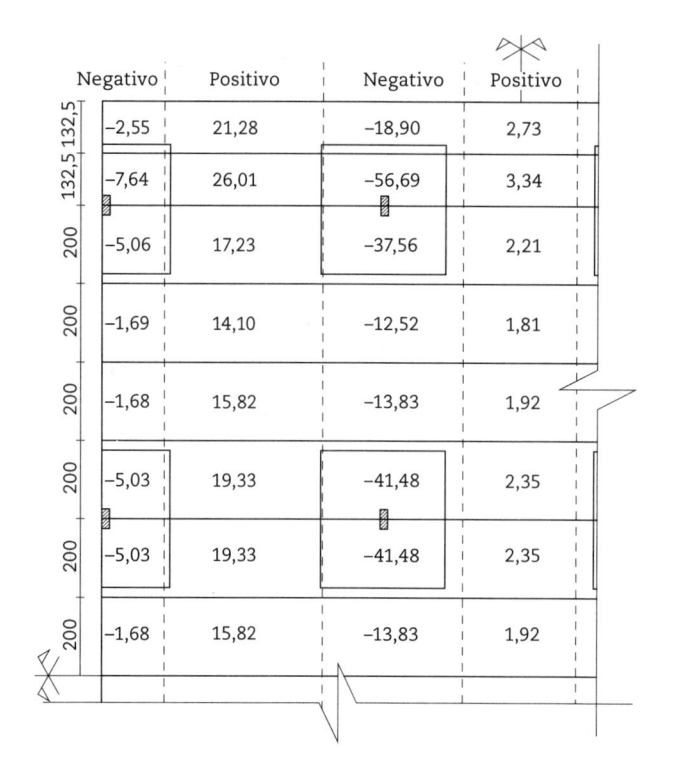

	Negativo	Positivo	Negativo	Positivo
132,5	−2,55	21,28	−18,90	2,73
132,5	−7,64	26,01	−56,69	3,34
200	−5,06	17,23	−37,56	2,21
200	−1,69	14,10	−12,52	1,81
200	−1,68	15,82	−13,83	1,92
200	−5,03	19,33	−41,48	2,35
200	−5,03	19,33	−41,48	2,35
200	−1,68	15,82	−13,83	1,92

Fig. 15.15 Momentos fletores na direção x para combinação quase permanente (kN · m/m)

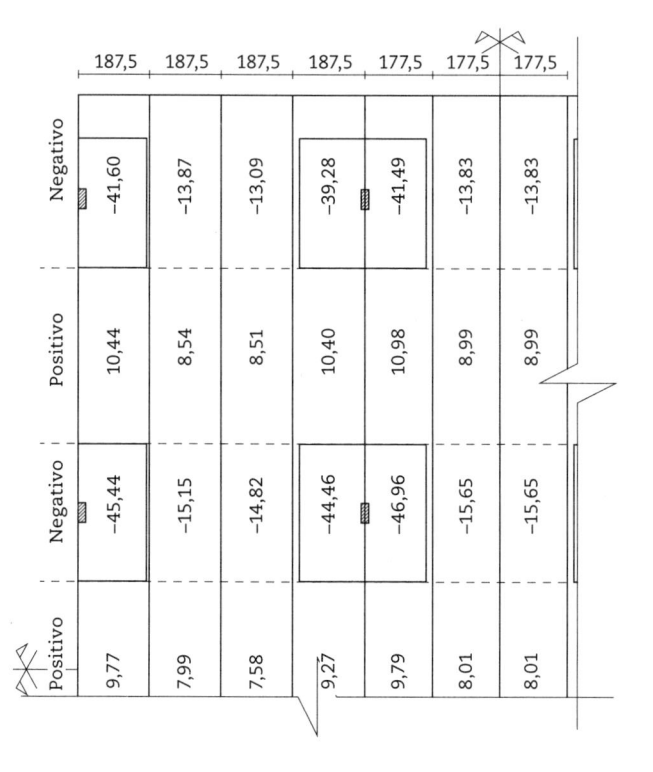

	187,5	187,5	187,5	187,5	177,5	177,5	177,5
Negativo	−41,60	−13,87	−13,09	−39,28	−41,49	−13,83	−13,83
Positivo	10,44	8,54	8,51	10,40	10,98	8,99	8,99
Negativo	−45,44	−15,15	−14,82	−44,46	−46,96	−15,65	−15,65
Positivo	9,77	7,99	7,58	9,27	9,79	8,01	8,01

Fig. 15.14 Momentos fletores na direção y para combinação frequente (kN · m/m)

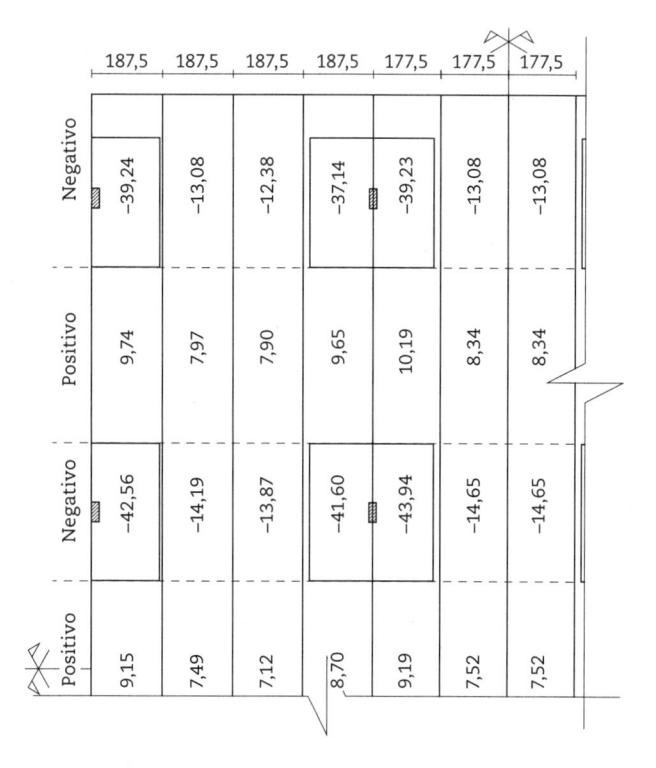

	187,5	187,5	187,5	187,5	177,5	177,5	177,5
Negativo	−39,24	−13,08	−12,38	−37,14	−39,23	−13,08	−13,08
Positivo	9,74	7,97	7,90	9,65	10,19	8,34	8,34
Negativo	−42,56	−14,19	−13,87	−41,60	−43,94	−14,65	−14,65
Positivo	9,15	7,49	7,12	8,70	9,19	7,52	7,52

Fig. 15.16 Momentos fletores na direção y para combinação quase permanente (kN · m/m)

Tab. 15.1 Resumo das forças cortantes para o pórtico 1

Faixa	Posição (m) – Força cortante (kN)									
	P1 0,00	1,80	5,80	P2 7,50	9,10	13,00	P3 14,60	16,30	20,30	P4 22,10
Interna[a]	20,10	12,70	16,40	28,72	11,43	11,43	28,72	16,40	12,70	20,10
Externa[a]	60,31	15,52	49,19	86,15	34,30	34,30	86,15	49,19	21,20	60,31
Externa[b]	39,96	10,29	32,59	57,08	22,73	22,73	57,08	32,59	10,29	39,96
Interna[b]	13,32	8,42	10,86	19,03	7,58	7,58	19,03	10,86	8,42	13,32

[a]Região acima da linha dos pilares.
[b]Região abaixo da linha dos pilares.

Tab. 15.2 Resumo das forças cortantes para o pórtico 2

Faixa	Posição (m) – Força cortante (kN)									
	P5 0,00	1,80	5,80	P6 7,50	9,10	13,00	P7 14,60	16,30	20,30	P8 22,10
Interna[a]	15,01	9,53	22,33	21,58	8,63	8,63	21,58	22,33	9,53	15,01
Externa[a]	45,04	11,65	27,29	64,74	25,89	25,89	64,74	27,29	11,65	45,04
Externa[b]	45,04	11,65	27,29	64,74	25,89	25,89	64,74	27,29	11,65	45,04
Interna[b]	15,01	9,53	22,33	21,58	8,63	8,63	21,58	22,33	9,53	15,01

[a]Região acima da linha dos pilares.
[b]Região abaixo da linha dos pilares.

Tab. 15.3 Resumo das forças cortantes para o pórtico 3

Faixa	Posição (m) – Força cortante (kN)												
	0,00	1,10	P13 2,65	4,40	8,90	P9 10,65	12,40	16,90	P5 18,65	20,40	24,90	P1 26,65	28,20	29,30
Interna	1,65	6,52	19,16	9,55	10,37	19,99	9,96	9,96	19,99	10,37	9,55	19,16	6,52	1,65
Externa	4,96	19,56	57,48	28,64	31,12	59,96	29,88	29,88	59,96	31,12	28,64	57,48	19,56	4,96

Tab. 15.4 Resumo das forças cortantes para o pórtico 4

Faixa	Posição (m) – Força cortante (kN)												
	0,00	1,10	P14 2,65	4,40	8,90	P10 10,65	12,40	16,90	P6 18,65	20,40	24,90	P2 26,65	28,20	29,30
Interna[a]	1,61	6,35	18,39	9,14	10,24	19,49	9,69	9,69	19,49	10,24	9,14	18,39	6,35	1,61
Externa[a]	4,82	19,04	55,18	27,42	30,72	58,48	29,08	29,08	58,48	30,72	27,42	55,18	19,04	4,82
Externa[b]	5,09	20,11	58,29	28,96	32,45	61,77	30,72	30,72	61,77	32,45	28,96	58,29	20,11	5,09
Interna[b]	1,70	6,70	19,43	9,65	10,82	20,59	10,24	10,24	20,59	10,82	9,65	19,43	6,70	1,70

[a]Região à esquerda da linha dos pilares.
[b]Região à direita da linha dos pilares.

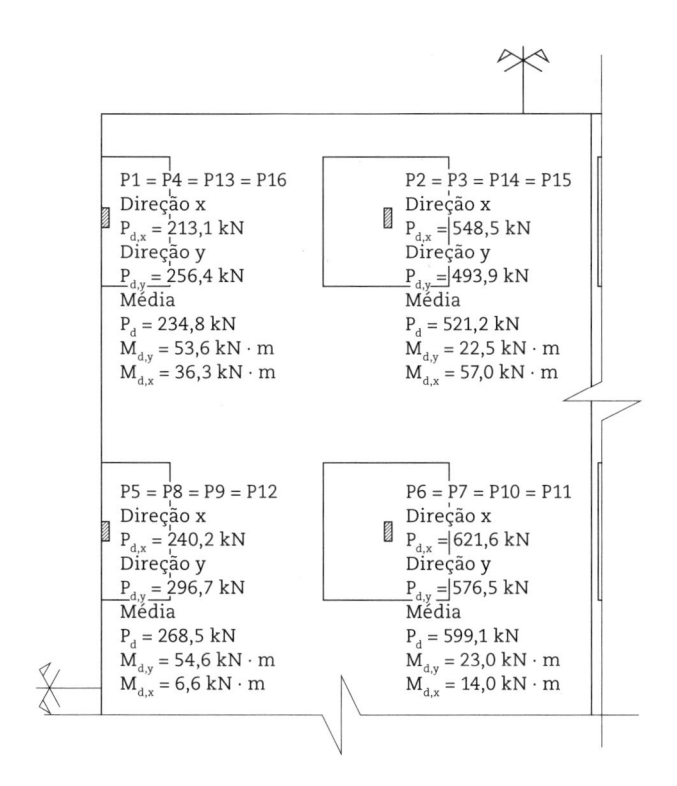

P1 = P4 = P13 = P16	P2 = P3 = P14 = P15
Direção x	Direção x
$P_{d,x} = 213,1$ kN	$P_{d,x} = 548,5$ kN
Direção y	Direção y
$P_{d,y} = 256,4$ kN	$P_{d,y} = 493,9$ kN
Média	Média
$P_d = 234,8$ kN	$P_d = 521,2$ kN
$M_{d,y} = 53,6$ kN·m	$M_{d,y} = 22,5$ kN·m
$M_{d,x} = 36,3$ kN·m	$M_{d,x} = 57,0$ kN·m

P5 = P8 = P9 = P12	P6 = P7 = P10 = P11
Direção x	Direção x
$P_{d,x} = 240,2$ kN	$P_{d,x} = 621,6$ kN
Direção y	Direção y
$P_{d,y} = 296,7$ kN	$P_{d,y} = 576,5$ kN
Média	Média
$P_d = 268,5$ kN	$P_d = 599,1$ kN
$M_{d,y} = 54,6$ kN·m	$M_{d,y} = 23,0$ kN·m
$M_{d,x} = 6,6$ kN·m	$M_{d,x} = 14,0$ kN·m

Fig. 15.17 Reações de apoio nos pilares

$$b_1 \leq \begin{cases} 0,5b_2 = 0,5 \times 40 = 20 \text{ cm} \\ 0,1a = 0,1 \times 0,6 \times 750 = 45 \text{ cm} \end{cases} \therefore b_1 = 20 \text{ cm}$$

$$b_f = b_w + 2b_1 = 10 + 2 \times 20 = 50 \text{ cm}$$

$$M_{x,d} = 5.201 \times \frac{50}{100} = 2.600,5 \text{ kN·cm/nervura}$$

Adotando ϕ_{ref} = 12,5 mm, a altura útil fica:

$$d = h - c_{nom,inf} - \frac{\phi_{ref}}{2} = 26 - 2 - \frac{1,25}{2} = 23,375 \text{ cm}$$

$$\beta_{xf} = \frac{h_f}{\lambda \cdot d} = \frac{6}{0,8 \times 23,375} = 0,32$$

$$k_c = \frac{b \cdot d^2}{M_d} = \frac{50 \times 23,375^2}{2.600,5} = 10,5$$

Utilizando a Tab. D.1, pode-se encontrar os valores de $\beta_x \approx 0,07$ e $k_s = 0,024$. Como o valor de β_x é menor que β_{xf}, a laje possui seção falso T.

$$A_{s,x}^+ = \frac{k_s \cdot M_d}{d} = \frac{0,024 \times 2.600,5}{23,375} = 2,67 \text{ cm}^2/\text{nervura}$$

$$y_{t,inf} = \frac{Q_x}{A_T} = \frac{(b_f \cdot h_f) \cdot \left(h - \frac{h_f}{2}\right) + (h - h_f) \cdot b_w \cdot \left(\frac{h - h_f}{2}\right)}{(b_f \cdot h_f) + (h - h_f) \cdot b_w}$$

$$y_{t,inf} = \frac{(50 \times 6) \times \left(26 - \frac{6}{2}\right) + (26 - 6) \times 10 \times \left(\frac{26 - 6}{2}\right)}{(50 \times 6) + (26 - 6) \times 10} = 17,80 \text{ cm}$$

$$I_c = \frac{b_f \cdot h_f^3}{12} + b_f \cdot h_f \cdot \left(h - \frac{h_f}{2} - y_{t,inf}\right)^2$$
$$+ \frac{b_w \cdot (h - h_f)^3}{12} + (h - h_f) \cdot b_w \cdot \left[y_{t,inf} - \left(\frac{h - h_f}{2}\right)\right]^2$$

$$I_c = \frac{50 \times 6^3}{12} + 50 \times 6 \times \left(26 - \frac{6}{2} - 17,80\right)^2 + \frac{10 \times (26 - 6)^3}{12}$$
$$+ (26 - 6) \times 10 \times \left[17,80 - \left(\frac{26 - 6}{2}\right)\right]^2$$

$$I_c = 27.846,66 \text{ cm}^4/\text{nervura}$$

$$W_{0,inf} = \frac{I_x}{y_{t,inf}} = \frac{27.846,66}{17,80} = 1.564,42 \text{ cm}^3/\text{nervura}$$

$$f_{ctk,sup} = 1,3 \times 0,3 f_{ck}^{2/3} = 1,3 \times 0,3 \times 30^{2/3} = 3,77 \text{ MPa}$$
$$= 0,377 \text{ kN/cm}^2$$

$$M_{d,mín,inf} = 0,8 W_{0,inf} \cdot f_{ctk,sup} = 0,8 \times 1.564,42 \times 0,377$$
$$= 471,83 \text{ kN·cm/nervura}$$

$$k_c = \frac{b_f \cdot d^2}{M_{d,mín,inf}} = \frac{50 \times 23,375^2}{471,83} = 57,90 \therefore \beta_x \approx 0,01 < \beta_{xf}$$
$$= 0,32 \text{ e } k_s = 0,023$$

$$A_{s,x,mín}^+ \geq \begin{cases} \dfrac{k_s \cdot M_{d,mín,inf}}{d} = \dfrac{0,023 \times 471,83}{23,375} = 0,46 \text{ cm}^2/\text{nervura} \\ 0,67 \times \dfrac{0,15}{100} \cdot A_T = 0,67 \times \dfrac{0,15}{100} \\ \times [(50 \times 6) + (26 - 6) \times 10] = 0,50 \text{ cm}^2/\text{nervura} \end{cases}$$

$$\therefore A_{s,x,mín}^+ = 0,50 \text{ cm}^2/\text{nervura}$$

Então:

$$A_{s,x}^+ = 2,67 \text{ cm}^2/\text{nervura} > A_{s,x,mín}^+ = 0,50 \text{ cm}^2/\text{nervura}$$

$$\therefore A_{s,x}^+ = 2,67 \text{ cm}^2/\text{nervura}$$

Como a treliça possui duas barras longitudinais de aço CA-60 de 6 mm no banzo inferior, totalizando área de aço de 0,565 cm² e área de aço equivalente em CA-50 de 0,68 cm², a área de aço necessária é maior do que a existente. Nesse caso, pode-se acrescentar duas barras de 12,5 mm como armadura complementar, ficando a área de aço efetiva convertida para CA-50 em 3,13 cm²/nervura, maior do que a necessária.

Armadura positiva na direção y

A largura da mesa colaborante é calculada com base nas dimensões da laje. O momento fletor dado no enunciado está em kN·cm/m, porém precisa ser transformado para kN·cm/nervura.

$$b_1 \leq \begin{cases} 0,5b_2 = 0,5 \times 40 = 20 \text{ cm} \\ 0,1a = 0,1 \times 0,6 \times 800 = 48 \text{ cm} \end{cases} \therefore b_1 = 20 \text{ cm}$$

$$b_f = b_w + 2b_1 = 10 + 2 \times 20 = 50 \text{ cm}$$

$$M_{y,d} = 2.065 \times \frac{50}{100} = 1.032,5 \text{ kN} \cdot \text{cm/nervura}$$

Adotando ϕ_{ref} = 10 mm, a altura útil fica:

$$d = h - h_{sapata} - \frac{\phi_{ref}}{2} = 26 - 3 - \frac{1,00}{2} = 22,5 \text{ cm}$$

$$\beta_{xf} = \frac{h_f}{\lambda \cdot d} = \frac{6}{0,8 \times 22,5} = 0,33$$

$$k_c = \frac{b \cdot d^2}{M_d} = \frac{50 \times 22,5^2}{1.032,5} = 24,5$$

Utilizando a Tab. D.1, pode-se encontrar os valores de $\beta_x \approx 0,03$ e $k_s = 0,023$. Como o valor de β_x é menor que β_{xf}, a laje possui seção falso T.

$$A_{s,y}^+ = \frac{k_s \cdot M_d}{d} = \frac{0,023 \times 1.032,5}{22,5} = 1,05 \text{ cm}^2/\text{nervura}$$

$$y_{t,inf} = \frac{Q_x}{A_T} = \frac{(b_f \cdot h_f) \cdot \left(h - \frac{h_f}{2}\right) + (h - h_f) \cdot b_w \cdot \left(\frac{h - h_f}{2}\right)}{(b_f \cdot h_f) + (h - h_f) \cdot b_w}$$

$$y_{t,inf} = \frac{(50 \times 6) \times \left(24,5 - \frac{6}{2}\right) + (24,5 - 6) \times 10 \times \left(\frac{24,5 - 6}{2}\right)}{(50 \times 6) + (24,5 - 6) \times 10} = 16,83 \text{ cm}$$

$$I_c = \frac{b_f \cdot h_f^3}{12} + b_f \cdot h_f \cdot \left(h - \frac{h_f}{2} - y_{t,inf}\right)^2 + \frac{b_w \cdot (h - h_f)^3}{12}$$
$$+ (h - h_f) \cdot b_w \cdot \left[y_{t,inf} - \left(\frac{h - h_f}{2}\right)\right]^2$$

$$I_c = \frac{50 \times 6^3}{12} + 50 \times 6 \times \left(24,5 - \frac{6}{2} - 16,83\right)^2 + \frac{10 \times (24,5 - 6)^3}{12}$$
$$+ (24,5 - 6) \times 10 \times \left[16,83 - \left(\frac{24,5 - 6}{2}\right)\right]^2$$

$$I_c = 23.348,46 \text{ cm}^4/\text{nervura}$$

$$W_{0,inf} = \frac{I_x}{y_{t,inf}} = \frac{23.348,46}{16,83} = 1.387,31 \text{ cm}^3/\text{nervura}$$

$$M_{d,mín,inf} = 0,8 W_{0,inf} \cdot f_{ctk,sup} = 0,8 \times 1.387,31 \times 0,377$$
$$= 418,41 \text{ kN} \cdot \text{cm/nervura}$$

$$k_c = \frac{b_f \cdot d^2}{M_{d,mín,inf}} = \frac{50 \times 22,5^2}{418,41} = 60,5 \therefore \beta_x \approx 0,02 < \beta_{xf}$$
$$= 0,33 \text{ e } k_s = 0,023$$

$$A_{s,y,mín}^+ \geq \begin{cases} \dfrac{k_s \cdot M_{d,mín,inf}}{d} = \dfrac{0,023 \times 418,41}{22,5} = 0,43 \text{ cm}^2/\text{nervura} \\ 0,67 \times \dfrac{0,15}{100} \cdot A_T = 0,67 \times \dfrac{0,15}{100} \\ \quad \times [(50 \times 6) + (24,5 - 6) \times 10] = 0,49 \text{ cm}^2/\text{nervura} \end{cases}$$

$$\therefore A_{s,y,mín}^+ = 0,49 \text{ cm}^2/\text{nervura}$$

Então:

$$A_{s,y}^+ = 1,05 \text{ cm}^2/\text{nervura} > A_{s,y,mín}^+ = 0,49 \text{ cm}^2/\text{nervura}$$

$$\therefore A_{s,y}^+ = 1,05 \text{ cm}^2/\text{nervura}$$

$$\therefore 1\phi 12,5 \text{ c/nervura}$$

Armadura negativa na direção x

Como a ligação laje-pilar em lajes lisas nervuradas sempre é maciça, essa região não trabalha como seção T, e sim como seção retangular.

Adotando ϕ_{ref} = 12,5 mm, a altura útil fica:

$$d = h - c_{nom,sup} - \frac{\phi_{ref}}{2} = 26 - 2,5 - \frac{1,25}{2} = 22,875 \text{ cm}$$

O momento fletor de cálculo do trecho escolhido é de 11.290 kN · cm/m.

$$k_c = \frac{b \cdot d^2}{M_d} = \frac{100 \times 22,875^2}{11.290} = 4,63$$

Utilizando a Tab. D.1, pode-se encontrar o valor de $\beta_x \approx 0,16 < 0,45 \therefore$ OK. Também se pode encontrar $k_s = 0,025$.

$$A_{s,x}^- = \frac{k_s \cdot M_d}{d} = \frac{0,025 \times 11.290}{22,875} = 12,34 \text{ cm}^2/\text{m}$$

$$s = \frac{1,227}{12,34} = 0,099 \text{ m} = \phi 12,5 \text{ c/9,5}$$

Como se trata de um trecho maciço, a armadura mínima para essa região se dá pela seguinte equação:

$$A_{s,x,mín}^- = \rho_{mín} \cdot b_w \cdot h = 0,0015 \times 100 \times 26 = 3,90 \text{ cm}^2/\text{m}$$

$$A_{s,x}^- = 12,34 \text{ cm}^2/\text{m} > A_{s,x,mín}^- = 3,90 \text{ cm}^2/\text{m}$$
$$\therefore A_{s,x}^- = 12,34 \text{ cm}^2/\text{m}$$

Armadura negativa na direção y

Como a ligação laje-pilar em lajes lisas nervuradas sempre é maciça, essa região não trabalha como seção T, e sim como seção retangular.

Adotando ϕ_{ref} = 10 mm, a altura útil fica:

$$d = h - c_{nom,sup} - \phi_{ref,princ} - \frac{\phi_{ref}}{2} = 26 - 2{,}5 - 1{,}25 - \frac{1{,}00}{2}$$
$$= 21{,}75 \text{ cm}$$

O momento fletor de cálculo do trecho escolhido é de 8.634 kN · cm/m.

$$k_c = \frac{b \cdot d^2}{M_d} = \frac{100 \times 21{,}75^2}{8.634} = 5{,}48$$

Utilizando a Tab. D.1, pode-se encontrar o valor de $\beta_x \approx 0{,}14 < 0{,}45$ ∴ OK. Também se pode encontrar $k_s = 0{,}024$.

$$A^-_{s,y} = \frac{k_s \cdot M_d}{d} = \frac{0{,}024 \times 8.634}{21{,}75} = 9{,}53 \text{ cm}^2/\text{m}$$

$$s = \frac{0{,}785}{9{,}53} = 0{,}052 \text{ m} = \phi 10 \text{ c/8}$$

Como se trata de um trecho maciço, a armadura mínima para essa região se dá pela seguinte equação:

$$A^-_{s,y,mín} = \rho_{mín} \cdot b_w \cdot h = 0{,}0015 \times 100 \times 26 = 3{,}90 \text{ cm}^2/\text{m}$$

$$A^-_{s,y} = 9{,}53 \text{ cm}^2/\text{m} > A^-_{s,y,mín} = 3{,}90 \text{ cm}^2/\text{m}$$

$$\therefore A^-_{s,y} = 9{,}53 \text{ cm}^2/\text{m}$$

Resumo das armaduras longitudinais

Nas Tabs. 15.5 e 15.6 pode-se visualizar as armaduras longitudinais positivas e negativas, respectivamente.

15.6 Dimensionamento do ELU para solicitações normais – flexão na mesa

Como a distância entre nervuras deste exemplo numérico é menor que 65 cm, o dimensionamento da flexão na capa é desnecessário.

Tab. 15.5 Armaduras longitudinais positivas

Direção	M_d (kN · cm/m)	M_d (kN · cm/nervura)	A^+_s (cm²/nervura)	$A^+_{s,mín}$ (cm²/nervura)	Detalhamento
Direção x	4.255	2.128	2,18	0,50	2ϕ10 c/nervura
	579	290	0,28	0,50	
	5.201	2.601	2,67	0,50	2ϕ12,5 c/nervura
	708	354	0,35	0,50	
	3.446	1.723	1,77	0,50	1ϕ12,5 c/nervura
	469	234	0,23	0,50	
	2.819	1.410	1,39	0,50	1ϕ10 c/nervura
	384	192	0,19	0,50	
	3.246	1.623	1,67	0,50	1ϕ12,5 c/nervura
	417	209	0,21	0,50	
	3.967	1.983	2,04	0,50	2ϕ10 c/nervura
	510	255	0,25	0,50	
Direção y	1.690	845	0,86	0,50	2ϕ8 c/nervura
	1.548	774	0,79	0,50	2ϕ8 c/nervura
	2.065	1.033	1,06	0,50	1ϕ12,5 c/nervura
	1.892	946	0,97	0,50	2ϕ8 c/nervura
	1.697	848	0,87	0,50	2ϕ8 c/nervura
	1.462	731	0,75	0,50	1ϕ10 c/nervura
	2.074	1.037	1,06	0,50	1ϕ12,5 c/nervura
	1.786	893	0,91	0,50	2ϕ8 c/nervura
	2.191	1.095	1,12	0,50	1ϕ12,5 c/nervura
	1.887	944	0,96	0,50	2ϕ8 c/nervura
	1.792	896	0,92	0,50	2ϕ8 c/nervura
	1.544	772	0,79	0,50	2ϕ8 c/nervura

Tab. 15.6 Armaduras longitudinais negativas

Direção	M_d (kN·cm/m)	A_s^- (cm²/m)	$A_{s,min}^-$ (cm²/m)	Detalhamento
Direção x	505,66	0,51	3,90	ϕ8 c/12
	3.763,21	3,95	3,90	ϕ8 c/12
	1.516,98	1,53	3,90	ϕ8 c/12
	11.289,62	12,34	3,90	ϕ12,5 c/9,5
	1.005,00	1,01	3,90	ϕ8 c/12
	7.479,38	7,85	3,90	ϕ10 c/10
	335,00	0,34	3,90	ϕ8 c/12
	2.493,13	2,51	3,90	ϕ8 c/12
	341,25	0,34	3,90	ϕ8 c/12
	2.824,38	2,84	3,90	ϕ8 c/12
	1.023,75	1,03	3,90	ϕ8 c/12
	8.473,13	8,89	3,90	ϕ10 c/8
Direção y	2.601,33	2,75	3,90	ϕ8 c/12
	2.932,00	3,24	3,90	ϕ8 c/12
	7.804,00	8,61	3,90	ϕ10 c/8
	8.796,00	9,71	3,90	ϕ12,5 c/12
	2.436,00	2,58	3,90	ϕ8 c/12
	2.878,00	3,18	3,90	ϕ8 c/12
	7.308,00	8,06	3,90	ϕ10 c/9
	8.634,00	9,53	3,90	ϕ12,5 c/12
	7.719,72	8,52	3,90	ϕ10 c/9
	9.120,42	10,48	3,90	ϕ12,5 c/11
	2.573,24	2,72	3,90	ϕ8 c/12
	3.040,14	3,35	3,90	ϕ8 c/12

15.7 Dimensionamento do ELU para solicitações tangenciais – força cortante

Direção x

Para exemplificação do cálculo à força cortante, foi adotado o trecho com maior força cortante de cálculo fora dos capitéis, com valor de 49,19 kN/m.

$$V_{Sd} \leq V_{Rd1} = \left[\tau_{Rd} \cdot k \cdot (1,2 + 40\rho_1) + 0,15\sigma_{cp}\right] \cdot b_w \cdot d$$

$$\tau_{Rd} = 0,25 f_{ctd} = 0,25 \times \frac{0,7 \times 0,3 f_{ck}^{2/3}}{\gamma_c}$$

$$= 0,25 \times \frac{0,7 \times 0,3 \times 30^{2/3}}{1,4} = 0,3621 \text{ MPa} = 362,1 \text{ kN/m}^2$$

$$k = |1,6 - d| = |1,6 - 0,23375| = |1,36625| \geq 1,0 \therefore k = 1,36625$$

$$\rho_1 = \frac{A_{s1}}{b_w \cdot d} = \frac{3,13}{10 \times 23,375} = 0,0134 < 0,02 \therefore \rho_1 = 0,0134$$

$$V_{Sd} = 49,19 \text{ kN/m} = 49,19 \times \frac{50}{100} = 24,595 \text{ kN/nervura}$$

$$V_{Rd1} = \left[362,1 \times 1,36625 \times (1,2 + 40 \times 0,0134)\right] \times 0,1 \times 0,23375$$
$$= 20,075 \text{ kN/nervura}$$

$$V_{Sd} = 24,595 \text{ kN/nervura} > V_{Rd1} = 20,075 \text{ kN/nervura} \therefore \text{ Não OK}$$

Apenas o concreto não resiste ao cisalhamento. Nesse caso, é preciso dimensionar a armadura de cisalhamento.

$$V_{Rd3} = V_c + V_{sw}$$

Fazendo $V_{Rd3} = V_{Sdx}$ e reduzindo a resistência V_c, encontra-se V_{sw}.

$$V_{sw} = V_{Sdx} - V_c$$

$$V_c = 0,6 f_{ctd} \cdot b_w \cdot d$$

$$f_{ctd} = \frac{f_{ctk,inf}}{\gamma_c} = \frac{0,7 \times 0,3 f_{ck}^{2/3}}{\gamma_c} = \frac{0,7 \times 0,3 \times 30^{2/3}}{1,4} = 1,45 \text{ MPa}$$
$$= 0,145 \text{ kN/cm}^2$$

$$V_c = 0,6 \times 0,145 \times 10 \times 23,375 = 20,34 \text{ kN/nervura}$$

$$V_{sw} = 24,595 - 20,34 = 4,255 \text{ kN/nervura}$$

$$\left(\frac{A_{sw}}{s}\right) = \frac{V_{sw}}{0,9 d \cdot f_{ywd} \cdot (\text{sen}\,\alpha + \cos\alpha)}$$

$$\alpha = \arctan\left(\frac{20}{10}\right) = 63,43°$$

$$\left(\frac{A_{sw}}{s}\right) = \frac{4,255}{0,9 \times 23,375 \times 43,5 \times (\text{sen}\,63,43° + \cos 63,43°)}$$
$$= 0,0035 \text{ cm}^2/\text{cm} = 0,35 \text{ cm}^2/\text{m}$$

A armadura transversal das diagonais existentes em 1 m de treliça é:

$$A_{sw} = 10\phi 5 = 1,96 \text{ cm}^2/\text{m}$$

Convertendo a área de aço para CA-60, tem-se:

$$A_{sw} = 1,96 \times \frac{60}{50} = 2,35 \text{ cm}^2/\text{m} > 0,35 \text{ cm}^2/\text{m}$$

Logo, observa-se que a armadura da treliça atende à necessidade de armadura transversal.

Verificação do esmagamento do concreto

$$V_{Sd} \leq V_{Rd2} = 0,27 \alpha_{v2} \cdot f_{cd} \cdot b_w \cdot d$$

$$\alpha_{v2} = 1 - \frac{f_{ck}}{250} = 1 - \frac{30}{250} = 0,88$$

$$V_{Sd} = 24{,}595 \text{ kN/nervura} \leq V_{Rd2} = 0{,}27 \times 0{,}88 \times \frac{3{,}0}{1{,}4}$$
$$\times 10 \times 23{,}375 = 119{,}01 \text{ kN/nervura} \therefore \text{OK}$$

Se, para a pior força cortante na direção x, os esforços estão passando na verificação, não é necessário repeti-la para as outras regiões.

Direção y

Para exemplificação do cálculo à força cortante, foi adotado o trecho com maior força cortante de cálculo fora dos capitéis, com valor de 31,12 kN/m.

$$V_{Sd} \leq V_{Rd1} = \left[\tau_{Rd} \cdot k \cdot (1{,}2 + 40\rho_1) + 0{,}15\sigma_{cp}\right] \cdot b_w \cdot d$$

$$\tau_{Rd} = 0{,}25 f_{ctd} = 0{,}25 \times \frac{0{,}7 \times 0{,}3 f_{ck}^{2/3}}{\gamma_c} = 0{,}25 \times \frac{0{,}7 \times 0{,}3 \times 30^{2/3}}{1{,}4}$$
$$= 0{,}3621 \text{ MPa} = 362{,}1 \text{ kN/m}^2$$

$$k = |1{,}6 - d| = |1{,}6 - 0{,}225| = |1{,}375| \geq 1{,}0 \therefore k = 1{,}375$$

$$\rho_1 = \frac{A_{s1}}{b_w \cdot d} = \frac{1{,}23}{10 \times 22{,}5} = 0{,}0055 < 0{,}02 \therefore \rho_1 = 0{,}0055$$

$$V_{Sd} = 31{,}12 \text{ kN/m} = 31{,}12 \times \frac{50}{100} = 15{,}56 \text{ kN/nervura}$$

$$V_{Rd1} = \left[362{,}1 \times 1{,}375 \times (1{,}2 + 40 \times 0{,}0055)\right] \times 0{,}1 \times 0{,}225$$
$$= 15{,}91 \text{ kN/nervura}$$

$$V_{Sd} = 15{,}56 \text{ kN/nervura} < V_{Rd1} = 15{,}91 \text{ kN/nervura} \therefore \text{OK}$$

Verificação do esmagamento do concreto

$$V_{Sd} \leq V_{Rd2} = 0{,}27\alpha_{v2} \cdot f_{cd} \cdot b_w \cdot d$$

$$\alpha_{v2} = 1 - \frac{f_{ck}}{250} = 1 - \frac{30}{250} = 0{,}88$$

$$V_{Sd} = 15{,}56 \text{ kN/nervura} \leq V_{Rd2} = 0{,}27 \times 0{,}88 \times \frac{3{,}0}{1{,}4}$$
$$\times 10 \times 22{,}50 = 114{,}56 \text{ kN/nervura} \therefore \text{OK}$$

Se, para a pior força cortante na direção y, os esforços estão passando na verificação, não é necessário repeti-la para as outras regiões.

15.8 Dimensionamento do ELU para solicitações tangenciais – punção

Contorno C

Para a verificação do contorno C, tomou-se o pilar P6 como exemplo, que é o mais carregado. Utiliza-se a Eq. 8.22, dada por:

$$\tau_{Sd} = \frac{F_{Sd}}{u_0 \cdot d}$$

A altura útil da laje varia conforme sua direção, sendo diferente na direção principal e na direção secundária. Para essa verificação, foi considerada uma altura útil média.

$$d = h - c_{nom} - \phi_{ref} = 26 - 2{,}5 - 1{,}25 = 22{,}25 \text{ cm}$$

$$u_0 = 2C_1 + 2C_2 = 2 \times 50 + 2 \times 20 = 140 \text{ cm}$$

$$\tau_{Sd} = \frac{F_{Sd}}{u_0 \cdot d} = \frac{621{,}6}{140 \times 22{,}25} = 0{,}120 \text{ kN/cm}^2$$

A tensão resistente de cálculo é determinada por meio da Eq. 8.25.

$$\tau_{Rd2} = 0{,}27\alpha_v \cdot f_{cd}$$

$$\alpha_v = 1 - \frac{f_{ck}}{250} = 1 - \frac{30}{250} = 0{,}88$$

$$\tau_{Rd2} = 0{,}27 \times 0{,}88 \times \frac{3{,}0}{1{,}4} = 0{,}509 \text{ kN/cm}^2$$
$$> \tau_{Sd} = 0{,}120 \text{ kN/cm}^2 \therefore \text{OK}$$

Como o pilar mais carregado não apresentou problemas na verificação do contorno C e todos os pilares possuem as mesmas dimensões, é dispensável a verificação dos demais pilares.

Contorno C'

Tomando o pilar P2 como exemplo, segue o cálculo de punção.

$$\tau_{Sd} = \frac{F_{Sd}}{u_1 \cdot d} + \frac{K_x \cdot M_{Sdx}}{W_{p,x} \cdot d} + \frac{K_y \cdot M_{Sdy}}{W_{p,y} \cdot d}$$

A altura útil da laje varia conforme sua direção, sendo diferente na direção x e na direção y. Para essa verificação, foi considerada uma altura útil média.

$$u_1 = 2C_1 + 2C_2 + \pi \cdot (4d) = 2 \times 50 + 2 \times 20 + \pi \cdot (4 \times 22{,}25)$$
$$= 419{,}60 \text{ cm}$$

$$\frac{C_{1,x}}{C_{2,x}} = \frac{20}{50} = 0{,}4 \approx 0{,}5 \Rightarrow K_x = 0{,}45$$

$$\frac{C_{1,y}}{C_{2,y}} = \frac{50}{20} = 2{,}5 \Rightarrow \text{Interpolando os valores da Tab. 8.1}$$
$$\Rightarrow K_y = 0{,}75$$

$$W_{p,x} = \frac{20^2}{2} + 20 \times 50 + 4 \times 50 \times 22{,}25 + 16 \times 22{,}25^2$$
$$+ 2 \cdot \pi \cdot 22{,}25 \times 20 = 16.367{,}02 \text{ cm}^2$$

$$W_{p,y} = \frac{50^2}{2} + 50 \times 20 + 4 \times 20 \times 22{,}25 + 16 \times 22{,}25^2$$
$$+ 2 \cdot \pi \cdot 22{,}25 \times 50 = 18.491{,}04 \text{ cm}^2$$

$$\tau_{Sd} = \frac{521,2}{419,6 \times 22,25} + \frac{0,45 \times 2.250}{16.367,02 \times 22,25} + \frac{0,75 \times 5.700}{18.491,04 \times 22,25}$$
$$= 0,069 \text{ kN/cm}^2$$

$$\tau_{Sd} \le \tau_{Rd1} = 0,13 k_e \cdot (100\rho \cdot f_{ck})^{\frac{1}{3}} + 0,10\sigma_{cp}$$

$$k_e = \left(1 + \sqrt{\frac{20}{d}}\right) = \left(1 + \sqrt{\frac{20}{22,25}}\right) = 1,948 \le 2 \therefore k_e = 1,948$$

Na direção x, duas faixas de armadura cobrem o pilar. Nesse caso, para a determinação da taxa de armadura, deve-se somar a influência de cada uma.

$$A_{s,x} = \frac{\frac{h_{pilar,y}}{2} + 3d}{s} \cdot \phi_{ref} + \frac{\frac{h_{pilar,y}}{2} + 3d}{s} \cdot \phi_{ref}$$
$$= \frac{\frac{50}{2} + 3 \times 22,25}{9,5} \times 1,227 + \frac{\frac{50}{2} + 3 \times 22,25}{10} \times 0,785$$

$$A_{s,x} = 19,05 \text{ cm}^2$$

Na direção y, o detalhamento das armaduras é igual. Nesse caso:

$$A_{s,y} = \frac{h_{pilar,x} + 2 \times 3d}{s} \cdot \phi_{ref} = \frac{20 + 2 \times 3 \times 22,25}{9}$$
$$\times 0,785 = 13,39 \text{ cm}^2$$

$$\rho = \sqrt{\frac{A_{s,x}}{A_{c,x}} \cdot \frac{A_{s,y}}{A_{c,y}}} = \sqrt{\frac{19,05}{(50 + 2 \times 3 \times 22,25) \times 26} \times \frac{13,39}{(20 + 2 \times 3 \times 22,25) \times 26}}$$
$$= 0,00366 \le 0,02 \therefore \rho = 0,00366$$

Como não se trata de uma laje protendida, o valor de σ_{cp} é igual a 0.

$$\tau_{Rd1} = 0,13 \times 1,948 \times (100 \times 0,00366 \times 30)^{\frac{1}{3}} = 0,563 \text{ MPa}$$

$$\tau_{Rd1} = 0,0563 \text{ kN/cm}^2 < \tau_{Sd} = 0,069 \text{ kN/cm}^2 \therefore \text{Não OK}$$

Contorno C''

Igualando a tensão resistente (Eq. 8.34) com a tensão solicitante, encontra-se o novo perímetro u_2. Verifica-se que, para a laje resistir aos esforços de punção, precisa de um perímetro de 543,13 cm. Isso dá uma distância do pilar de 64,16 cm.

Adotam-se conectores de pino com cabeça $\phi 8$ em aço CA-50 dispostos conforme a Fig. 15.18.

Com a colocação de armadura de punção, a tensão resistente de cálculo é obtida por meio da Eq. 8.34.

$$\tau_{Sd} \le \tau_{Rd1} = 0,10 k_e \cdot (100\rho \cdot f_{ck})^{\frac{1}{3}} + 0,10\sigma_{cp}$$
$$+ 1,5 \cdot \frac{d}{s_r} \cdot \frac{A_{sw} \cdot f_{ywd} \cdot \sen \alpha}{u_1 \cdot d}$$

Como não se trata de uma laje protendida, o valor de σ_{cp} é igual a 0.

$$s_r = 15 \text{ cm} < 0,75d = 0,75 \times 22,25 = 16,6875 \text{ cm} \therefore \text{OK}$$

Em cada contorno completo de armadura de punção, foi adotado $12\phi 8$. Nesse caso:

$$A_{sw} = 16 \times 0,5 = 8 \text{ cm}^2$$

Como foi empregado conector de cisalhamento, $f_{ywd} = 300$ MPa.

$$\tau_{Rd1} = 0,10 \times 1,948 \times (100 \times 0,00366 \times 30)^{\frac{1}{3}} + 1,5$$
$$\times \frac{22,5}{15} \times \frac{8 \times 300 \times \sen 90}{419,6 \times 22,25} = 1,011 \text{ MPa}$$

$$\tau_{Rd1} = 0,1011 \text{ kN/cm}^2 > \tau_{Sd} = 0,069 \text{ kN/cm}^2 \therefore \text{OK}$$

Na Tab. 15.7 pode-se visualizar a verificação à punção para os demais pilares.

Como nenhum pilar passou na verificação do contorno C', todos precisam ser armados à punção. Na Tab. 15.8 é apresentada a verificação com a adição de armadura de punção.

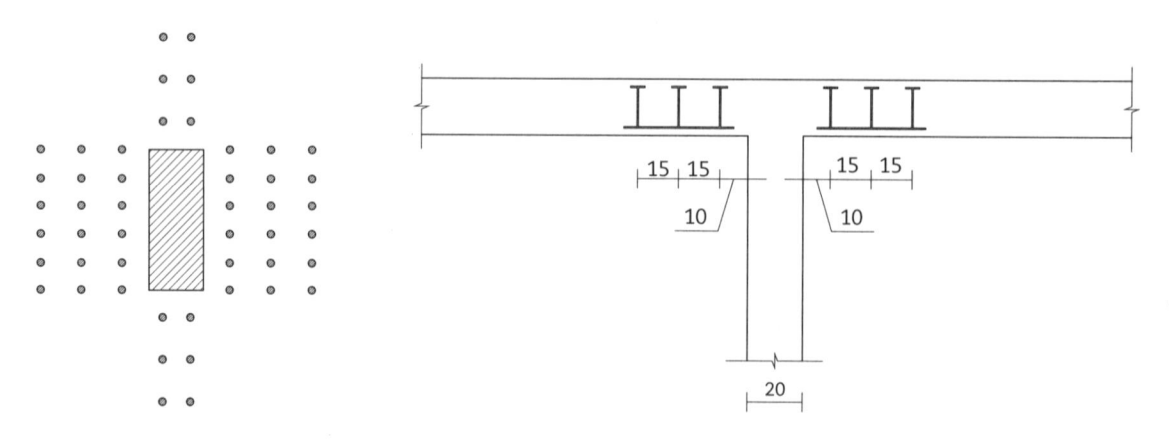

Fig. 15.18 Disposição da armadura de punção da laje lisa na região do pilar P2

Tab. 15.7 Verificação à punção para o contorno C'

Pilar	F_{Sd} (kN)	M_{Sdx} (kN · cm)	M_{Sdy} (kN · cm)	τ_{Sd} (kN/cm²)	τ_{Rd1} (kN/cm²)	Verificação
P1	234,8	5.360	3.630	0,0634	0,0493	Não OK
P2	521,2	2.250	5.700	0,0688	0,0563	Não OK
P5	268,5	5.460	660	0,0654	0,0496	Não OK
P6	599,1	2.300	1.400	0,0695	0,0577	Não OK

Tab. 15.8 Verificação à punção para o contorno C''

Pilar	Conector (mm)	n	s_r (cm)	A_{sw} (cm²)	f_{ywd} (kN/cm²)	Novo τ_{Rd1} (kN/cm²)	Verificação
P1	8	10	15	5,03	300	0,1098	OK
P2	8	16	15	8,04	300	0,1008	OK
P5	8	10	15	5,03	300	0,1101	OK
P6	8	16	15	8,04	300	0,1019	OK

15.9 Dimensionamento do ELU para solicitações tangenciais – colapso progressivo

Nessas regiões de maciço, nas ligações laje-pilar, a armadura positiva adotada é a mínima, indicada a seguir:

$$A_{s,mín} = \frac{0,15}{100} \times 100 \times 26 = 3,9 \text{ cm}^2/\text{m} \Rightarrow \phi8 \text{ c/12}$$

$$\Rightarrow A_{s,ef} = \frac{100}{12} \times 0,5 = 4,16 \text{ cm}^2/\text{m}$$

Tomando o pilar P2 como exemplo, segue o cálculo de colapso progressivo. Como o pilar possui dimensões de 20 cm × 50 cm, pode-se estimar que nas duas direções dele passem aproximadamente:

$$A_{s,ef,pil} = 4,16 \times (2 \times 0,2 + 2 \times 0,5) = 5,82 \text{ cm}^2$$

$$f_{yd} \cdot A_{s,ccp} \geq 1,5 F_{Sd} \Rightarrow A_{s,ccp} \geq \frac{1,5 F_{Sd}}{f_{yd}} = \frac{1,5 \times 521,2}{\frac{50}{1,15}} = 17,98 \text{ cm}^2$$

$$A_{s,ccp,nec} = A_{s,ccp} - A_{s,ef,pil} = 17,98 - 5,82 = 12,16 \text{ cm}^2$$

Adotando ϕ12,5 (1,227 cm²), o número de barras extras para combater o esforço de colapso progressivo será:

$$n = \frac{A_{s,ccp,nec}}{A_{s,\phi16}} = \frac{12,16}{2 \times 1,227} = 4,95 \text{ barras}$$

$\Rightarrow 1\phi12,5$ na face de 20 cm e $4\phi12,5$ na face de 50 cm

Na Tab. 15.9 mostra-se a verificação ao colapso progressivo para os demais pilares.

15.10 Dimensionamento do ELU para solicitações tangenciais – ligação mesa-nervura

Para exemplificação do cálculo da ligação mesa-nervura, foi adotado o trecho com a maior força cortante de cálculo fora dos capitéis, com valor de 49,19 kN/m.

Mesa comprimida

$$\tau_{md} = \frac{V_d \cdot \frac{\text{Intereixo}}{100}}{h_f \cdot (d - 0,5 h_f)} \cdot \frac{1}{2} \cdot \left(1 - \frac{b_w}{b_f}\right)$$

$$= \frac{49,19 \times \frac{50}{100}}{6 \times (23,375 - 0,5 \times 6)} \times \frac{1}{2} \times \left(1 - \frac{10}{50}\right) = 0,080 \text{ kN/cm}^2$$

$$\tau_{Rd2} = 0,27 \times \left(1 - \frac{f_{ck}}{250}\right) \cdot f_{cd} = 0,27 \times \left(1 - \frac{30}{250}\right) \times \frac{3,0}{1,4}$$

$$= 0,509 \text{ kN/cm}^2$$

$\tau_{md} = 0,080$ kN/cm² $< \tau_{Rd2} = 0,509$ kN/cm² $\therefore$ OK

Tab. 15.9 Verificação ao colapso progressivo

Pilar	F_{Sd} (kN)	$A_{s,ccp}$ (cm²)	ϕ_{adot} (mm)	Número de barras	Detalhamento
P1	234,8	8,10	10	2,776	$1\phi12,5$ na face de 20 cm e $2\phi12,5$ na face de 50 cm
P2	521,2	17,98	12,5	4,955	$1\phi12,5$ na face de 20 cm e $4\phi12,5$ na face de 50 cm
P5	268,5	9,26	12,5	2,250	$1\phi12,5$ na face de 20 cm e $2\phi12,5$ na face de 50 cm
P6	599,1	20,67	16	3,693	$1\phi16$ na face de 20 cm e $3\phi16$ na face de 50 cm

$$A_{st} = \frac{V_d \cdot \frac{\text{Intereixo}}{100}}{(d - 0.5h_f) \cdot f_{yd}} \cdot \frac{1}{2} \cdot \left(1 - \frac{b_w}{b_f}\right)$$

$$= \frac{49{,}19 \times \frac{50}{100}}{(23{,}375 - 0{,}5 \times 6) \times \frac{50}{1{,}15}} \times \frac{1}{2} \times \left(1 - \frac{10}{50}\right)$$

$$A_{st} = 0{,}0111 \text{ cm}^2/\text{cm} = 1{,}11 \text{ cm}^2/\text{m} < 1{,}5 \text{ cm}^2/\text{m}$$
$$\therefore A_{st} = 1{,}50 \text{ cm}^2/\text{m}$$

Convertendo a área de aço para CA-60, precisa-se de:

$$A_{st} = \frac{1{,}50}{1{,}2} = 1{,}25 \text{ cm}^2/\text{m} \Rightarrow A_{st,face} = \frac{1{,}25}{2}$$
$$= 0{,}625 \text{ cm}^2/\text{m/face} \therefore \text{Adota-se tela Q75}$$

15.11 Verificação do ELS-F

Para exemplificação do estado-limite de serviço de formação de fissuras, foram usados os seguintes trechos de lajes:

- para o momento positivo, foi utilizado o esforço contido no primeiro vão da faixa externa do pórtico 1, na região do balanço;
- para o momento negativo, foi utilizado o esforço contido no pilar P2, na faixa externa do pórtico 1, na região do balanço.

Momento positivo

O momento de fissuração é dado da seguinte forma:

$$M_r = \frac{\alpha \cdot f_{ct} \cdot I_c}{y_t}$$

$$\alpha = 1{,}2 \text{ (seção T)}$$

$$f_{ct} = f_{ctk,inf} = 0{,}7 \times 0{,}3 f_{ck}^{2/3} = 0{,}7 \times 0{,}3 \times 30^{2/3} = 2{,}028 \text{ MPa}$$
$$= 0{,}2028 \text{ kN/cm}^2$$

$I_c = 27.846{,}66 \text{ cm}^4/\text{nervura}$ (já calculado na seção 15.5)

Para transformar esse valor em cm⁴/m, deve-se dividi-lo pelo intereixo.

$$I_c = \frac{27.846{,}66}{0{,}50} = 55.693{,}32 \text{ cm}^4/\text{m}$$

$y_{t,inf} = 17{,}80 \text{ cm}$ (já calculado na seção 15.5)

$$M_r = \frac{\alpha \cdot f_{ct} \cdot I_c}{y_t} = \frac{1{,}2 \times 0{,}2028 \times 55.693{,}32}{17{,}80} = 761 \text{ kN} \cdot \text{cm/m}$$

Comparando o momento de fissuração com o momento devido à combinação rara para a laje L9 ($M_x = 3.715 \text{ kN} \cdot \text{cm/m}$), indicado na Fig. 15.11, percebe-se que o momento devido à combinação rara é maior, ou seja, essa região está no Estádio II.

Momento negativo

$$\alpha = 1{,}5 \text{ (seção retangular)}$$

$$f_{ct} = f_{ctk,inf} = 0{,}7 \times 0{,}3 f_{ck}^{2/3} = 0{,}7 \times 0{,}3 \times 30^{2/3} = 2{,}028 \text{ MPa}$$
$$= 0{,}2028 \text{ kN/cm}^2$$

$$I_c = \frac{b \cdot h^3}{12} = \frac{100 \times 26^3}{12} = 146.466{,}67 \text{ cm}^4/\text{m}$$

$$y_t = \frac{h}{2} = \frac{26}{2} = 13 \text{ cm}$$

$$M_r = \frac{\alpha \cdot f_{ct} \cdot I_c}{y_t} = \frac{1{,}5 \times 0{,}2028 \times 146.466{,}67}{13} = 3.427 \text{ kN} \cdot \text{cm/m}$$

Comparando o momento de fissuração com o momento devido à combinação rara para a laje L9 ($M'_x = 8.064 \text{ kN} \cdot \text{cm/m}$), indicado na Fig. 15.11, percebe-se que o momento devido à combinação rara é maior, ou seja, essa região está no Estádio II.

Na Tab. 15.10 são apresentados os lugares em que o momento devido à combinação rara foi maior do que o momento de fissuração.

15.12 Verificação do ELS-W

Para exemplificação do estado-limite de serviço de formação de fissuras, foram utilizados os seguintes trechos de lajes:

- para o momento positivo, foi utilizado o esforço contido no primeiro vão da faixa externa do pórtico 1, na região do balanço;
- para o momento negativo, foi utilizado o esforço contido no pilar P2, na faixa externa do pórtico 1, na região do balanço.

Momento positivo

O detalhamento para esse trecho foi adotado em TR 20745 + 2ϕ12,5 c/nervura. Nesse caso:

$$A_{s,x}^{+} = \frac{100}{s} \cdot A_{s,\phi} + \frac{100}{s} \cdot 2A_{s,\phi,treliça} \cdot 1{,}2 = \frac{100}{50}$$
$$\times 2 \times 1{,}227 + \frac{100}{50} \times 2 \times 0{,}2827 \times 1{,}2 = 6{,}26 \text{ cm}^2/\text{m}$$

$$\sigma_{si} = \frac{M_{CF}}{0{,}80d \cdot A_s} = \frac{2.760}{0{,}80 \times 23{,}38 \times 6{,}26} = 23{,}57 \text{ kN/cm}^2$$

$$\phi_i = 12{,}5 \text{ mm} = 1{,}25 \text{ cm}$$

$$\eta_1 = 2{,}25$$

$$E_{si} = 210 \text{ GPa} = 21.000 \text{ kN/cm}^2$$

$$f_{ct,m} = 0{,}3 \times 30^{2/3} = 2{,}90 \text{ MPa} = 0{,}290 \text{ kN/cm}^2$$

Tab. 15.10 Verificação do ELS-F

Local	M_k (kN · cm/m)	M_r (kN · cm/m)
Momento positivo na direção x	3.040	761
	3.715	761
	2.461	761
	2.014	761
	2.318	761
	2.833	761
Momento positivo na direção y	1.207	675
	1.106	675
	1.475	675
	1.351	675
	1.212	675
	1.044	675
	1.481	675
	1.276	675
	1.565	675
	1.348	675
	1.280	675
	1.103	675
Momento negativo na direção x	8.064	3.427
	5.342	3.427
	6.052	3.427
Momento negativo na direção y	5.574	3.427
	6.283	3.427
	5.220	3.427
	6.167	3.427
	5.514	3.427
	6.515	3.427

Para o cálculo da área crítica A_{cri}, pode-se observar a Fig. 15.19.

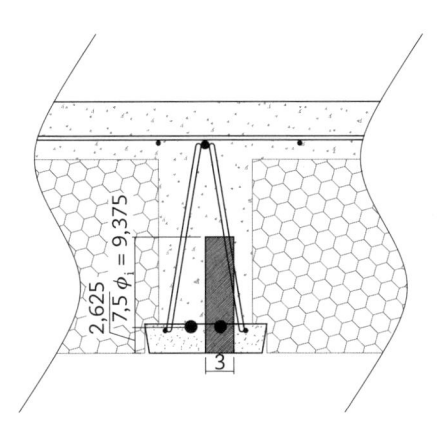

Fig. 15.19 Definição da área A_{cri} (cotas em cm)

$$A_{cri} = 3 \times 12 = 36,0 \text{ cm}^2$$

$$\rho_{ri} = \frac{A_{s,\phi i}}{A_{cri}} = \frac{1,227}{36} = 0,03408$$

$$w_{k1} = \frac{\phi_i \cdot 3\sigma_{si}^2}{12,5\eta_1 \cdot E_{si} \cdot f_{ct,m}} = \frac{1,25 \times 3 \times 23,57^2}{12,5 \times 2,25 \times 21.000 \times 0,290}$$
$$= 0,0122 \text{ cm} = 0,12 \text{ mm}$$

$$w_{k2} = \frac{\phi_i \cdot \sigma_{si}}{12,5\eta_1 \cdot E_{si}} \cdot \left(\frac{4}{\rho_{ri}} + 45\right) = \frac{1,25 \times 23,57}{12,5 \times 2,25 \times 21.000}$$
$$\times \left(\frac{4}{0,03408} + 45\right) = 0,0081 \text{ cm} = 0,081 \text{ mm}$$

Como indicado na norma, o menor valor deve ser adotado. Logo, a abertura estimada é de 0,081 mm, que fica bem abaixo do limite para CAA II, que é de 0,3 mm.

Momento negativo

O detalhamento para esse trecho foi adotado em $\phi 12,5$ c/9,5. Nesse caso:

$$A_{s,x}^- = \frac{100}{s} \cdot A_{s,\phi} = \frac{100}{9,5} \times 1,227 = 12,92 \text{ cm}^2/\text{m}$$

$$\sigma_{si} = \frac{M_{CF}}{0,80d \cdot A_s} = \frac{6.011}{0,80 \times 22,88 \times 12,92} = 25,42 \text{ kN/cm}^2$$

$$\phi_i = 12,5 \text{ mm} = 1,25 \text{ cm}$$

$$\eta_1 = 2,25$$

$$E_{si} = 210 \text{ GPa} = 21.000 \text{ kN/cm}^2$$

$$f_{ct,m} = 0,3 \times 30^{2/3} = 2,90 \text{ MPa} = 0,290 \text{ kN/cm}^2$$

Para o cálculo da área crítica A_{cri}, pode-se observar a Fig. 15.20.

$$A_{cri} = 9,5 \times 12,5 = 118,75 \text{ cm}^2$$

$$\rho_{ri} = \frac{A_{s,\phi i}}{A_{cri}} = \frac{1,227}{118,75} = 0,01033$$

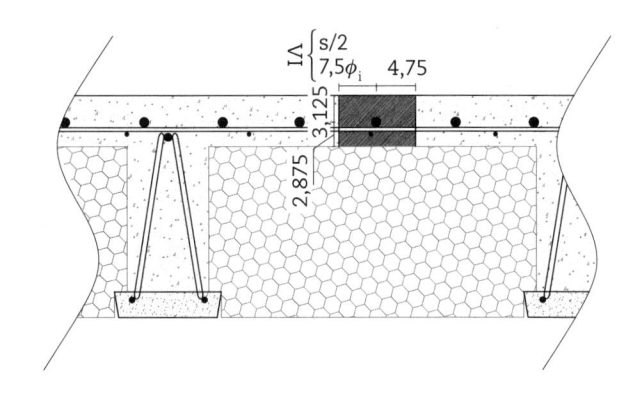

Fig. 15.20 Definição da área A_{cri} (cotas em cm)

$$w_{k1} = \frac{\phi_i \cdot 3\sigma_{si}^2}{12{,}5\eta_1 \cdot E_{si} \cdot f_{ct,m}} = \frac{1{,}25 \times 3 \times 25{,}42^2}{12{,}5 \times 2{,}25 \times 21.000 \times 0{,}290}$$
$$= 0{,}0141 \text{ cm} = 0{,}141 \text{ mm}$$

$$w_{k2} = \frac{\phi_i \cdot \sigma_{si}}{12{,}5\eta_1 \cdot E_{si}} \cdot \left(\frac{4}{\rho_{ri}} + 45\right)$$
$$= \frac{1{,}25 \times 25{,}42}{12{,}5 \times 2{,}25 \times 21.000} \times \left(\frac{4}{0{,}01033} + 45\right) = 0{,}0233 \text{ cm} = 0{,}233 \text{ mm}$$

Como indicado na norma, o menor valor deve ser adotado. Logo, a abertura estimada é de 0,141 mm, que fica bem abaixo do limite para CAA II, que é de 0,3 mm.

Na Tab. 15.11 pode-se visualizar o cálculo de abertura de fissuras para as outras regiões em que o pavimento está no Estádio II.

15.13 Verificação do ELS-DEF

Não existem métodos clássicos manuais para a determinação da flecha em laje lisa nervurada. Nesse caso, foi utilizada uma aproximação de cálculo com a seguinte metodologia: definiu-se a flecha entre pilares (desconsiderando a rigidez do maciço no entorno dos pilares) e, depois, a flecha no meio da laje, com vão adotado entre linhas de pilares. As flechas foram somadas, uma vez que os apoios considerados na segunda parte do cálculo já eram os deslocamentos da primeira etapa. Essa flecha foi comparada com uma deformação máxima medida como duas vezes a distância do centro da laje ao pilar mais próximo, a contar na diagonal.

Para exemplificar, foi calculada a flecha na parte central, entre os pilares P6, P7, P10 e P11.

Tab. 15.11 Verificação do ELS-W

Local	M_{CF} (kN·cm/m)	ϕ_{adot} (mm)	s (cm)	A_s (cm²/m)	σ_{si} (kN/cm²)	A_{cri} (cm²)	ρ_{ri}	w_{k1} (mm)	w_{k2} (mm)	w_{est} (mm)	Limite (mm)	Observação
Momento positivo na direção x	2.258	10,0	50	4,50	26,84	30,00	0,02617	0,126	0,090	0,090	0,3	OK
	2.760	12,5	50	6,27	23,56	36,00	0,03408	0,121	0,081	0,081	0,3	OK
	1.829	12,5	50	3,81	25,66	54,00	0,02272	0,144	0,120	0,120	0,3	OK
	1.496	10,0	50	2,93	27,32	45,00	0,01744	0,131	0,127	0,127	0,3	OK
	1.688	12,5	50	3,81	23,68	54,00	0,02272	0,123	0,111	0,111	0,3	OK
	2.063	10,0	50	4,50	24,52	30,00	0,02617	0,105	0,082	0,082	0,3	OK
Momento positivo na direção y	854	8,0	50	2,01	23,60	39,50	0,01273	0,078	0,115	0,078	0,3	OK
	799	8,0	50	2,01	22,08	39,50	0,01273	0,068	0,107	0,068	0,3	OK
	1.044	12,5	50	2,45	23,63	115,00	0,01067	0,122	0,210	0,122	0,3	OK
	977	8,0	50	2,01	27,00	39,50	0,01273	0,102	0,131	0,102	0,3	OK
	851	8,0	50	2,01	23,51	39,50	0,01273	0,077	0,114	0,077	0,3	OK
	758	10,0	50	1,57	26,81	95,00	0,00826	0,126	0,240	0,126	0,3	OK
	1.040	12,5	50	2,45	23,54	115,00	0,01067	0,121	0,209	0,121	0,3	OK
	927	8,0	50	2,01	25,61	39,50	0,01273	0,092	0,125	0,092	0,3	OK
	1.098	12,5	50	2,45	24,85	115,00	0,01067	0,135	0,221	0,135	0,3	OK
	979	8,0	50	2,01	27,05	39,50	0,01273	0,103	0,132	0,103	0,3	OK
	899	8,0	50	2,01	24,84	39,50	0,01273	0,086	0,121	0,086	0,3	OK
	801	8,0	50	2,01	22,13	39,50	0,01273	0,069	0,108	0,069	0,3	OK
Momento negativo na direção x	6.011	12,5	9,5	12,92	25,43	118,75	0,01033	0,142	0,233	0,142	0,3	OK
	3.983	10	10	7,85	27,71	105,00	0,00748	0,135	0,272	0,135	0,3	OK
	4.419	10	8	9,82	24,60	84,00	0,00935	0,106	0,197	0,106	0,3	OK
Momento negativo na direção y	4.160	10	8	9,82	24,35	84,00	0,00935	0,104	0,195	0,104	0,3	OK
	4.544	12,5	12	10,23	25,54	150,00	0,00818	0,143	0,289	0,143	0,3	OK
	3.928	10	9	8,73	25,87	94,50	0,00831	0,117	0,231	0,117	0,3	OK
	4.446	12,5	12	10,23	24,99	150,00	0,00818	0,137	0,282	0,137	0,3	OK
	4.149	10	9	8,73	27,32	94,50	0,00831	0,131	0,244	0,131	0,3	OK
	4.696	12,5	11	11,16	24,19	137,50	0,00892	0,128	0,253	0,128	0,3	OK

Flecha entre os pilares P6/P10 e P7/P11

Entre pilares, foi considerada uma seção biengastada (Tab. E.1) com largura de 100 cm.

$$a_i = \frac{1}{384} \cdot \frac{q \cdot l^4}{E \cdot I}$$

Para determinar a inércia, foi necessário verificar se o elemento estava no Estádio I ou no Estádio II.

$$M_r = \frac{\alpha \cdot f_{ct} \cdot I_c}{y_t}$$

$$\alpha = 1,2$$

$f_{ct} = f_{ct,m} = 0,3 f_{ck}^{2/3} = 0,3 \times 30^{2/3} = 2,896$ MPa $= 0,2896$ kN/cm²

$I_c = 23.348,46$ cm⁴/nervura (já calculado na seção 15.5)

Para transformar esse valor em cm⁴/m, deve-se dividi-lo pelo intereixo.

$$I_c = \frac{23.348,46}{0,50} = 46.696,92 \text{ cm}^4/\text{m}$$

$y_{t,inf} = 16,83$ cm (já calculado na seção 15.5)

$$M_r = \frac{\alpha \cdot f_{ct} \cdot I_c}{y_t} = \frac{1,2 \times 0,2896 \times 46.696,92}{16,83} = 964,24 \text{ kN} \cdot \text{cm/m}$$

Comparando o momento de fissuração com o momento devido à combinação quase permanente para esse trecho da laje (M = 919 kN · cm/m), indicado na Fig. 15.16, percebe-se que o momento devido à combinação quase permanente é menor, ou seja, essa região está no Estádio I.

$$E_{cs} = \alpha_i \cdot \alpha_E \cdot 5.600 \cdot \sqrt{f_{ck}}$$

$$\alpha_i = 0,8 + 0,2 \cdot \frac{f_{ck}}{80} = 0,8 + 0,2 \cdot \frac{30}{80} = 0,875$$

$$\alpha_E = 1,0 \text{ (granito)}$$

$E_{cs} = 0,875 \times 1,0 \times 5.600 \times \sqrt{30} = 26.838$ MPa $= 2.683,8$ kN/cm²

$q = 4,22$ kN/m² $\Rightarrow 0,0422$ kN/cm (em uma faixa de 1 m)

$$a_i = \frac{1}{384} \times \frac{0,0422 \times 800^4}{2.683,8 \times 46.696,92} = 0,359 \text{ cm}$$

Flecha no vão contornado pelos pilares P6, P7, P10 e P11

Essa região, como não está na extremidade da laje, tem continuidade para todas as direções. Nesse caso, também foi considerada uma seção biengastada (Tab. E.1) com largura de 100 cm.

$$a_i = \frac{1}{384} \cdot \frac{q \cdot l^4}{E \cdot I}$$

Para determinar a inércia, é preciso verificar se o elemento está no Estádio I ou no Estádio II.

$$M_r = \frac{\alpha \cdot f_{ct} \cdot I_c}{y_t}$$

$I_c = 27.846,66$ cm⁴/nervura (já calculado na seção 15.5)

Para transformar esse valor em cm⁴/m, deve-se dividi-lo pelo intereixo.

$$I_c = \frac{27.846,66}{0,50} = 55.693,33 \text{ cm}^4/\text{m}$$

$y_{t,inf} = 17,80$ cm (já calculado na seção 15.5)

$$M_r = \frac{\alpha \cdot f_{ct} \cdot I_c}{y_t} = \frac{1,2 \times 0,2896 \times 55.693,33}{17,80} = 1.087,33 \text{ kN} \cdot \text{cm/m}$$

Comparando o momento de fissuração com o momento devido à combinação quase permanente para esse trecho da laje (M = 192 kN · cm/m), indicado na Fig. 15.15, percebe-se que o momento devido à combinação quase permanente é menor, ou seja, essa região está no Estádio I.

Como a laje trabalha em duas direções, foi calculada uma carga equivalente, conforme indicado no Quadro 9.2. Para a laje equivalente tipo 6:

$$\lambda = \frac{l_y}{l_x} = \frac{800}{710} = 1,127$$

$$K_x = \frac{1}{1 + \frac{I_y}{I_x \cdot \lambda^4}} = \frac{1}{1 + \frac{46.696,92}{55.693,33 \times 1,127^4}} = 0,658$$

$q_x = K_x \cdot q = 0,658 \times 4,22 = 2,78$ kN/m²
$\Rightarrow 0,0278$ kN/cm (em uma faixa de 1 m)

$$a_i = \frac{1}{384} \times \frac{0,0278 \times 710^4}{2.683,8 \times 55.693,33} = 0,123 \text{ cm}$$

Para estimar a flecha diferida, é adotada uma retirada de escoramento em 30 dias.

$$\alpha_f = \frac{\Delta \xi}{1 + 50\rho'}$$

$\rho' = 0$ (não tem armadura de compressão)

Utilizando a Tab. 9.2, pode-se estimar os valores de tempo para a determinação dos ξ.

$$\alpha_f = \frac{2 - 0{,}68}{1} = 1{,}32$$

$$a_{total} = (0{,}359 + 0{,}123) \times (1 + 1{,}32) = 1{,}12 \text{ cm}$$

O limite de flecha para essa laje é de l/250, sendo o valor de l a distância entre os pilares P6 e P11 na diagonal.

$$a_{limite} = \frac{l}{250} = \frac{1.069{,}6}{250} = 4{,}28 \text{ cm} > 1{,}12 \text{ cm} \therefore \text{OK}$$

Nas Tabs. 15.12 a 15.14 são apresentados os valores de flecha para os outros vãos contidos no pavimento.

15.14 Detalhamento das armaduras

O detalhamento seguiu o padrão indicado na Fig. 7.28. Nas Figs. 15.21 e 15.22 são ilustradas as armaduras positivas nas direções x e y, respectivamente.

Tab. 15.12 Verificação do ELS-DEF – flecha inicial entre pilares

Região	M_r (kN · cm/m)	M_{CQP} (kN · cm/m)	E_{cs} (kN/cm²)	Estádio	$I_{c,x}$ (cm⁴)	I_x (cm)	q (kN/cm)	α_i (cm)
P1/P2	1.087,33	2.601	2.683,841	II	23.061,15	750,00	0,042200	1,168
P1/P5	964,24	974	2.683,841	II	45.550,38	800,00	0,042200	0,368
P2/P3	1.087,33	334	2.683,841	I	55.693,33	710,00	0,042200	0,187
P2/P6	964,24	1.019	2.683,841	II	40.815,39	800,00	0,042200	0,411
P3/P4	1.087,33	2.601	2.683,841	II	23.061,15	750,00	0,042200	1,168
P3/P7	964,24	1.019	2.683,841	II	40.815,39	800,00	0,042200	0,411
P4/P8	964,24	974	2.683,841	II	45.550,38	800,00	0,042200	0,368
P5/P9	964,24	915	2.683,841	I	46.696,91	800,00	0,042200	0,359
P6/P10	964,24	919	2.683,841	I	46.696,91	800,00	0,042200	0,359
P7/P11	964,24	919	2.683,841	I	46.696,91	800,00	0,042200	0,359
P8/P12	964,24	915	2.683,841	I	46.696,91	800,00	0,042200	0,359
P9/P13	964,24	974	2.683,841	II	45.550,38	800,00	0,042200	0,368
P10/P14	964,24	1.019	2.683,841	II	40.815,39	800,00	0,042200	0,411
P11/P15	964,24	1.019	2.683,841	II	40.815,39	800,00	0,042200	0,411
P12/P16	964,24	974	2.683,841	II	45.550,38	800,00	0,042200	0,368
P13/P14	1.087,33	2.601	2.683,841	II	23.061,15	750,00	0,042200	1,168
P14/P15	1.087,33	334	2.683,841	I	55.693,33	710,00	0,042200	0,187
P15/P16	1.087,33	2.601	2.683,841	II	23.061,15	750,00	0,042200	1,168

Tab. 15.13 Verificação do ELS-DEF – flecha inicial no vão contornado pelos pilares

Região	M_r (kN · cm/m)	M_{CQP} (kN · cm/m)	E_{cs} (kN/cm²)	$I_{c,x}$ (cm⁴)	$I_{c,y}$ (cm⁴)	I_x (cm)	q_x (kN/cm)	α_i (cm)
Balanço	2.115,05	1.308	2.683,841	46.696,91	27.846,67	265,00	0,042200	0,324
P1/P2/P5/P6	1.087,33	1.582	2.683,841	27.003,25	23.348,46	750,00	0,017665	0,418
P2/P3/P6/P7	1.087,33	192	2.683,841	55.693,33	23.348,46	710,00	0,033490	0,148
P3/P4/P7/P8	1.087,33	1.582	2.683,841	27.003,25	23.348,46	750,00	0,017665	0,418
P5/P6/P9/P10	1.087,33	1.582	2.683,841	27.003,25	23.348,46	750,00	0,017665	0,418
P6/P7/P10/P11	1.087,33	192	2.683,841	55.693,33	23.348,46	710,00	0,033490	0,148
P7/P8/P11/P12	1.087,33	1.582	2.683,841	27.003,25	23.348,46	750,00	0,017665	0,418
P9/P10/P13/P14	1.087,33	1.582	2.683,841	27.003,25	23.348,46	750,00	0,017665	0,418
P10/P11/P14/P15	1.087,33	192	2.683,841	55.693,33	23.348,46	710,00	0,033490	0,148
P11/P12/P15/P16	1.087,33	1.582	2.683,841	27.003,25	23.348,46	750,00	0,017665	0,418

Tab. 15.14 Verificação do ELS-DEF – flecha final no vão contornado pelos pilares

Região	Deformação apoio 1 (cm)	Deformação apoio 2 (cm)	Deformação no meio (cm)	Deformação inicial (cm)	α_f	α_{total} (cm)	α_{limite} (cm)
Balanço	1,168		0,324	1,493	1,32	3,463	3,70
P1/P2/P5/P6	0,368	0,411	0,418	0,807	1,32	1,873	4,36
P2/P3/P6/P7	0,411	0,411	0,148	0,559	1,32	1,297	4,28
P3/P4/P7/P8	0,368	0,411	0,418	0,807	1,32	1,873	4,36
P5/P6/P9/P10	0,359	0,359	0,418	0,777	1,32	1,802	4,36
P6/P7/P10/P11	0,359	0,359	0,148	0,507	1,32	1,177	4,28
P7/P8/P11/P12	0,359	0,359	0,418	0,777	1,32	1,802	4,36
P9/P10/P13/P14	0,368	0,411	0,418	0,807	1,32	1,873	4,36
P10/P11/P14/P15	0,411	0,411	0,148	0,559	1,32	1,297	4,28
P11/P12/P15/P16	0,368	0,411	0,418	0,807	1,32	1,873	4,36

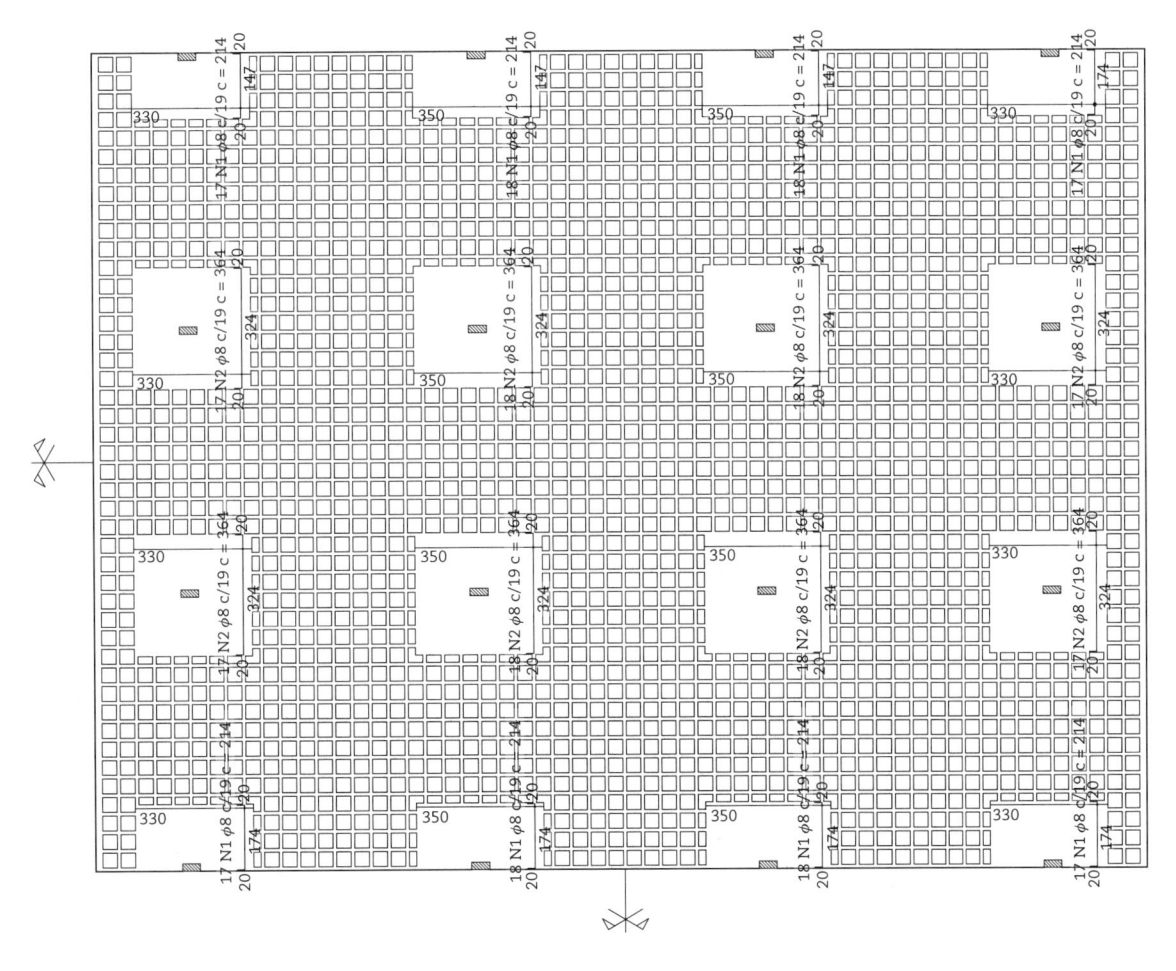

Fig. 15.21 Detalhamento das armaduras positivas complementares de obra na direção x

Nas Figs. 15.23 e 15.24 mostram-se as armaduras negativas nas direções x e y, respectivamente. De acordo com o detalhamento sugerido na Fig. 7.28, essas armaduras poderiam ser decaladas na região dos pilares, porém foram detalhadas sem decalagem.

Além das armaduras de flexão, em lajes lisas também existem as armaduras de punção e colapso progressivo, que já foram calculadas e especificadas durante o exemplo numérico.

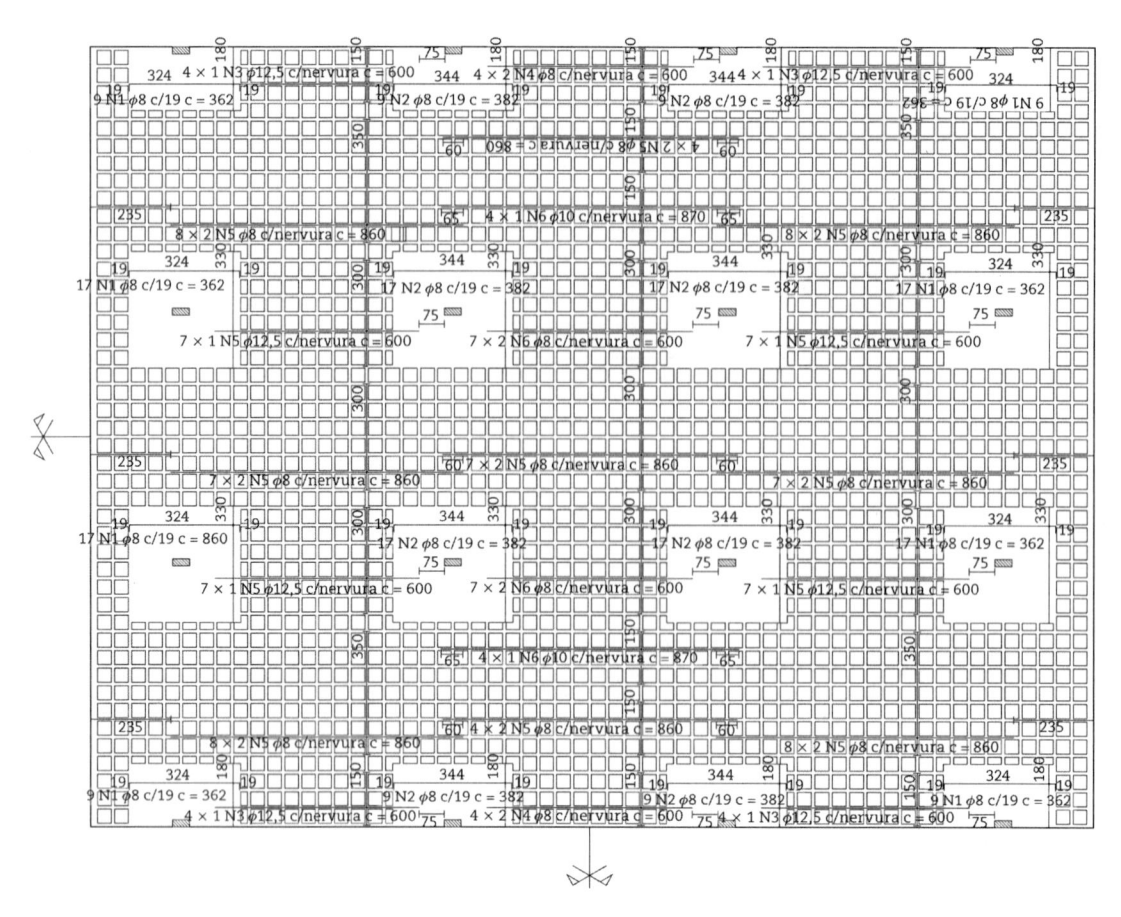

Fig. 15.22 Detalhamento das armaduras positivas complementares de obra na direção y

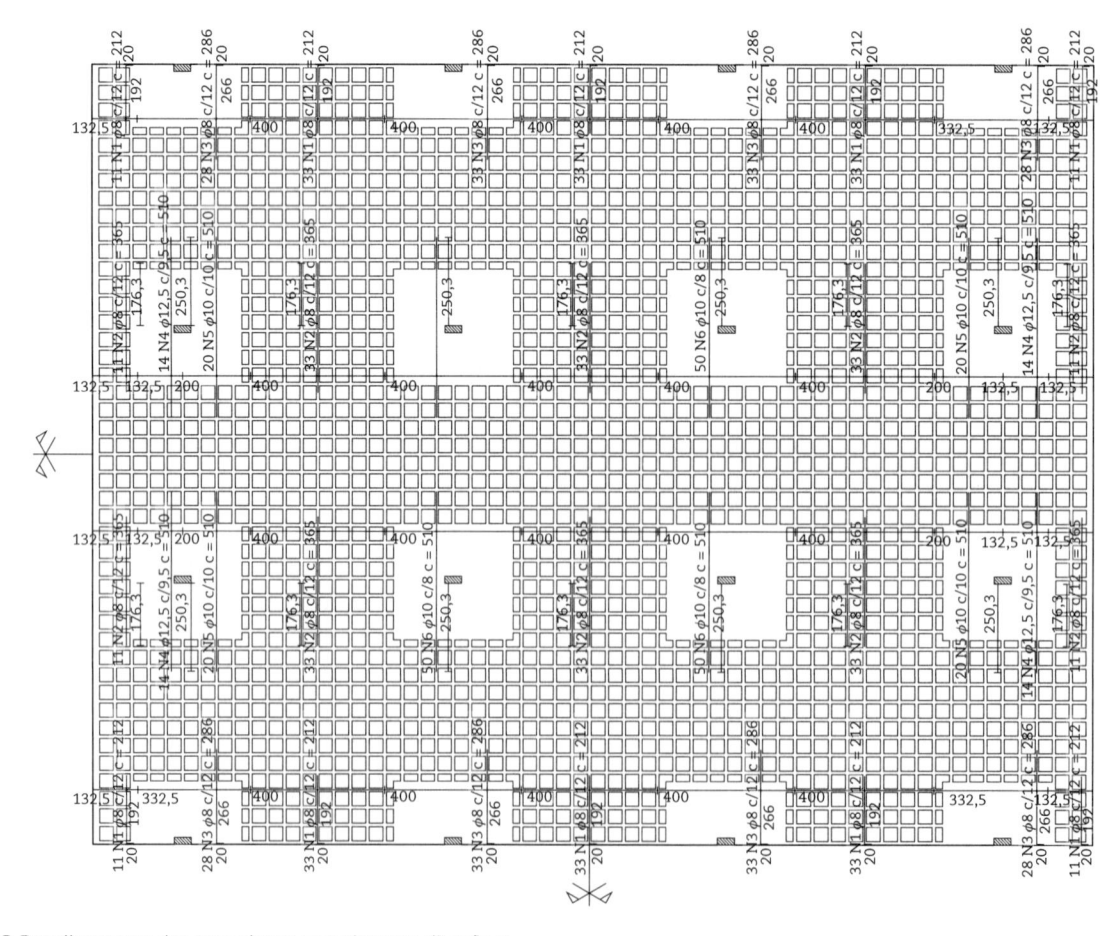

Fig. 15.23 Detalhamento das armaduras negativas na direção x

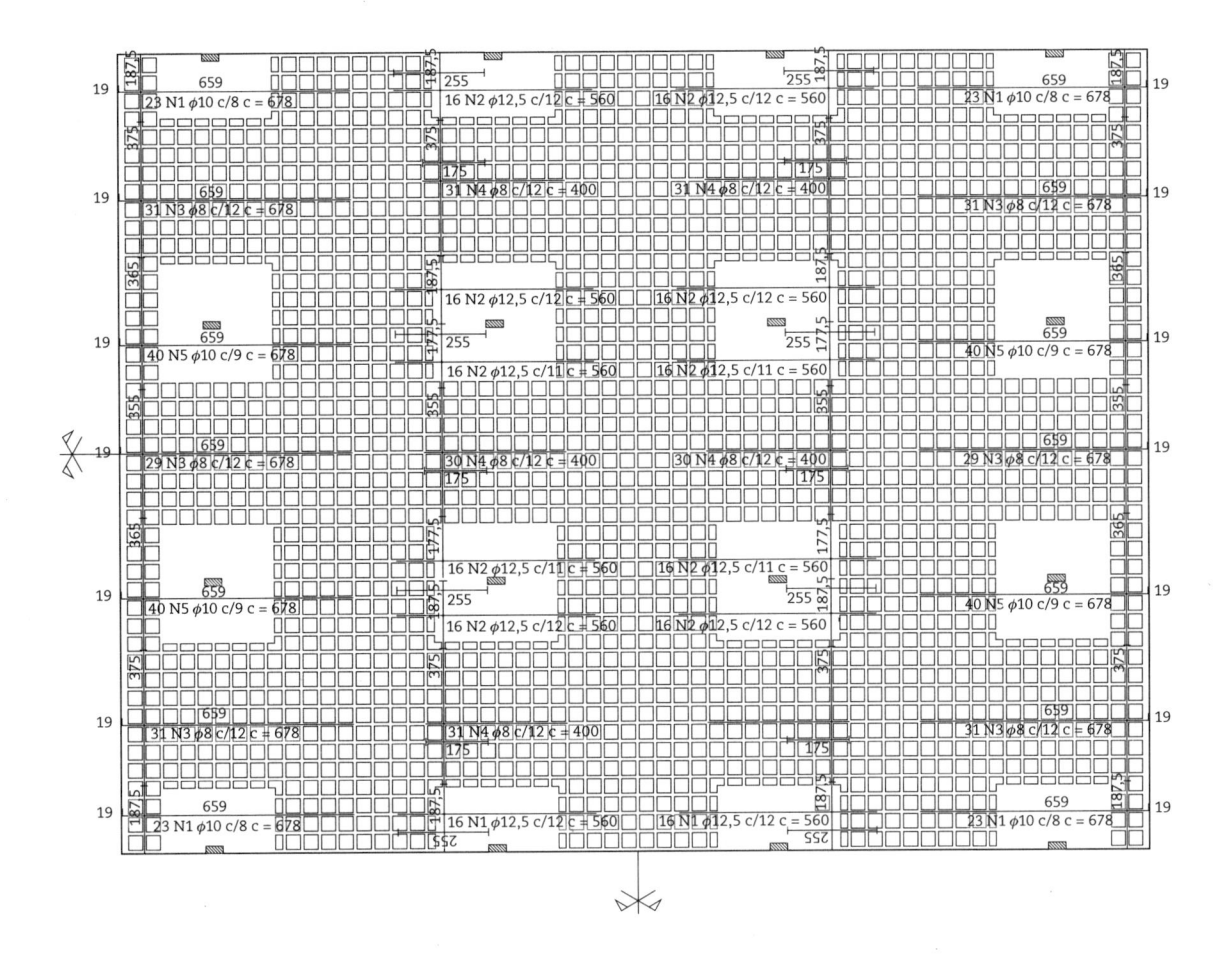

Fig. 15.24 Detalhamento das armaduras negativas na direção y

ANEXO A

Seguem tabelas para a determinação de esforços em lajes unidirecionais.

Tab. A.1 Momentos negativos e positivos de vigas

Caso	Vinculações e carregamentos	MA	MB	M (máximo positivo)
1		-	-	$\dfrac{q \cdot l^2}{8}$
2		-	$\dfrac{q \cdot l^2}{8}$	$\dfrac{q \cdot l^2}{14,22}$
3		$\dfrac{q \cdot l^2}{12}$	$\dfrac{q \cdot l^2}{12}$	$\dfrac{q \cdot l^2}{24}$
4		-	$\dfrac{q \cdot l^2}{2}$	-
5		-	-	$\dfrac{P \cdot l}{4}$
6		-	$\dfrac{3P \cdot l}{16}$	$\dfrac{5P \cdot l}{32}$
7		$\dfrac{P \cdot l}{8}$	$\dfrac{P \cdot l}{8}$	$\dfrac{P \cdot l}{8}$
8		-	$P \cdot l$	-
9		-	-	$\dfrac{P \cdot b \cdot a}{l}$
10		-	$\dfrac{P \cdot a \cdot b}{2l^2} \cdot (l+a)$	$\dfrac{P \cdot a \cdot b}{l} - \dfrac{P \cdot a^2 \cdot b}{2l^3} \cdot (l+a)$
11		$\dfrac{P \cdot a \cdot b^2}{l^2}$	$\dfrac{P \cdot a^2 \cdot b}{l^2}$	$\dfrac{P \cdot a \cdot b}{l} \cdot \left(-\dfrac{b}{l} + 1 + \dfrac{a \cdot b}{l^2} - \dfrac{a^2}{l^2}\right)$

Tab. A.2 Reações de apoio de vigas

Caso	Vinculações e carregamentos	R_A	R_B
1	Viga biapoiada com carga distribuída q, vão l	$\dfrac{q \cdot l}{2}$	$\dfrac{q \cdot l}{2}$
2	Viga apoiada-engastada com carga distribuída q, momento M_B	$\dfrac{q \cdot l}{2} - \dfrac{q \cdot l}{8}$	$\dfrac{q \cdot l}{2} + \dfrac{q \cdot l}{8}$
3	Viga biengastada com carga distribuída q, momentos M_A e M_B	$\dfrac{q \cdot l}{2}$	$\dfrac{q \cdot l}{2}$
4	Viga em balanço engastada em B com carga distribuída q	-	$q \cdot l$
5	Viga biapoiada com carga P no meio do vão	$\dfrac{P}{2}$	$\dfrac{P}{2}$
6	Viga apoiada-engastada com carga P no meio do vão	$\dfrac{P}{2} - \dfrac{3P}{16}$	$\dfrac{P}{2} + \dfrac{3P}{16}$
7	Viga biengastada com carga P no meio do vão	$\dfrac{P}{2}$	$\dfrac{P}{2}$
8	Viga biengastada em balanço com carga P, distâncias a e b	-	P
9	Viga engastada em B com carga P	$\dfrac{P \cdot b}{l}$	$\dfrac{P \cdot a}{l}$
10	Viga biapoiada com carga P nas distâncias a e b	$\dfrac{P \cdot b}{l} - \dfrac{P \cdot a \cdot b}{2l^3} \cdot (l+a)$	$\dfrac{P \cdot a}{l} + \dfrac{P \cdot a \cdot b}{2l^3} \cdot (l+a)$
11	Viga apoiada-engastada com carga P nas distâncias a e b	$\dfrac{P \cdot b}{l} + \dfrac{P \cdot a \cdot b}{l^3} \cdot (b-a)$	$\dfrac{P \cdot a}{l} + \dfrac{P \cdot a \cdot b}{l^3} \cdot (a-b)$

ANEXO B

Seguem tabelas para a determinação de esforços em lajes maciças bidirecionais.

Tab. B.1 Reações de apoio em lajes com carga uniformemente distribuída[a] – tipos 1, 2A e 2B

$\lambda = \dfrac{l_y}{l_x}$	Tipo 1		Tipo 2A			Tipo 2B			$\lambda = \dfrac{l_y}{l_x}$
	v_x	v_y	v_x	v_y	v'_y	v_x	v'_x	v_y	
1,00	2,50	2,50	1,83	2,75	4,02	2,75	4,02	1,83	1,00
1,05	2,62	2,50	1,92	2,80	4,10	2,82	4,13	1,83	1,05
1,10	2,73	2,50	2,01	2,85	4,17	2,89	4,23	1,83	1,10
1,15	2,83	2,50	2,10	2,88	4,22	2,95	4,32	1,83	1,15
1,20	2,92	2,50	2,20	2,91	4,27	3,01	4,41	1,83	1,20
1,25	3,00	2,50	2,29	2,94	4,30	3,06	4,48	1,83	1,25
1,30	3,08	2,50	2,38	2,95	4,32	3,11	4,55	1,83	1,30
1,35	3,15	2,50	2,47	2,96	4,33	3,16	4,62	1,83	1,35
1,40	3,21	2,50	2,56	2,96	4,33	3,20	4,68	1,83	1,40
1,45	3,28	2,50	2,64	2,96	4,33	3,24	4,74	1,83	1,45
1,50	3,33	2,50	2,72	2,96	4,33	3,27	4,79	1,83	1,50
1,55	3,39	2,50	2,80	2,96	4,33	3,31	4,84	1,83	1,55
1,60	3,44	2,50	2,87	2,96	4,33	3,34	4,89	1,83	1,60
1,65	3,48	2,50	2,93	2,96	4,33	3,37	4,93	1,83	1,65
1,70	3,53	2,50	2,99	2,96	4,33	3,40	4,97	1,83	1,70
1,75	3,57	2,50	3,05	2,96	4,33	3,42	5,01	1,83	1,75
1,80	3,61	2,50	3,10	2,96	4,33	3,45	5,05	1,83	1,80
1,85	3,65	2,50	3,15	2,96	4,33	3,47	5,09	1,83	1,85
1,90	3,68	2,50	3,20	2,96	4,33	3,50	5,12	1,83	1,90
1,95	3,72	2,50	3,25	2,96	4,33	3,52	5,15	1,83	1,95
2,00	3,75	2,50	3,29	2,96	4,33	3,54	5,18	1,83	2,00
> 2,00	5,00	2,50	5,00	2,96	4,33	4,38	6,25	1,83	> 2,00

$v = \nu \cdot \dfrac{p \cdot l_x}{10}$ p = carga uniforme l_x = menor vão

[a]Alívios considerados pela metade, prevendo a possibilidade de engastes parciais.

Fonte: Pinheiro (2007).

Tab. B.2 Reações de apoio em lajes com carga uniformemente distribuída[a] – tipos 3, 4A e 4B

$\lambda = \dfrac{l_y}{l_x}$	Tipo 3				Tipo 4A		Tipo 4B		$\lambda = \dfrac{l_y}{l_x}$
	ν_x	ν'_x	ν_y	ν'_y	ν_x	ν'_y	ν'_x	ν_y	
1,00	2,17	3,17	2,17	3,17	1,44	3,56	3,56	1,44	1,00
1,05	2,27	3,32	2,17	3,17	1,52	3,66	3,63	1,44	1,05
1,10	2,36	3,46	2,17	3,17	1,59	3,75	3,69	1,44	1,10
1,15	2,45	3,58	2,17	3,17	1,66	3,84	3,74	1,44	1,15
1,20	2,53	3,70	2,17	3,17	1,73	3,92	3,80	1,44	1,20
1,25	2,60	3,80	2,17	3,17	1,80	3,99	3,85	1,44	1,25
1,30	2,63	3,90	2,17	3,17	1,88	4,06	3,89	1,44	1,30
1,35	2,73	3,99	2,17	3,17	1,95	4,12	3,93	1,44	1,35
1,40	2,78	4,08	2,17	3,17	2,02	4,17	3,97	1,44	1,40
1,45	2,84	4,15	2,17	3,17	2,09	4,22	4,00	1,44	1,45
1,50	2,89	4,23	2,17	3,17	2,17	4,25	4,04	1,44	1,50
1,55	2,93	4,29	2,17	3,17	2,24	4,28	4,07	1,44	1,55
1,60	2,98	4,36	2,17	3,17	2,31	4,30	4,10	1,44	1,60
1,65	3,02	4,42	2,17	3,17	2,38	4,32	4,13	1,44	1,65
1,70	3,06	4,48	2,17	3,17	2,45	4,33	4,15	1,44	1,70
1,75	3,09	4,53	2,17	3,17	2,53	4,33	4,18	1,44	1,75
1,80	3,13	4,58	2,17	3,17	2,59	4,33	4,20	1,44	1,80
1,85	3,16	4,63	2,17	3,17	2,63	4,33	4,22	1,44	1,85
1,90	3,19	4,67	2,17	3,17	2,72	4,33	4,24	1,44	1,90
1,95	3,22	4,71	2,17	3,17	2,78	4,33	4,26	1,44	1,95
2,00	3,25	4,75	2,17	3,17	2,83	4,33	4,28	1,44	2,00
> 2,00	4,38	6,25	2,17	3,17	5,00	4,33	5,00	1,44	> 2,00

$v = \nu \cdot \dfrac{p \cdot l_x}{10}$ p = carga uniforme l_x = menor vão

[a] Alívios considerados pela metade, prevendo a possibilidade de engastes parciais.

Fonte: Pinheiro (2007).

Tab. B.3 Reações de apoio em lajes com carga uniformemente distribuída[a] – tipos 5A, 5B e 6

$\lambda = \dfrac{l_y}{l_x}$	Tipo 5A			Tipo 5B			Tipo 6		$\lambda = \dfrac{l_y}{l_x}$
	v_x	v'_x	v'_y	v'_x	v_y	v'_y	v'_x	v'_y	
1,00	1,71	2,50	3,03	3,03	1,71	2,50	2,50	2,50	1,00
1,05	1,79	2,63	3,08	3,12	1,71	2,50	2,62	2,50	1,05
1,10	1,88	2,75	3,11	3,21	1,71	2,50	2,73	2,50	1,10
1,15	1,96	2,88	3,14	3,29	1,71	2,50	2,83	2,50	1,15
1,20	2,05	3,00	3,16	3,36	1,71	2,50	2,92	2,50	1,20
1,25	2,13	3,13	3,17	3,42	1,71	2,50	3,00	2,50	1,25
1,30	2,22	3,25	3,17	3,48	1,71	2,50	3,08	2,50	1,30
1,35	2,30	3,36	3,17	3,54	1,71	2,50	3,15	2,50	1,35
1,40	2,37	3,47	3,17	3,59	1,71	2,50	3,21	2,50	1,40
1,45	2,44	3,57	3,17	3,64	1,71	2,50	3,28	2,50	1,45
1,50	2,50	3,66	3,17	3,69	1,71	2,50	3,33	2,50	1,50
1,55	2,56	3,75	3,17	3,73	1,71	2,50	3,39	2,50	1,55
1,60	2,61	3,83	3,17	3,77	1,71	2,50	3,44	2,50	1,60
1,65	2,67	3,90	3,17	3,81	1,71	2,50	3,48	2,50	1,65
1,70	2,72	3,98	3,17	3,84	1,71	2,50	3,53	2,50	1,70
1,75	2,76	4,04	3,17	3,87	1,71	2,50	3,57	2,50	1,75
1,80	2,80	4,11	3,17	3,90	1,71	2,50	3,61	2,50	1,80
1,85	2,50	4,17	3,17	3,93	1,71	2,50	3,65	2,50	1,85
1,90	2,89	4,22	3,17	3,96	1,71	2,50	3,68	2,50	1,90
1,95	2,92	4,28	3,17	3,99	1,71	2,50	3,72	2,50	1,95
2,00	2,96	4,33	3,17	4,01	1,71	2,50	3,75	2,50	2,00
> 2,00	4,38	6,25	3,17	5,00	1,71	2,50	5,00	2,50	> 2,00

$v = v \cdot \dfrac{p \cdot l_x}{10}$ p = carga uniforme l_x = menor vão

[a]Alívios considerados pela metade, prevendo a possibilidade de engastes parciais.

Fonte: Pinheiro (2007).

Tab. B.4 Momentos fletores em lajes com carga uniformemente distribuída – tipos 1, 2A e 2B

$\lambda = \dfrac{l_y}{l_x}$	Tipo 1		Tipo 2A			Tipo 2B			$\lambda = \dfrac{l_y}{l_x}$
	μ_x	μ_y	μ_x	μ_y	μ'_y	μ_x	μ'_x	μ_y	
1,00	4,23	4,23	2,91	3,54	8,4	3,54	8,4	2,91	1,00
1,05	4,62	4,25	3,26	3,64	8,79	3,77	8,79	2,84	1,05
1,10	5,00	4,27	3,61	3,74	9,18	3,99	9,17	2,76	1,10
1,15	5,38	4,25	3,98	3,80	9,53	4,19	9,49	2,68	1,15
1,20	5,75	4,22	4,35	3,86	9,88	4,38	9,80	2,59	1,20
1,25	6,10	4,17	4,72	3,89	10,16	4,55	10,06	2,51	1,25
1,30	6,44	4,12	5,09	3,92	10,41	4,71	10,32	2,42	1,30
1,35	6,77	4,06	5,44	3,93	10,64	4,86	10,54	2,34	1,35
1,40	7,10	4,00	5,79	3,94	10,86	5,00	10,75	2,25	1,40
1,45	7,41	3,95	6,12	3,91	11,05	5,12	10,92	2,19	1,45
1,50	7,72	3,89	6,45	3,88	11,23	5,24	11,09	2,12	1,50
1,55	7,99	3,82	6,76	3,85	11,39	5,34	11,23	2,04	1,55
1,60	8,26	3,74	7,07	3,81	11,55	5,44	11,36	1,95	1,60
1,65	8,50	3,66	7,28	3,78	11,67	5,53	11,48	1,87	1,65
1,70	8,74	3,58	7,49	3,74	11,79	5,61	11,60	1,79	1,70
1,75	8,95	3,53	7,53	3,69	11,88	5,68	11,72	1,74	1,75
1,80	9,16	3,47	7,56	3,63	11,96	5,75	11,84	1,68	1,80
1,85	9,35	3,38	8,10	3,58	12,05	5,81	11,94	1,64	1,85
1,90	9,54	3,29	8,63	5,53	12,14	5,86	12,03	1,59	1,90
1,95	9,73	3,23	8,86	3,45	12,17	5,90	12,08	1,54	1,95
2,00	9,91	3,16	9,80	3,36	12,20	5,94	12,13	1,48	2,00
> 2,00	12,50	3,16	12,50	3,36	12,20	7,03	12,50	1,48	> 2,00

$m = \mu \cdot \dfrac{p \cdot l_x^2}{100}$ p = carga uniforme l_x = menor vão

Fonte: Pinheiro (2007).

Tab. B.5 Momentos fletores em lajes com carga uniformemente distribuída – tipos 3, 4A e 4B

$\lambda = \dfrac{l_y}{l_x}$	3				4A			4B			$\lambda = \dfrac{l_y}{l_x}$
	μ_x	μ'_x	μ_y	μ'_y	μ_x	μ_y	μ'_y	μ_x	μ'_x	μ_y	
1,00	2,69	6,99	2,69	6,99	2,01	3,09	6,99	3,09	3,99	2,01	1,00
1,05	2,94	7,43	2,68	7,18	2,32	3,23	7,43	3,22	7,20	1,92	1,05
1,10	3,19	7,87	2,67	7,36	2,63	3,36	7,87	3,35	7,41	1,83	1,10
1,15	3,42	8,28	2,65	7,50	2,93	3,46	8,26	3,46	7,56	1,73	1,15
1,20	3,65	8,69	2,62	7,63	3,22	3,56	8,65	3,57	7,70	1,63	1,20
1,25	3,86	9,03	2,56	7,72	3,63	3,64	9,03	3,66	7,82	1,56	1,25
1,30	4,06	9,37	2,50	7,81	3,99	3,72	9,33	3,74	7,93	1,49	1,30
1,35	4,24	9,65	2,45	7,88	4,34	3,77	9,69	3,80	8,02	1,41	1,35
1,40	4,42	9,93	2,39	7,94	4,69	3,82	10,00	3,86	8,11	1,33	1,40
1,45	4,58	10,17	2,32	8,00	5,03	3,86	10,25	3,91	8,13	1,26	1,45
1,50	4,73	10,41	2,25	8,06	5,37	3,90	10,49	3,96	8,15	1,19	1,50
1,55	4,86	10,62	2,16	8,09	5,70	3,90	10,70	4,00	8,20	1,14	1,55
1,60	4,99	10,82	2,07	8,12	6,03	3,89	10,91	4,04	8,25	1,08	1,60
1,65	5,10	10,99	1,99	8,14	6,35	3,85	11,08	4,07	8,28	1,03	1,65
1,70	5,21	11,16	1,91	8,15	6,67	3,81	11,24	4,10	8,30	0,98	1,70
1,75	5,31	11,30	1,85	8,16	6,97	3,79	11,39	4,12	8,31	0,95	1,75
1,80	5,40	11,43	1,78	8,17	7,27	3,76	11,53	4,14	8,32	0,91	1,80
1,85	5,48	11,55	1,72	8,17	7,55	3,72	11,65	4,15	8,33	0,87	1,85
1,90	5,56	11,67	1,66	8,18	7,82	3,67	11,77	4,16	8,33	0,83	1,90
1,95	5,63	11,78	1,63	8,19	8,09	3,60	11,83	4,16	8,33	0,80	1,95
2,00	5,70	11,89	1,60	8,20	8,35	3,52	11,88	4,17	8,33	0,76	2,00
> 2,00	7,03	12,50	1,60	8,20	12,50	3,52	11,88	4,17	8,33	0,76	> 2,00

$m = \mu \cdot \dfrac{p \cdot l_x^2}{100}$ p = carga uniforme l_x = menor vão

Fonte: Pinheiro (2007).

Tab. B.6 Momentos fletores em lajes com carga uniformemente distribuída – tipos 5A, 5B e 6

$\lambda = \dfrac{l_y}{l_x}$	Tipo 5A				Tipo 5B				Tipo 6				$\lambda = \dfrac{l_y}{l_x}$
	μ_x	μ'_x	μ_y	μ'_y	μ_x	μ'_x	μ_y	μ'_y	μ_x	μ'_x	μ_y	μ'_y	
1,00	2,02	5,46	2,52	6,17	2,52	6,17	2,02	5,46	2,02	5,15	2,02	5,15	1,00
1,05	2,27	5,98	2,56	6,46	2,70	6,47	1,97	5,56	2,22	5,50	2,00	5,29	1,05
1,10	2,52	6,50	2,60	6,75	2,87	6,76	1,91	5,65	2,42	5,85	1,98	5,43	1,10
1,15	2,76	7,11	2,63	6,97	3,02	6,99	1,84	5,70	2,65	6,14	1,94	5,51	1,15
1,20	3,00	7,72	2,65	7,19	3,16	7,22	1,77	5,75	2,87	6,43	1,89	5,59	1,20
1,25	3,23	8,81	2,64	7,36	3,28	7,40	1,70	5,75	2,97	6,67	1,83	5,64	1,25
1,30	3,45	8,59	2,61	7,51	3,40	7,57	1,62	5,76	3,06	6,90	1,77	5,68	1,30
1,35	3,66	8,74	2,57	7,63	3,50	7,70	1,55	5,75	3,19	7,09	1,71	5,69	1,35
1,40	3,86	8,88	2,53	7,74	3,59	7,82	1,47	5,74	3,32	7,28	1,65	5,70	1,40
1,45	4,05	9,16	2,48	7,83	3,67	7,91	1,41	5,73	3,43	7,43	1,57	5,71	1,45
1,50	4,23	9,44	2,43	7,91	3,74	8,00	1,35	5,72	3,53	7,57	1,49	5,72	1,50
1,55	4,39	9,68	2,39	7,98	3,80	8,07	1,29	5,69	3,61	7,68	1,43	5,72	1,55
1,60	4,55	9,91	2,34	8,02	3,86	8,14	1,23	5,66	3,69	7,79	1,36	5,72	1,60
1,65	4,70	10,13	2,28	8,03	3,91	8,20	1,18	5,62	3,76	7,88	1,29	5,72	1,65
1,70	4,84	10,34	2,22	8,10	3,95	8,25	1,13	5,58	3,83	7,97	1,21	5,72	1,70
1,75	4,97	10,53	2,15	8,13	3,99	8,30	1,07	5,56	3,88	8,05	1,17	5,72	1,75
1,80	5,10	10,71	2,08	8,17	4,02	8,34	1,00	5,54	3,92	8,12	1,13	5,72	1,80
1,85	5,20	10,88	2,02	8,16	4,05	8,38	0,97	5,55	3,96	8,18	1,07	5,72	1,85
1,90	5,30	11,04	1,96	8,14	4,08	8,42	0,94	5,56	3,99	8,24	1,01	5,72	1,90
1,95	5,40	11,20	1,88	8,13	4,10	8,45	0,91	5,60	4,02	8,29	0,99	5,72	1,95
2,00	5,50	11,35	1,80	8,12	4,12	8,47	0,88	5,64	4,05	8,33	0,96	5,72	2,00
> 2,00	7,03	12,50	1,80	8,12	4,17	8,33	0,88	5,64	4,17	8,33	0,96	5,72	> 2,00

$m = \mu \cdot \dfrac{p \cdot l_x^2}{100}$ p = carga uniforme l_x = menor vão

Fonte: Pinheiro (2007).

ANEXO C

Seguem tabelas normativas para combinações de ações.

Tab. C.1 Ações permanentes diretas agrupadas

Combinação	Tipo de estrutura	Efeito	
		Desfavorável	Favorável
Normal	Grandes pontes[a]	1,30	1,0
	Edificação tipo 1 e pontes em geral[b]	1,35	1,0
	Edificação tipo 2[c]	1,40	1,0
Especial ou de construção	Grandes pontes[a]	1,20	1,0
	Edificação tipo 1 e pontes em geral[b]	1,25	1,0
	Edificação tipo 2[c]	1,30	1,0
Excepcional	Grandes pontes[a]	1,10	1,0
	Edificação tipo 1 e pontes em geral[b]	1,15	1,0
	Edificação tipo 2[c]	1,20	1,0

[a]Grandes pontes são aquelas em que o peso próprio da estrutura supera 75% da totalidade das ações.
[b]Edificações tipo 1 são aquelas onde as cargas acidentais superam 5 kN/m².
[c]Edificações tipo 2 são aquelas onde as cargas acidentais não superam 5 kN/m².

Fonte: ABNT (2003b, p. 11).

Tab. C.2 Ações variáveis consideradas conjuntamente[a]

Combinação	Tipo de estrutura	Coeficiente de ponderação
Normal	Pontes e edificações tipo 1	1,5
	Edificações tipo 2	1,4
Especial ou de construção	Pontes e edificações tipo 1	1,3
	Edificações tipo 2	1,2
Excepcional	Estruturas em geral	1,0

[a]Quando as ações variáveis forem consideradas conjuntamente, o coeficiente de ponderação mostrado nesta tabela se aplica a todas as ações, devendo-se considerar também conjuntamente as ações permanentes diretas. Nesse caso, permite-se considerar separadamente as ações indiretas, como recalque de apoio e retração dos materiais, conforme Tabela 3 (da NBR 8681) e o efeito de temperatura conforme Tabela 4 (da NBR 8681).

Fonte: adaptado de ABNT (2003b, p. 12).

Tab. C.3 Valores do coeficiente γ_{f2}

Ações		γ_{f2}		
		Ψ_0	Ψ_1[a]	Ψ_2
Cargas acidentais de edifícios	Locais em que não há predominância de pesos de equipamentos que permanecem fixos por longos períodos de tempo, nem de elevadas concentrações de pessoas[b]	0,5	0,4	0,3
	Locais em que há predominância de pesos de equipamentos que permanecem fixos por longos períodos de tempo, ou de elevada concentração de pessoas[c]	0,7	0,6	0,4
	Biblioteca, arquivos, oficinas e garagens	0,8	0,7	0,6
Vento	Pressão dinâmica do vento nas estruturas em geral	0,6	0,3	0
Temperatura	Variações uniformes de temperatura em relação à média anual local	0,6	0,5	0,3

[a]Para os valores de Ψ_1 relativos às pontes e principalmente para os problemas de fadiga, ver seção 23 (da NBR 6118).
[b]Edifícios residenciais.
[c]Edifícios comerciais, de escritórios, estações e edifícios públicos.

Fonte: adaptado de ABNT (2023, p. 65).

ANEXO D

A origem das tabelas se dá pelas equações de equilíbrio, indicadas no Cap. 7. Para a montagem das tabelas, foram deduzidos dois coeficientes, denominados k_c e k_s. Nas Eqs. D.1 a D.12 são apresentados esses coeficientes para as diversas possibilidades de cálculo, também tratadas por equações no Cap. 7. Nessas equações, o f_{cd} entra em kN/cm², e o f_{ck}, em MPa.

D.1 Primeira possibilidade: concretos entre 20 MPa e 40 MPa, sem reduzir seção transversal na parte comprimida

$$k_c = \frac{b \cdot d^2}{M_d} = \frac{1}{0{,}68\beta_x \cdot f_{cd} \cdot (1 - 0{,}4\beta_x)} \quad \text{(D.1)}$$

$$k_s = \frac{A_s \cdot d}{M_d} = \frac{1}{f_{yd} \cdot (1 - 0{,}4\beta_x)} \quad \text{(D.2)}$$

D.2 Segunda possibilidade: concretos entre 20 MPa e 40 MPa, reduzindo seção transversal na parte comprimida

$$k_c = \frac{b \cdot d^2}{M_d} = \frac{1}{0{,}612\beta_x \cdot f_{cd} \cdot (1 - 0{,}4\beta_x)} \quad \text{(D.3)}$$

$$k_s = \frac{A_s \cdot d}{M_d} = \frac{1}{f_{yd} \cdot (1 - 0{,}4\beta_x)} \quad \text{(D.4)}$$

D.3 Terceira possibilidade: concretos entre 41 MPa e 50 MPa, sem reduzir seção transversal na parte comprimida

$$k_c = \frac{b \cdot d^2}{M_d} = \frac{1}{0{,}68\beta_x \cdot f_{cd} \cdot (1 - 0{,}4\beta_x) \cdot \left(\dfrac{40}{f_{ck}}\right)^{1/3}} \quad \text{(D.5)}$$

$$k_s = \frac{A_s \cdot d}{M_d} = \frac{1}{f_{yd} \cdot (1 - 0{,}4\beta_x)} \quad \text{(D.6)}$$

D.4 Quarta possibilidade: concretos entre 41 MPa e 50 MPa, reduzindo seção transversal na parte comprimida

$$k_c = \frac{b \cdot d^2}{M_d} = \frac{1}{0{,}612\beta_x \cdot f_{cd} \cdot (1 - 0{,}4\beta_x) \cdot \left(\dfrac{40}{f_{ck}}\right)^{1/3}} \quad \text{(D.7)}$$

$$k_s = \frac{A_s \cdot d}{M_d} = \frac{1}{f_{yd} \cdot (1 - 0{,}4\beta_x)} \quad \text{(D.8)}$$

D.5 Quinta possibilidade: concretos entre 51 MPa e 90 MPa, sem reduzir seção transversal na parte comprimida

$$k_c = \frac{b \cdot d^2}{M_d} = \frac{1}{0{,}85\beta_x \cdot f_{cd} \cdot \left[\left(0{,}8 - \dfrac{f_{ck} - 50}{400}\right) \cdot \left(1 - \dfrac{f_{ck} - 50}{200}\right)\right]} \quad \text{(D.9)}$$
$$\cdot \left[1 - \left(0{,}4 - \dfrac{f_{ck} - 50}{800}\right) \cdot \beta_x\right] \cdot \left(\dfrac{40}{f_{ck}}\right)^{1/3}$$

$$k_s = \frac{A_s \cdot d}{M_d} = \frac{1}{f_{yd} \cdot \left\{1 - \left[0{,}4 - \dfrac{(f_{ck} - 50)}{800}\right] \cdot \beta_x\right\}} \quad \text{(D.10)}$$

D.6 Sexta possibilidade: concretos entre 51 MPa e 90 MPa, reduzindo seção transversal na parte comprimida

$$k_c = \frac{b \cdot d^2}{M_d} = \frac{1}{0{,}765\beta_x \cdot f_{cd} \cdot \left[\left(0{,}8 - \dfrac{f_{ck} - 50}{400}\right) \cdot \left(1 - \dfrac{f_{ck} - 50}{200}\right)\right]} \quad \text{(D.11)}$$
$$\cdot \left[1 - \left(0{,}4 - \dfrac{f_{ck} - 50}{800}\right) \cdot \beta_x\right] \cdot \left(\dfrac{40}{f_{ck}}\right)^{1/3}$$

$$k_s = \frac{A_s \cdot d}{M_d} = \frac{1}{f_{yd} \cdot \left\{1 - \left[0{,}4 - \dfrac{(f_{ck} - 50)}{800}\right] \cdot \beta_x\right\}} \quad \text{(D.12)}$$

D.7 Valores tabelados de k_c e k_s

Nas Tabs. D.1 a D.9 são apresentados os valores tabelados de k_c e k_s para concretos entre C20 e C90.

Tab. D.1 Flexão simples em seção retangular – armadura simples – C20 a C50[a]

$\beta_x = \dfrac{x}{d}$	Borda comprimida de largura constante ou crescente $k_c = \dfrac{b \cdot d^2}{M_d}$ (cm²/kN)							Borda comprimida de largura decrescente[b] $k_c = \dfrac{b \cdot d^2}{M_d}$ (cm²/kN)							$k_s = \dfrac{A_s \cdot d}{M_d}$ (cm²/kN)			Domínio
	20	25	30	35	40	45	50	20	25	30	35	40	45	50	CA-25	CA-50	CA-60	
0,02	51,9	41,5	34,6	29,6	25,9	24,0	22,4	57,7	46,1	38,4	32,9	28,8	26,6	24,8	0,046	0,023	0,019	2
0,04	26,2	20,9	17,4	14,9	13,1	12,1	11,3	29,1	23,2	19,4	16,6	14,5	13,4	12,5	0,047	0,023	0,019	
0,06	17,6	14,1	11,7	10,0	8,8	8,1	7,6	19,5	15,6	13,0	11,2	9,8	9,0	8,4	0,047	0,024	0,020	
0,08	13,3	10,6	8,9	7,6	6,6	6,1	5,7	14,8	11,8	9,8	8,4	7,4	6,8	6,4	0,048	0,024	0,020	
0,10	10,7	8,6	7,1	6,1	5,4	5,0	4,6	11,9	9,5	7,9	6,8	6,0	5,5	5,1	0,048	0,024	0,020	
0,12	9,0	7,2	6,0	5,1	4,5	4,2	3,9	10,0	8,0	6,7	5,7	5,0	4,6	4,3	0,048	0,024	0,020	
0,14	7,8	6,2	5,2	4,5	3,9	3,6	3,4	8,7	6,9	5,8	4,9	4,3	4,0	3,7	0,049	0,024	0,020	
0,16	6,9	5,5	4,6	3,9	3,4	3,2	3,0	7,6	6,1	5,1	4,4	3,8	3,5	3,3	0,049	0,025	0,020	
0,18	6,2	4,9	4,1	3,5	3,1	2,8	2,7	6,8	5,5	4,6	3,9	3,4	3,2	3,0	0,050	0,025	0,021	
0,20	5,6	4,5	3,7	3,2	2,8	2,6	2,4	6,2	5,0	4,1	3,6	3,1	2,9	2,7	0,050	0,025	0,021	
0,22	5,1	4,1	3,4	2,9	2,6	2,4	2,2	5,7	4,6	3,8	3,3	2,9	2,6	2,5	0,050	0,025	0,021	
0,24	4,7	3,8	3,2	2,7	2,4	2,2	2,0	5,3	4,2	3,5	3,0	2,6	2,4	2,3	0,051	0,025	0,021	
0,259	4,4	3,5	3,0	2,5	2,2	2,0	1,9	4,9	3,9	3,3	2,8	2,5	2,3	2,1	0,051	0,026	0,021	
0,26	4,4	3,5	2,9	2,5	2,2	2,0	1,9	4,9	3,9	3,3	2,8	2,5	2,3	2,1	0,051	0,026	0,021	3
0,28	4,1	3,3	2,8	2,4	2,1	1,9	1,8	4,6	3,7	3,1	2,6	2,3	2,1	2,0	0,052	0,026	0,022	
0,30	3,9	3,1	2,6	2,2	1,9	1,8	1,7	4,3	3,5	2,9	2,5	2,2	2,0	1,9	0,052	0,026	0,022	
0,32	3,7	3,0	2,5	2,1	1,8	1,7	1,6	4,1	3,3	2,7	2,3	2,0	1,9	1,8	0,053	0,026	0,022	
0,34	3,5	2,8	2,3	2,0	1,8	1,6	1,5	3,9	3,1	2,6	2,2	1,9	1,8	1,7	0,053	0,027	0,022	
0,36	3,3	2,7	2,2	1,9	1,7	1,5	1,4	3,7	3,0	2,5	2,1	1,9	1,7	1,6	0,054	0,027	0,022	
0,38	3,2	2,6	2,1	1,8	1,6	1,5	1,4	3,5	2,8	2,4	2,0	1,8	1,6	1,5	0,054	0,027	0,023	
0,40	3,1	2,5	2,0	1,8	1,5	1,4	1,3	3,4	2,7	2,3	1,9	1,7	1,6	1,5	0,055	0,027	0,023	
0,42	2,9	2,4	2,0	1,7	1,5	1,4	1,3	3,3	2,6	2,2	1,9	1,6	1,5	1,4	0,055	0,028	0,023	
0,44	2,8	2,3	1,9	1,6	1,4	1,3	1,2	3,2	2,5	2,1	1,8	1,6	1,5	1,4	0,056	0,028	0,023	
0,45	2,8	2,2	1,9	1,6	1,4	1,3	1,2	3,1	2,5	2,1	1,8	1,5	1,4	1,3	0,056	0,028	0,023	
0,46	2,7	2,2	1,8	1,6	1,4	1,3	1,2	3,0	2,4	2,0	1,7	1,5	1,4	1,3	0,056	0,028	0,023	
0,48	2,7	2,1	1,8	1,5	1,3	1,2	1,1	2,9	2,4	2,0	1,7	1,5	1,4	1,3	0,057	0,028	0,024	
0,50	2,6	2,1	1,7	1,5	1,3	1,2	1,1	2,9	2,3	1,9	1,6	1,4	1,3	1,2	0,058	0,029	0,024	
0,52	2,5	2,0	1,7	1,4	1,2	1,2	1,1	2,8	2,2	1,9	1,6	1,4	1,3	1,2	0,058	0,029	0,024	
0,54	2,4	1,9	1,6	1,4	1,2	1,1	1,0	2,7	2,2	1,8	1,5	1,4	1,2	1,2	0,059	0,029	0,024	
0,56	2,4	1,9	1,6	1,4	1,2	1,1	1,0	2,6	2,1	1,8	1,5	1,3	1,2	1,1	0,059	0,030	0,025	
0,58	2,3	1,8	1,5	1,3	1,2	1,1	1,0	2,6	2,1	1,7	1,5	1,3	1,2	1,1	0,060	0,030	0,025	
0,585	2,3	1,8	1,5	1,3	1,1	1,1	1,0	2,6	2,0	1,7	1,5	1,3	1,2	1,1	0,060	0,030	0,025	
0,60	2,3	1,8	1,5	1,3	1,1	1,0	1,0	2,5	2,0	1,7	1,4	1,3	1,2	1,1	0,061	0,030		4
0,62	2,2	1,8	1,5	1,3	1,1	1,0	1,0	2,5	2,0	1,6	1,4	1,2	1,1	1,1	0,061	0,031		
0,628	2,2	1,8	1,5	1,3	1,1	1,0	0,9	2,4	1,9	1,6	1,4	1,2	1,1	1,0	0,061	0,031		
0,64	2,2	1,7	1,4	1,2	1,1	1,0	0,9	2,4	1,9	1,6	1,4	1,2	1,1	1,0	0,062			
0,66	2,1	1,7	1,4	1,2	1,1	1,0	0,9	2,4	1,9	1,6	1,3	1,2	1,1	1,0	0,063			
0,68	2,1	1,7	1,4	1,2	1,0	1,0	0,9	2,3	1,8	1,5	1,3	1,2	1,1	1,0	0,063			
0,70	2,0	1,6	1,4	1,2	1,0	0,9	0,9	2,3	1,8	1,5	1,3	1,1	1,0	1,0	0,064			
0,72	2,0	1,6	1,3	1,1	1,0	0,9	0,9	2,2	1,8	1,5	1,3	1,1	1,0	1,0	0,065			
0,74	2,0	1,6	1,3	1,1	1,0	0,9	0,9	2,2	1,8	1,5	1,3	1,1	1,0	0,9	0,065			
0,76	1,9	1,6	1,3	1,1	1,0	0,9	0,8	2,2	1,7	1,4	1,2	1,1	1,0	0,9	0,066			
0,772	1,9	1,5	1,3	1,1	1,0	0,9	0,8	2,1	1,7	1,4	1,2	1,1	1,0	0,9	0,067			

[a] O limite 0,45 para β_x é estabelecido pela NBR 6118 (ABNT, 2023). Diagrama retangular de tensões com γ_c = 1,4 e γ_s = 1,15. Para $\gamma_c \neq 1,4$, multiplicar b por $1,4/\gamma_c$ antes de utilizar a tabela.

[b] Recomenda-se utilizar o valor da largura média da seção.

Tab. D.2 Flexão simples em seção retangular – armadura simples – C55[a]

$\beta_x = \dfrac{x}{d}$	Borda comprimida de largura constante ou crescente $k_c = \dfrac{b \cdot d^2}{M_d}$ (cm²/kN)	Borda comprimida de largura decrescente[b] $k_c = \dfrac{b \cdot d^2}{M_d}$ (cm²/kN)	$k_s = \dfrac{A_s \cdot d}{M_d}$ (cm²/kN)			Domínio
	C55	C55	CA-25	CA-50	CA-60	
0,02	21,9	24,3	0,046	0,023	0,019	2
0,04	11,0	12,2	0,047	0,023	0,019	
0,06	7,4	8,2	0,047	0,024	0,020	
0,08	5,6	6,2	0,047	0,024	0,020	
0,10	4,5	5,0	0,048	0,024	0,020	
0,12	3,8	4,2	0,048	0,024	0,020	
0,14	3,3	3,6	0,049	0,024	0,020	
0,16	2,9	3,2	0,049	0,025	0,020	
0,18	2,6	2,9	0,050	0,025	0,021	
0,20	2,4	2,6	0,050	0,025	0,021	
0,22	2,2	2,4	0,050	0,025	0,021	
0,238	2,0	2,2	0,051	0,025	0,021	
0,24	2,0	2,2	0,051	0,025	0,021	3
0,26	1,9	2,1	0,051	0,026	0,021	
0,28	1,7	1,9	0,052	0,026	0,022	
0,30	1,6	1,8	0,052	0,026	0,022	
0,32	1,6	1,7	0,053	0,026	0,022	
0,34	1,5	1,6	0,053	0,027	0,022	
0,35	1,4	1,6	0,053	0,027	0,022	
0,36	1,4	1,6	0,054	0,027	0,022	
0,38	1,3	1,5	0,054	0,027	0,023	
0,40	1,3	1,4	0,055	0,027	0,023	
0,42	1,2	1,4	0,055	0,028	0,023	
0,44	1,2	1,3	0,056	0,028	0,023	
0,46	1,2	1,3	0,056	0,028	0,023	
0,48	1,1	1,2	0,057	0,028	0,024	
0,50	1,1	1,2	0,057	0,029	0,024	
0,52	1,0	1,2	0,058	0,029	0,024	
0,54	1,0	1,1	0,058	0,029	0,024	
0,557	1,0	1,1	0,059	0,029	0,025	
0,56	1,0	1,1	0,059	0,030		4
0,58	1,0	1,1	0,060	0,030		
0,60	0,9	1,1	0,060	0,030		
0,602	0,9	1,0	0,060	0,030		
0,62	0,9	1,0	0,061			
0,64	0,9	1,0	0,061			
0,66	0,9	1,0	0,062			
0,68	0,9	1,0	0,063			
0,70	0,9	1,0	0,064			
0,72	0,8	0,9	0,064			
0,74	0,8	0,9	0,065			
0,751	0,8	0,9	0,065			

[a] O limite 0,35 para β_x é estabelecido pela NBR 6118 (ABNT, 2023). Diagrama retangular de tensões com $\gamma_c = 1,4$ e $\gamma_s = 1,15$. Para $\gamma_c \neq 1,4$, multiplicar b por $1,4/\gamma_c$ antes de utilizar a tabela.

[b] Recomenda-se utilizar o valor da largura média da seção.

Tab. D.3 Flexão simples em seção retangular – armadura simples – C60[a]

$\beta_x = \dfrac{x}{d}$	Borda comprimida de largura constante ou crescente $k_c = \dfrac{b \cdot d^2}{M_d}$ (cm²/kN)	Borda comprimida de largura decrescente[b] $k_c = \dfrac{b \cdot d^2}{M_d}$ (cm²/kN) (cm²/kN)	$k_s = \dfrac{A_s \cdot d}{M_d}$ (cm²/kN)			Domínio
	C60		CA-25	CA-50	CA-60	
0,02	21,5	23,9	0,046	0,023	0,019	2
0,04	10,8	12,0	0,047	0,023	0,019	
0,06	7,3	8,1	0,047	0,024	0,020	
0,08	5,5	6,1	0,047	0,024	0,020	
0,10	4,4	4,9	0,048	0,024	0,020	
0,12	3,7	4,1	0,048	0,024	0,020	
0,14	3,2	3,6	0,049	0,024	0,020	
0,16	2,8	3,2	0,049	0,025	0,020	
0,18	2,5	2,8	0,049	0,025	0,021	
0,20	2,3	2,6	0,050	0,025	0,021	
0,22	2,1	2,4	0,050	0,025	0,021	
0,224	2,1	2,3	0,050	0,025	0,021	
0,24	2,0	2,2	0,051	0,025	0,021	3
0,26	1,8	2,0	0,051	0,026	0,021	
0,28	1,7	1,9	0,052	0,026	0,021	
0,30	1,6	1,8	0,052	0,026	0,022	
0,32	1,5	1,7	0,053	0,026	0,022	
0,34	1,4	1,6	0,053	0,026	0,022	
0,35	1,4	1,6	0,053	0,027	0,022	
0,36	1,4	1,5	0,053	0,027	0,022	
0,38	1,3	1,5	0,054	0,027	0,022	
0,40	1,3	1,4	0,054	0,027	0,023	
0,42	1,2	1,3	0,055	0,027	0,023	
0,44	1,2	1,3	0,055	0,028	0,023	
0,46	1,1	1,3	0,056	0,028	0,023	
0,48	1,1	1,2	0,057	0,028	0,024	
0,50	1,1	1,2	0,057	0,029	0,024	
0,52	1,0	1,1	0,058	0,029	0,024	
0,537	1,0	1,1	0,058	0,029	0,024	
0,54	1,0	1,1	0,058	0,029		4
0,56	1,0	1,1	0,059	0,029		
0,58	0,9	1,1	0,059	0,030		
0,582	0,9	1,1	0,059	0,030		
0,60	0,9	1,0	0,060			
0,62	0,9	1,0	0,061			
0,64	0,9	1,0	0,061			
0,66	0,9	1,0	0,062			
0,68	0,9	0,9	0,062			
0,70	0,8	0,9	0,063			
0,72	0,8	0,9	0,064			
0,736	0,8	0,9	0,064			

[a]O limite 0,35 para β_x é estabelecido pela NBR 6118 (ABNT, 2023). Diagrama retangular de tensões com $\gamma_c = 1{,}4$ e $\gamma_s = 1{,}15$. Para $\gamma_c \neq 1{,}4$, multiplicar b por $1{,}4/\gamma_c$ antes de utilizar a tabela.

[b]Recomenda-se utilizar o valor da largura média da seção.

Tab. D.4 Flexão simples em seção retangular – armadura simples – C65[a]

$\beta_x = \dfrac{x}{d}$	Borda comprimida de largura constante ou crescente $k_c = \dfrac{b \cdot d^2}{M_d}$ (cm²/kN)	Borda comprimida de largura decrescente[b] $k_c = \dfrac{b \cdot d^2}{M_d}$ (cm²/kN)	$k_s = \dfrac{A_s \cdot d}{M_d}$ (cm²/kN)			Domínio
	C65		CA-25	CA-50	CA-60	
0,02	21,3	23,6	0,046	0,023	0,019	2
0,04	10,7	11,9	0,047	0,023	0,019	
0,06	7,2	8,0	0,047	0,024	0,020	
0,08	5,4	6,1	0,047	0,024	0,020	
0,10	4,4	4,9	0,048	0,024	0,020	
0,12	3,7	4,1	0,048	0,024	0,020	
0,14	3,2	3,5	0,049	0,024	0,020	
0,16	2,8	3,1	0,049	0,024	0,020	
0,18	2,5	2,8	0,049	0,025	0,021	
0,20	2,3	2,5	0,050	0,025	0,021	
0,215	2,1	2,4	0,050	0,025	0,021	
0,22	2,1	2,3	0,050	0,025	0,021	3
0,24	1,9	2,2	0,051	0,025	0,021	
0,26	1,8	2,0	0,051	0,026	0,021	
0,28	1,7	1,9	0,051	0,026	0,021	
0,30	1,6	1,8	0,052	0,026	0,022	
0,32	1,5	1,7	0,052	0,026	0,022	
0,34	1,4	1,6	0,053	0,026	0,022	
0,35	1,4	1,5	0,053	0,027	0,022	
0,36	1,4	1,5	0,053	0,027	0,022	
0,38	1,3	1,4	0,054	0,027	0,022	
0,40	1,2	1,4	0,054	0,027	0,023	
0,42	1,2	1,3	0,055	0,027	0,023	
0,44	1,2	1,3	0,055	0,028	0,023	
0,46	1,1	1,2	0,056	0,028	0,023	
0,48	1,1	1,2	0,056	0,028	0,023	
0,50	1,0	1,2	0,057	0,028	0,024	
0,52	1,0	1,1	0,057	0,029	0,024	
0,524	1,0	1,1	0,057	0,029	0,024	
0,54	1,0	1,1	0,058	0,029		4
0,56	1,0	1,1	0,058	0,029		
0,569	0,9	1,1	0,059	0,029		
0,58	0,9	1,0	0,059			
0,60	0,9	1,0	0,060			
0,62	0,9	1,0	0,060			
0,64	0,9	1,0	0,061			
0,66	0,9	1,0	0,061			
0,68	0,8	0,9	0,062			
0,70	0,8	0,9	0,063			
0,72	0,8	0,9	0,063			
0,726	0,8	0,9	0,064			

[a]O limite 0,35 para β_x é estabelecido pela NBR 6118 (ABNT, 2023). Diagrama retangular de tensões com $\gamma_c = 1,4$ e $\gamma_s = 1,15$. Para $\gamma_c \neq 1,4$, multiplicar b por $1,4/\gamma_c$ antes de utilizar a tabela.

[b]Recomenda-se utilizar o valor da largura média da seção.

Tab. D.5 Flexão simples em seção retangular – armadura simples – C70[a]

$\beta_x = \dfrac{x}{d}$	Borda comprimida de largura constante ou crescente $k_c = \dfrac{b \cdot d^2}{M_d}$ (cm²/kN)	Borda comprimida de largura decrescente[b] $k_c = \dfrac{b \cdot d^2}{M_d}$ (cm²/kN)	$k_s = \dfrac{A_s \cdot d}{M_d}$ (cm²/kN)			Domínio
	C70		CA-25	CA-50	CA-60	
0,02	21,2	23,5	0,046	0,023	0,019	2
0,04	10,7	11,8	0,047	0,023	0,019	
0,06	7,2	8,0	0,047	0,024	0,020	
0,08	5,4	6,0	0,047	0,024	0,020	
0,10	4,4	4,8	0,048	0,024	0,020	
0,12	3,7	4,1	0,048	0,024	0,020	
0,14	3,2	3,5	0,049	0,024	0,020	
0,16	2,8	3,1	0,049	0,024	0,020	
0,18	2,5	2,8	0,049	0,025	0,021	
0,20	2,3	2,5	0,050	0,025	0,021	
0,210	2,2	2,4	0,050	0,025	0,021	
0,22	2,1	2,3	0,050	0,025	0,021	3
0,24	1,9	2,1	0,051	0,025	0,021	
0,26	1,8	2,0	0,051	0,025	0,021	
0,28	1,7	1,9	0,051	0,026	0,021	
0,30	1,6	1,8	0,052	0,026	0,022	
0,32	1,5	1,7	0,052	0,026	0,022	
0,34	1,4	1,6	0,053	0,026	0,022	
0,35	1,4	1,5	0,053	0,026	0,022	
0,36	1,3	1,5	0,053	0,027	0,022	
0,38	1,3	1,4	0,054	0,027	0,022	
0,40	1,2	1,4	0,054	0,027	0,023	
0,42	1,2	1,3	0,055	0,027	0,023	
0,44	1,1	1,3	0,055	0,028	0,023	
0,46	1,1	1,2	0,056	0,028	0,023	
0,48	1,1	1,2	0,056	0,028	0,023	
0,50	1,0	1,1	0,057	0,028	0,024	
0,517	1,0	1,1	0,057	0,029	0,024	
0,52	1,0	1,1	0,057	0,029		4
0,54	1,0	1,1	0,058	0,029		
0,56	0,9	1,1	0,058	0,029		
0,562	0,9	1,1	0,058	0,029		
0,58	0,9	1,0	0,059			
0,60	0,9	1,0	0,059			
0,62	0,9	1,0	0,060			
0,64	0,9	1,0	0,061			
0,66	0,8	0,9	0,061			
0,68	0,8	0,9	0,062			
0,70	0,8	0,9	0,062			
0,720	0,8	0,9	0,063			

[a] O limite 0,35 para β_x é estabelecido pela NBR 6118 (ABNT, 2023). Diagrama retangular de tensões com $\gamma_c = 1,4$ e $\gamma_s = 1,15$. Para $\gamma_c \neq 1,4$, multiplicar b por $1,4/\gamma_c$ antes de utilizar a tabela.

[b] Recomenda-se utilizar o valor da largura média da seção.

Tab. D.6 Flexão simples em seção retangular – armadura simples – C75[a]

$\beta_x = \dfrac{x}{d}$	Borda comprimida de largura constante ou crescente $k_c = \dfrac{b \cdot d^2}{M_d}$ (cm²/kN)	Borda comprimida de largura decrescente[b] $k_c = \dfrac{b \cdot d^2}{M_d}$ (cm²/kN)	$k_s = \dfrac{A_s \cdot d}{M_d}$ (cm²/kN)			Domínio
	C75		CA-25	CA-50	CA-60	
0,02	21,1	23,5	0,046	0,023	0,019	2
0,04	10,6	11,8	0,047	0,023	0,019	
0,06	7,2	7,9	0,047	0,024	0,020	
0,08	5,4	6,0	0,047	0,024	0,020	
0,10	4,4	4,8	0,048	0,024	0,020	
0,12	3,7	4,1	0,048	0,024	0,020	
0,14	3,2	3,5	0,049	0,024	0,020	
0,16	2,8	3,1	0,049	0,024	0,020	
0,18	2,5	2,8	0,049	0,025	0,021	
0,20	2,3	2,5	0,050	0,025	0,021	
0,207	2,2	2,4	0,050	0,025	0,021	
0,22	2,1	2,3	0,050	0,025	0,021	3
0,24	1,9	2,1	0,050	0,025	0,021	
0,26	1,8	2,0	0,051	0,025	0,021	
0,28	1,7	1,9	0,051	0,026	0,021	
0,30	1,6	1,7	0,052	0,026	0,022	
0,32	1,5	1,7	0,052	0,026	0,022	
0,34	1,4	1,6	0,053	0,026	0,022	
0,35	1,4	1,5	0,053	0,026	0,022	
0,36	1,3	1,5	0,053	0,027	0,022	
0,38	1,3	1,4	0,053	0,027	0,022	
0,40	1,2	1,4	0,054	0,027	0,022	
0,42	1,2	1,3	0,054	0,027	0,023	
0,44	1,1	1,3	0,055	0,027	0,023	
0,46	1,1	1,2	0,055	0,028	0,023	
0,48	1,1	1,2	0,056	0,028	0,023	
0,50	1,0	1,1	0,056	0,028	0,023	
0,513	1,0	1,1	0,057	0,028	0,024	
0,52	1,0	1,1	0,057	0,028		4
0,54	1,0	1,1	0,057	0,029		
0,558	0,9	1,1	0,058	0,029		
0,56	0,9	1,0	0,058			
0,58	0,9	1,0	0,059			
0,60	0,9	1,0	0,059			
0,62	0,9	1,0	0,060			
0,64	0,9	1,0	0,060			
0,66	0,8	0,9	0,061			
0,68	0,8	0,9	0,061			
0,70	0,8	0,9	0,062			
0,717	0,8	0,9	0,063			

[a] O limite 0,35 para β_x é estabelecido pela NBR 6118 (ABNT, 2023). Diagrama retangular de tensões com $\gamma_c = 1,4$ e $\gamma_s = 1,15$. Para $\gamma_c \neq 1,4$, multiplicar b por $1,4/\gamma_c$ antes de utilizar a tabela.

[b] Recomenda-se utilizar o valor da largura média da seção.

Tab. D.7 Flexão simples em seção retangular – armadura simples – C80[a]

$\beta_x = \dfrac{x}{d}$	Borda comprimida de largura constante ou crescente $k_c = \dfrac{b \cdot d^2}{M_d}$ (cm²/kN)	Borda comprimida de largura decrescente[b] $k_c = \dfrac{b \cdot d^2}{M_d}$ (cm²/kN)	$k_s = \dfrac{A_s \cdot d}{M_d}$ (cm²/kN)			Domínio
	C80		CA-25	CA-50	CA-60	
0,02	21,2	23,6	0,046	0,023	0,019	2
0,04	10,7	11,9	0,047	0,023	0,019	
0,06	7,2	8,0	0,047	0,024	0,020	
0,08	5,4	6,0	0,047	0,024	0,020	
0,10	4,4	4,9	0,048	0,024	0,020	
0,12	3,7	4,1	0,048	0,024	0,020	
0,14	3,2	3,5	0,048	0,024	0,020	
0,16	2,8	3,1	0,049	0,024	0,020	
0,18	2,5	2,8	0,049	0,025	0,021	
0,20	2,3	2,5	0,050	0,025	0,021	
0,207	2,2	2,4	0,050	0,025	0,021	
0,22	2,1	2,3	0,050	0,025	0,021	3
0,24	1,9	2,1	0,050	0,025	0,021	
0,26	1,8	2,0	0,051	0,025	0,021	
0,28	1,7	1,9	0,051	0,026	0,021	
0,30	1,6	1,7	0,052	0,026	0,022	
0,32	1,5	1,7	0,052	0,026	0,022	
0,34	1,4	1,6	0,052	0,026	0,022	
0,35	1,4	1,5	0,053	0,026	0,022	
0,36	1,3	1,5	0,053	0,026	0,022	
0,38	1,3	1,4	0,053	0,027	0,022	
0,40	1,2	1,4	0,054	0,027	0,022	
0,42	1,2	1,3	0,054	0,027	0,023	
0,44	1,1	1,3	0,055	0,027	0,023	
0,46	1,1	1,2	0,055	0,028	0,023	
0,48	1,1	1,2	0,056	0,028	0,023	
0,50	1,0	1,1	0,056	0,028	0,023	
0,512	1,0	1,1	0,056	0,028	0,024	
0,52	1,0	1,1	0,057	0,028		4
0,54	1,0	1,1	0,057	0,029		
0,557	0,9	1,1	0,058	0,029		
0,56	0,9	1,0	0,058			
0,58	0,9	1,0	0,058			
0,60	0,9	1,0	0,059			
0,62	0,9	1,0	0,059			
0,64	0,9	1,0	0,060			
0,66	0,8	0,9	0,060			
0,68	0,8	0,9	0,061			
0,70	0,8	0,9	0,062			
0,716	0,8	0,9	0,062			

[a]O limite 0,35 para β_x é estabelecido pela NBR 6118 (ABNT, 2023). Diagrama retangular de tensões com $\gamma_c = 1,4$ e $\gamma_s = 1,15$. Para $\gamma_c \neq 1,4$, multiplicar b por $1,4/\gamma_c$ antes de utilizar a tabela.

[b]Recomenda-se utilizar o valor da largura média da seção.

Tab. D.8 Flexão simples em seção retangular – armadura simples – C85[a]

$\beta_x = \dfrac{x}{d}$	Borda comprimida de largura constante ou crescente $k_c = \dfrac{b \cdot d^2}{M_d}$ (cm²/kN)	Borda comprimida de largura decrescente[b] $k_c = \dfrac{b \cdot d^2}{M_d}$ (cm²/kN)	$k_s = \dfrac{A_s \cdot d}{M_d}$ (cm²/kN)			Domínio
	C85		CA-25	CA-50	CA-60	
0,02	21,3	23,7	0,046	0,023	0,019	
0,04	10,7	11,9	0,047	0,023	0,019	
0,06	7,2	8,0	0,047	0,024	0,020	
0,08	5,5	6,1	0,047	0,024	0,020	
0,10	4,4	4,9	0,048	0,024	0,020	
0,12	3,7	4,1	0,048	0,024	0,020	2
0,14	3,2	3,5	0,048	0,024	0,020	
0,16	2,8	3,1	0,049	0,024	0,020	
0,18	2,5	2,8	0,049	0,025	0,020	
0,20	2,3	2,5	0,050	0,025	0,021	
0,206	2,2	2,5	0,050	0,025	0,021	
0,22	2,1	2,3	0,050	0,025	0,021	
0,24	1,9	2,1	0,050	0,025	0,021	
0,26	1,8	2,0	0,051	0,025	0,021	
0,28	1,7	1,9	0,051	0,026	0,021	
0,30	1,6	1,8	0,052	0,026	0,021	
0,32	1,5	1,7	0,052	0,026	0,022	
0,34	1,4	1,6	0,052	0,026	0,022	
0,35	1,4	1,5	0,053	0,026	0,022	
0,36	1,4	1,5	0,053	0,026	0,022	3
0,38	1,3	1,4	0,053	0,027	0,022	
0,40	1,2	1,4	0,054	0,027	0,022	
0,42	1,2	1,3	0,054	0,027	0,023	
0,44	1,1	1,3	0,055	0,027	0,023	
0,46	1,1	1,2	0,055	0,028	0,023	
0,48	1,1	1,2	0,055	0,028	0,023	
0,50	1,0	1,1	0,056	0,028	0,023	
0,511	1,0	1,1	0,056	0,028	0,023	
0,52	1,0	1,1	0,056	0,028		
0,54	1,0	1,1	0,057	0,028		
0,557	0,9	1,1	0,057	0,029		
0,56	0,9	1,1	0,057			
0,58	0,9	1,0	0,058			
0,60	0,9	1,0	0,059			4
0,62	0,9	1,0	0,059			
0,64	0,9	1,0	0,060			
0,66	0,8	0,9	0,060			
0,68	0,8	0,9	0,061			
0,70	0,8	0,9	0,061			
0,715	0,8	0,9	0,062			

[a]O limite 0,35 para β_x é estabelecido pela NBR 6118 (ABNT, 2023). Diagrama retangular de tensões com γ_c = 1,4 e γ_s = 1,15. Para $\gamma_c \neq 1,4$, multiplicar b por $1,4/\gamma_c$ antes de utilizar a tabela.

[b]Recomenda-se utilizar o valor da largura média da seção.

Tab. D.9 Flexão simples em seção retangular – armadura simples – C90[a]

$\beta_x = \dfrac{x}{d}$	Borda comprimida de largura constante ou crescente $k_c = \dfrac{b \cdot d^2}{M_d}$ (cm²/kN)	Borda comprimida de \ largura decrescente[b] $k_c = \dfrac{b \cdot d^2}{M_d}$ (cm²/kN)	$k_s = \dfrac{A_s \cdot d}{M_d}$ (cm²/kN)			Domínio
	C90	C90	CA-25	CA-50	CA-60	
0,02	21,6	24,0	0,046	0,023	0,019	2
0,04	10,9	12,1	0,047	0,023	0,019	
0,06	7,3	8,1	0,047	0,023	0,020	
0,08	5,5	6,1	0,047	0,024	0,020	
0,10	4,4	4,9	0,048	0,024	0,020	
0,12	3,7	4,1	0,048	0,024	0,020	
0,14	3,2	3,6	0,048	0,024	0,020	
0,16	2,8	3,2	0,049	0,024	0,020	
0,18	2,5	2,8	0,049	0,025	0,020	
0,20	2,3	2,6	0,049	0,025	0,021	
0,206	2,2	2,5	0,050	0,025	0,021	
0,22	2,1	2,3	0,050	0,025	0,021	3
0,24	1,9	2,2	0,050	0,025	0,021	
0,26	1,8	2,0	0,051	0,025	0,021	
0,28	1,7	1,9	0,051	0,025	0,021	
0,30	1,6	1,8	0,051	0,026	0,021	
0,32	1,5	1,7	0,052	0,026	0,022	
0,34	1,4	1,6	0,052	0,026	0,022	
0,35	1,4	1,5	0,052	0,026	0,022	
0,36	1,4	1,5	0,053	0,026	0,022	
0,38	1,3	1,4	0,053	0,027	0,022	
0,40	1,2	1,4	0,053	0,027	0,022	
0,42	1,2	1,3	0,054	0,027	0,022	
0,44	1,2	1,3	0,054	0,027	0,023	
0,46	1,1	1,2	0,055	0,027	0,023	
0,48	1,1	1,2	0,055	0,028	0,023	
0,50	1,0	1,2	0,056	0,028	0,023	
0,511	1,0	1,1	0,056	0,028	0,023	
0,52	1,0	1,1	0,056	0,028		4
0,54	1,0	1,1	0,057	0,028		
0,557	1,0	1,1	0,057	0,029		
0,56	1,0	1,1	0,057			
0,58	0,9	1,0	0,058			
0,60	0,9	1,0	0,058			
0,62	0,9	1,0	0,059			
0,64	0,9	1,0	0,059			
0,66	0,8	0,9	0,060			
0,68	0,8	0,9	0,060			
0,70	0,8	0,9	0,061			
0,715	0,8	0,9	0,061			

[a] O limite 0,35 para β_x é estabelecido pela NBR 6118 (ABNT, 2023). Diagrama retangular de tensões com $\gamma_c = 1,4$ e $\gamma_s = 1,15$. Para $\gamma_c \neq 1,4$, multiplicar b por $1,4/\gamma_c$ antes de utilizar a tabela.

[b] Recomenda-se utilizar o valor da largura média da seção.

ANEXO E

Seguem tabelas para a determinação de flecha elástica inicial em lajes.

Tab. E.1 Flechas em lajes unidirecionais

Caso	Vinculações e carregamentos	Flecha elástica inicial
1	Viga biapoiada com carga distribuída q, vão l	$\dfrac{5q \cdot l^4}{384E \cdot I}$
2	Viga apoiada-engastada com carga distribuída q, vão l	$\dfrac{3q \cdot l^4}{554E \cdot I}$
3	Viga biengastada com carga distribuída q, vão l	$\dfrac{q \cdot l^4}{384E \cdot I}$
4	Viga em balanço com carga distribuída q, vão l	$\dfrac{q \cdot l^4}{8E \cdot I}$
5	Viga biapoiada com carga P no meio do vão ($l/2$, $l/2$)	$\dfrac{P \cdot l^3}{48E \cdot I}$
6	Viga apoiada-engastada com carga P no meio do vão ($l/2$, $l/2$)	$\dfrac{P \cdot l^3}{48E \cdot I}$
7	Viga biengastada com carga P no meio do vão ($l/2$, $l/2$)	$\dfrac{\sqrt{5}P \cdot l^3}{240E \cdot I}$
8	Viga em balanço com carga P na extremidade, vão l	$\dfrac{P \cdot l^3}{3E \cdot I}$
9	Viga biapoiada com carga P em posição a, b, vão l	$\dfrac{P \cdot b \cdot \sqrt{\left(l^2 - b^2\right)^3}}{9 \cdot \sqrt{3}E \cdot I}$

Tab. E.2 Flechas em lajes bidirecionais

Tipo[a] $\lambda = \dfrac{l_y}{l_x}$	1	2A	2B	3	4A	4B	5A	5B	6	Tipo[a] $\lambda = \dfrac{l_y}{l_x}$
				α						
1,00	4,76	3,26	3,26	2,46	2,25	2,25	1,84	1,84	1,49	1,00
1,05	5,26	3,68	3,48	2,72	2,60	2,35	2,08	1,96	1,63	1,05
1,10	5,74	4,11	3,70	2,96	2,97	2,45	2,31	2,08	1,77	1,10
1,15	6,20	4,55	3,89	3,18	3,35	2,53	2,54	2,18	1,90	1,15
1,20	6,64	5,00	4,09	3,40	3,74	2,61	2,77	2,28	2,02	1,20
1,25	7,08	5,44	4,26	3,61	4,14	2,68	3,00	2,37	2,14	1,25
1,30	7,49	5,88	4,43	3,80	4,56	2,74	3,22	2,46	2,24	1,30
1,35	7,90	6,32	4,58	3,99	5,01	2,77	3,42	2,53	2,34	1,35
1,40	8,29	6,74	4,73	4,15	5,41	2,80	3,62	2,61	2,41	1,40
1,45	8,67	7,15	4,87	4,31	5,83	2,85	3,80	2,67	2,49	1,45
1,50	9,03	7,55	5,01	4,46	6,25	2,89	3,98	2,73	2,56	1,50
1,55	9,39	7,95	5,09	4,61	6,66	2,91	4,14	2,78	2,62	1,55
1,60	9,71	8,32	5,18	4,73	7,06	2,92	4,30	2,82	2,68	1,60
1,65	10,04	8,68	5,22	4,86	7,46	2,92	4,45	2,83	2,73	1,65
1,70	10,34	9,03	5,26	4,97	7,84	2,93	4,59	2,84	2,77	1,70
1,75	10,62	9,36	5,36	5,06	8,21	2,93	4,71	2,86	2,81	1,75
1,80	10,91	9,69	5,46	5,16	8,58	2,94	4,84	2,88	2,85	1,80
1,85	11,16	10,00	5,53	5,25	8,93	2,94	4,96	2,90	2,88	1,85
1,90	11,41	10,29	5,60	5,33	9,25	2,95	5,07	2,92	2,90	1,90
1,95	11,65	10,58	5,68	5,41	9,58	2,95	5,17	2,94	2,93	1,95
2,00	11,89	10,87	5,76	5,49	9,90	2,96	5,28	2,96	2,96	2,00
> 2,00	15,63	15,63	6,50	6,50	15,63	3,13	6,50	3,13	3,13	> 2,00

[a] Ver figuras dos tipos de lajes no Anexo B.

$$a = \dfrac{\alpha}{100} \cdot \dfrac{b}{12} \cdot \dfrac{p \cdot l_x^4}{E_{cs} \cdot I}$$

em que:
p é a carga uniformemente distribuída;
l_x é o menor vão;
E_{cs} é o módulo de elasticidade secante do concreto;
I é o momento de inércia da laje.

Fonte: Pinheiro (2007).

REFERÊNCIAS BIBLIOGRÁFICAS

ABNT – ASSOCIAÇÃO BRASILEIRA DE NORMAS TÉCNICAS. NBR 5738: concreto – procedimento para moldagem e cura de corpos de prova. Rio de Janeiro, 2015a.

ABNT – ASSOCIAÇÃO BRASILEIRA DE NORMAS TÉCNICAS. NBR 5739: concreto – ensaio de compressão de corpos de prova cilíndricos. Rio de Janeiro, 2018.

ABNT – ASSOCIAÇÃO BRASILEIRA DE NORMAS TÉCNICAS. NBR 6118: projeto de estruturas de concreto – procedimento. Rio de Janeiro, 1980.

ABNT – ASSOCIAÇÃO BRASILEIRA DE NORMAS TÉCNICAS. NBR 6118: projeto de estruturas de concreto – procedimento. Rio de Janeiro, 2003a.

ABNT – ASSOCIAÇÃO BRASILEIRA DE NORMAS TÉCNICAS. NBR 6118: projeto de estruturas de concreto – procedimento. Rio de Janeiro, 2014.

ABNT – ASSOCIAÇÃO BRASILEIRA DE NORMAS TÉCNICAS. NBR 6118: projeto de estruturas de concreto – procedimento. Rio de Janeiro, 2023.

ABNT – ASSOCIAÇÃO BRASILEIRA DE NORMAS TÉCNICAS. NBR 6120: ações para o cálculo de estruturas de edificações. Rio de Janeiro, 2019.

ABNT – ASSOCIAÇÃO BRASILEIRA DE NORMAS TÉCNICAS. NBR 7480: aço destinado a armaduras para estruturas de concreto armado – especificação. Rio de Janeiro, 2022a.

ABNT – ASSOCIAÇÃO BRASILEIRA DE NORMAS TÉCNICAS. NBR 8522-1: concreto endurecido – determinação dos módulos de elasticidade e de deformação – parte 1: módulos estáticos à compressão. Rio de Janeiro, 2021.

ABNT – ASSOCIAÇÃO BRASILEIRA DE NORMAS TÉCNICAS. NBR 8681: ações e segurança nas estruturas – procedimento. Rio de Janeiro, 2003b.

ABNT – ASSOCIAÇÃO BRASILEIRA DE NORMAS TÉCNICAS. NBR 8953: concreto para fins estruturais – classificação pela massa específica, por grupos de resistência e consistência. Rio de Janeiro, 2015b.

ABNT – ASSOCIAÇÃO BRASILEIRA DE NORMAS TÉCNICAS. NBR 9062: projeto e execução de estruturas de concreto pré-moldado. Rio de Janeiro, 2017a.

ABNT – ASSOCIAÇÃO BRASILEIRA DE NORMAS TÉCNICAS. NBR 12655: concreto de cimento Portland – preparo, controle, recebimento e aceitação – procedimento. Rio de Janeiro, 2022b.

ABNT – ASSOCIAÇÃO BRASILEIRA DE NORMAS TÉCNICAS. NBR 14859-1: lajes pré-fabricadas de concreto – parte 1: vigotas, minipainéis e painéis – requisitos. Rio de Janeiro, 2016a.

ABNT – ASSOCIAÇÃO BRASILEIRA DE NORMAS TÉCNICAS. NBR 14859-2: lajes pré-fabricadas de concreto – parte 2:

elementos inertes para enchimento e forma – requisitos. Rio de Janeiro, 2016b.

ABNT – ASSOCIAÇÃO BRASILEIRA DE NORMAS TÉCNICAS. NBR 14859-3: lajes pré-fabricadas de concreto – parte 3: armaduras treliçadas eletrossoldadas para lajes pré-fabricadas – requisitos. Rio de Janeiro, 2017b.

ABNT – ASSOCIAÇÃO BRASILEIRA DE NORMAS TÉCNICAS. NBR 15200: projeto de estruturas de concreto em situação de incêndio. Rio de Janeiro, 2012.

ABNT – ASSOCIAÇÃO BRASILEIRA DE NORMAS TÉCNICAS. NBR 15696: formas e escoramentos para estruturas de concreto – projeto, dimensionamento e procedimentos executivos. Rio de Janeiro, 2009.

ANDRADE, J. R. L. *Estruturas correntes de concreto armado – 1ª parte*. Notas de aula. São Carlos: USP-EESC, 1982.

BACHMANN, H. *et al*. *Vibration problems in structures*: practical guidelines. 2. ed. Berlin: Birkhäuser Verlag, 1997.

CARVALHO, R. C.; PARSEKIAN, G. A.; FIGUEIREDO FILHO, J. R.; MACIEL, A. M. Estado da arte do cálculo das lajes pré-fabricadas com vigotas de concreto. In: ENCONTRO NACIONAL DE PESQUISA-PROJETO-PRODUÇÃO EM CONCRETO PRÉ-MOLDADO, 1. Anais... São Carlos, 2005.

CARVALHO, R. C.; PINHEIRO, L. M. *Cálculo e detalhamento de estruturas usuais de concreto armado*. São Paulo: Pini, 2009. 2 v.

MEHTA, P. K.; MONTEIRO, P. J. M. *Concreto*: microestrutura, propriedades e materiais. 2. ed. São Paulo: Ibracon, 2014.

MELGES, J. L. P. *Punção em lajes*: exemplos de cálculo e análise teórico-experimental. 1995. Dissertação (Mestrado em Estruturas) – Escola de Engenharia de São Carlos, Universidade de São Paulo, São Carlos, 1995.

PINHEIRO, L. M. *Tabelas de lajes*. Notas de aula. São Carlos: USP-EESC, 2007.

SARTORTI, A. L.; FONTES, A. C.; PINHEIRO, L. M. Análise da fase de montagem de lajes treliçadas. *Revista Ibracon de estruturas e materiais*, São Paulo, v. 6, n. 4, p. 623-660, 2013.

SARTORTI, A. L.; VIZOTTO, I.; PINHEIRO, L. M. Utilização de minipainéis treliçados para construção de tabuleiros de pontes. *Anais do III CBPE-IABSE*, Rio de Janeiro, 2010.

STORCH, I. S.; DOBELIN, J. G. S.; BATALHA, L. C.; SARTORTI, A. L. Ensaios de autoportância em vigotas treliçadas sujeitas a flexão negativa. *Revista Ibracon de estruturas e materiais*, São Paulo, v. 10, n. 6, p. 1366-1395, 2017.